乙級檢定學術科完全攻略－

電腦輔助機械設計製圖

增修試題

WIN CAD 工作室　編著

全華圖書股份有限公司

本書特色

✳ 完整編輯群陣容：

本書編輯群皆具二十年以上之實務電腦繪圖與圖學教學經驗，且具機械製圖、電腦輔助機械製圖、數值控制等乙級技術證照；並曾擔任全國技能競賽「CAD 機械製圖」職類裁判，及技能檢定監評等資歷。

✳ 圖學重點、釐清觀念：

針對學科測驗內容，依章節重點整理，使讀者能把握學科重點、配合圖例說明，增強及釐清圖學相關觀念，使學習者達事半功倍之效。並可作升學及自修所用。

✳ 學科即測、解析對照：

完整收錄整合歷年之相關檢定之學科題庫，章節分明易於閱讀，並針對難題部份予以立即同頁說明，以增加閱讀速度。

✳ 術科解析、條理分明：

完整收錄分析術科測驗題庫。並對題組予以機構運動說明、完整題解，並對各題組之變更設計之計算或查表等加以說明；另配合實體圖、實體剖視圖或立體系統圖等，以使讀者能迅速瞭解題意及機構運動狀況。

✳ 附表資料、配合題組：

附表部份針對各題組，所需之配合查表的部份予以節錄編輯整理，直接於各題組中解題查表直接呈現，使讀者能方便查閱。

✳ 模擬測驗、增強實力：

本書附學科模擬題庫，使學者能充分練習印證實力。

編 者 序

　　因應時代之變遷，及技能水準之需求，勞動部將「機械製圖」與「電腦輔助機械製圖」兩職類整合成「電腦輔助機械設計製圖」新的職類，並將題目增加「變更設計」之題型，使得題目更加具變化性，期使應檢人能更具該職場的需求能力，此舉應是有正向之規劃。筆者繼前「乙級檢定學術科完全攻略－電腦輔助機械製圖」一書以來，希望能將自己多年的學習心得與工作上之實務經驗，能對提升工業界與實業界對電腦輔助機械製圖能力有所助益。

　　對於現今社會對技職教育的倚重但又在升學主義下被輕忽，變成一矛盾的現象，教育改革一味的只重表面數據與教育實驗，忽視了工業界需要的務實及技術之純熟，也忽略基礎技術人力所需之踏實培養，社會徒增高學歷、低技術、高失業的現象，許多技術華而不實，一昧暢言高科技資訊發展，而忽略製造的技術配合，如此下去整個產業之前景不免令人唏噓。

　　本書為使讀者能夠提升電腦輔助機械設計製圖能力，以助取得乙級技術士證照而編，其內容包含學科知識與術科之相關機構整理與解說，並配合最新 CNS 製圖之規範編製而成，本書不僅成為通過技能檢定的利器，同時亦可增加機械從業人員自修與增強實力之用，本書亦可做為大學、科大之機械設計製圖課程參考，使學理與實務能有所結合，進而能真正培養出符合業界所需之人員。也期許各位讀者日後，能為電腦輔助設計製圖技術能力的提升盡一份心力。

　　本書雖經本工作室力求完美編輯校對，但在付梓匆促，疏漏恐難免，尚祈先進惠予指正，以便再版訂正，不甚感激。本工作室將秉持一務實盡責的態度，日後將陸續出版相關從業書籍，以為機械工業盡一份心力！最後感謝高雄市立高雄高工電腦機械製圖科師生予以本書編輯之鼓勵與協助。

Win Cad 工作室編輯群　　謹識

高雄市立高雄高工電腦機械製圖科　http://cad.ksvs.kh.edu.tw/

技術士技能檢定相關資料

一、報名資格：

壹、丙級技術士技能檢定報檢資格：

　　報檢人年滿 15 歲或國民中學畢業。

貳、乙級技術士技能檢定報檢資格：

　　具有下列資格之一，持有證明文件者，得參加乙級技術士技能檢定：

一、取得申請檢定職類丙級技術士證，並接受相關職類職業訓練時數累計八百小時以上，或從事申請檢定職類相關工作二年以上。

二、取得申請檢定職類丙級技術士證，並具有高級中等學校畢業或同等學力證明，或高級中等學校在校最高年級。

三、取得申請檢定職類丙級技術士證，並具有五年制專科三年級以上、二年制及三年制專科、技術學院、大學之在校或同等學力證明。

四、接受相關職類職業訓練時數累計四百小時，並從事申請檢定職類相關工作三年以上。

五、接受相關職類職業訓練時數累計八百小時，並從事申請檢定職類相關工作二年以上。

六、接受相關職類職業訓練時數累計一千六百小時以上。

七、接受相關職類職業訓練時數累計八百小時以上，並具有高級中等學校畢業或同等學力證明。

八、接受相關職類職業訓練時數累計四百小時，並從事申請檢定職類相關工作一年以上，且具有高級中等學校畢業或同等學力證明。

九、接受相關職類技術生訓練二年，並從事申請檢定職類相關工作二年以上。

十、具有高級中等學校畢業或同等學力證明，並從事申請檢定職類相關工作二年以上。

十一、大專校院以上畢業或在校最高年級。

十二、從事申請檢定職類相關工作六年以上。

※上述相關職業訓練及技術生訓練由中央主管機關認定之，並以在職業訓練機構或政府委辦單位參訓者為限。

※「在校最高年級者」係指學校之學年制最高年級學生，並經向學校註冊取得證明文件者。

※「相關工作」係指日、夜間從事與報檢職類相關之現場作業、管理、監督、訓練、教育及研究業務等工作，並持有證明文件者。

參、甲級技術士技能檢定報檢資格：

　　具有下列資格之一，持有證明文件者，得參加甲級技術士技能檢定：

一、取得申請檢定職類乙級技術士證，並從事申請檢定職類相關工作二年以上。

二、取得申請檢定職類乙級技術士證，並接受相關職類職業訓練時數累計八百小時以上。

三、取得申請檢定職類乙級技術士證，並接受相關職類職業訓練時數累計四百小時以上者，並從事申請檢定職類相關工作一年以上。

四、取得申請檢定職類乙級技術士證，並具有技術學院、大學畢業或同等學力證明，且從事申請檢定職類相關工作一年以上。

五、具有專科畢業或同等學力證明，並從事應檢職類相關工作四年以上。

六、具有技術學院或大學畢業或同等學力證明，並從事應檢職類相關工作三年以上。

※上述相關職業訓練由中央主管機關認定之，並以在職業訓練機構或政府委辦單位參訓者為限。

二、全國技術士技能檢定第三梯次各職類報名注意事項

1、書表(簡章)發售期約為每年八月底至九月初之間。

2、團體報名、個別及委託報名期間：約為每年八月底至九月初之間。

3、報名職類：

第 三 梯 次	電腦輔助機械設計製圖（乙、丙）

三、全國技術士技能檢定各職類術科測驗收費標準

1. 一般應檢人應繳費用：學科報名費 270 元(含審查費 150 元)＋術科測驗費用
2. 申請免試學科測驗費用：繳審查費 150 元＋術科測驗費用
3. 申請免試術科測驗費用：繳學科報名費 270 元(含審查費 150 元)
4. 申請同時免試學科及免試術科測驗之應檢人：繳審查費 150 元

編號	職 類 級 別	甲 級	乙 級	丙 級	備註
20800	電腦輔助機械設計製圖		一、八七〇	一、二七〇	

四、上述詳細資料及確切時間，可到勞動部相關網站查詢：

1、全國技術士技能檢定報名及學科測驗試務資訊 https://skill.tcte.edu.tw
2、勞動部勞動力發展署技能檢定中心網站：http://www.wdasec.gov.tw

*上述資料僅供參考，一切以勞動部勞動力發展署公告為準。

目錄

第四單元 學科試題與解析

第五單元 共同學科不分級題庫

學科加考共用工作項目說明

　　勞動部公告技術士技能檢定「職業安全衛生」、「工作倫理與職業道德」「環境保護」、「節能減碳」等4共用工作項目學科題庫抽題比例，自107年1月1日起實施。

　　公告事項：

一、職業安全衛生(代號90006)、工作倫理與職業道德(代號90007)、環境保護(代號90008)、節能減碳(代號90009)等4共用工作項目，各職類學科題庫抽題比例各項各佔5%，合計20%。

二、各職類之級別依抽題比例，共用工作項目學科題庫所佔分數；

　　(一)丙級、單一級；各共用工作項目4題5分，共計16題、總分20分。

　　(二)乙級、甲級；各共用工作項目4題4分，共計16題、總分16分。

三、共用工作項目學科測試參考資料業已公告於本中心全球資訊網(http://www.wdasec.gov.tw/wdasecch/index.jsp)熱門主題/測試參考資料項下，歡迎下載參考使用。

　　讀者亦可掃瞄本書封面之QRcode鏈結下載。

電腦輔助設計製圖乙級技術士技能檢定術科測驗應檢須知

一、　術科測試於一天內完成，每日排定 1 場測試；上午工作圖繪製時間為 4 小時，下午相關圖繪製時間為 2.5 小時(均不含出圖時間)。

二、　檢定所需之工具與設備，除由術科測試辦理單位供給外，其餘均由應檢人自備，應檢人可參考自備工具表。

三、　檢定所須圖紙由術科測試辦理單位供給；應檢人除本試題自備工具表外，不得攜帶任何圖面參考資料及檔案進入檢定場。

四、　請應檢人妥為使用檢定場地單位供給之設備，如有損壞情形則由應檢人照價賠償。

五、　應檢人在接獲場地單位術科通知時，如所使用之電腦繪圖軟體未在檢定場地提供軟體表中時，請預先與術科測試辦理單位連繫，並由術科測試辦理單位安排應檢人於檢定前自備合法原版軟體(須合中文)，會同場地負責人進行安裝。

六、　為維持測試場地秩序，應檢人應按時進場，測試時間開始逾 15 分鐘尚未進場者，不准進場應檢。另測試時間開始後 15 分鐘，應檢人須完成以下程序始得離場:已出圖者，須依據本須知第九點規定完成離場程序；未出圖者，於評審表「放棄出圖」處簽名。

七、　應檢人於檢定完成欲繳卷時，由監評人員確認應檢人圖面之准考證編號欄已正確填妥後，再依監評人員指示自行出圖，應檢人並應將試題及試題說明一併繳回。

八、　應檢人倘若圖面未完整列印，得重新出圖，並將前一張圖紙作廢。

九、　應檢人出圖後，在圖面右下角之簽名確認欄簽名，監評人員則在圖面右上角簽名或蓋章，確認後應檢人始得離場。

十、　設計參考資料使用規定：

(一) 檢定用「設計參考資料」檔案，已由術科測試辦理單位於檢定前，將該檔案置於檢定場個人電腦桌面上，供應檢人參考使用。

(二) 應檢人使用經修改之「設計參考資料」檔案應檢，視同舞弊行為，主管機關將依「技術士技能檢定及發證辦法」及「技術士技能檢定作業及試場規則」相關規定究辦。

十一、　抽題規定如下：

(一) 術科測試辦理單位依時間配當表規定時間辦理電子抽題事宜。術科測試辦理單位應準備電腦及印表機相關設備各一套，依時間配當表規定時間辦理電子抽題事宜並將電腦設置到抽題操作界面，會同監評人員、應檢人，全程參與抽題，處理電腦操作及列印簽名事項。

(二) 上午場次測試開始前，到場術科測試編號最小號之應檢人代表抽出『工作圖』題組亂數排序，所有應檢人依題組亂數排序對應測試題組。應檢人數超過 10 人時，則重新以下一輪(10 題)題組繼續編號。應檢人代表完成抽題後，監評長現場抽定工作圖之『變更設計』選項。

(三) 下午場次測試開始前，到場術科測試編號最小號之應檢人代表抽出『相關圖』題組亂數排序，所有應檢人依題組亂數排序對應測試題組。應檢人數超過 10 人時，則重新以下一輪(10 題)題組繼續編號。

(四) 抽題範例，該場次計 20 位應檢人。

範例 1：術科測試編號最小號(假設為第 1 號)之應檢人抽出試題排序為「1-205、2-207、3-209、4-201、5-203、6-202、7-204、8-206、9-208、10-210」則第 1 號應檢人測試 205 題組，第 2 號應檢人測試 207 題組、第 3 號應檢人測試 209 題組，其餘應

檢人依序對應測試題組(含遲到及缺考)，排序如下所示：205、207、209、201、203、202、204、206、208、210、205、207、209、201、203、202、204、206、208、210。

範例 2：假設當日抽籤時，1 號及 2 號遲到，則由到場術科測試編號最小號之應檢人 3 號代表抽籤，若其抽出試題排序為「1-205、2-207、3-209、4-201、5-203、6-202、7-204、8-206、9-208、10-210」，則仍應保留第 1 號及第 2 號的對應試題，也就是第 1 號應檢人測試 205 題組，第 2 號應檢人測試 207 題組、第 3 號應檢人測試 209 題組，其餘應檢人依序對應測試題組(含遲到及缺考)。

(五) 各場次應檢人數不同時，依此類推。若相鄰兩座位之題號相同時，則由監評人員指示調整座位。

(六) 電子抽題結束後，術科測試辦理單位立即於明顯處公告抽題結果。

(七) 術科測試辦理單位若因故無法執行電子抽題時，得依下列規定以實體籤條抽籤之：

1. 由監評人員按術科測試編號指示應檢人依序逐一親自抽題(遲到或缺考者由監評人員代抽)，所抽出之試題為其術科測試試題。

2. 應將 10 題試題全部列入該場次測試使用，應檢人數超過 10 人時，則重新以下一輪(10 題)繼續抽題，若相鄰兩座位之題號相同時，則由監評人員指示調整座位。

3. 應檢人完成抽題後，由監評長現場抽定工作圖之「變更設計」選項，應公告於明顯處，本場次所有應檢人皆應以此選項實施術科測試。

(八) 其餘未規定部分，依現行試題規定。

*上述資料僅供參考，一切以勞動部勞動力發展署技能檢定中心公告為準。

電腦輔助設計製圖乙級技術士技能檢定術科測驗應檢人員自備工具表

項目	設備名稱	規格	單位	數量	備註
1	筆		支	若干	
2	比例尺	公制	支	1	
3	量角器		片	1	

*上述資料僅供參考，一切以勞動部勞動力發展署技能檢定中心公告爲準。

電腦輔助設計製圖乙級技術士技能檢定術科測驗時間配當表

時　間	内　容	備　註
07：30-07：45	1.監評前協調會議(含監評檢查機具設備)。 2.應檢人報到完成。	
07：45-08：00	1.應檢人抽題及工作崗位。 2.場地設備及供料、自備機具及材料等作業說明。 3.測試應注意事項說明。 4.應檢人試題疑案說明。 5.應檢人檢查設備及材料。 6.應檢人進行工作圖繪圖環境設定 7.其他事項。	
08：00-12：00	測試(一)：繪製工作圖	上午4小時，應檢人作答繪製時間。
12：00-13：30	1.工作圖出圖(依檢定名冊編號序唱名出圖)。 2.監評人員及應檢人休閒用膳時間。	
13：30-16：00	測試(二)：繪製相關圖	下午2.5小時，應檢人作答繪製時間。
16：00-16：30	相關圖出圖	應檢人陸續出圖後離場。
16：30-19：30	1.監評人員清點作品及進行評審工作。 2.場地人員整理場地。	

*上述資料僅供參考，一切以勞動部勞動力發展署技能檢定中心公告爲準。

電腦輔助設計製圖乙級-工作圖的製圖說明

一、時間分配：

1. 讀圖 15 分鐘，引線標示配合公差、查表相關等相關功能尺度位置。
2. 3D 實體零件建構 120~150 分鐘。
3. 預留 60~75 分鐘佈圖與尺度標註。

二、拆圖原則：

1. 依件號、名稱、剖面線範圍判別零件大概範圍與外形。
2. 以各視圖的中心線為基準，配合分規或圓規，依線條距中心線的距離，作進一步外形的判別。(以中心線為基準的原因：因為中心線在各投影視圖中不省略，其餘線型因各投影視圖表達方式的不同，可能為虛線或被省略)。
3. 本體外形凸出的部份可能是「凸緣」或是「外蓋」，要配合其它視圖研判。若為蓋子則相鄰位置有內孔虛線。
4. 圓形或矩形：
   a. 內孔大多為圓孔，方便加工或木模砂心的製作，尤其是要配合或加工的孔，95%為圓孔，因方孔加工困難，若不須加工不用配合，直接鑄造成形才比較有可能為矩形孔。
   b. 依線條在二個投影視圖中相對中心線距離研判，若距離相同表示為圓或正方形(機率較低)，若距離不同表示為矩形，內孔或凸緣皆可以此原則研判。
   c. 外蓋在不影響功能下，圓形較方形節省材料，矩形的凸緣、外蓋或內孔四角常有倒圓角。
5. 槽的加工，利用端銑刀立銑或鋸割銑刀臥銑，加工尾端為半圓或弧形，並非直角，須注意研判。
6. 組合圖中，螺栓、螺帽、鍵、銷不剖，墊圈剖切時斷面會塗黑，軸不縱剖(軸向剖)，可以橫剖(徑向剖)或局部剖，例如鍵座的斷面與外形，因此由剖面線的位置，有助於軸外形的研判。

三、佈圖原則：

1. 先依組合圖題目，投影視圖表達的方式佈圖，如剖視，局剖視圖，輔助視圖等，以便進一步核對研判零件外形是否正確。
2. 為進一步說明零件的外形特徵，可增加局部視圖，剖視圖、輔助視圖等。
3. 零件佈圖若與題目投影視圖表達方式不同時，須再進一步確認新的表達方式，有明顯優於原題目投影視圖表達的方式，避免自作聰明，表達不全。
4. 零件若只以二個視圖表達時，除圓桿件外，應再確認外形表達是否完整。
5. 零件以三個視圖表達時，全剖的視圖不宜超過二個，否則會造成零件圖的讀圖困擾，若有需要，另一個剖視可考慮改以局部剖或半剖表達，通常佈圖後最多虛線的投影視圖，就應考慮以剖視的方式表達。
6. 複雜的零件須以多視圖表達時，不是所有的視圖皆須將零件完全投影，部份的視圖應簡化為局部視圖，輔助視圖，斷面的剖視圖等。
7. 零件視圖中肋不剖，並在肋的地方增加旋轉剖面或移轉剖面表達肋的橫斷面外形。

四、尺度標註原則：

1. 依讀圖的引線位置，核對標註各零件視圖的功能尺度，配合公差，查表尺度，表面織構符號等。

2. 核對各零件的圓中心位置的尺度，如 X、Y 方向的尺度或孔位圓，外形的尺度如為孔則需標註直徑符號「ϕ」或若為螺孔則標註其螺紋符號，例如公制 V 形螺紋「M」等。

3. 核對零件最大外形尺度長、寬、深是否遺漏。

4. 標註時考慮基準面，通常以最大平面為基準面，或以中心線為加工對稱基準，標註的尺度通常為加工尺度或量測尺度，以方便加工進刀或量測檢驗。

5. 常用的表面粗糙度為 Ra 0.8、Ra 1.6、Ra 3.2、Ra 6.3、Ra 12.5、Ra 25、Ra 50。

    a. 一般不加工部份常用約為 Ra 25 或 Ra 50。

    b. 平面加工：粗加工(不配合)為 Ra 12.5，細加工(要配合)或做為基準面者約為 Ra 6.3，有相對運動為 Ra 3.2 或 Ra 1.6。

    c. 圓面或圓孔加工：粗加工(不配合)為 Ra 6.3，細加工(要配合)為 Ra3.2，有相對運動(滑動或轉動)或須鉸孔加工(銷孔)、研磨加工者為 Ra 1.6 或 Ra 0.8。

6. 鑽孔加工處，如不配合(如油路的內孔)，讓螺栓通過沉頭孔等，一般加工為 Ra 6.3，可省略不標。

7. 螺栓結合零件，一邊為螺孔，一邊為通孔，通孔的直徑比螺孔的公稱尺度約大 1~1.5 mm。

8. 錐度軸(孔)需標錐度符號及數值，斜鍵槽孔需標斜度符號及數值，錐度或斜度的數值在符號右側，公制斜銷孔需標小端直徑。

電腦輔助設計製圖乙級-工作圖解題分析與研習步驟說明

步驟 1. 相關知識與機構說明：

依各試題所示之組合圖顯示關鍵部分，作機構功能解說及動作流程說明，使讀者初步瞭解本試題之機構功能。

步驟 2. 變更設計相關知識說明：

依試題所示之變更設計之要求，說明其相關知識，並分別將 X1、X2、Y1、Y2 其變更設計之計算步驟、數值、圖形等整理，並將與變更設計配合之零件變化配合列出，以利研讀或查閱。

步驟 3. 規格查表：

依試題所示之組合圖比例量度標準機件規格尺度，配合變更設計將 X1Y1、 X2Y2 兩組題組，經查機械設計便覽表對照選用合理之標準機件規格，並將繪製機件應注意事項作完整標示說明。

步驟 4. 立體系統圖參考：

依試題所示之組合圖對照立體系統圖，協助瞭解各個機件之組裝狀態，縮短識圖時間以減少解題拆繪工作圖時將其他機件混淆繪製錯誤現象，詳見右上角標示立體系統圖參考之圖頁。

步驟 5. 等角組合圖參考：

依試題所示之組合圖將各零件組裝之外形狀況，呈現出來對照，協助試題之識圖與製圖。

步驟 6. 等角圖參考：

將試題規定繪製之零件以等角圖外形及剖切圖形顯示，並以瞭解零件各部分形狀決定視圖之表現法，協助試題之識圖與製圖。

步驟 7. 參考解答：

經上述步驟有概括性瞭解後，依試題說明繪製工作圖完成後，可與本書解題之參考答案對照比較，以瞭解自己繪圖缺失，本書分別依變更設計將 X1Y1、X2Y2 兩組題組繪製(另 X1Y2、X2Y1 兩組題組繪製，可依上述「變更設計相關知識說明」中自行組合參考)，讀者可依自己繪圖速度能力作答，以順利在時間內完成為原則。

試題編號：20800-990201-A

工作圖試題說明：

一、　本工作圖試題繪製**時間4小時**(可提前交卷但不加分)，不含出圖時間。試題依第三角法命題，應檢人可選用第一角法或第三角法繪製，惟不得混用。

二、　應檢人繪製時，圖中的線條、數字及符號等應依照最近公佈之CNS國家標準繪製。

三、　應檢人依規定可使用之自備工具為：**直尺**、**量角器**、**比例尺**等。只可參閱場地提供之設計資料檔，嚴禁攜帶**自備之設計資料**及**任何儲存媒體**。

四、　『**變更設計**』由監評人員現場抽定(寫於黑板上)，依試題所示之變更設計X及Y處繪製，變更設計將加重計分。

五、　**試題**：(依監評人員抽定之變更設計繪製)

　　1.　繪製零件2、零件3及零件4：出圖於一張A2圖紙
　　　　依1：1之比例，繪製零件2、零件3及零件4之工作圖於一張A2圖紙，工作圖須含尺度標註、公差配合、幾何公差、表面織構符號及零件表等。（零件2及零件3須依試題所示繪製蝸桿與蝸輪數據表，並計算補足空白欄位）

　　2.　繪製零件5：出圖於一張A3圖紙
　　　　依1：1之比例，繪製零件5之工作圖於一張A3圖紙，工作圖須含尺度標註、公差配合、幾何公差、表面織構符號及零件表等。

　　3.　手寫計算：於一張A3試題卷（編號4/4）
　　　　依試題卷上之說明及抽定之變更設計，手寫計算蝸桿導程角、軸向節距及中心距離等於試題卷（編號4/4）上，結束時連同出圖卷一併繳交。

六、　各圖面請繪製如**圖(a)**所示之A2及A3有裝訂邊圖框、標題欄及零件表，如**表(a)**所示，並填妥適當之內容。

七、　繪製時間結束時，請以『**准考證號碼**』為檔名，存入電腦資料碟中(嚴禁使用自備之任何儲存媒體)，並確認已經存檔後，電腦螢幕須保留現況，即離開崗位將試題交回給監 評人員，並出場等候出圖之指示。

八、　**出圖**：

　　1.　中途離場或放棄出圖者須告知監評人員，並在評審表"放棄出圖者"處簽名後離場，若未依規定而離場者視同不及格。

　　2.　應檢人請依監評人員之指示，將電腦繪製之圖面以黑色列印於規定圖紙上；倘若圖面未完整列印，得重新出圖，並將前一張圖紙作廢。

　　3.　應檢人出圖後須確認圖面，並在**右下角簽名**後始得離場。監評人員則在右上角簽章確認。

表**(a)** 零件表

件　號	名　稱	數　量	材　料	備　註
2	蝸桿軸	1	S45C	
3	蝸輪	1	S25C	
4	下方軸蓋	1	FC200	
5	蝸輪軸	1	S45C	

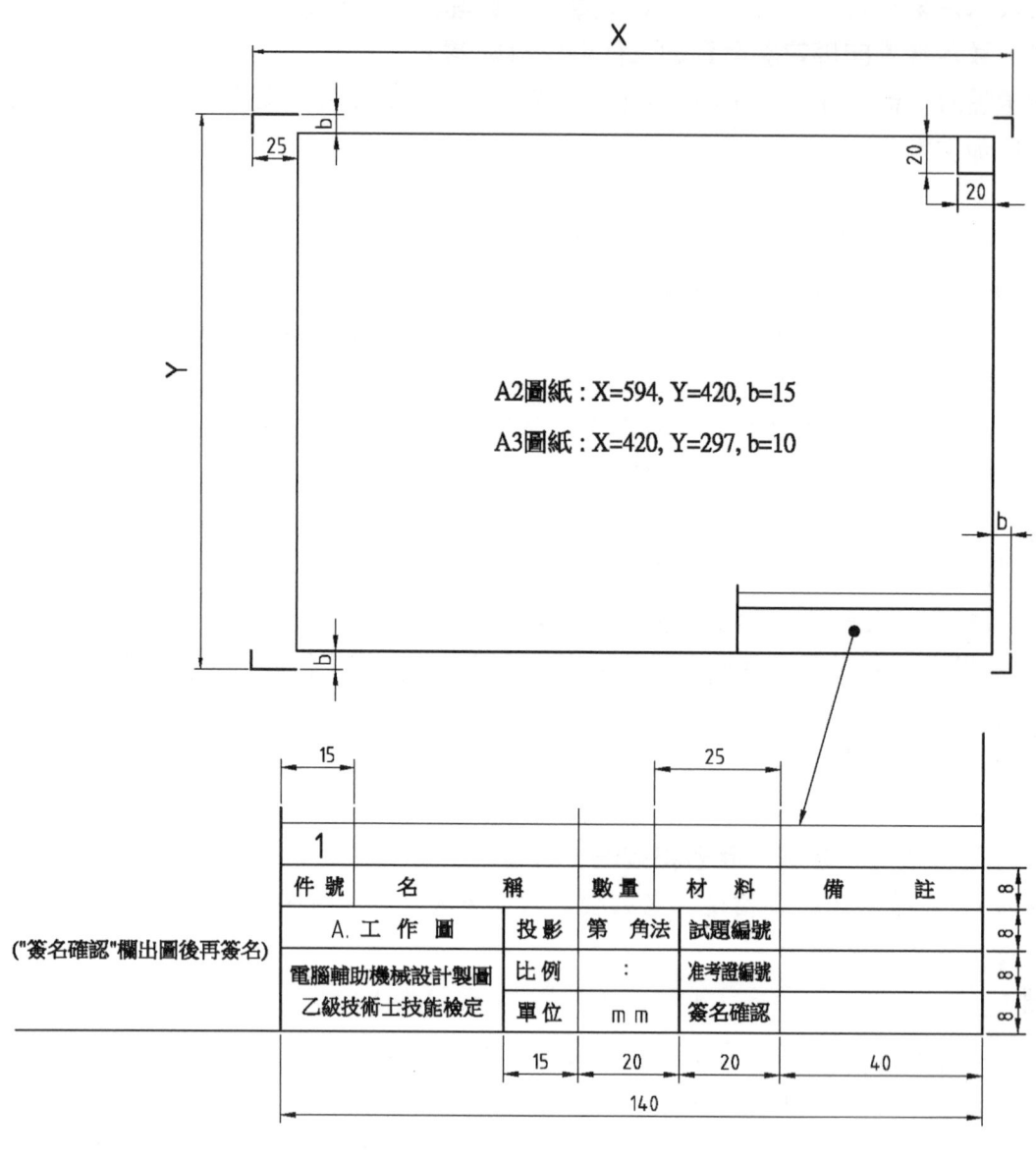

A2圖紙：X=594, Y=420, b=15

A3圖紙：X=420, Y=297, b=10

圖**(a)**

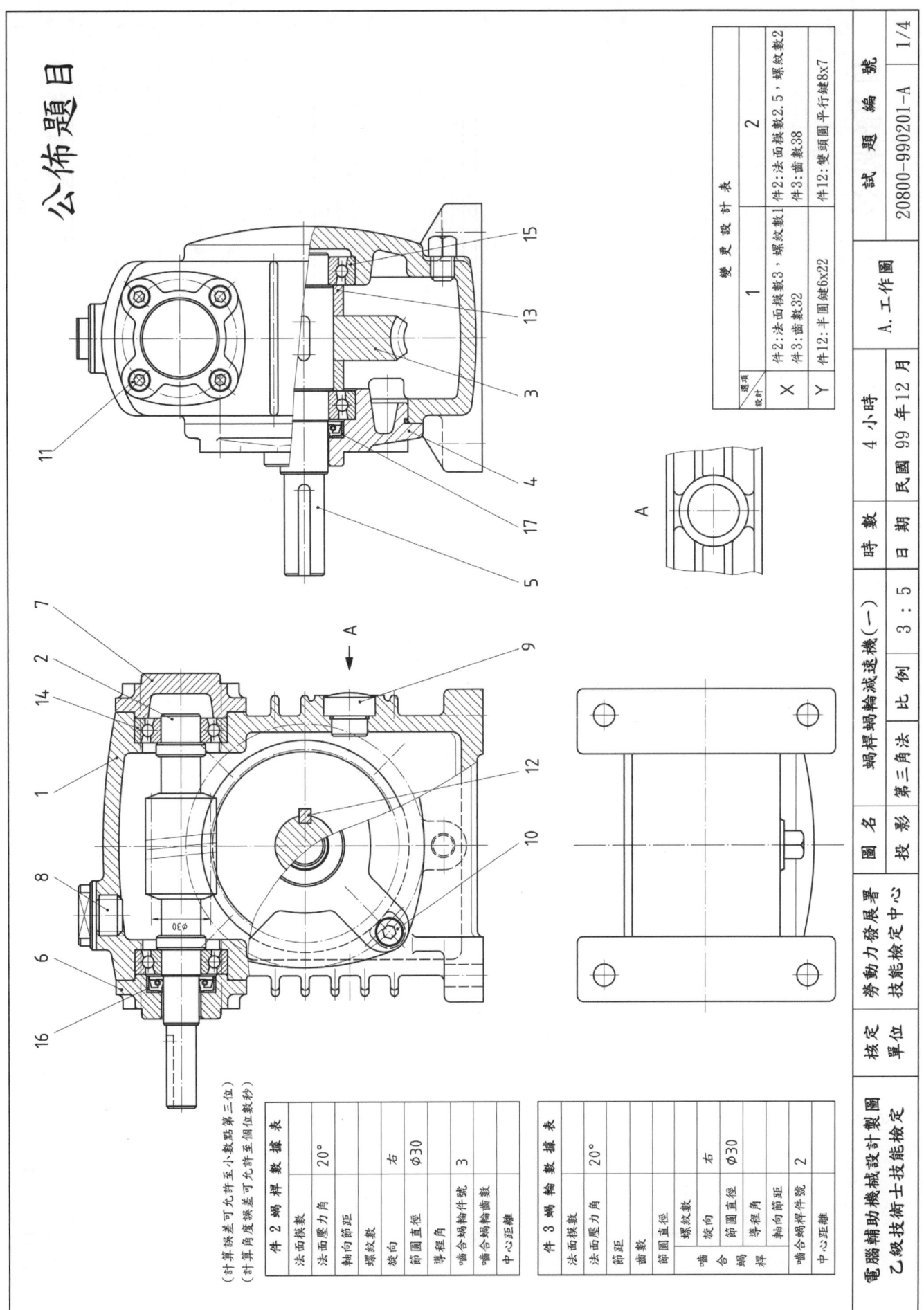

公佈題目

件 2 蝸 桿 數 據 表	
法面模數	
法面壓力角	20°
軸向節距	
螺紋數	
旋向	右
節圓直徑	φ30
導程角	
導程	
嚙合蝸輪件號	3
嚙合蝸輪齒數	
中心距離	

(計算誤差可允許差至小數點第三位)
(計算角度可允許差至個位數秒)

件 3 蝸 輪 數 據 表	
法面模數	
法面壓力角	20°
節距	
齒數	
節圓直徑	φ30
嚙合蝸桿 螺紋數	
旋向	右
節面節距	
導程角	
軸向節距	
嚙合蝸桿件號	2
中心距離	

		變 更 設 計 表	
選項		1	2
設計	X	件2:法面模數3,螺紋數1	件2:法面模數2.5,螺紋數2
		件3:齒數32	件3:齒數38
	Y	件12:半圓鍵6x22	件12:雙頭圓平行鍵8x7

試 題 總 編 號	
20800-990201-A	1/4
A. 工作圖	
時 數	4 小時
日 期	民國 99 年 12 月
圖 名	蝸桿蝸輪減速機(一)
比 例	3：5
投 影	第三角法
核 定 單 位	勞動力發展署 技能檢定中心
電腦輔助機械設計製圖 乙級技術士技能檢定	

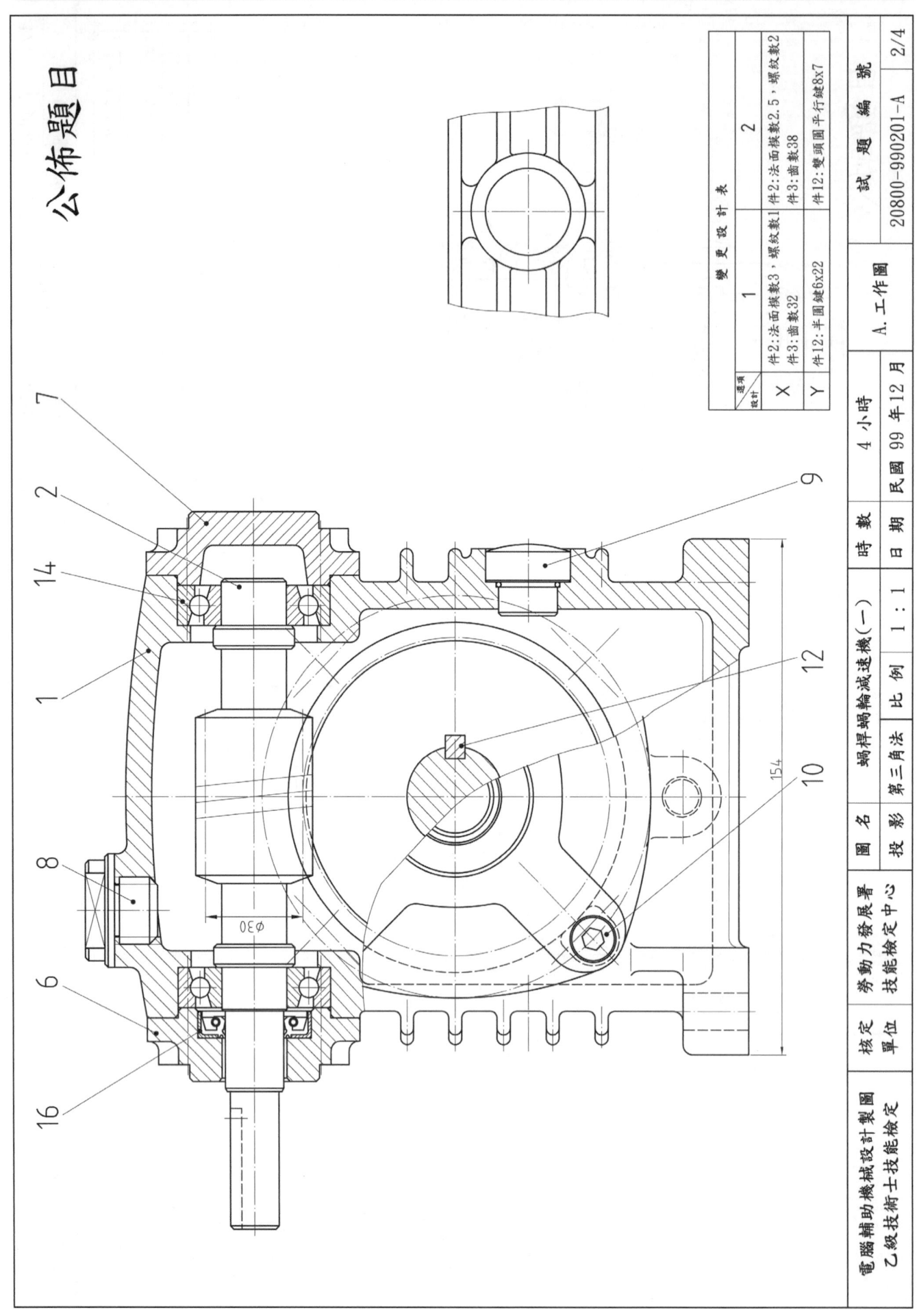

公佈題目

變更設計表		
設計 選項	1	2
X	件2:法面模數3,螺紋數1 件3:齒數32 件12:半圓鍵6x22	件2:法面模數2.5,螺紋數2 件3:齒數38 件12:雙頭圓平行鍵8x7
Y		

核定 單位	勞動力發展署 技能檢定中心	時 數	4 小時	試 題 編 號	
		日 期	民國 99 年 12 月	A.工作圖	20800-990201-A
電腦輔助機械設計製圖 乙級技術士技能檢定		圖 名	蝸桿蝸輪減速機(一)		
		投 影	第三角法	比 例	1:1		2/4

φ30

154

公佈題目

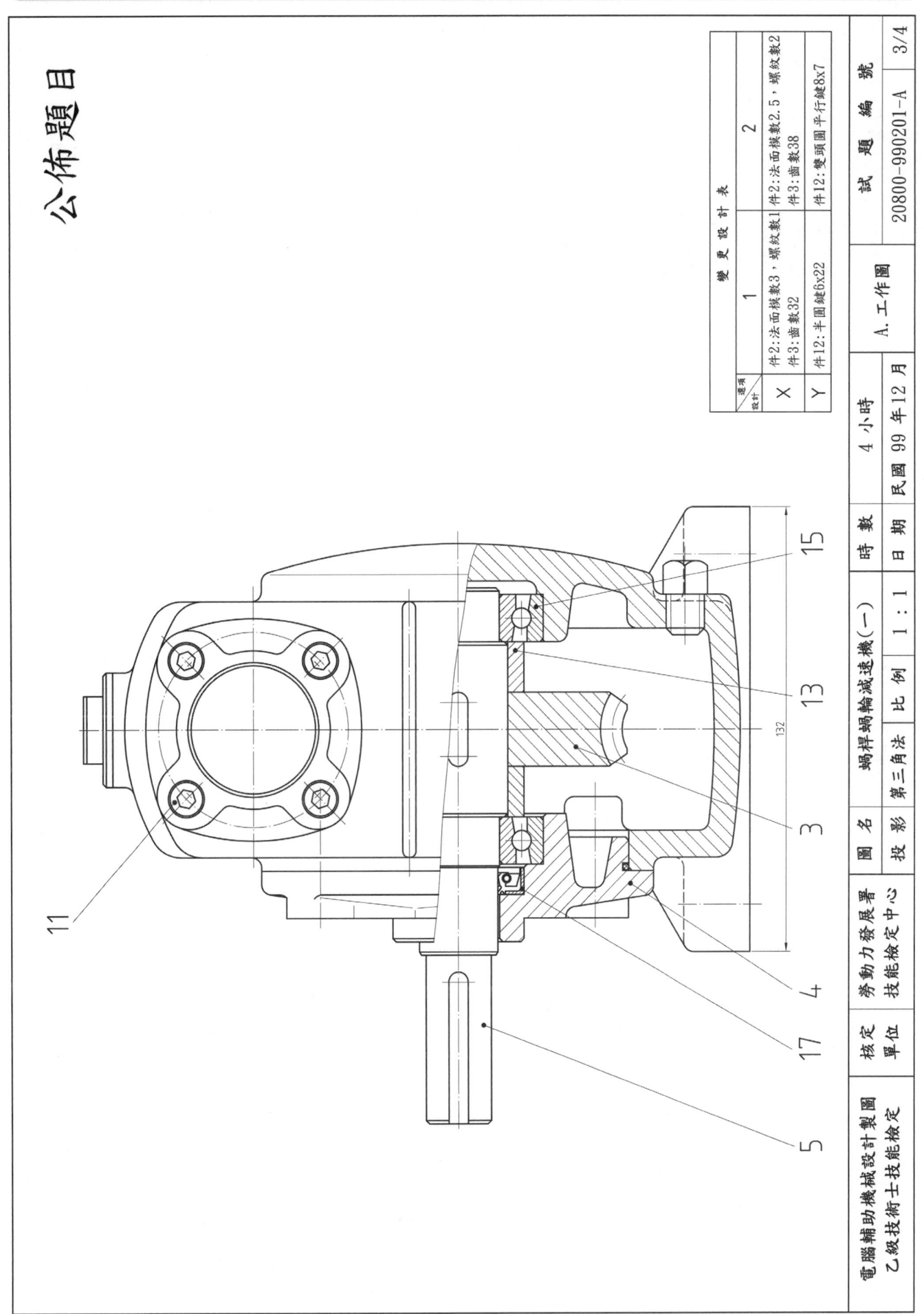

| 電腦輔助機械設計製圖 | 核定 | 勞動力發展署 | 圖 名 | 蝸桿蝸輪減速機（一） | 時 數 | 4 小時 |
| 乙級技術士技能檢定 | 單位 | 技能檢定中心 | 投 影 | 第三角法 | 比 例 | 1：1 | 日 期 | 民國 99 年 12 月 |

| | | A. 工作圖 | 試 題 編 號 | 20800-990201-A | 3/4 |

變 更 設 計 表

選項設計	1	2
X	件2:法面模數3，螺紋數1 件3:齒數32 件12:半圓鍵6x22	件2:法面模數2.5，螺紋數2 件3:齒數38 件12:雙頭圓平行鍵8x7
Y		

公佈題目

名部名稱	記號	計算公式
模數(軸直角)	Ms	Ms=D'/N=P/π=Mn/cos θ
法面模數(齒直角)	Mn	Mn=Ms×cos θ=Pn/π
(軸向)節距	P	P=πMs=(πD')/N=(πD)/(N+2)
法面節距	Pn	Pn=P×cos θ
齒數	N	N=D'/Ms=(D/Ms)-2=(π×D')/P
齒冠	Hk	Hk=Ms=0.3183P
齒根	Hf	Hf=Hk+C=1.25Ms=0.3979P
齒間隙	C	C<=0.25Ms
節線上之齒厚	T	T=P/2=(π×Ms)/2
節線上法面齒厚	Tn	Tn=T×cos θ
齒有效高度	He	He=2Hk=2Ms=0.6366P
齒全高	H	H=Hk+Hf=He+C=0.7162P
蝸輪節圓直徑	D'	D'=Ms×N=(N×P)/π=0.3183NP
蝸輪喉直徑	D	D=D'+2Hk=(N+2)/Ms=((N+2)/π)P
蝸輪之面角	λ	λ=60°~80°
蝸輪之最大徑	B	B=D+(d'-2Hk)×(1-cos(λ/2))
蝸桿導程	L	L=P(1線螺紋), L=2P(2線螺紋), L=3P(3線螺紋)
蝸桿之節圓直徑	d'	d'=L/(π×tan θ)
蝸桿之外徑	d	d=d'+2Hk=d'+2Ms
中心距離	A	A=(D'+d')/2
蝸桿之導程角	θ	tan θ=L/(π×d')

備考：tan θ=sin θ/cos θ，sin²θ+cos²θ=1，sin(90°-θ)=cos θ，cos(90°-θ)=sin θ，tan(90°-θ)=cot θ=1/tan θ

電腦輔助機械設計製圖 乙級技術士技能檢定	核定 單位	勞動力發展署 技能檢定中心	圖名 投影	蝸桿蝸輪減速機 第三角法	比例

說明

1. 在底下空白處，依抽定之變更設計填入已知值，以手寫方式計算蝸桿之導程角 θ、(軸向)節距 P 及中心距離 A 的值。
2. 手寫須清晰可讀，計算過程必須詳細符合邏輯，否則酌以扣分。
3. 須依左側之記號及公式書寫詳細計算過程。只寫答案者不予計分。
4. 本試卷(4/4)亦為答案卷，在測驗後連同出圖卷一同交給監評人員。

已知

依抽定之變更設計填入：(變更設計填入：X、Y)

蝸桿節圓直徑 d'=30
螺紋數 =_____
法面模數 Mn =_____
蝸輪齒數 N =_____

蝸桿之導程角 θ =_____

(軸向)節距 P =_____

中心距離 A =_____

准考證號碼	簽名

(計算誤差可允許至小數點第三位)(計算角度誤差可允許至個位數秒)

試題編號	20800-990201-A	4/4
時數	4 小時	A.工作圖
日期	民國 99 年 12 月	

解題分析與研習步驟

一、990201-A 相關知識及機構動作說明

1. 本減速機由一對兩軸互成垂直之蝸桿與蝸輪組成，蝸桿為主動，蝸輪為從動，因此動力只能由蝸桿傳動至蝸輪，不可逆向傳動，常用於起重機構、減速機構、汽車轉向機構、吊車或傳送較大動力機構。

2. 從動蝸輪與主動蝸桿之減速比甚大，約 $1:10$ 至 $1:500$，須特別注意潤滑的方法，以防止發熱及磨耗。

3. 減速機動力源為馬達，馬達轉軸以聯結器連接件 2 蝸桿之輸入動力端，蝸桿螺旋方向為右旋，如圖 1 前視圖所示，當蝸桿依圖示順時旋轉時，將帶動件 3 蝸輪順時旋轉；如右側視圖所示，蝸輪以鍵連接件 5 輸出動力。

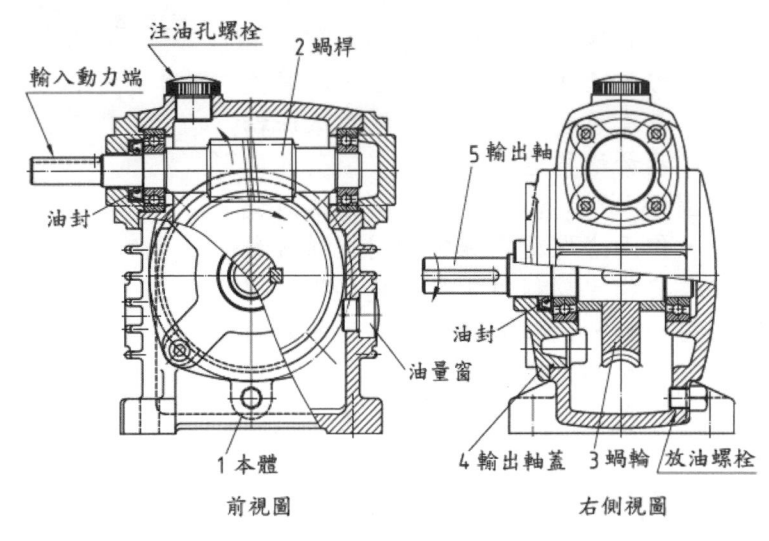

圖1 蝸輪蝸桿減速機

4. 由功能原理，輸入小轉矩於轉速大之蝸桿，可輸出至轉速小之蝸輪產生較大之轉矩，輸出供給較大動力機構。。

5. 件 1 本體之齒輪箱內設有潤滑油槽，使得蝸輪旋轉時得以浸浴潤滑；將注油孔螺栓打開，注入潤滑油至油槽，齒輪箱內裝置油量窗，以便顯示油量，當潤滑油使用一定週期時，須更換潤滑油，將油槽底部洩油螺栓旋開，先行洩油後再注入新的潤滑油。

6. 件 1 本體外部設計成散熱片形狀，其目的是為了增快減速機冷卻速率。

7. 件 2 蝸桿輸入軸端及件 5 輸出軸端，分別裝置油封，以防止潤滑油外洩，也能防止污染潤滑油之灰塵或髒物進入。

8. 減速機蝸桿蝸輪因具有螺旋角，傳動時會產生軸向推力，因此安裝斜角滾珠軸承來承受軸向推力，且必須注意其承受推力方向之安裝，以免造成無法承受推力之作用。

9. 如圖 2 前視圖所示，蝸桿依圖示方向旋轉帶動蝸輪順時旋轉，產生之軸向推力及安裝軸承位置如下述：
   (1) 右側視圖所示蝸輪承受推力向左，故裝置具有承受推力方向之斜角滾珠軸承於蝸輪左側。
   (2) 前視圖所示蝸桿承受蝸輪反作用力，產生推力方向向左，故裝置具有承受推力方向之斜角滾珠軸承於蝸桿左端。

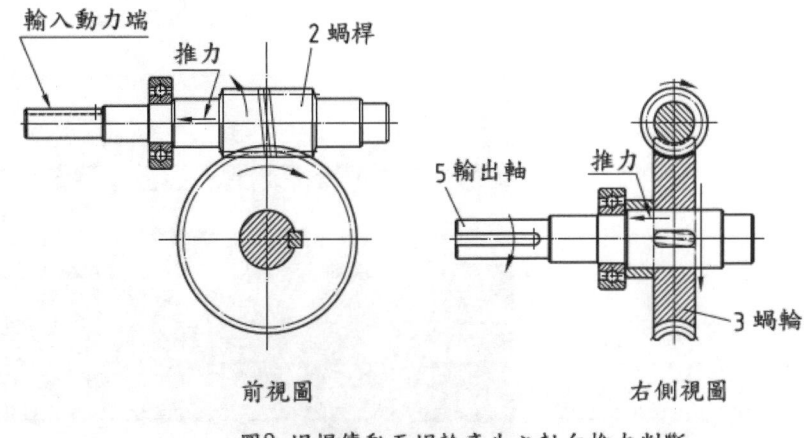

圖2 蝸桿傳動至蝸輪產生之軸向推力判斷

10. 如圖 3 前視圖所示，蝸桿依圖示方向旋轉帶動蝸輪逆時旋轉，產生之軸向推力及安裝軸承位置如下述：

   (1) 右側視圖所示蝸輪承受推力向右，故裝置具有承受推力方向之斜角滾珠軸承於蝸輪右側。

   (2) 前視圖所示蝸桿承受蝸輪反作用力，產生推力方向向右，故裝置具有承受推力方向之斜角滾珠軸承於蝸桿右端。

11. 如圖 3 所示，蝸桿與蝸輪有相同旋向，但兩者螺旋角經常不同，通常對蝸桿要指定導程角，對蝸輪要指定螺旋角，對蝸桿與蝸輪相交 90 度的軸角而言，此兩角度相等。

12. 蝸桿導程角與螺旋角互為餘角。

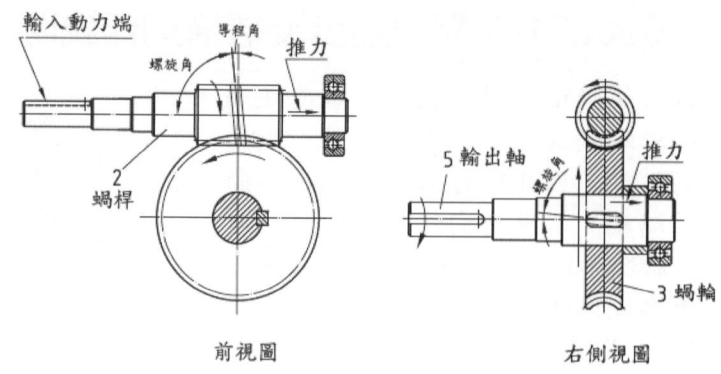

前視圖　　　　　　　　　右側視圖

圖3 蝸桿傳動至蝸輪產生之軸向推力判斷

實物照片圖參考

減速機組合外觀

減速機零件 1 本體外觀

減速機應用於絞車起重裝置

二、990201-A 變更設計相關知識說明

1. 試題要求之變更設計：

變更設計		
設計＼選項	1	2
X	件2：法向模數3，螺紋數1 件3：齒數32	件2：法向模數2.5，螺紋數2 件3：齒數38
Y	件12：半圓鍵6x22	件12：雙頭圓平行鍵8x7

2. 變更設計之計算及查表：

經查表蝸桿與蝸輪之計算公式

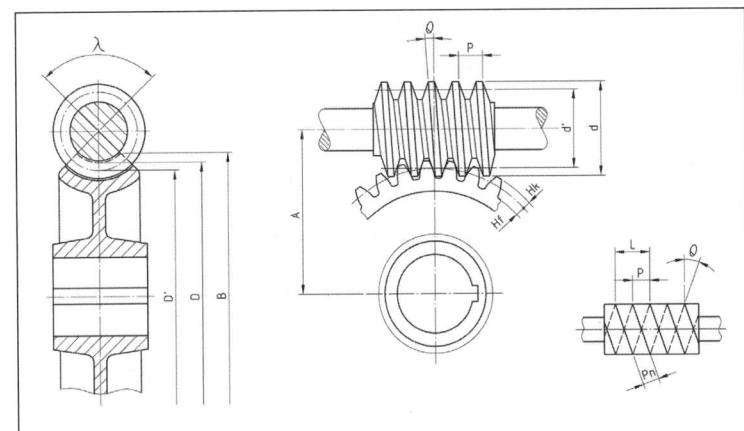

　　a.　X1 變更設計之計算：

[已知]：法向模數(Mn)=3

蝸桿之節圓直徑(d')=30

螺紋數(n)=1，齒數(N)=32

[計算]：

∵ $Ms= Mn/\cos\theta$ ∴ $Ms = 3/\cos\theta$；

　$P = \pi \times Ms$

⇒ $L=n\times P=1\times\pi\times Ms=\pi\times(3/\cos\theta)$-----①

　$\tan\theta = \sin\theta/\cos\theta$----------------------②

　$d' = L/(\pi\times\tan\theta)$ ----------------------③

將①、②式 代入③式整理可得

$d'= Mn/\sin\theta=3/\sin\theta$

⇒ $30=3/\sin\theta$，$\sin\theta=0.1$，

　∴ $\theta = \sin^{-1}(0.1) \approx 5.739° \approx 5°44'21''$

⇒∵ $Ms= Mn/\cos\theta$ ∴ $Ms \approx 3.015$

　$P=\pi\times Ms=\pi\times3.015\approx9.472$

　$D' = Ms\times N=3.015\times32\approx96.484$

　$A = (D'+d')/2=(30+96.484)/2=63.242$

　　b.　X2 變更設計之計算：

[已知]：法向模數(Mn)=2.5

蝸桿之節圓直徑(d')=30

螺紋數(n)=2，齒數(N)=38

[計算]： ∵ $Ms= Mn/\cos\theta$ ∴ $Ms = 2.5/\cos\theta$；$P = \pi\times Ms$

⇒ $L=n\times P=2\times\pi\times Ms=\pi\times(5/\cos\theta)$---①；$\tan\theta = \sin\theta/\cos\theta$----②；$d' = L/(\pi\times\tan\theta)$ ----③

　　將①、②式 代入③式整理可得 $d'= Mn/\sin\theta=5/\sin\theta$

　　∴ $30=5/\sin\theta$，$\sin\theta\approx0.166$，$\theta\approx \sin^{-1}(0.166) \approx 9.594° \approx 9°35'39''$

⇒∵ $Ms= Mn/\cos\theta$ ∴ $Ms \approx 2.535$，$P=\pi\times Ms=\pi\times2.535\approx7.964$

　$D' = Ms\times N=2.535\times38\approx96.348$，$A = (D'+d')/2=(30+96.348)/2=63.174$

各部名稱	記號	計算公式
模數(軸直角)	Ms	$Ms = D'/N = P/\pi = Mn/\cos\theta$
法面模數(齒直角)	Mn	$Mn = Ms\times\cos\theta = Pn/\pi$
軸向節距	P	$P = \pi Ms = (\pi D')/N = (\pi D)/(N+2)$
齒數	N	$N = D'/Ms = (D/Ms)-2 = (\pi D')/P$
蝸桿導程	L	$L=n P$(n 代表螺紋線數)
蝸桿之節圓直徑	d'	$d' = L/(\pi\tan\theta)$
蝸輪之節圓直徑	D'	$D' = MsN = (NP)/\pi = 0.3183NP$
中心距離	A	$A = (D'+d')/2$
蝸桿之導程角	θ	$\tan\theta = L/(\pi d')$

數據表資料整理如下：

X1			
蝸 桿 數 據 表		蝸 輪 數 據 表	
法面模數	3	法面模數	3
法面壓力角	20°	法面壓力角	20°
軸向節距	9.472	節距	9.472
螺紋數	1	齒數	32
旋向	右	節圓直徑	Ø96.484
節圓直徑	Ø 30	嚙合蝸桿 螺紋數	1
導程角	5°44'21"	旋向	右
嚙合蝸輪件號	3	節圓直徑	Ø30
嚙合蝸輪齒數	32	導程角	5°44'21"
中心距離	63.242	軸向節距	9.472
		嚙合蝸桿件號	2
		中心距離	63.242

X2			
蝸 桿 數 據 表		蝸 輪 數 據 表	
法面模數	2.5	法面模數	2.5
法面壓力角	20°	法面壓力角	20°
軸向節距	7.965	節距	7.965
螺紋數	2	齒數	32
旋向	右	節圓直徑	Ø96.348
節圓直徑	Ø 30	嚙合蝸桿 螺紋數	2
導程角	9°35'39"	旋向	右
嚙合蝸輪件號	3	節圓直徑	Ø30
嚙合蝸輪齒數	38	導程角	9°35'39"
中心距離	63.174	軸向節距	7.965
		嚙合蝸桿件號	2
		中心距離	63.174

上述之數據亦可配合使用繪圖軟體之設計資料求出，以 AUTODESK 之 INVENTOR 2010 軟體為例，計算 X1 方法(X2 可仿此方法計算設計)如下所示：

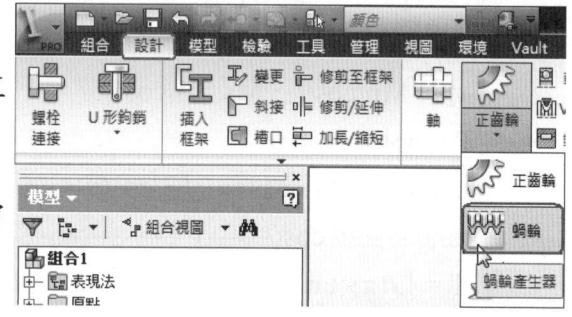

1. 先在 inventor 開啟空白的組合檔，之後先存檔。
2. 啟動設計頁框內的蝸輪產生器，將相關數據輸入視窗框內的欄位。

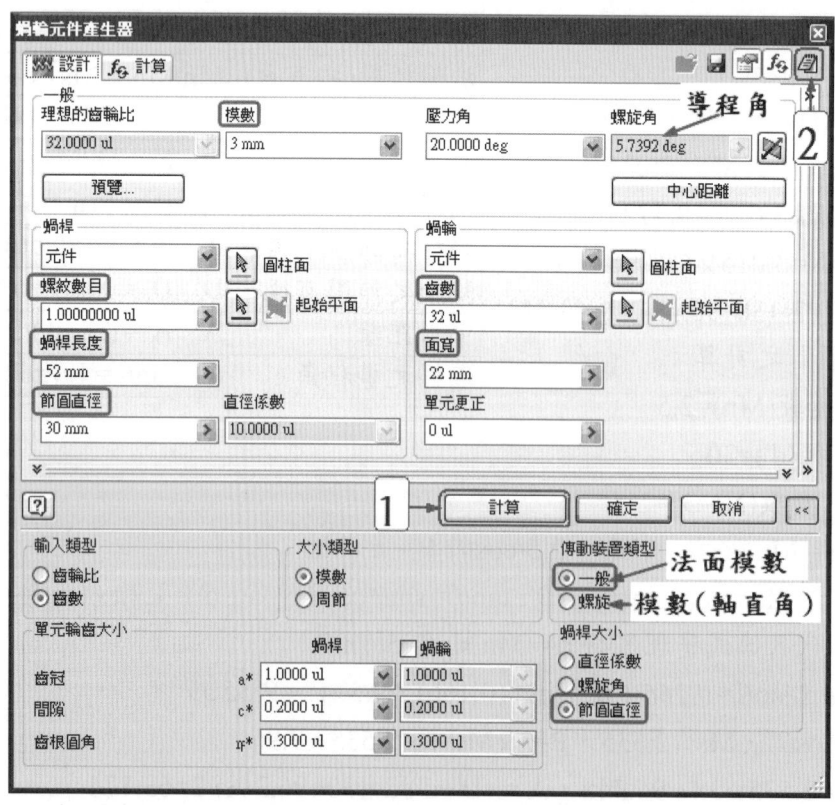

Ps：5.7392deg 約等於 5°44'21"

3. 按 1 [計算] 圖示，再按 2 結果 🗐 圖示，即可檢視相關數據。

一般參數

模數**(法面模數)**	m	3.000 mm
軸向模數	m_x	3.015 mm
螺旋角**(導程角)**	γ	5.7392 deg
壓力角	α	20.0000 deg
中心距離	a_w	63.242 mm
軸周節(蝸輪節距) (蝸桿軸向節距)	p_x	9.4723 mm
中心距離的限制偏差	f_a	0.028 mm

齒輪

		蝸桿	蝸輪
螺紋數目	z	1.000 ul	
齒數	z		32.000 ul
節圓直徑	d	30.000 mm	96.484 mm
外徑	d_a	36.000 mm	計算 1
齒根直徑	d_f	22.800 mm	計算 2
外徑	dae		105.484 mm
限制圓周偏轉度	F_r	0.0120 mm	0.0250 mm

備註：

計算 1、2 軟體係採用法面模數計算，而零件圖之外形尺度需採軸向模數計算，故自行計算如下：

計算 1 蝸輪外徑(齒冠直徑)=節圓直徑+2×軸向模數　　D=96.484+2×3.015=102.514

計算 2 蝸輪齒根直徑=節圓直徑−2×1.25×軸向模數　　d=96.484−2×1.25×3.015=88.946

c. Y1 變更設計之查表：

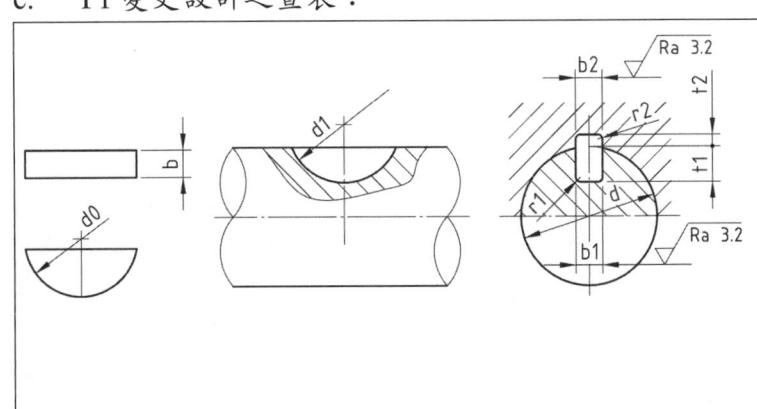

[已知]：半圓鍵 6×22　經查表得到：

件 5 鍵座尺度：$b1=6\,^{0}_{-0.030}$ 或(6N9)

$d1=\phi\,28\,^{+0.3}_{0}$，$t1=6.6\,^{+0.1}_{0}$

件 3 鍵槽尺度：$b2=6\,^{+0.040}_{+0.010}$ 或(6F9)

$t2=2.6\,^{+0.1}_{0}$

d. Y2 變更設計之查表：

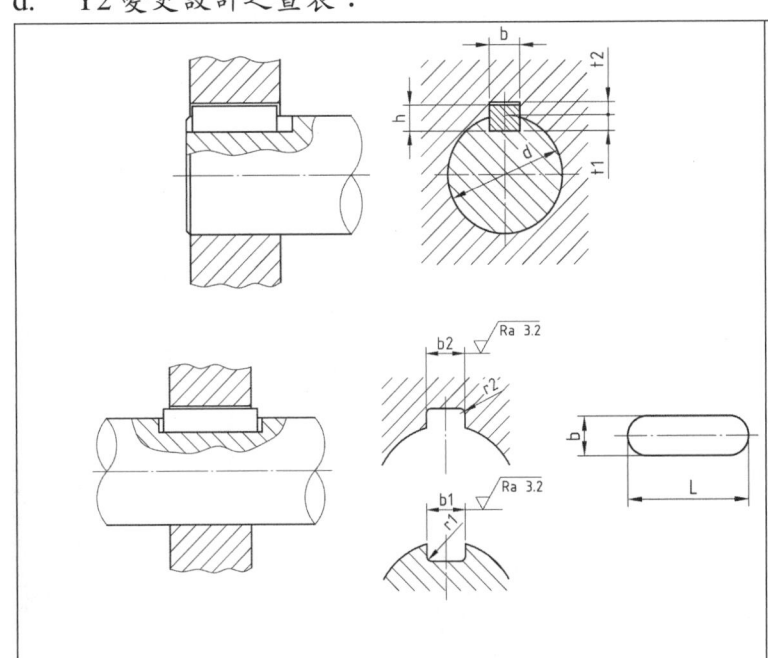

[已知]：雙頭圓平行鍵 8×7

經查表得到：

件 5 鍵座尺度：$b1=8\,^{0}_{-0.036}$ 或(8N9)

$b1=8\,^{-0.015}_{-0.051}$ 或(8P9)

$t1=4\,^{+0.2}_{0}$

件 3 鍵槽尺度：$b2=8\pm0.018$ 或(8Js9)

$b2=8\,^{-0.015}_{-0.051}$ 或(8P9)

$t2=3.3\,^{+0.2}_{0}$

査表說明

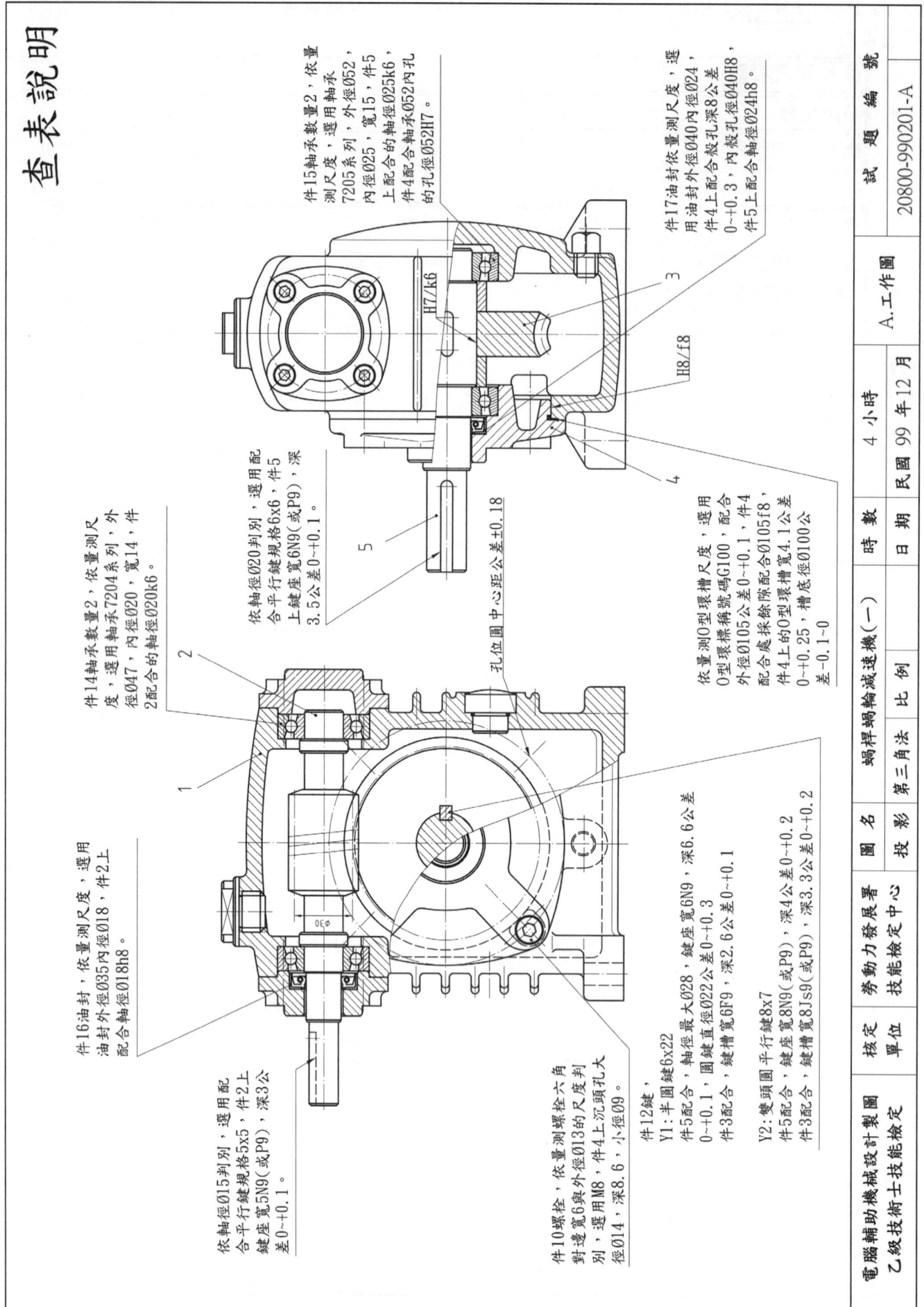

件15軸承數量2，依量測尺度，選用軸承7205系列，內徑025，外徑052，寬15，件5上配合的軸徑025k6，件4配合軸徑052內孔的孔座052H7。

件14軸承數量2，依量測尺度，選用軸承7204系列，外徑047，內徑020，寬14，件2配合的軸徑020k6。

件16油封，依量測尺度，選用油封外徑035內徑018，件2上配合軸徑018h8。

件17油封依量測尺度，選用油封外徑040內徑024，件4上配合殼孔徑040H8，0~+0.3，內襯孔徑040H8，件5上配合軸徑024h8。

件10螺栓，依量測尺度，選用配對邊寬6與外徑013的尺度判別，選用M8，件4上沉頭孔大徑014，深8.6，小徑09。

件10螺栓，依量測螺栓六角對邊寬6度判別

依軸徑020判別，選用配合平行鍵規格6x6、件5上鍵座寬6N9（或P9），深3.5公差0~+0.1。

依軸測O型環槽尺度，選用O型環標稱碼號G100，配合外徑0105公差0~+0.1，件4配合0105f8，件4上的O型環槽寬4.1公差0~+0.25，槽底徑0100公差-0.1~0

孔位圓中心距公差±0.18

依軸徑015判別，選用配合平行鍵規格5x5，件2上鍵座寬5N9（或P9），深3公差0~+0.1。

件12鍵：
Y1：半圓鍵6x22
件5配合，軸徑最大028，鍵座寬6N9，深6.6公差0~+0.1，圓鍵直徑022公差0~+0.3
件3配合，鍵槽寬6F9，深2.6公差0~+0.1

Y2：雙頭圓平行鍵8x7
件5配合，鍵座寬8N9（或P9），深4公差0~+0.2
件3配合，鍵槽寬8JS9（或P9），深3.3公差0~+0.2

電腦輔助機械設計製圖	校定	勞動力發展署	圖名	蝸桿蝸輪減速機（一）	時數	4 小時
乙級技術士技能檢定	單位	技能檢定中心	投影	第三角法	比例	

A.工作圖

日期　民國 99 年 12 月

試題編號　20800-990201-A

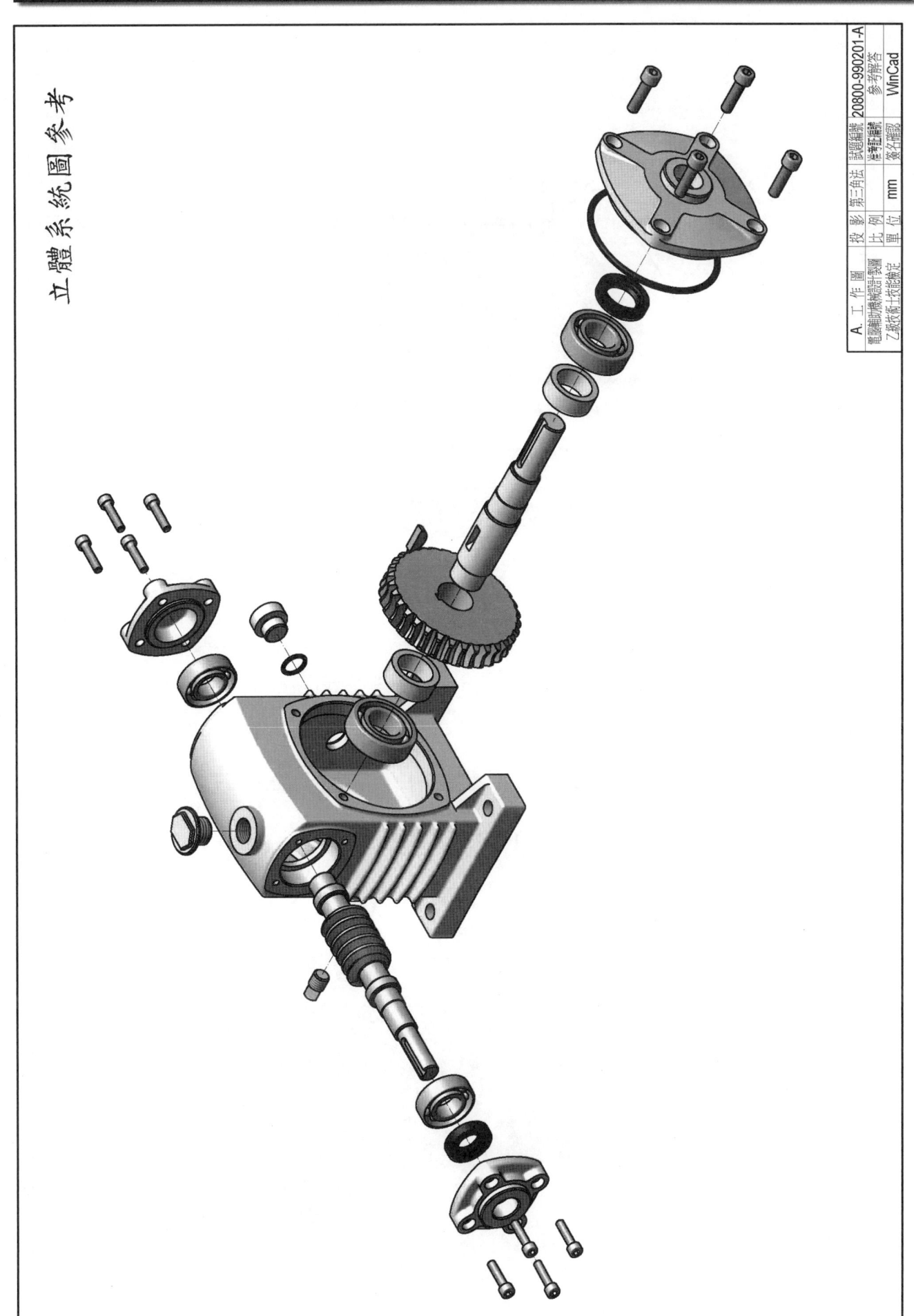

立體系統圖參考

A 工作圖	投影	第三角法	試題編號	20800-990201-A
重輛動機機械設計製圖	比例		標準圖編號	參考解答
乙級技術士技能檢定	單位	mm	簽名欄印	WinCad

等角組合圖參考

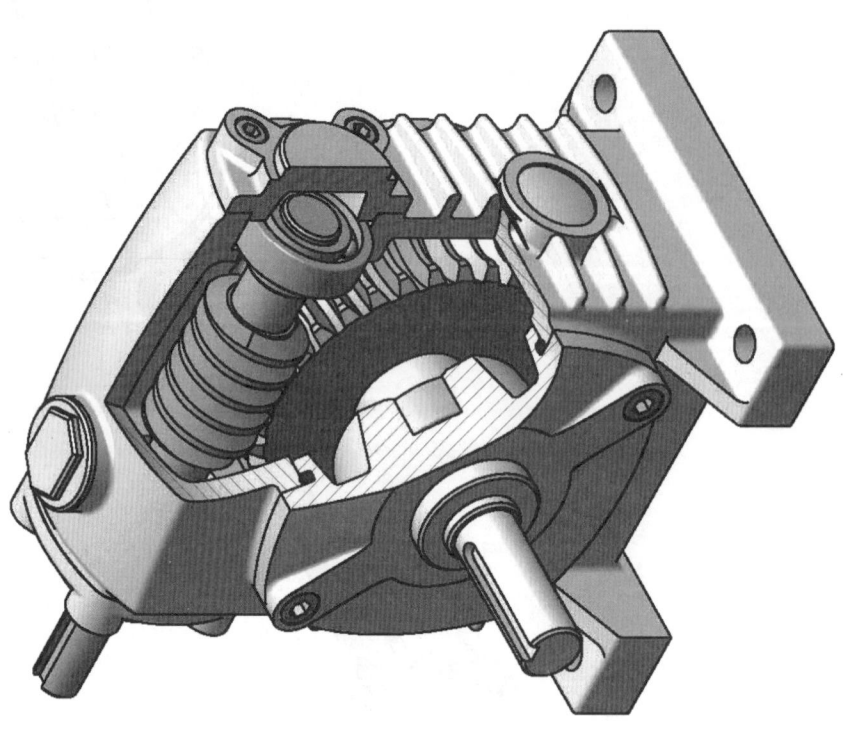

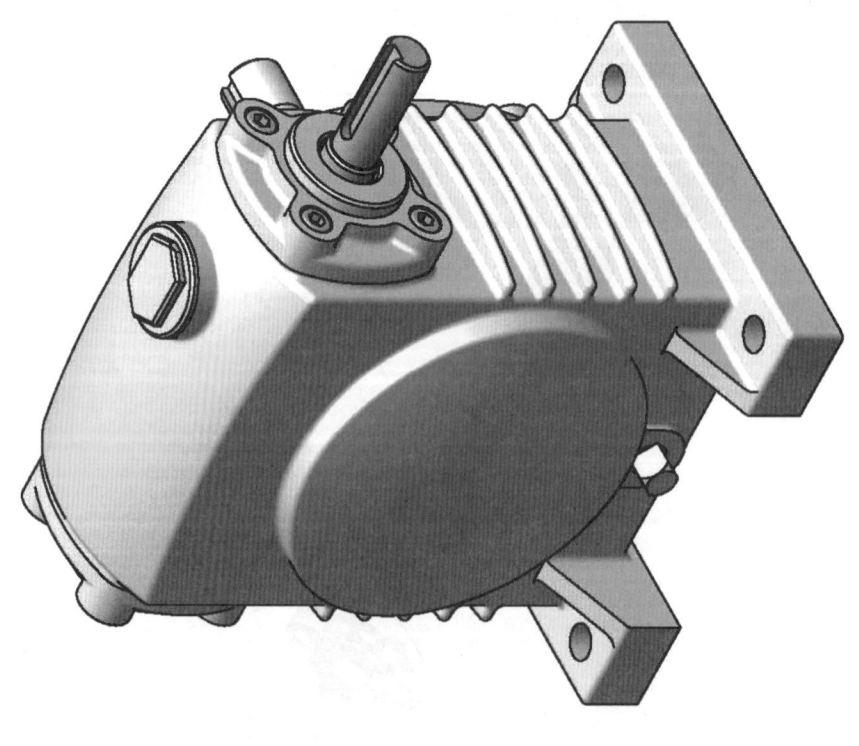

A. 工作圖	投影 第三角法	圖名 蝸輪組	圖號 20800-990201-A
電腦輔助機械設計製圖	比例	進室配線組	參考解答
乙級技術士技能檢定	單位 mm	章名圖認	WinCad

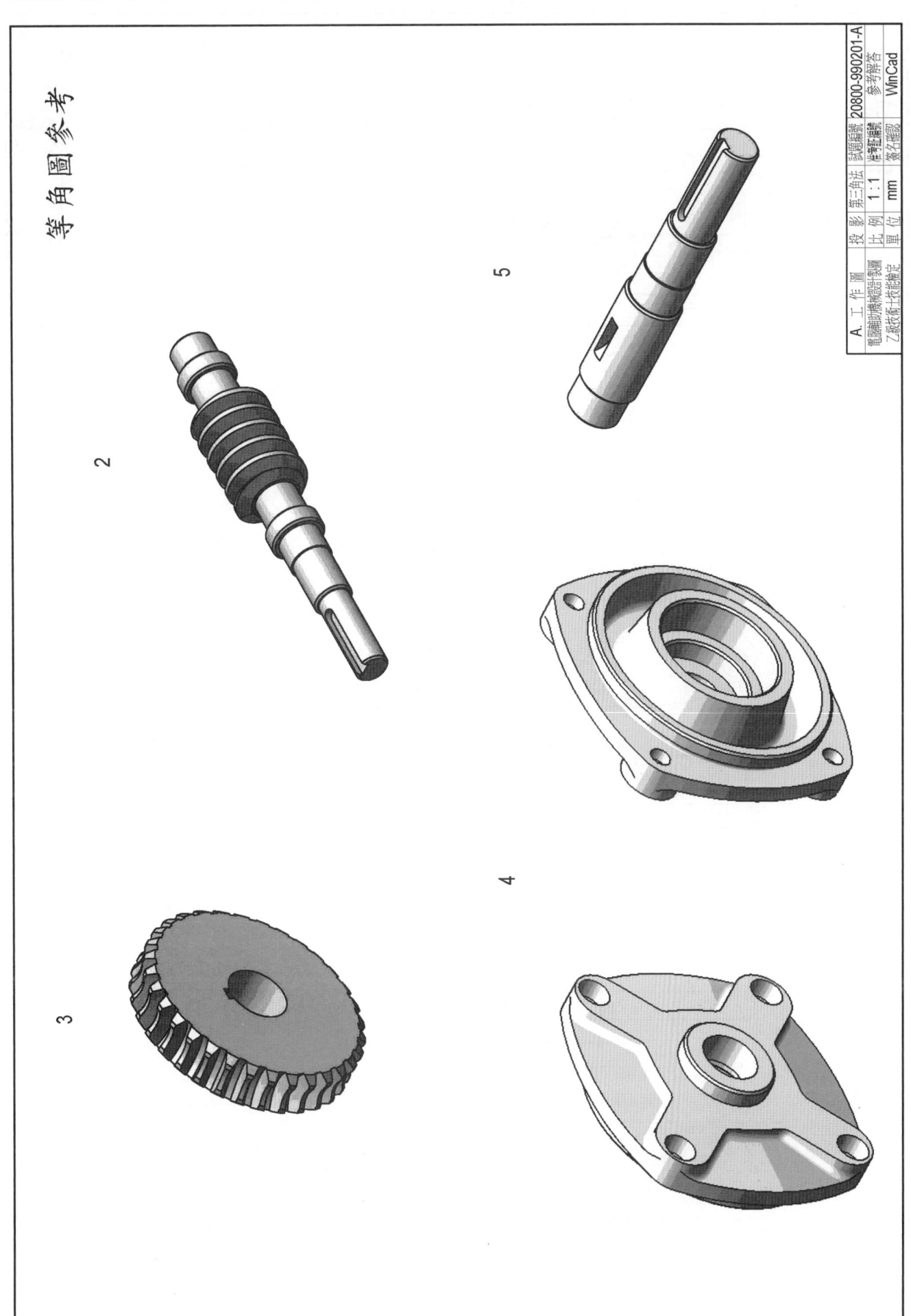

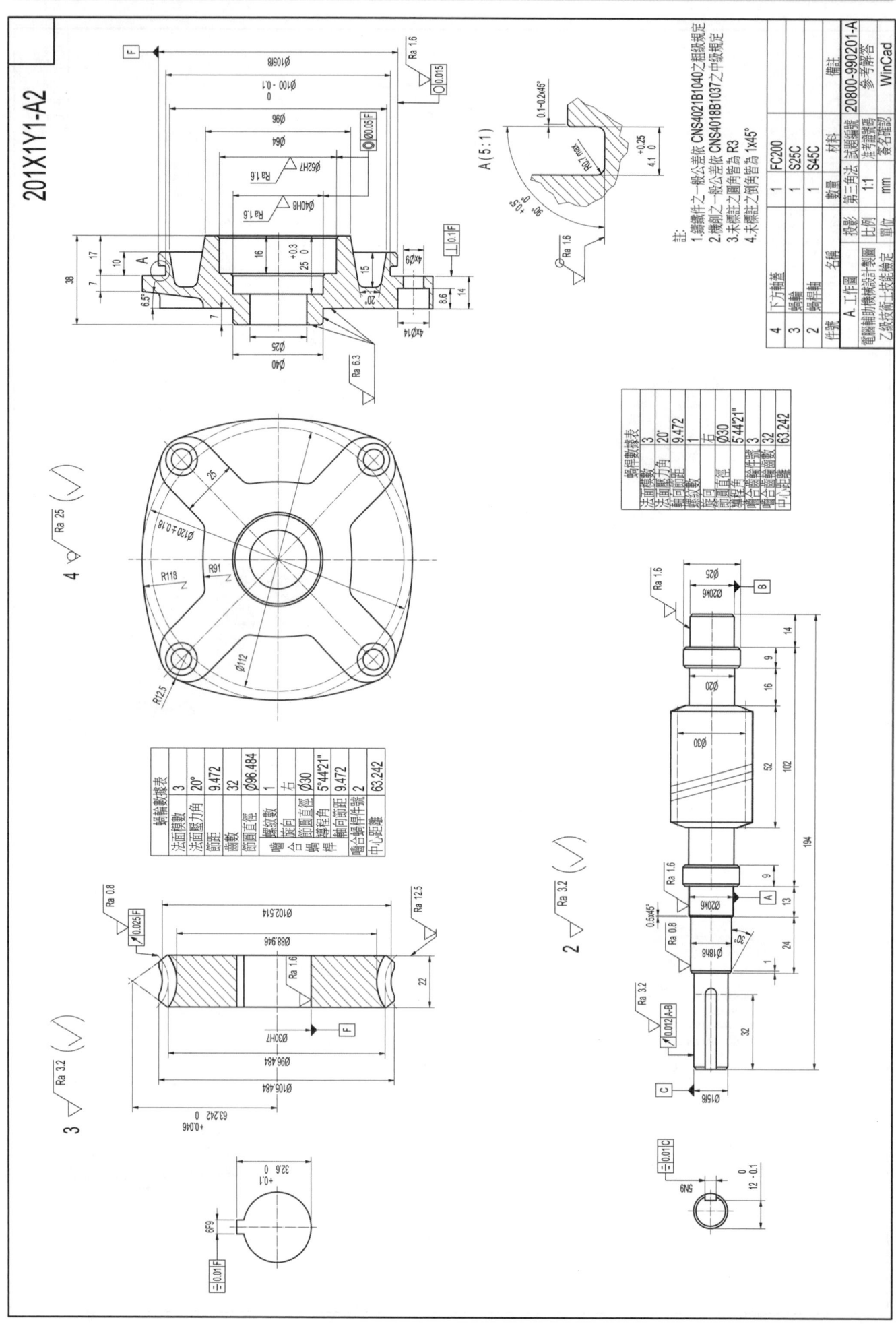

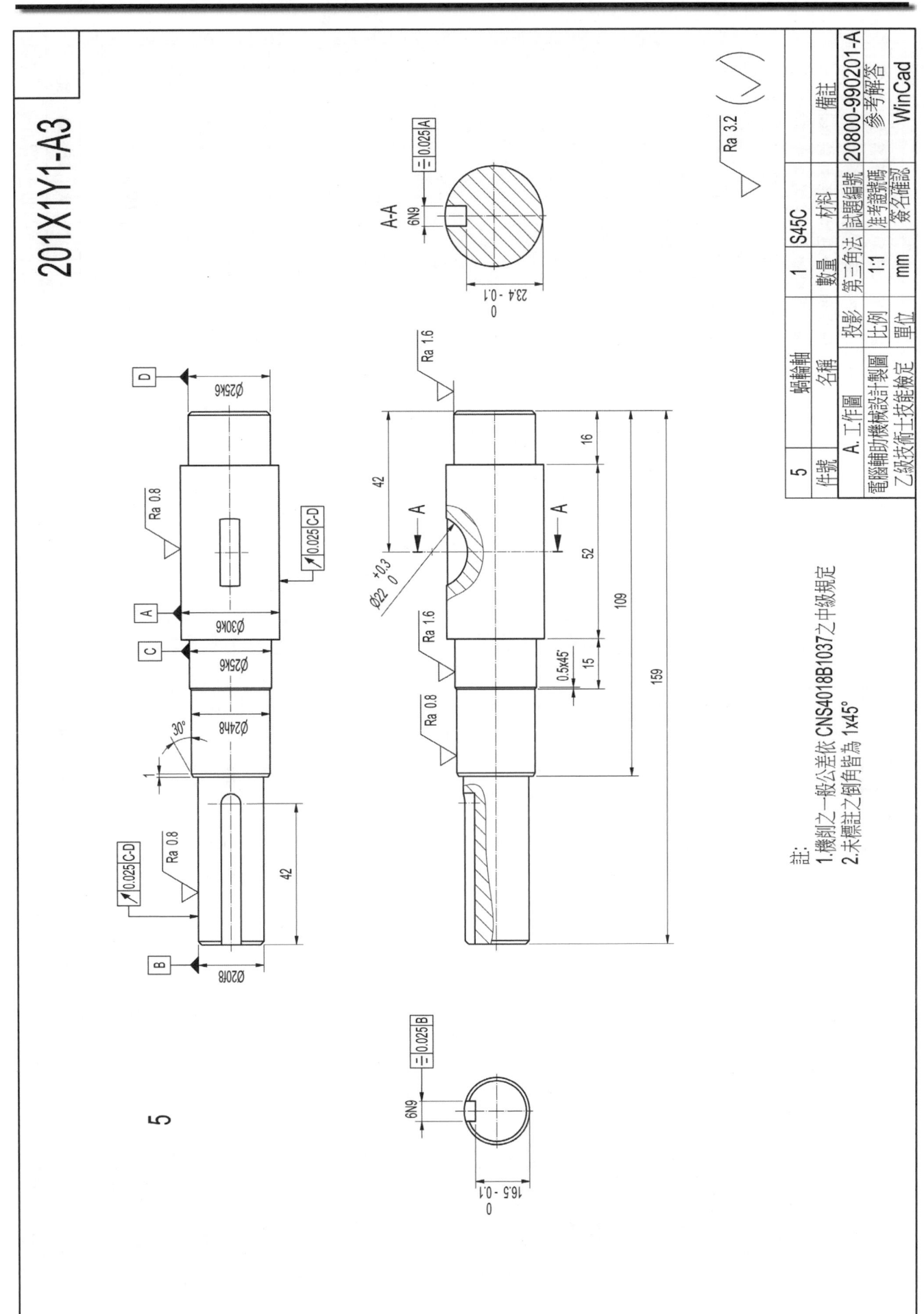

201X1Y1-A3

計算公式表

各部名稱	記號	計算公式
模數(軸直角)	Ms	$Ms=D'/N=P/\pi=Mn/\cos\theta$
法面模數(齒直角)	Mn	$Mn=Ms\times\cos\theta=Pn/\pi$
(軸向)節距	P	$P=\pi Ms=(\pi D')/N=(\pi D)/(N+2)$
法面節距	Pn	$Pn=P\times\cos\theta$
齒數	N	$N=D'/Ms=(D/Ms)-2=(\pi\times D')/P$
齒冠	Hk	$Hk=Ms=0.3183P$
齒根	Hf	$Hf=Hk+C=1.25Ms=0.3979P$
齒間隙	C	$C<=0.25Ms$
節線上之齒厚	T	$T=P/2=(\pi\times Ms)/2$
節線上法面齒厚	Tn	$Tn=T\times\cos\theta$
齒有效高度	He	$He=2Hk=2Ms=0.6366P$
齒全高	H	$H=Hk+Hf+He+C=0.7162P$
蝸輪節圓直徑	D'	$D'=Ms\times N=(N\times P)/\pi=0.3183NP$
蝸輪喉直徑	D	$D=D'+2Hk=(N+2)/Ms=((N+2)/\pi)P$
蝸輪之面角	λ	$\lambda=60°\sim80°$
蝸輪之最大徑	B	$B=D+(d'-2Hk)\times(1-\cos(\lambda/2))$
蝸桿導程	L	$L=P$(1線螺紋), $L=2P$(2線螺紋), $L=3P$(3線螺紋)
蝸桿之節圓直徑	d'	$d'=L/(\pi\times\tan\theta)$
蝸桿之外徑	d	$d=d'+(2Hk)=d'+2Ms$
中心距離	A	$A=(D'+d')/2$
蝸桿之導程角	θ	$\tan\theta=L/(\pi\times d')$

備考：$\tan\theta=\sin\theta/\cos\theta$，$\sin^2\theta+\cos^2\theta=1$，$\sin(90°-\theta)=\cos\theta$，$\cos(90°-\theta)=\sin\theta$，$\tan(90°-\theta)=\cot\theta=1/\tan\theta$

電腦輔助機械設計製圖	核定	勞動力發展署 技能檢定中心	圖名	蝸桿蝸輪減速機
乙級技術士技能檢定	單位		投影	第三角法
			比例	

說明

1. 在底下空白處，依抽定之變更設計填入已知值，以手寫方式計算蝸桿之導程角 θ、(軸向)節距 P 及中心距離 A 的值。
2. 手寫需清晰可讀，計算過程必須詳細及合邏輯，否則酌以扣分。
3. 須依左側之記號及公式書寫過程。只寫答案不予計分。
4. 本試卷(4/4)亦為答案卷，在測驗後連同出圖卷一同交給監評人員。

已知

依抽定之變更設計填入：(變更設計填：X1Y1)
蝸桿節圓直徑 d'=30
螺紋數 = 1
法面模數 Mn = 3
蝸輪齒數 N = 32

蝸桿之導程角 θ

$\because Ms=Mn/\cos\theta \quad \therefore Ms=3/\cos\theta(\because Mn=3)；P=\pi\times Ms$
$\Rightarrow L=n\times P=1\times P=1\times\pi\times Ms=\pi\times(3/\cos\theta)$ ----①
$\tan\theta=\sin\theta/\cos\theta$ ----②
$d'=L/(\pi\times\tan\theta)$ ----③
將①、②式代入③式整理可得
$d'=Mn/\sin\theta=3/\sin\theta$
$\Rightarrow 30=3/\sin\theta，\sin\theta=0.1$
$\therefore \theta=\sin^{-1}(0.1)=5.739°=5°44'21"$

蝸桿之導程角 θ = 5.739°(5°44'21")

軸向節距 P

$\because Ms=3/\cos\theta，\theta=5.739°$
$\therefore Ms=3.015$
$\Rightarrow P=\pi\times Ms=\pi\times3.015=9.472$
(軸向)節距 P = 9.472

中心距離 A

$\because D'=Ms\times N=3.015\times32=96.484$
$\Rightarrow A=(D'+d')/2=(30+96.484)/2=63.242$
中心距離 A = 63.242

准考證號碼	簽名	WINCAD 工作室	試題編號	20800-990201-A	4/4
			時數	4 小時	A.工作圖
			日期	民國 99 年 12 月	

(計算誤差可允許至小數點第三位)(計算角度誤差可允許至個位數秒)

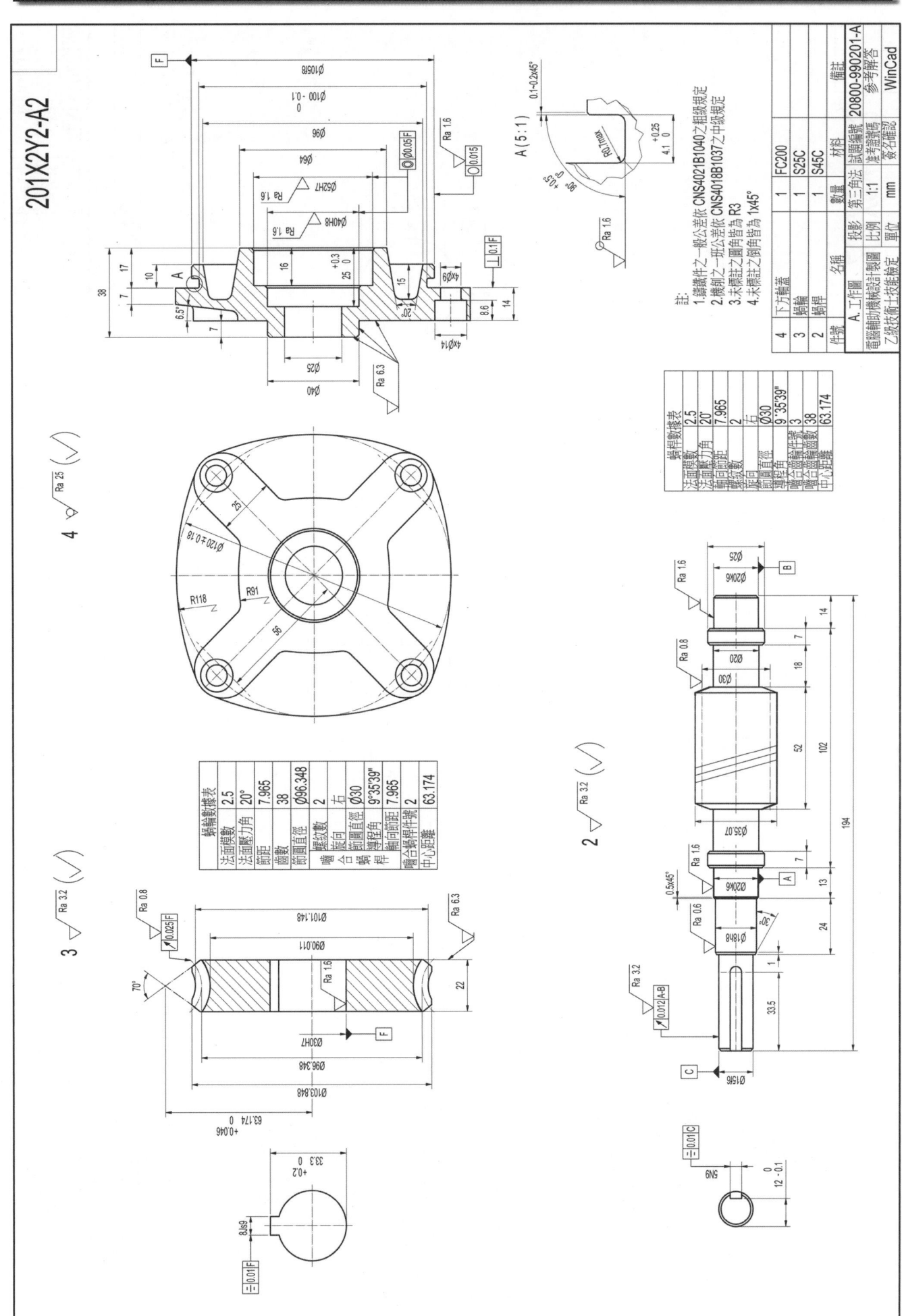

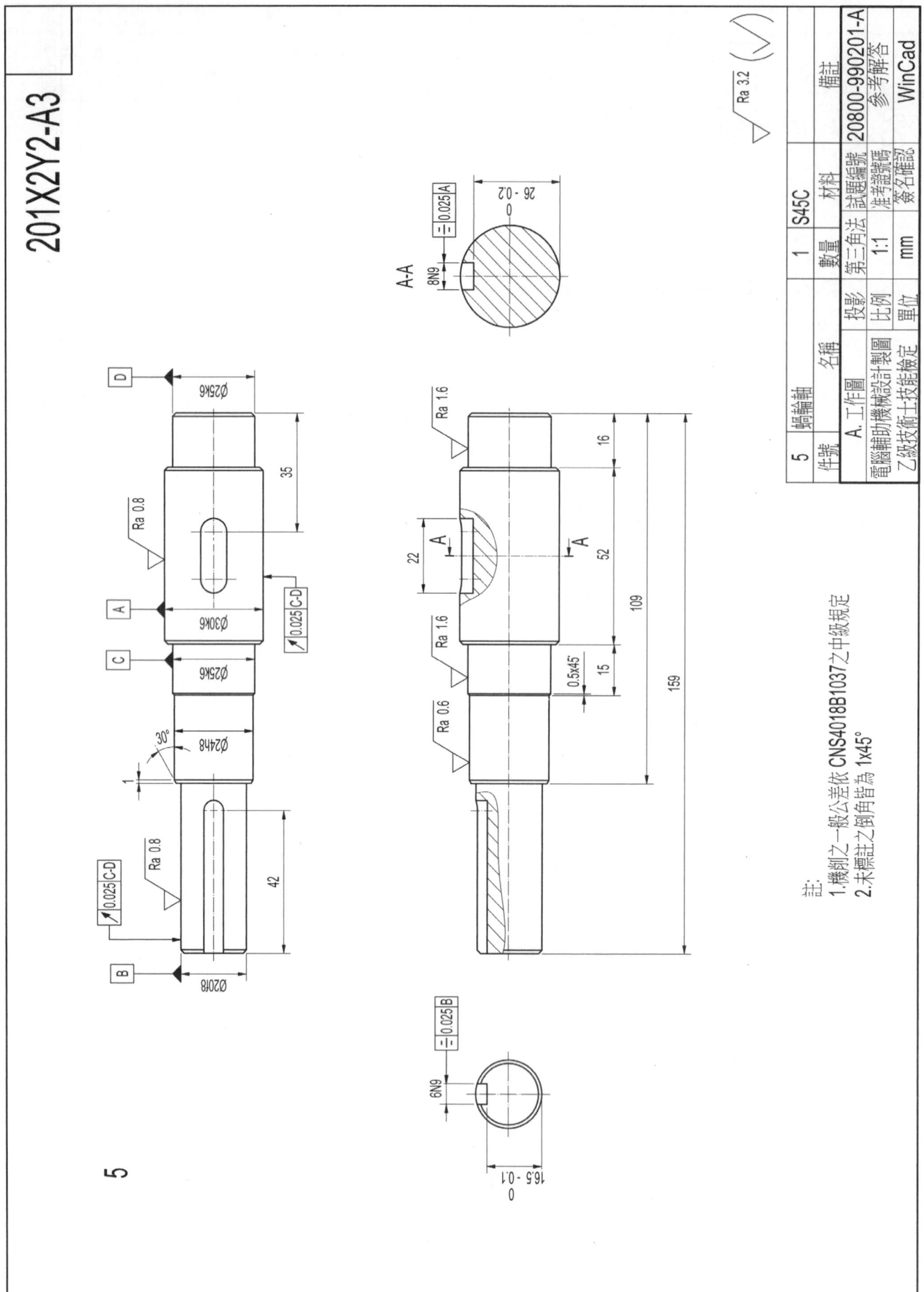

201X2Y2-A3

說明

1. 在底下空白處,依抽定之變更設計填入已知值,以手寫方式計算
2. 手寫之導程角 θ、(軸向)節距P及中心距離A的值。手寫需清晰可讀,計算過程必須詳細及合邏輯,否則酌以扣分。
3. 須依左側之記號及公式書寫詳細計算過程。只寫答案不予計分。
4. 本試卷(4/4)亦為答案卷,在測驗後連同出圖卷一同交給監評人員

已知

依抽定之變更設計填入:(變更設計填入:X 2 Y 2)
蝸桿節圓直徑 d'=30
螺紋數= 2
法面模數 Mn = 2.5
蝸輪齒數 N = 38

蝸桿之導程角 θ

∵ Ms= Mn/cosθ ∴ Ms = 2.5/cosθ (∵ Mn=2.5)
⇒ L=n×P=2×P=2×π×Ms=π×(5/cosθ)-----①
tanθ=sinθ/cosθ-----②
d'=L/(π×tanθ)-----③
將①、②式 代入③式 整理可得
d'= Mn/sinθ=5/sinθ
⇒30=5/sinθ,sinθ=0.166
∴θ=sin^{-1}(0.166)= 9.594° = 9°35'39"

蝸桿之導程角 θ = __9.594°(9°35'39")__

軸向節距P

∵ Ms= 2.5/cosθ,θ = 9.594°
∵ Ms=2.535
⇒ P=π×Ms=π×2.535=7.964
(軸向)節距 P = __7.964__

中心距離A

∵ D' = Ms×N=2.535×38 =96.348
⇒A = (D'+d')/2=(30+96.348)/2=63.174
中心距離 A = __63.174__

各部名稱	記號	計算公式
模數(軸直角)	Ms	Ms=D'/N=P/π=Mn/cosθ
法面模數(齒直角)	Mn	Mn=Ms×cosθ=Pn/π
(軸向)節距	P	P=πMs=(πD')/N=(πD)/(N+2)
法面節距	Pn	Pn=P×cosθ
齒數	N	N=D'/Ms=(D/Ms)-2=(π×D')/P
齒冠	Hk	Hk=Ms=0.3183P
齒根	Hf	Hf=Hk+C=1.25Ms=0.3979P
齒間隙	C	C<=0.25Ms
節線上之齒厚	T	T=P/2=(π×Ms)/2
節線上法面齒厚	Tn	Tn=T×cosθ
齒全有效高度	He	He=2Hk=2Ms=0.6366P
齒全高	H	H=Hk+Hf+He+C=0.7162P
蝸輪節圓直徑	D'	D'=Ms×N=(N×P)/π=0.3183NP
蝸輪喉直徑	D	D=D'+2Hk=(N+2)Ms=((N+2)/π)P
蝸輪之最大徑	λ	λ=60°~80°
蝸桿導程	B	B=D+(d'-2Hk)×(1-cos(λ/2))
蝸桿之節圓直徑	L	L=P(1線螺紋), L=2P(2線螺紋), L=3P(3線螺紋)
	d'	d'=L/(π×tanθ)
蝸桿之外徑	d	d=d'+(2Hk)=d'+2Ms
中心距離	A	A=(D'+d')/2
蝸桿之導程角	θ	tanθ=L/(π×d')

備考:tanθ=sinθ/cosθ,sin$^2\theta$+cos$^2\theta$=1,sin(90°-θ)=cosθ,cos(90°-θ)=sinθ,tan(90°-θ)=cotθ=1/tanθ

電腦輔助機械設計製圖	校定	單位	勞動力發展署 技能檢定中心	圖名	投影	蝸桿蝸輪減速機(一)	比例	第三角法
乙級技術士技能檢定								

試 題 編 號	20800-990201-A	4/4
	WINCAD 工作室	
簽 名		
	A.工作圖	
時 數	4 小時	
日 期	民國 99 年 12 月	
准考證號碼		

(計算誤差可允許至小數點第三位)(計算角度誤差可允許至個位數秒)

試題編號：20800-990202-A
工作圖試題說明：

一、 本工作圖試題繪製**時間4小時**(可提前交卷但不加分)，不含出圖時間。試題依第三角法命題，應檢人可選用第一角法或第三角法繪製，惟不得混用。

二、 應檢人繪製時，圖中的線條、數字及符號等應依照最近公佈之CNS國家標準繪製。

三、 應檢人依規定可使用之自備工具為：**直尺、量角器、比例尺**等。只可參閱場地提供之設計資料檔，嚴禁攜帶**自備之設計資料**及**任何儲存媒體**。

四、 『**變更設計**』由監評人員現場抽定(寫於黑板上)，依試題所示之變更設計X及Y處繪製，變更設計將加重計分。

五、 **試題**：(依監評人員抽定之變更設計繪製)

　　1. **繪製零件1**：出圖於一張 A2 圖紙

　　　依1：2之比例，繪製零件1之工作圖於一張 A2 圖紙，工作圖須含尺度標註、公差配合、幾何公差、表面織構符號及零件表等。

　　2. **繪製零件6**：出圖於一張 A3 圖紙

　　　依1：1之比例，繪製零件6之工作圖於一張 A3 圖紙，工作圖須含尺度標註、公差配合、幾何公差、表面織構符號及零件表等。

六、 各圖面請繪製如**圖(a)**所示之A2及A3有裝訂邊圖框、標題欄及零件表，如**表(a)**所示，並填妥適當之內容。

七、 繪製時間結束時，請以『**准考證號碼**』為檔名，存入電腦資料碟中(嚴禁使用自備之任 何儲存媒體)，並確認已經存檔後，電腦螢幕須保留現況，即離開崗位將試題交回給監 評人員，並出場等候出圖之指示。

八、 **出圖**：

　　1. 中途離場或放棄出圖者須告知監評人員，並在評審表勾選放棄出圖及簽名後離場，若未依規定而離場者視同不及格。

　　2. 應檢人請依監評人員之指示，將電腦繪製之圖面以黑色列印於規定圖紙上；倘若圖面未完整列印，得重新出圖，並將前一張圖紙作廢。

　　3. 應檢人出圖後須確認圖面，並在**右下角簽名**後始得離場。監評人員則在右上角簽章確認。

表(a) 零件表

件　號	名　稱	數　量	材　料	備　註
1	齒輪箱	1	FCD300	
6	蝸桿蓋	1	FCD250	

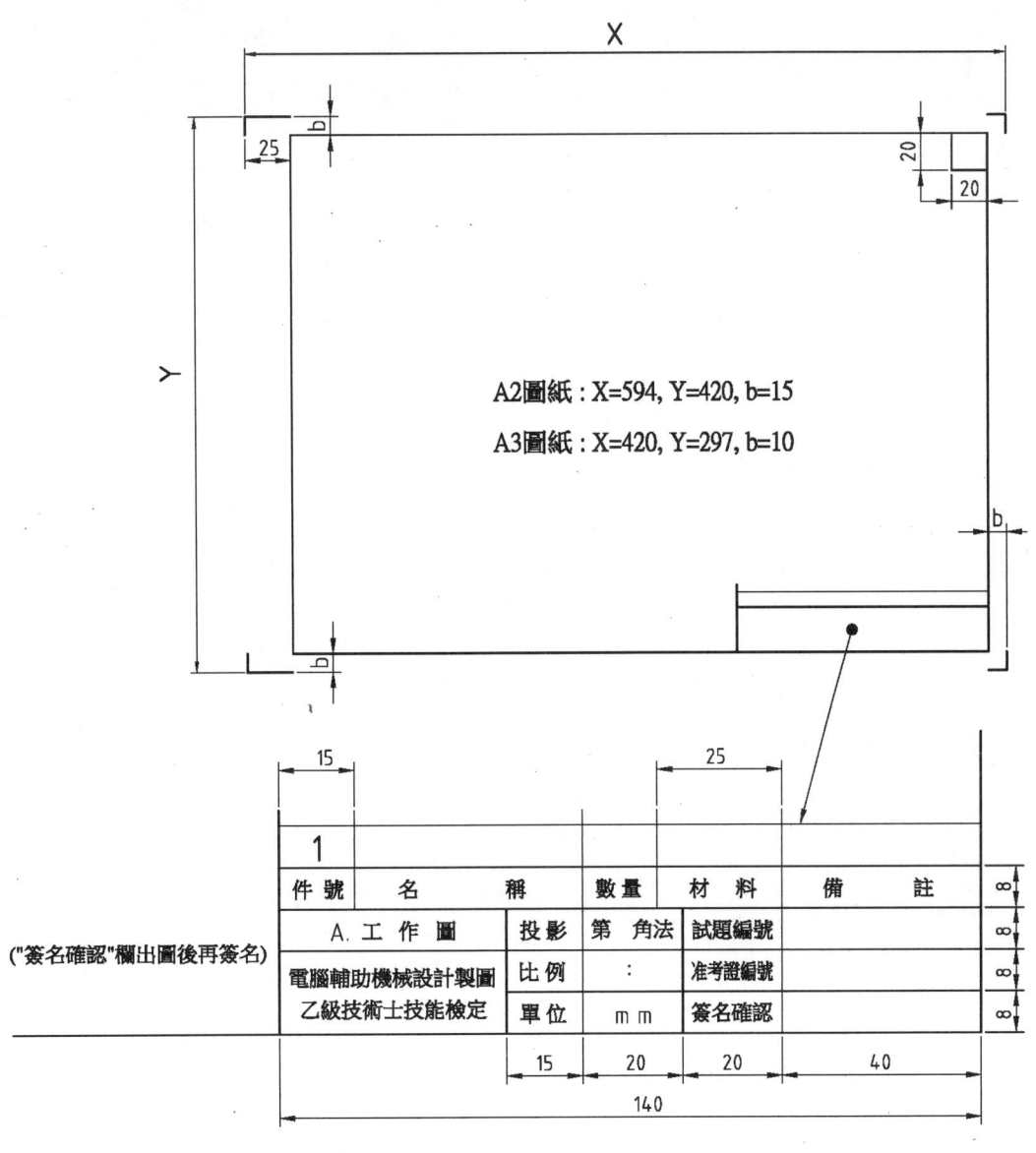

A2圖紙：X=594, Y=420, b=15

A3圖紙：X=420, Y=297, b=10

圖(a)

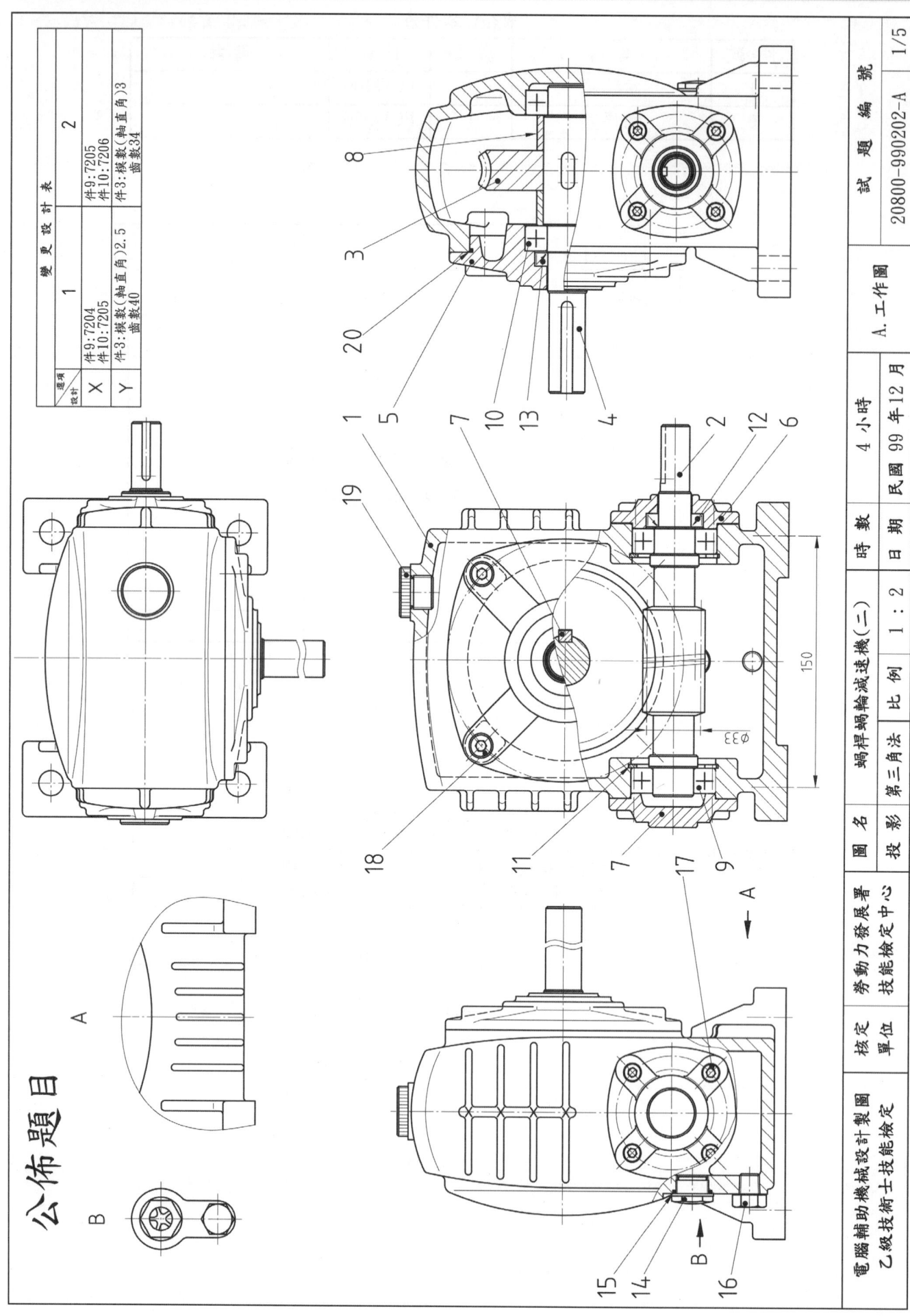

公佈題目

設計	變更設計表	
選項	1	2
X	件9:7204 件10:7205	件9:7205 件10:7206
Y	件3:模數(軸直角)2.5 齒數40	件3:模數(軸直角)3 齒數34

電腦輔助機械設計製圖	校定	勞動力發展署 技能檢定中心	圖名	蝸桿蝸輪減速機(二)	時數	4 小時	試題編號
乙級技術士技能檢定	單位		投影	第三角法	比例	1：2	日期	民國 99 年 12 月	A.工作圖	20800-990202-A	1/5

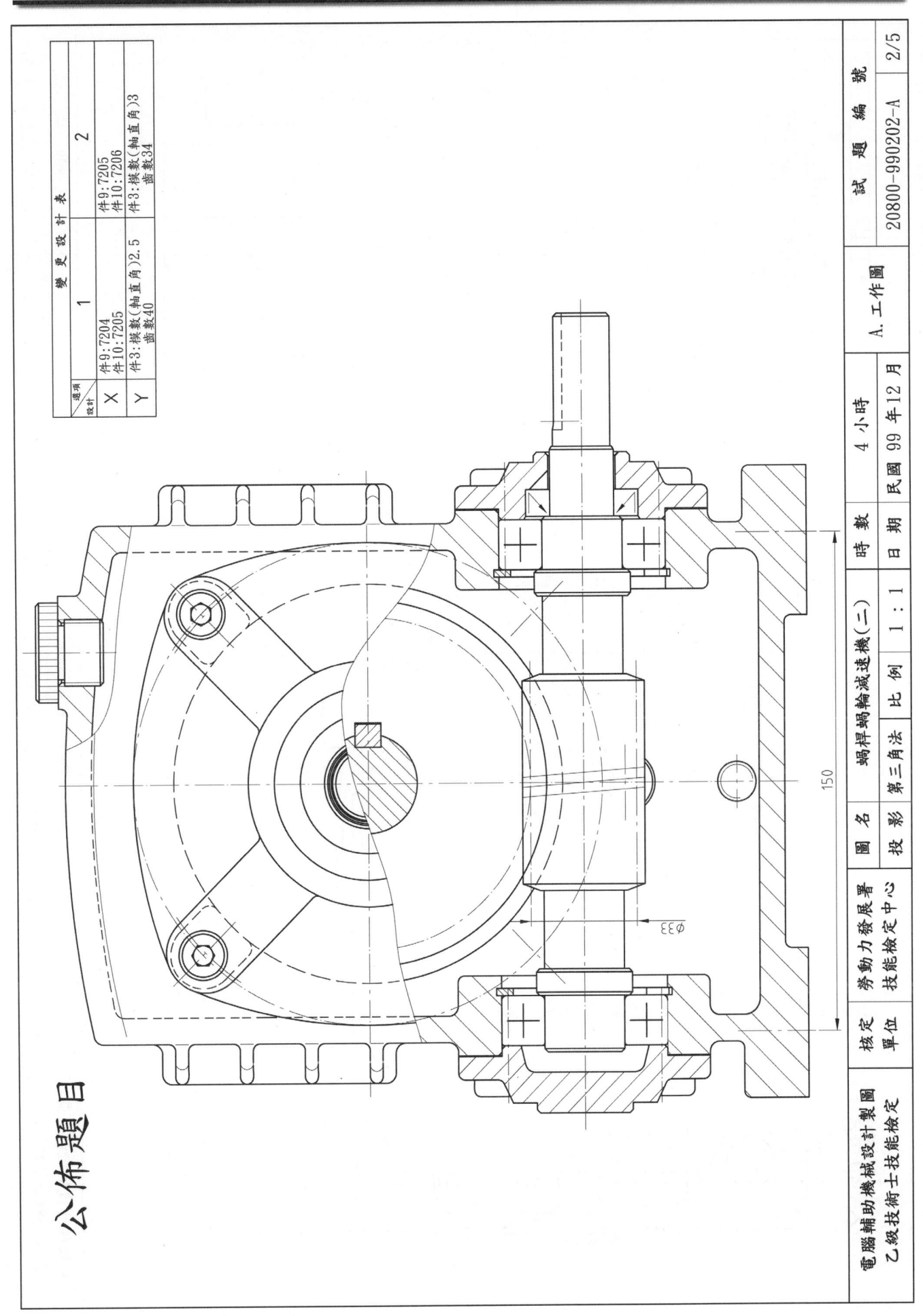

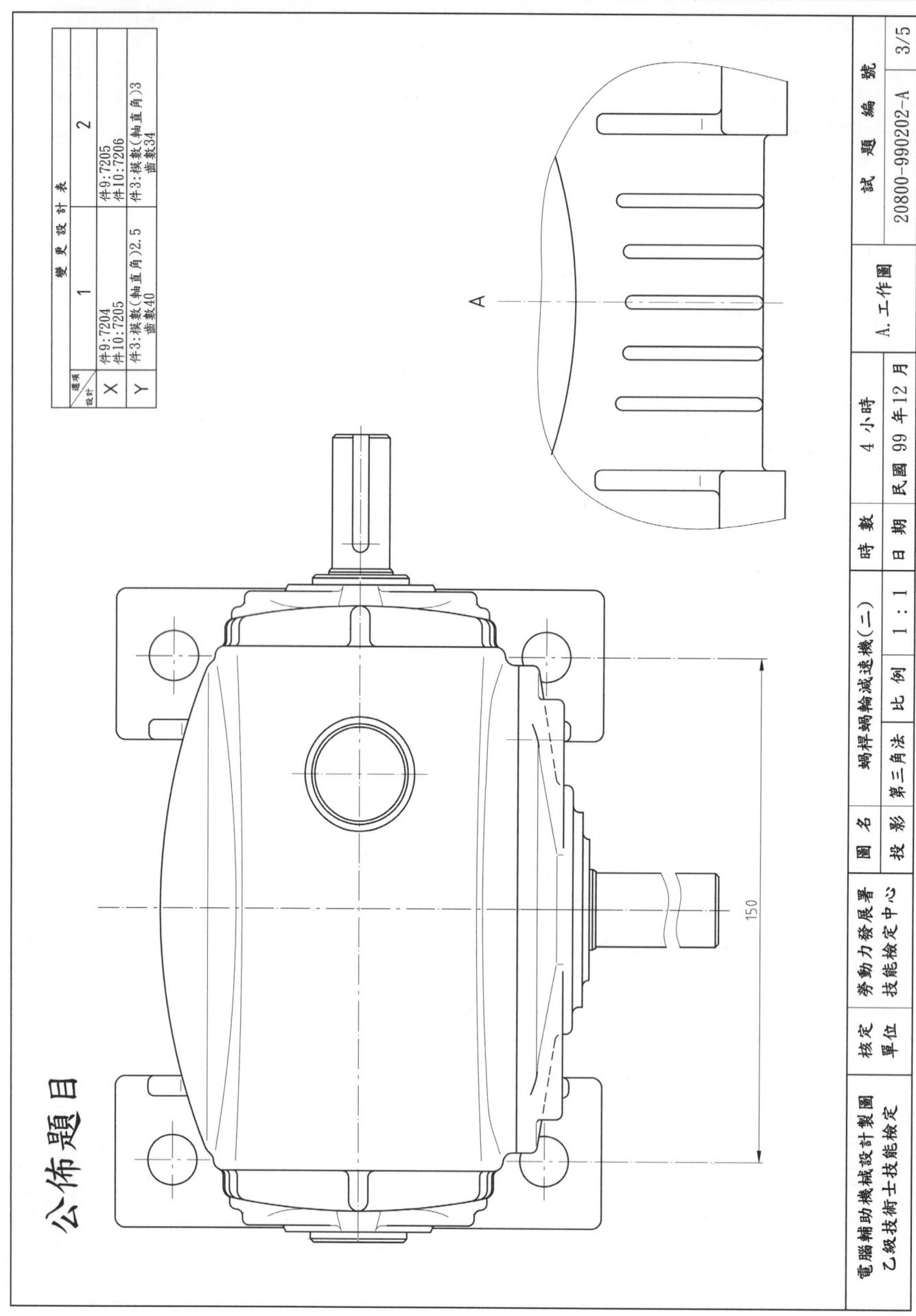

公佈題目

設計	選項	變　更　設　計　表	
		1	2
X		件9:7204 件10:7205 件3:模數(軸直角)2.5 齒數40	件9:7205 件10:7206 件3:模數(軸直角)3 齒數34
Y		件9:7205 件10:7206 件3:模數(軸直角)3 齒數34	

電腦輔助機械設計製圖	核定	勞動力發展署	圖名	蝸桿蝸輪減速機(二)	時數	4 小時	試題編號
乙級技術士技能檢定	單位	技能檢定中心	投影	第三角法　比例　1：1	日期	民國 99 年 12 月	20800-990202-A
						A.工作圖	3/5

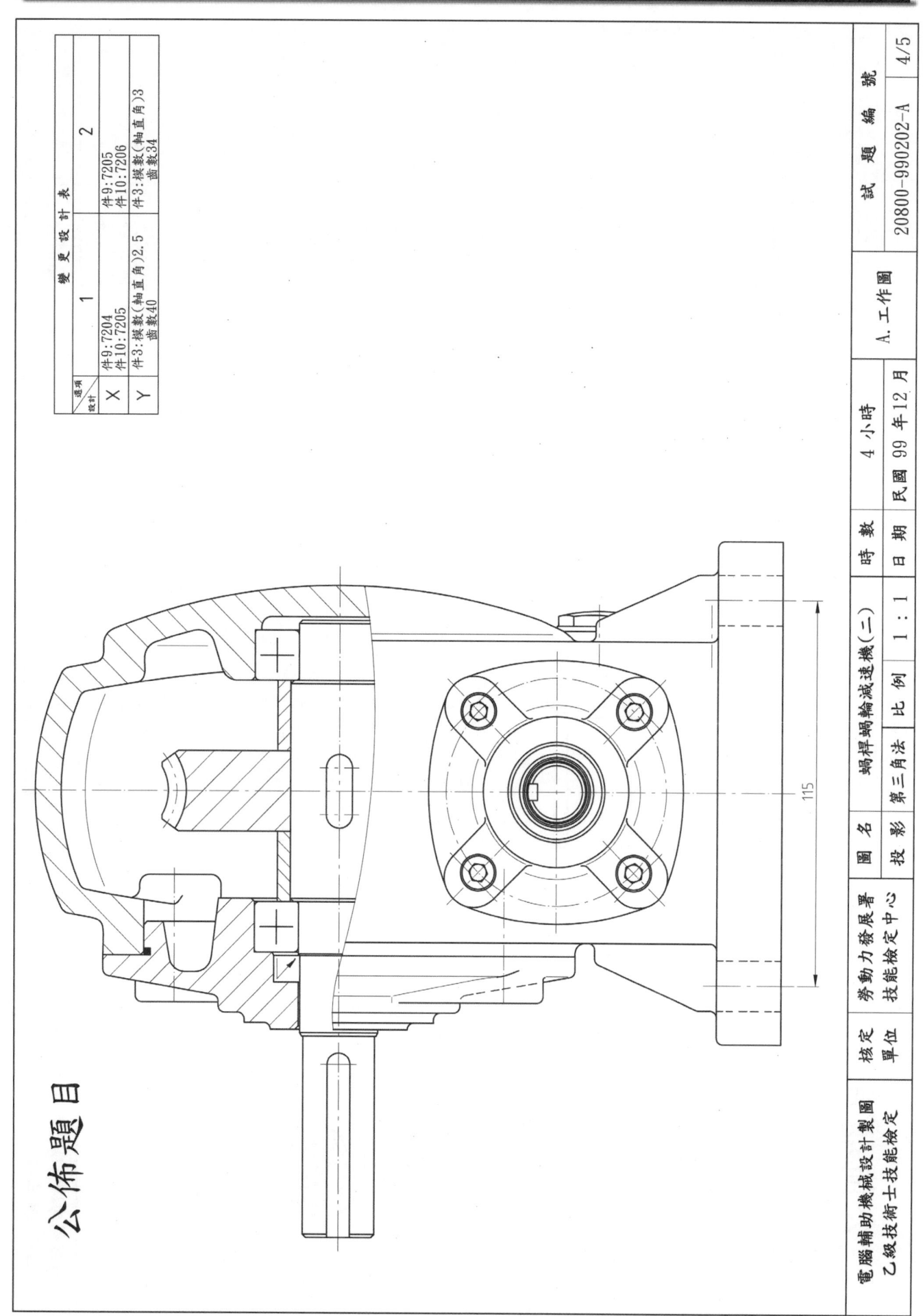

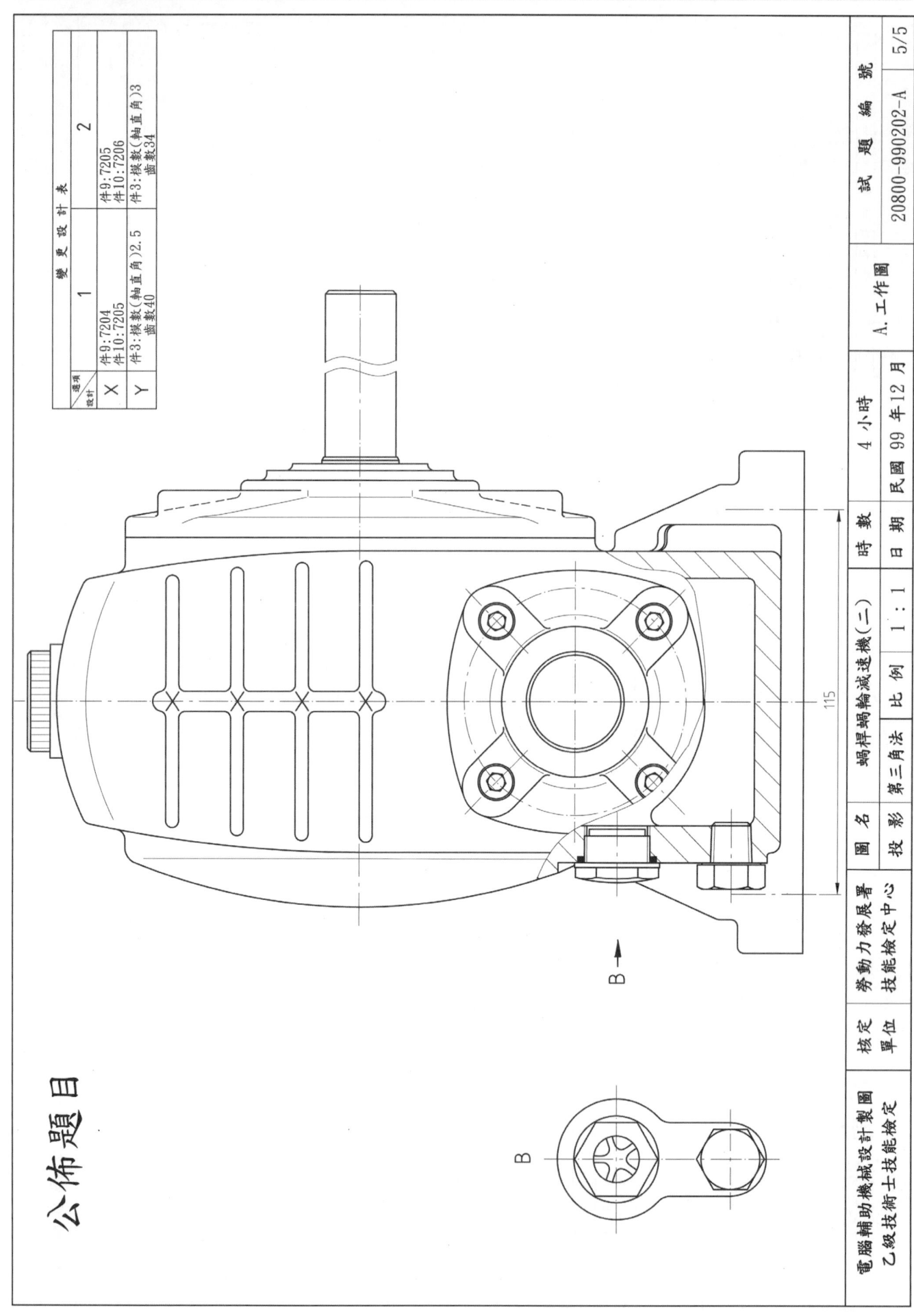

公佈題目

選項\設計	變　更　設　計　表	
	1	2
X	件9:7204 件10:7205 件3:模數(軸直角)2.5 齒數40	件9:7205 件10:7206 件3:模數(軸直角)3 齒數34
Y		

檢定單位	勞動力發展署 技能檢定中心	圖名	蝸桿蝸輪減速機(二)	時數	4 小時	試 題 編 號	A. 工作圖
電腦輔助機械設計製圖 乙級技術士技能檢定		投影	第三角法	比例	1 : 1	20800-990202-A	
				日期	民國 99 年 12 月	5/5	

115

解題分析與研習步驟

一、990202-A 相關知識及機構動作說明

1. 本減速機由一對兩軸互成垂直之蝸桿與蝸輪組成，蝸桿為主動，蝸輪為從動，因此動力只能由蝸桿傳動至蝸輪，不可逆向傳動，常用於起重機構、減速機構、汽車轉向機構、吊車或傳送較大動力機構。

2. 從動蝸輪與主動蝸桿之減速比甚大，約 1:10 至 1:500，須特別注意潤滑的方法，以防止發熱及磨耗。

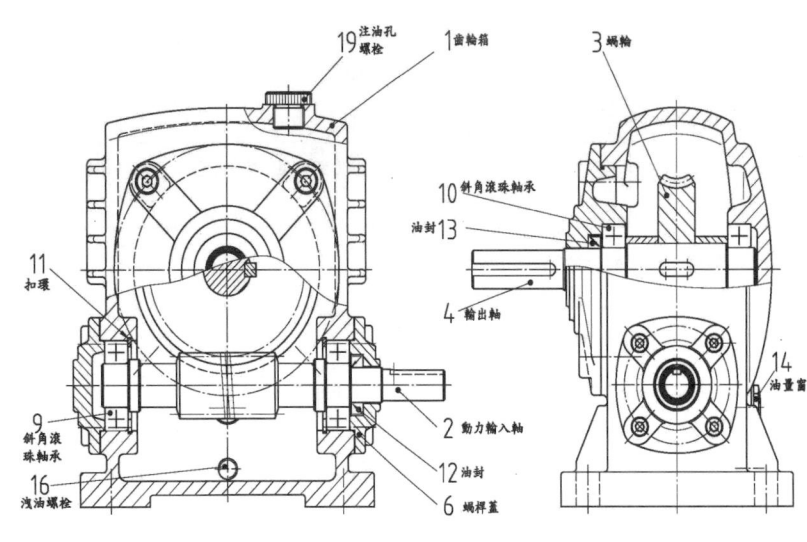

圖 1

3. 減速機動力源為馬達，馬達轉軸以聯結器連接件 2 蝸桿之輸入動力端，蝸桿螺旋方向為右旋，如圖 1 前視圖所示，當蝸桿依圖示順時旋轉時，將帶動件 3 蝸輪順時旋轉；如右側視圖所示，蝸輪以鍵連接件 4 輸出動力。

4. 由功能原理，輸入小轉矩於轉速大之蝸桿，可輸出至轉速小之蝸輪產生較大之轉矩，輸出供給較大動力機構。

5. 件 1 本體之齒輪箱內設有潤滑油槽，使得蝸輪旋轉時得以浸浴潤滑；將注油孔螺栓打開，注入潤滑油至油槽，齒輪箱內裝置油量窗，以便顯示油量，當潤滑油使用一定週期時，須更換潤滑油，將油槽底部件 16 洩油螺栓旋開，先行洩油後再注入新的潤滑油。

6. 件 1 本體外部設計成散熱片形狀，其目的是為了增快減速機冷卻速率。

7. 件 2 蝸桿輸入軸端及件 4 輸出軸端，分別裝置件 12、件 13 油封，以防止潤滑油外洩，也能防止污染潤滑油之灰塵或髒物進入。

8. 減速機蝸桿蝸輪因具有螺旋角，傳動時會產生軸向推力，因此安裝斜角滾珠軸承來承受軸向推力，且必須注意其承受推力方向之安裝，以免造成無法承受推力之作用。

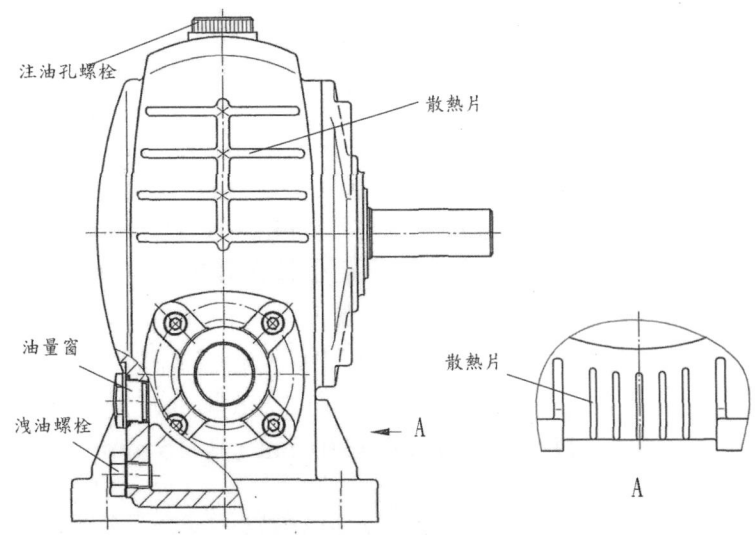

9. 蝸桿與蝸輪有相同旋向，但兩者螺旋角經常不同，通常對蝸桿要指定導程角，對蝸輪要指定螺旋角，對蝸桿與蝸輪相交 90 度的軸角而言，此兩角度相等。

10. 蝸桿導程角與螺旋角互為餘角。

二、990202-A 變更設計相關知識說明

1. 試題要求之變更設計：

變更設計		
設計 ＼ 選項	1	2
X	件 9：7204 件 10：7205	件 9：7205 件 10：7206
Y	件 3：模數(軸直角)2.5 齒數 40	件 3：模數(軸直角)3 齒數 34

2. 變更設計之計算及查表：

a. X1 變更設計之查表：

[已知]：斜角滾珠軸承 7204、7205　經查表得到：

1. 與件 1 配合之件 9，7204 軸承尺度：
   D=Ø47 mm，d=Ø20 mm，B=14 mm。

2. 另防止件 9 軸承產生軸向移動，與件 1 配合之件 11 C 型扣環尺度：
   d1=47，d2= $49_0^{+0.25}$，m= $1.95_0^{+0.14}$。

3. 與件 1 配合之件 10，7205 軸承尺度：
   D=Ø52 mm，d=Ø25 mm，B=15 mm。

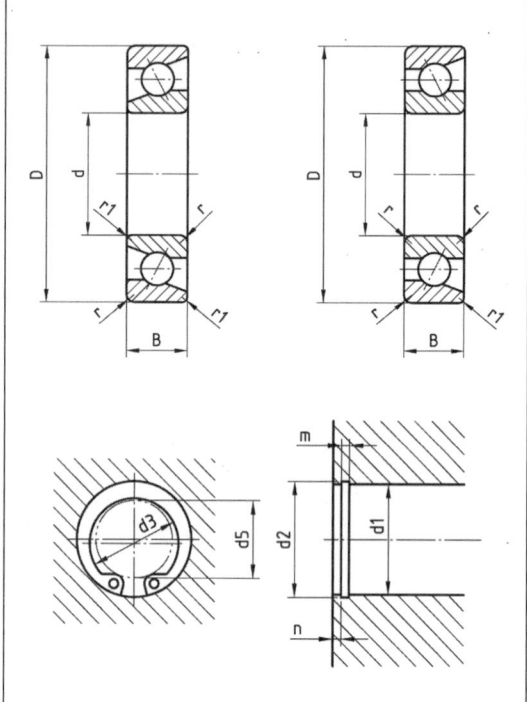

b. X2 變更設計之查表：

[已知]：斜角滾珠軸承 7205、7206　經查表得到：

1. 與件 1 配合之件 9，7205 軸承尺度：
   D=Ø52 mm，d=Ø25 mm，B=15 mm。

2. 另防止件 9 軸承產生軸向移動，與件 1 配合之件 11C 型扣環尺度：
   d1=Ø52，d2= $Ø55_0^{+0.3}$，m= $2.2_0^{+0.14}$。

3. 與件 1 配合之件 10，7206 軸承尺度：
   D=Ø62 mm，d=Ø30 mm，B=16 mm。

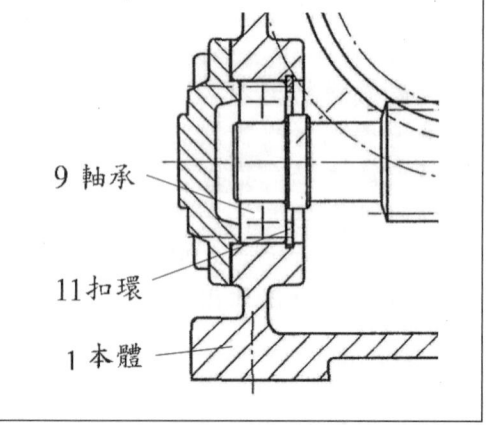

9 軸承

11 扣環

1 本體

經查表蝸桿與蝸輪之計算公式

 c. Y1 變更設計之計算：

  [已知]：模數(軸直角) (Ms)=2.5

  蝸桿之節圓直徑(d')=33

  螺紋數(n)=1，齒數(N)=40

  [計算]：

  $\because$ d' = L/($\pi\times\tan\theta$) = nP/($\pi\times\tan\theta$)

  = ($\pi\times$Ms)/($\pi\times\tan\theta$)=Ms/$\tan\theta$

  $\therefore$33=2.5/ $\tan\theta$，$\tan\theta$=0.07575

  $\Rightarrow\theta$= $\tan^{-1}$(0.07575)，$\theta\approx$4°19'55"

  P=$\pi\times$Ms=$\pi\times$2.5=7.854

  D' = Ms$\times$N=2.5$\times$40 =100

  A = (D'+d')/2=(33+100)/2=66.5

 d. Y2 變更設計之計算：

  [已知]：法向模數(Mn)=3

  蝸桿之節圓直徑(d')=33

  螺紋數(n)=1，齒數(N)=34

  [計算]：

  $\because$ d' = L/($\pi\times\tan\theta$) = nP/($\pi\times\tan\theta$)

  = ($\pi\times$Ms)/($\pi\times\tan\theta$)=Ms/$\tan\theta$

  $\therefore$33=3/ $\tan\theta$，$\tan\theta$=0.090909

  $\Rightarrow\theta$= $\tan^{-1}$(0.090909)，$\theta\approx$5°11'38"

P=$\pi\times$Ms=$\pi\times$3=9.425 D' = Ms$\times$N=3$\times$34 =102 A = (D'+d')/2=(33+102)/2=67.5

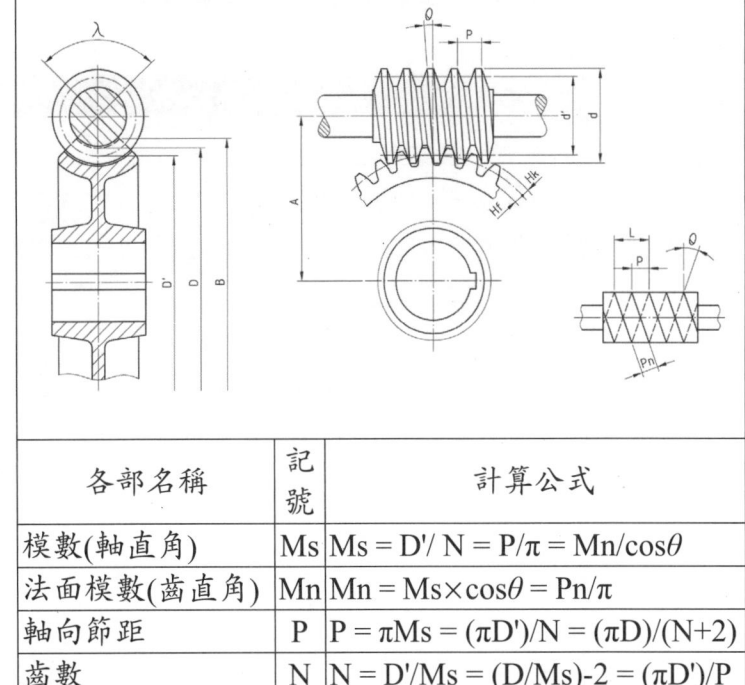

各部名稱	記號	計算公式
模數(軸直角)	Ms	Ms = D'/ N = P/π = Mn/$\cos\theta$
法面模數(齒直角)	Mn	Mn = Ms$\times\cos\theta$ = Pn/π
軸向節距	P	P = πMs = (πD')/N = (πD)/(N+2)
齒數	N	N = D'/Ms = (D/Ms)-2 = (πD')/P
蝸桿導程	L	L=n P(n 代表螺紋線數)
蝸桿之節圓直徑	d'	d' = L/($\pi\tan\theta$)
蝸輪之節圓直徑	D'	D' = MsN = (NP)/π = 0.3183NP
中心距離	A	A = (D'+d')/2
蝸桿之導程角	θ	$\tan\theta$ = L/(πd')

數據表資料整理如下：

<table>
<tr><td colspan="3" align="center">Y1</td></tr>
<tr><td colspan="3" align="center">件 3 蝸輪與蝸桿數據表</td></tr>
<tr><td colspan="2">模數(軸直角)</td><td>2.5</td></tr>
<tr><td colspan="2">壓力角</td><td>20°</td></tr>
<tr><td colspan="2">節距</td><td>7.854</td></tr>
<tr><td colspan="2">齒數</td><td>40</td></tr>
<tr><td colspan="2">節圓直徑</td><td>Ø100</td></tr>
<tr><td rowspan="5">嚙合蝸桿</td><td>螺紋數</td><td>1</td></tr>
<tr><td>旋向</td><td>右</td></tr>
<tr><td>節圓直徑</td><td>Ø33</td></tr>
<tr><td>導程角</td><td>4°19'55"</td></tr>
<tr><td>軸向節距</td><td>7.854</td></tr>
<tr><td colspan="2">嚙合蝸桿件號</td><td>2</td></tr>
<tr><td colspan="2">中心距離</td><td>66.5</td></tr>
</table>

<table>
<tr><td colspan="3" align="center">Y2</td></tr>
<tr><td colspan="3" align="center">件 3 蝸輪與蝸桿數據表</td></tr>
<tr><td colspan="2">模數(軸直角)</td><td>3</td></tr>
<tr><td colspan="2">壓力角</td><td>20°</td></tr>
<tr><td colspan="2">軸向節距</td><td>9.425</td></tr>
<tr><td colspan="2">齒數</td><td>34</td></tr>
<tr><td colspan="2">節圓直徑</td><td>Ø102</td></tr>
<tr><td rowspan="5">嚙合蝸桿</td><td>螺紋數</td><td>1</td></tr>
<tr><td>旋向</td><td>右</td></tr>
<tr><td>節圓直徑</td><td>Ø33</td></tr>
<tr><td>導程角</td><td>5°11'38"</td></tr>
<tr><td>軸向節距</td><td>9.425</td></tr>
<tr><td colspan="2">嚙合蝸桿件號</td><td>2</td></tr>
<tr><td colspan="2">中心距離</td><td>67.5</td></tr>
</table>

　　上述之數據亦可配合使用繪圖軟體之設計資料求出，以 AUTODESK 之 INVENTOR 軟體爲例，計算 Y1(Y2 可仿此方法計算設計)如下所示：

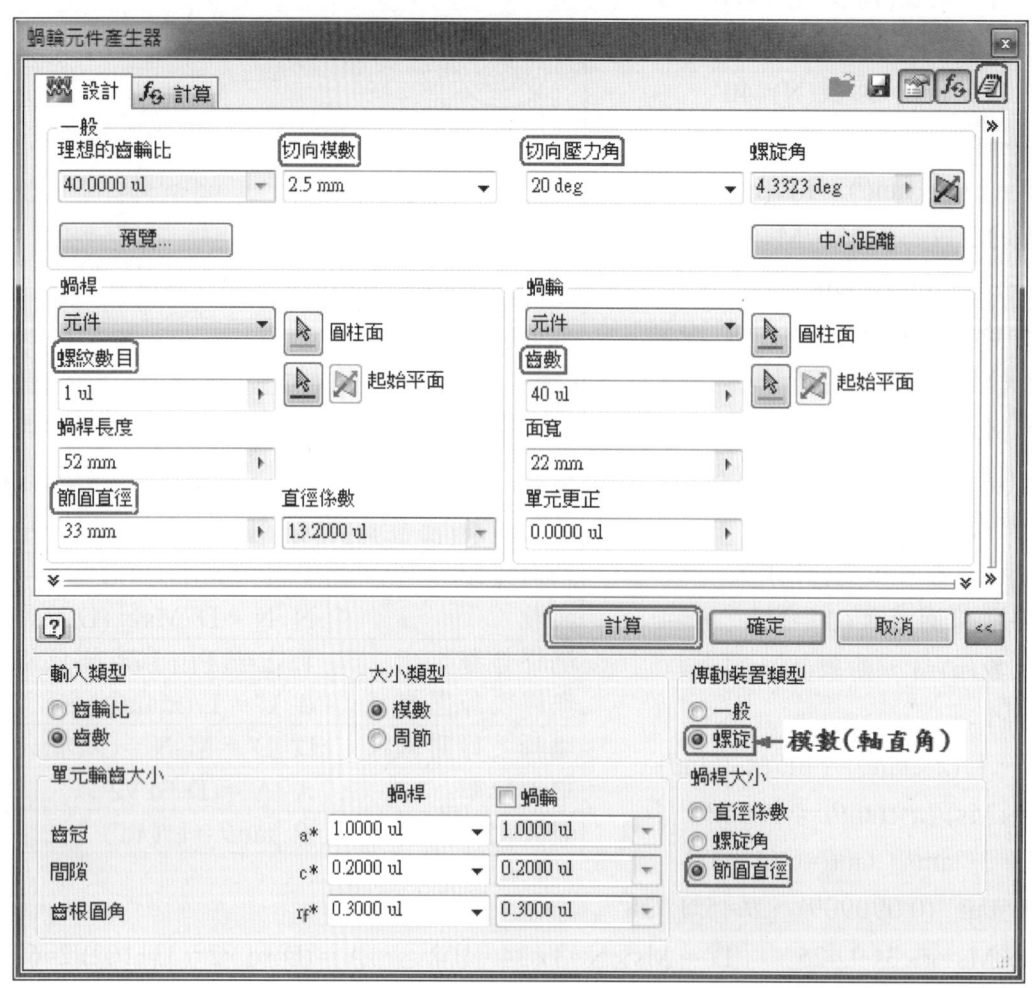

一般參數

模數	m	2.493 mm
軸向模數(軸直角)	m_x	2.500 mm
螺旋角(導程角)	γ	4.3323 deg
壓力角	α	19.9474 deg
軸周節(蝸輪節距) (蝸桿軸向節距)	p_x	7.8540 mm
軸向壓力角	α_x	20.0000 deg
中心距離	a	66.500 mm

		蝸桿	蝸輪
螺紋數目	z	1.000 ul	
齒數	z		40.000 ul
節圓直徑	d	33. mm	100.mm

*此數據節自軟體設計運算之資料

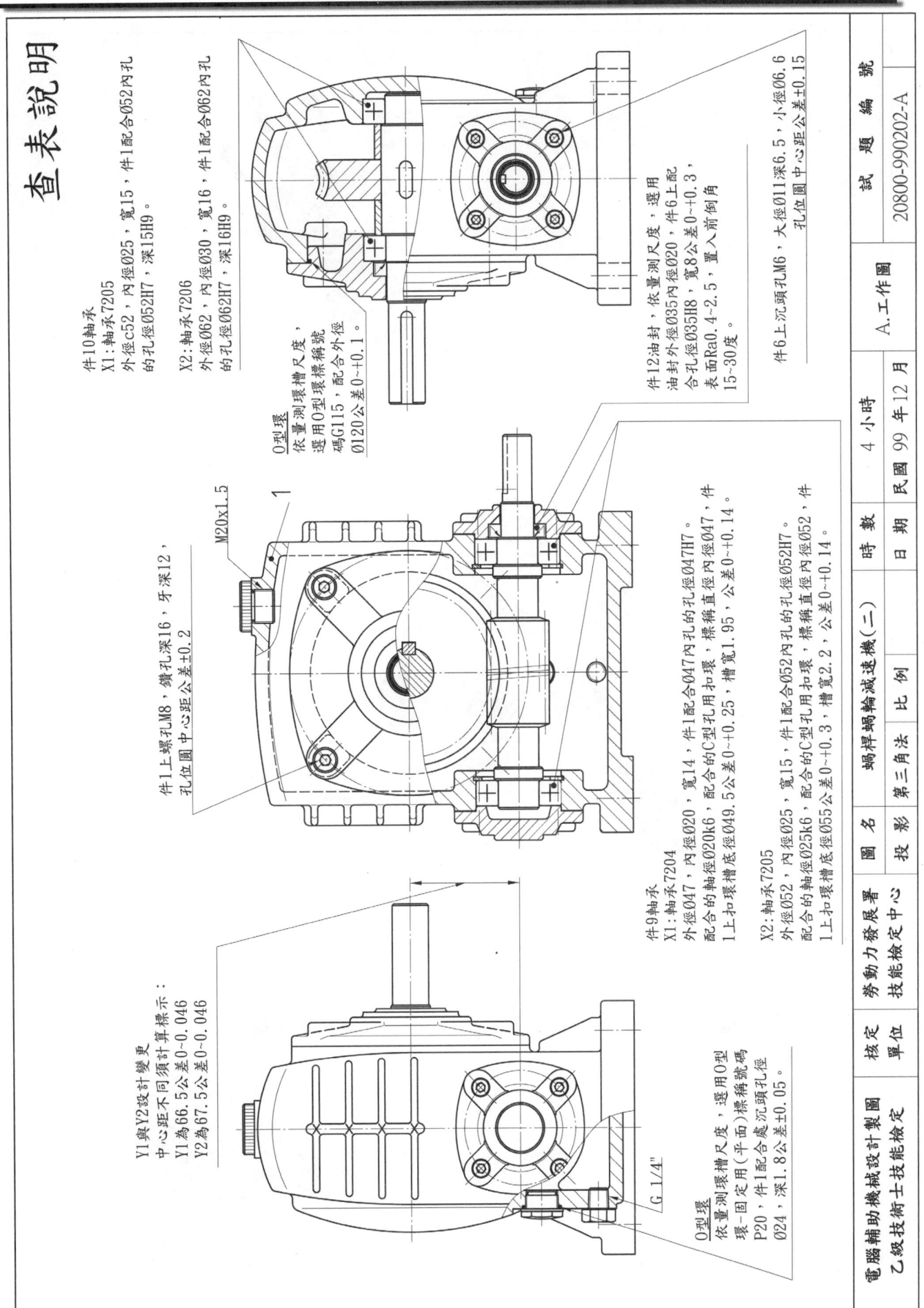

查表說明

件10軸承7205
X1:軸承7205，外徑c52，內徑Ø25，寬15，件1配合Ø52內孔
的孔徑Ø52H7，深15H9。

X2:軸承7206
外徑Ø62，內徑Ø30，寬16，件1配合Ø62內孔
的孔徑Ø62H7，深16H9。

O型環
依量測環槽尺度，
選用O型環標稱號
碼G115，配合外徑
Ø120公差0~+0.1。

件12油封，依量測尺度，選用
油封外徑Ø35內徑Ø20，件6上配
合孔徑Ø35H8，寬8公差0~+0.3，
表面Ra0.4~2.5，置入前倒角
15~30度。

件6上沉頭孔LM6，大徑Ø11深6.5，小徑Ø6.6
孔位圓中心距公差±0.15

件9軸承7204
X1:軸承7204
外徑Ø47，內徑Ø20，寬14，件1配合Ø47內孔的孔徑Ø47H7。
配合的軸徑Ø20k6，配合的C型孔用扣環，標稱直徑外徑Ø47，件
1上扣環槽底徑Ø49.5公差0~+0.25，槽寬1.95，公差0~+0.14。

X2:軸承7205
外徑Ø52，內徑Ø25，寬15，件1配合Ø52內孔的孔徑Ø52H7。
配合的C型孔用扣環，標稱直徑內徑Ø52，件
1上扣環槽底徑Ø55公差0~+0.3，槽寬2.2，公差0~+0.14。

件1上螺孔LM8，鑽孔深16，牙深12，
孔位圓中心距公差±0.2

M20x1.5
1

Y1與Y2設計須計算標示：
Y1為66.5公差0~0.046
Y2為67.5公差0~0.046

G 1/4"

O型環
依量測環槽尺度，選用O型
環一固定用(平面)標稱號碼
P20，件1配合處沉頭孔徑
Ø24，深1.8公差±0.05。

電腦輔助機械設計製圖	核定	勞動力發展署	圖名	蝸桿蝸輪減速機(二)	時數	4 小時	試題編號
乙級技術士技能檢定	單位	技能檢定中心	投影	第三角法　比例	日期	民國99年12月	20800-990202-A　A.工作圖

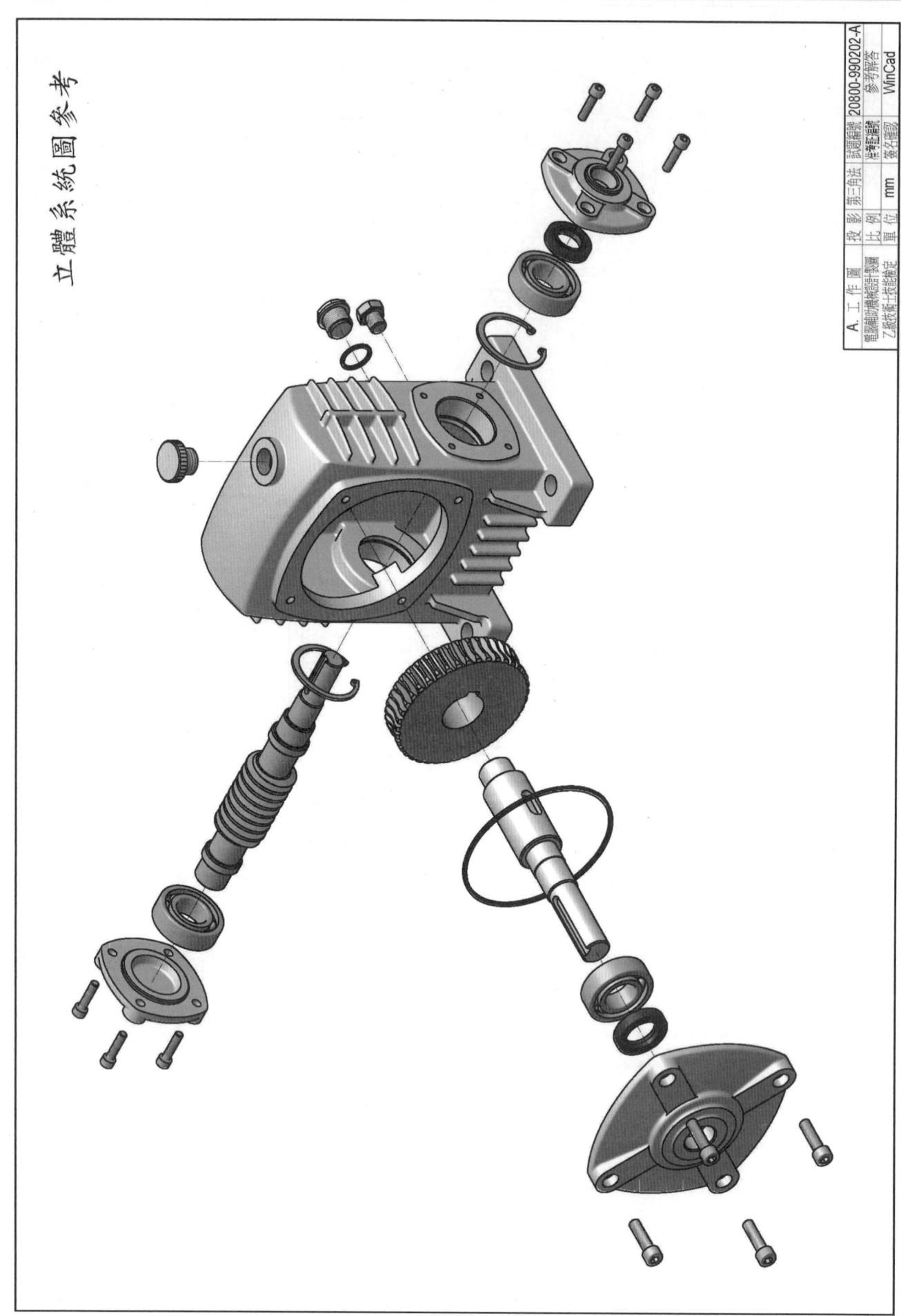

立體系統圖參考

A. 工作圖

電腦輔助機械設計製圖

乙級技術士技能檢定

投影　第三角法

比例

單位　mm

試題編號　20800-990202-A

性能測試

簽名確認

參考解答

WinCad

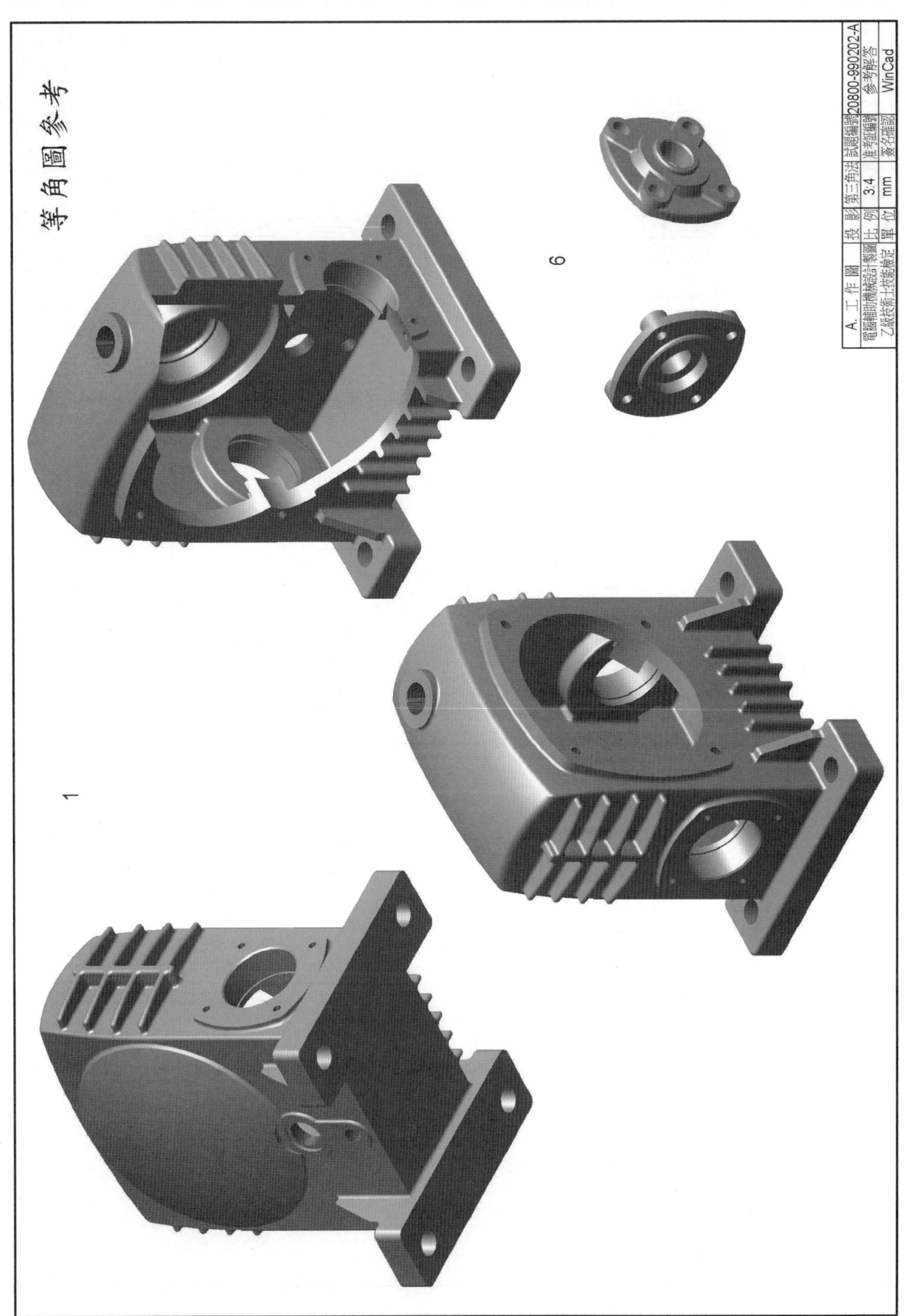

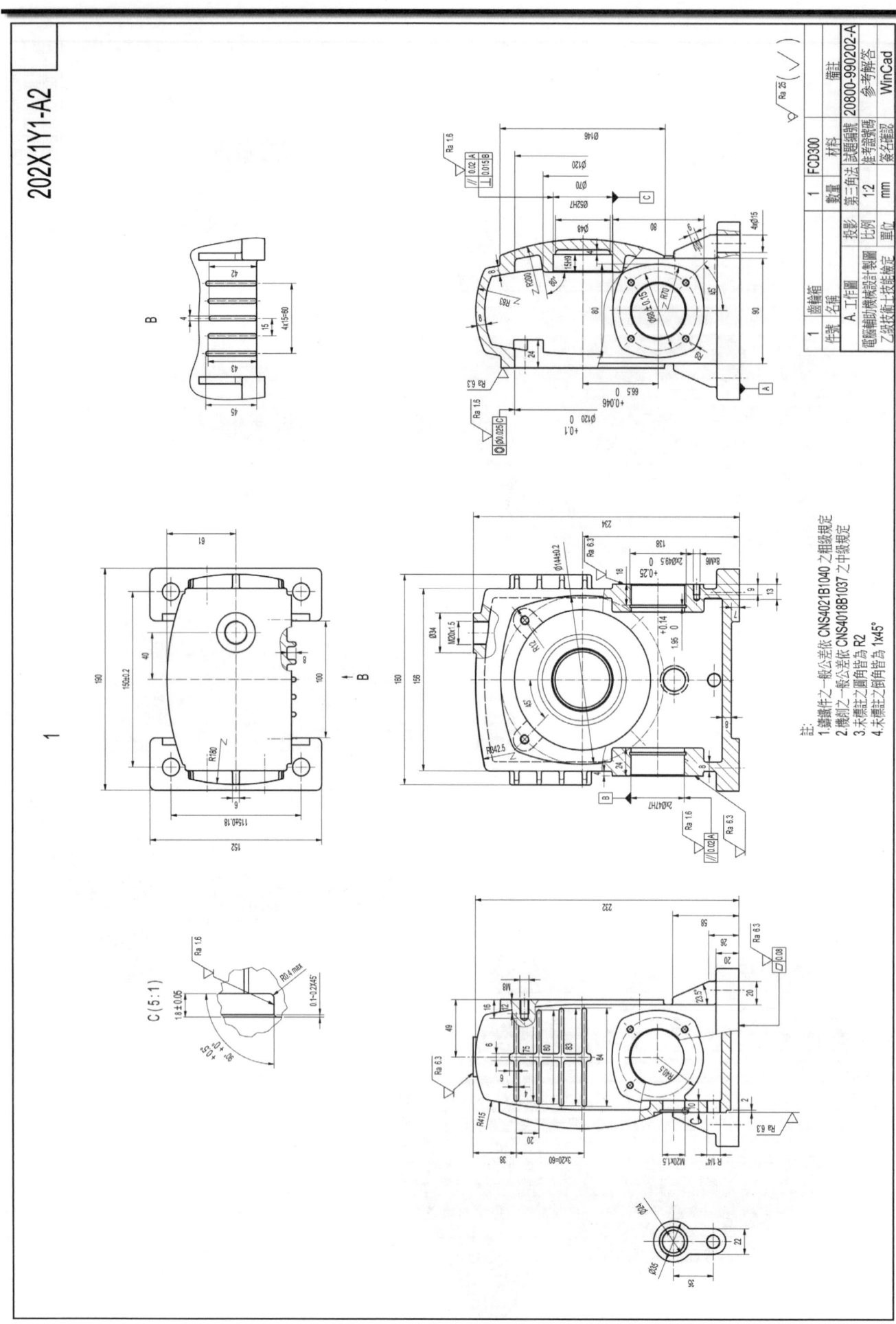

202X1Y1-A3

件號	名稱	數量	材料	備註
6	蝸桿蓋	1	FCD250	

A.工作圖		投影	第三角法	試題編號	20800-990202-A
		比例	1:1	准考証編號	參考解答
電腦輔助機械設計製圖		單位	mm	簽名確認	WinCad
乙級技術士技能檢定					

$\sqrt{\text{Ra } 6.3}$ $(\sqrt{})$

註:
1.鑄鐵件之一般公差依 CNS4021B1040 之粗級規定
2.機削之一般公差依 CNS4018B1037 之中級規定
3.未標註之圓角皆為 R2
4.未標註之倒角皆為 1x45°

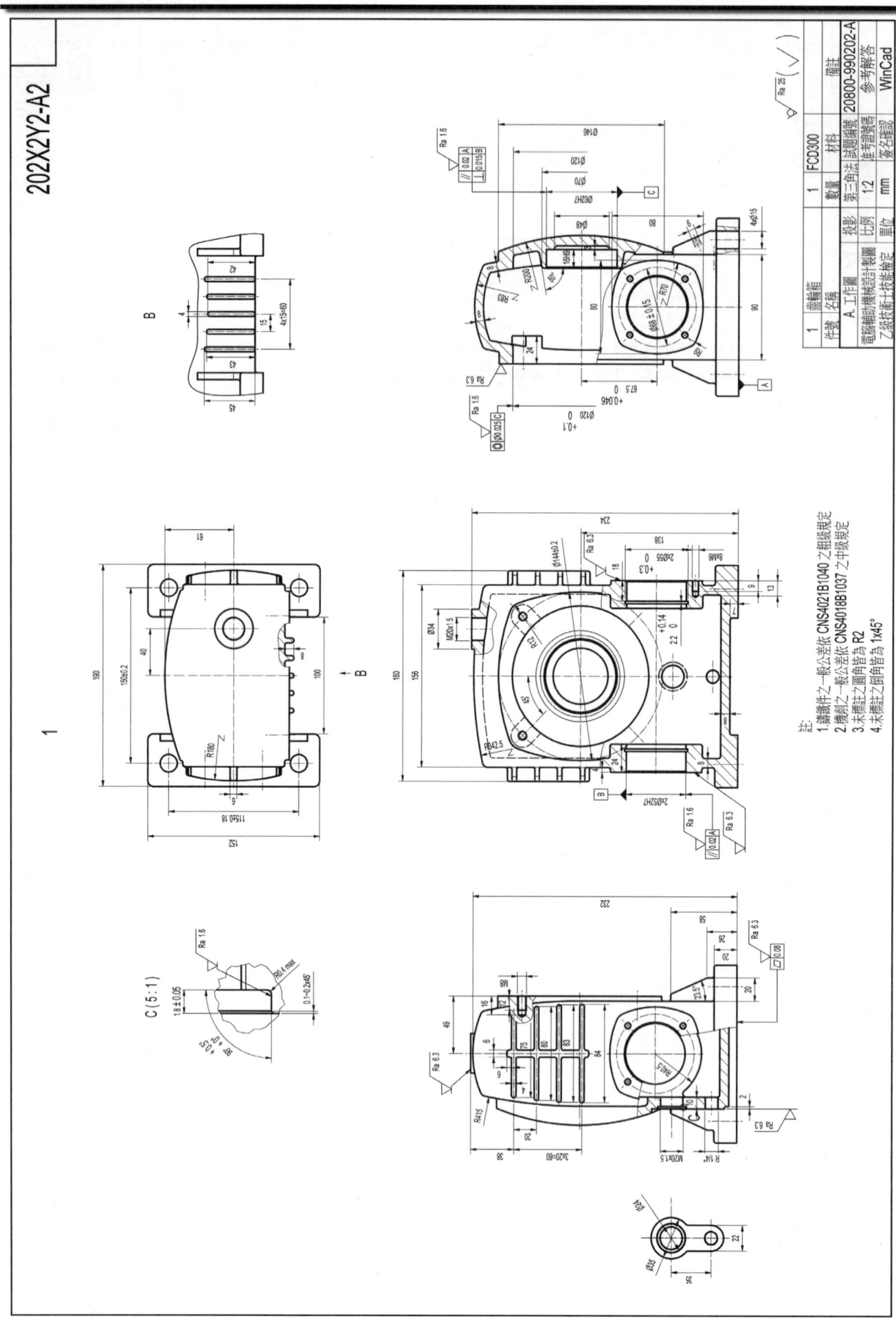

202X2Y2-A3

6

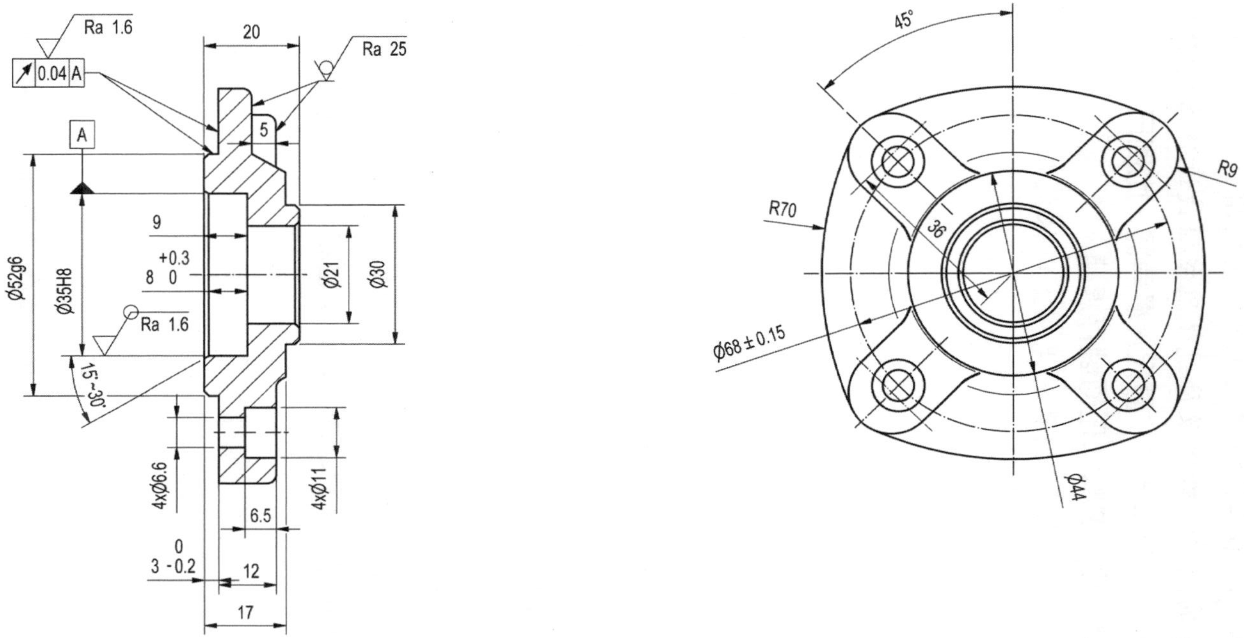

註:
1. 鑄鐵件之一般公差依 CNS4021B1040 之粗級規定
2. 機削之一般公差依 CNS4018B1037 之中級規定
3. 未標註之圓角皆為 R2
4. 未標註之倒角皆為 1x45°

6	蝸桿蓋		1	FCD250	
件號	名稱		數量	材料	備註

$\sqrt{}$ Ra 6.3 $\left(\sqrt{}\right)$

A. 工 作 圖		投 影	第三角法	試題編號	20800-990202-A
電腦輔助機械設計製圖		比 例	1:1	准考證編號	
乙級技術士技能檢定		單 位	mm	簽名確認	
				參考解答	WinCad

試題編號：20800-990203-A

工作圖試題說明：

一、 本工作圖試題繪製**時間4小時**(可提前交卷但不加分)，不含出圖時間。試題依第三角法命題，應檢人可選用第一角法或第三角法繪製，惟不得混用。

二、 應檢人繪製時，圖中的線條、數字及符號等應依照最近公佈之CNS國家標準繪製。

三、 應檢人依規定可使用之自備工具為：**直尺、量角器、比例尺**等。只可參閱場地提供之設計資料檔，嚴禁攜帶**自備之設計資料**及**任何儲存媒體**。

四、 『**變更設計**』由監評人員現場抽定(寫於黑板上)，依試題所示之變更設計X及Y處繪製，變更設計將加重計分。

五、 **試題**：(依監評人員抽定之變更設計繪製)

    1. 繪製零件1：出圖於一張A2圖紙

    依1：1之比例，繪製零件1之工作圖於一張A2圖紙，工作圖須含尺度標註、公差配合、幾何公差及表面織構符號等。

    2. 繪製零件1、零件2、零件3、零件5、零件6及銲接圖：出圖於一張A3圖紙

        A. 依1：1之比例，繪製零件5及零件6之工作圖，工作圖須含尺度標註、公差配合、幾何公差及表面織構符號等。

        B. 依1：1之比例，繪製零件1、零件2、零件3及零件6之簡易組合圖，並標註P、Q、R、M處之銲接符號。

        C. 依1：1之比例，繪製零件1與零件6銲接處詳圖。

六、 各圖面請繪製如**圖(a)**所示之A2及A3有裝訂邊圖框、標題欄及零件表，如**表(a)**所示，並填妥適當之內容。

七、 繪製時間結束時，請以『**准考證號碼**』為檔名，存入電腦資料碟中(嚴禁使用自備之任 何儲存媒體)，並確認已經存檔後，電腦螢幕須保留現況，即離開崗位將試題交回給監 評人員，並出場等候出圖之指示。

八、 **出圖**：

    1. 中途離場或放棄出圖者須告知監評人員，並在評審表"放棄出圖者"處簽名後離場，若未依規定而離場者視同不及格。

    2. 應檢人請依監評人員之指示，將電腦繪製之圖面以黑色列印於規定圖紙上；倘若圖面未完整列印，得重新出圖，並將前一張圖紙作廢。

    3. 應檢人出圖後須確認圖面，並在**右下角簽名**後始得離場。監評人員則在右上角簽章 確認。

表**(a)** 零件表

件 號	名 稱	數 量	材 料	備 註
1	底座	1	SF450	
5	輔助螺桿	1	S45C	
6	打油圓筒	1	S45C	

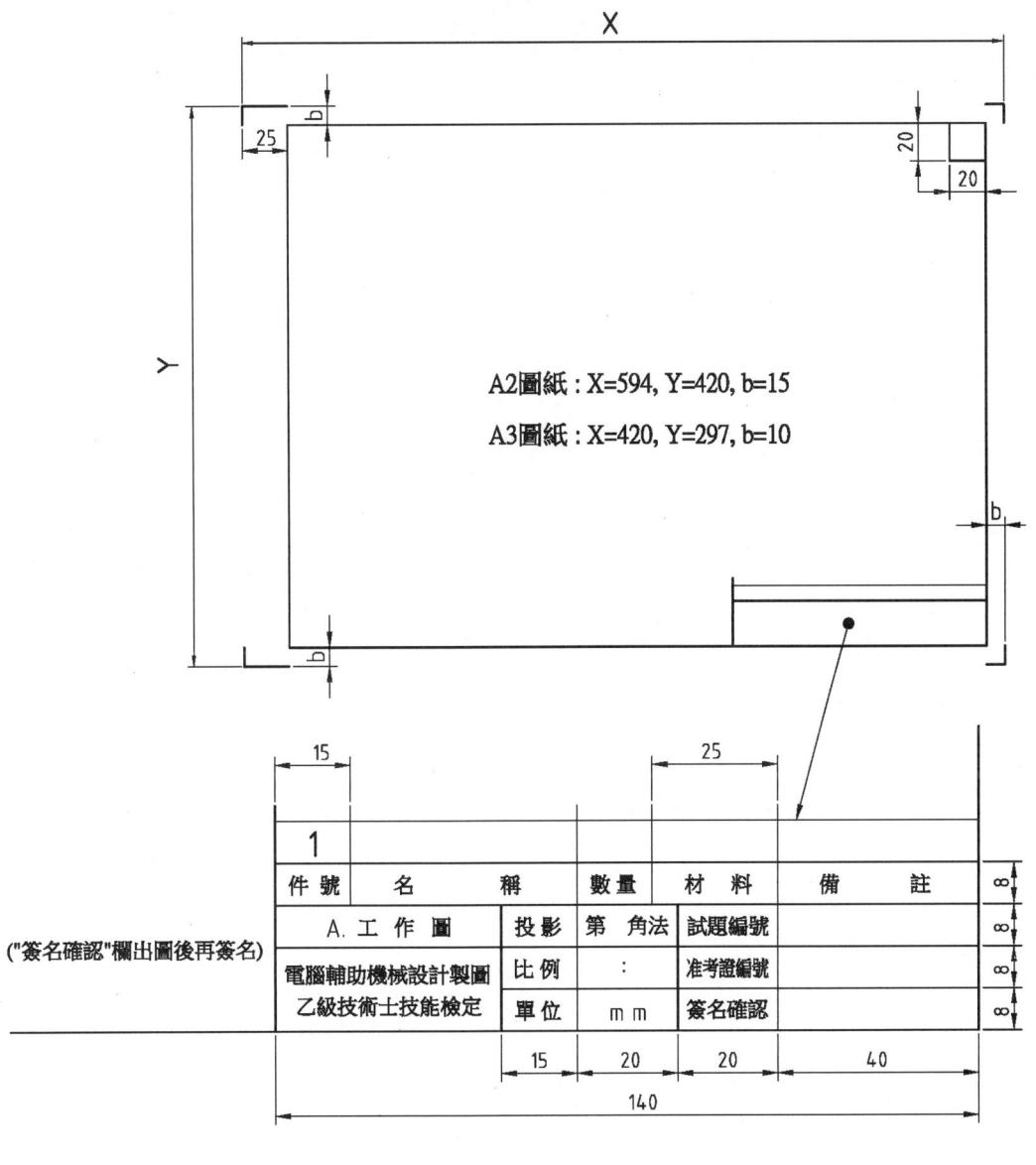

A2圖紙：X=594, Y=420, b=15

A3圖紙：X=420, Y=297, b=10

圖**(a)**

公佈題目

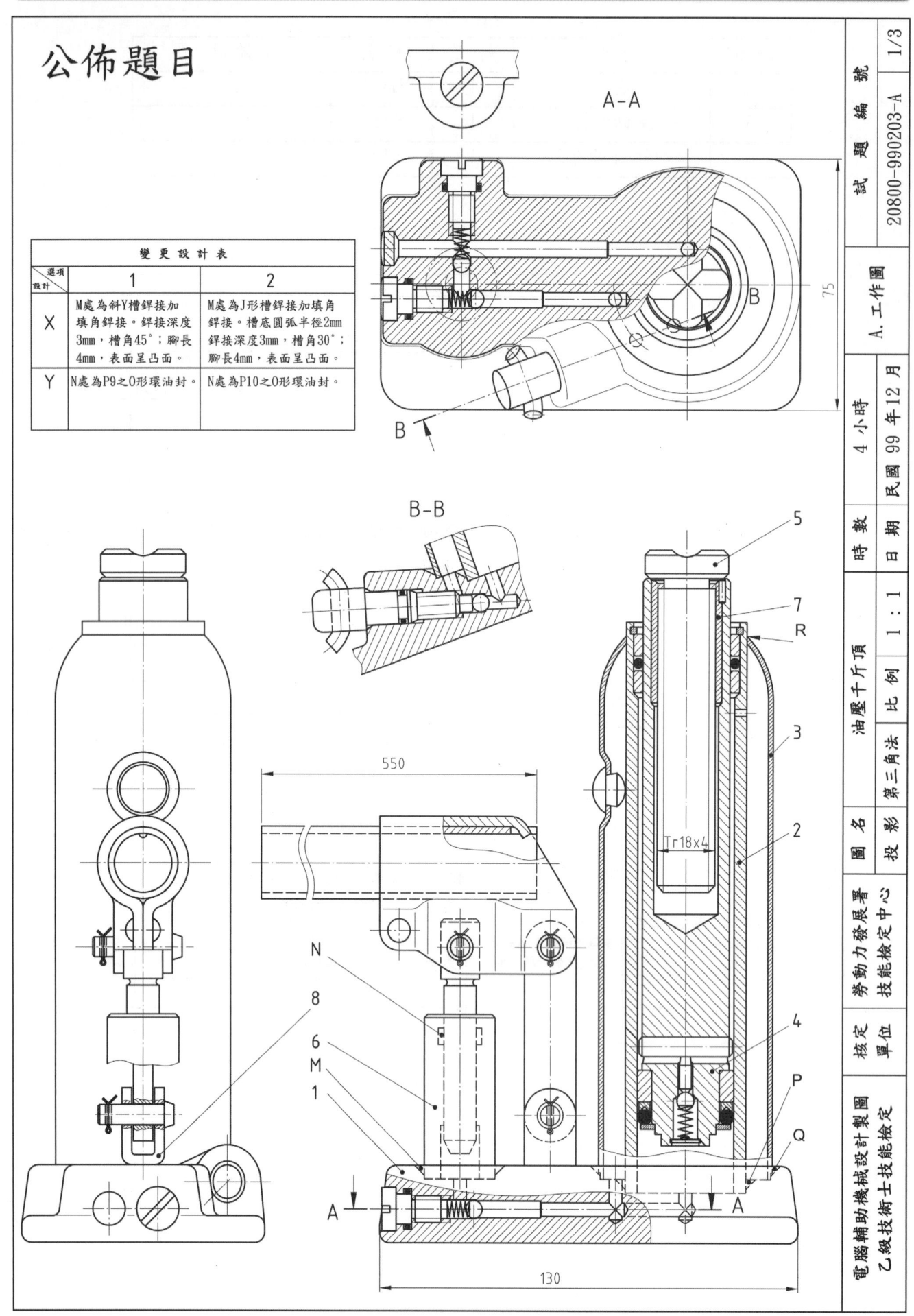

變更設計表

選項\設計	1	2
X	M處為斜Y槽銲接加填角銲接。銲接深度3mm，槽角45°；腳長4mm，表面呈凸面。	M處為J形槽銲接加填角銲接。槽底圓弧半徑2mm銲接深度3mm，槽角30°；腳長4mm，表面呈凸面。
Y	N處為P9之O形環油封。	N處為P10之O形環油封。

A-A

B-B

Tr18×4

550

130

75

試題編號　20800-990203-A　1/3

A. 工作圖

時數　4 小時

日期　民國 99 年 12 月

圖名　油壓千斤頂

投影　第三角法　比例　1：1

勞動力發展署　技能檢定中心

核定單位

電腦輔助機械設計製圖乙級技術士技能檢定

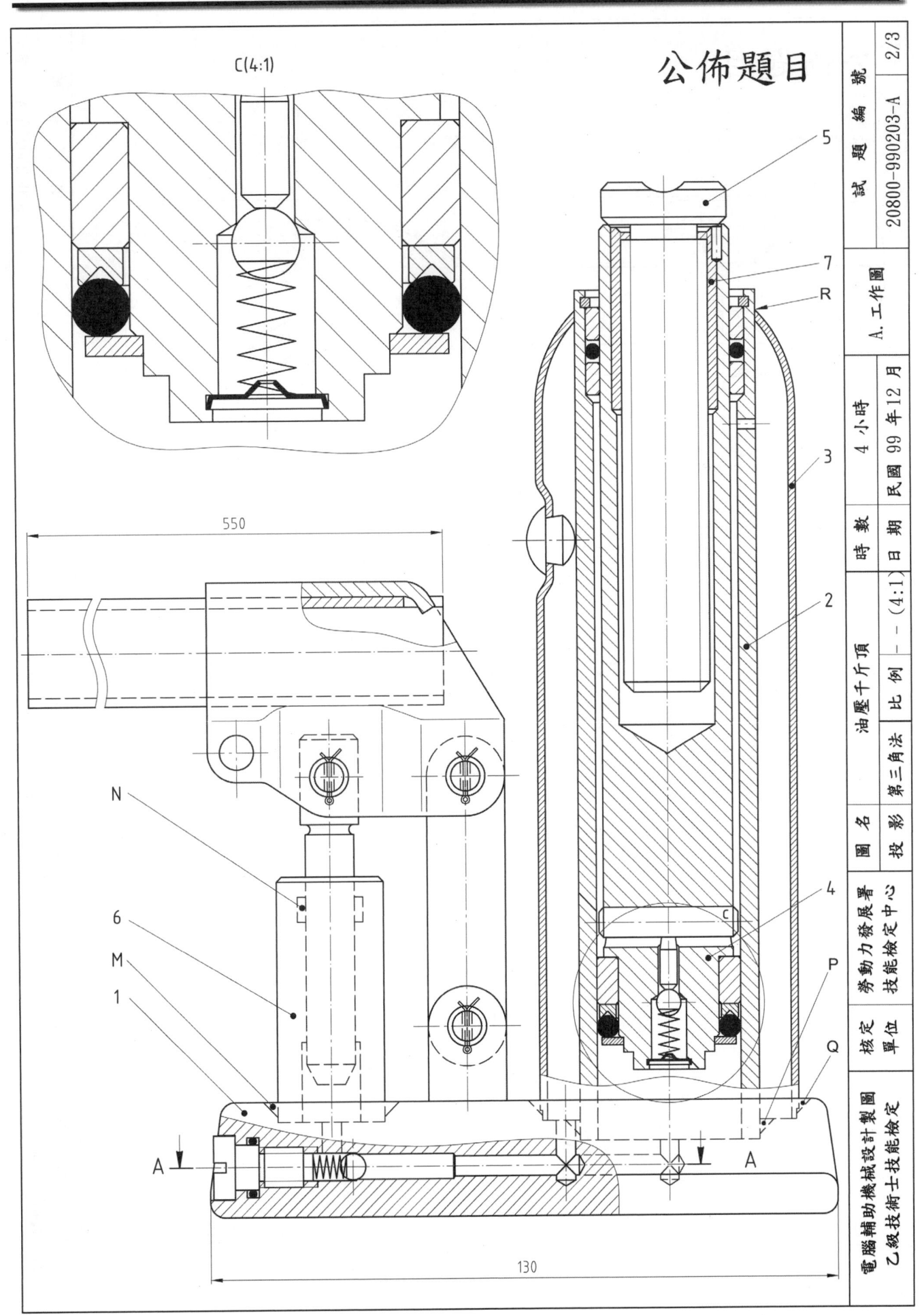

公佈題目

C(4:1)

550

130

N

6

M

1

A

A

C(4:1)

5

7

R

3

2

4

P

Q

試 題 編 號	2/3
	20800-990203-A
A. 工作圖	
時 數	4 小時
日 期	民國 99 年 12 月
比 例	-- (4:1)
第三角法	
圖 名 投 影	油壓千斤頂
核 定 單 位	勞動力發展署 技能檢定中心
電腦輔助機械設計製圖 乙級技術士技能檢定	

公佈題目

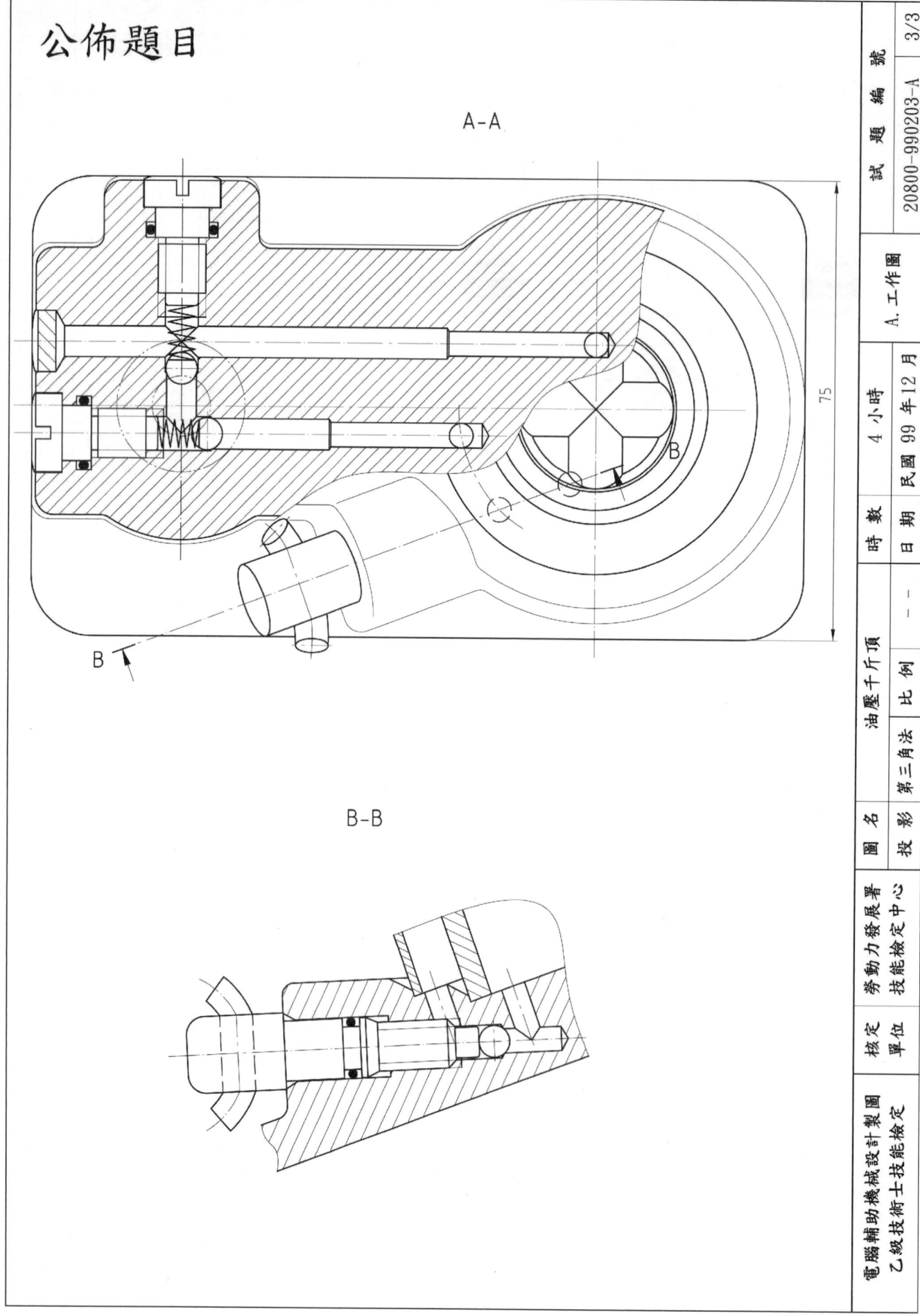

解題分析與研習步驟

一、990203-A 相關知識及機構動作說明

1. 當件 16 槓桿向下壓時，會將件 6 打油圓筒中之液壓油注入件 1 本體中，推動件 25 止回鋼球後，由「A1」處流入，經「A2」迴路進入件 2 油壓缸中，如下圖 a。

   件 16 槓桿向下壓時：

   a. 件 6 打油圓筒注油。
   b. 推開件 25 鋼球（a→b 處位置）及彈簧。
   c. 油經「A1」-「A2」處流入件 2 油壓缸。
   d. 件 26 鋼球（a 處位置）擋住油經「A5」-「A4」處進入件 2。

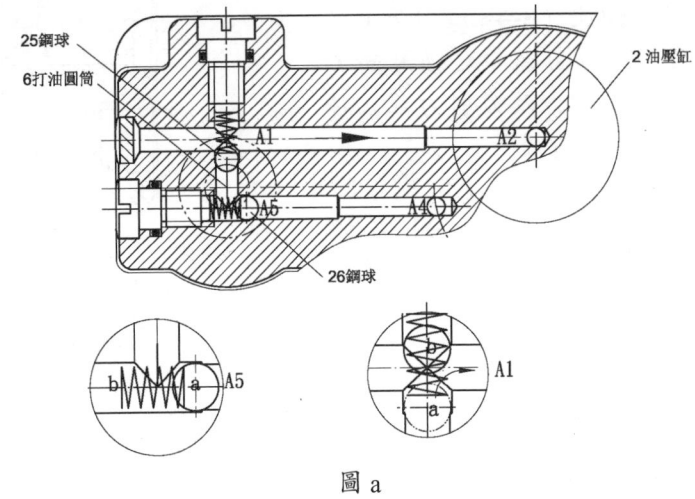

圖 a

2. 液壓油推動件 4 衝柱向上舉起，並配合件 5 輔助螺桿來調整頂起物體之高度。

3. 由件 13 下衝柱軸承、件 14 擋環、件 17 O 形環、件 18 O 形環壓板等組成、在件 4 衝柱向上舉起時，會將件 2 油壓缸中的空氣於「A3」處，排出到件 3 外筒中，如下圖 b。

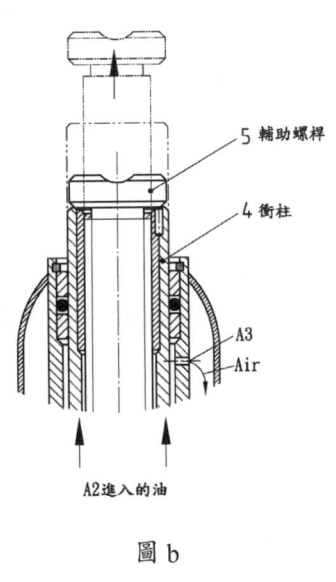

圖 b

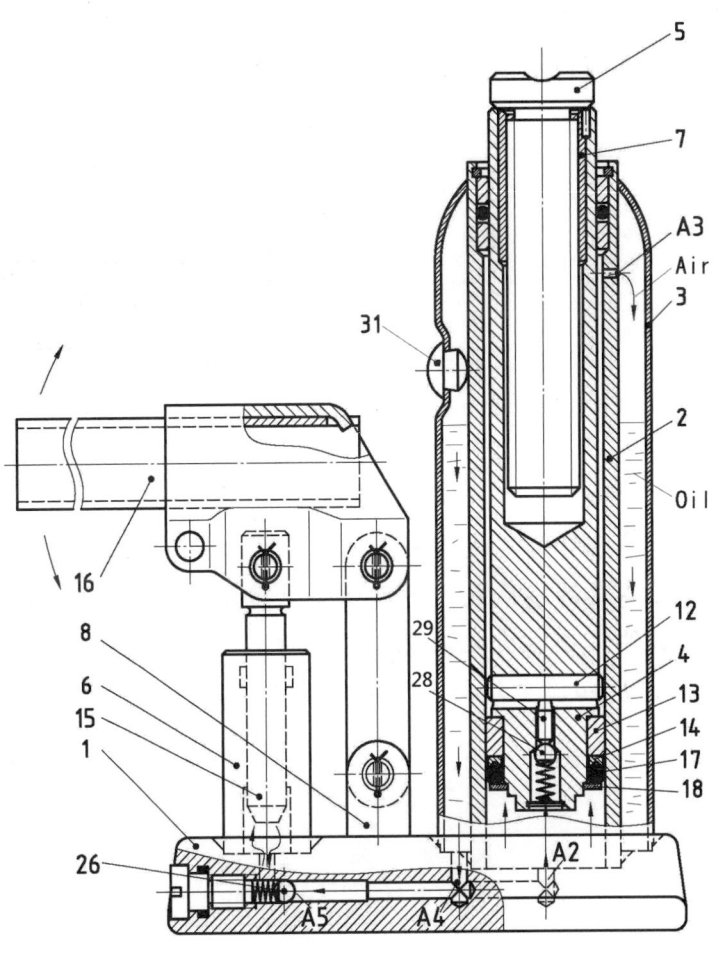

總流路圖

4. 同時當件 16 槓桿向上舉起，會產生吸引力將件 25 止回鋼球來擋住「A1」-「A2」迴路，使得件 3 外筒中之液壓油，因重力及吸引力注入件 1 本體後，再經由「A4」-「A5」迴路，推開件 26 止回鋼球，由「A5」處回到件 6 打油圓筒中，以補充下一行程之液壓油源，如下圖 c。

件 16 槓桿向下壓時：

a. 打油圓筒產生吸力及彈簧產生推力關閉件 25 鋼球（b➔a 處位置）。

b. 件 3 外筒中之液壓油，因重力及吸引力注入件 1 本體後。

c. 油經「A4」-「A5」處推開件 26 鋼球（a➔b 處位置）進入件 6 打油圓筒中。

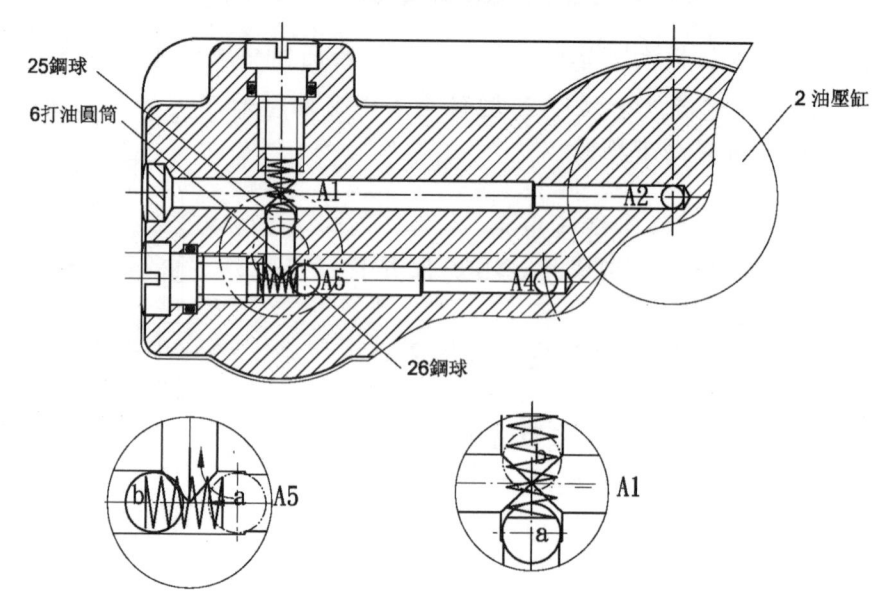

圖 c

5. 使用完畢後，可旋出件 20 螺桿，使得件 2、件 3 中之液壓油因爲重力，經「A6」、「A7」迴路快速洩回件 1 本體中再回到件 3 外筒中，如圖 d 所示。

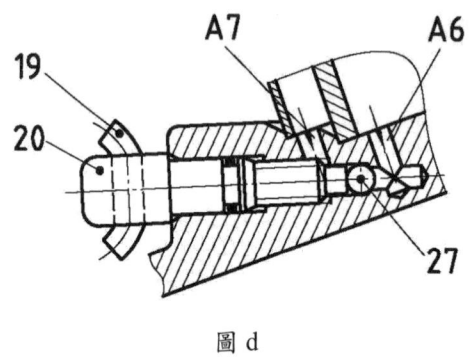

圖 d

6. 當件 3 外筒之液壓油不足時，可由件 31 處補充。

7. 因爲是油壓系統，所以會使用 O 形環、毛氈油封等來防漏。

8. 當件 4 衝柱升至油壓缸頂端時，件 12 極限銷下壓件 29 頂銷，頂開件 28 鋼球，使加壓油經由 A3 處回流至外筒，可避免加壓過度，油壓缸損壞。

二、990203-A 變更設計相關知識說明

1. 試題要求之變更設計：

變更設計		
設計 ＼ 選項	1	2
X	M 處為斜 Y 槽焊接加填角焊接。焊接深度 3mm，槽角 45°；腳長 4mm，表面呈凸面。	M 處為 J 形槽焊接加填角焊接。槽底圓弧半徑 2mm 焊接深度 3mm，槽角 30°；腳長 4mm，表面呈凸面。
Y	N 處為 P9 之 O 形環油封。	N 處為 P10 之 O 形環油封。

2. 變更設計之計算及查表：

a.　X1 變更設計：M 處之銲接符號及詳圖	P、Q、R 處之銲接符號

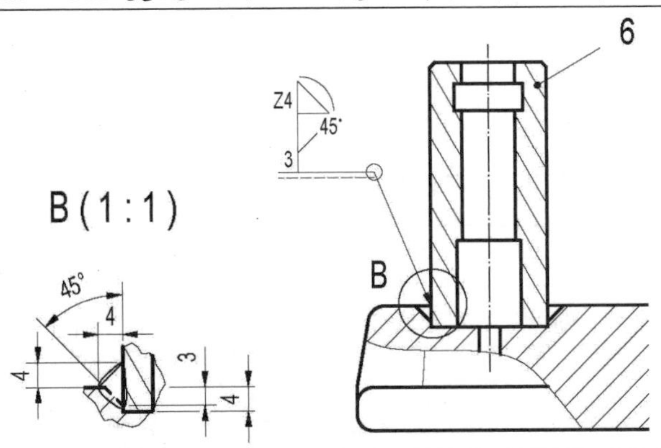

(X1 圖)	(1)　P、Q 處之銲接符號
b.　X2 變更設計：M 處之銲接符號及詳圖	(2)　R 處之銲接符號

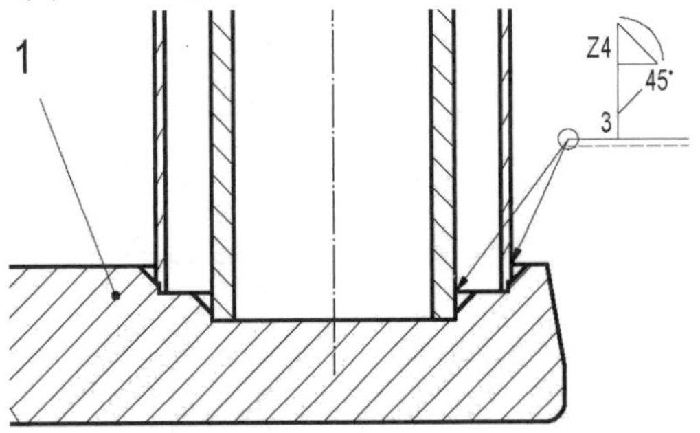

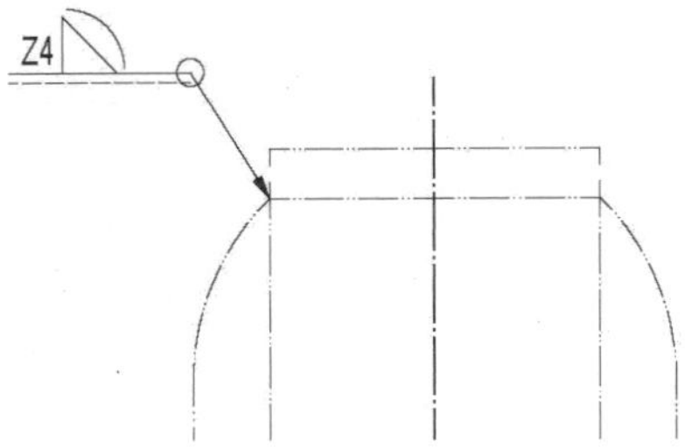

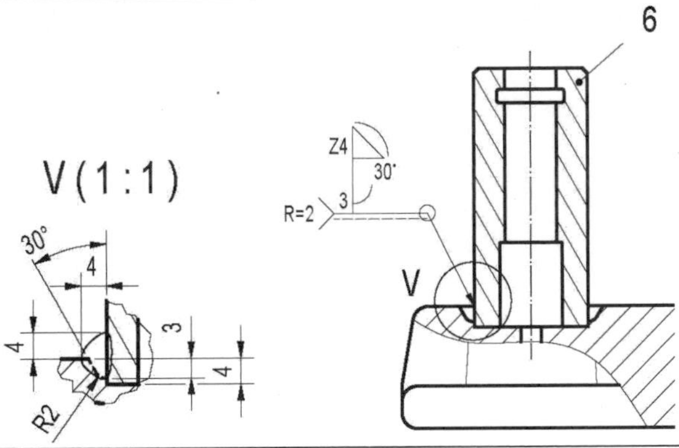

c.　Y1 變更設計：	d.　Y2 變更設計：
標稱號碼 P9，件 6 上的 O 型環槽寬 2.5 公差 0~+0.25，槽底徑 Ø12 公差 0~0.05。	標稱號碼 P10，件 6 上的 O 型環槽寬 2.5 公差 0~+0.25，槽底徑 Ø13 公差 0~0.05。

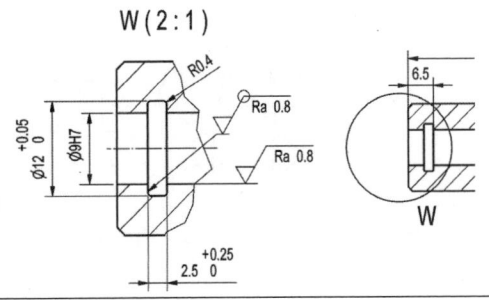

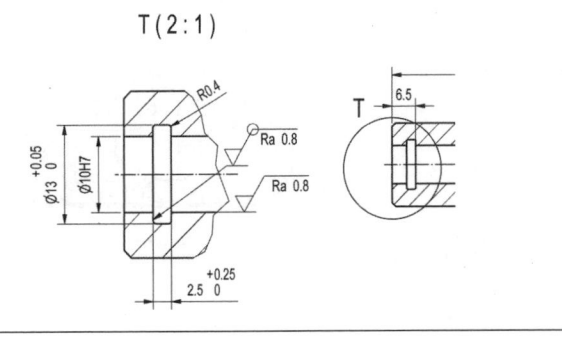

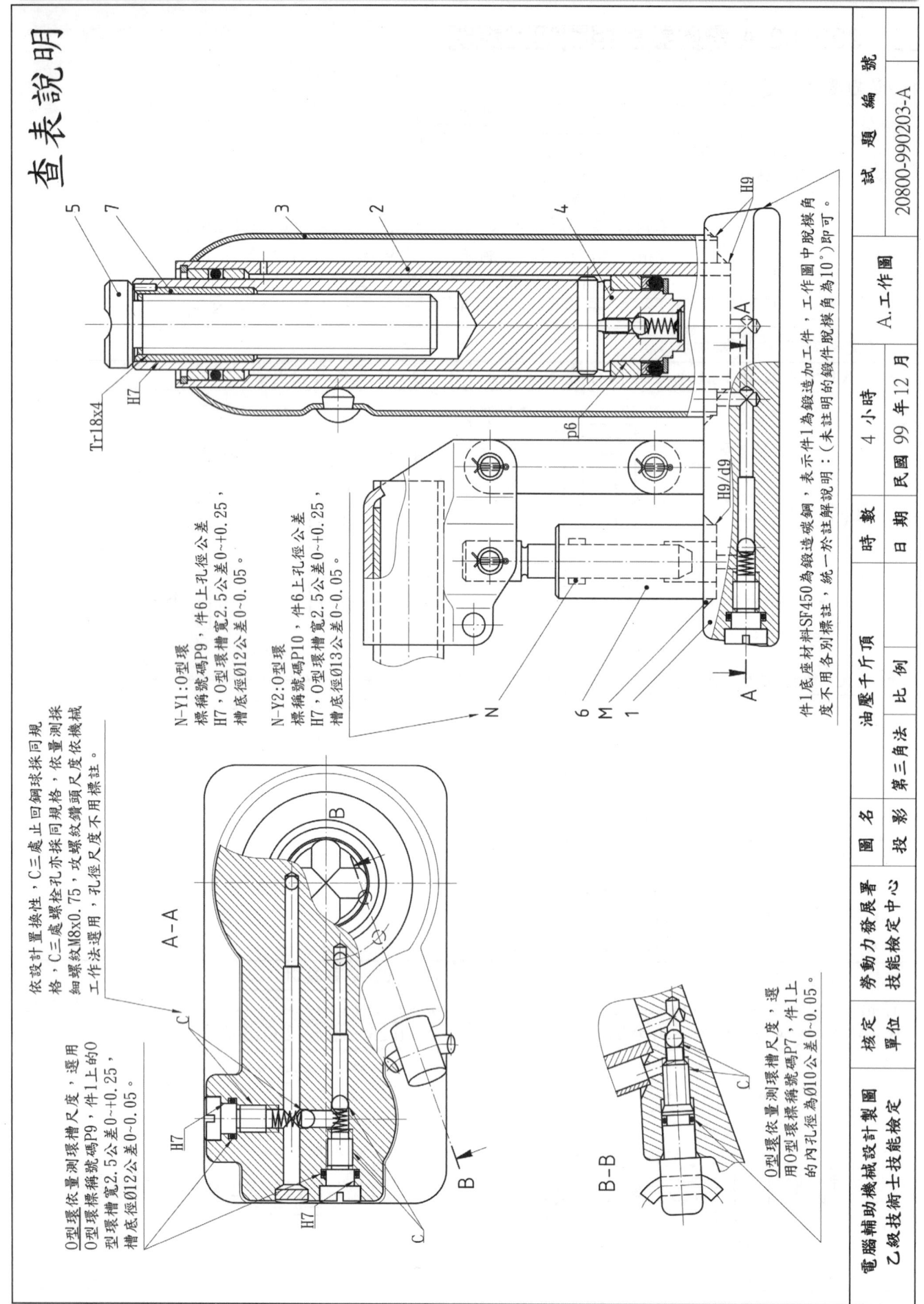

查表說明

N-Y1:O型環
標稱號碼P9，件6上孔徑公差
H7，O型環槽寬度2.5公差0~+0.25，
槽底徑Ø12公差0~-0.05。

N-Y2:O型環
標稱號碼P10，件6上孔徑公差
H7，O型環槽寬度2.5公差0~+0.25，
槽底徑Ø13公差0~-0.05。

O型環依量測環槽尺度，選用
O型環標稱號碼P9，件1上的O
型環槽寬2.5公差0~+0.25，
槽底徑Ø12公差0~-0.05。

依設計量置換性，C三處止回鋼球採同規
格，C三處螺栓孔亦採同規格，依量測採
鋼螺紋M8x0.75，攻螺紋鑽頭尺度依機械
工作法選用，孔徑尺度不用標註。

O型環依量測環槽尺度，選
用O型環標稱號碼P7，件1上
的O型環內孔徑為Ø10公差0~-0.05。

件1底座材料SF450為鍛造碳鋼，表示件1為鍛造加工件，工作圖中脫模角
度不用各別標註，統一於註解說明：（未註明的鍛件脫模角為10°）即可。

電腦輔助機械設計製圖	核定	勞動力發展署	圖名	油壓千斤頂	試題編號
乙級技術士技能檢定	單位	技能檢定中心	投影	第三角法	比例	A.工作圖	20800-990203-A

日期　民國 99 年 12 月　　時數　4 小時

立體系統圖參考

A. 工 作 圖	投 影	第三角法	試題編號	20800-990203-A
電腦輔助機械設計製圖	比 例		准考證編號	參考解答
乙級技術士技能檢定	單 位	mm	簽名確認	WinCad

等角圖參考

1

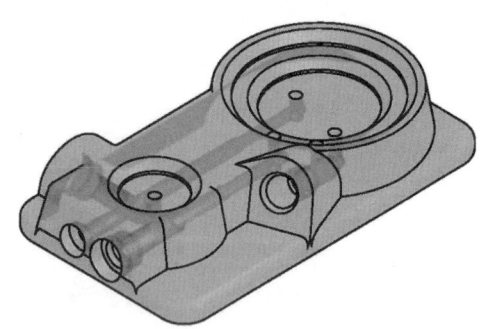
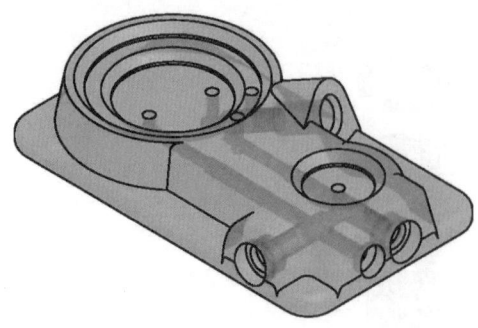

6

5

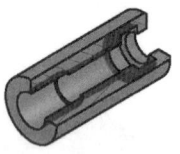

等角組合圖參考

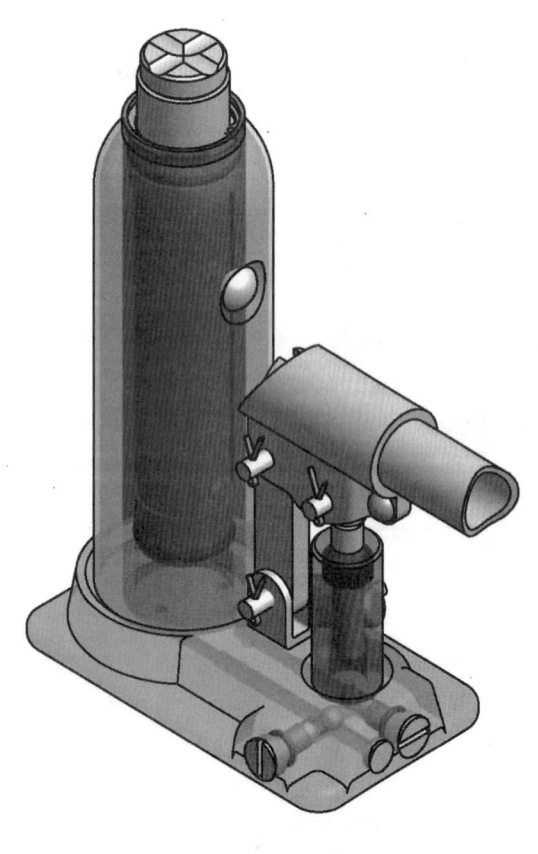
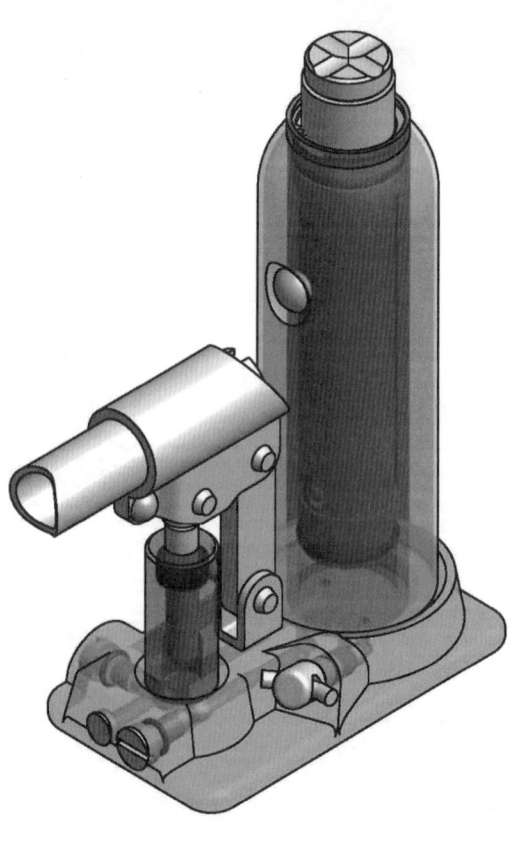

A. 工 作 圖	投 影	第三角法	試題編號	20800-990203-A
電腦輔助機械設計製圖	比 例	1:1	准考証編號	參考解答
乙級技術士技能檢定	單 位	mm	簽名確認	WinCad

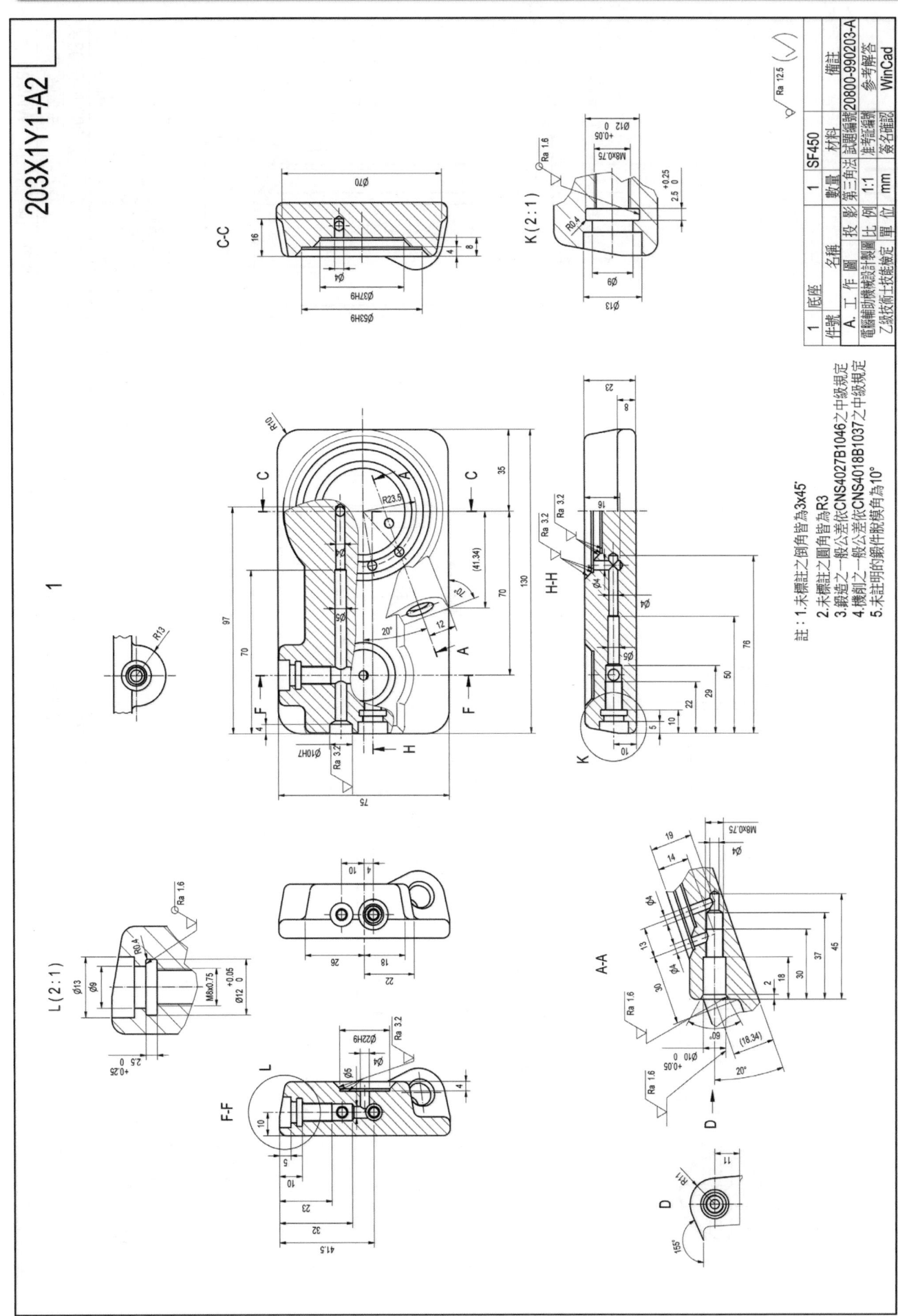

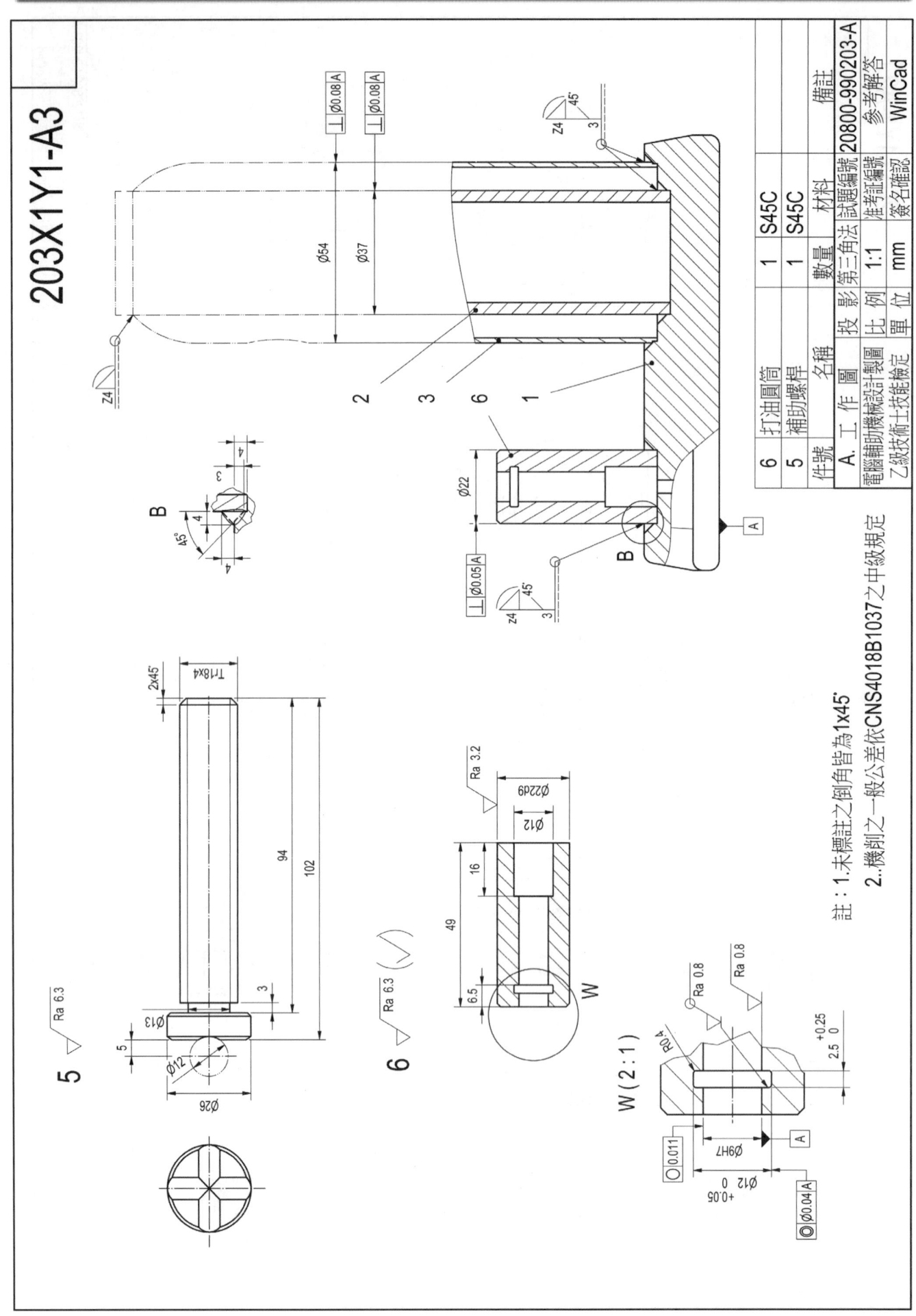

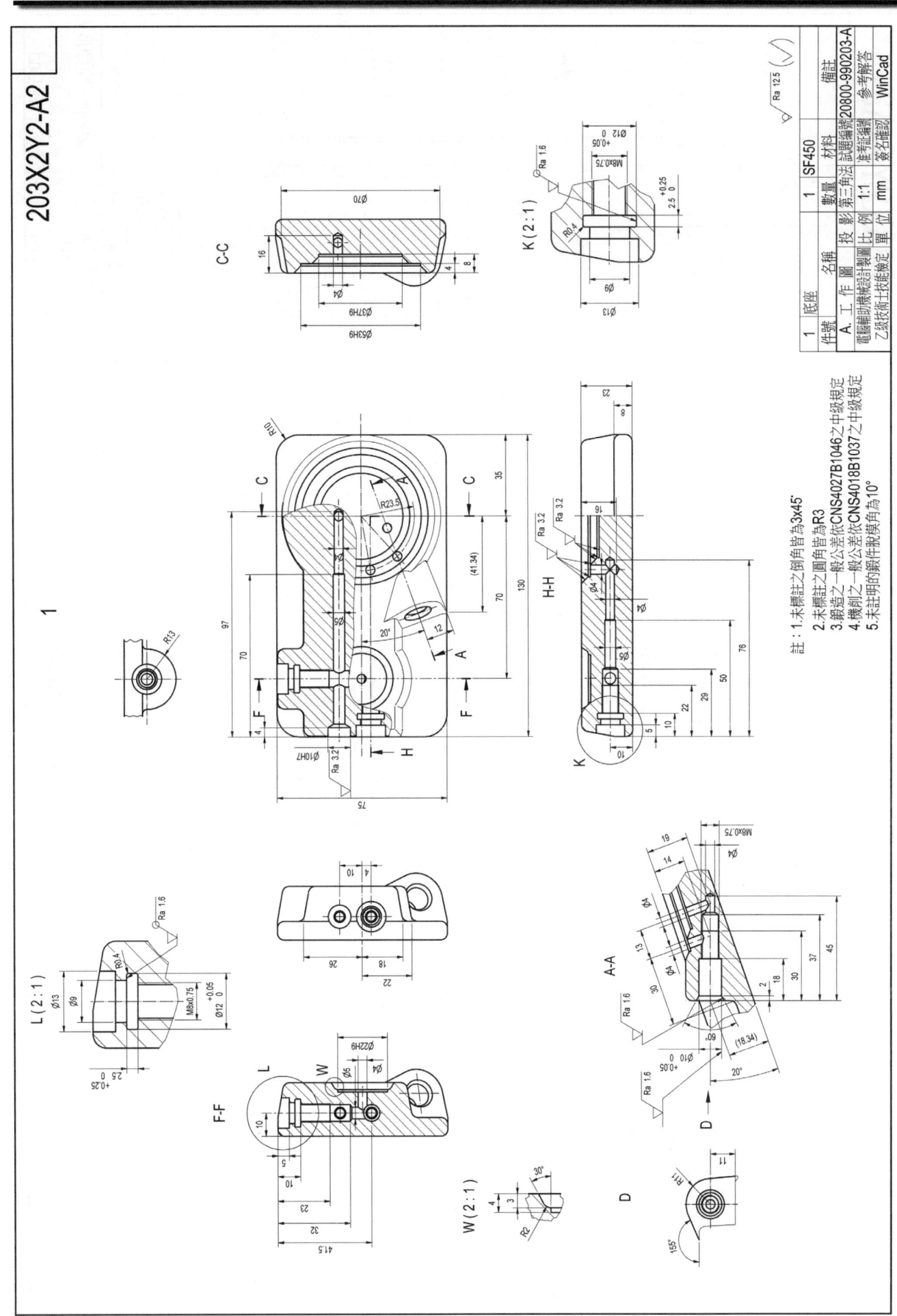

註：1.未標註之倒角皆為3x45°
　　2.未標註之圓角皆為R3
　　3.鑄造之一般公差依CNS4027B1046之中級規定
　　4.機削之一般公差依CNS4018B1037之中級規定
　　5.未註明的鑄件脫模角為10°

件號	名稱			數量	材料		備註
1	底座			1	SF450		
A. 工 作 圖		投 影	第三角法	比 例	1:1		試題編號20800-990203-A
電腦輔助機械設計製圖				單 位	mm		參考解答
乙級技術士技能檢定					准考證號碼		WinCad
					簽名確認		

$\sqrt{}$ Ra 12.5 $(\sqrt{})$

203X2Y2-A2

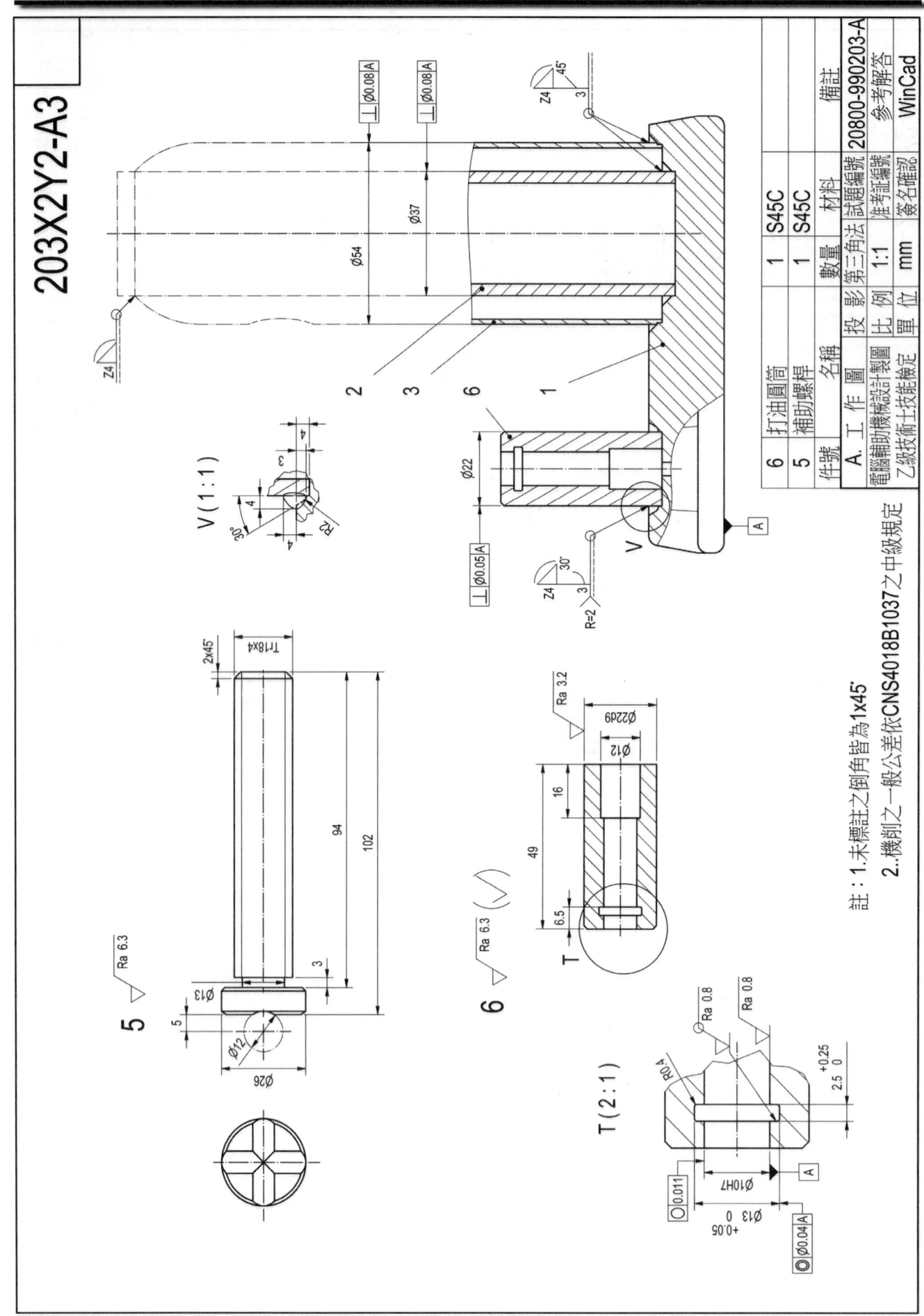

試題編號：20800-990204-A

工作圖試題說明：

一、　本工作圖試題繪製**時間4小時**(可提前交卷但不加分)，不含出圖時間。試題依第三角法命題，應檢人可選用第一角法或第三角法繪製，惟不得混用。

二、　應檢人繪製時，圖中的線條、數字及符號等應依照最近公佈之CNS國家標準繪製。

三、　應檢人依規定可使用之自備工具爲：**直尺、量角器、比例尺**等。只可參閱場地提供之設計資料檔，嚴禁攜帶**自備之設計資料及任何儲存媒體**。

四、　『**變更設計**』由監評人員現場抽定(寫於黑板上)，依試題所示之變更設計X及Y處繪製，變更設計將加重計分。

五、　**試題**：(依監評人員抽定之變更設計繪製)

　　1.　繪製零件1：出圖於一張 A2 圖紙

　　　　依 1：1 之比例，繪製零件 1 之工作圖於一張 A2 圖紙，工作圖須含尺度標註、公差配合、幾何公差、表面織構符號及零件表等。

　　2.　繪製零件3：出圖於一張 A3 圖紙

　　　　依 1：1 之比例，繪製零件 3 之工作圖於一張 A3 圖紙，工作圖須含尺度標註、公差配合、幾何公差、表面織構符號、斜齒輪數據表(角度精度須達小數點第 3 位或達秒位數)及零件表等。

六、　各圖面請繪製如**圖(a)**所示之A2及A3有裝訂邊圖框、標題欄及零件表，如**表(a)**所示，並填妥適當之內容。

七、　繪製時間結束時，請以『**准考證號碼**』爲檔名，存入電腦資料碟中(嚴禁使用自備之任 何儲存媒體)，並確認已經存檔後，電腦螢幕須保留現況，即離開崗位將試題交回給監 評人員，並出場等候出圖之指示。

八、　**出圖**：

　　1.　中途離場或放棄出圖者須告知監評人員，並在評審表勾選放棄出圖及簽名後離場，若未依規定而離場者視同不及格。

　　2.　應檢人請依監評人員之指示，將電腦繪製之圖面以黑色列印於規定圖紙上；倘若圖 面未完整列印，得重新出圖，並將前一張圖紙作廢。

　　3.　應檢人出圖後須確認圖面，並在**右下角簽名**後始得離場。監評人員則在右上角簽章 確認。

表**(a)** 零件表

件 號	名 稱	數 量	材 料	備 註
1	底座	1	FC250	
3	離合斜齒輪	2	S45C	

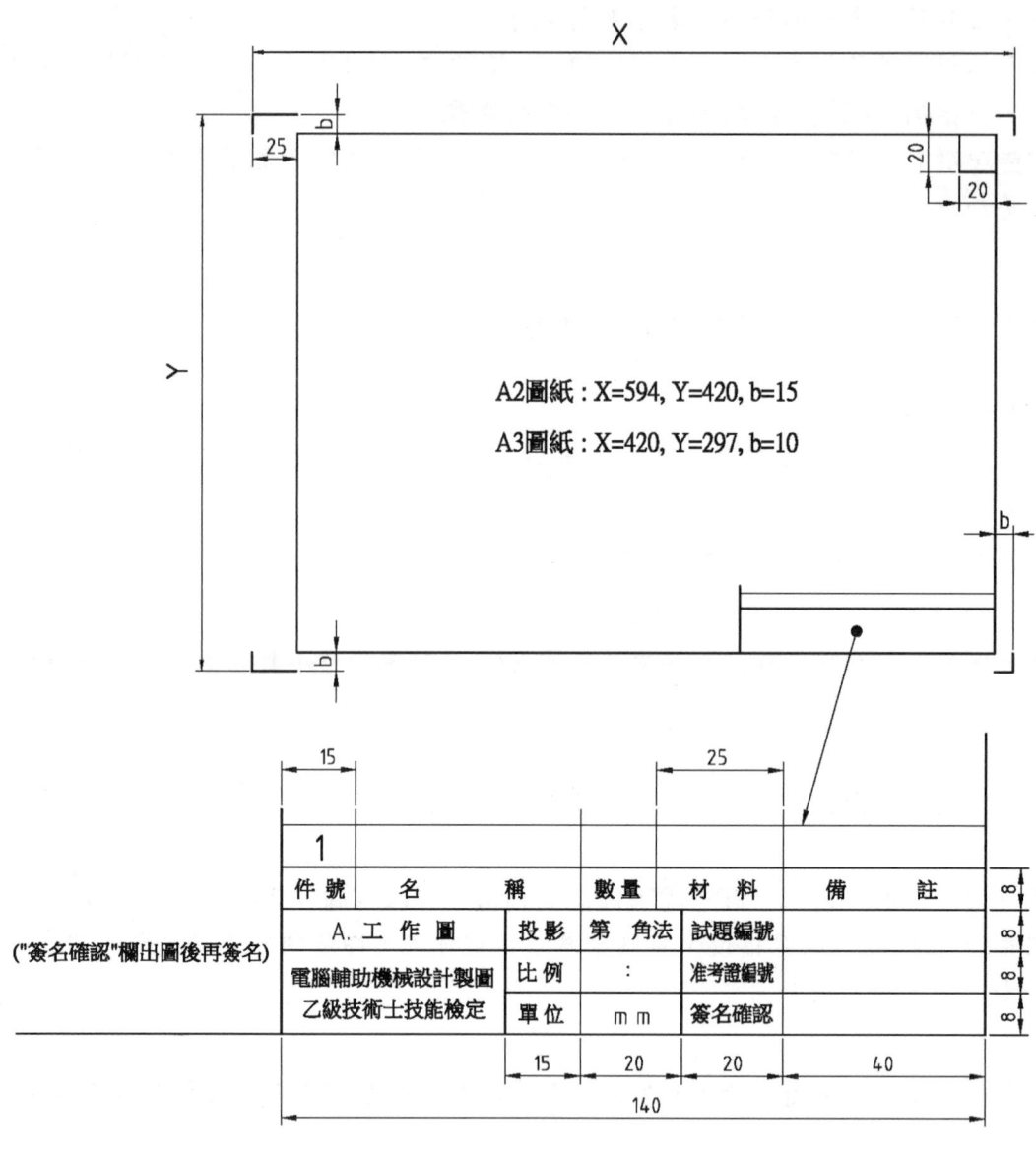

A2圖紙：X=594, Y=420, b=15

A3圖紙：X=420, Y=297, b=10

圖(a)

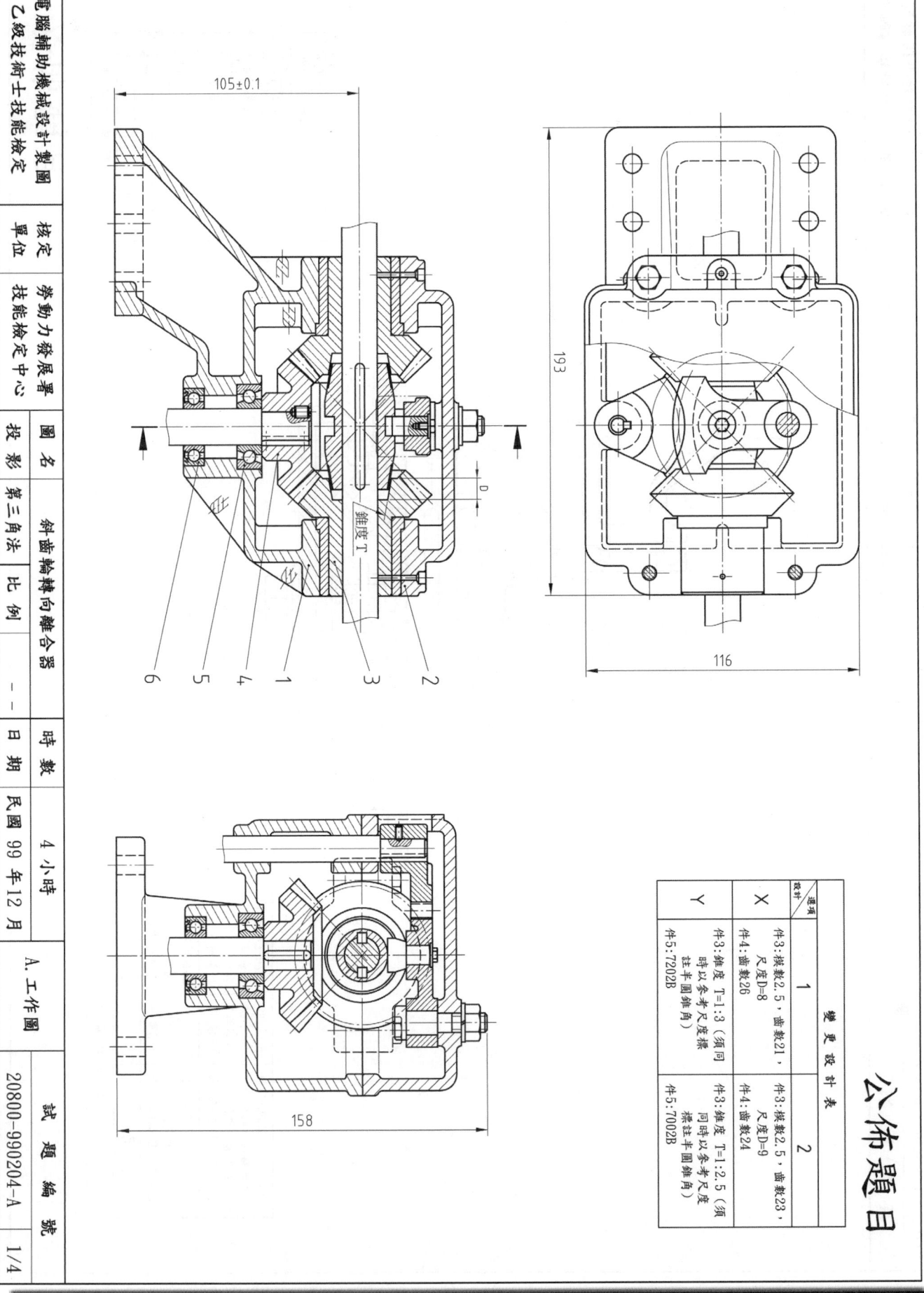

公佈題目

斜齒輪轉向離合器

雙更更設計表		
設計項	1	2
X	件3：模數2.5，齒數21，尺度D=8	件3：模數2.5，齒數23，尺度D=9
	件4：齒數26	件4：齒數24
	件3：錐度 T=1:3（須同時以參考尺度標註丰圓錐角）	件3：錐度 T=1:2.5（須同時以參考尺度標註丰圓錐角）
Y	件5:7202B	件5:7002B
	件5:7202B	件5:7002B

電腦輔助機械設計製圖

乙級技術士技能檢定

校定單位	勞動力發展署技能檢定中心		
圖名	斜齒輪轉向離合器	試題編號	20800-990204-A
投影	第三角法		
比例	— —		
時數	4 小時		
日期	民國 99 年 12 月		A.工作圖
			1/4

105±0.1

錐度T

D

6 5 4 1 3 2

193

116

158

公佈題目

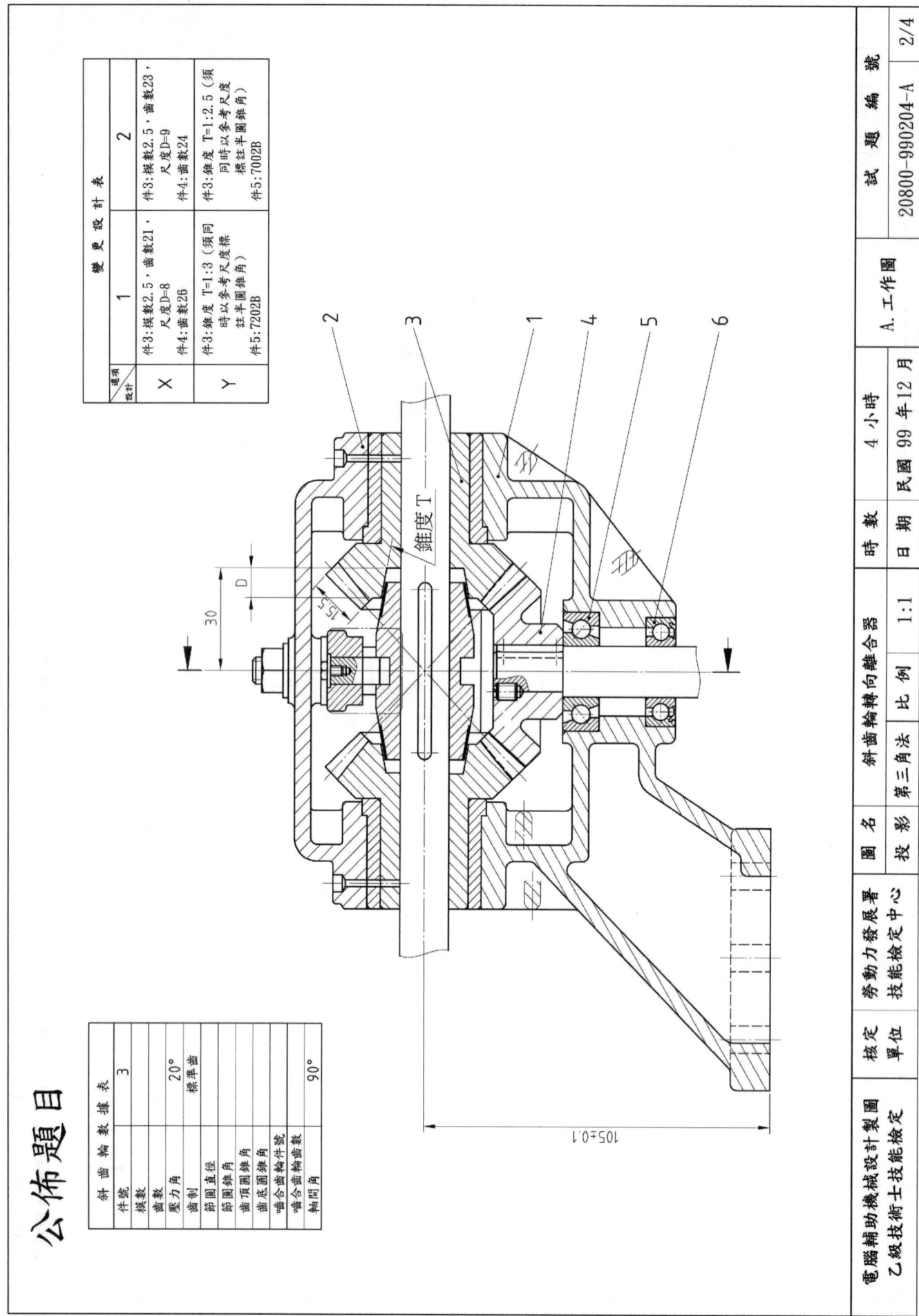

斜齒輪數據表

件號	3
模數	
齒數	
壓力角	20°
齒制	標準齒
節圓直徑	
節圓錐角	
齒頂圓錐角	
齒底圓錐角	
嚙合齒輪件號	
嚙合齒輪齒數	
軸間角	90°

變更設計表

選項設計	1	2
X	件3:模數2.5,齒數21,尺度D=8 件4:齒數26	件3:模數2.5,齒數23,尺度D=9 件4:齒數24
Y	件3:錐度 T=1:3(須同時以參考尺度標註半圖錐角) 件5:7202B	件3:錐度 T=1:2.5(須同時以參考尺度標註半圓錐角) 件5:7002B

電腦輔助機械設計製圖	核定	勞動力發展署	圖名	斜齒輪轉向離合器	時數	4 小時	試題編號		20800-990204-A	2/4
乙級技術士技能檢定	單位	技能檢定中心	投影	第三角法	比例	1:1		A. 工作圖	日期 民國 99 年 12 月	

公佈題目

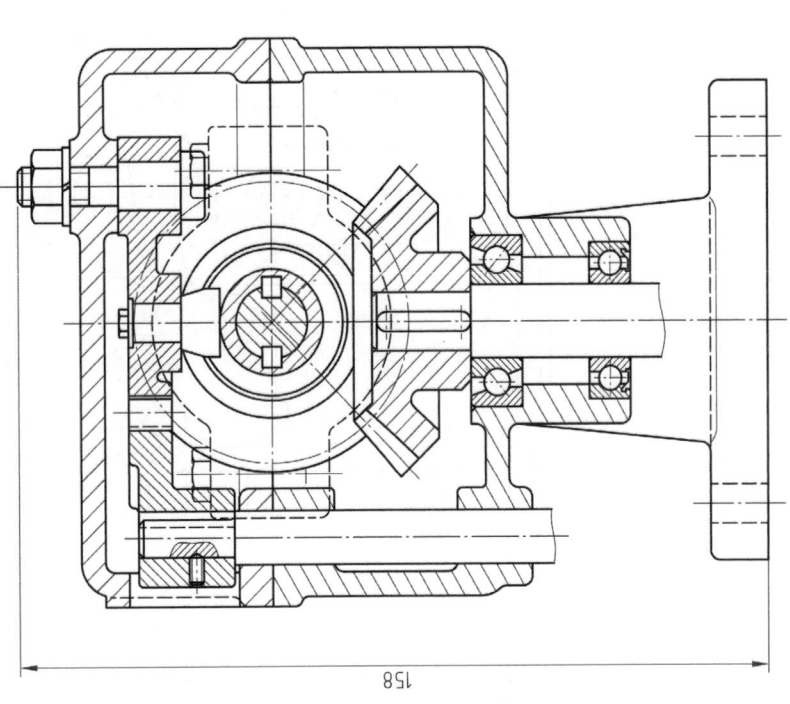

158

變 更 設 計 表		
選項 設計	1	2
X	件3:模數2.5,齒數21, 尺度D=8 件4:齒數26	件3:模數2.5,齒數23, 尺度D=9 件4:齒數24
Y	件3:錐度 T=1:3(須同 時以參考尺度標 註半圓錐角) 件5:7202B	件3:錐度 T=1:2.5(須 同時以參考尺度 標註半圓錐角) 件5:7002B

電腦輔助機械設計製圖 乙級技術士技能檢定	核定 單位	勞動力發展署 技能檢定中心	圖名	斜齒輪轉向離合器	時數	4 小時	試 題 編 號
			投影	第三角法	比例	1:1	A. 工作圖
					日期	民國 99 年 12 月	20800-990204-A 3/4

公佈題目

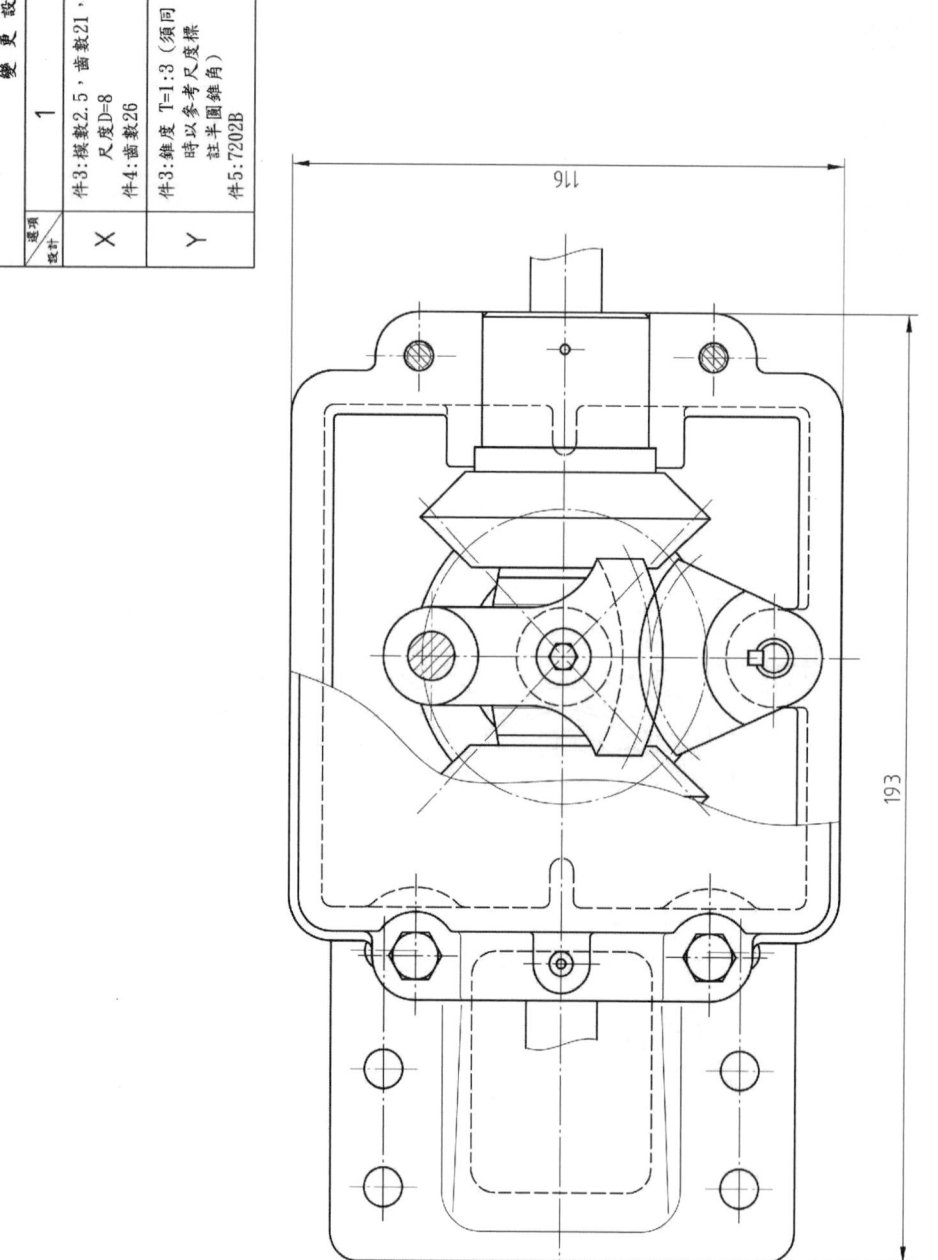

變　更　設　計　表		
選項 設計	1	2
X	件3:模數2.5，齒數21， 尺度D=8 件4:齒數26	件3:模數2.5，齒數23， 尺度D=9 件4:齒數24
Y	件3:錐度 T=1:3（須同 時以參考尺度標 註半圖錐角） 件5:7202B	件3:錐度 T=1:2.5（須 同時以參考尺度 標註半圖錐角） 件5:7002B

電腦輔助機械設計製圖 乙級技術士技能檢定	核定 單位	勞動力發展署 技能檢定中心	圖名 投影	斜齒輪轉向離合器 第三角法	比例 1:1	時數 日期	4 小時 民國 99 年 12 月	A. 工作圖	試題編號 20800-990204-A	4/4

解題分析與研習步驟

一、990204-A 相關知識及機構動作說明

1. 本機構爲利用斜齒輪配合離合器來改變其動力輸出之方向。

2. 斜齒輪用於相交軸間傳動的的場合。外接斜齒輪，其兩軸夾角等於兩
   嚙合斜齒輪之節圓錐角之和，兩輪轉向相反；內接斜齒輪，其兩軸夾
   角等於兩嚙合斜齒輪之節圓錐角之差，兩輪轉向相同，如圖 1 所示。
   其轉速比與節圓錐角之正弦函數成反比：

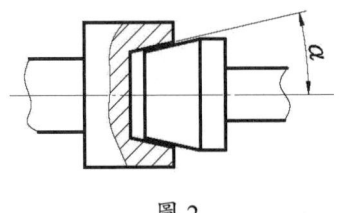

圖 1

$$\frac{N_1}{N_2} = \frac{R_2}{R_1} = \frac{\sin\theta_2}{\sin\theta_1}$$

   斜齒輪之齒形大小(模數、徑節或周節)及節圓直徑、頂圓直徑等計算，皆以圓錐大端尺度爲準。

3. 離合器是當主動軸作連續旋轉運動，從動軸須有時旋轉，有時停止時使用。摩擦離合器，其藉
   由摩擦力傳達動力其優點是在結合與分離時震動小，負載超過時會產生打滑以產生保護作用，
   但從動軸之轉速較不穩定。適用於低轉速大扭力或高轉速小扭力場合。

4. 本機構是使用圓錐形離合器，屬於軸向離合器，其半圓錐角愈小，
   摩擦力愈大，但分離困難，半圓錐角過大時，需要較大之軸向壓力
   才能有足夠的摩擦力來傳動，否則容易自行分離，一般半圓錐角α
   爲 8°~15°，而以 12.5°最理想，如圖 2 所示。

5. 本機構動作原理爲，當由下方動力軸配合鍵來轉動件 4 斜齒輪，同
   時旋轉左右兩端之斜齒輪轉動，並利用上方件 7、件 8 扇形狀之正
   齒輪擺動，帶動件 10 撥桿左右移動推動件 11 錐形筒，與件 3L 或
   3R 斜齒輪內槽利用摩擦力而帶動輸出軸，如圖 3 所示。

圖 2

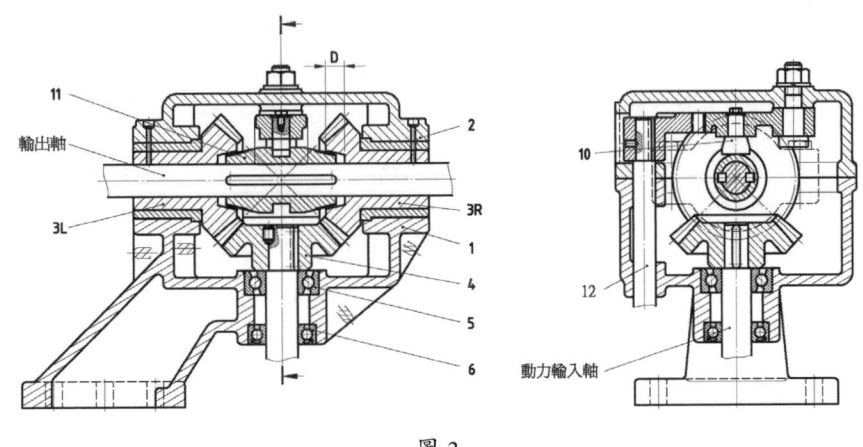

圖 3

6. 錐形筒透過滑鍵與輸出軸連接，所以當分別接觸到兩個不同側之斜齒輪時，即可使輸出軸產生
   不同之轉向，如圖 4 及圖 5 所示。

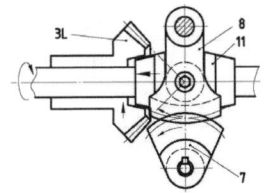

圖 4 3L 斜齒輪轉動方向

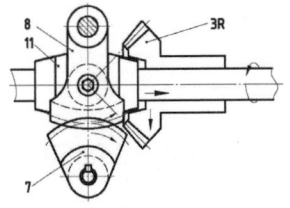

圖 5 3R 斜齒輪轉動方向

二、990204-A 變更設計相關知識說明

1. 試題要求之變更設計：

變更設計		
選項 設計	1	2
X	件 3：模數 2.5，齒數 21 D 尺度=8 件 4：齒數 26	件 3：模數 2.5，齒數 23 D 尺度=9 件 4：齒數 24
Y	件 3：錐度 T=1：3(須同時以 參考尺度標註半圓錐角) 件 5：7202B	件 3：錐度 T=1：2.5(須同時以 參考尺度標註半圓錐角) 件 5：7002B

2. 變更設計之計算及查表：

經查表蝸桿與蝸輪之計算公式

　a. X1 變更設計之計算：

　[已知]：件 3：模數 2.5，

　　　　　齒數 21，D 尺度=8

　件 4：齒數 26

　[計算]：

　件 3：

$\because D_3' = M \times N_3 = 2.5 \times 21 = 52.5$

$\tan\theta_3 = N_3/N_4 = 21/26 = 0.808$

$\therefore \theta_3 = \tan^{-1}(0.808) \approx 38.928°$

$D_3 = D_3' + 2M\cos\theta_3$

　　$= 52.5 + 2 \times 2.5 \times \cos38.928$

　　$= 56.389$

$A = D_3'/(2\sin\theta_3)$

　　$= 52.5/(2\sin38.928)$

　　$= 41.777$

$Hk = M = 2.5$

$Hf = 1.25M = 1.25 \times 2.5$

　　$= 3.125$

$\beta = \tan^{-1}Hk/A = 3.424°$

$\beta' = \tan^{-1}Hf/A = 4.278°$

$g_3 = \theta_3 + \beta$

　　$= 38.928° + 3.424°$

　　$= 42.352°$

$h_3 = \theta_3 - \beta'$

　　$= 38.928° - 4.278° = 34.650°$

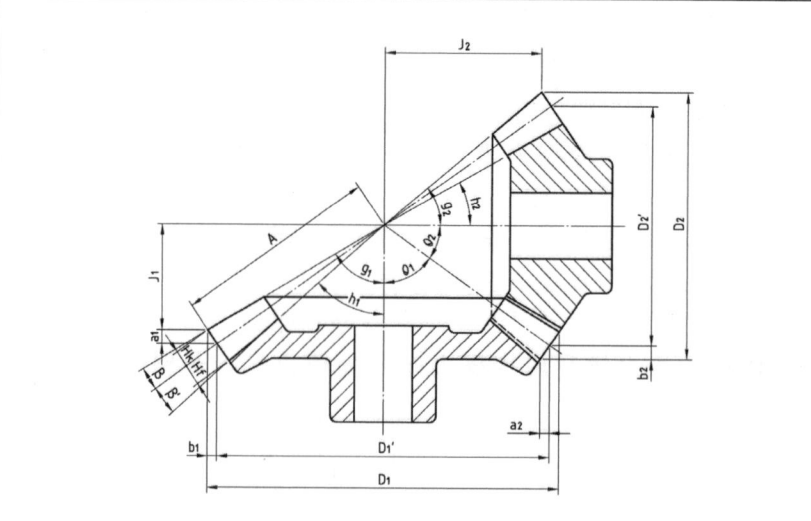

各部名稱	記號	計算公式	
節錐半徑	A	$A = MN_1/(2\sin\theta_1) = D_1'/(2\sin\theta_1) = D_2'/(2\sin\theta_2)$	
模數	M	$M = D_1'/N_1 = D_2'/N_2$	
齒數	N	$N_1 = D_1'/M$	$N_2 = D_2'/M$
齒冠	Hk	$Hk = M = A\tan\beta$	
齒根	Hf	$Hf = 1.25M = A\tan\beta'$	
節圓直徑	D'	$D_1' = MN_1$	$D_2' = MN_2$
外徑	D	$D_1 = D_1' + 2M\cos\theta_1$	$D_2 = D_2' + 2M\cos\theta_2$
節圓錐角	θ	$\tan\theta_1 = N_1/N_2$	$\tan\theta_2 = N_2/N_1$
齒冠(頂)角	β	$\tan\beta = Hk/A$	
齒根(底)角	β'	$\tan\beta' = Hf/A$	
齒冠(頂)圓錐角	g	$g_1 = \theta_1 + \beta$	$g_2 = \theta_2 + \beta$
齒根(底)圓錐角	h	$h_1 = \theta_1 - \beta'$	$h_2 = \theta_2 - \beta'$
軸間角		$\theta_1 + \theta_2$	

> **※件 4 之計算僅供參考，繪製時不用填入。**
> $\because D_4' = M \times N_4 = 2.5 \times 26 = 65$ 　　　$\tan\theta_4 = N_4/N_3 = 26/21 = 1.238$ 　　　$\therefore \theta_4 = \tan^{-1}(1.238) \approx 51.072°$
> $D_4 = D_4' + 2M\cos\theta_4 = 65 + 2 \times 2.5 \times \cos 51.072 = 68.152$
> $A = D_4'/(2\sin\theta_4) = 65/(2\sin 51.072) = 41.777$
> $Hk = M = 2.5$ 　　　　　　　　　$Hf = 1.25M = 1.25 \times 2.5 = 3.125$
> $\beta = \tan^{-1} Hk/A = 3.424°$ 　　　$\beta' = \tan^{-1} Hf/A = 4.278°$
> $g_4 = \theta_4 + \beta = 51.072° + 3.424° = 54.496°$ 　　　$h_4 = \theta_4 - \beta' = 51.072° - 4.278° = 46.794°$

b. X2 變更設計之計算：

[已知]：件 3：模數 2.5，齒數 23，D 尺度=9，件 4：齒數 24

[計算]：

件 3：

$\because D_3' = MN_3 = 2.5 \times 23 = 57.5$ 　　　$\tan\theta_3 = N_3/N_4 = 23/24 = 0.958$ 　　　$\therefore \theta_3 = \tan^{-1}(0.958) \approx 43.781°$

$D_3 = D_3' + 2M\cos\theta_3 = 57.5 + 2 \times 2.5 \times \cos 43.781 = 56.389$

$A = D_3'/(2\sin\theta_3) = 57.5/(2\sin 43.781) = 41.552$

$Hk = M = 2.5$ 　　　　　　　　　$Hf = 1.25M = 1.25 \times 2.5 = 3.125$

$\beta = \tan^{-1} Hk/A = 3.443°$ 　　　　　$\beta' = \tan^{-1} Hf/A = 4.301°$

$g_3 = \theta_3 + \beta = 43.781° + 4.301° = 42.224°$

$h_3 = \theta_3 - \beta' = 43.781° - 4.301° = 39.480°$

> **※件 4 之計算僅供參考，繪製時不用填入。**
> $\because D_4' = MN_4 = 2.5 \times 24 = 60$ 　　　$\tan\theta_4 = N_4/N_3 = 24/23 = 1.043$ 　　　$\therefore \theta_4 = \tan^{-1}(1.043) \approx 46.219°$
> $D_4 = D_4' + 2M\cos\theta_4 = 60 + 2 \times 2.5 \times \cos 46.219 = 63.460$
> $A = D_4'/(2\sin\theta_4) = 60/(2\sin 46.219) = 41.552$
> $Hk = M = 2.5$ 　　　　　　　　$Hf = 1.25M = 1.25 \times 2.5 = 3.125$
> $\beta = \tan^{-1} Hk/A = 3.443°$ 　　　$\beta' = \tan^{-1} Hf/A = 4.301°$
> $g_4 = \theta_4 + \beta = 46.219° + 3.443° = 49.662°$ 　　　$h_4 = \theta_4 - \beta' = 46.219° - 4.301° = 41.918°$

數據表資料整理如下：　X1

斜齒輪數據表	
件號	3
齒數	21
模數	2.5
齒制	標準齒
壓力角	20°
節圓直徑	Ø52.5
節圓錐角	38°55'41"
齒頂圓錐角	42°21'7"
齒底圓錐角	34°39'0"
嚙合齒輪件號	4
嚙合齒輪齒數	26
軸間角	90°

X2

斜齒輪數據表	
件號	3
齒數	23
模數	2.5
齒制	標準齒
壓力角	20°
節圓直徑	Ø57.5
節圓錐角	43°46'26"
齒頂圓錐角	47°13'26"
齒底圓錐角	39°28'48"
嚙合齒輪件號	4
嚙合齒輪齒數	24
軸間角	90°

　　上述之數據亦可配合使用繪圖軟體之設計資料求出，以 AUTODESK 之 INVENTOR 2010 軟體為例，計算 X1 方法(X2 可仿此方法計算設計)如下所示：

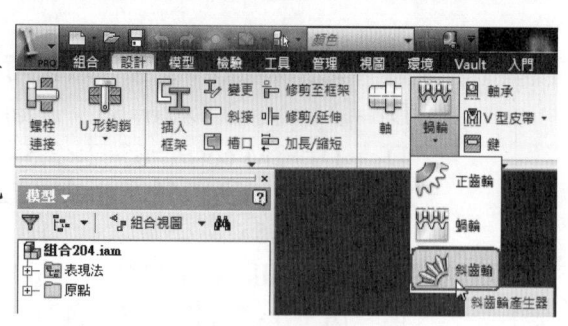

1. 先在 inventor 開啟空白的組合檔，之後先存檔。
2. 啟動設計頁框內的斜齒輪產生器，將相關數據輸入視窗框內的欄位。

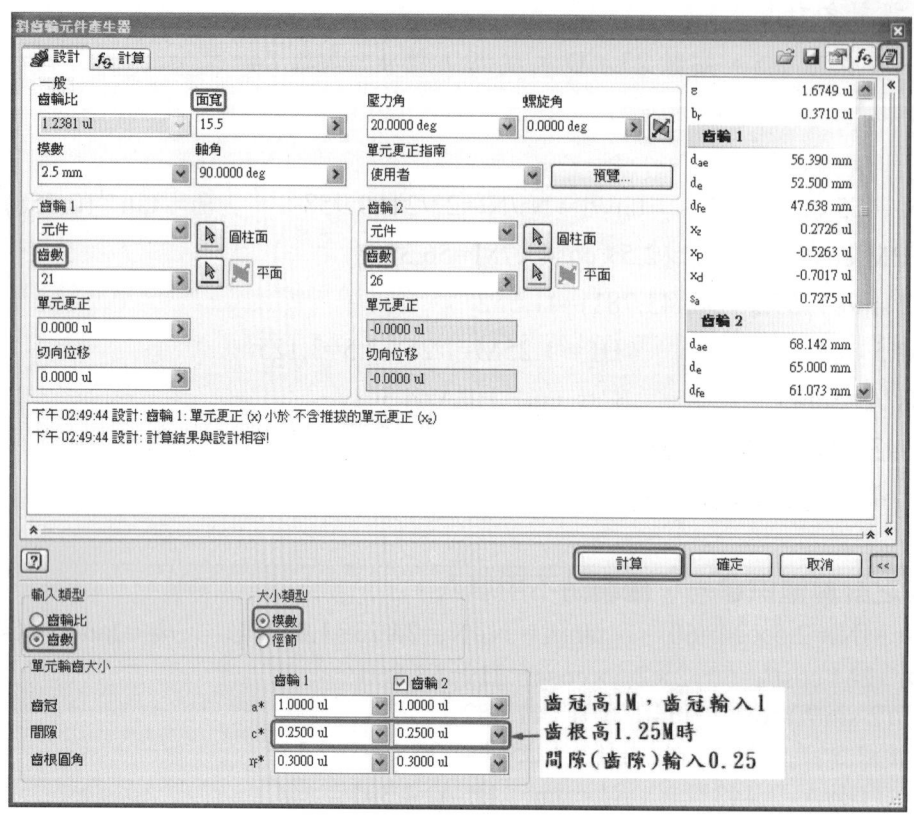

3. 按 1 **計算** 圖示，再按 2 結果 圖示，即可檢視相關數據。

一般參數

切向模數 (模數)	m_{et}	2.500 mm
切向壓力角 (壓力角)	α_t	20.0000 deg
軸角 (軸間角)	Σ	90.0000 deg

*此數據節自軟體設計運算之資料

齒輪

		齒輪 1	齒輪 2
齒數	z	21 ul	26 ul
端部的節圓直徑(節圓直徑)	d_e	52.500 mm	65.000 mm
末端處的外徑	d_{ae}	56.390 mm	68.142 mm
頂點距離	A_e	30.929 mm	24.305 mm
節距圓錐角度(節圓錐角)	δ	38.9275 deg	51.0725 deg
外圓錐角度(齒頂圓錐角)	δ_a	42.3521 deg	54.4970 deg
齒根圓錐角度(齒底圓錐角)	δ_f	34.6497 deg	46.7946 deg
面寬	b	15.500 mm	
限制圓周偏轉度	F_r	0.0170 mm	0.0210 mm

c. Y1 變更設計之查表：

[已知]：件 3 錐度 T=1：3 　　　(須同時以參考尺度標註半圓錐角) 　　　∵錐度值為 1：3，所以半圓錐角為 $\tan^{-1}(1/6)$ 　　　⇒ $\theta = \tan^{-1}(1/6) \approx 9.462°$ 　　　錐度公差值查表得 $^{0}_{-0.0025}$	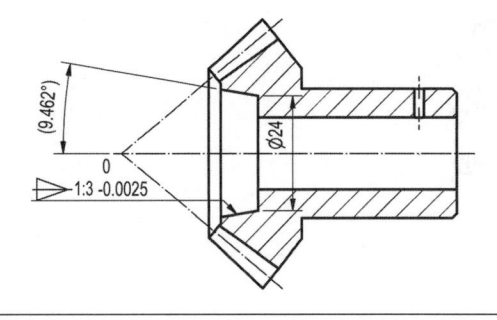
[已知]： 斜角滾珠軸承 7202B 經查表得到： 　1.　與件 1 配合之件 5，7202B 軸承尺度： 　　　D=35 mm，d=15 mm，B=11 mm。 　　　並與件 1 採過渡配合 　2.　與件 1 配合之件 6，依其圖形及其內徑可選 　　　用深槽滾珠軸承單封閉型 6002U 軸承尺度： 　　　D=32 mm，d=15 mm，B=9 mm。 　　　並與件 1 採過渡配合	斜角滾珠軸承 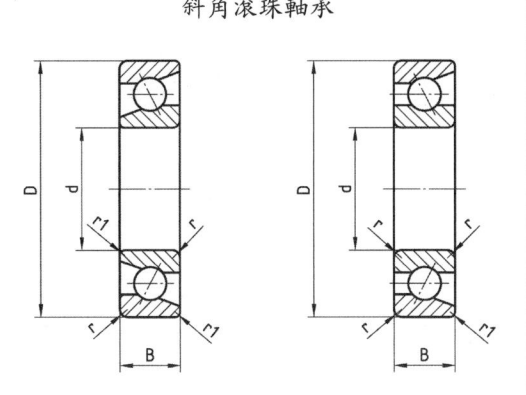

d. Y2 變更設計之查表：

[已知]：件 3 錐度 T=1：2.5 　　　(須同時以參考尺度標註半圓錐角) 　　　∵錐度值為 1：2.5，所以半圓錐角為 $\tan^{-1}(1/5)$ 　　　⇒ $\theta = \tan^{-1}(1/5) \approx 11.310°$ 　　　錐度公差值查表得 $^{0}_{-0.0025}$	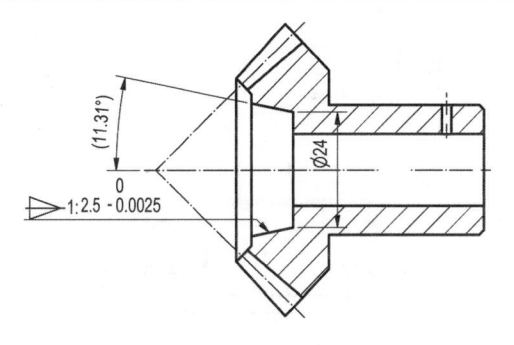
[已知]： 斜角滾珠軸承 7002B 經查表得到： 　1.　與件 1 配合之件 5，7002B 軸承尺度： 　　　D=32 mm，d=15 mm，B=9 mm。 　　　並與件 1 採過渡配合 　2.　與件 1 配合之件 6，依其圖形及其內徑可選 　　　用深槽滾珠軸承單封閉型 6002U 軸承尺度： 　　　D=32 mm，d=15 mm，B=9 mm。 　　　並與件 1 採過渡配合	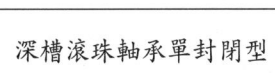 深槽滾珠軸承單封閉型 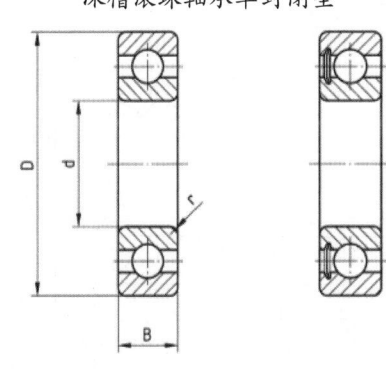

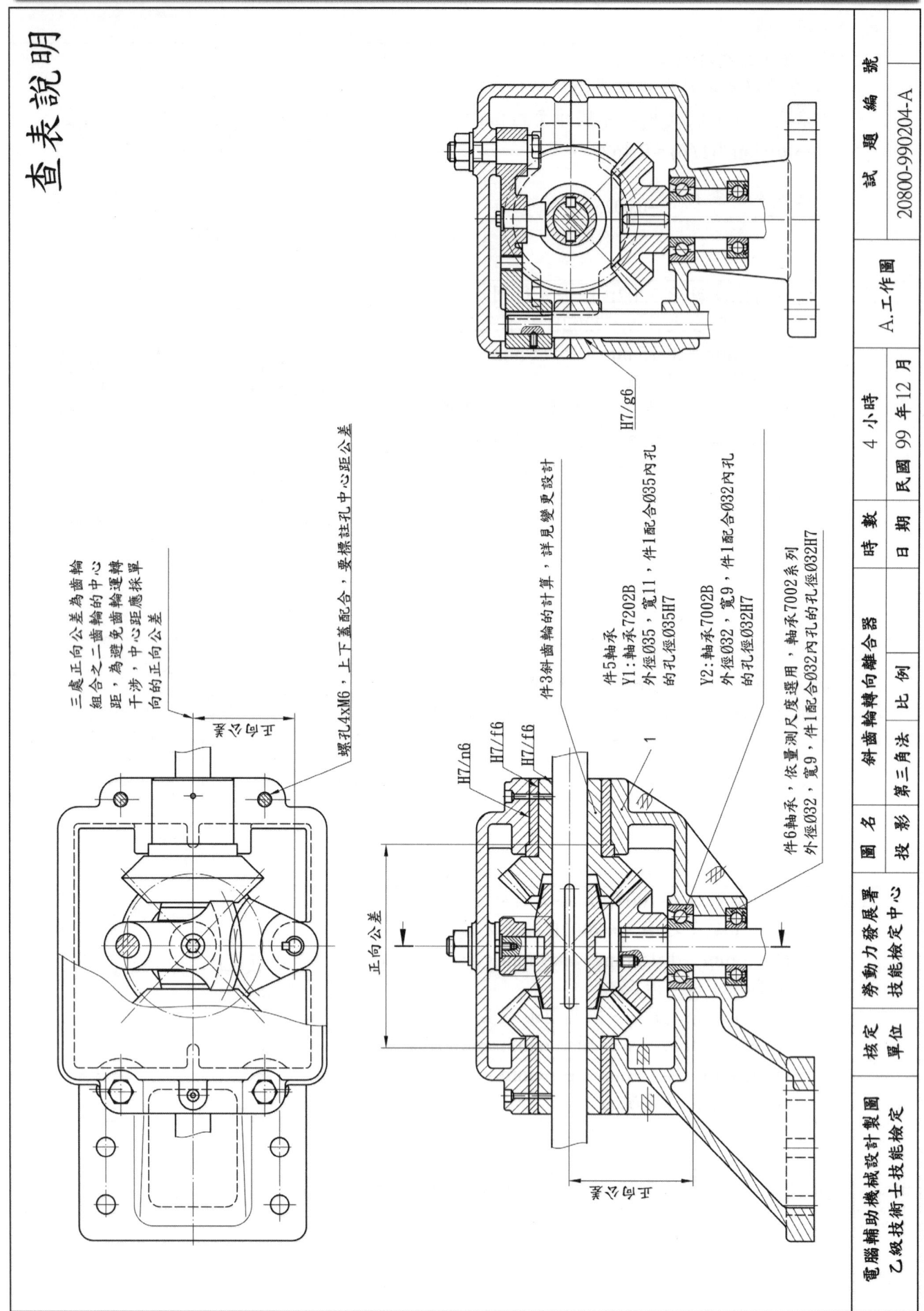

查表說明

三處正向公差為齒輪組合之二齒輪的中心距，為避免齒輪運轉干涉，中心距應採單向的正向公差

螺孔4xM6，上下蓋配合，要標註孔中心距公差

件5軸承
Y1：軸承7202B
外徑Ø35，寬11，件1配合Ø35內孔的孔徑Ø35H7

件3斜齒輪的計算，詳見變更設計

Y2：軸承7002B
外徑Ø32，寬9，件1配合Ø32內孔的孔徑Ø32H7

件6軸承，依量測尺度選用，軸承7002系列
外徑Ø32，寬9，件1配合Ø32內孔的孔徑Ø32H7

H7/g6

H7/n6
H7/f6
H7/f6

正向公差

正向公差

正向公差

電腦輔助機械設計製圖	核定 單位	勞動力發展署 技能檢定中心	圖名	斜齒輪轉向離合器	時數	4 小時	試題編號
乙級技術士技能檢定			投影	第三角法	比例		日期	民國 99 年 12 月	A.工作圖	20800-990204-A

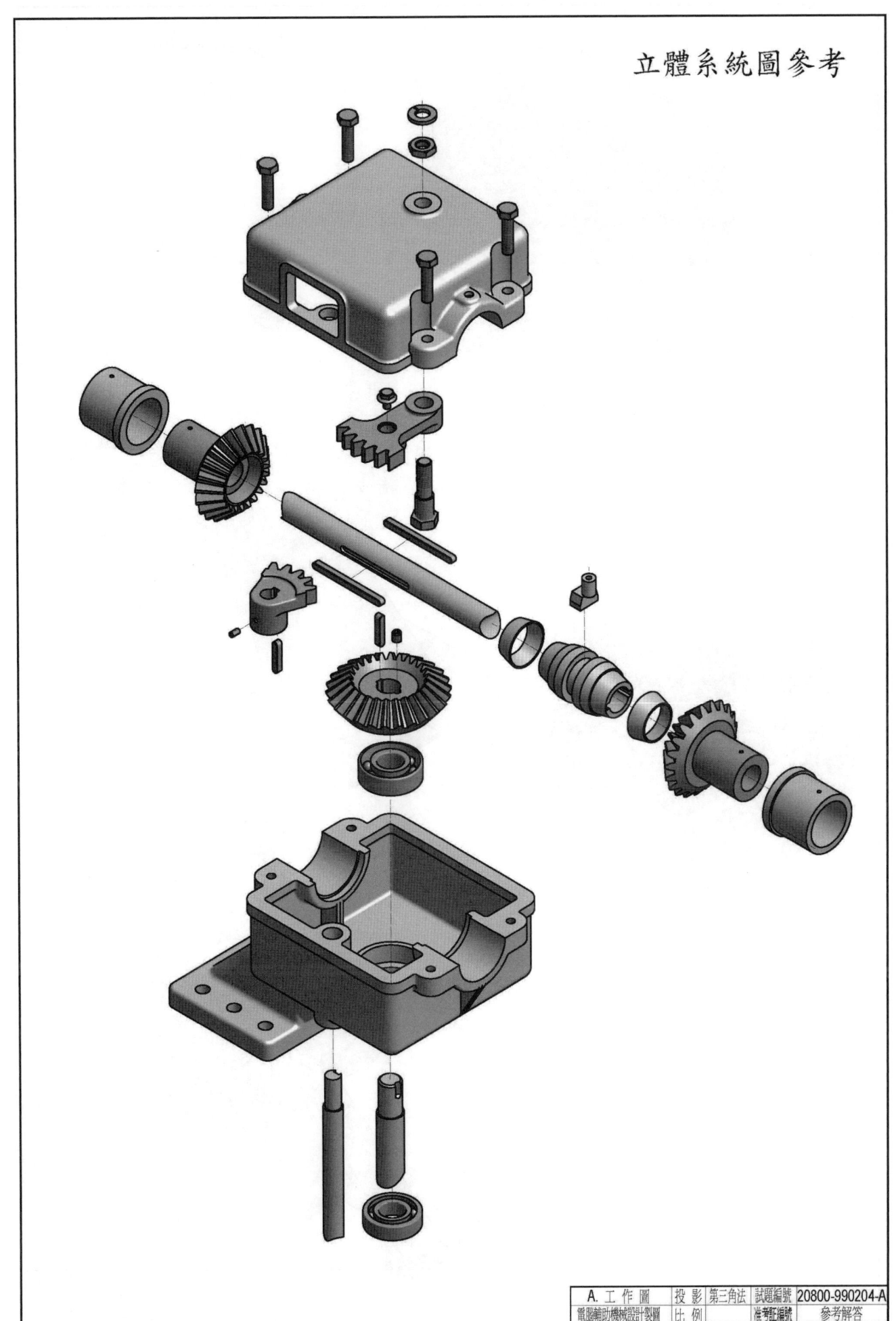

立體系統圖參考

A. 工 作 圖	投 影	第三角法	試題編號	20800-990204-A
電腦輔助機械設計製圖	比 例		准考証編號	參考解答
乙級技術士技能檢定	單 位	mm	簽名確認	WinCad

等角組合圖參考

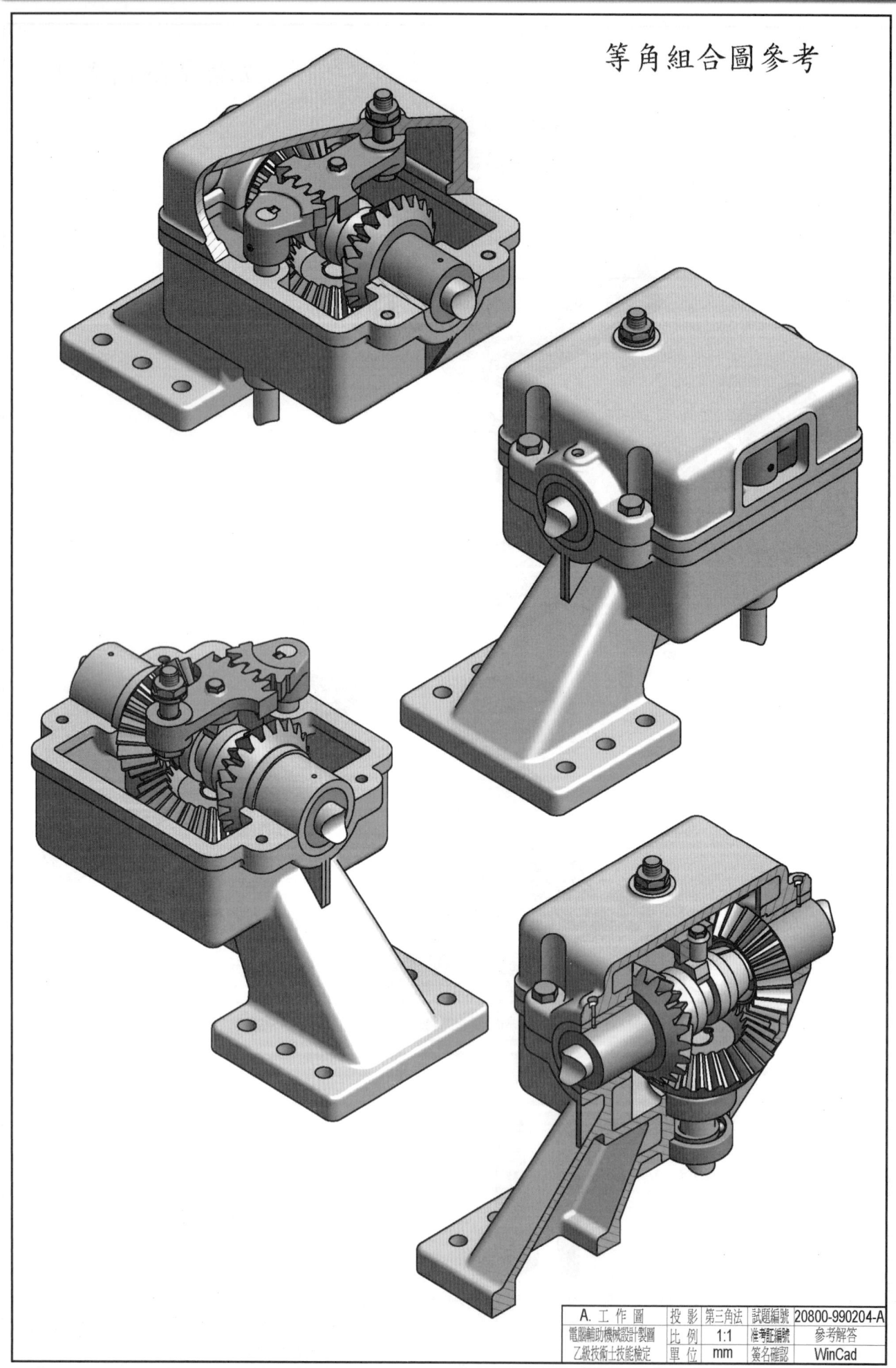

A. 工 作 圖	投 影	第三角法	試題編號	20800-990204-A
電腦輔助機械設計製圖	比 例	1:1	准考證編號	參考解答
乙級技術士技能檢定	單 位	mm	簽名確認	WinCad

等角圖參考

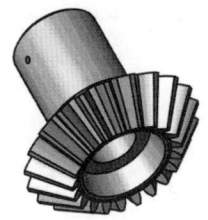

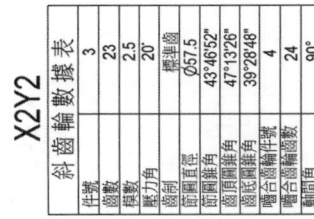

X2Y2 斜齒輪數據表

件數	3
齒數	23
模數	2.5
壓力角	20°
齒形	標準齒
節圓直徑	Ø57.5
節圓錐角	43°46'52"
頂圓錐角	47°13'26"
齒底圓錐角	39°28'48"
嚙合齒輪件號	4
嚙合齒輪齒數	24
軸間角	90°

X1Y1 斜齒輪數據表

件數	3
齒數	21
模數	2.5
壓力角	20°
齒形	標準齒
節圓直徑	Ø52.5
節圓錐角	38°55'41"
頂圓錐角	42°2'17"
齒底圓錐角	34°3'90"
嚙合齒輪件號	4
嚙合齒輪齒數	26
軸間角	90°

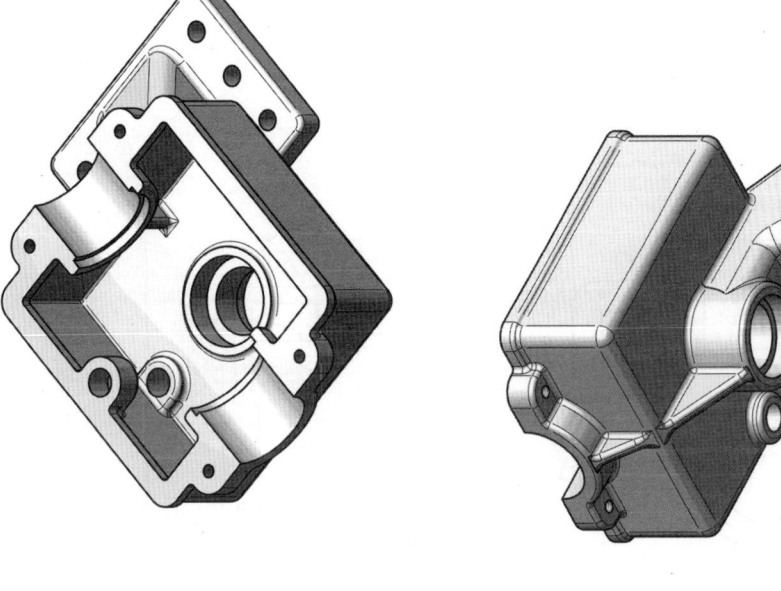

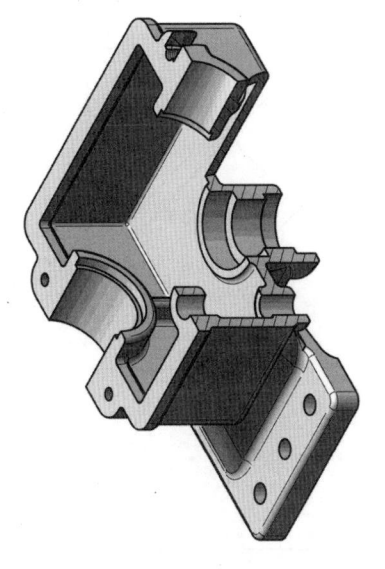

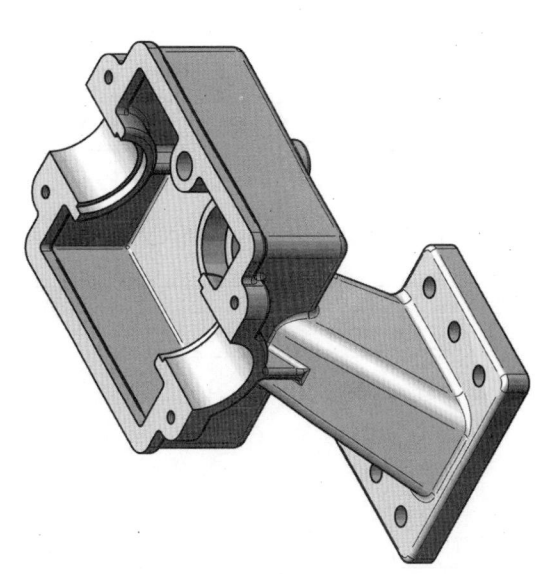

A.工作圖　投影 第三角法　比例　單位 mm

電腦輔助機械設計製圖
乙級技術士技能檢定

課題編號 20800-990204-A
參考解答
WinCad

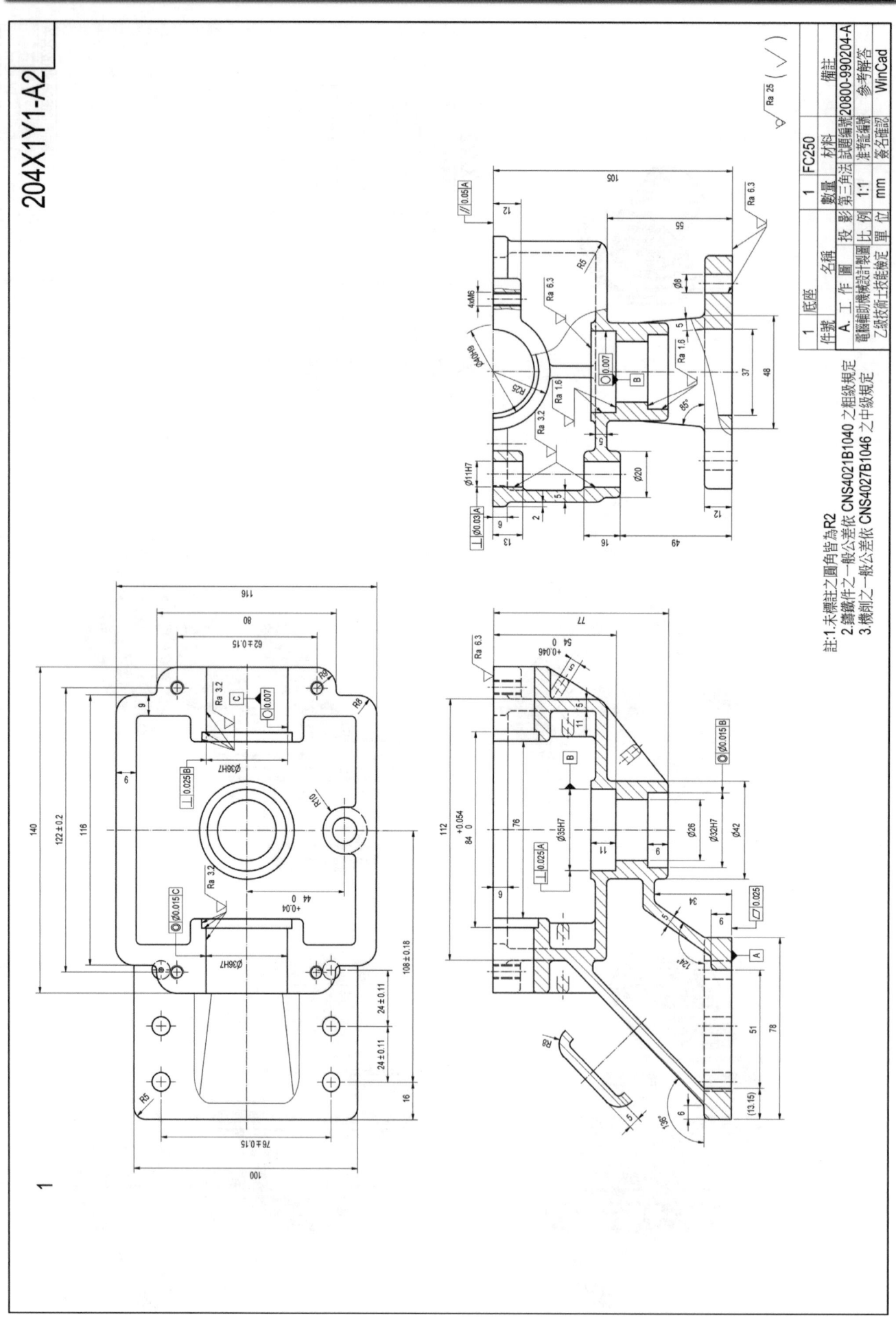

註:1. 未標註之圓角皆為R2
2. 鑄鐵件之一般公差依 CNS4021B1040 之粗級規定
3. 機削之一般公差依 CNS4027B1046 之中級規定

204X1Y1-A3

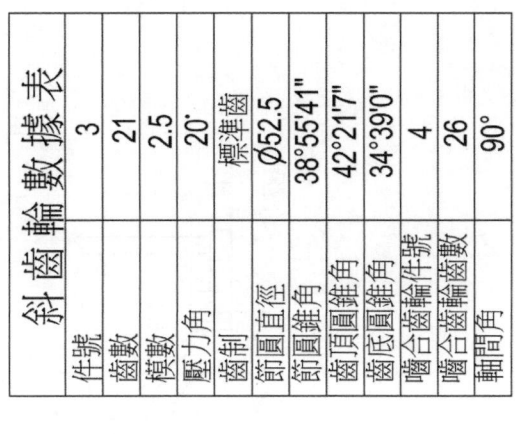

斜 齒 輪 數 據 表	
件號	3
齒數	21
模數	2.5
壓力角	20°
齒制	標準齒
節圓直徑	Ø52.5
節圓直錐角	38°55'41"
齒頂圓錐角	42°21'7"
齒底圓錐角	34°39'0"
嚙合齒輪件號	4
嚙合齒輪齒數	26
軸間角	90°

3	離合斜齒輪			
件號	名稱			
A. 工 作 圖				
投影	第三角法	數量	2	材料 S45C
比例	1:1			試題編號 20800-990204-A
單位	mm			准考證編號
電腦輔助機械設計製圖				簽名確認
乙級技術士技能檢定				參考解答 WinCad
				備註

註：機削之一般公差依CNS4027B1046之中級規定

√ Ra 6.3 ▽（∨）

3

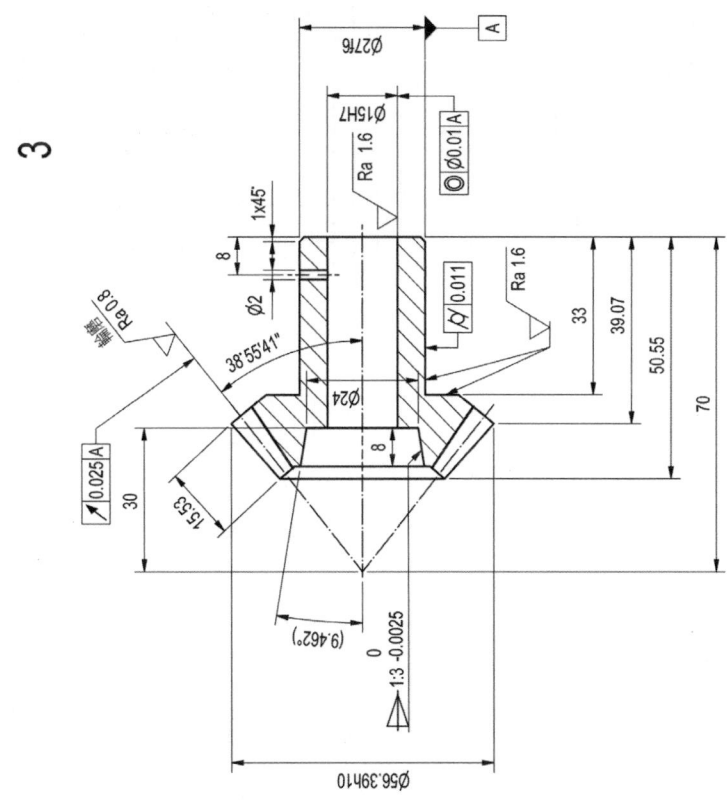

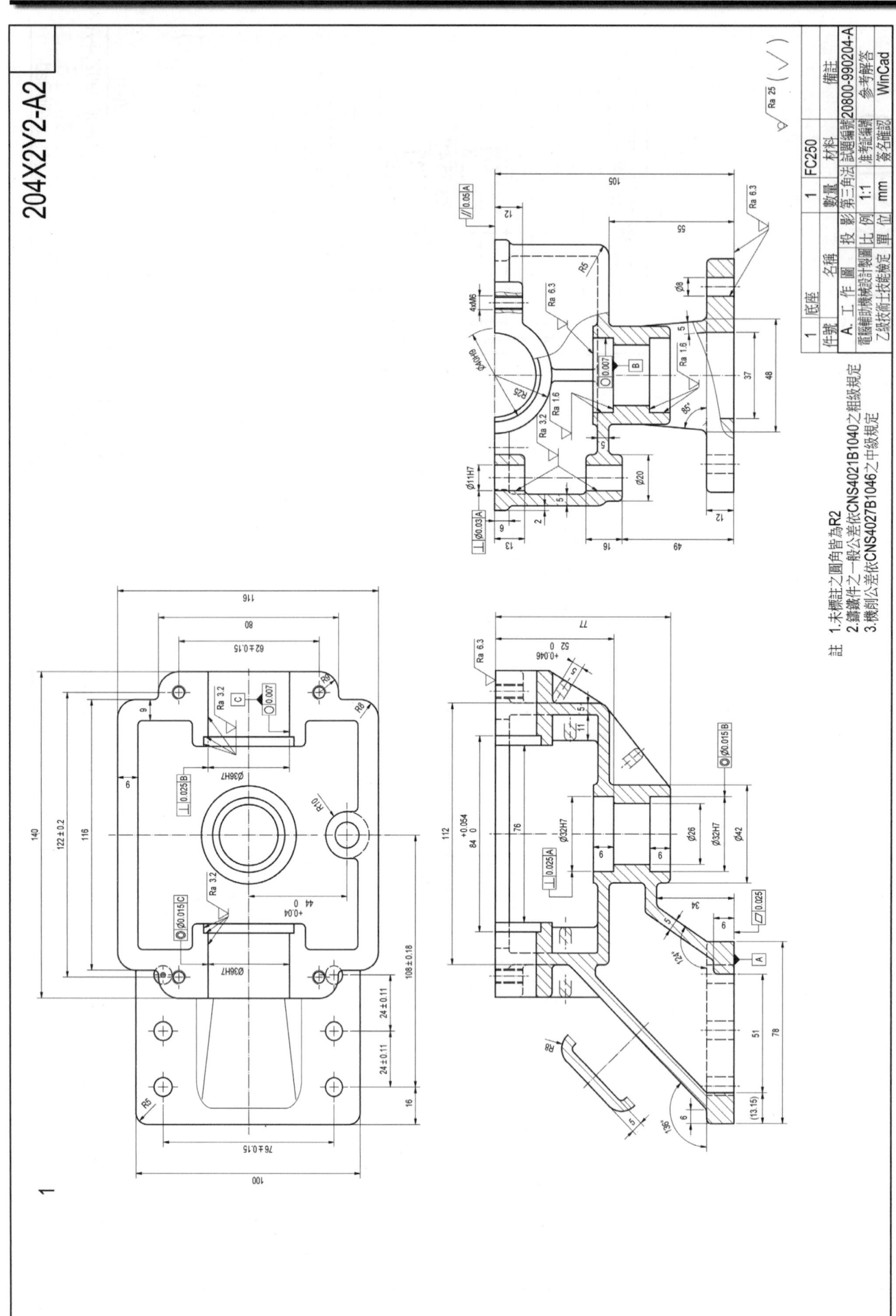

註 1.未標註之圓角皆為R2
2.鑄鐵件之一般公差依CNS4021B1040之粗級規定
3.機削公差依CNS4027B1046之中級規定

204X2Y2-A3

3

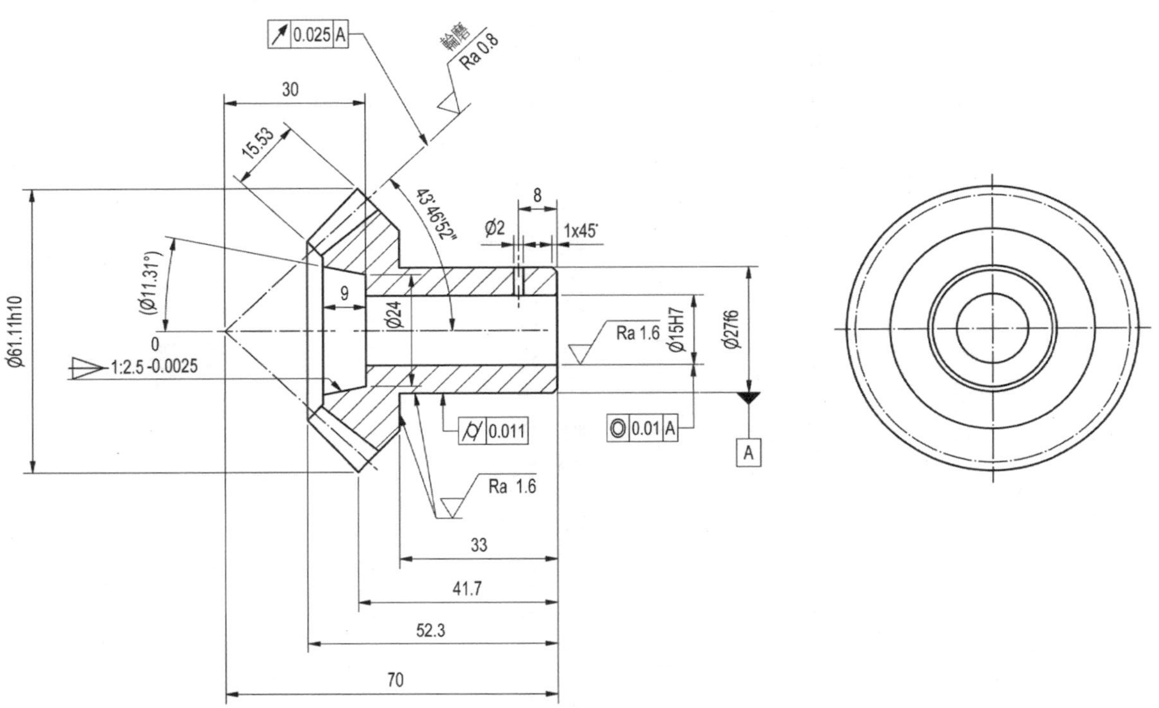

斜齒輪數據表	
件號	3
齒數	23
模數	2.5
壓力角	20°
齒制	標準齒
節圓直徑	Ø57.5
節圓錐角	43°46'52"
齒頂圓錐角	47°13'26"
齒底圓錐角	39°28'48"
嚙合齒輪件號	4
嚙合齒輪齒數	24
軸間角	90°

Ra 6.3 (✓)

3	離合斜齒輪		2	S45C	
件號	名稱		數量	材料	備註
A. 工 作 圖		投 影	第三角法	試題編號	20800-990204-A
電腦輔助機械設計製圖		比 例	1:1	准考証編號	參考解答
乙級技術士技能檢定		單 位	mm	簽名確認	WinCad

註：機削之一般公差依CNS4027B1046之中級規定

試題編號：20800-990205-A

工作圖試題說明：

一、 本工作圖試題繪製**時間4小時**(可提前交卷但不加分)，不含出圖時間。試題依第三角法命題，應檢人可選用第一角法或第三角法繪製，惟不得混用。

二、 應檢人繪製時，圖中的線條、數字及符號等應依照最近公佈之CNS國家標準繪製。

三、 應檢人依規定可使用之自備工具為：**直尺、量角器、比例尺**等。只可參閱場地提供之設計資料檔，嚴禁攜帶**自備之設計資料及任何儲存媒體**。

四、 『**變更設計**』由監評人員現場抽定(寫於黑板上)，依試題所示之變更設計X及Y處繪製，變更設計將加重計分，未依「變更設計」繪製者依零分計。

五、 **試題**：(依監評人員抽定之變更設計繪製)

　　1. 繪製零件 1：出圖於一張 A2 圖紙

　　　依 1：2 之比例，繪製零件 1 於一張 A2 圖紙，工作圖須含尺度標註、公差配合、幾何公差、表面織構符號及零件表等。

　　2. 繪製零件 3：出圖一張 A3 圖紙

　　　依 1：1 之比例，繪製零件 3 之工作圖於一張 A3 圖紙，工作圖須含尺度標註、公差配合、幾何公差、表面織構符號及零件表等。

六、 各圖面請繪製如**圖(a)**所示之A2及A3有裝訂邊圖框、標題欄及零件表，如**表(a)**所示，並填妥適當之內容。

七、 繪製時間結束時，請以『**准考證號碼**』為檔名，存入電腦資料碟中(嚴禁使用自備之任 何儲存媒體)，並確認已經存檔後，電腦螢幕須保留現況，即離開崗位將試題交回給監 評人員，並出場等候出圖之指示。

八、 **出圖**：

　　1. 中途離場或放棄出圖者須告知監評人員，並在評審表"放棄出圖者"處簽名後離場，若未依規定而離場者視同不及格。

　　2. 應檢人請依監評人員之指示，將電腦繪製之圖面以黑色列印於規定圖紙上；倘若圖 面未完整列印，得重新出圖，並將前一張圖紙作廢。

　　3. 應檢人出圖後須確認圖面，並在**右下角簽名**後始得離場。監評人員則在右上角簽章 確認。

表**(a)** 零件表

件 號	名 稱	數 量	材 料	備 註
1	尾座本體	1	FC300	
2	螺桿承蓋	1	FCD400	
3	手輪	1	FC300	
21a	直銷	1	S50C	ϕ6×70
21b	六角承窩螺釘	3	S40C	M5×24
22a	推拔銷	1	S50C	ϕ6×45
22b	固定螺釘	1	S40C	M10×15

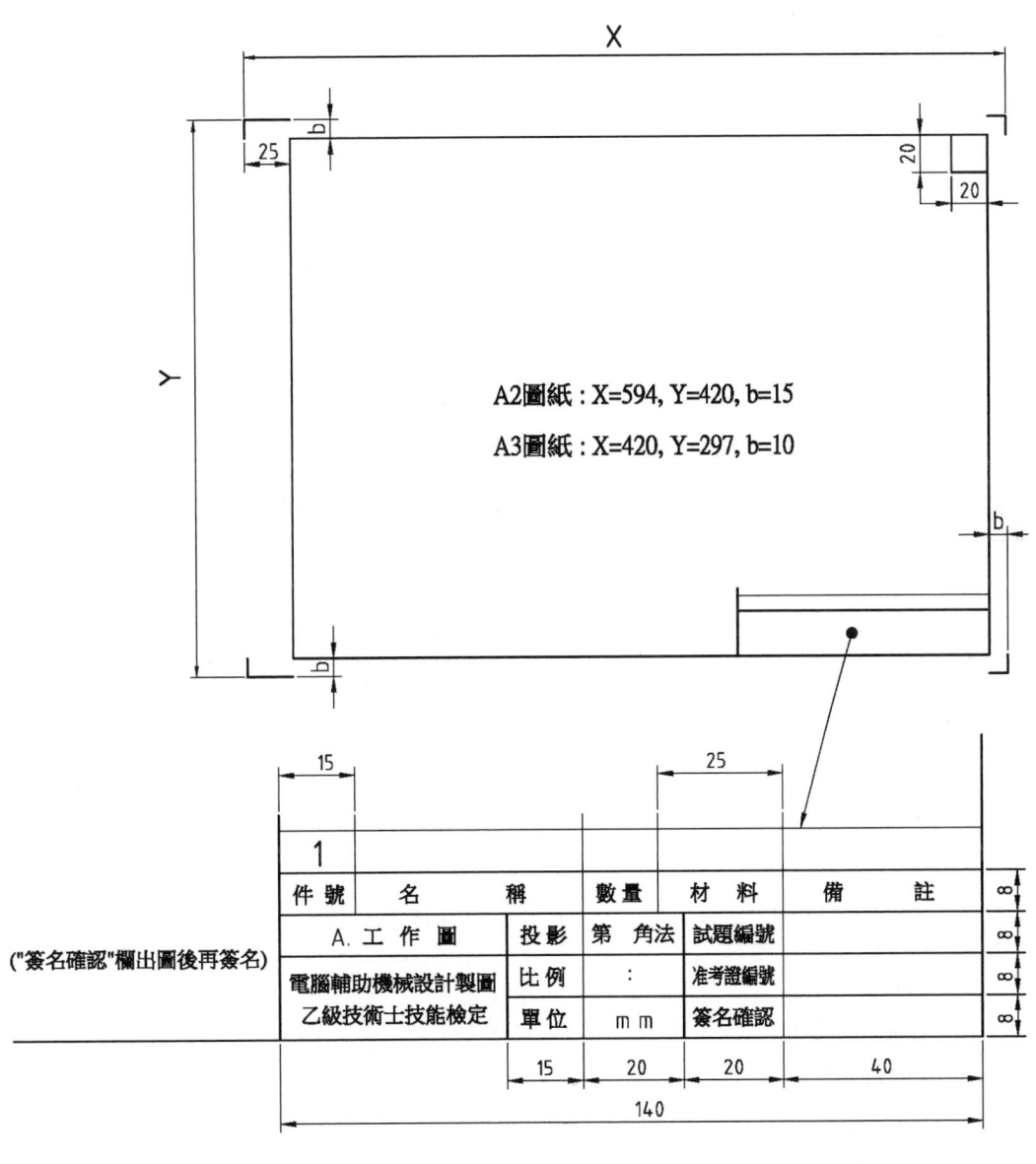

A2圖紙：X=594, Y=420, b=15

A3圖紙：X=420, Y=297, b=10

圖(a)

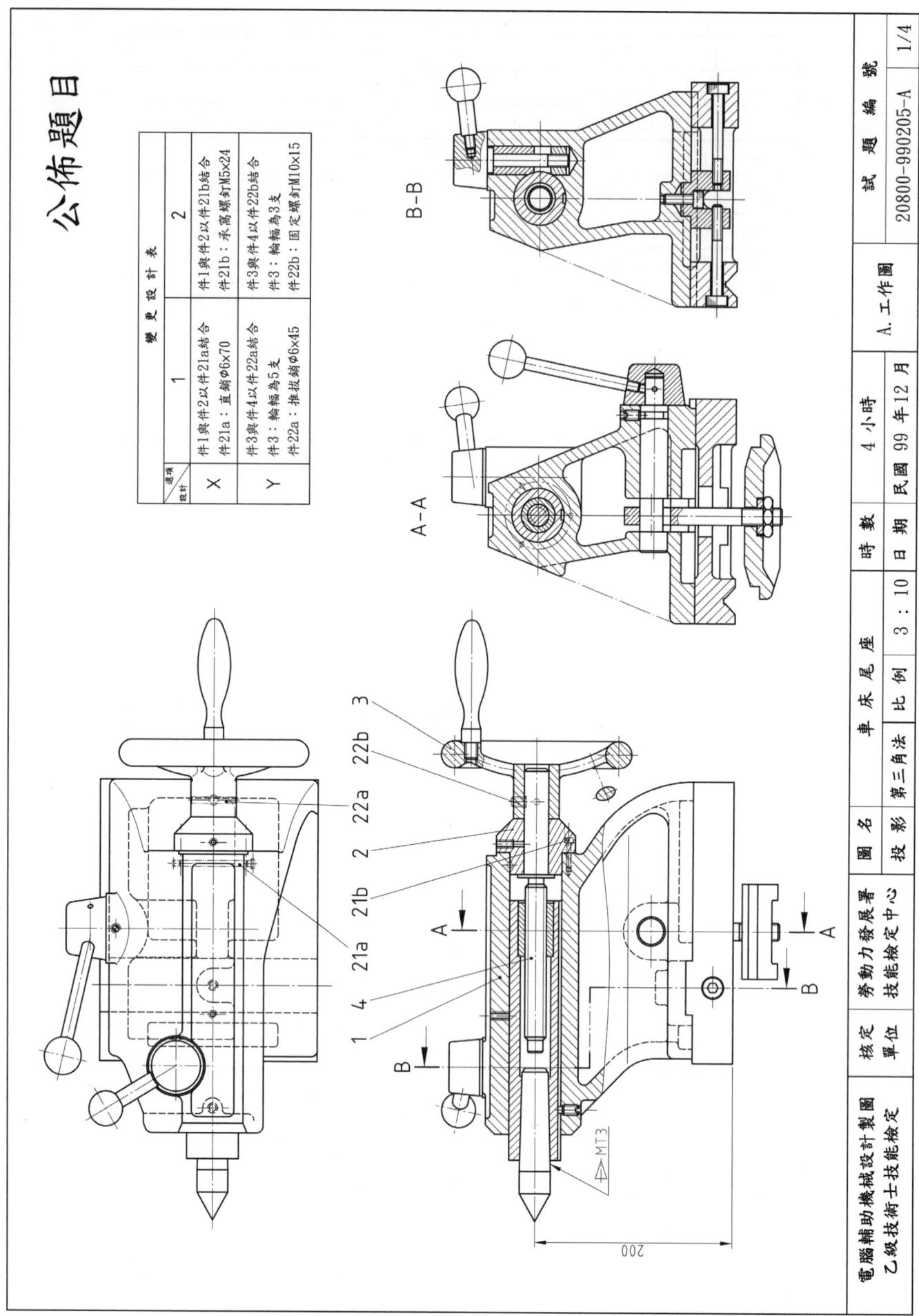

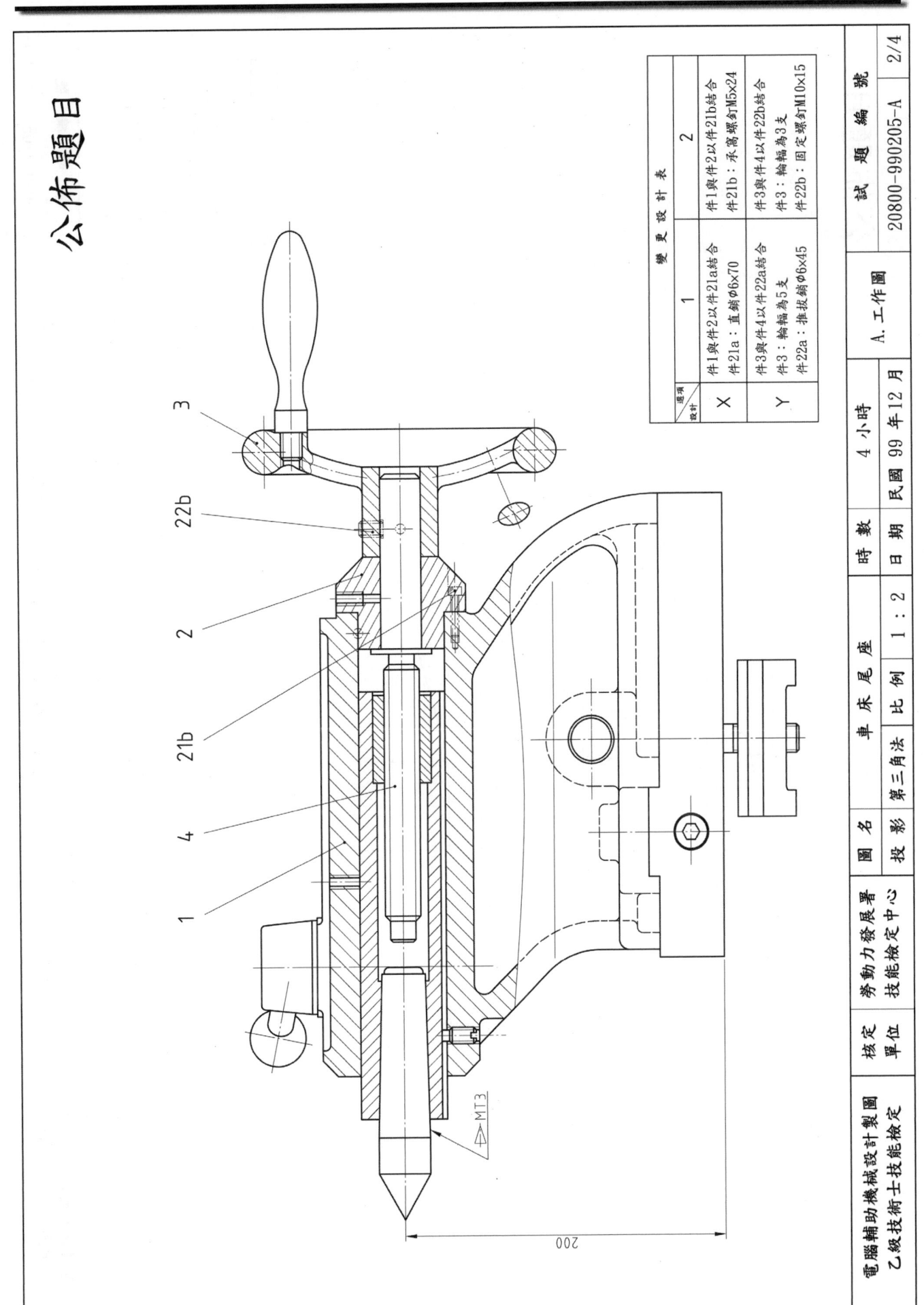

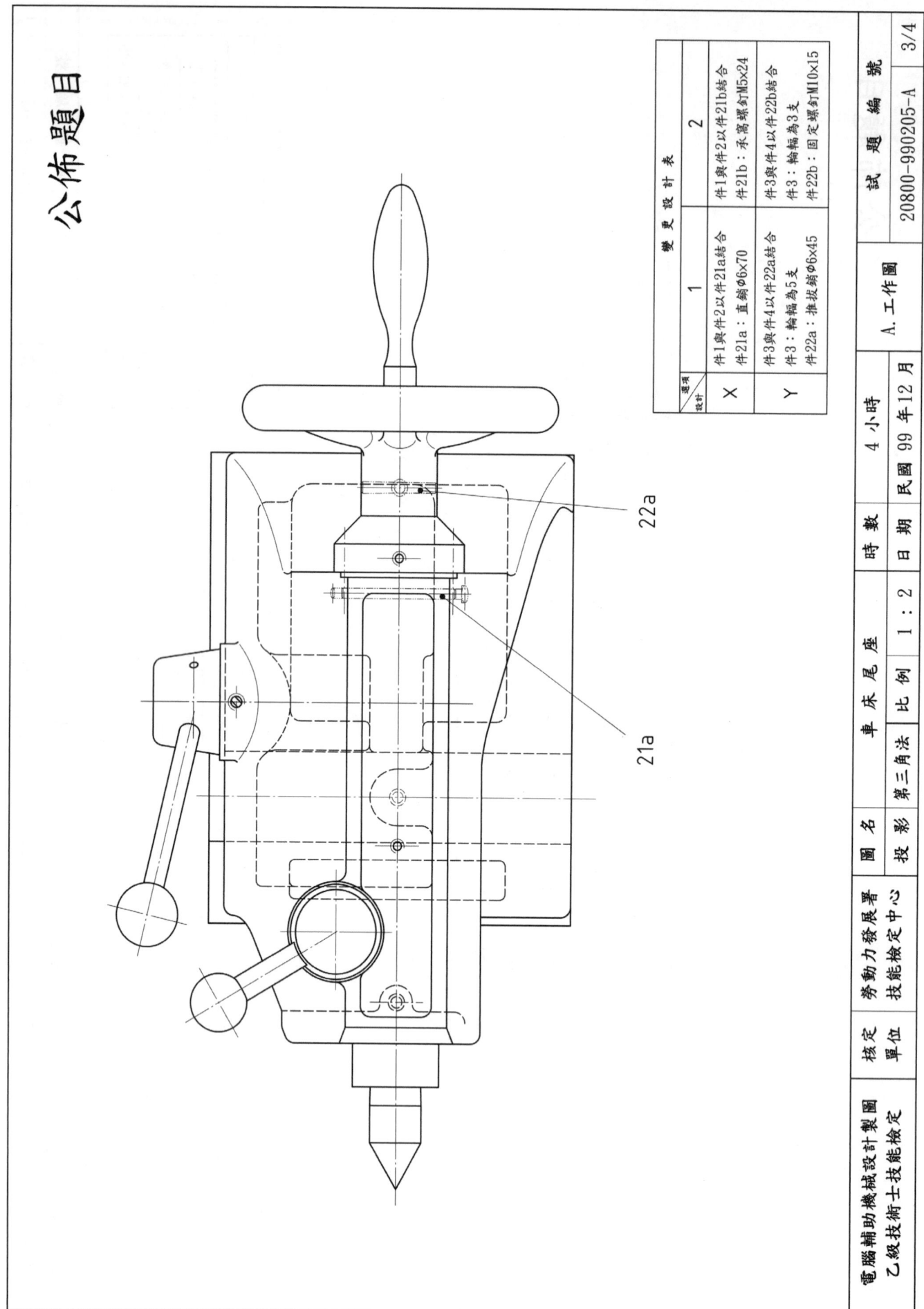

公佈題目

22a

21a

變 更 設 計 表		
設計 選項	1	2
X	件1與件2以件21a結合 件21a：直銷φ6×70	件1與件2以件21b結合 件21b：承窩螺釘M5×24
Y	件3與件4以件22a結合 件3：輪輻為5支 件22a：推拔銷φ6×45	件3與件4以件22b結合 件3：輪輻為3支 件22b：固定螺釘M10×15

電腦輔助機械設計製圖	核定	勞動力發展署	圖 名	車 床 尾 座	時 數	4 小時	試 題 編 號
乙級技術士技能檢定	單位	技能檢定中心	投 影	第三角法	比 例	1：2	A. 工作圖
					日 期	民國 99 年 12 月	20800-990205-A
							3/4

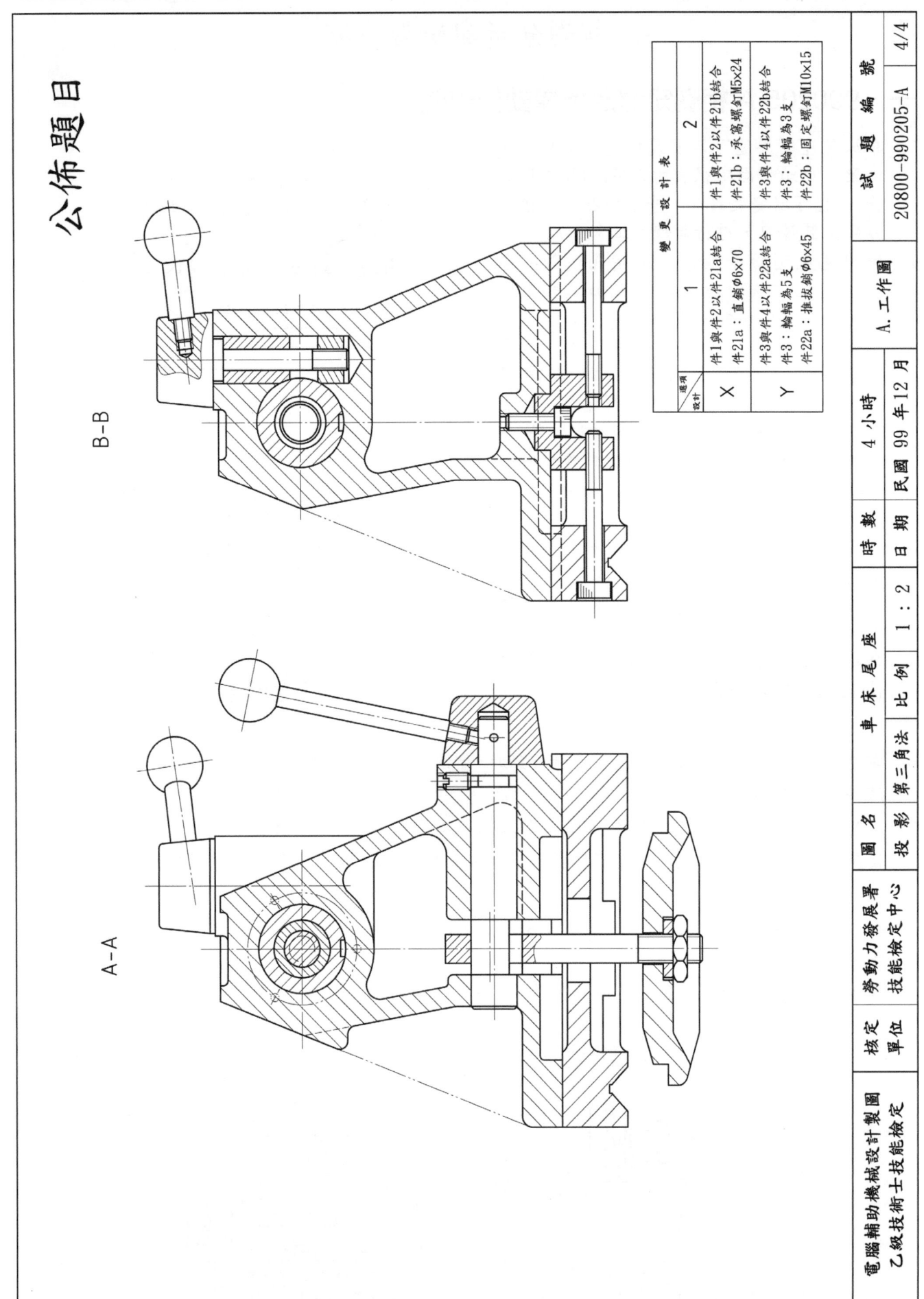

公佈題目

B-B

A-A

變更設計表			
選項 設計		1	2
X		件1與件2以件21a結合 件21a：直銷φ6×70	件1與件2以件21b結合 件21b：承窩螺釘M5×24
Y		件3與件4以件22a結合 件3：輪輻為5支 件22a：推拔銷φ6×45	件3與件4以件22b結合 件3：輪輻為3支 件22b：固定螺釘M10×15

電腦輔助機械設計製圖 乙級技術士技能檢定	核定 單位	勞動力發展署 技能檢定中心	圖名	車床尾座	時數	4 小時	試題編號	
			投影	第三角法	比例	1：2	日期	民國99年12月	A.工作圖	20800-990205-A	4/4

解題分析與研習步驟

一、990205-A 相關知識及機構動作說明

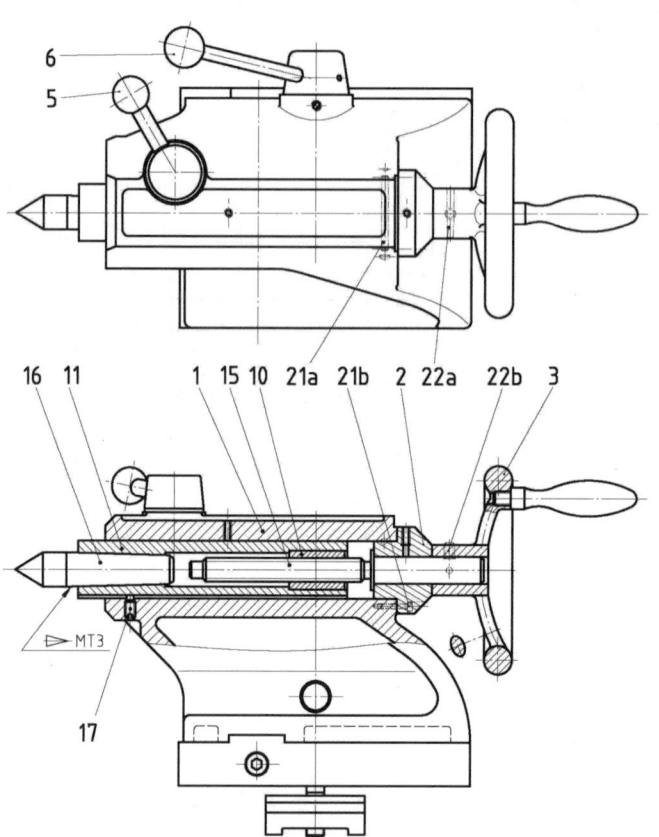

1. 車床尾座的用途可以安裝頂尖或活頂尖，來配合夾頭，固定很長的工件(兩頂心間工作)，也可以安裝鑽頭，手搖鑽孔，然後在刀架上裝鏜刀，進行車鏜加工。

2. 使用尾座進給手輪來觀測鑽孔、鉸孔深度，這種方法對較淺的油孔加工非常方便，加工精度也能保證。

3. 本機構動作原理為，先鬆開件 5 後，轉動件 3 手輪，透過件 22a(變更設計 Y1)或件 22b(變更設計 Y2)與件 15 螺桿結合，並由件 2 阻止件 15 螺桿產生軸向移動，件 15 為左旋螺紋，所以當手輪順時針旋轉時，與螺桿配合之件 10 會向左推動件 11 心軸，能向前推出。

4. 件 11 心軸有一溝槽，藉由件 17 螺釘引導而不會產生轉動。

5. 件 11 心軸內有錐度孔(莫氏錐度)以放置頂心，當件 3 手輪逆時針旋轉時，與螺桿配合之件 10 會帶動件 11 心軸向右後退，並由件 15 螺桿前端將頂心退去。

6. 當件 11 心軸移動定位後，件 5 順時針扳動時，會使件 12 螺桿將件 12D 向上移動，同時與件 12U，將件 11 心軸夾緊。

7. 尾座可調整偏位，靠工作者之件 7L 偏位螺絲順時針旋轉時，件 7R 偏位螺絲逆時針旋轉時，會使尾座偏靠工作者，反之則會遠離操作者。使用時一端先放鬆，另端一鎖緊調整至定位後，放鬆端再鎖緊。

8. 扳動件 6 可轉動件 13 偏心軸，帶動件 8 上下運動，控制件 9 與車床床台之間隙，以放鬆移動或固定夾緊尾座。

9. 件 1 本體與件 2 皆有油孔，可注油潤滑，以防止磨耗。

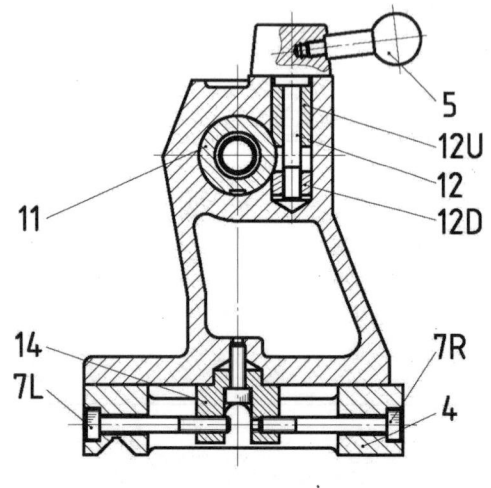

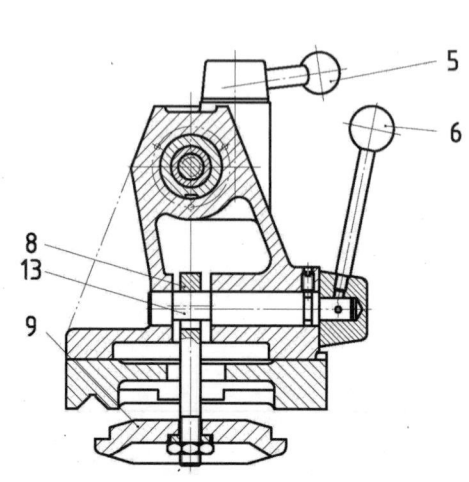

二、990205-A 變更設計相關知識說明

1. 試題要求之變更設計：

變更設計		
設計 ＼ 選項	1	2
X	件 1 與件 2 以件 21a 結合 件 21a：直銷 ϕ6×70	件 1 與件 2 以件 21b 結合 件 21b：承窩螺釘 M5×24
Y	件 3 與件 4 以件 22a 結合 件 3：輪輻為 5 支 件 22a：推拔銷 ϕ6×45	件 3 與件 4 以件 22b 結合 件 3：輪輻為 3 支 件 22b：固定螺釘 M10×15

2. 變更設計之計算及查表：

a. X1 變更設計：件 1 上配合銷的銷孔徑 Ø6H7，件 2 上配合銷的銷孔徑 Ø6H7，件 1 與件 2 組合後再加工銷孔，確保銷可確實組裝。

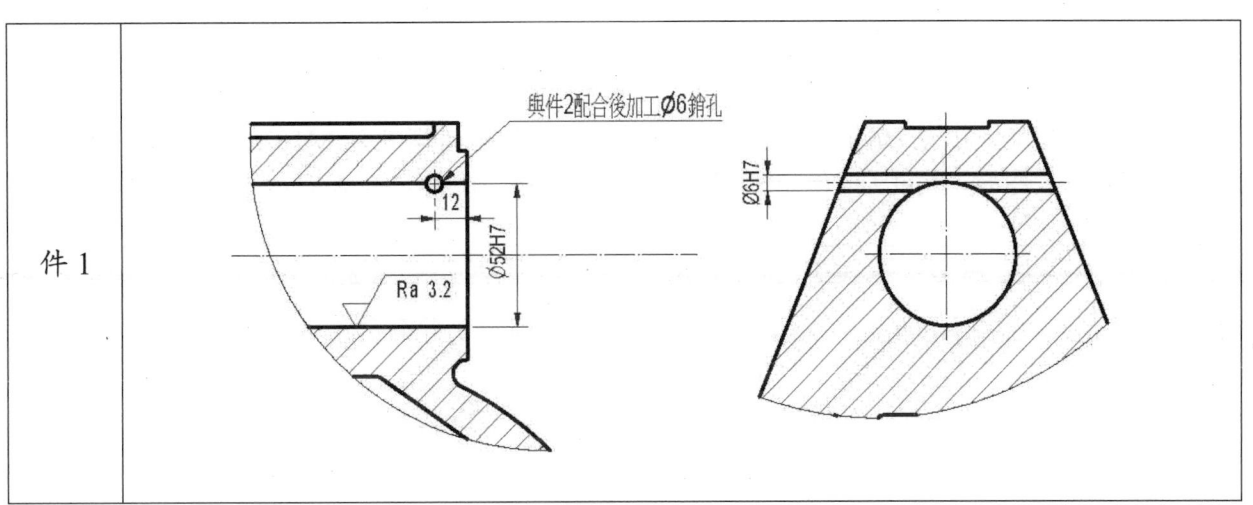

b. X2 變更設計：件 1 上配合的螺孔有效深度要合理設計，螺孔深度要大於螺栓全長 24，減去件 2 上沉頭孔小徑的長度，螺栓才可完全鎖入螺孔內。

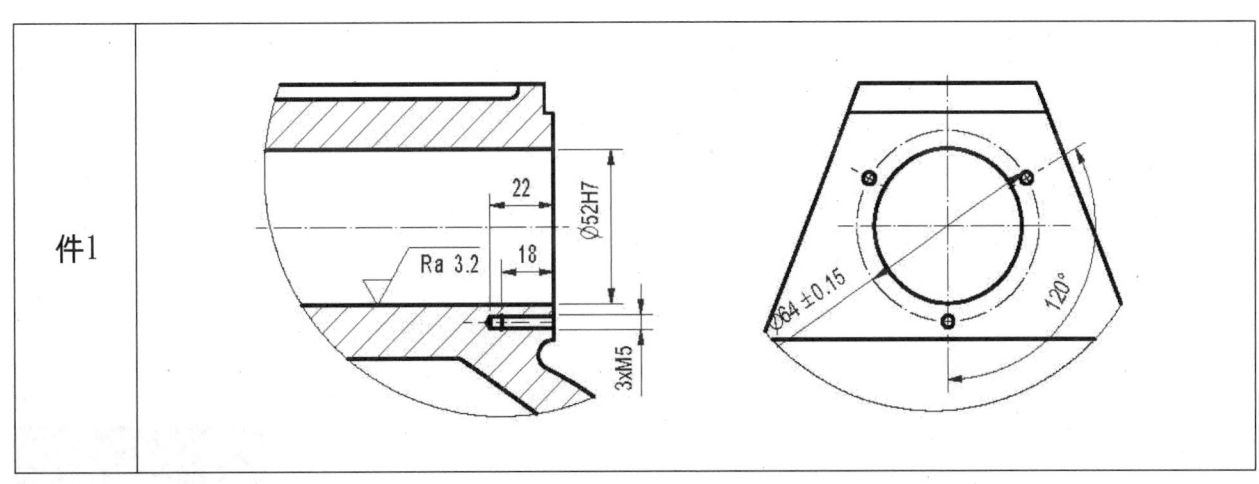

c.　Y1 變更設計：	d.　Y2 變更設計：
件 3 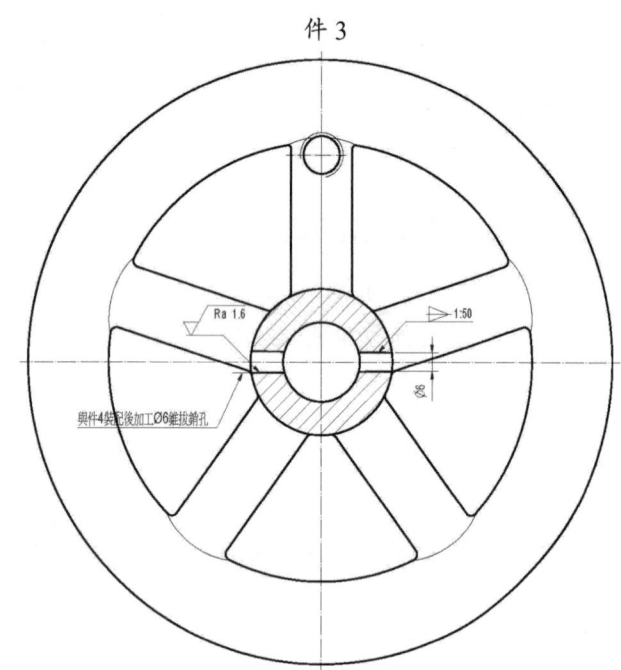	件 3 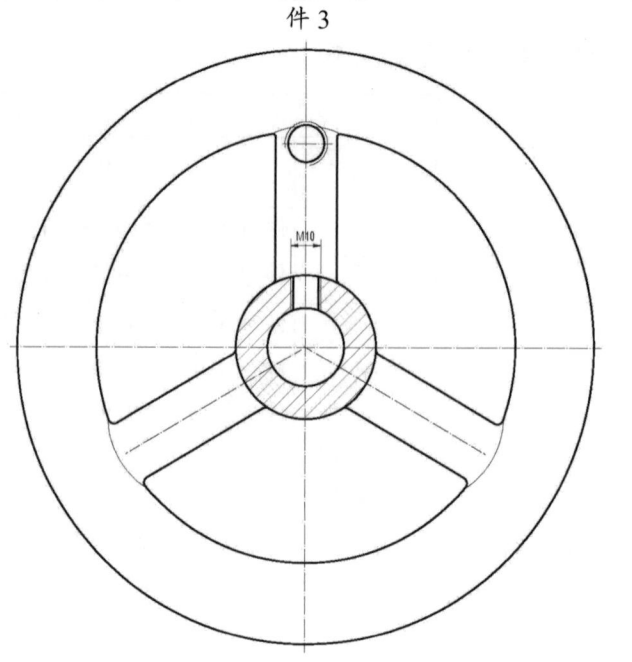
Y1：推拔銷 Ø6×45 件 3 上配合銷的孔徑，小徑 Ø6，錐度 1：50， 件 3 與件 4 組合後再加工銷孔，確保銷可確實組裝。	Y2：固定螺釘 M10×15 件 3 上配合的螺孔爲 M10。

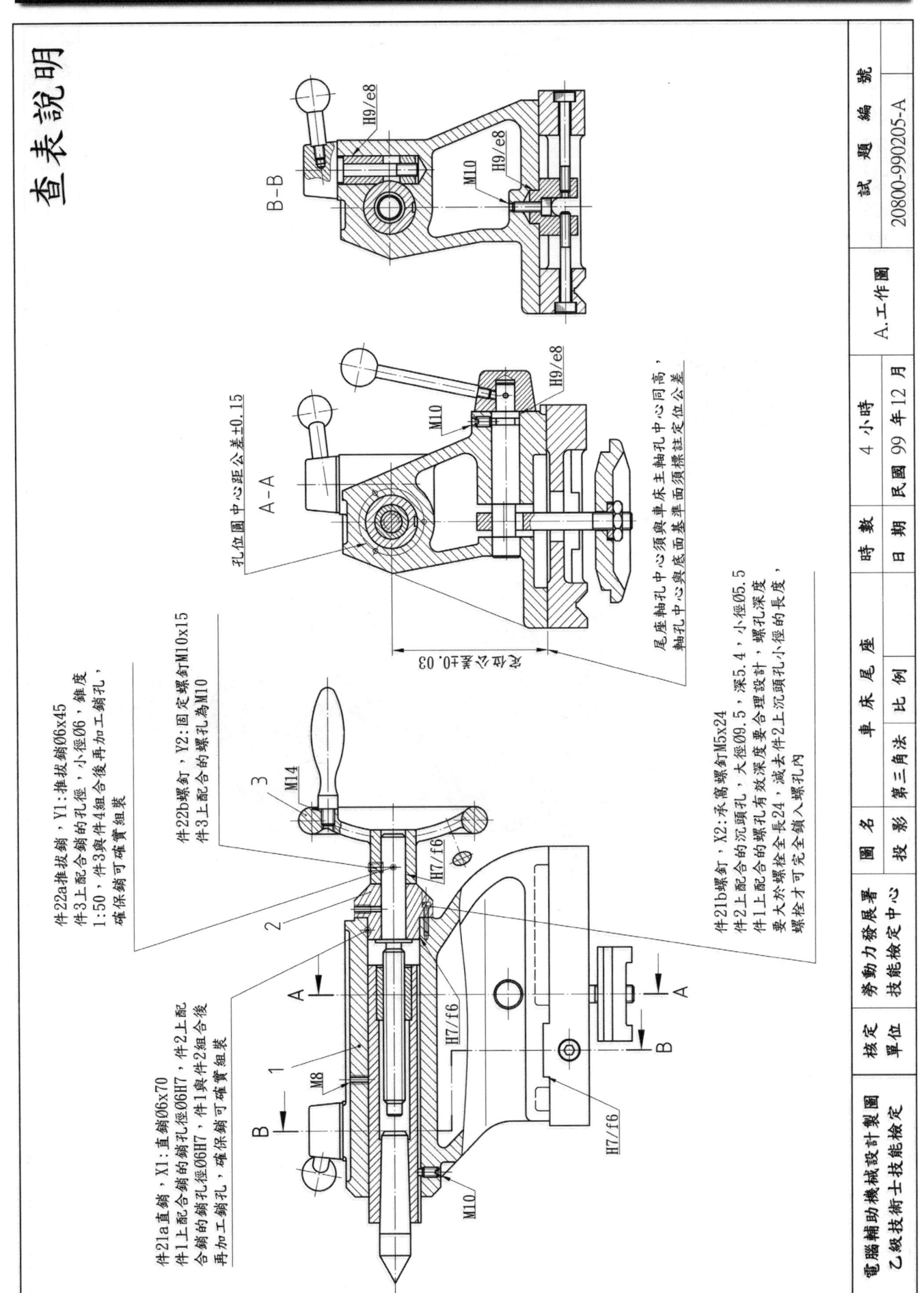

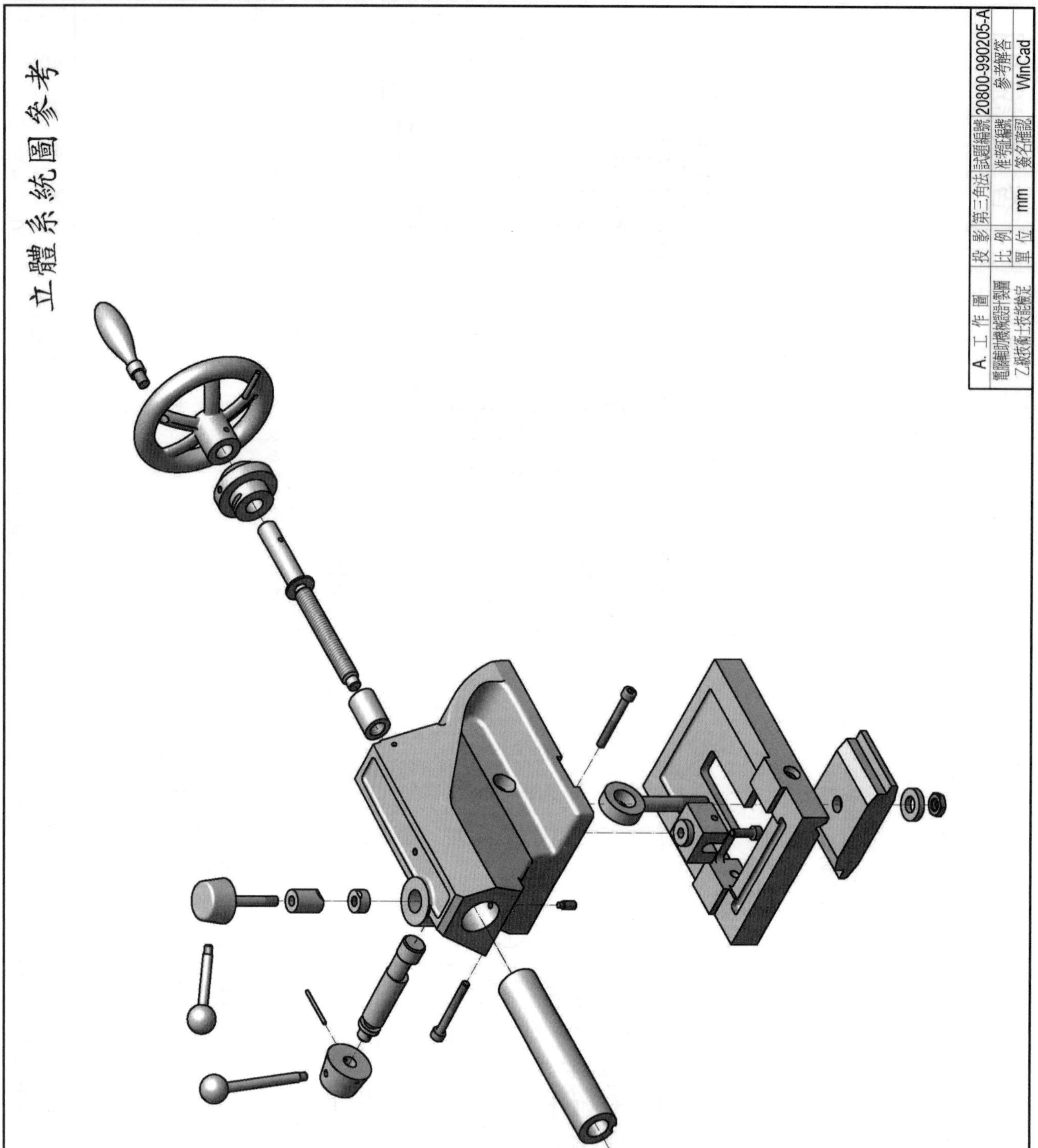

立體系統圖參考

A. 工作圖

投影 第三角法	試題編號 20800-990205-A
電腦輔助機械設計裝置	參考解答
準備制機械設計練習	座標編制
乙級統有士技能檢定	簽名確認
比例	單位 mm	WinCad

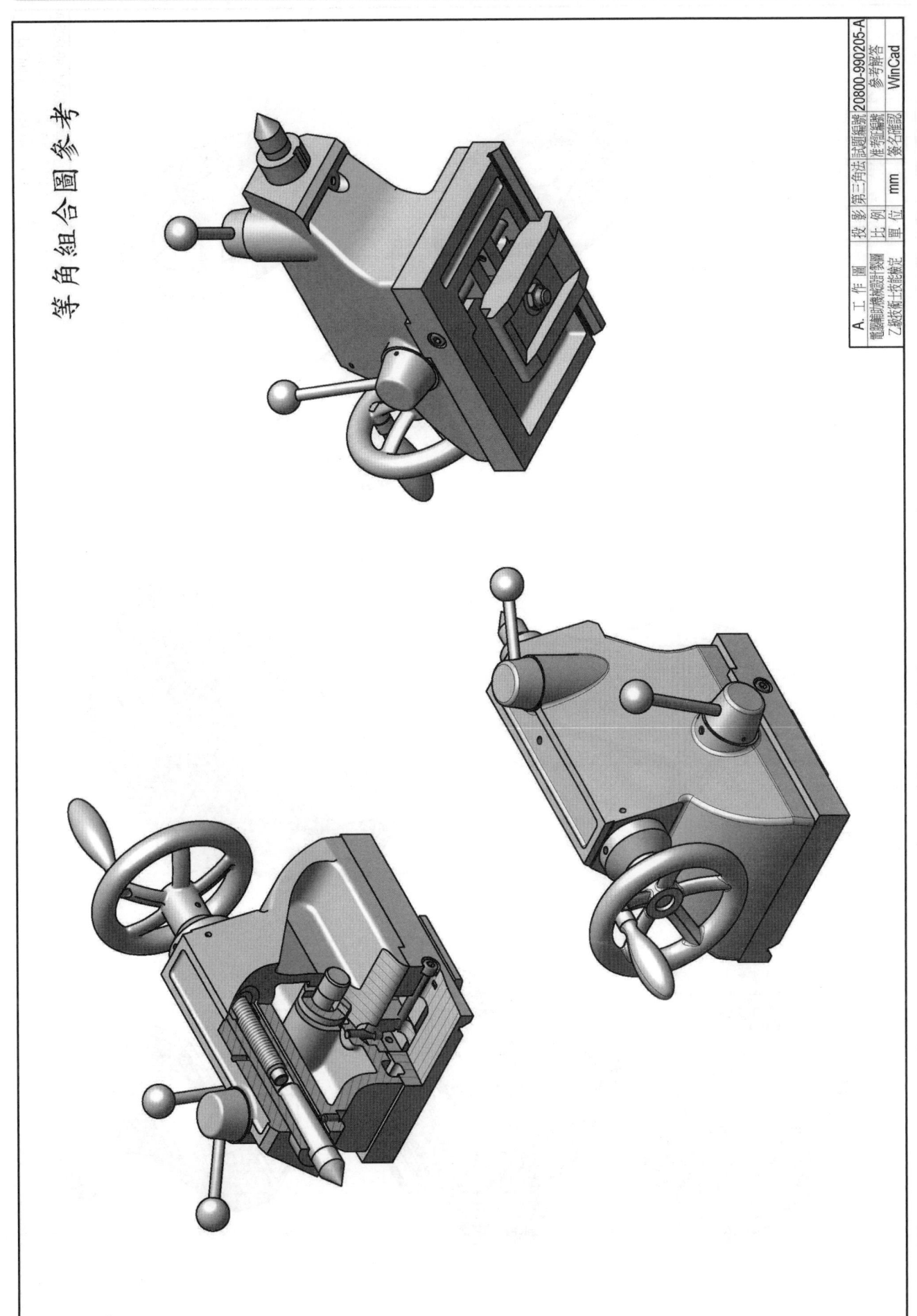

等角組合圖參考

A.工作裝置
電腦輔助機械設計製圖
乙級技術士技能檢定

投影 第三角法
比 例
單 位　mm

試題組編號 20800-990205-A
作程式編號　參考解答
簽名確認　WinCad

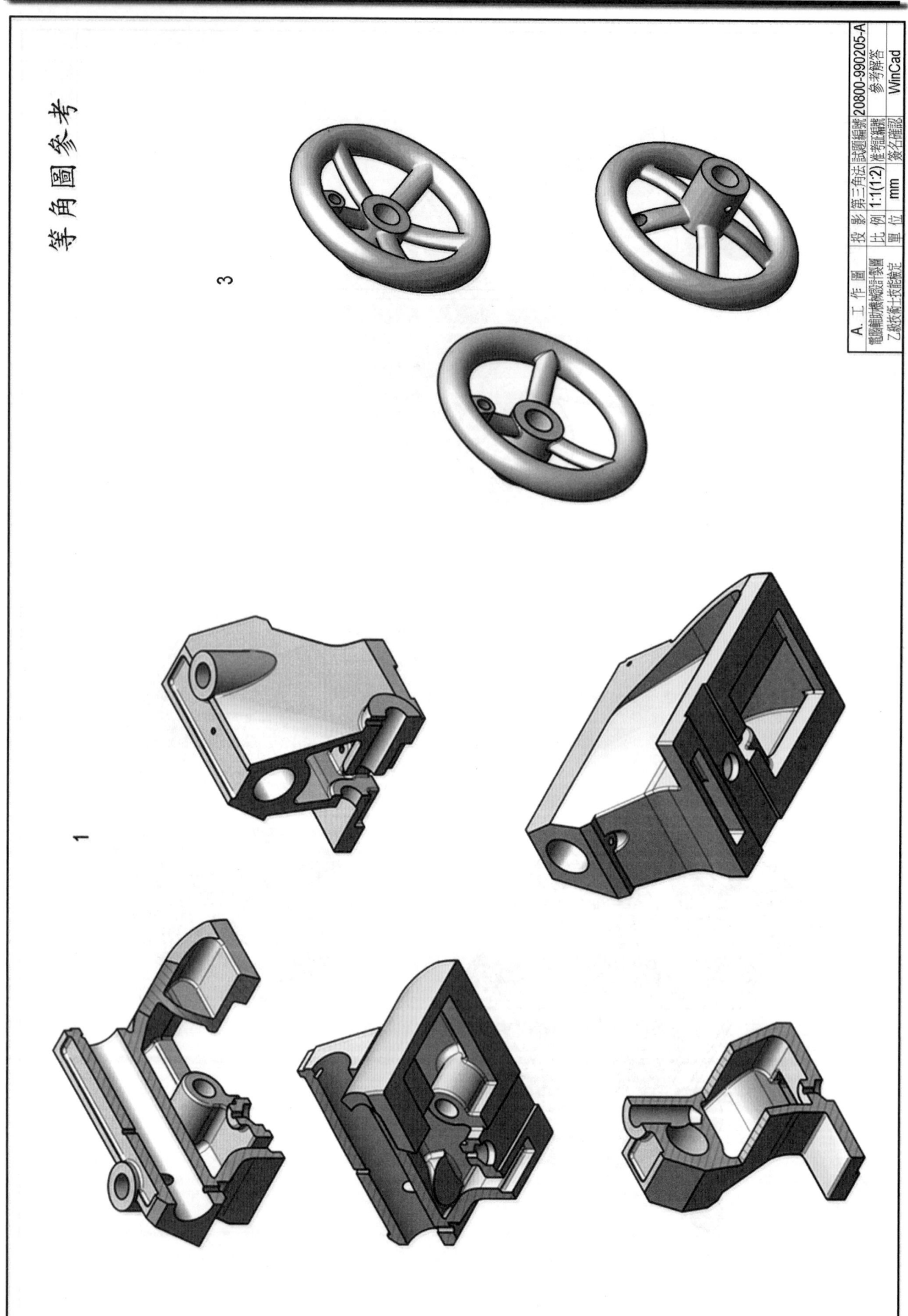

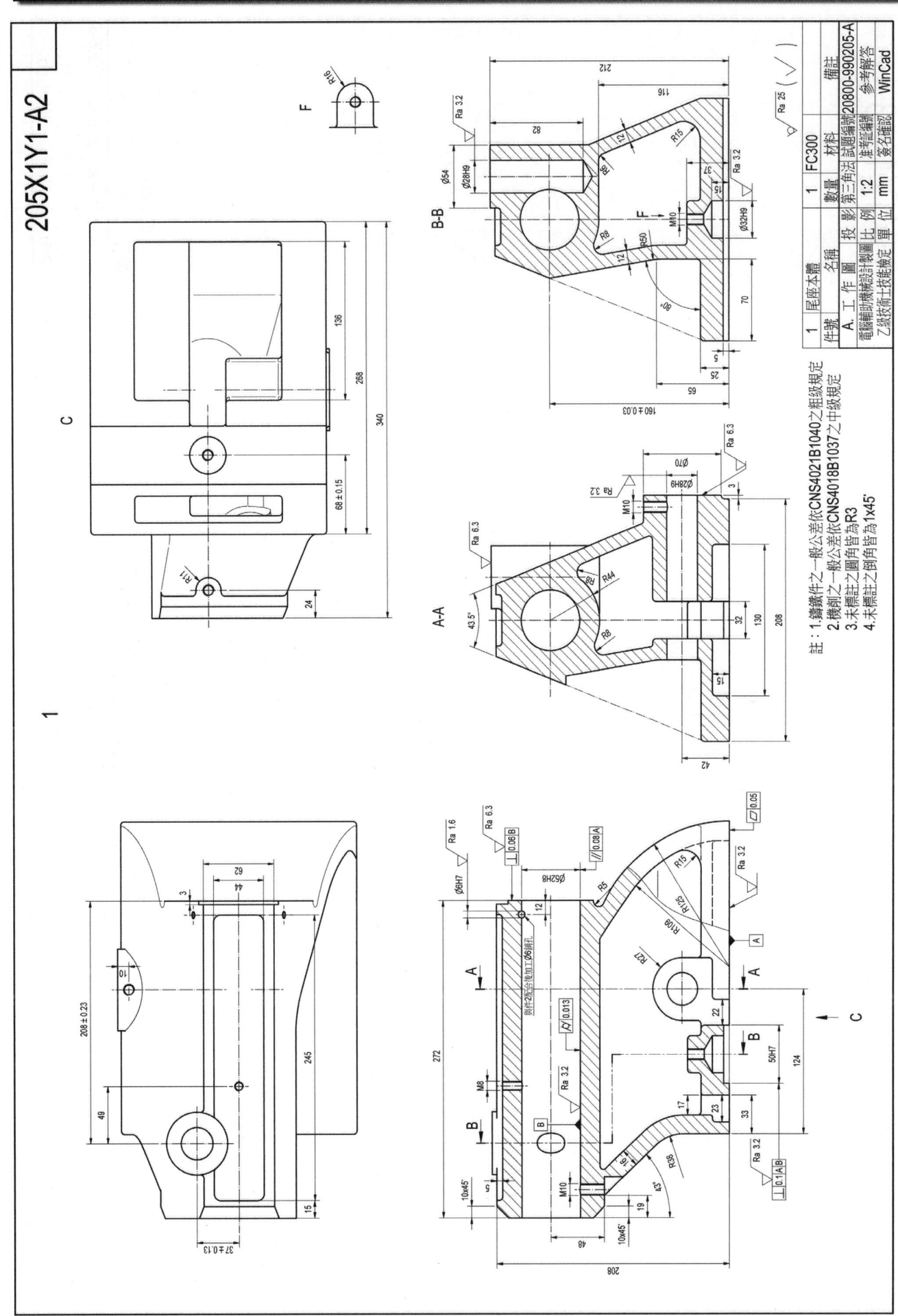

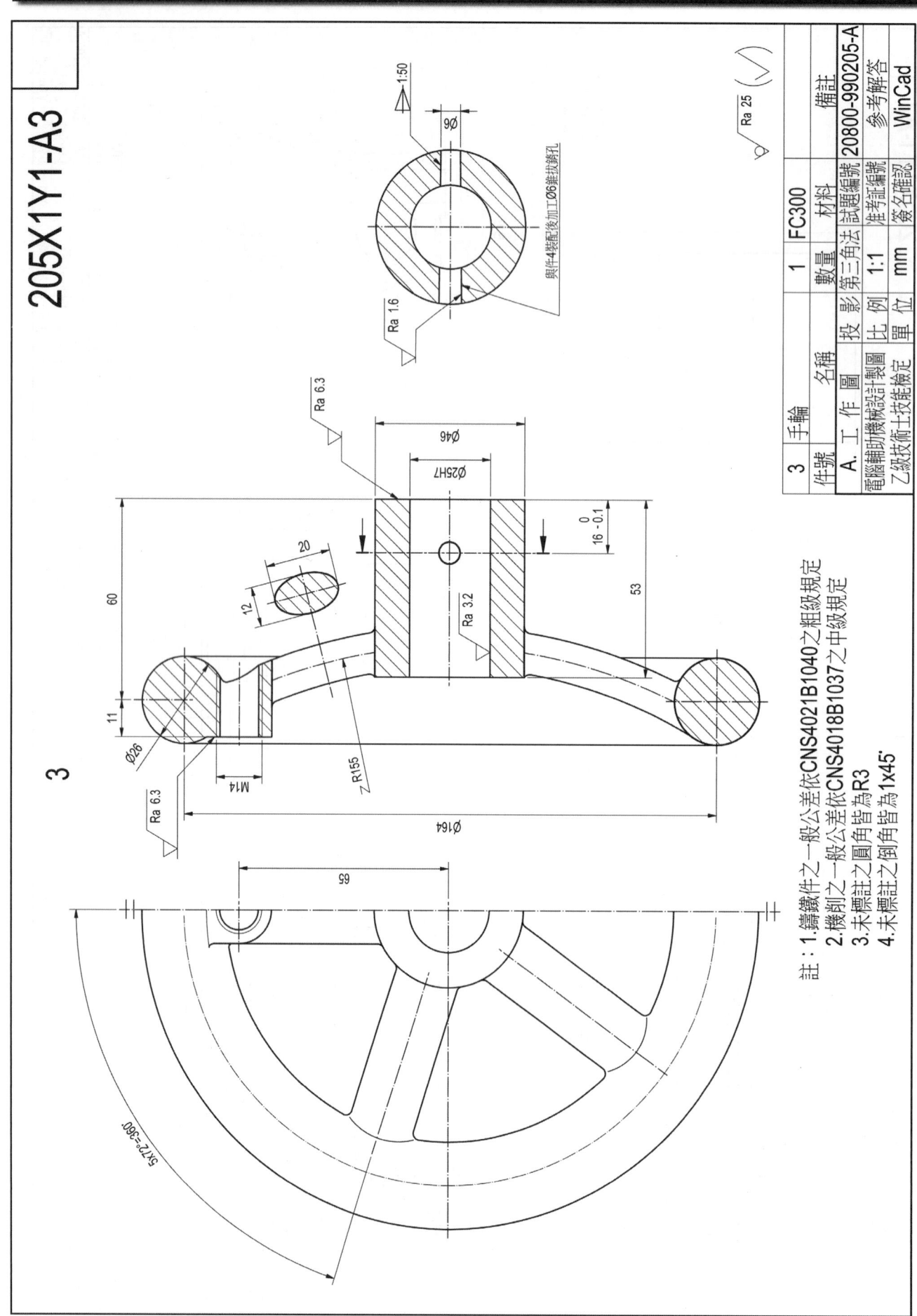

註：1. 鑄鐵件之一般公差依CNS4021B1040之粗級規定
　　2. 機削之一般公差依CNS4018B1037之中級規定
　　3. 未標註之圓角皆為R3
　　4. 未標註之倒角皆為1x45°

件號	名稱		數量	材料	備註
3	手輪		1	FC300	
A. 工作圖				試題編號	20800-990205-A
	名稱	投影	第三角法	准考証編號	參考解答
電腦輔助機械設計製圖		比例	1:1		WinCad
乙級技術士技能檢定		單位	mm	簽名確認	

$\sqrt{}^{Ra\ 25}\ (\sqrt{})$

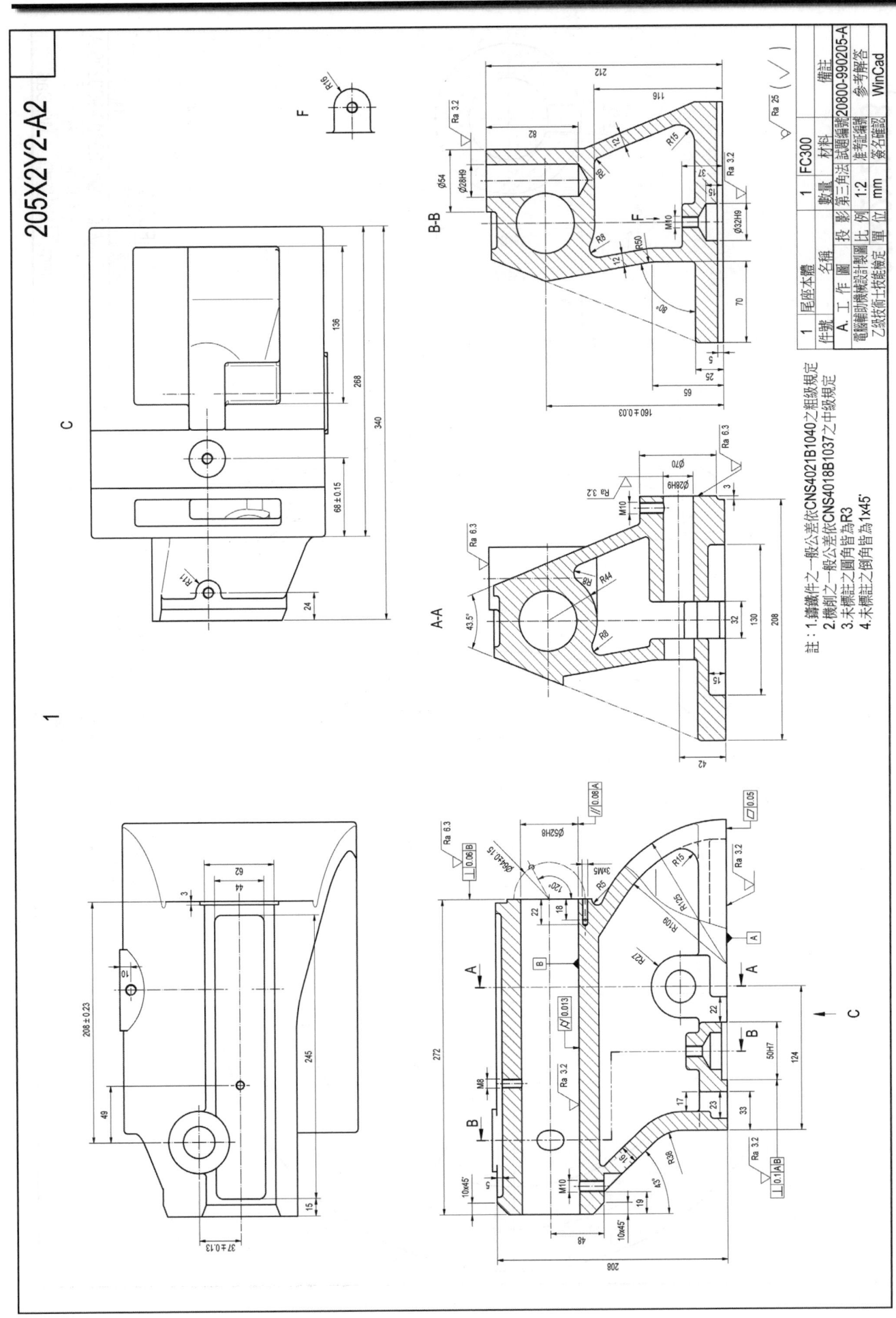

205X2Y2-A2

註：1.鑄鐵件之一般公差依CNS4021B1040之粗級規定
2.機削之一般公差依CNS4018B1037之中級規定
3.未標註之圓角皆為R3
4.未標註之倒角皆為1x45°

件號	名稱			數量	材料	備註
1	尾座本體			1	FC300	
A. 工 作 圖			投影 第三角法	比 例 1:2	單 位 mm	試題編號20800-990205-A
電腦輔助機械設計製圖乙級技術士技能檢定						參考解答 WinCad

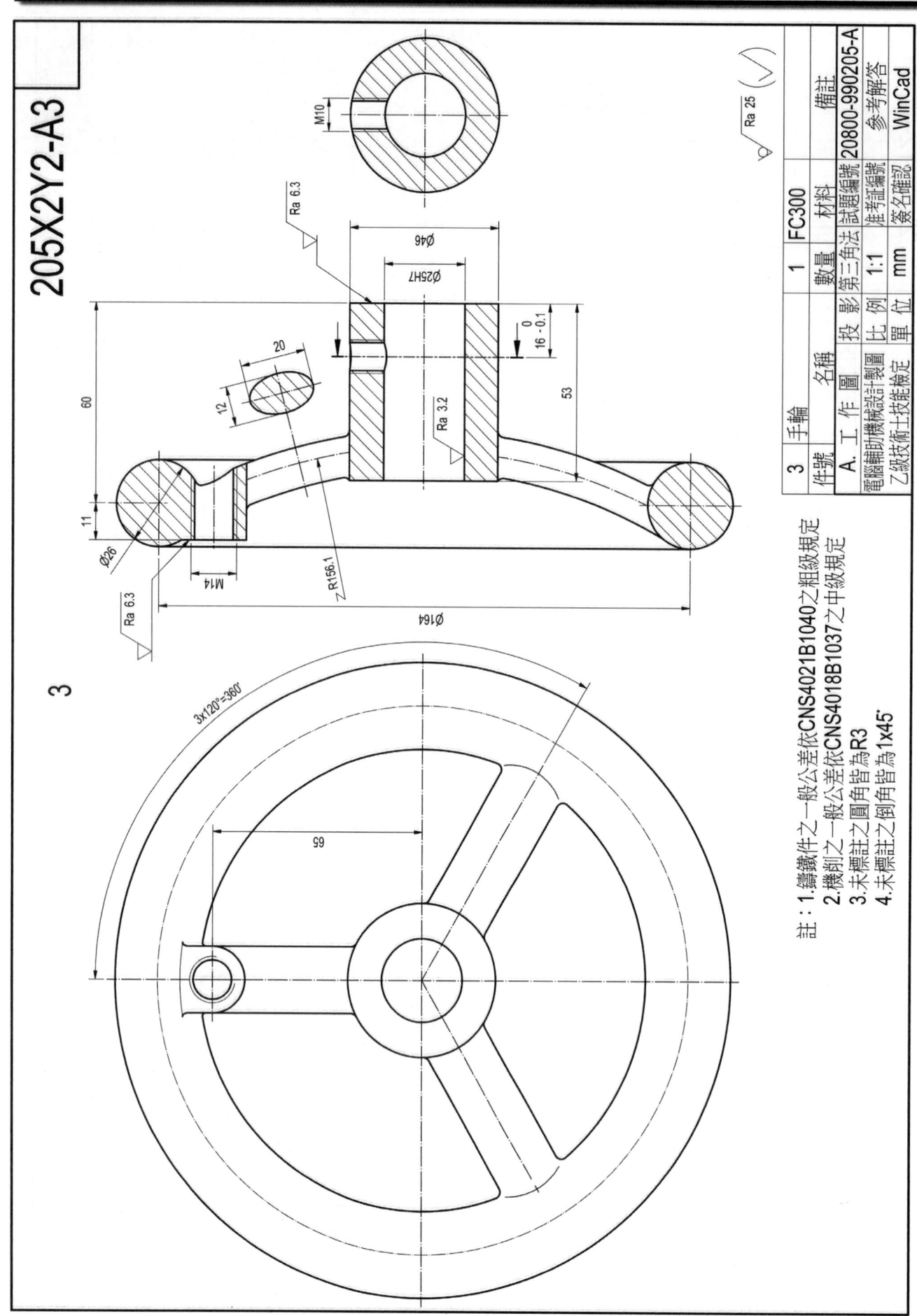

試題編號：20800-990206-A

工作圖試題說明：

一、　本工作圖試題繪製**時間4小時**（可提前交卷但不加分），不含出圖時間。試題依第三角法 命題，應檢人可選用第一角法或第三角法繪製，惟不得混用。

二、　應檢人繪製時，圖中的線條、數字及符號等應依照最近公佈之CNS國家標準繪製。

三、　應檢人依規定可使用之自備工具為：**直尺、量角器、比例尺**等。只可參閱場地提供之設計資料檔，嚴禁攜帶**自備之設計資料及任何儲存媒體**。

四、　『**變更設計**』由監評人員現場抽定（寫於黑板上），依試題所示之變更設計**X**及**Y**處繪製，變更設計將加重計分。

五、　**試題**：（依監評人員抽定之變更設計繪製）

　　1.　繪製零件1：出圖於一張A2圖紙

　　　　依1：2之比例，繪製零件1之工作圖於一張A2圖紙，工作圖須含尺度標註、公差配合、幾何公差、表面織構符號及零件表等。

　　2.　繪製零件3、4：出圖於一張A3圖紙

　　　　依1：1之比例，繪製零件3、4之工作圖於一張A3圖紙，工作圖須含尺度標註、公差配合、幾何公差、表面織構符號及零件表等。

六、　各圖面請繪製如**圖(a)**所示之A2及A3有裝訂邊圖框、標題欄及零件表，如**表(a)**所示，並填妥適當之內容。

七、　繪製時間結束時，請以『**准考證號碼**』為檔名，存入電腦資料碟中（嚴禁使用自備之任 何儲存媒體），並確認已經存檔後，電腦螢幕須保留現況，即離開崗位將試題交回給監 評人員，並出場等候出圖之指示。

八、　**出圖**：

　　1.　中途離場或放棄出圖者須告知監評人員，並在評審表勾選放棄出圖及簽名後離場，若未依規定而離場者視同不及格。

　　2.　應檢人請依監評人員之指示，將電腦繪製之圖面以黑色列印於規定圖紙上；倘若圖面未完整列印，得重新出圖，並將前一張圖紙作廢。

　　3.　應檢人出圖後須確認圖面，並在**右下角簽名**後始得離場。監評人員則在右上角簽章 確認。

表(a) 零件表

件 號	名 稱	數 量	材 料	備 註
1	夾具本體	1	FC250	
3	立柱承座	1	S45C	
4	立柱	1	S45C	

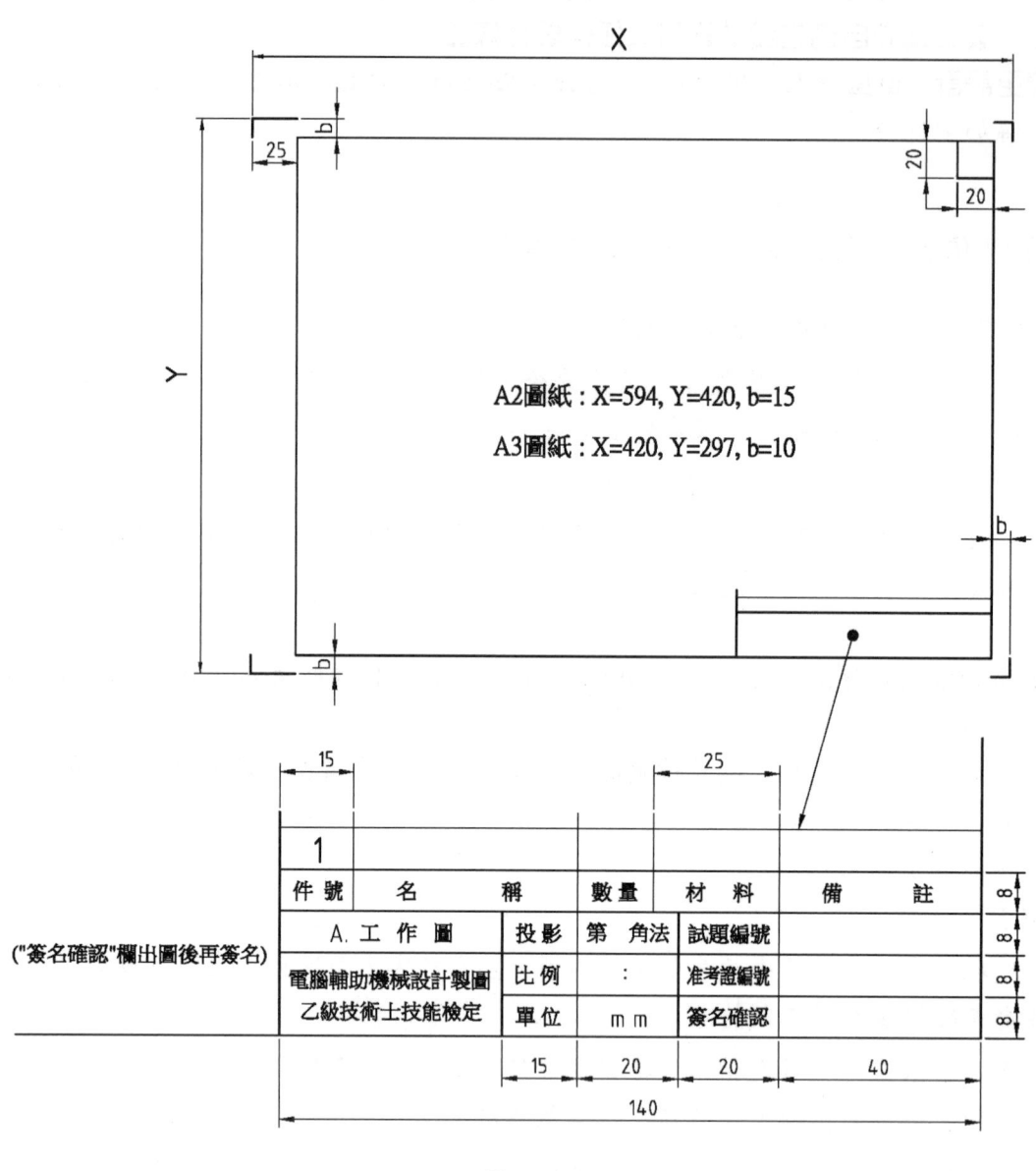

A2圖紙：X=594, Y=420, b=15

A3圖紙：X=420, Y=297, b=10

圖(a)

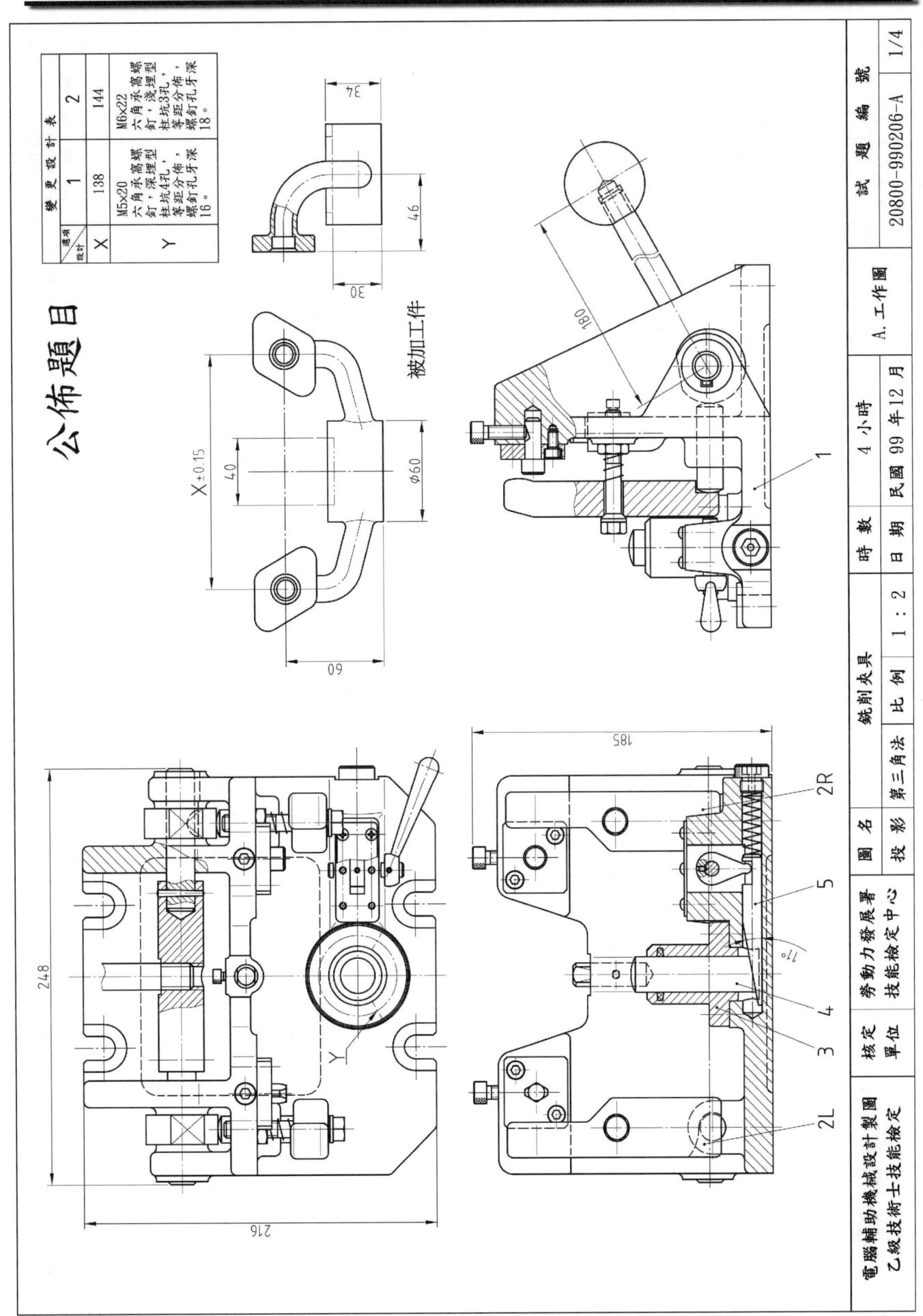

公佈題目

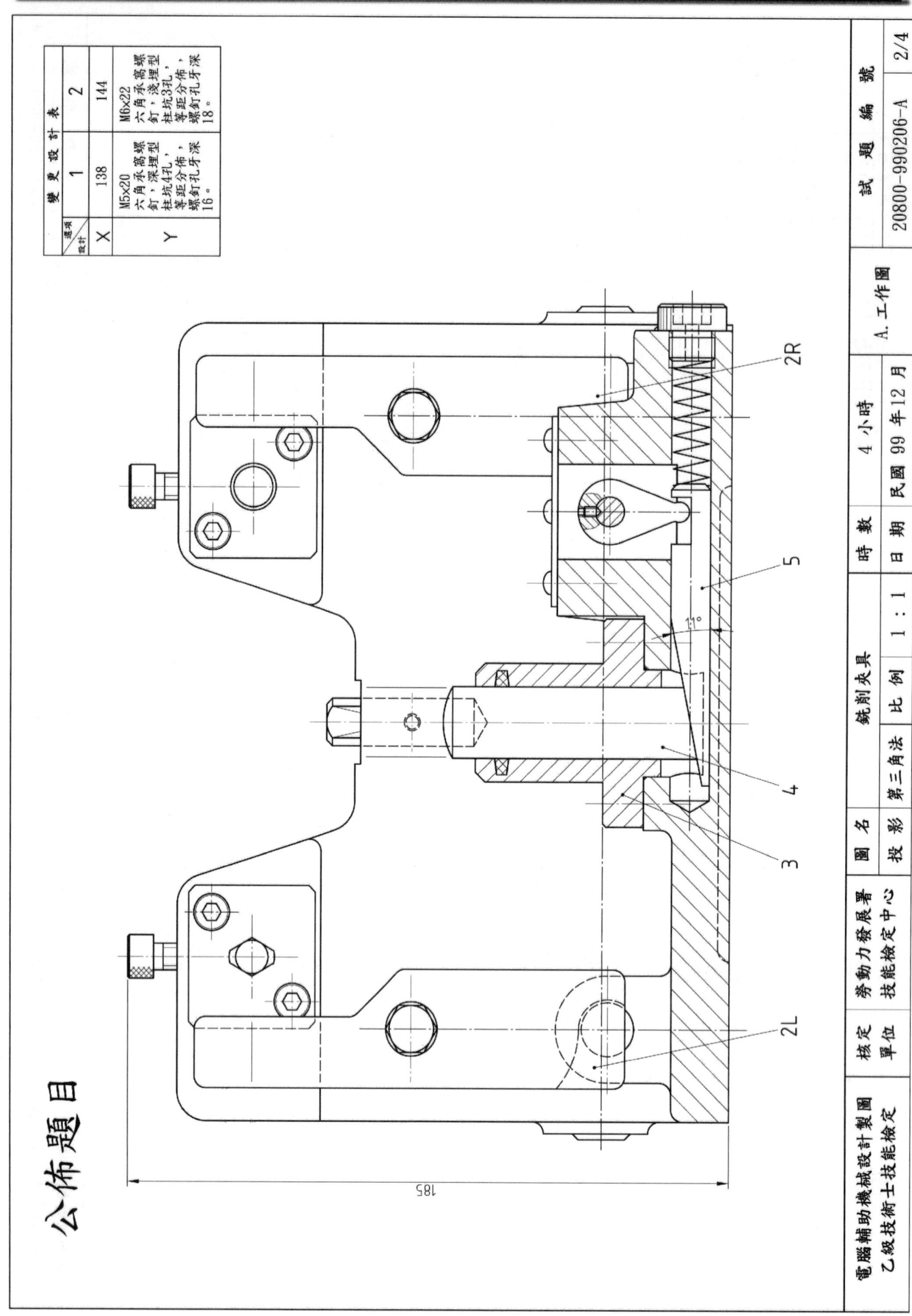

變更設計表		1	2
選項	X	138	144
設計	Y	M5x20 六角承窩螺 釘,深埋型 柱坑4孔, 等距分佈, 螺釘孔牙深 16。	M6x22 六角承窩螺 釘,淺埋型 柱坑3孔, 等距分佈, 螺釘孔牙深 18。

電腦輔助機械設計製圖	核定	勞動力發展署	圖名	銑削夾具	時數	4 小時	試題編號	2/4
乙級技術士技能檢定	單位	技能檢定中心	投影	第三角法	比例	1:1	20800-990206-A	
					日期	民國 99 年 12 月	A. 工作圖	

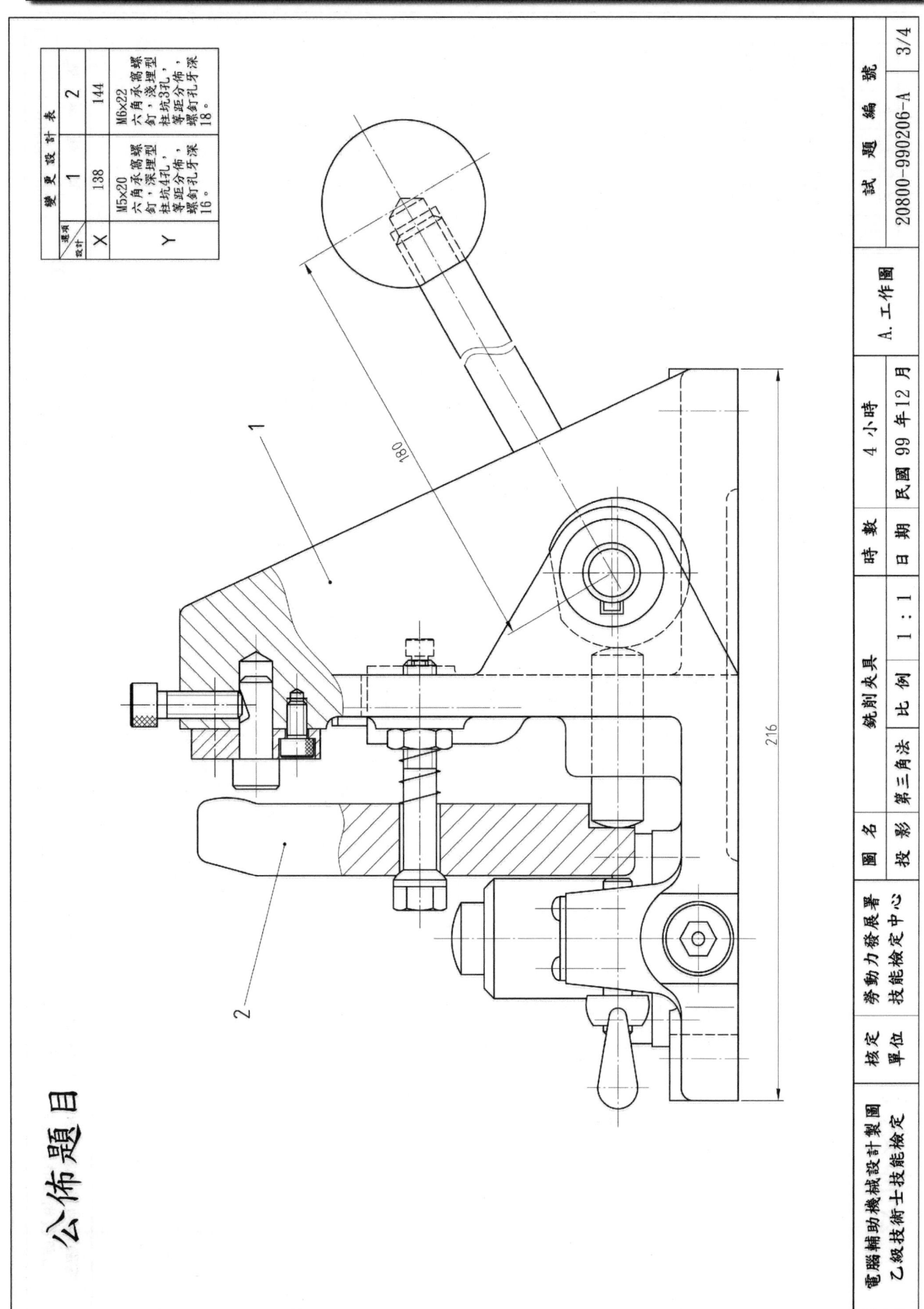

公佈題目

變更設計表		
選項	1	2
X	138	144
Y	M5×20 六角承窩螺 釘，深埋型 ，柱坑4孔， 等距分佈， 螺釘孔牙深 16°	M6×22 六角承窩螺 釘，淺埋型 ，柱坑3孔， 等距分佈， 螺釘孔牙深 18°

電腦輔助機械設計製圖		核定	勞動力發展署	圖名	投 影	銑削夾具		時數	4 小時	試 題 編 號	A. 工作圖	3/4
乙級技術士技能檢定		單位	技能檢定中心		第三角法	比例	1：1	日期	民國 99 年 12 月	20800-990206-A		

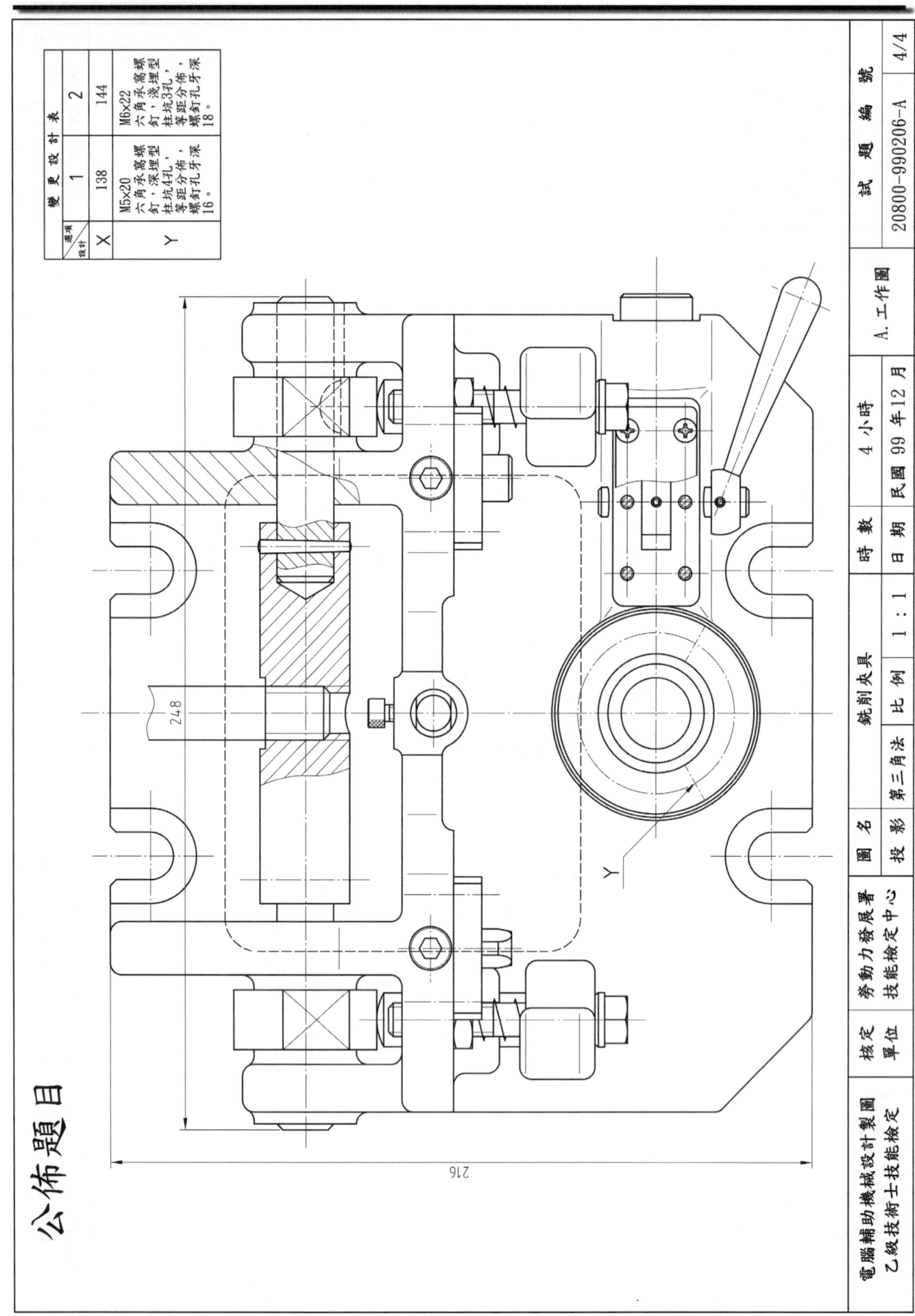

變更設計表		
遷項　設計	1	2
X	138	144
Y	M5x20 六角承窩螺釘，深埋型 柱坑4孔，等距分佈，螺釘孔牙深16°	M6x22 六角承窩螺釘，淺埋型 柱坑3孔，等距分佈，螺釘孔牙深18°

公佈題目

核定單位	勞動力發展署 技能檢定中心	圖名	投影			試題編號	20800-990206-A	4/4
	第三角法	銑削夾具	比例 1:1	時數 4小時	日期 民國99年12月	A.工作圖		

電腦輔助機械設計製圖
乙級技術士技能檢定

解題分析與研習步驟

一、990206-A 相關知識及機構動作說明

1. 夾具功用是為能將工件精確快速定位、夾緊及鬆卸，以便能大量生產之工件之需，其夾具設計一般要視其被加工件及加工機械而定，有時為了配合大量生產，還會設計專門適合被加工件之單能工具機。

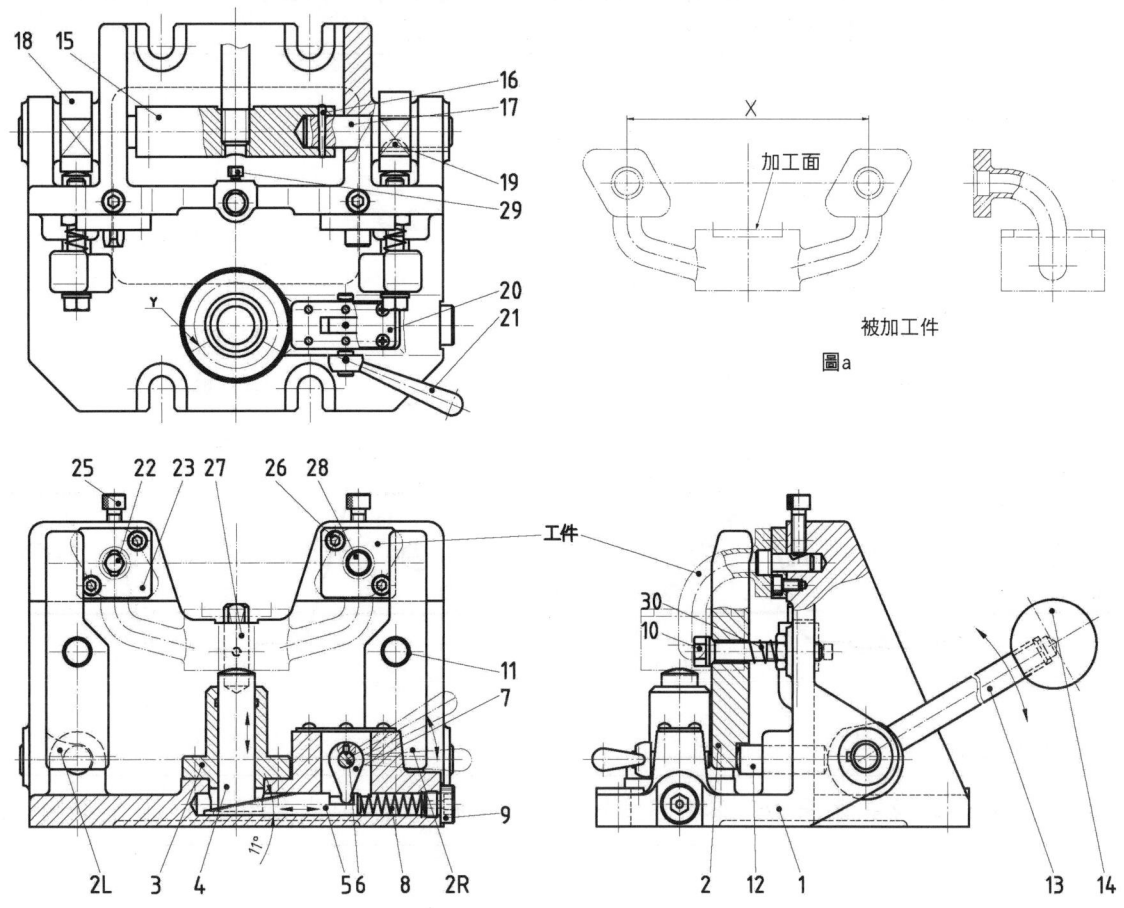

2. 本機構為銑削工件(如圖 a 所示)之加工面所設計之專門夾具。

3. 夾持時，先將件 21 把手往上轉動帶動件 7 撥塊，後將件 5 斜契往右移動，再將圖 a 所示之被加工件的兩孔，分別置於件 28 及件 22 等定位螺釘上，放開件 21 把手後由於件 8 彈簧的作用推回件 5 斜契，使得件 4 立柱向上頂住被加工件。(配合上圖之前視圖所示)

4. 此時再將件 13、件 14 等組成之夾緊把手，向下旋轉並轉動件 15，同時轉動兩側之件 18、19 之偏心輪，分別頂出兩側之件 12。由於兩側之件 10 螺栓當支點，所以利用槓桿原理，將件 2L、件 2R 之夾爪壓緊被加工件。(配合上圖之右側視圖及俯視圖所示)

5. 件 27 之位置調整可控制銑刀加工之加工量，調整後用件 29 鎖緊螺釘將件 27 固定後，即可進行銑削加工。

6. 加工面銑削後，將件 13、件 14 等組成之夾緊把手向上旋轉，由於件 18、19 之偏心輪有削一平面，因此件 12 因為件 30 彈簧作用而退回，並使件 2L、件 2R 之夾爪放鬆被加工件；之後再將件 21 把手往上轉動，件 4 立柱向下移動，便可取出被加工件並如說明 3 之步驟，繼續放置新工件進行加工。

二、990206-A 變更設計相關知識說明

1. 試題要求之變更設計：

		變更設計	
設計	選項	1	2
X		138	144
Y		M5×20 六角承窩螺釘，深埋型柱坑 4 孔，等距分佈，螺釘孔牙深 16。	M6×22 六角承窩螺釘，淺埋型柱坑 3 孔，等距分佈，螺釘孔牙深 18。

2. 變更設計之計算及查表：

　　a. X1 變更設計：　　　　　　　　　　b. X2 變更設計：

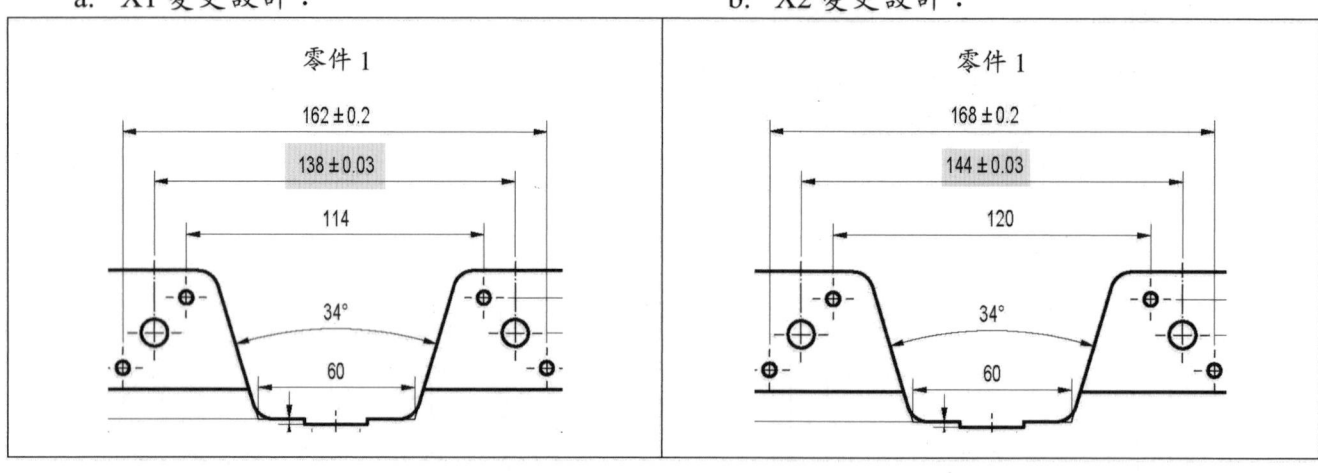

　　c. Y1 變更設計：

零件 1：件 1 上配合的螺孔牙深 16。	零件 3：件 3 上配合的沉頭孔，大徑 Ø9.5，深 5.4，小徑 Ø5.5。

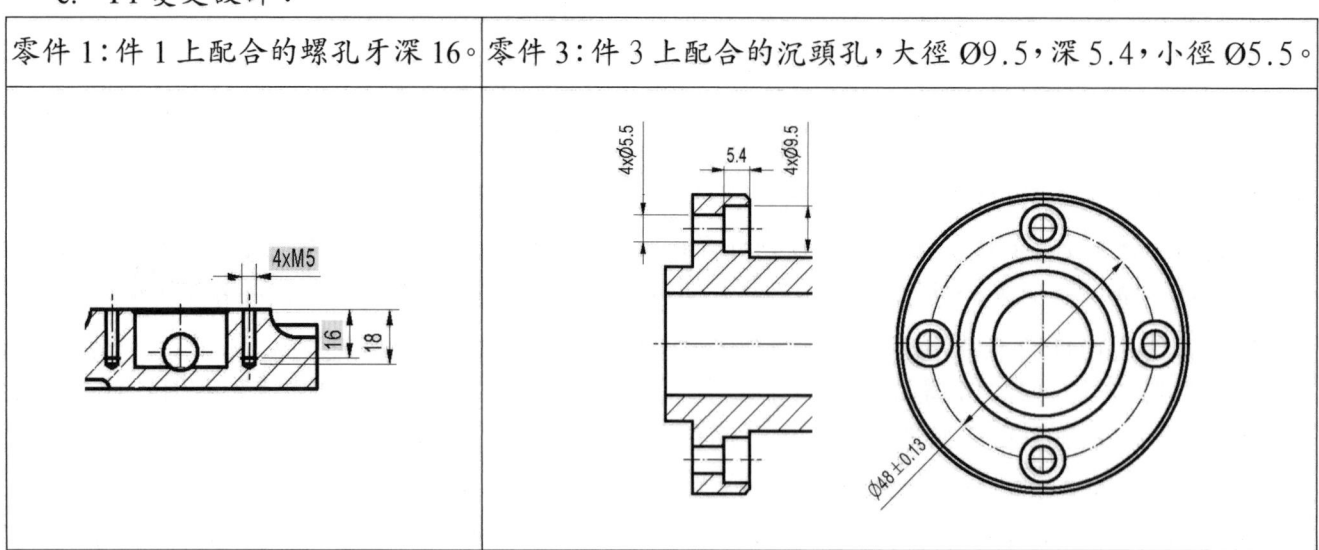

d. Y2 變更設計：

零件 1：件 1 上配合的螺孔牙深 18。	零件 3：件 3 上配合的沉頭孔，大徑 Ø11，深 5.5，小徑 Ø6.6。
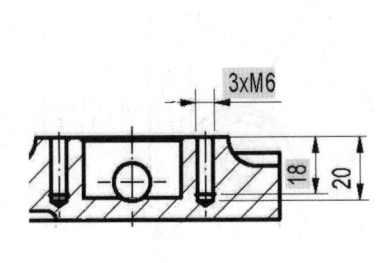	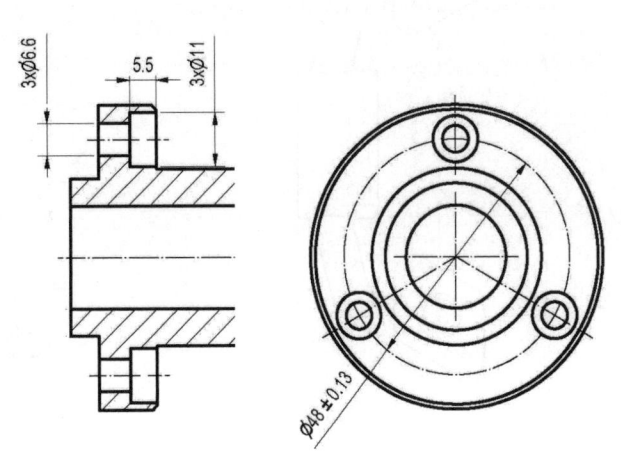

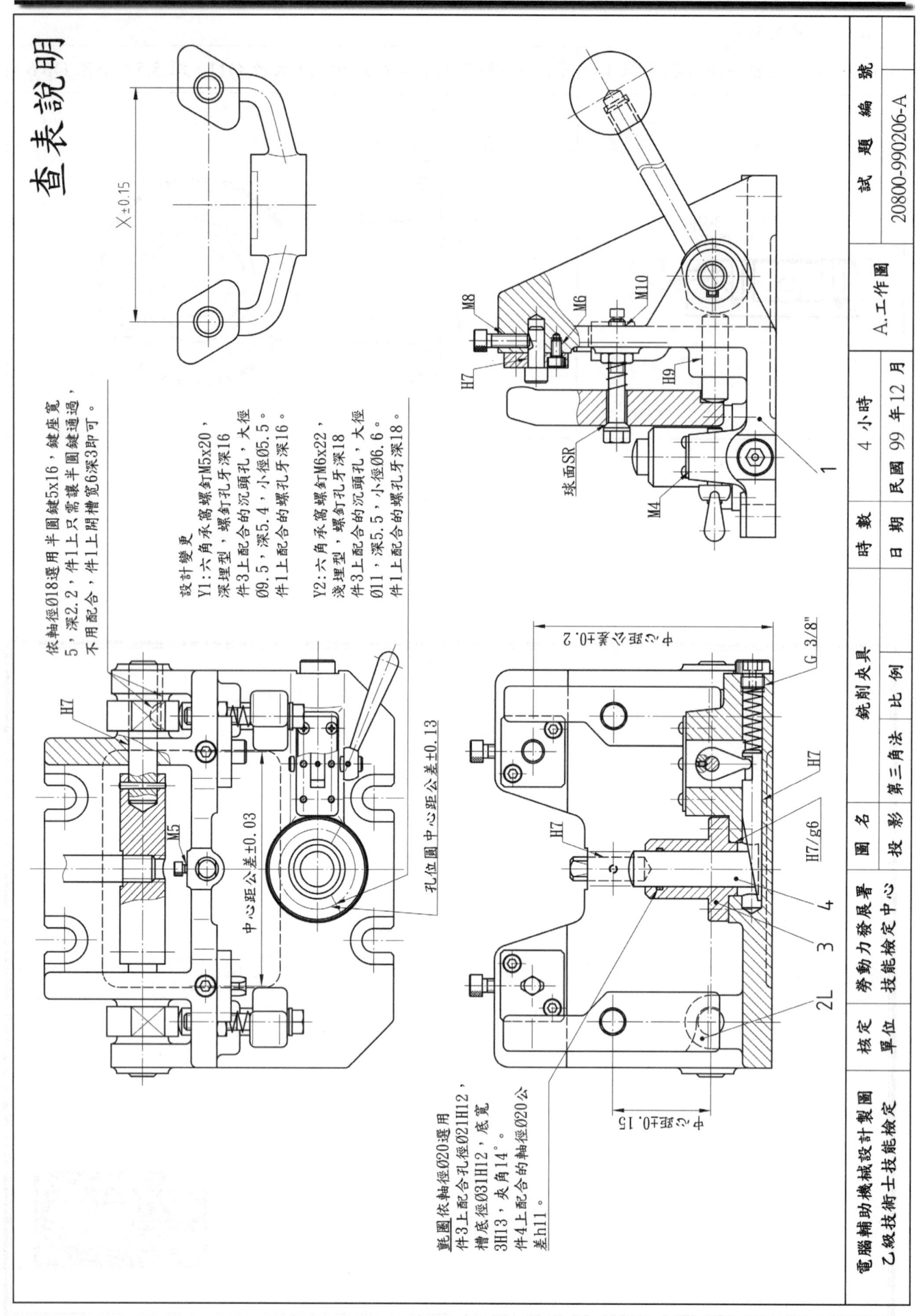

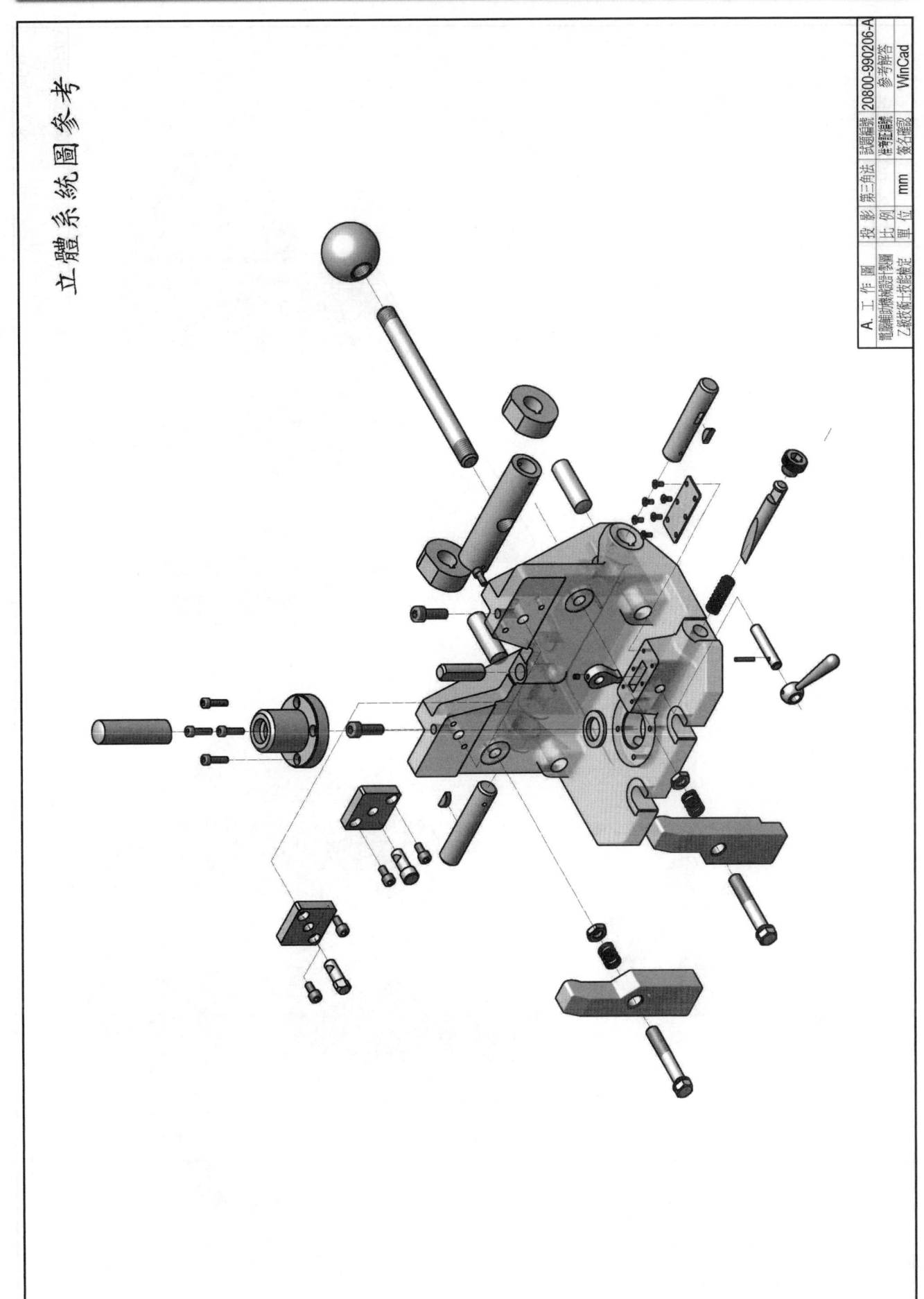

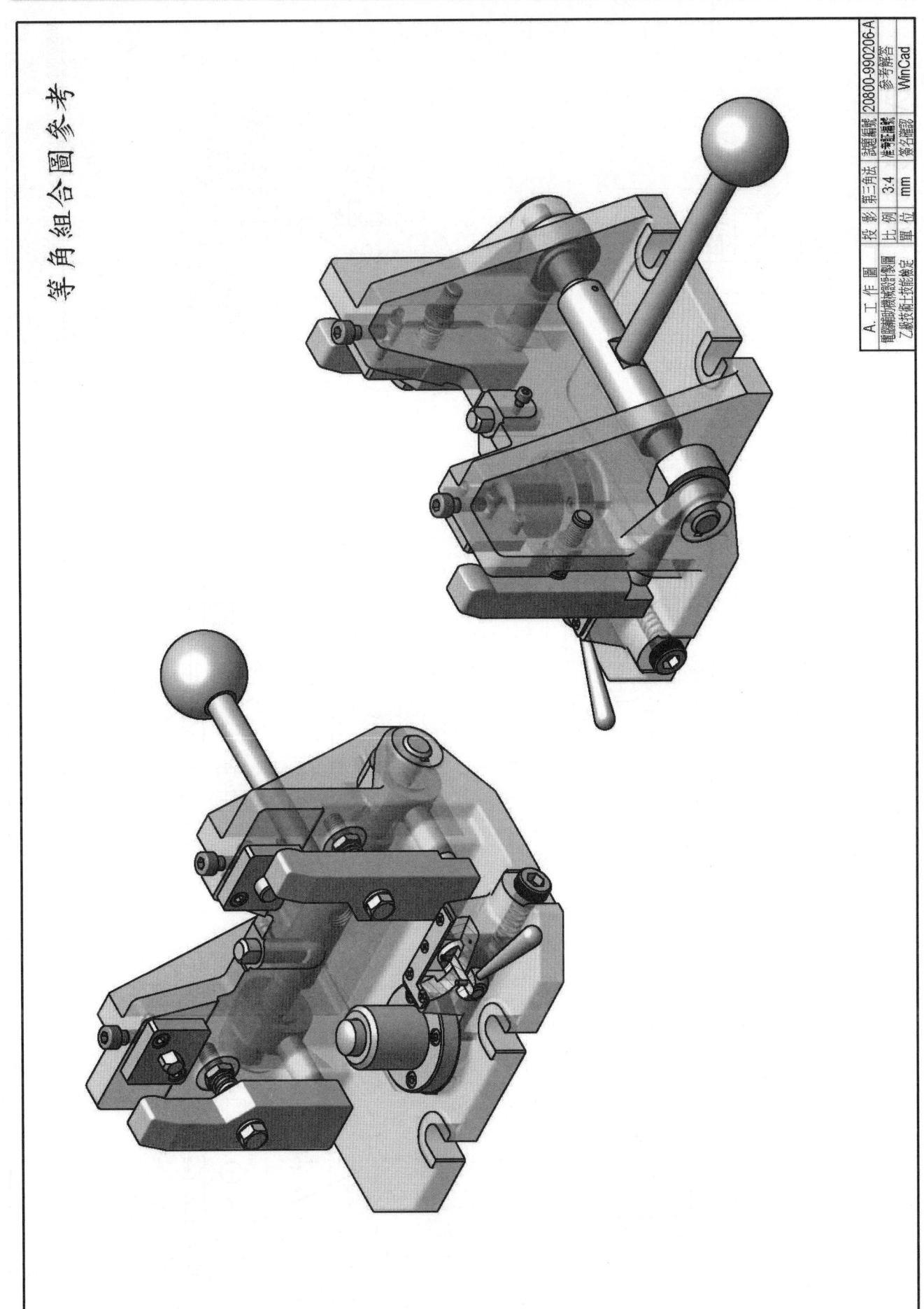

等角組合圖參考

A. 工作圖	投　影	第三角法	圖號	20800-990206-A
氣壓抽削機械設計裝置	比　例	3:4	座標圖示	參考解答
乙級技術士技能檢定	單　位	mm	簽名確認	WinCad

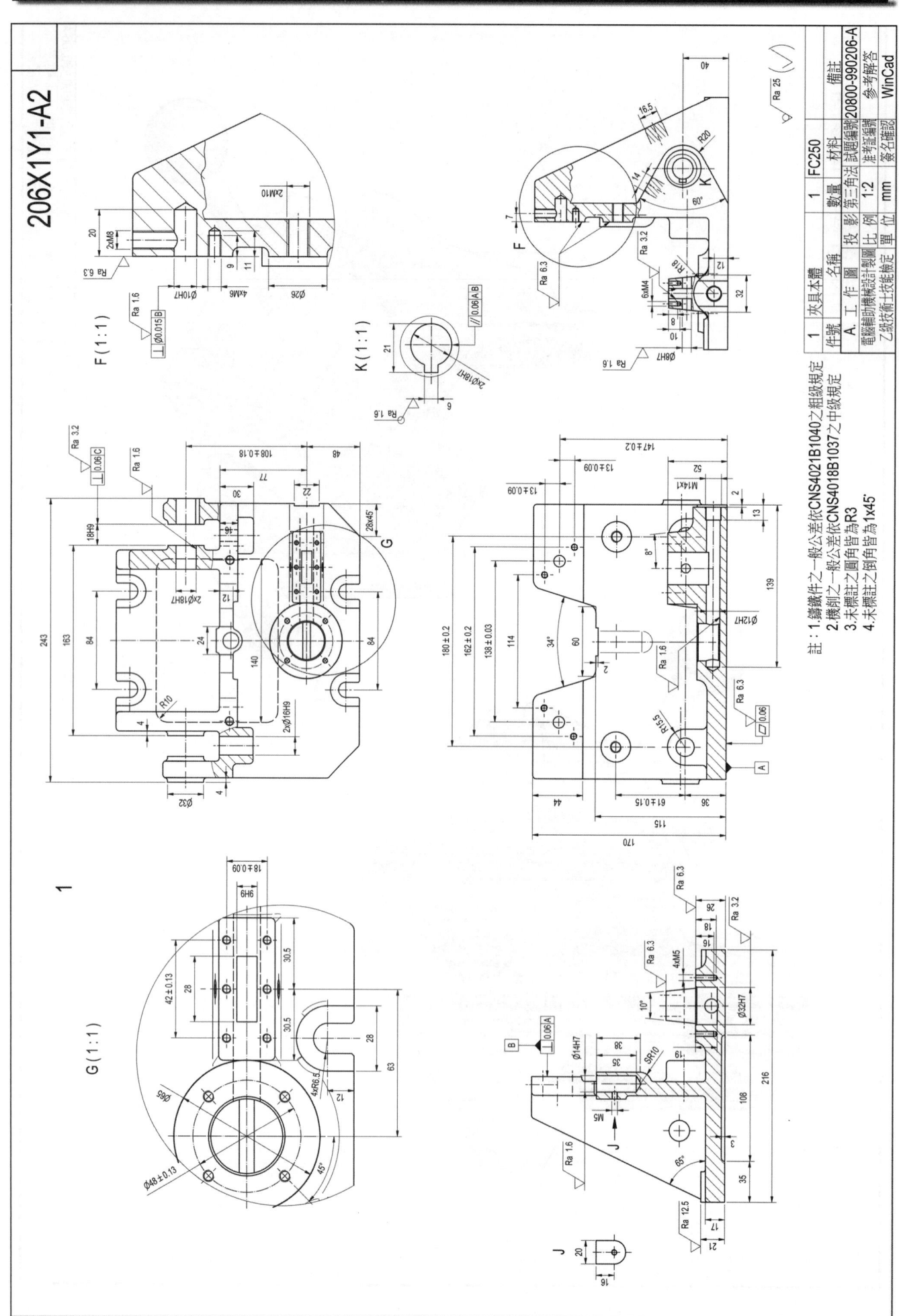

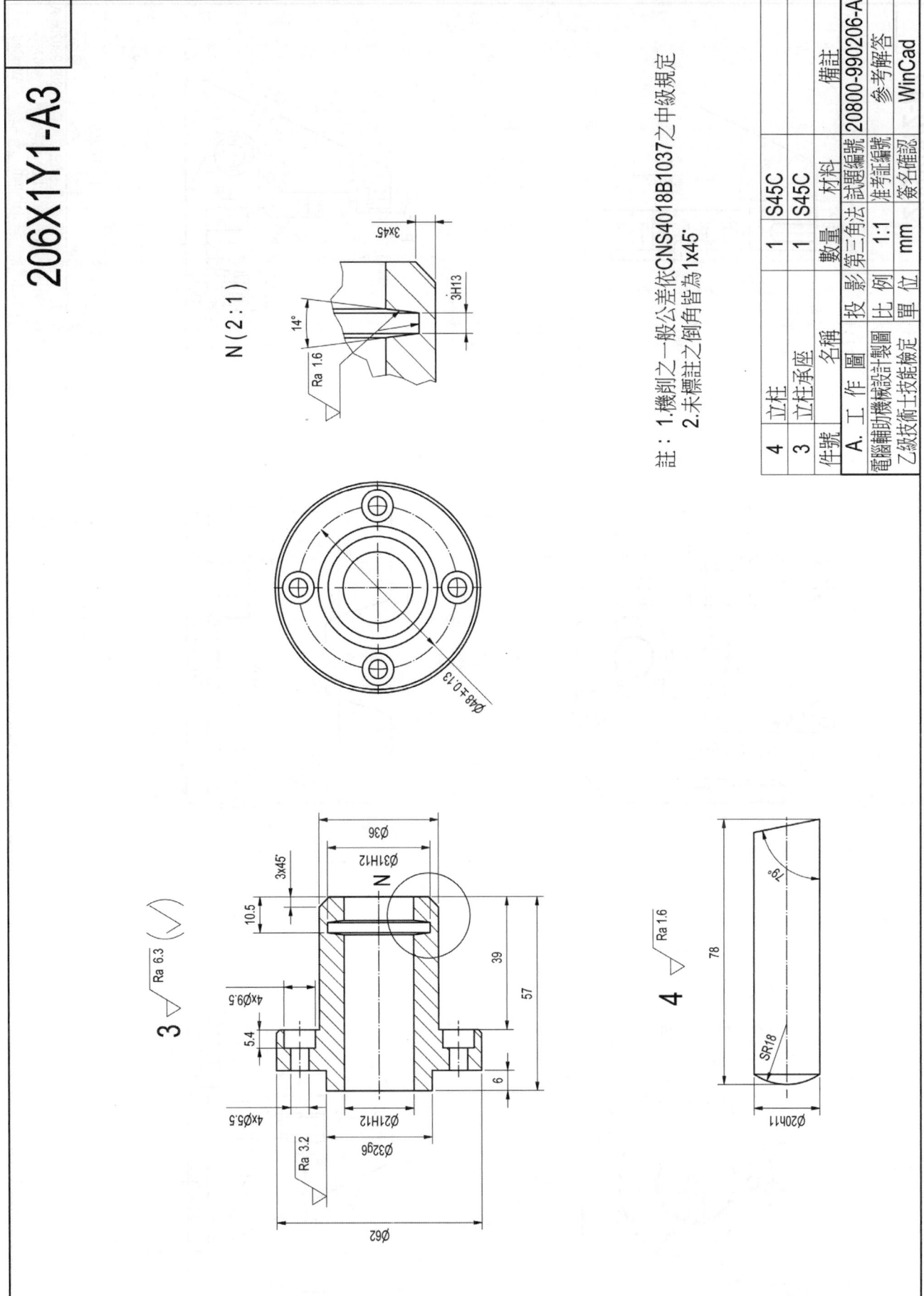

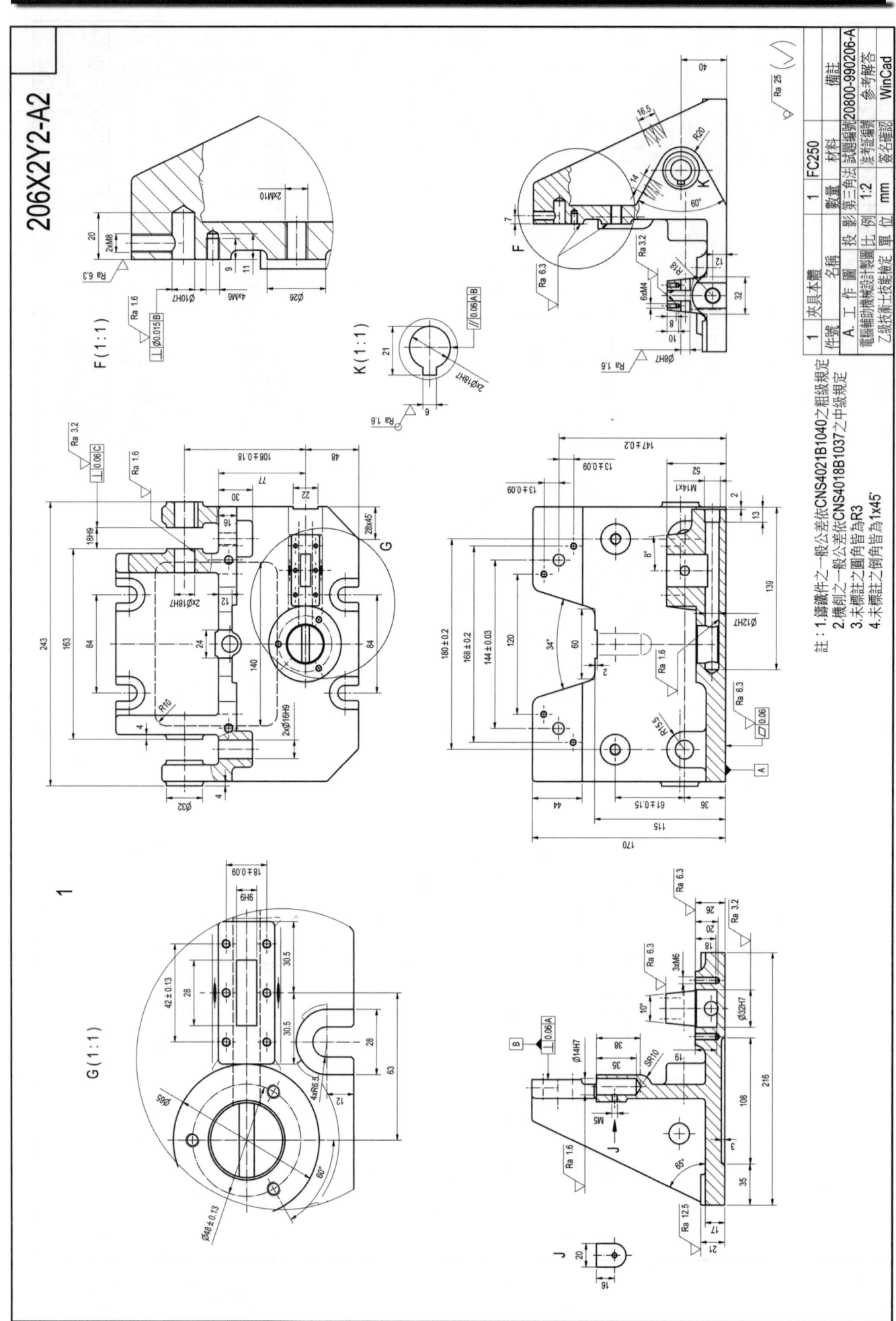

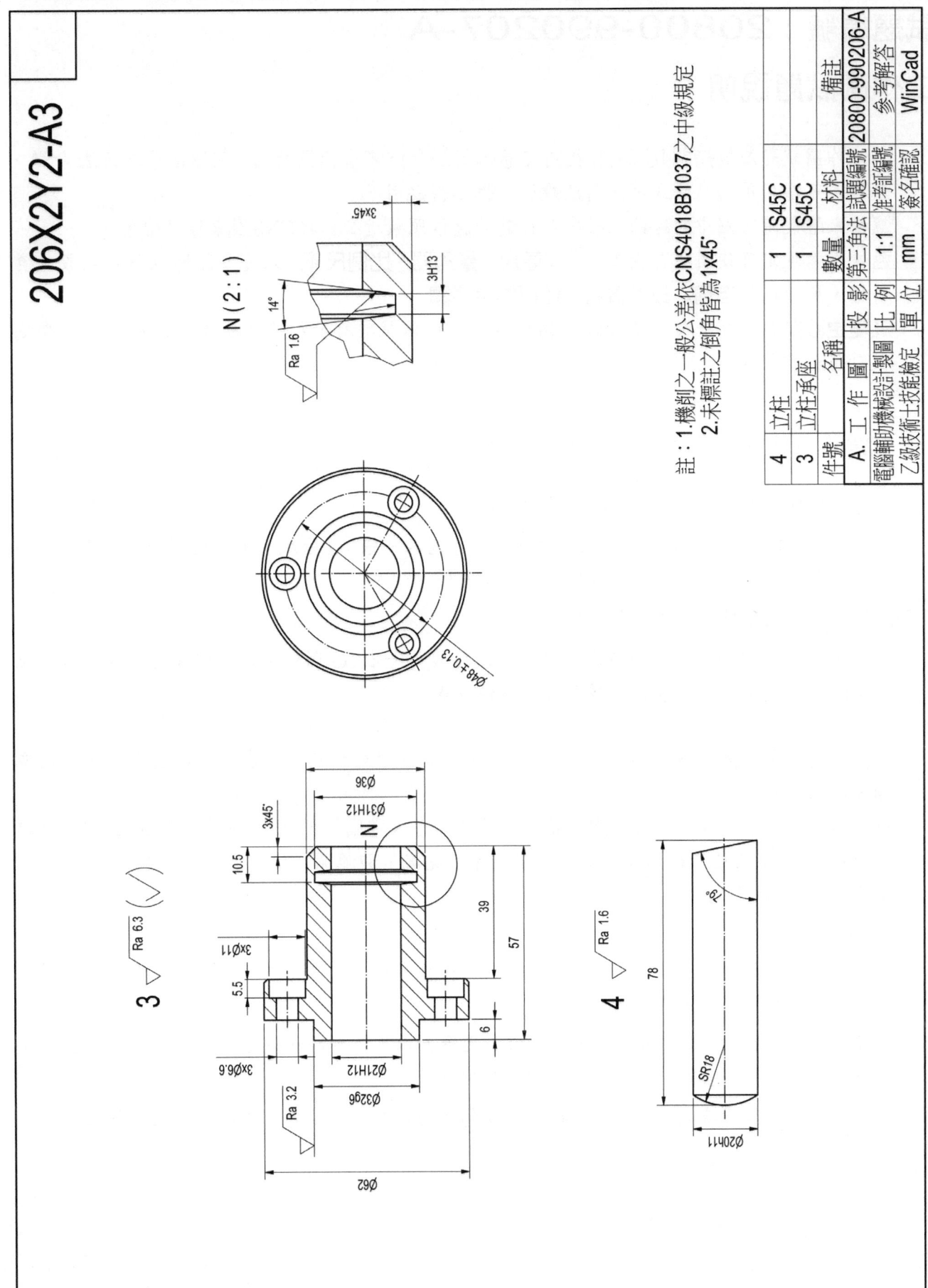

試題編號：20800-990207-A

工作圖試題說明：

一、 本工作圖試題繪製**時間4小時**(可提前交卷但不加分)，不含出圖時間。試題依第三角法命題，應檢人可選用第一角法或第三角法繪製，惟不得混用。

二、 應檢人繪製時，圖中的線條、數字及符號等應依照最近公佈之CNS國家標準繪製。

三、 應檢人依規定可使用之自備工具為：**直尺、量角器、比例尺**等。只可參閱場地提供之設計資料檔，嚴禁攜帶**自備之設計資料及任何儲存媒體**。

四、 『**變更設計**』由監評人員現場抽定(寫於黑板上)，依試題所示之變更設計X及Y處繪製，變更設計將加重計分。

五、 **試題**：(依監評人員抽定之變更設計繪製)

  1. 繪製零件1及零件2：出圖於一張A2圖紙

   依1：1之比例，繪製零件1及零件2之工作圖於一張A2圖紙，工作圖須含尺度標註、公差配合、幾何公差、表面織構符號及零件表等。

  2. 繪零件5及零件6：出圖於一張A3圖紙

   依1：1之比例，繪製零件5及零件6之工作圖於一張A3圖紙，工作圖須含尺度標註、公差配合、幾何公差、表面織構符號及零件表等。

六、 各圖面請繪製如**圖**(a)所示之A2及A3有裝訂邊圖框、標題欄及零件表，如**表**(a)所示，並填妥適當之內容。

七、 繪製時間結束時，請以『**准考證號碼**』為檔名，存入電腦資料碟中(嚴禁使用自備之任 何儲存媒體)，並確認已經存檔後，電腦螢幕須保留現況，即離開崗位將試題交回給監 評人員，並出場等候出圖之指示。

八、 **出圖**：

  1. 中途離場或放棄出圖者須告知監評人員，並在評審表"放棄出圖者"處簽名後離場，若未依規定而離場者視同不及格。

  2. 應檢人請依監評人員之指示，將電腦繪製之圖面以黑色列印於規定圖紙上；倘若圖面未完整列印，得重新出圖，並將前一張圖紙作廢。

  3. 應檢人出圖後須確認圖面，並在**右下角簽名**後始得離場。監評人員則在右上角簽章確認。

表**(a)** 零件表

件 號	名 稱	數 量	材 料	備 註
1	本體	1	SF490	
2	後蓋	1	SF490	
5	定位蓋	1	S45C	
6	分流芯	1	FCD400	

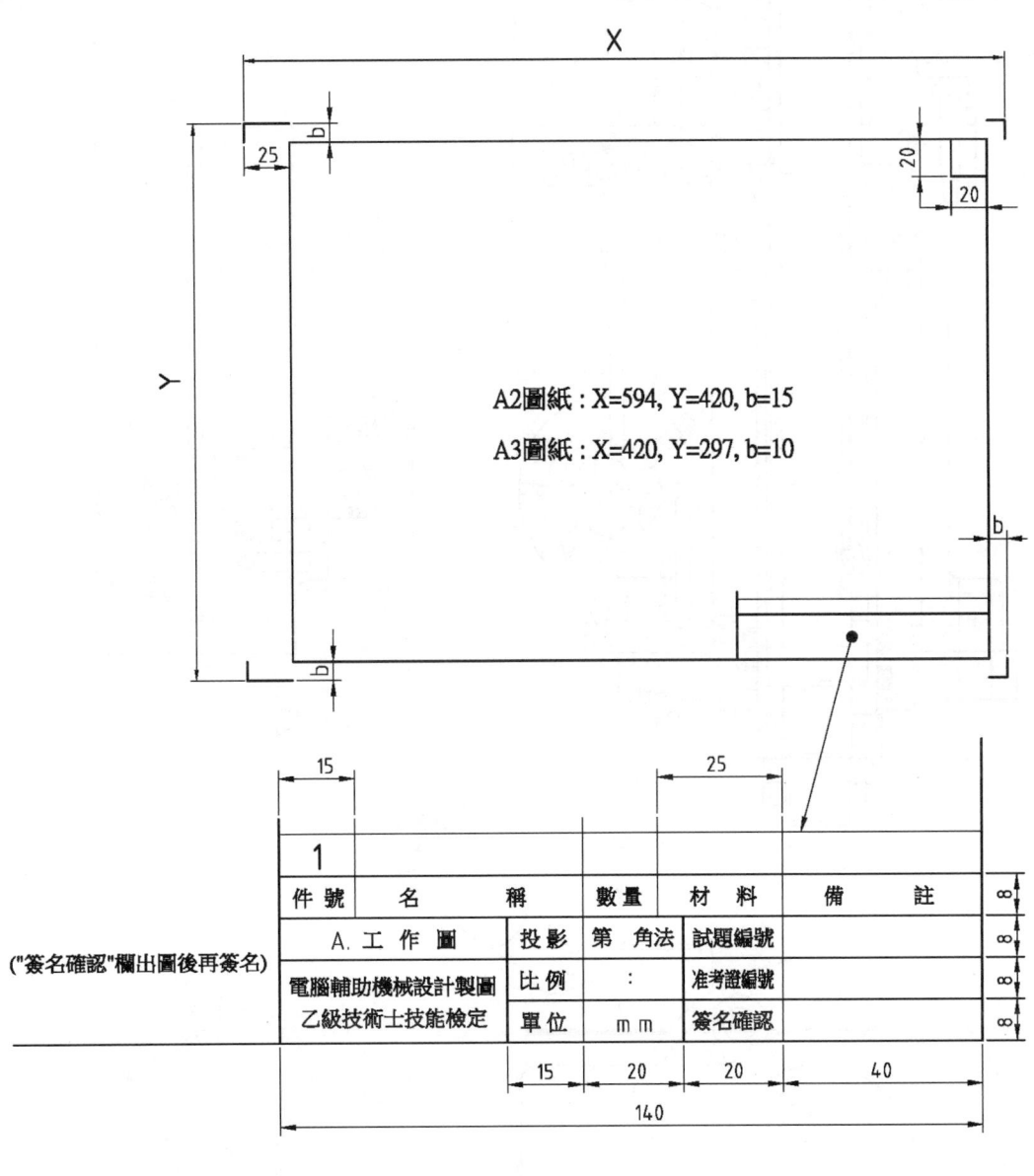

A2圖紙：X=594, Y=420, b=15

A3圖紙：X=420, Y=297, b=10

("簽名確認"欄出圖後再簽名)

1					
件 號	名 稱	數 量	材 料	備 註	
A. 工 作 圖	投影	第 角法	試題編號		
電腦輔助機械設計製圖	比例	：	准考證編號		
乙級技術士技能檢定	單位	m m	簽名確認		

圖(a)

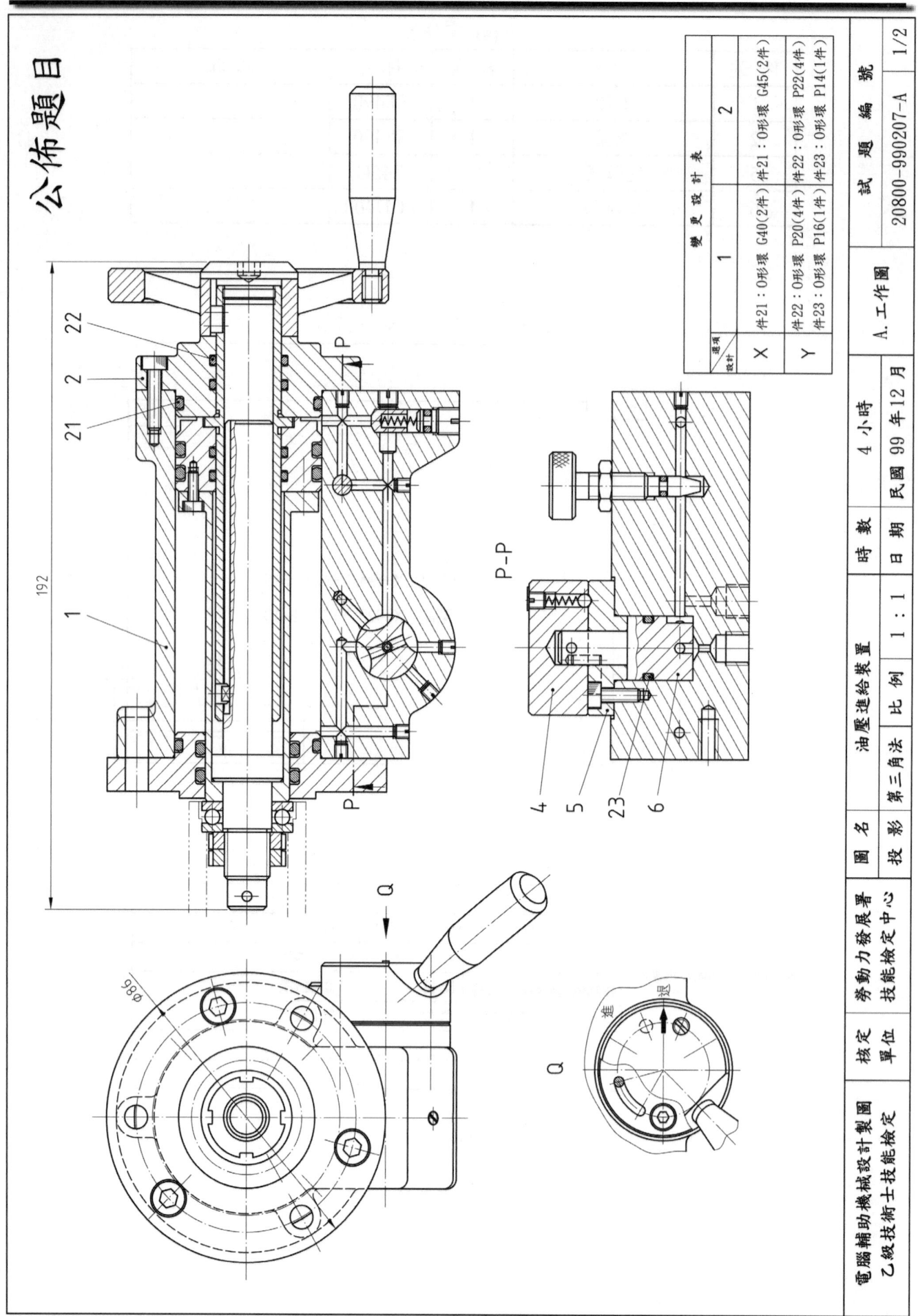

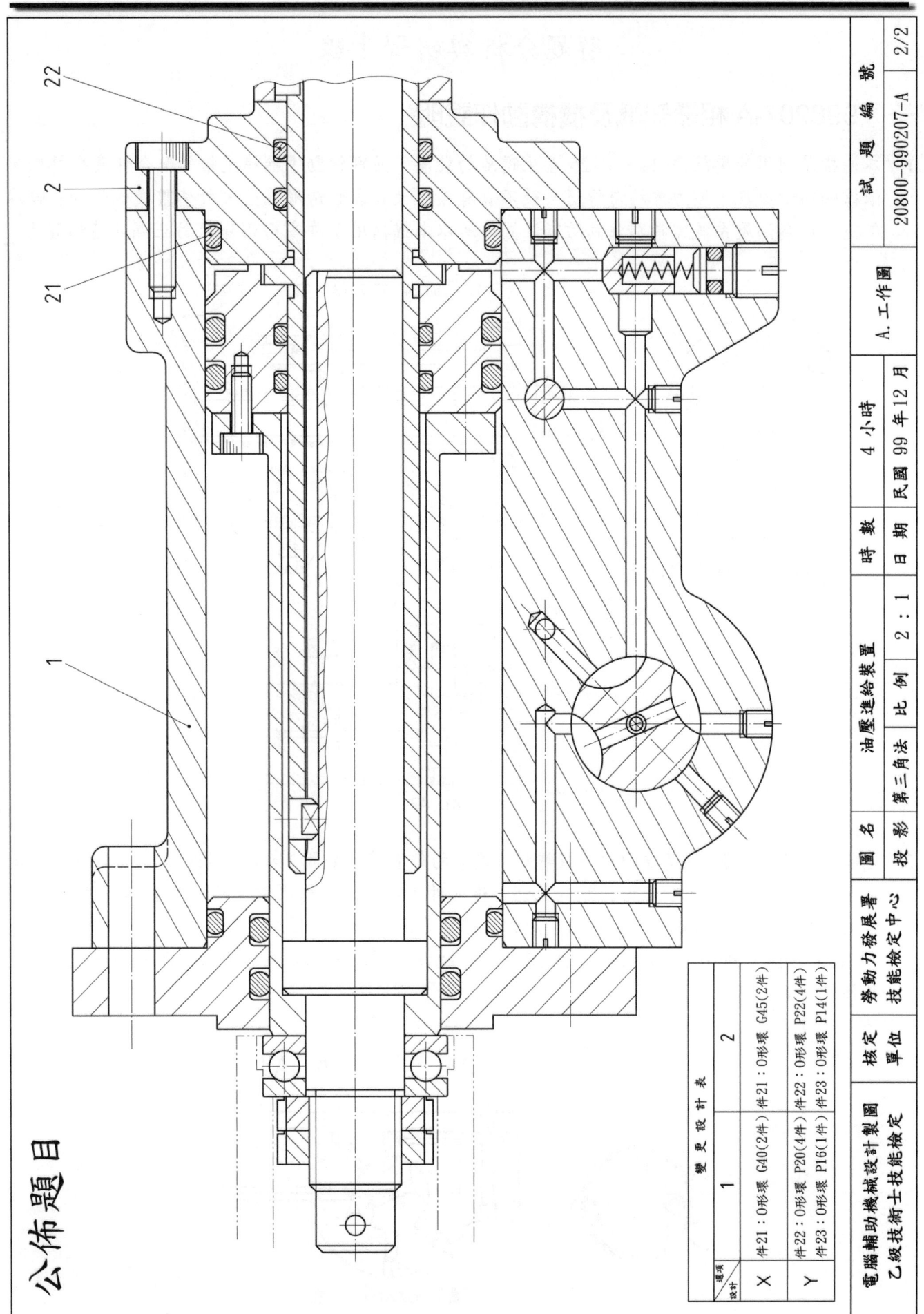

解題分析與研習步驟

一、990207-A 相關知識及機構動作說明

1. 本機構是利用油壓讓件 24、件 25 產生進給的裝置，並可轉動手輪使進給的配合件產生轉動，依據帕斯卡原理，壓力會均勻傳送，較不會有產生太大震動情形發生，所整體機構運行會較爲平穩。因爲油壓系統需特別注意防漏裝置，所以本機構用了許多 O 形環來防止漏油情形發生。

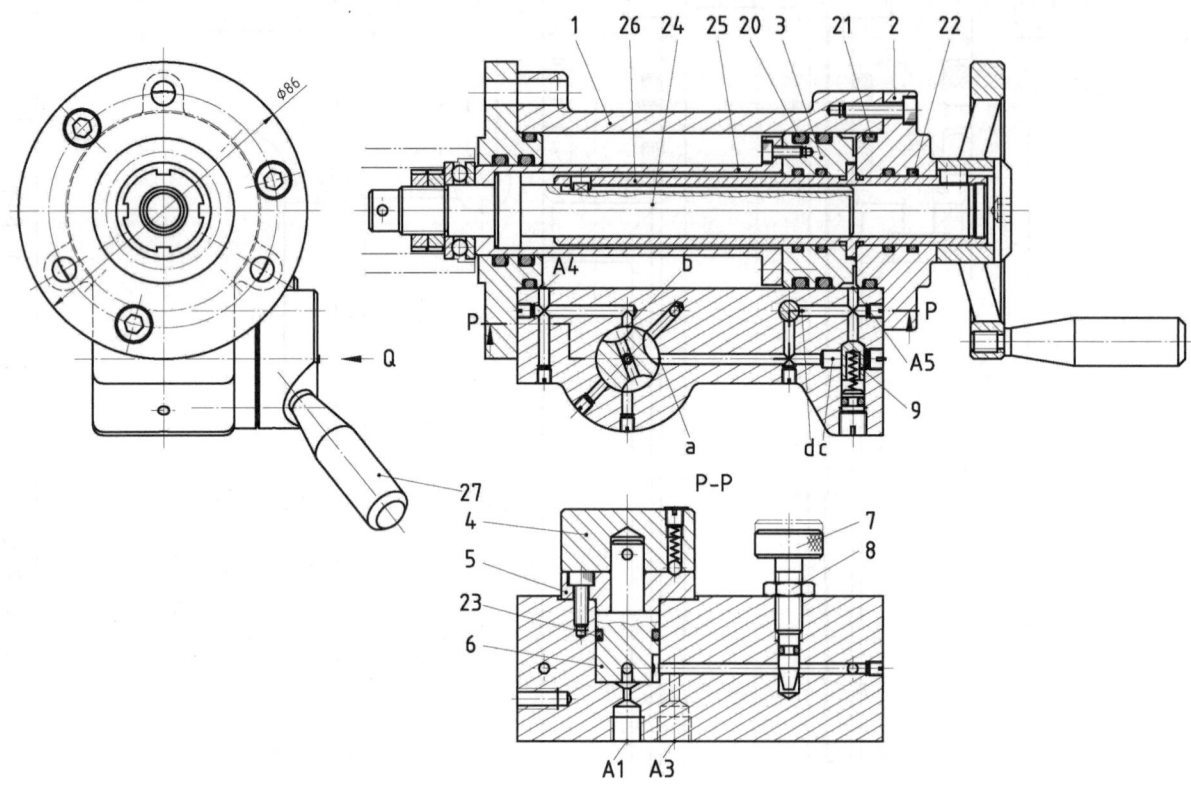

2. 先將件 7 旋出，當件 27 方向把手扳轉到「進」的位置時，如圖 1，油由「A1」處進入件 6 分流芯，然後由「a」流入，經由「d」-「A5」進入件 1 本體，推動件 3 活塞後將件 24、件 25 連同與之連接之裝置一起產生推動進給，原件 3 活塞左方之油會由「A4」進入件 6 分流芯經由「b」-「A3」洩油，到達所需定位時，件 27 方向手把轉到「a」、「b」流路之間，即可停止進油，並將件 7 旋緊。

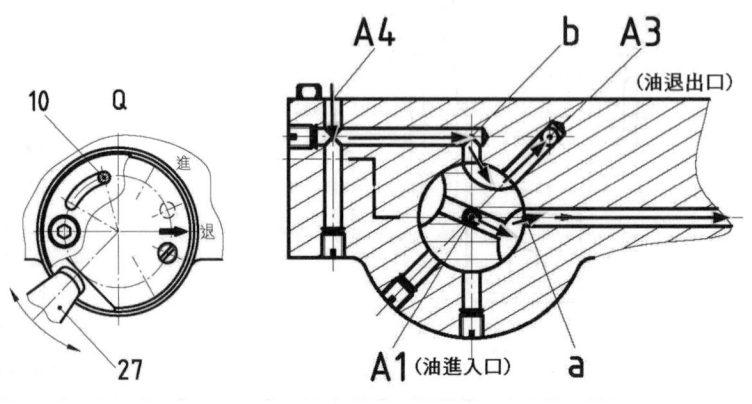

圖 1　進給

3. 件 8 螺帽位置可控制油量進入的速度，件 24 的切溝配合導塊可在件 23 中軸向移動不會偏轉。

4. 當件 27 方向把手扳轉到「退」的位置時，如圖 2，油由「A1」處進入件 6 分流芯，然後由「b」流入，經由「A4」進入件 1 本體，後推動件 25，將件 3 活塞推回，帶動整個裝置後退，原件 3 活塞右方之油會由「A5」，油壓開件 9 經由「c」-「a」進入件 6 分流芯經由「A3」洩油，亦可配合旋出件 7 時達到快速洩油。

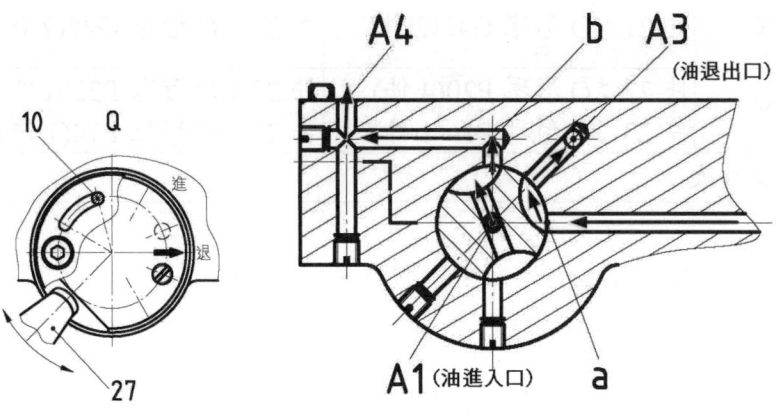

圖 2　退回

二、990207-A 變更設計相關知識說明

1. 試題要求之變更設計：

<table>
<tr><td colspan="3" align="center">變更設計</td></tr>
<tr><td>設計 ＼ 選項</td><td align="center">1</td><td align="center">2</td></tr>
<tr><td align="center">X</td><td>件 21：O 形環 G40(2 件)</td><td>件 21：O 形環 G45(2 件)</td></tr>
<tr><td align="center">Y</td><td>件 22：O 形環 P20(4 件)
件 23：O 形環 P16(1 件)</td><td>件 22：O 形環 P22(4 件)
件 23：O 形環 P14(1 件)</td></tr>
</table>

2. 變更設計之計算及查表：

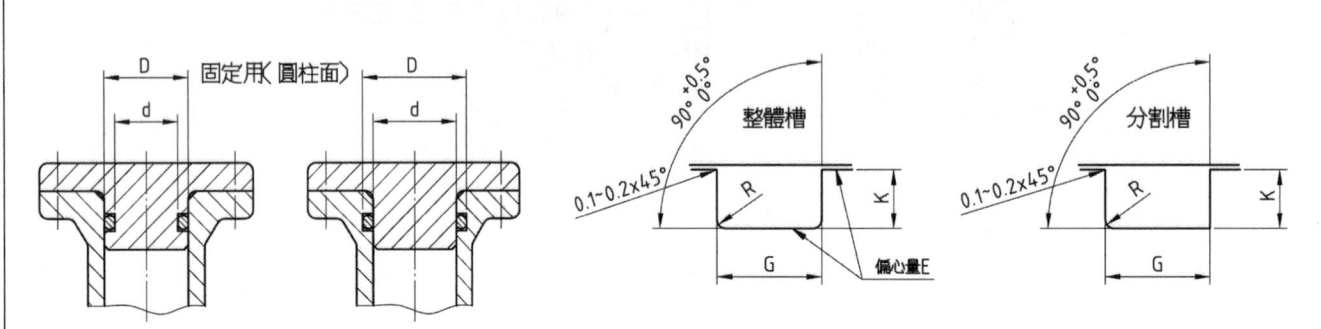

a. X1 變更設計：	b. X2 變更設計：
經查表後： 件 21：O 形環 G40 　$d=40^{0}_{-0.1}$，$D=45^{+0.1}_{0}$，$G=4.1^{+0.25}_{0}$ (無背托環) 　$R=0.7(Max)$	經查表後： 件 21：O 形環 G45 　$d=45^{0}_{-0.1}$，$D=50^{+0.1}_{0}$，$G=4.1^{+0.25}_{0}$ (無背托環) 　$R=0.7(Max)$
c. Y1 變更設計：	d. Y2 變更設計：
經查表後： 件 22：O 形環 P20 　$d=20^{0}_{-0.06}$，$D=24^{+0.06}_{0}$，$G=3.2^{+0.25}_{0}$ (無背托環) 　$R=0.4(Max)$ 件 23：O 形環 P16 　$d=16^{0}_{-0.06}$，$D=20^{+0.06}_{0}$，$G=3.2^{+0.25}_{0}$ (無背托環) 　$R=0.4(Max)$	經查表後： 件 22：O 形環 P22 　$d=22^{0}_{-0.06}$，$D=26^{+0.06}_{0}$，$G=3.2^{+0.25}_{0}$ (無背托環) 　$R=0.4(Max)$ 件 23：O 形環 P14 　$d=14^{0}_{-0.06}$，$D=18^{+0.06}_{0}$，$G=3.2^{+0.25}_{0}$ (無背托環) 　$R=0.4(Max)$

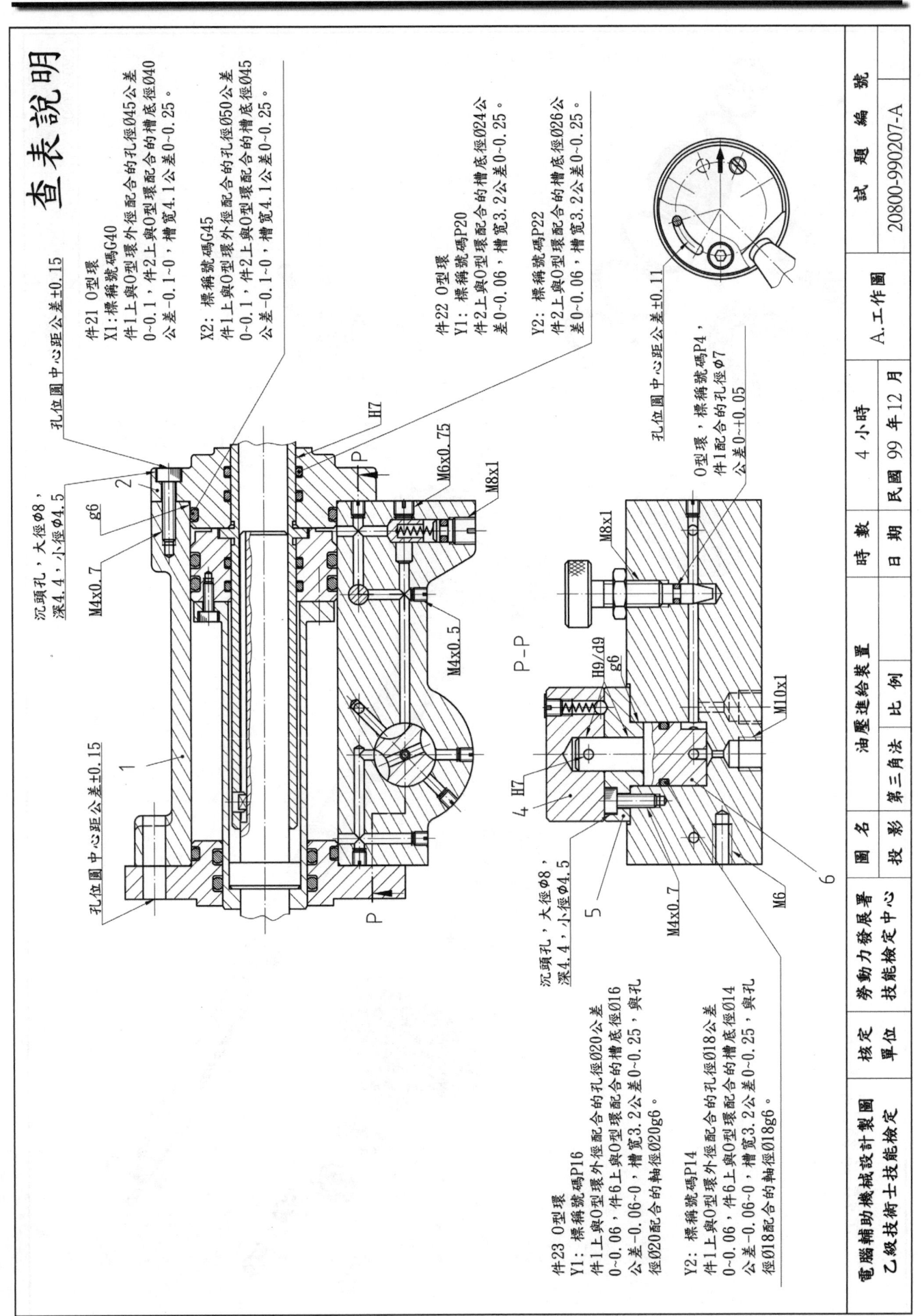

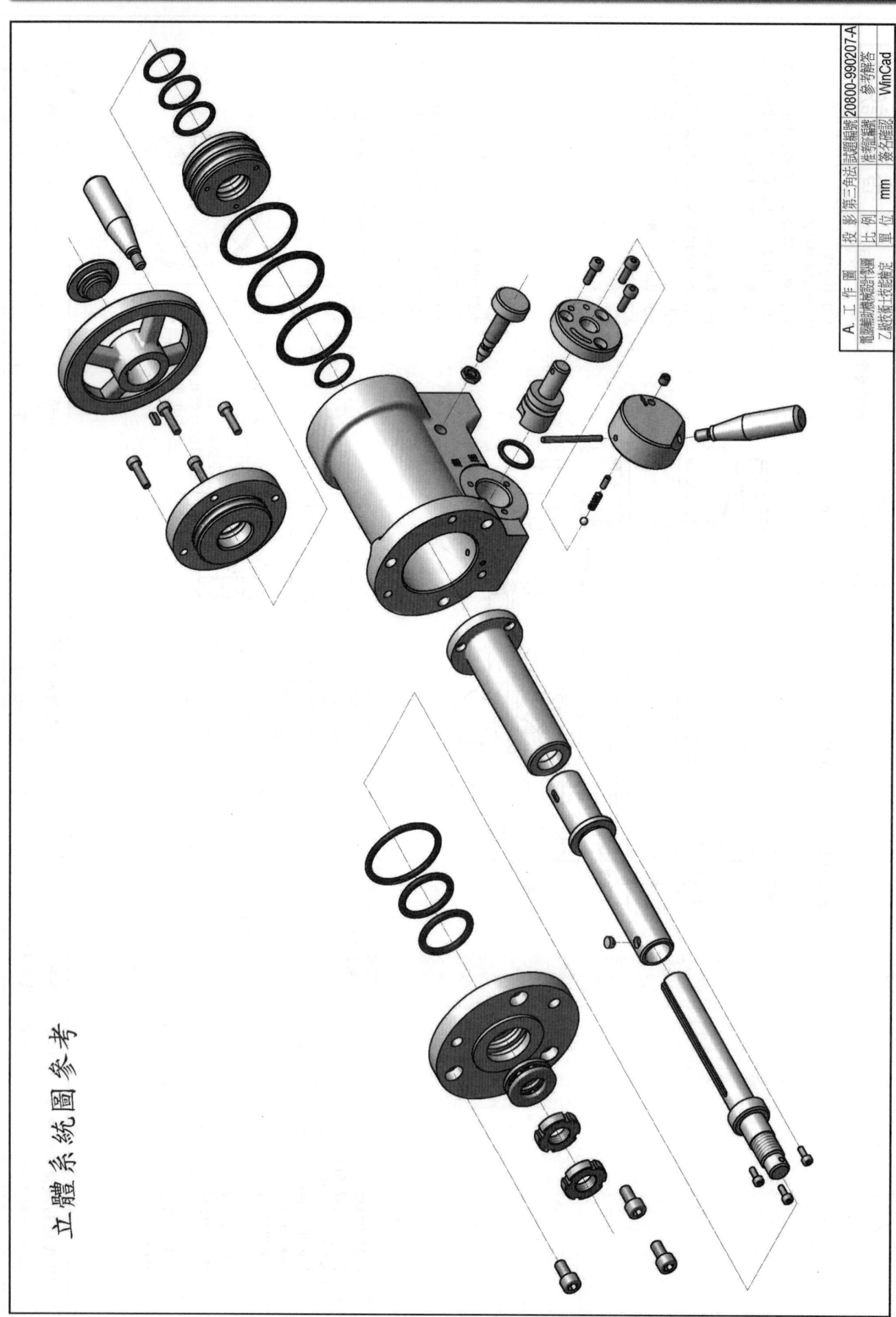

立體系統圖參考

A.工作置	投影 第三角法	試題編號 20800-990207-A
電腦輔助機械設計製圖	比例	准考證號碼	參考解答
乙級技術士技能檢定	單位 mm	姓名確認	WinCad

等角組合圖參考

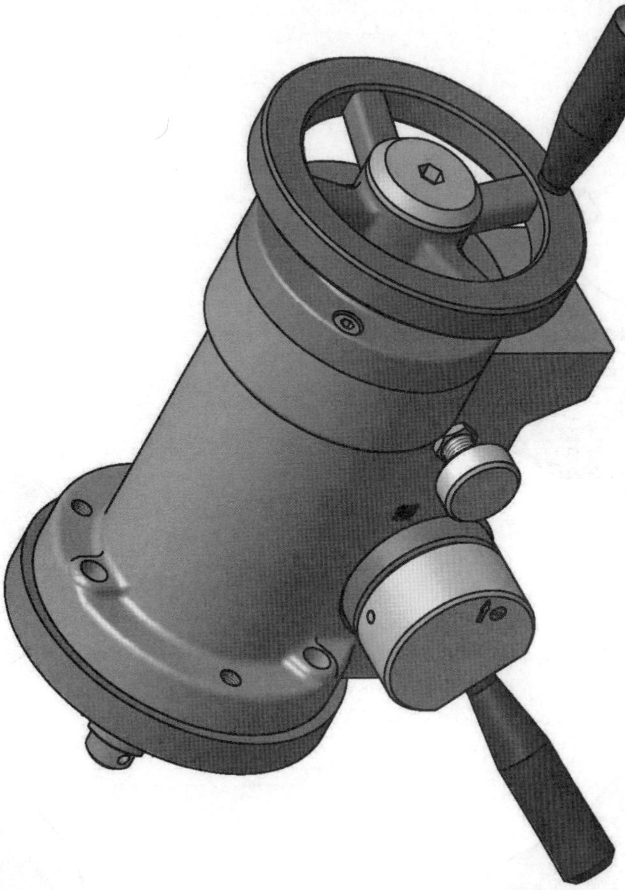

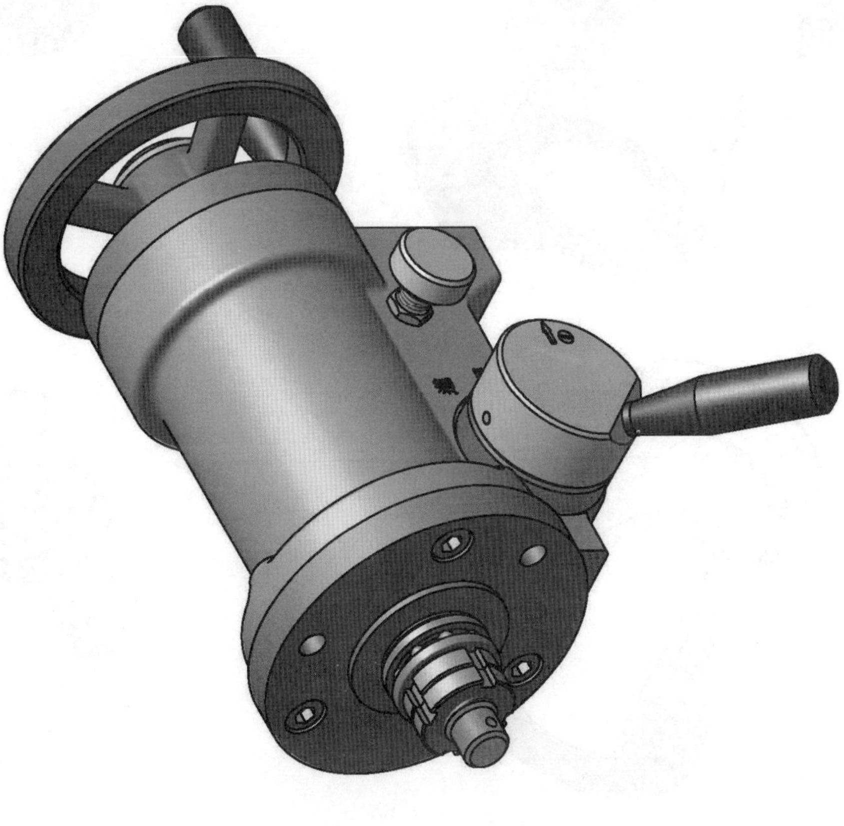

A. 工 作 圖	投 影	第三角法	試題編號	20800-990207-A
電腦輔助機械設計製圖	比 例		准考証編號	參考解答
乙級技術士技能檢定	單 位	mm	簽名確認	WinCad

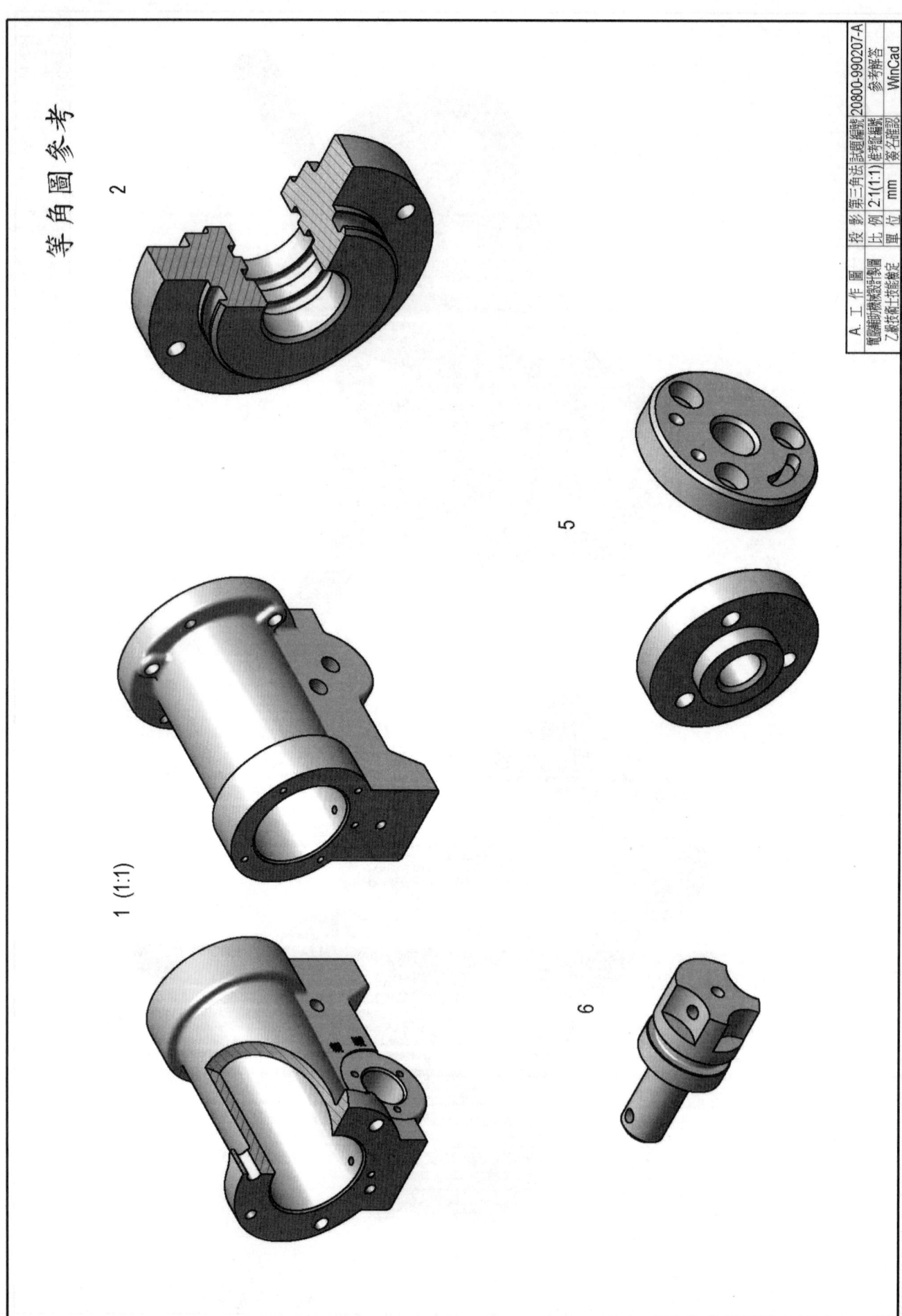

等角圖參考

2

5

1 (1:1)

6

A. 工作圖　投　影　第三角法　試題編號 20800-990207-A
電腦輔助機械設計製圖　比　例 2:1(1:1)　座號/組編號　參考解答
乙級技術士技能檢定　單　位　mm　姓名/座號　黃名瑋　WinCad

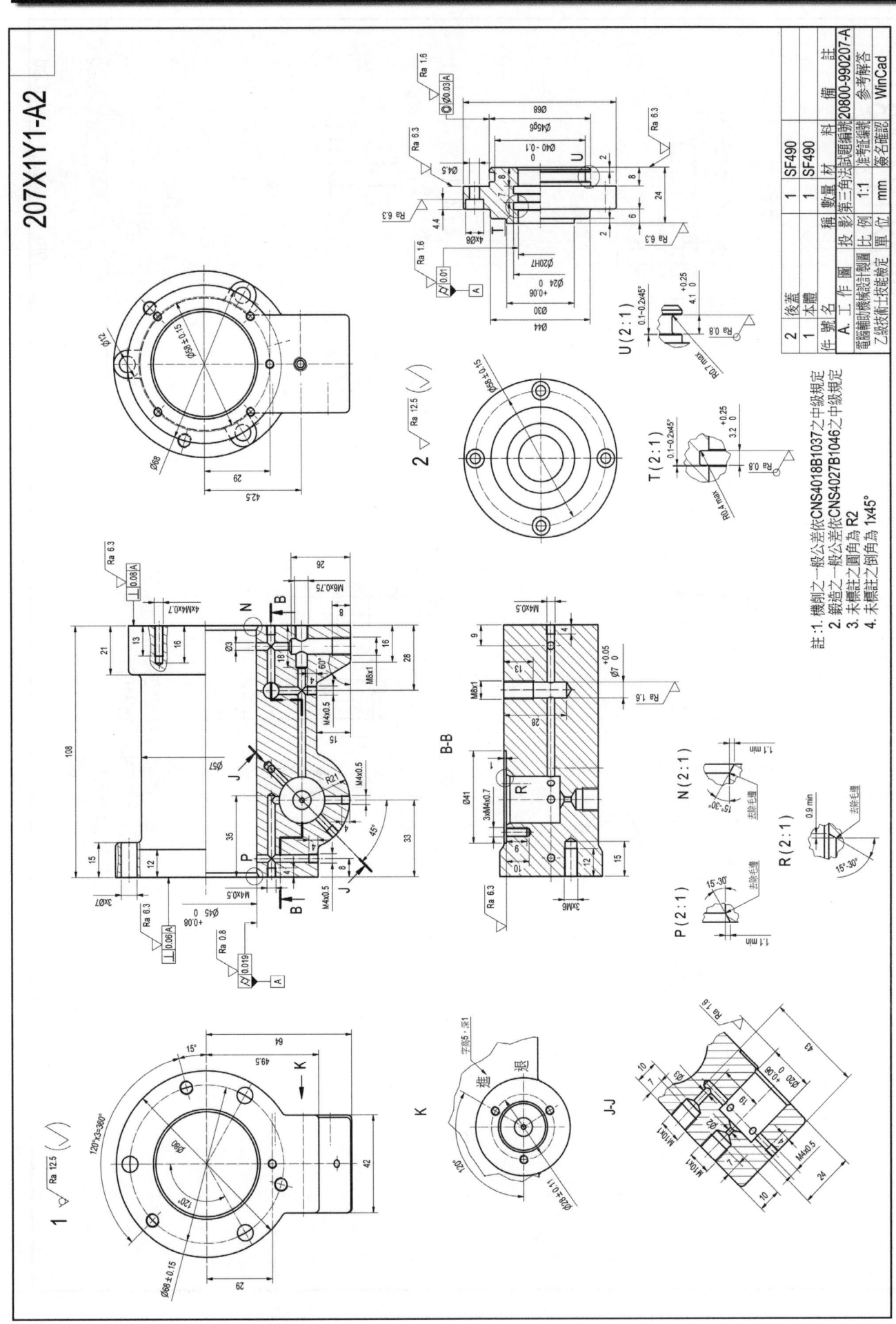

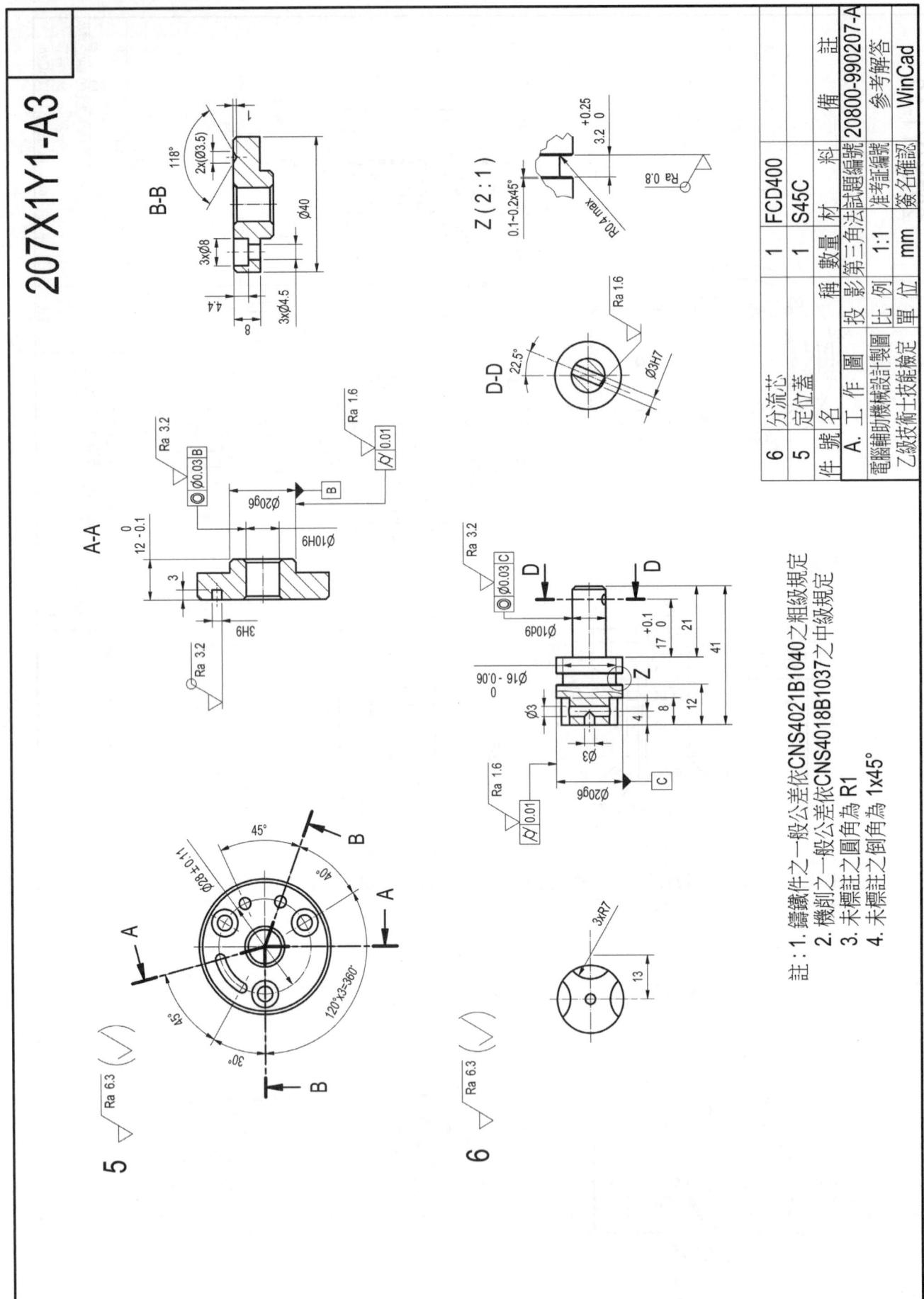

207X1Y1-A3

6	分流芯	1	FCD400		
5	定位蓋	1	S45C		
件號	名稱	數量	材料	備註	註

A. 工作圖		投影	第三角法	試題編號	20800-990207-A
電腦輔助機械設計製圖		比例	1:1	准考證編號	
乙級技術士技能檢定		單位	mm	簽名確認	參考解答
					WinCad

註：1. 鑄鐵件之一般公差依CNS4021B1040之粗級規定
　　2. 機削之一般公差依CNS4018B1037之中級規定
　　3. 未標註之圓角為 R1
　　4. 未標註之倒角為 1x45°

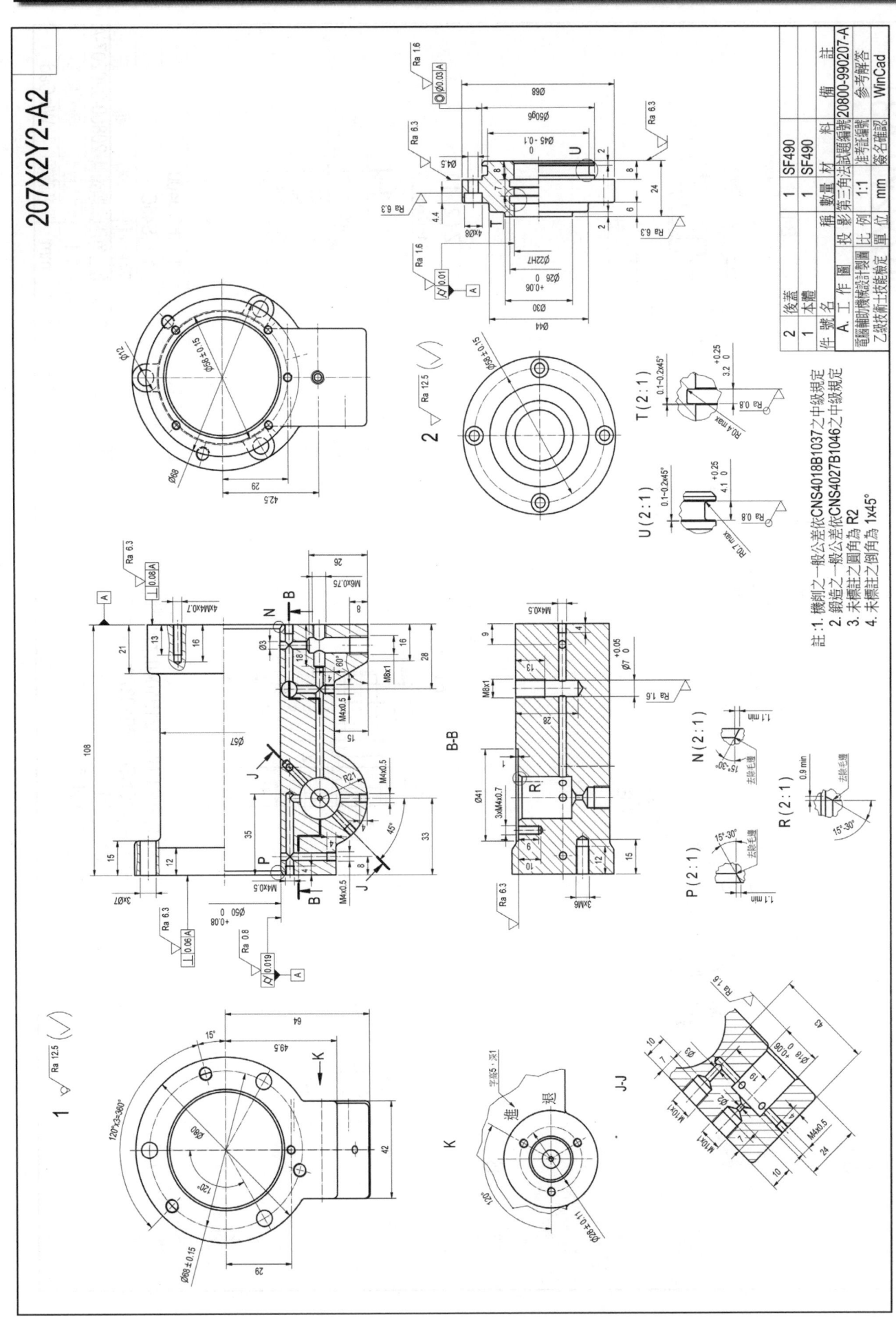

207X2Y2-A3

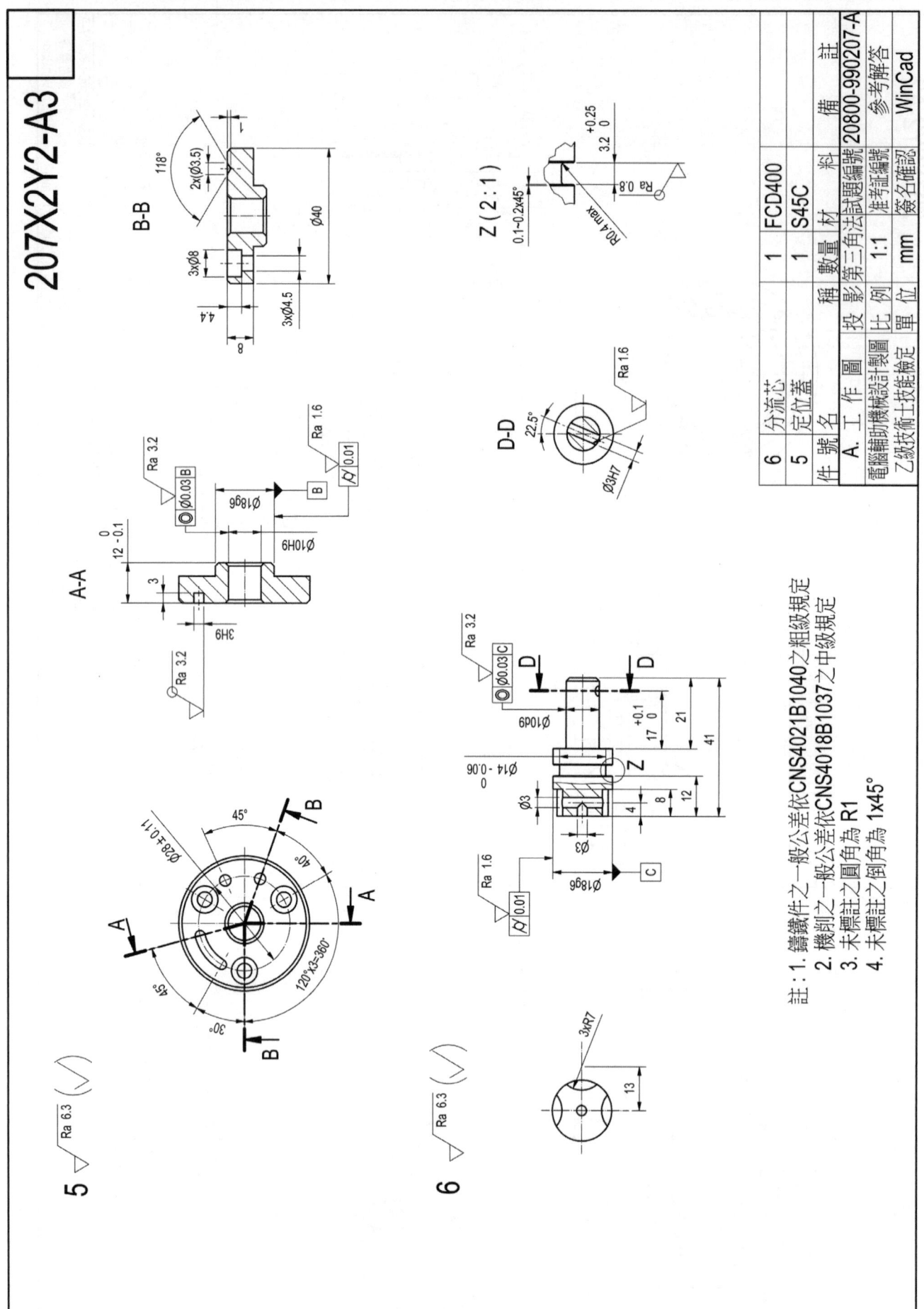

註：1. 鑄鐵件之一般公差依CNS4021B1040之粗級規定
　　2. 機削之一般公差依CNS4018B1037之中級規定
　　3. 未標註之圓角角為 R1
　　4. 未標註之倒角為 1x45°

件號	名稱	數量	材料	備註
6	分流心	1	FCD400	
5	定位蓋	1	S45C	

稱名	投影	比例	單位
A.工作圖	第三角法製圖	1:1	mm

電腦輔助機械設計製圖　准考証編號　20800-990207-A
乙級技術士技能檢定　簽名確認　參考解答　WinCad

試題編號：20800-990208-A
工作圖試題說明：

一、　本工作圖試題繪製**時間4小時**(可提前交卷但不加分)，不含出圖時間。試題依第三角法命題，應檢人可選用第一角法或第三角法繪製，惟不得混用。

二、　應檢人繪製時，圖中的線條、數字及符號等應依照最近公佈之CNS國家標準繪製。

三、　應檢人依規定可使用之自備工具為：**直尺、量角器、比例尺**等。只可參閱場地 提供之設計資料檔，嚴禁攜帶**自備之設計資料**及**任何儲存媒體**。

四、　『**變更設計**』由監評人員現場抽定(寫於黑板上)，依試題所示之變更設計X及Y處繪製，變更設計將加重計分。

五、　**試題**：(依監評人員抽定之變更設計繪製)

   1. 繪製零件1：出圖於一張 A2 圖紙

     依 1：2.5 之比例，繪製零件 1 之工作圖於一張 A2 圖紙，工作圖須含尺度 標註、公差配合、幾何公差、表面織構符號及零件表等。

   2. 繪製零件2：出圖於一張 A3 圖紙

     依 1：2 之比例，繪製零件 2 之工作圖，工作圖須含尺度標註、公差配合、幾何公差、表面織構符號及零件表等。

六、　各圖面請繪製如**圖**(a)所示之A2及A3有裝訂邊圖框、標題欄及零件表，如**表**(a)所示，並填妥適當之內容。

七、　繪製時間結束時，請以『**准考證號碼**』為檔名，存入電腦資料碟中(嚴禁使用自備之任何儲存媒體)，並確認已經存檔後，電腦螢幕須保留現況，即離開崗位將試題交回給監評人員，並出場等候出圖之指示。

八、　**出圖**：

   1. 中途離場或放棄出圖者須告知監評人員，並在評審表 "放棄出圖者" 處簽名後離場，若未依規定而離場者視同不及格。

   2. 應檢人請依監評人員之指示，將電腦繪製之圖面以黑色列印於規定圖紙上；倘若圖面未完整列印，得重新出圖，並將前一張圖紙作廢。

   3. 應檢人出圖後須確認圖面，並在**右下角簽名**後始得離場。監評人員則在右上角簽章確認。

表(a) 零件表

件 號	名 稱	數 量	材 料	備 註
1	閥體	1	SC450	
2	閥桿	1	S45C	

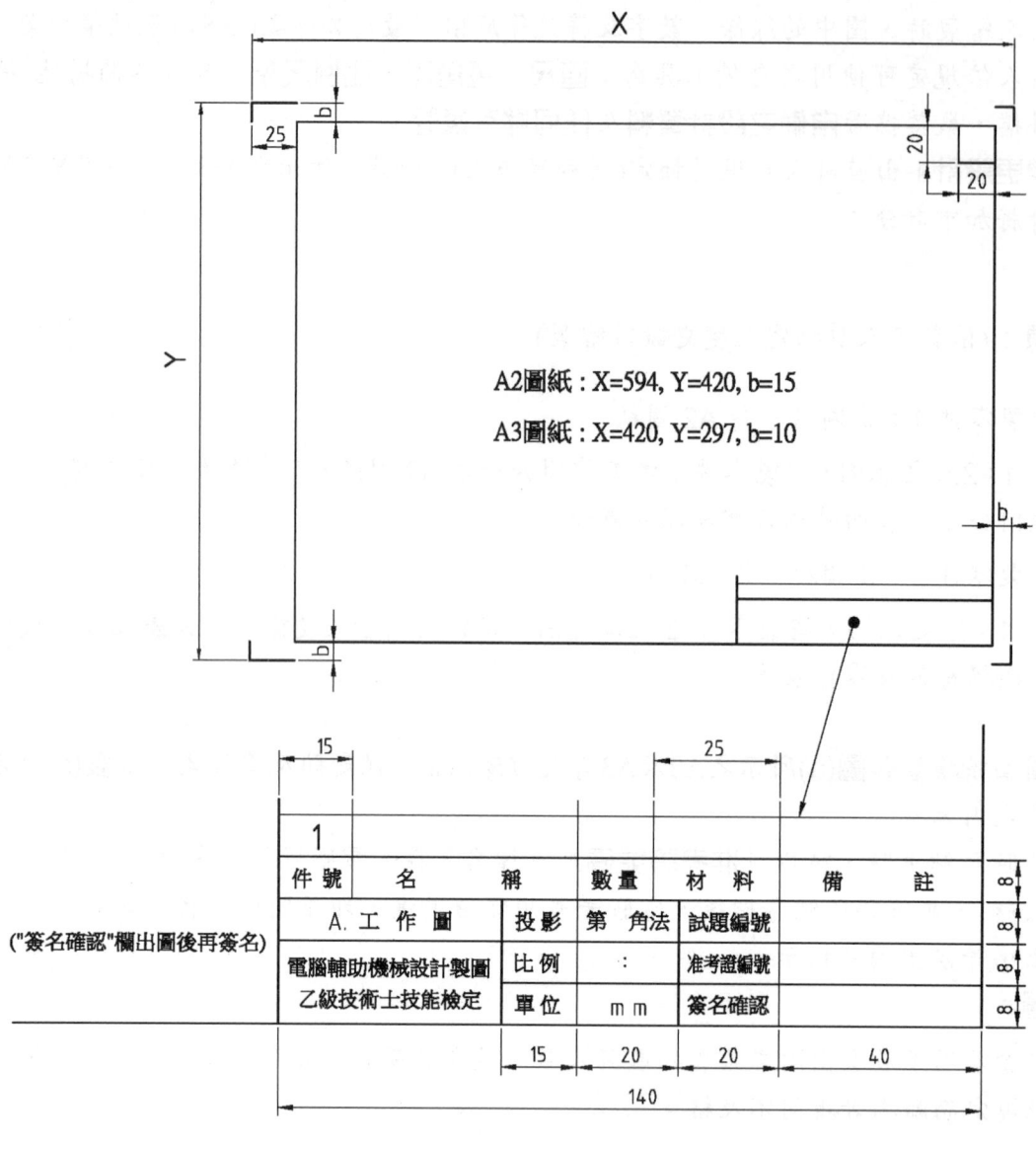

A2圖紙：X=594, Y=420, b=15

A3圖紙：X=420, Y=297, b=10

圖(a)

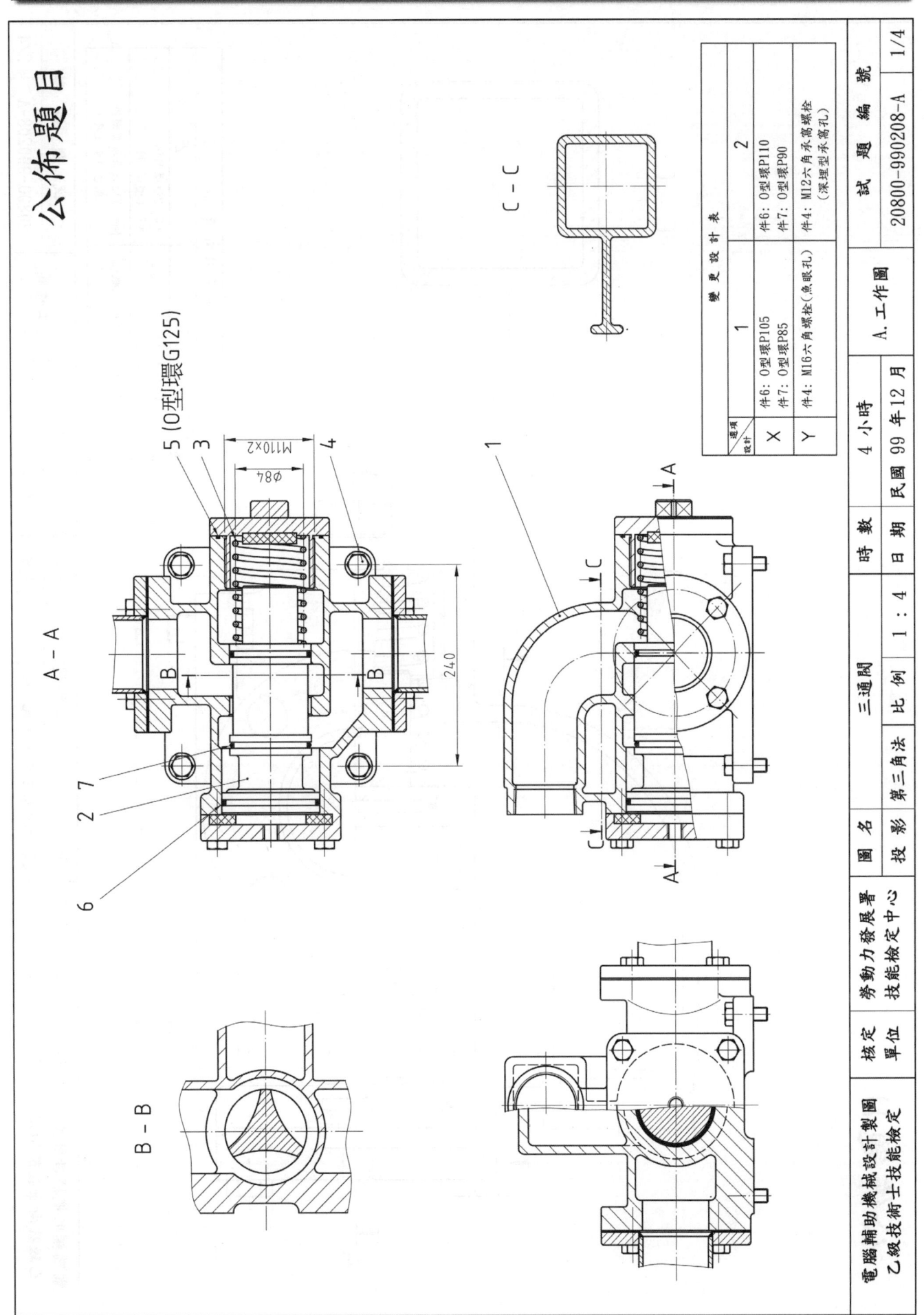

公佈題目

A. 工作圖

	項目	變　更　設　計　表	
設計		1	2
X		件6: O型環P105	件6: O型環P110
		件7: O型環P85	件7: O型環P90
Y		件4: M16六角螺栓(魚眼孔)	件4: M12六角高承螺栓 (深埋型承窩孔)

試　題　編　號		20800-990208-A	1/4

電腦輔助機械設計製圖	核定單位	勞動力發展署技能檢定中心	圖名	三通閥	時數	4 小時	日期	民國 99 年 12 月
乙級技術士技能檢定			投影	第三角法	比例	1：4		

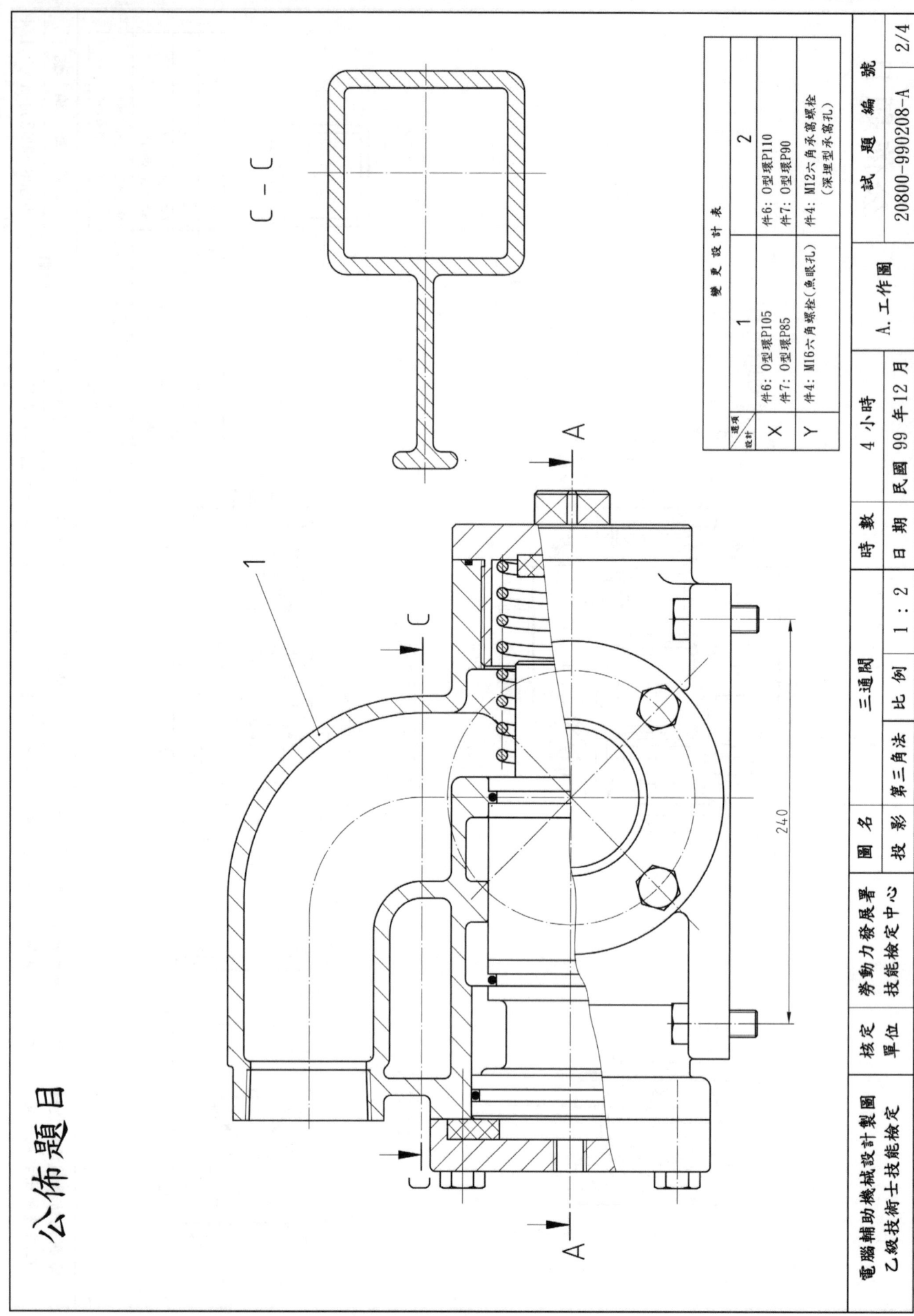

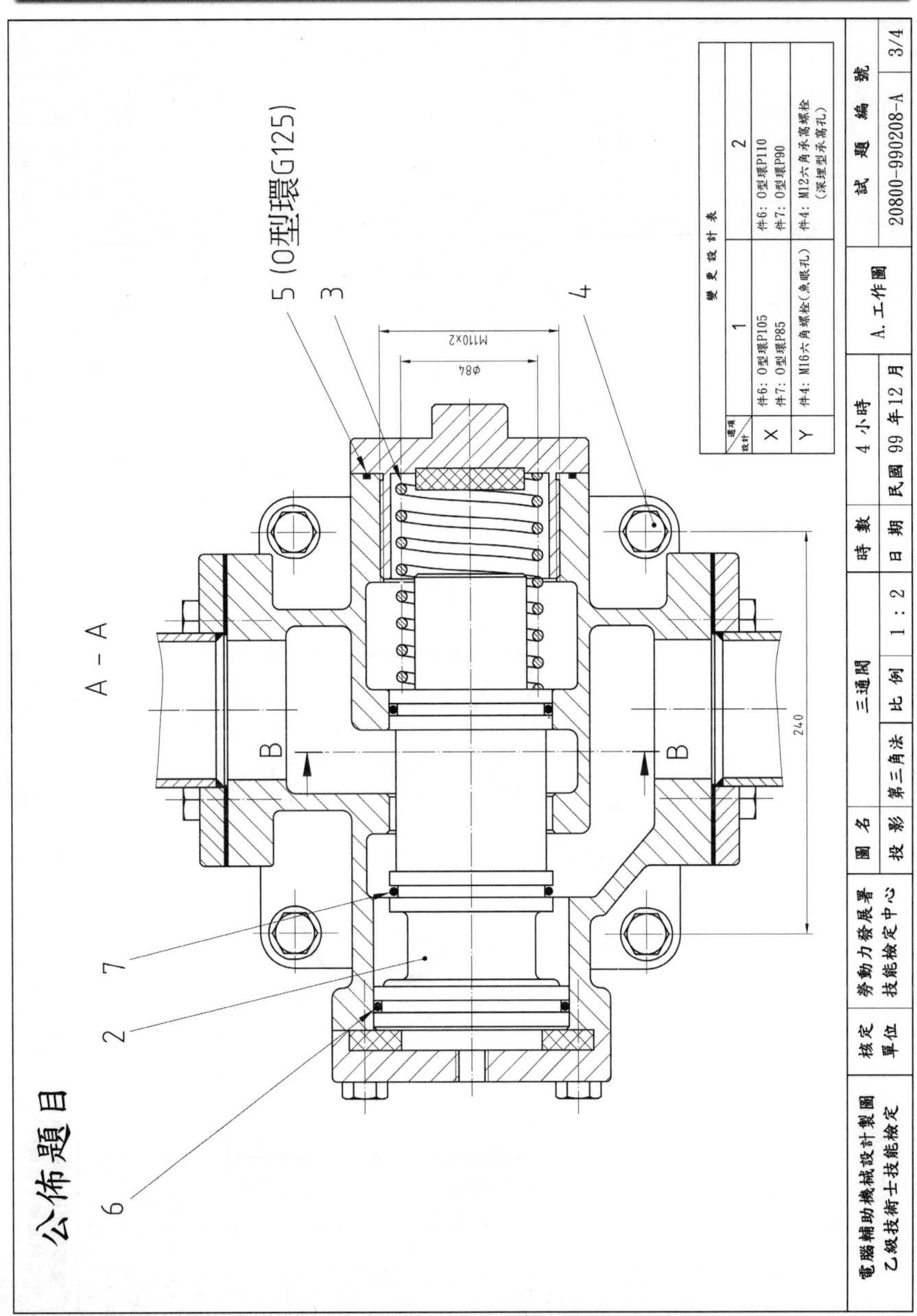

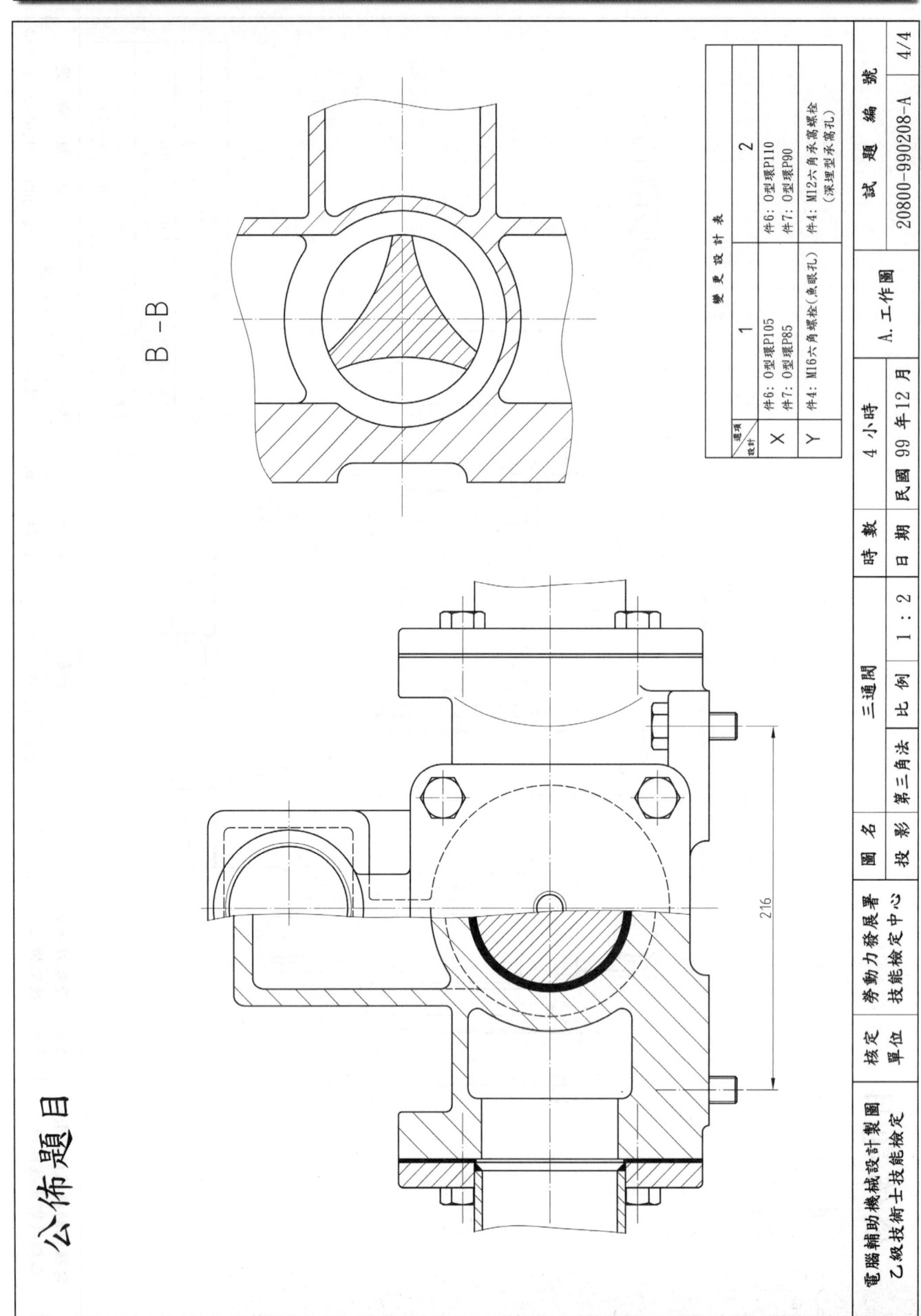

解題分析與研習步驟

一、990208-A 相關知識及機構動作說明

1. 三通閥之動作為，當流體由(圖1)上方流入時，由於零件9螺栓的位置及零件3彈簧的彈力將零件2往左推入，所以流體會由零件10之O型環及零件7之O型環之間通過，而從下方「A出」流出，如圖1。

2. 零件10的O型環的位置，可防止流體流入上方出口。

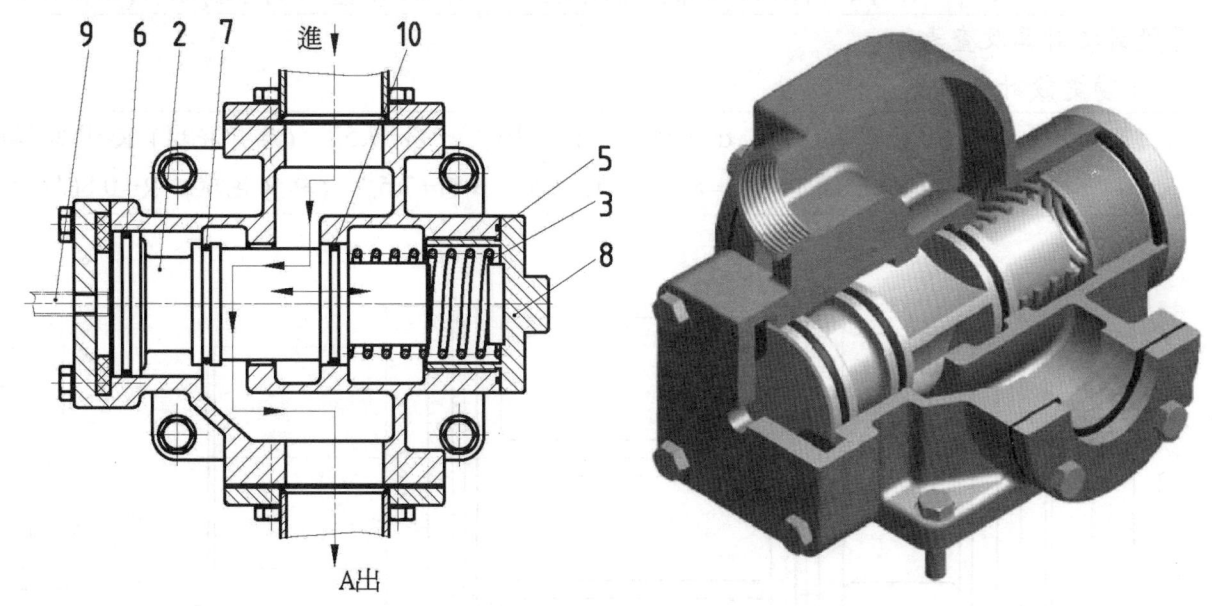

圖1

3. 將零件9螺栓旋入到圖2之位置時，流體由左端流入時，流體會由零件7之O型環及零件6之O型環間通過，而從上方之B出流出，如圖2。

4. 零件7的O型環的位置，可防止流體由右端A出流出。

5. 零件8的調整螺栓，可調整零件3彈簧的彈力。

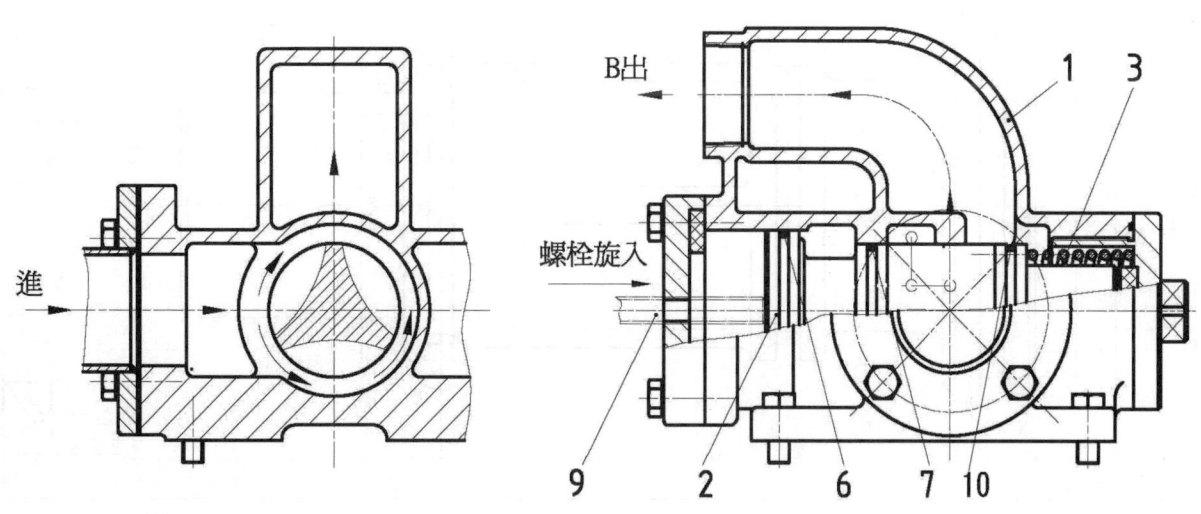

圖2

二、990208-A 變更設計相關知識說明

1. 試題要求之變更設計：

設計＼選項	變更設計	
	1	2
X	件6：O型環 P105 件7：O型環 P85	件6：O型環 P110 件7：O型環 P90
Y	件4：M16六角螺栓(魚眼孔)	件4：M12六角承窩螺栓(承窩孔)

2. 變更設計之計算及查表：

   a. X1 變更設計

經查表後：件6：O形環 P105 $d=105^{0}_{-0.1}$，$D=115^{+0.1}_{0}$，$G=7.5^{+0.25}_{0}$ (無背托環) R=0.8(*Max*)

件7：O形環 P85 $d=85^{0}_{-0.1}$，$D=95^{+0.1}_{0}$，$G=7.5^{+0.25}_{0}$ (無背托環) R=0.8(*Max*)

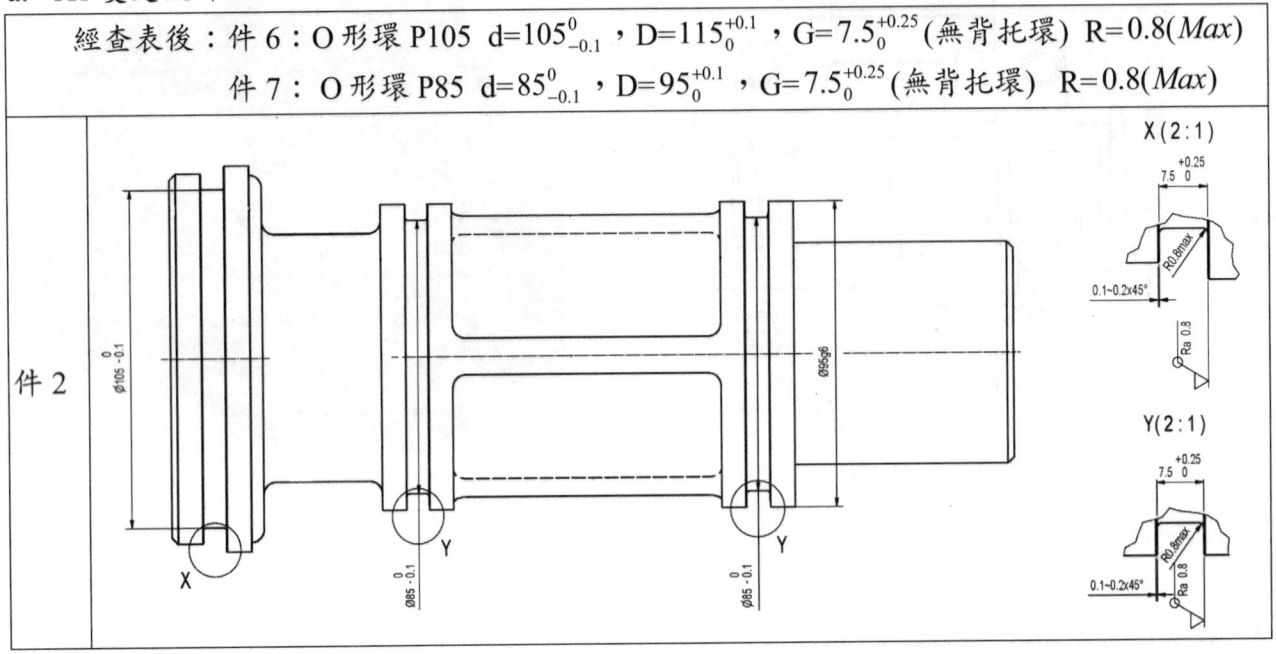

   b. X2 變更設計

經查表後：件6：O形環 P110 $d=110^{0}_{-0.1}$，$D=120^{+0.1}_{0}$，$G=7.5^{+0.25}_{0}$ (無背托環) R=0.8(*Max*)

件7：O形環 P90 $d=90^{0}_{-0.1}$，$D=100^{+0.1}_{0}$，$G=7.5^{+0.25}_{0}$ (無背托環) R=0.8(*Max*)

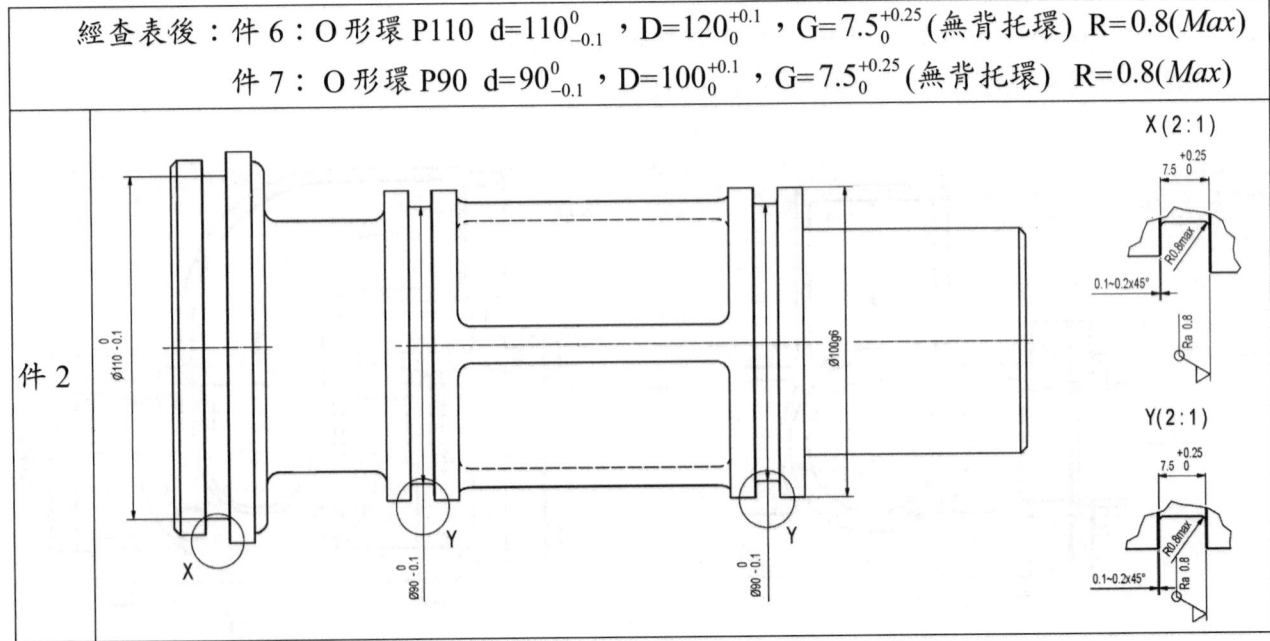

c. Y1 變更設計

配合件 4 之 M16 六角螺栓，件 1 處採魚眼孔，經查表得： D1=35，d=17，h=1.2	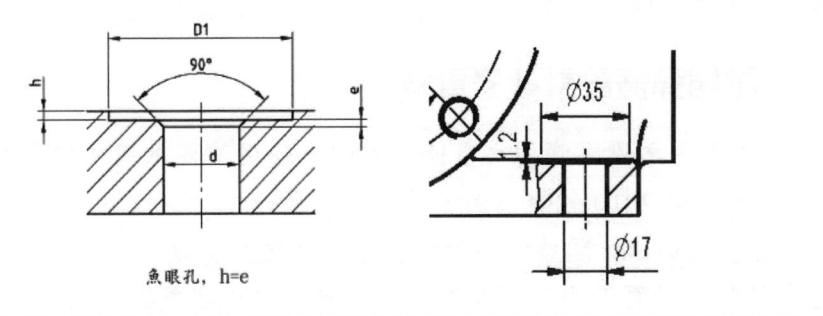 魚眼孔，h=e

d. Y2 變更設計

配合件 4 之 M12 六角承窩螺栓，件 1 處採承窩孔，選用深埋型，經查表得： h'=13，D'=20，d'=14	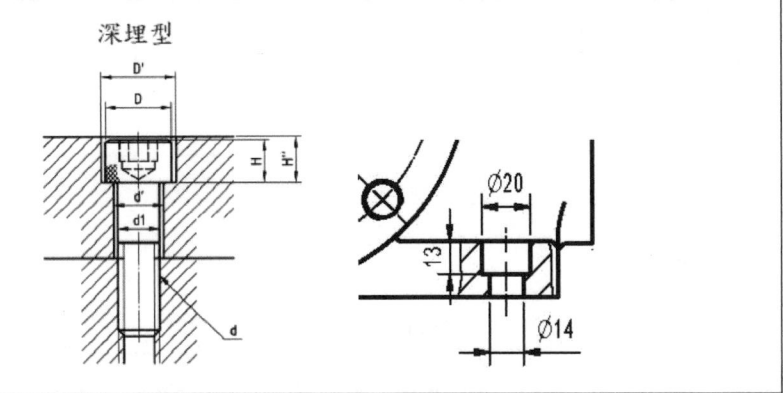

[補充資料]

壓縮彈簧設計參考資料

本題中之壓縮彈簧之數據亦可配合使用繪圖軟體之設計資料求出，以 AUTODESK 之 INVENTOR 2010 軟體爲例，方法如下所示：

1. 先在 inventor 開啓空白的組合檔，之後先存檔。
2. 啓動設計頁框內的壓縮彈簧產生器，將相關數據輸入視窗框內的欄位。

範例：

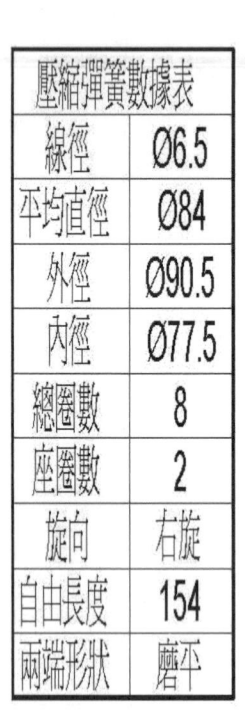

壓縮彈簧數據表	
線徑	Ø6.5
平均直徑	Ø84
外徑	Ø90.5
內徑	Ø77.5
總圈數	8
座圈數	2
旋向	右旋
自由長度	154
兩端形狀	磨平

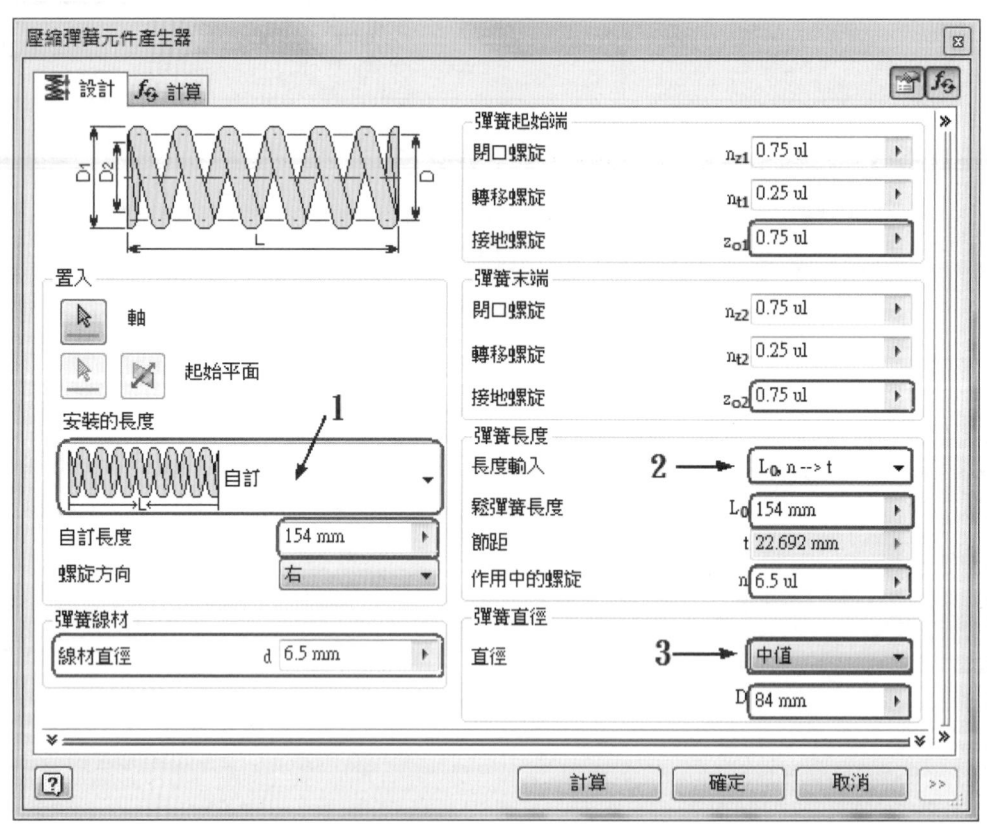

a. 安裝的長度-選擇 自定，自定長度 欄位，輸入彈簧的自由長度 154。

b. 彈簧長度\長度輸入-選擇 Lo,n-->t (表示輸入 Lo 與 n 值，軟體自動計算 t 值)。
   鬆彈簧長度 Lo 欄位，輸入彈簧的自由長度 154。
   作用中的螺旋 n 欄位，輸入 6.5 圈。(註 1：n 表示彈簧未被磨平的圈數)
   (註 2：彈簧總圈數=Zo1+Zo2+n=0.75+0.75+6.5=8)

c. 彈簧直徑\直徑欄位，選擇 中值 (表示平均直徑)，在 D 欄位輸入平均直徑 84。

d. 按 計算，再按 確定，產生彈簧實體。

e. 其它說明：

(a) 彈簧起始端\接地螺旋 Zo1，彈簧末端\接地螺旋 Zo2，表示彈簧二端須磨平的圈數。

(b) 起始端閉口螺旋 Zn1 值須>= Zo1，末端閉口螺旋 Zn2 值須>= Zo2，通常設計成 Zn1= Zo1，Zn2= Zo2。

(c) 起始端轉移螺旋 nt1 值須>0，末端轉移螺旋 nt2 值須>0。

(d) 起始端的座圈數=Zn1+nt1，末端的座圈數=Zn2+nt2，合計座圈數= Zn1+nt1+ Zn2+nt2=0.75+0.25+0.75+0.25=2，Zn1、Zn2、nt1 與 nt2 的值不影響彈簧的自由長度與總圈數，Zn1、Zn2、nt1 與 nt2 的值的改變，會造成彈簧節距值的改變。

查表說明

件5 O型環
標稱號碼G125-固定用（平面），
依功能選用（內壓用）的尺寸
件1上配合的槽，大徑Ø130公差
0～0.1，槽寬4.1公差0～0.25，
槽深2.4公差±0.09。

件4螺栓
Y1:M16六角螺栓（魚眼孔）
件1上配合的魚眼孔，大徑
Ø35，深1.2，小徑Ø17。

Y2:M12六角承窩螺栓（承窩孔）
件1上配合的承頭孔，大徑
Ø20，深13，小徑Ø14。

件7 O型環
X1:標稱號碼P85
件1上配合的孔徑Ø95公差0～0.1，件2上配合
底徑Ø85公差-0.1～0，槽寬7.5公差0～0.25
X2:標稱號碼P90
件1上配合的孔徑Ø100公差-0.1～0，件2上配合
槽底徑Ø90公差-0.1～0，槽寬7.5公差0～0.25

件6 O型環
X1:標稱號碼P105
件1上配合的孔徑Ø115公差0～0.1，件2上配合槽
底徑Ø105公差-0.1～0，槽寬7.5公差0～0.25。
X2:標稱號碼P110
件1上配合的孔徑Ø120公差0～0.1，件2上配合槽
底徑Ø110公差-0.1～0，槽寬7.5公差0～0.25。

件1為鑄鋼件，M16盲螺孔，
鑽孔深21，牙深16

量測六角對邊長為24，螺栓規格為M16

中心距□132±0.2

孔位圓中心距公差±0.2

孔位圓中心距公差±0.2

A－A

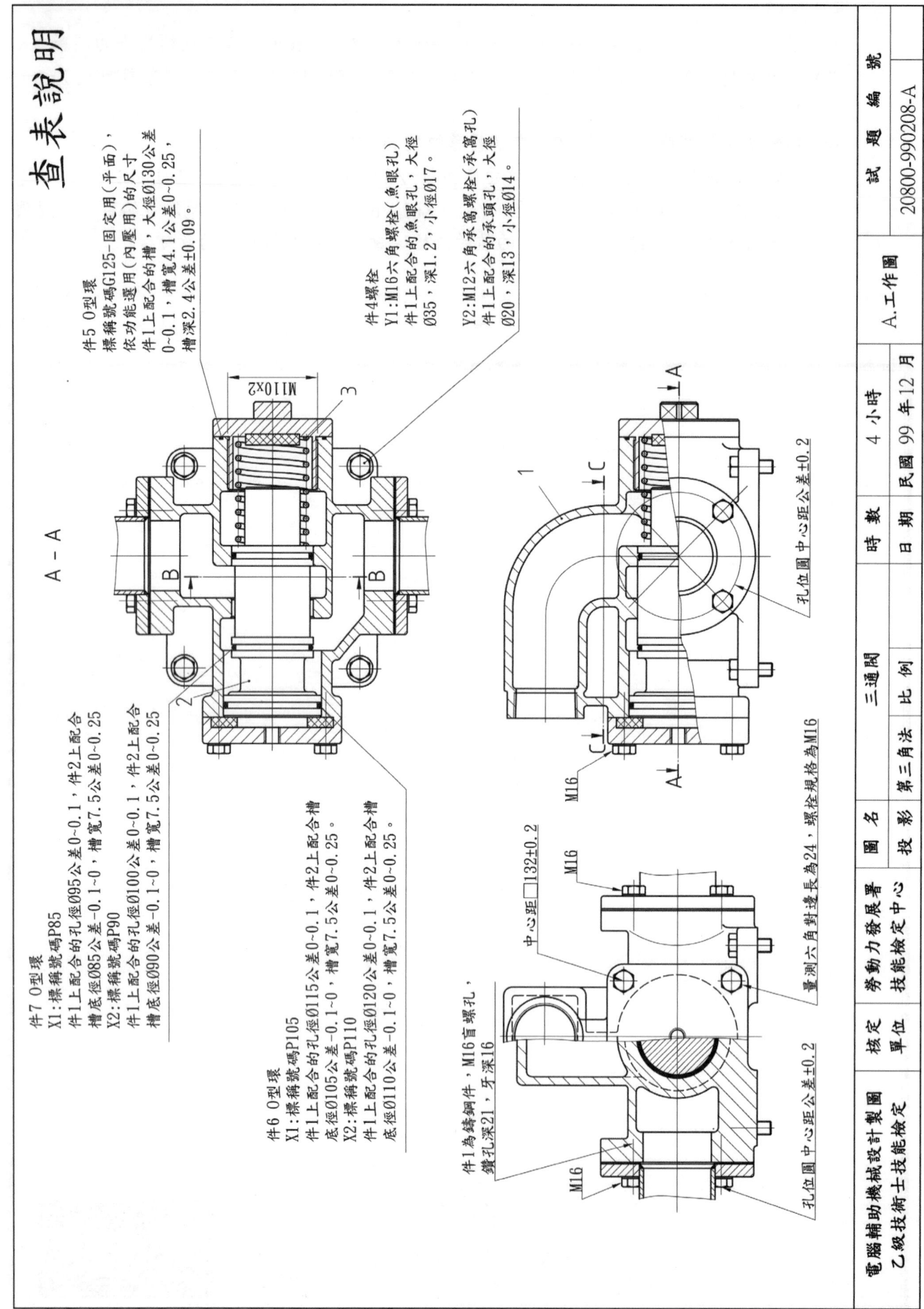

電腦輔助機械設計製圖	核定	勞動力發展署	圖 名	三通閥		試 題 編 號
乙級技術士技能檢定	單位	技能檢定中心	投 影	第三角法	比 例	20800-990208-A
			日 期	民國 99 年 12 月	A.工作圖	
			時 數	4 小時		

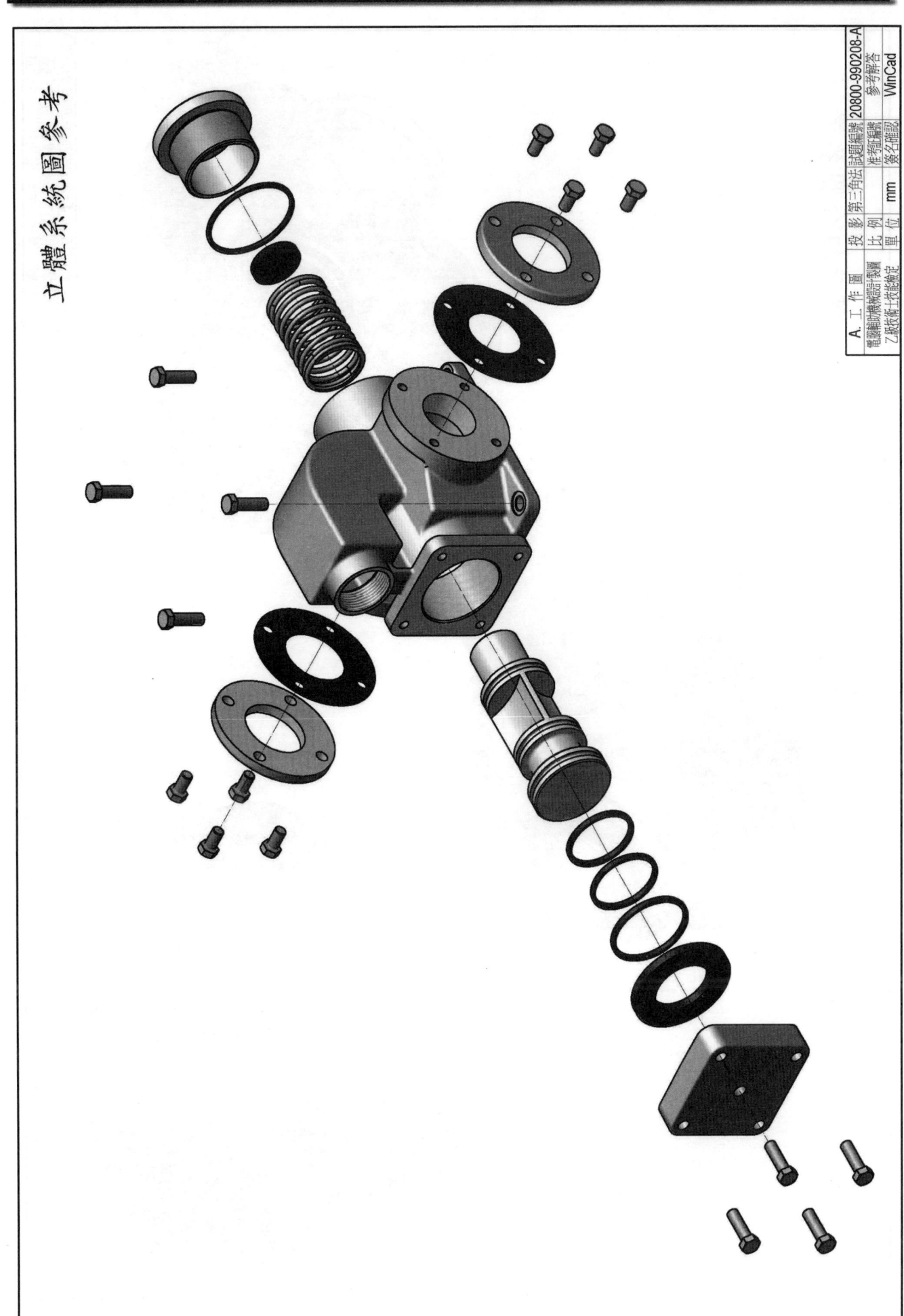

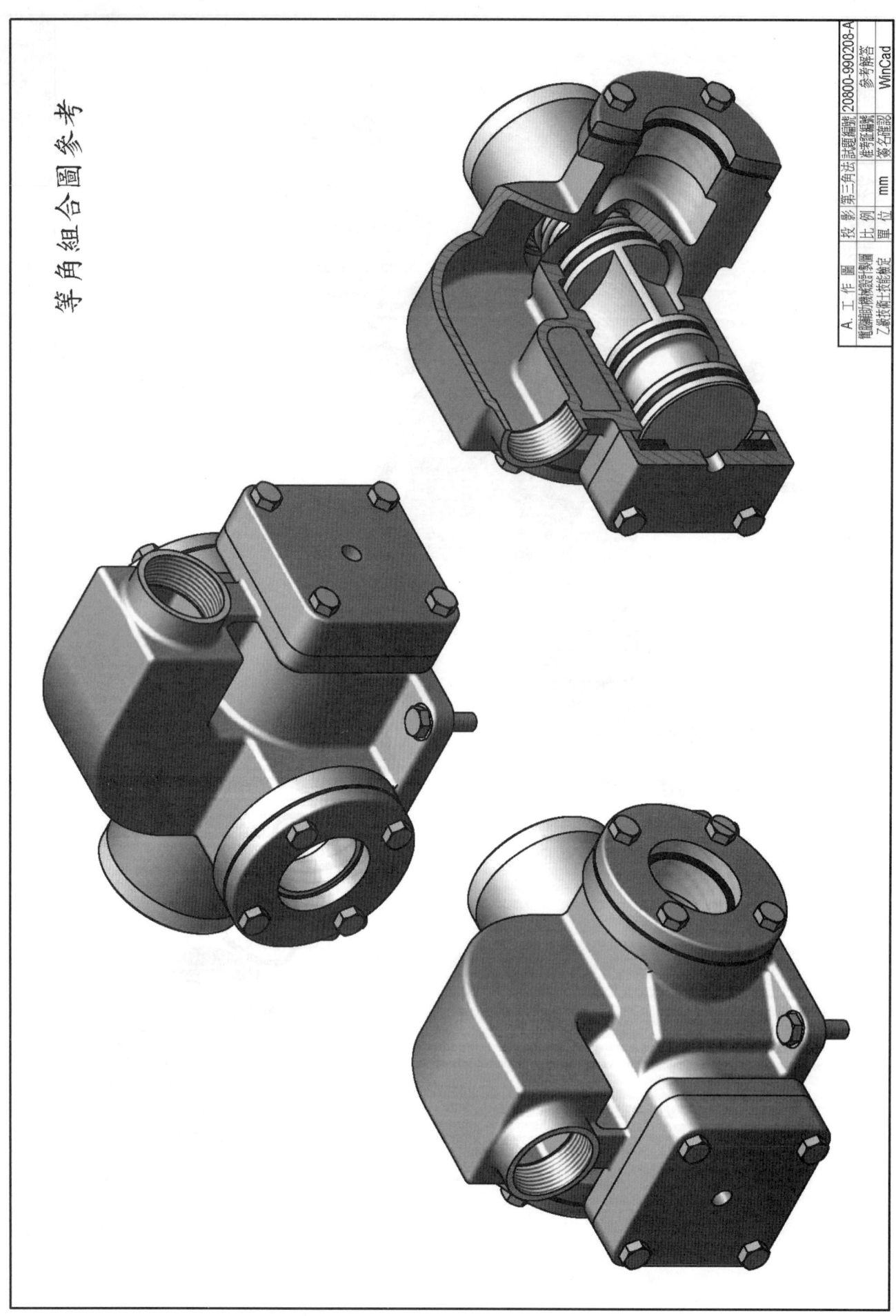

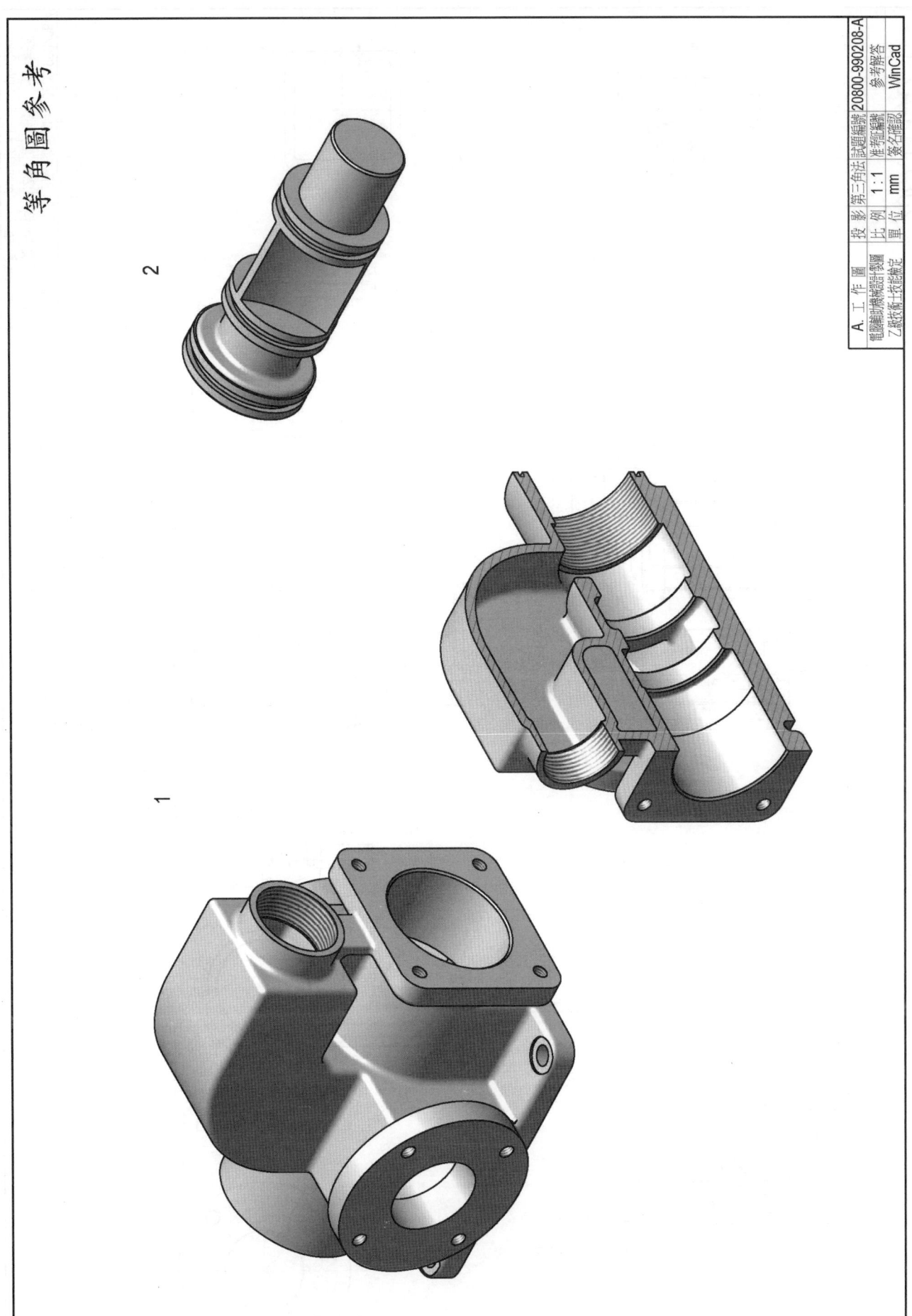

等角圖參考

A. 工作圖　投影 第三角法　試題編號 20800-990208-A
電腦輔助機械設計製圖　比例 1:1　催繳編號 參考解答
乙級技術士技能檢定　單位 mm　簽名確認 WinCad

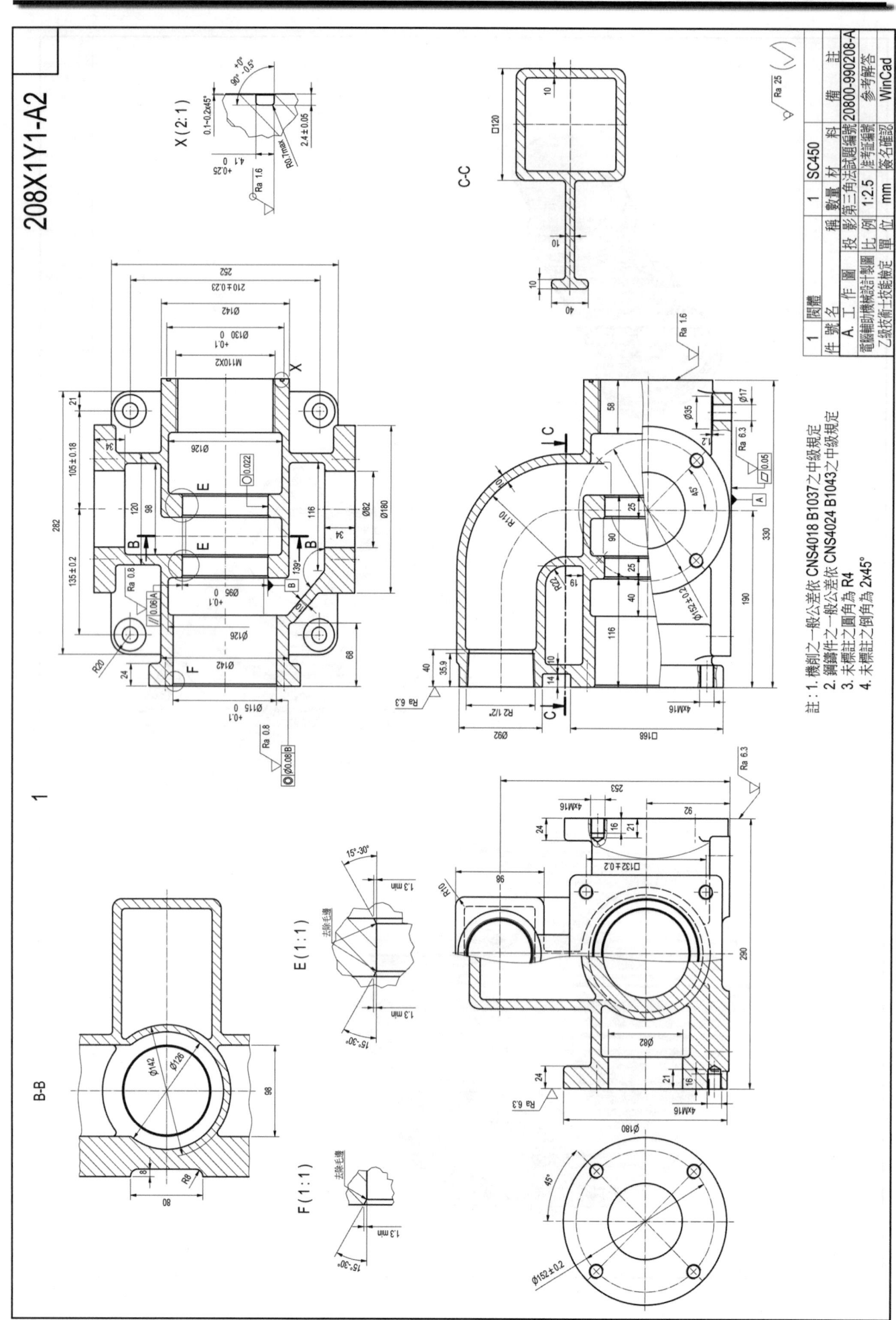

註：1. 機削之一般公差依 CNS4018 B1037 之中級規定
　　2. 鑄鑄件之一般公差依 CNS4024 B1043 之中級規定
　　3. 未標註之圓角為 R4
　　4. 未標註之倒角為 2x45°

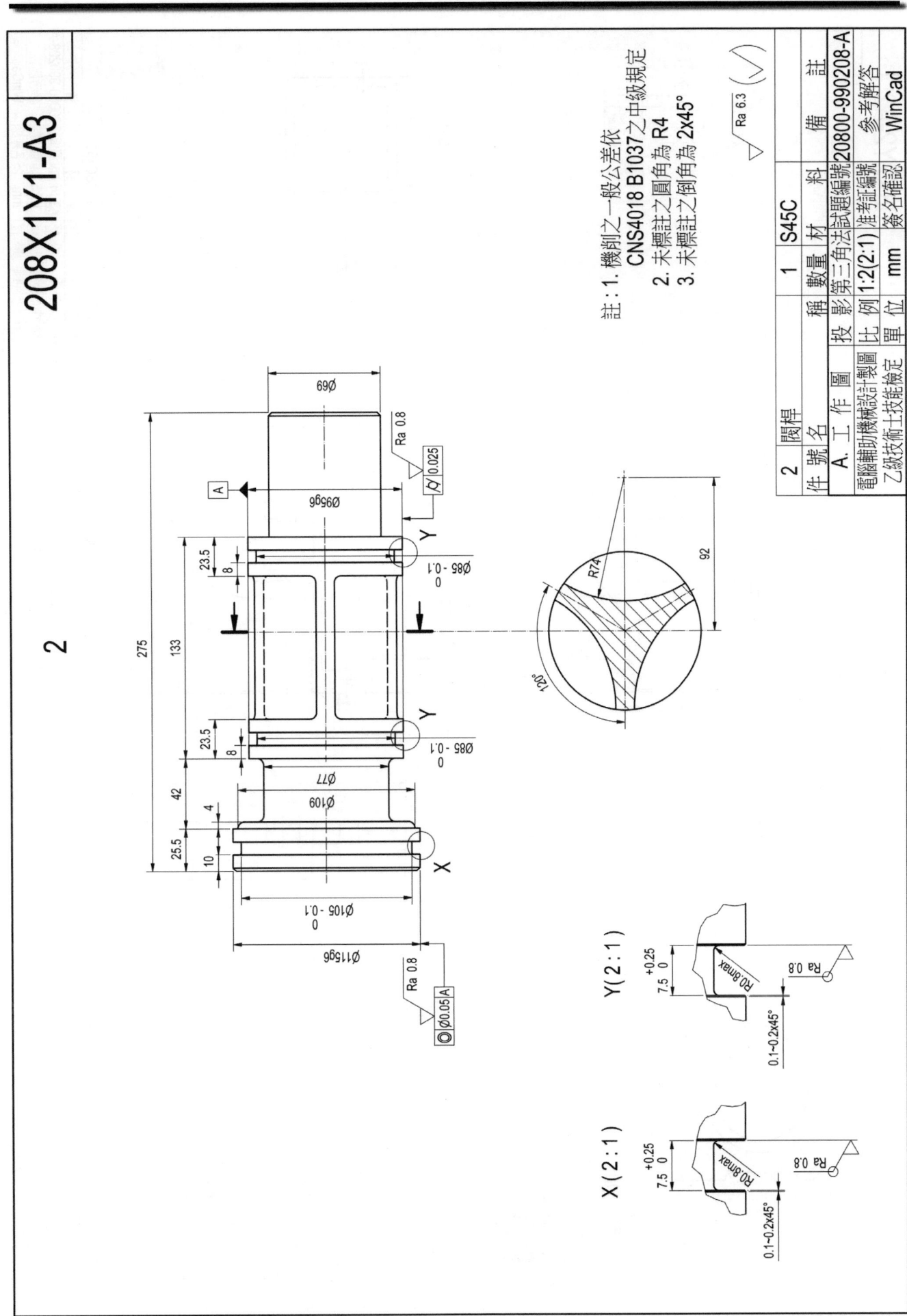

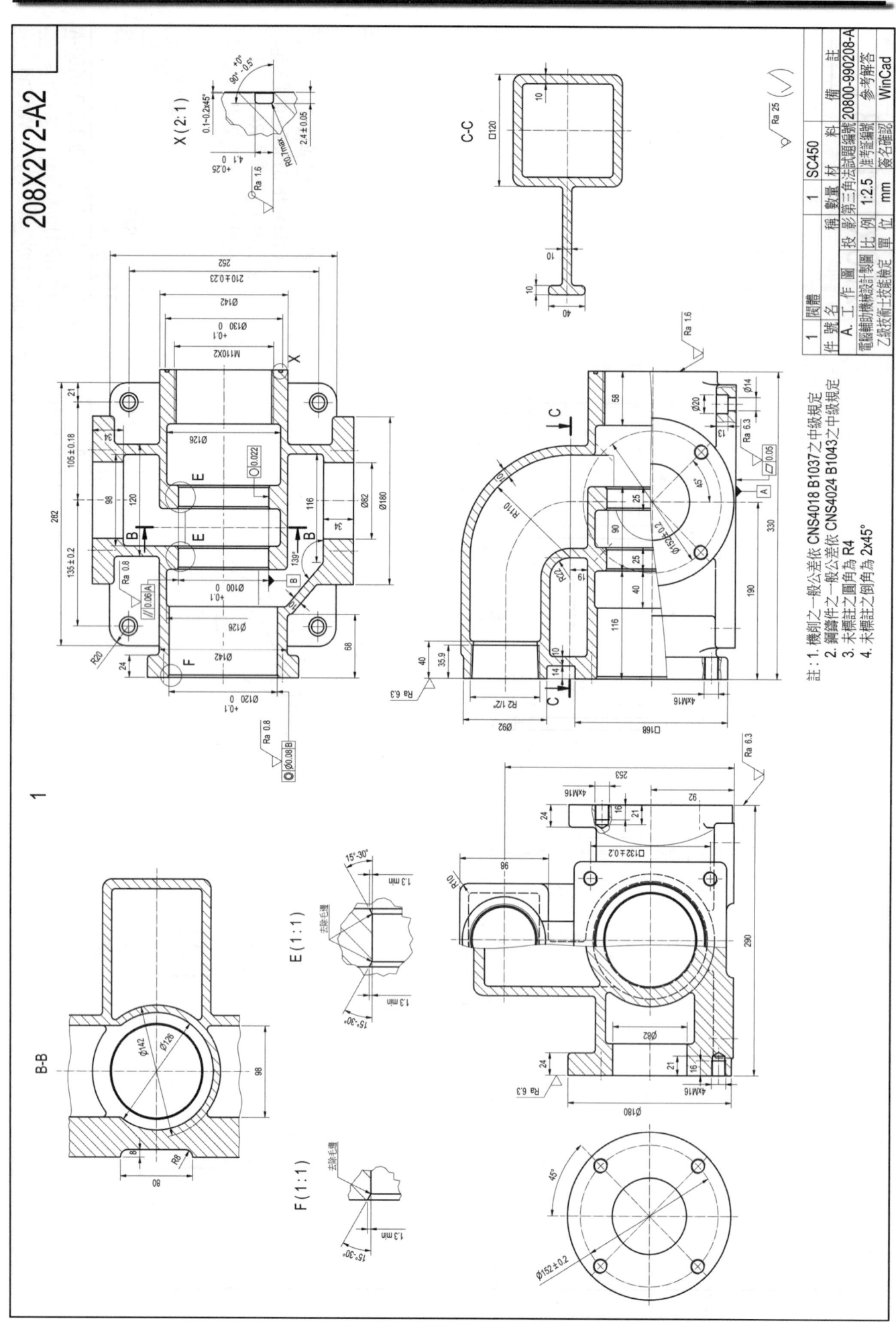

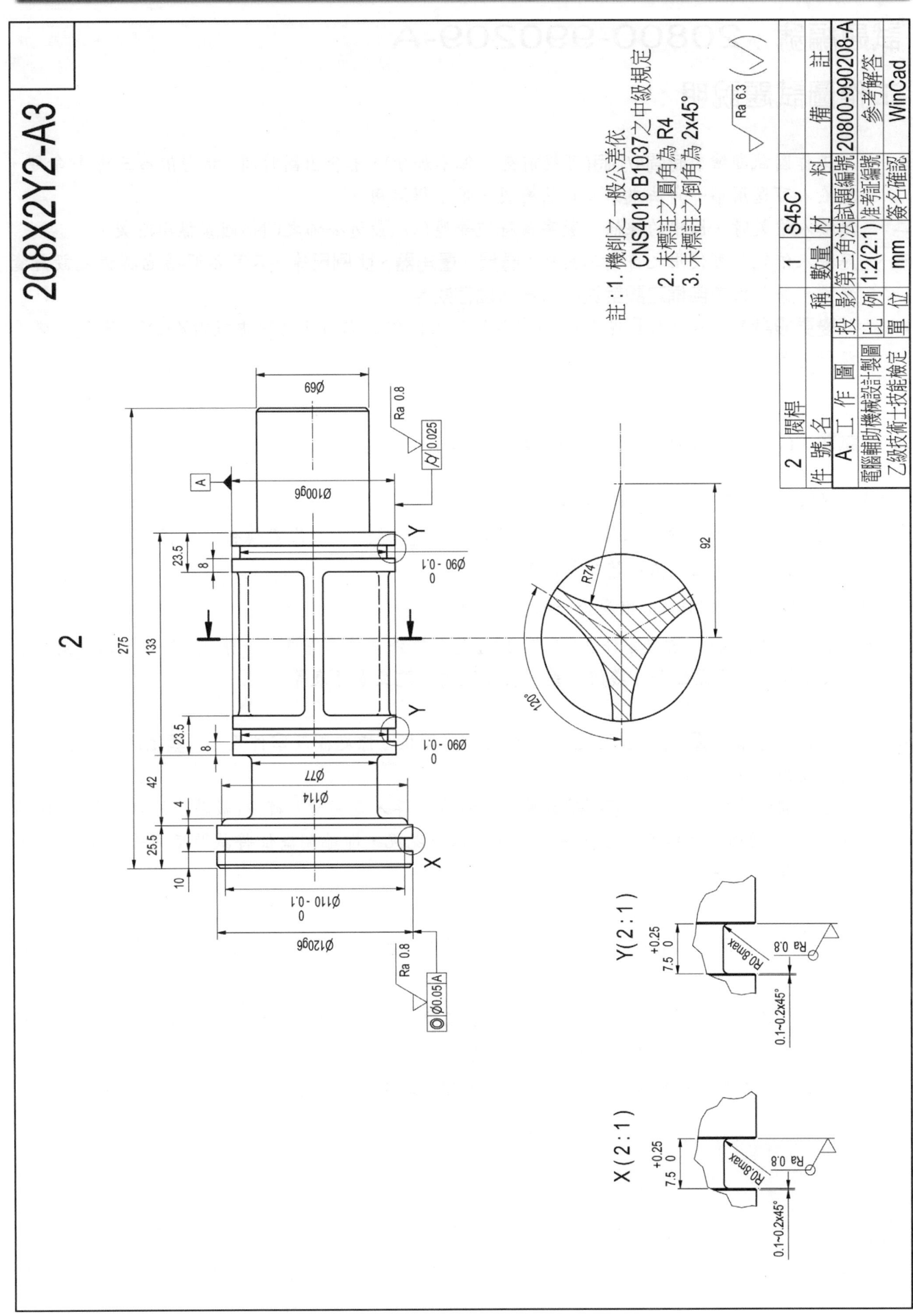

208X2Y2-A3

件 號	2	名 稱	閥 桿
	1	A. 工作圖	

種 類	數 量	材 料	備 註
第三角法	1	S45C	20800-990208-A
投 影	比 例	單 位	
	1:2(2:1)	mm	參考解答

電腦輔助機械設計製圖
乙級技術士技能檢定

試題題編號　准考證編號
簽名確認　　WinCad

註：1. 機削之一般公差依
　　　CNS4018 B1037之中級規定
　　2. 未標註之圓角為 R4
　　3. 未標註之倒角為 2x45°

√ Ra 6.3 (√)

Ra 0.8
⌀ 0.025

A

⌀69
⌀100g6

23.5
8
⌀90 -0.1 0
275
133

R74
92
120°

23.5
8
⌀90 -0.1 0
42
⌀77
⌀114

25.5
4
10

⌀110 -0.1 0
⌀120g6

Ra 0.8
◎ ⌀0.05 A

Y(2:1)
+0.25
7.5 0
R0.8max
Ra 0.8
0.1-0.2x45°

X(2:1)
+0.25
7.5 0
R0.8max
Ra 0.8
0.1-0.2x45°

試題編號：20800-990209-A

工作圖試題說明：

一、　本工作圖試題繪製**時間4小時**(可提前交卷但不加分)，不含出圖時間。試題依第三角法命題，應檢人可選用第一角法或第三角法繪製，惟不得混用。

二、　應檢人繪製時，圖中的線條、數字及符號等應依照最近公佈之CNS國家標準繪製。

三、　應檢人依規定可使用之自備工具爲：**直尺、量角器、比例尺**等。只可參閱場地提供之設計資料檔，嚴禁攜帶**自備之設計資料**及**任何儲存媒體**。

四、　**『變更設計』**由監評人員現場抽定(寫於黑板上)，依試題所示之變更設計X及Y處繪製，變更設計將加重計分。

五、　**試題**：(依監評人員抽定之變更設計繪製)

　　1.　繪製零件1：出圖於一張A2圖紙

　　　　依1：1之比例，繪製零件1之工作圖於一張A2圖紙，工作圖須含尺度標註、公差配合、幾何公差、表面織構符號及零件表等。

　　2.　繪製零件2、零件4：出圖於一張A3圖紙

　　　　依1：1之比例，繪製零件2；比例2：1繪製零件4之工作圖於一張A3圖紙，工作圖須含尺度標註、公差配合、幾何公差、表面織構符號及零件表等。

六、　各圖面請繪製如**圖(a)**所示之A2及A3有裝訂邊圖框、標題欄及零件表，如**表(a)**所示，並填妥適當之內容。

七、　繪製時間結束時，請以**『准考證號碼』**爲檔名，存入電腦資料碟中(嚴禁使用自備之任 何儲存媒體)，並確認已經存檔後，電腦螢幕須保留現況，即離開崗位將試題交回給監 評人員，並出場等候出圖之指示。

八、　**出圖**：

　　1.　中途離場或放棄出圖者須告知監評人員，並在評審表"放棄出圖者"處簽名後離場，若未依規定而離場者視同不及格。

　　2.　應檢人請依監評人員之指示，將電腦繪製之圖面以黑色列印於規定圖紙上；倘若圖 面未完整列印，得重新出圖，並將前一張圖紙作廢。

　　3.　應檢人出圖後須確認圖面，並在**右下角簽名**後始得離場。監評人員則在右上角簽章 確認。

表**(a)** 零件表

件 號	名 稱	數 量	材 料	備 註
1	本體	1	FC250	
2	分度鳩尾座	1	FC250	
4	定位圓柱	1	S45C	

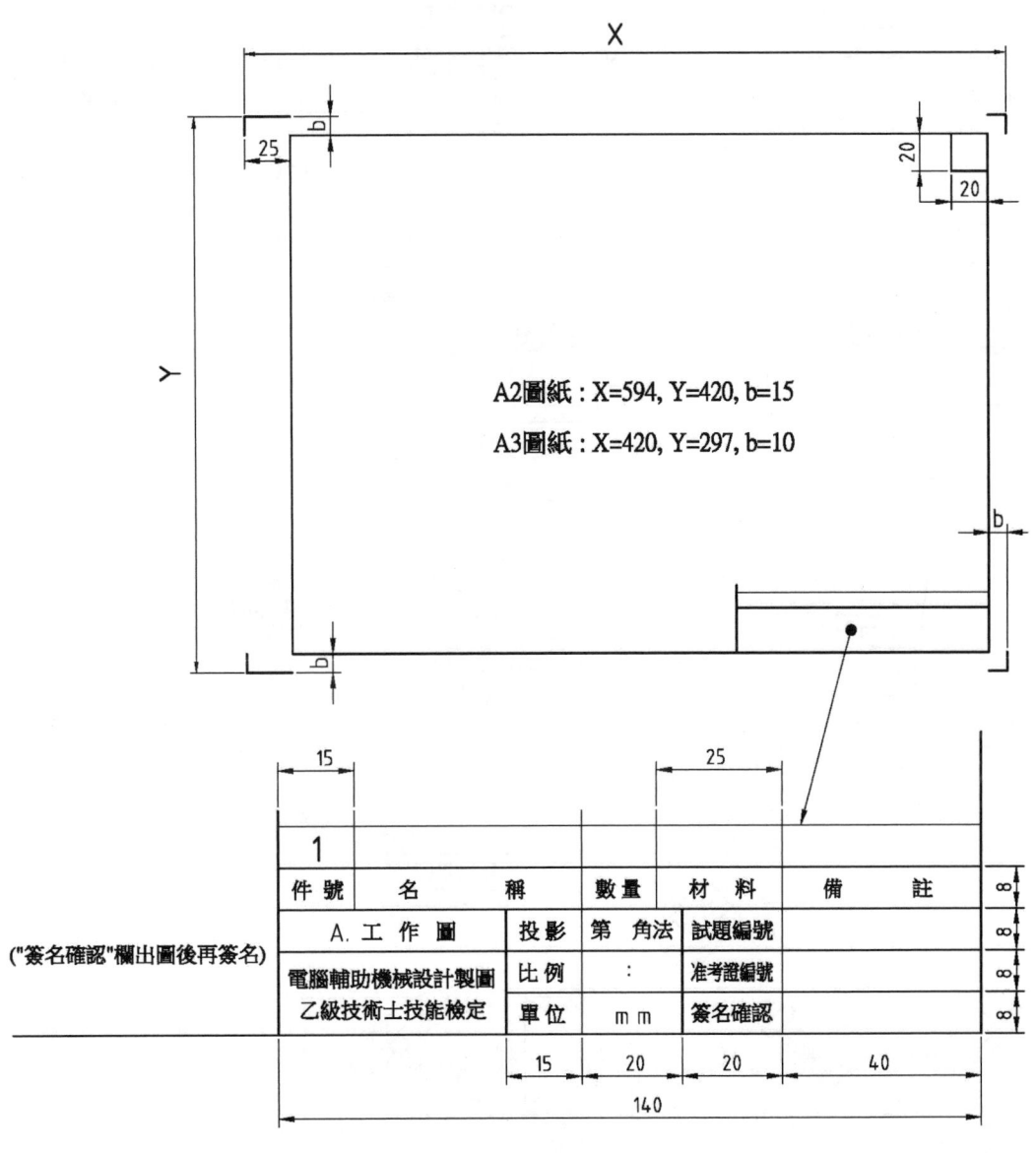

A2圖紙 : X=594, Y=420, b=15

A3圖紙 : X=420, Y=297, b=10

圖(a)

公佈題目

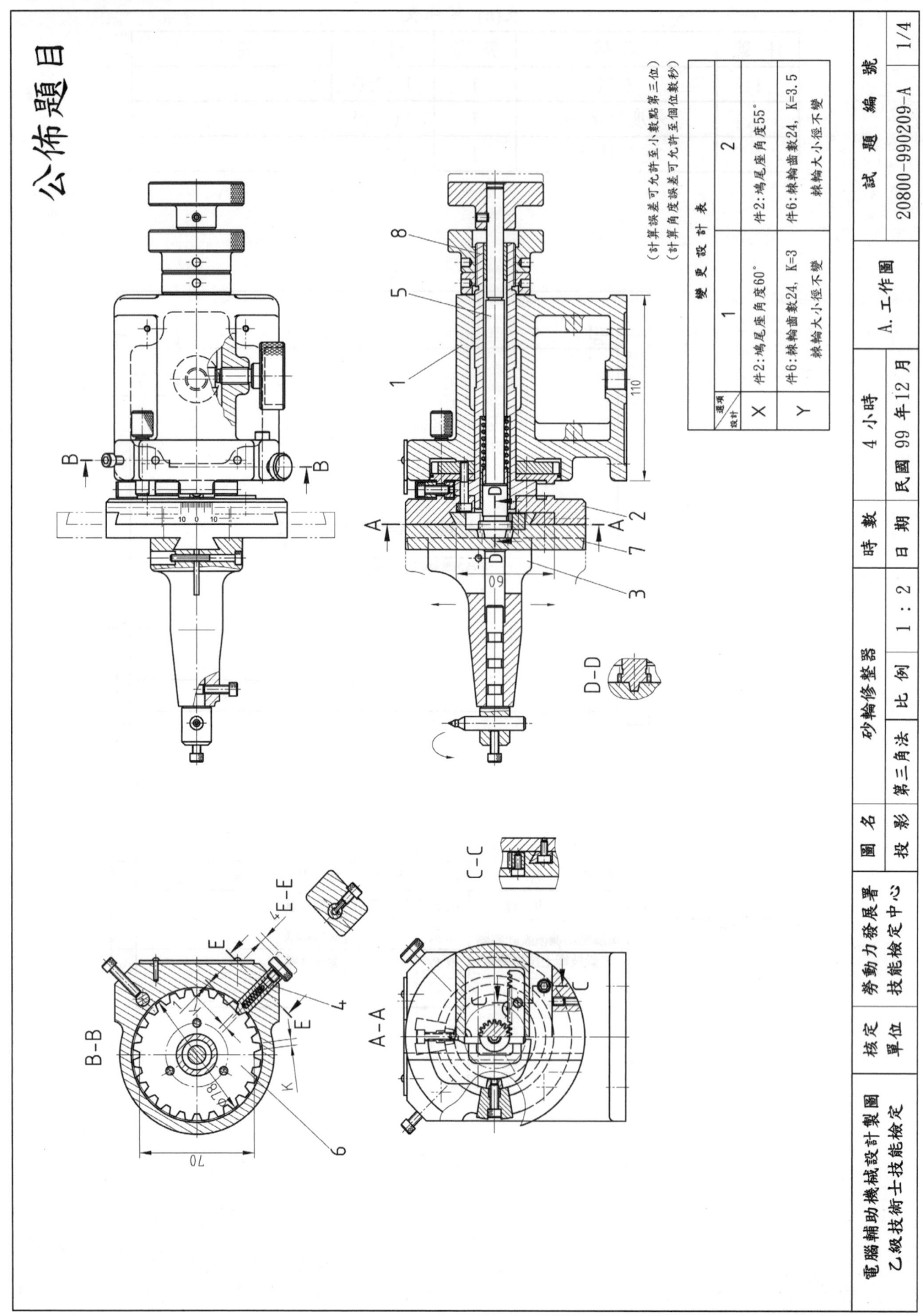

變 更 設 計 表		
選項 設計	1	2
X	件2:鴆尾座角度60°	件2:鴆尾座角度55°
Y	件6:棘輪齒數24, K=3 棘輪大小徑不變	件6:棘輪齒數24, K=3.5 棘輪大小徑不變

(計算誤差可允許至小數點第三位)
(計算角度誤差可允許至個位數秒)

電腦輔助機械設計製圖 乙級技術士技能檢定	核定 單位	勞動力發展署 技能檢定中心	圖 名	砂輪修整器	時 數	4 小時	試 題 編 號	20800-990209-A	1/4
			投 影	第三角法	比 例	1:2	日 期	民國 99 年12月	A. 工作圖

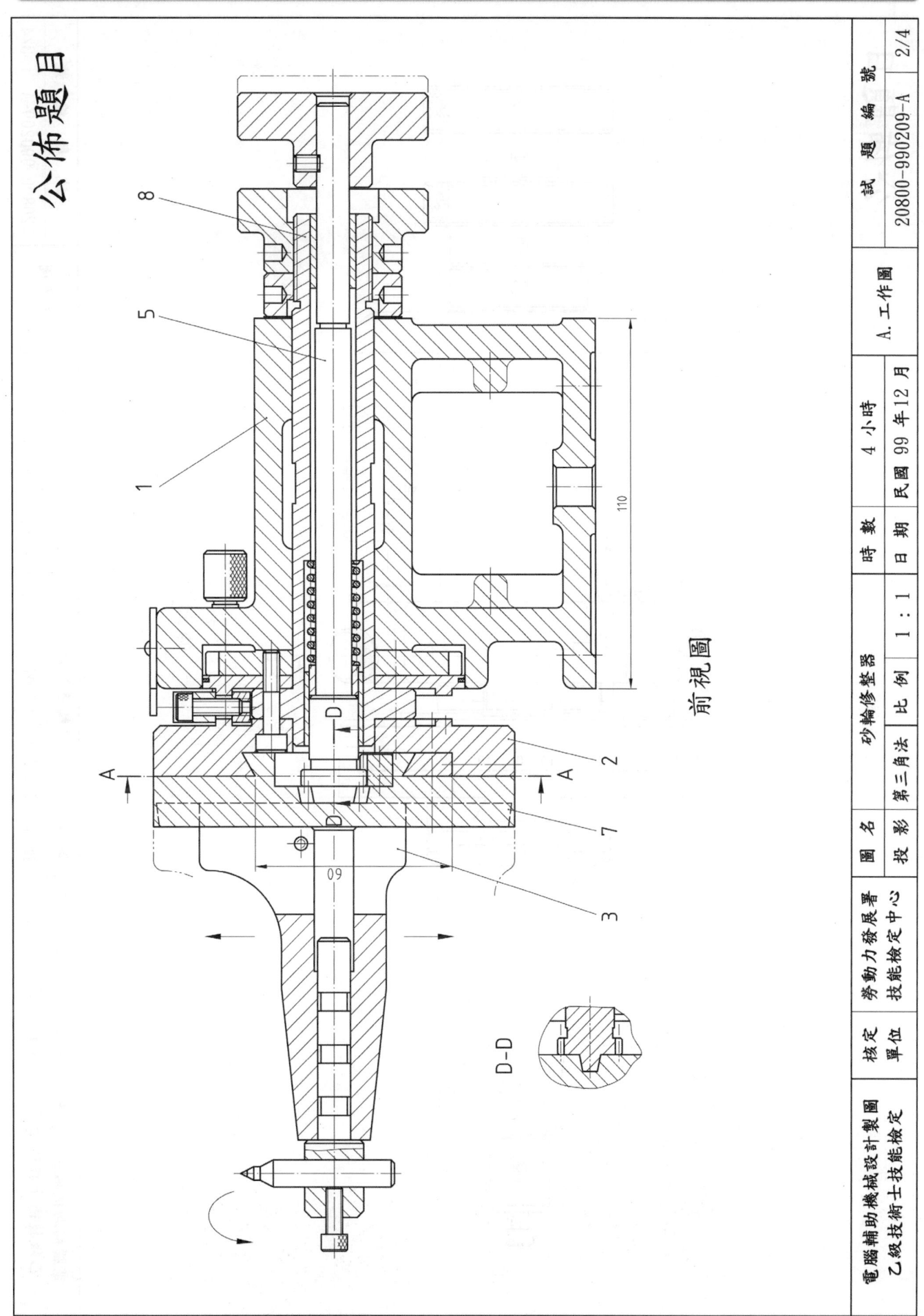

俯視圖

電腦輔助機械設計製圖 乙級技術士技能檢定	核定 單位	勞動力發展署 技能檢定中心	圖 名	砂輪修整器		時 數	4 小時	A.工作圖	試 題 編 號
			投 影	第三角法	比 例	1：1	日 期	民國 99 年12 月		20800-990209-A 3/4

公佈題目

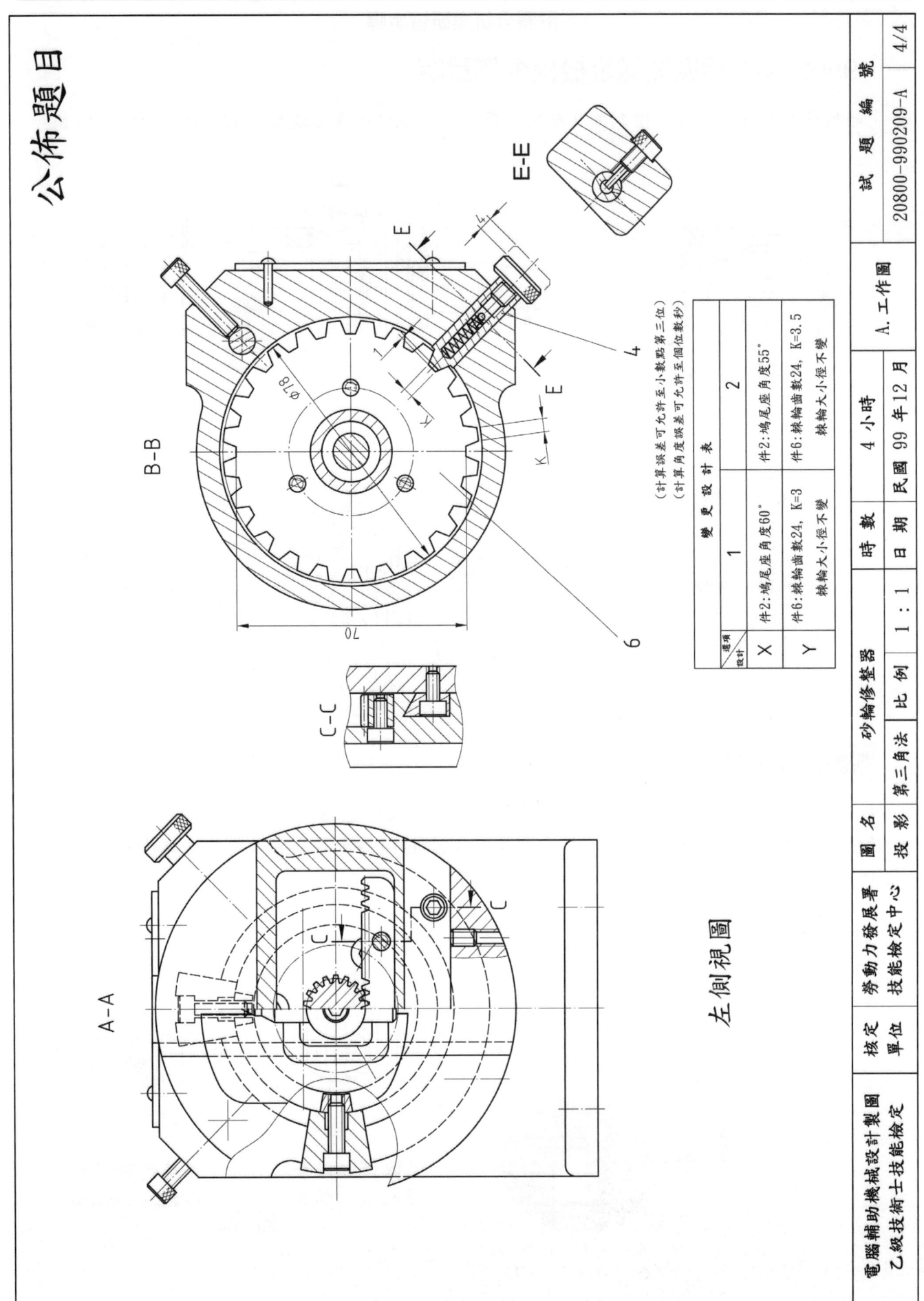

變更設計表		
選項設計	1	2
X	件2:鳩尾座角度60°	件2:鳩尾座角度55°
	件6:棘輪齒數24，K=3 棘輪大小徑不變	件6:棘輪齒數24，K=3.5 棘輪大小徑不變
Y	件6:棘輪齒數24，K=3 棘輪大小徑不變	件6:棘輪齒數24，K=3.5 棘輪大小徑不變

（計算誤差可允許至小數點第三位）
（計算角度誤差可允許至個位數秒）

B-B

C-C

E-E

A-A

左側視圖

電腦輔助機械設計製圖 乙級技術士技能檢定	核定單位	勞動力發展署 技能檢定中心	圖名	砂輪修整器	時數	4 小時	試題編號	20800-990209-A
			投影	第三角法	比例	1：1	日期	民國 99 年 12 月	A. 工作圖	4/4

解題分析與研習步驟

一、990209-A 相關知識及機構動作說明

砂輪修整器其用途為，控制件 9 修整棒頂點，作弧線或直線運動，來修整砂輪的外形。

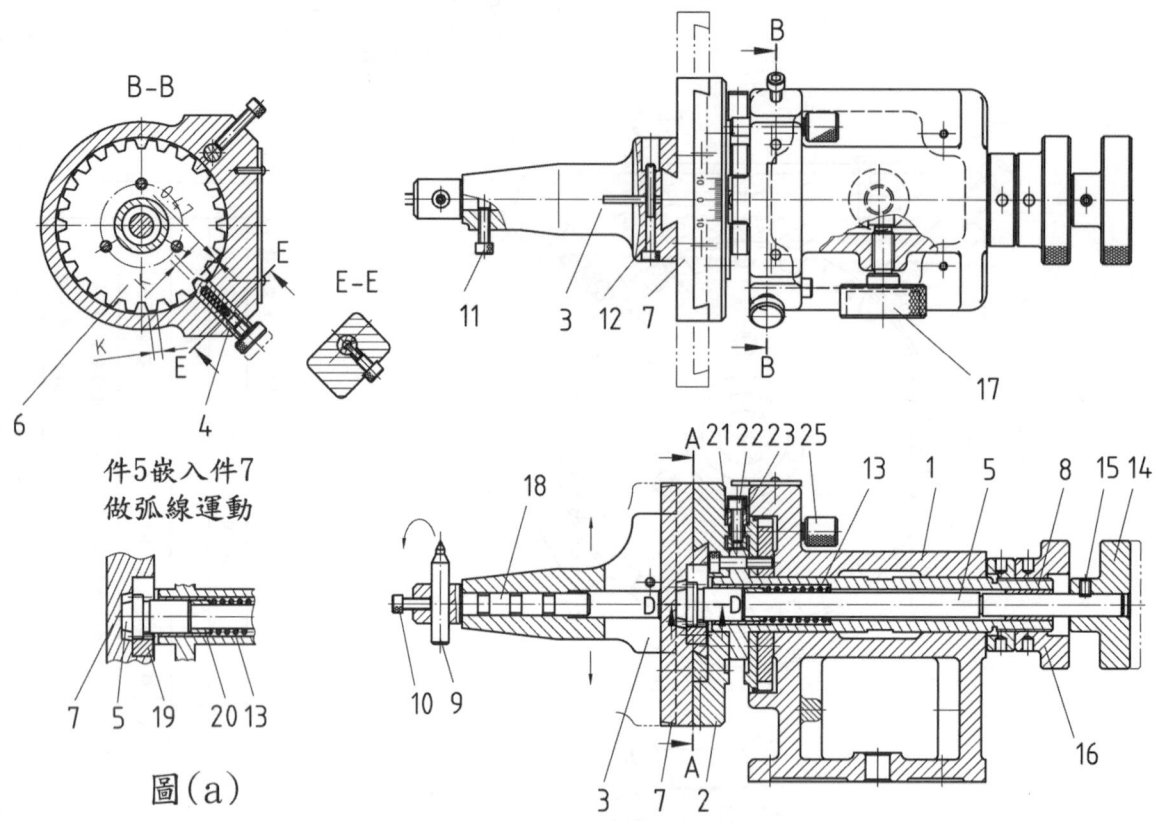

圖(a)

件5嵌入件7
做弧線運動

弧線運動說明：

1. 件 5 前端之梯形凸緣嵌入件 7 頭座固定盤時，將件 4 定位圓柱上拉旋轉 90 度固定，使件 4 前端棘齒與件 6 棘輪分離，放鬆件 17 固定螺栓，旋轉件 14 時會帶動件 5 與件 7 旋轉，使件 9 修整棒左右擺動，頂點作弧線運動，如圖(a)所示。

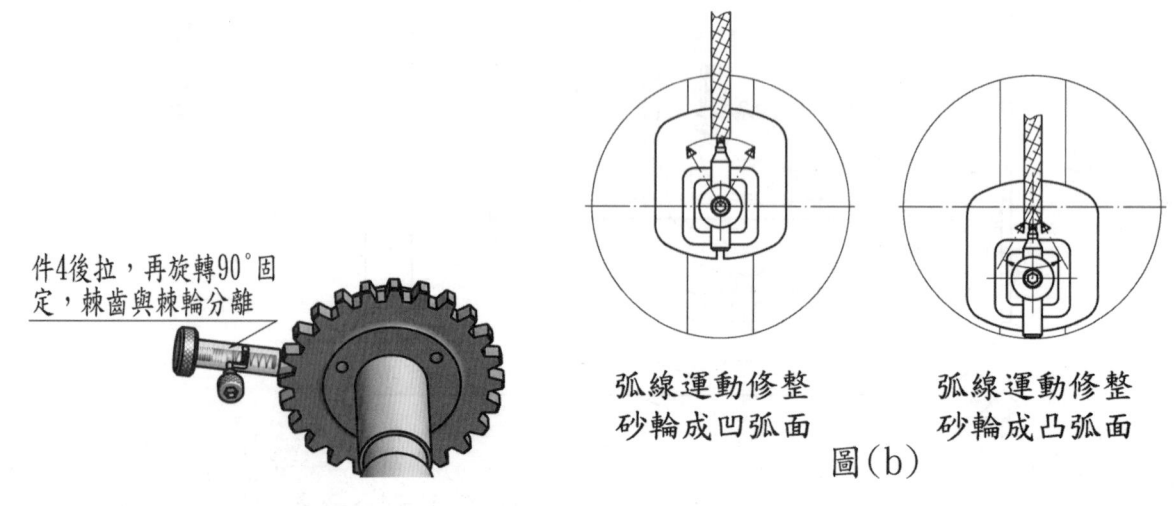

件4後拉，再旋轉90°固定，棘齒與棘輪分離

弧線運動修整
砂輪成凹弧面

弧線運動修整
砂輪成凸弧面

圖(b)

2. 鬆開件 12 夾持螺釘時，可使件 3 夾持座，沿件 7 頭座固定盤之鳩尾座作上下移動，以調整件 18 的軸心，與件 5 的軸心之偏心量。定位後再將件 12 鎖緊，件 3 有切槽，可以增加其鎖緊力；件 10 固定螺釘放鬆，可以調整件 9 修整棒頂點高度，調整定位後，件 10 再鎖緊，適當的調整偏心量與修整棒頂點高度時，擺動件 9 可修整砂輪成內凹弧面或外凸弧面，如圖(b)所示。

3. 件 21、件 22 與件 23 組成夾塊組，共有兩組。在件 2 環形凹槽內滑動定位，件 25 定位栓軸，位於夾塊組之間，可限制件 7 頭座固定盤的擺動範圍，如圖(c)所示。

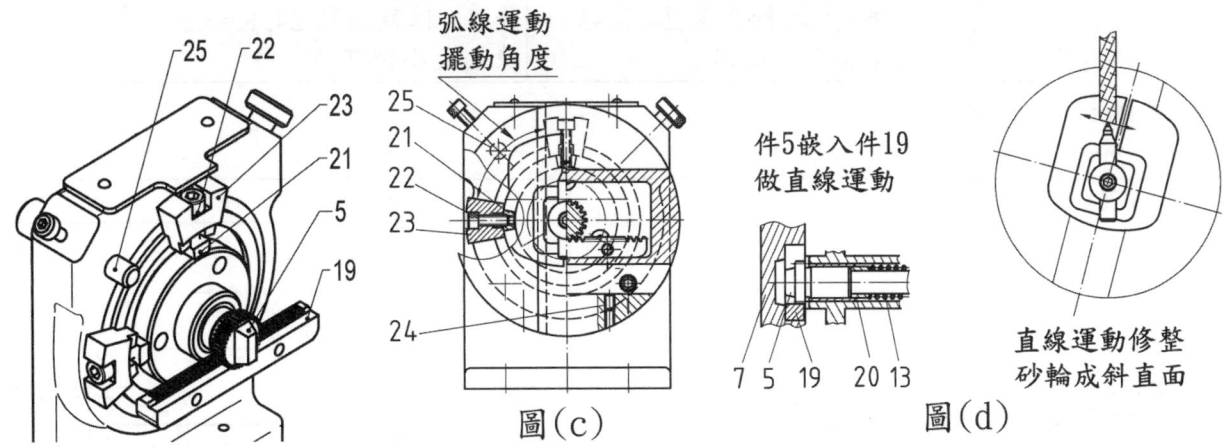

圖(c)　　　　圖(d)

直線運動說明：

1. 砂輪斜直面的修整，須先做傾斜角度調整，後再做直線運動調整。
2. 傾斜角度調整：將件 5 前端之梯形凸緣，嵌入件 7 頭座固定盤，準備做角度調整。
3. 常用角度的調整：件 6 分度圓盤，將圓周等分成常用之角度，方便定位，所以棘輪齒數常爲 20 齒、24 齒或 30 齒等，調整時先鬆開件 17 螺栓後，將件 4 拉起使前端棘齒與件 6 棘輪分離，旋轉件 14，分度圓盤即可轉動，定位後將件 4 放開，即可利用彈力卡住刻度盤，完成常用角度定位。
4. 特殊角度的調整：調整時先鬆開件 17 螺栓後，將件 4 拉起後旋轉 90 度定位，使前端棘齒與件 6 棘輪分離，旋轉件 14，配合件 2 刻度盤之刻度調整角度，定位後鎖緊件 17，使件 8 無法轉動，完成特殊角度定位。
5. 直線運動調整：先將件 14 向後拉，讓件 5 上的齒輪會與件 19 齒條嚙合，旋轉件 16 後退，將件 14 定位，此時件 5 前端之梯形凸緣，脫離件 7 頭座固定盤，當轉動件 14 時，帶動件 7 頭座固定盤，沿著件 2 鳩尾座作左右移動，使件 9 修整棒之頂點作直線運動，將砂輪作斜直面修整，如圖(d)所示。

其它說明：

1. 件 24 螺釘可以調整鳩尾槽座的間隙，如圖(c)所示。
2. 件 18 心軸上有 3 個環槽，配合件 11 螺釘，調整環槽的固定位置，件 18 在軸向可適當的伸縮，如圖(a)所示。

二、990209-A 變更設計相關知識說明

1. 試題要求之變更設計：

變更設計		
設計 ＼ 選項	1	2
X	件 2：鳩尾座角度 60°	件 2：鳩尾座角度 55°
Y	件 6：棘輪齒數 24, K=3 棘輪大小徑不變	件 6：棘輪齒數 24, K=3.5 棘輪大小徑不變

2. 變更設計之計算及查表：

(1) X1 變更設計：件 2　　　　　(2) X2 變更設計：件 2

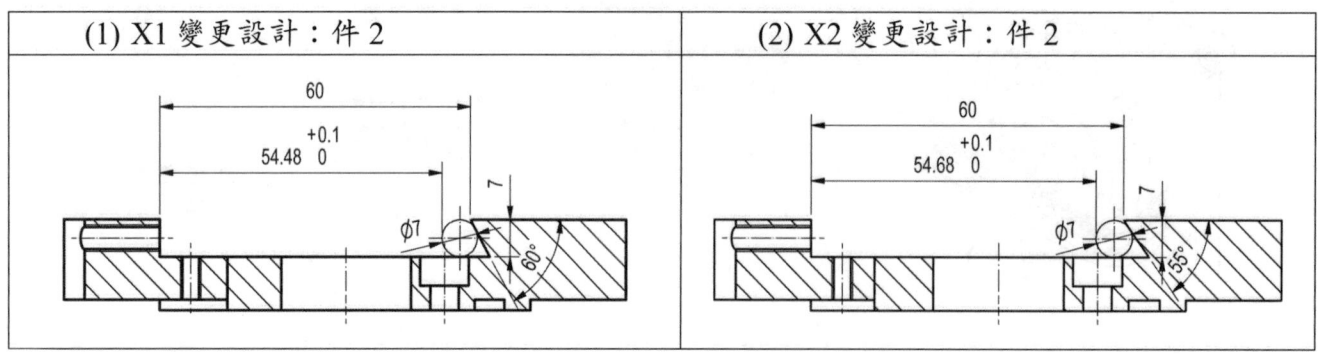

(3) Y1 變更設計：件 4

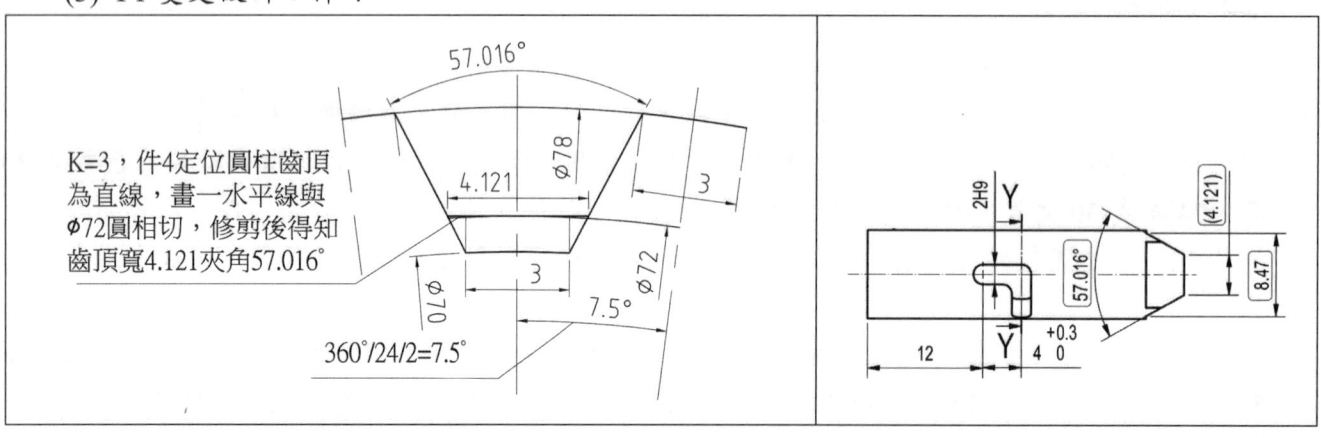

(4) Y2 變更設計：件 4

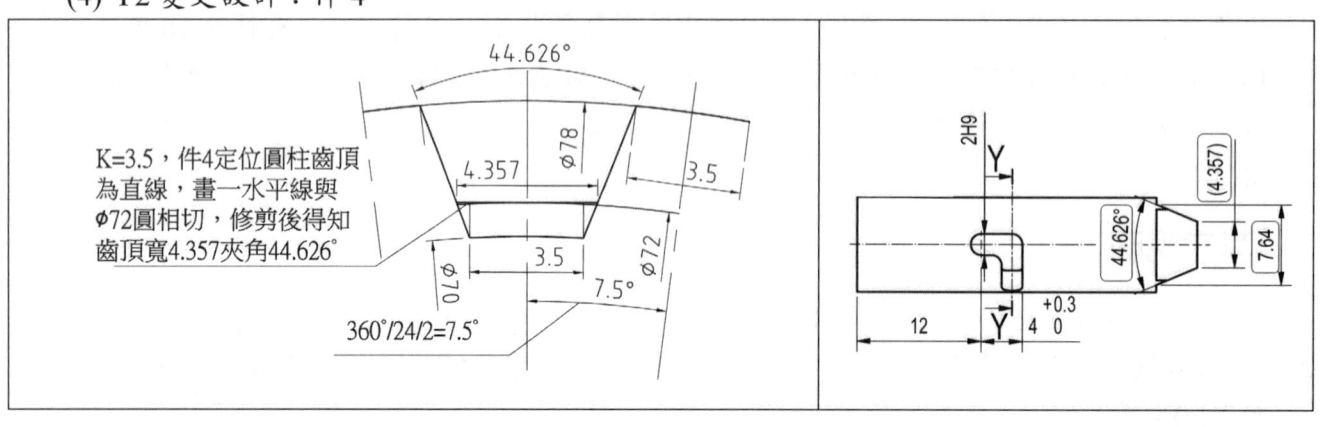

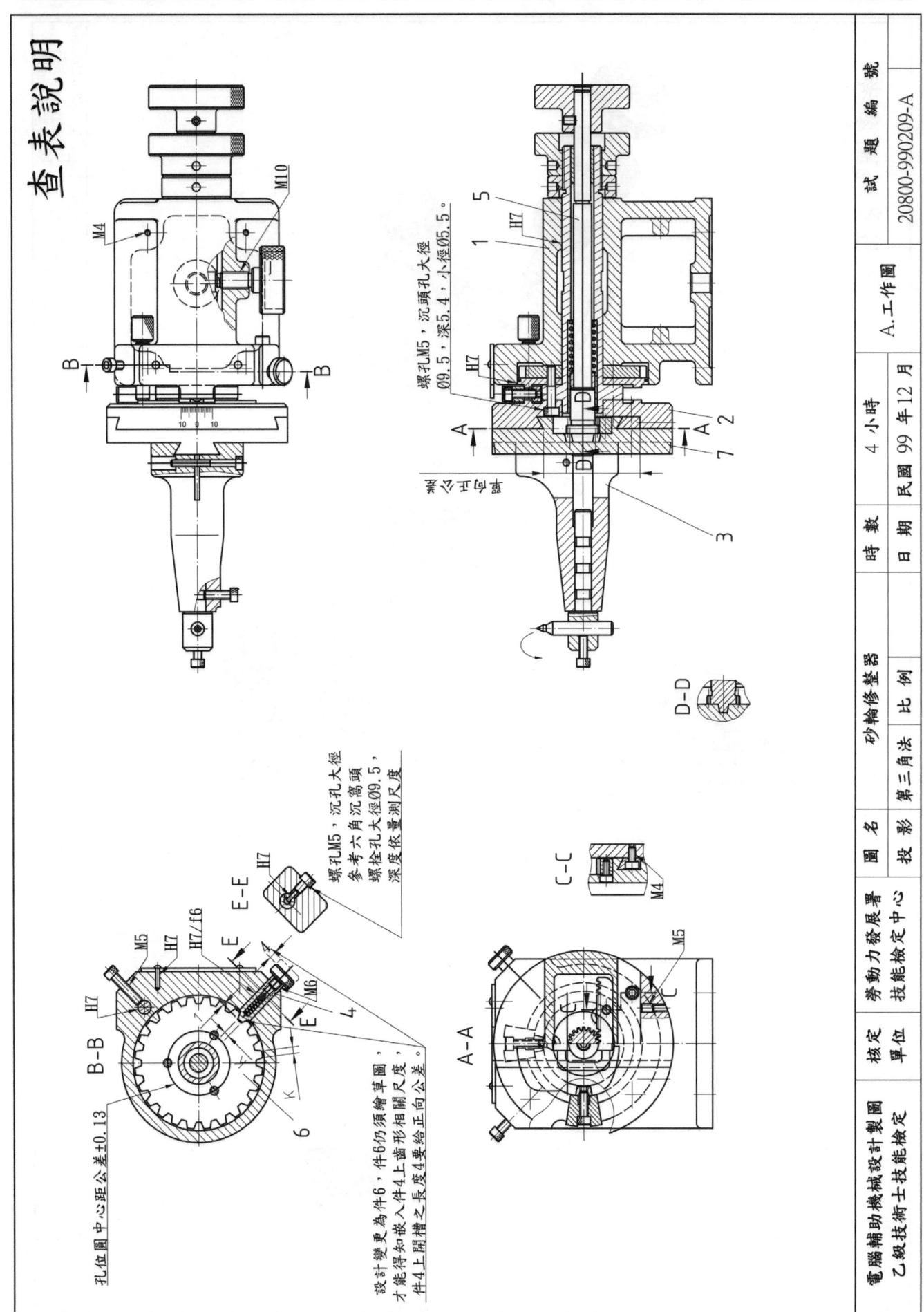

查表說明

孔位圓中心距公差±0.13

B-B

H7

H7

M5

H7

H7/f6

E-E

E

E

M6

4

K

6

A-A

C-C

M4

M5

螺孔LM5，沉孔大徑
參考六角沉窩頭
螺栓孔大徑Ø9.5，
深度依量測尺度

設計變更為件6，件6仍須繪草圖
才能得知嵌入件4上齒形相關尺度，
件4上開槽之長度4要給正向公差。

M10

M4

B

B

10　0　10

螺孔LM5，沉頭孔大徑
Ø9.5，深5.4，小徑Ø5.5。

1

5

H7

H7

A

A

7　2

3

D-D

電腦輔助機械設計製圖	核定單位	勞動力發展署技能檢定中心	圖名	投影	砂輪修整器	比例
乙級技術士技能檢定				第三角法		

	試題編號
A.工作圖	20800-990209-A
時教	4 小時
日期	民國 99 年 12 月

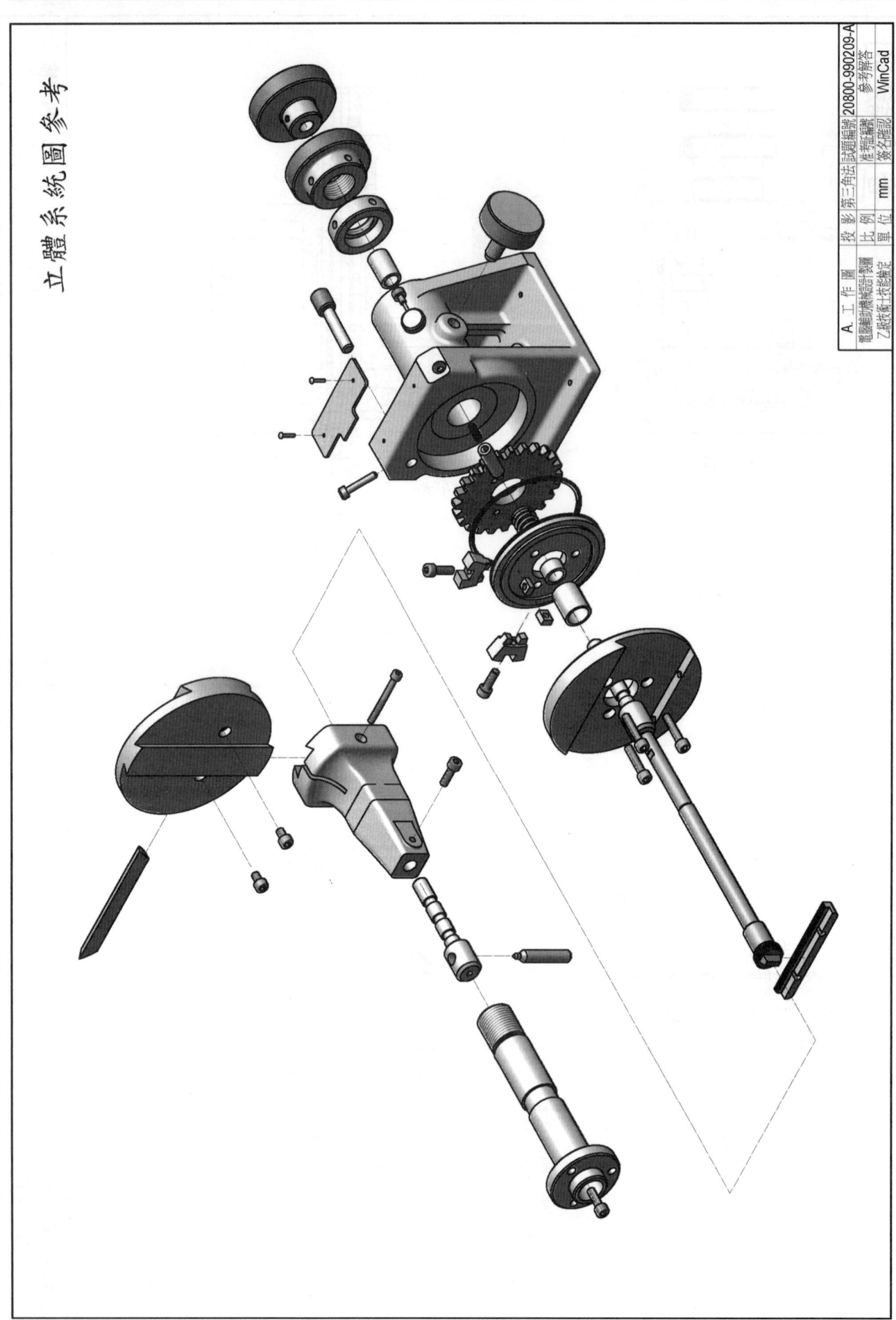

立體系統圖參考

A. 工作圖	投影 第三角法	試題編號 20800-990209-A
電腦輔助機械製圖設計裝置		准考證號碼	參考解答
乙級技術士技能檢定	比 例	單 位 mm	姓名座號	WinCad

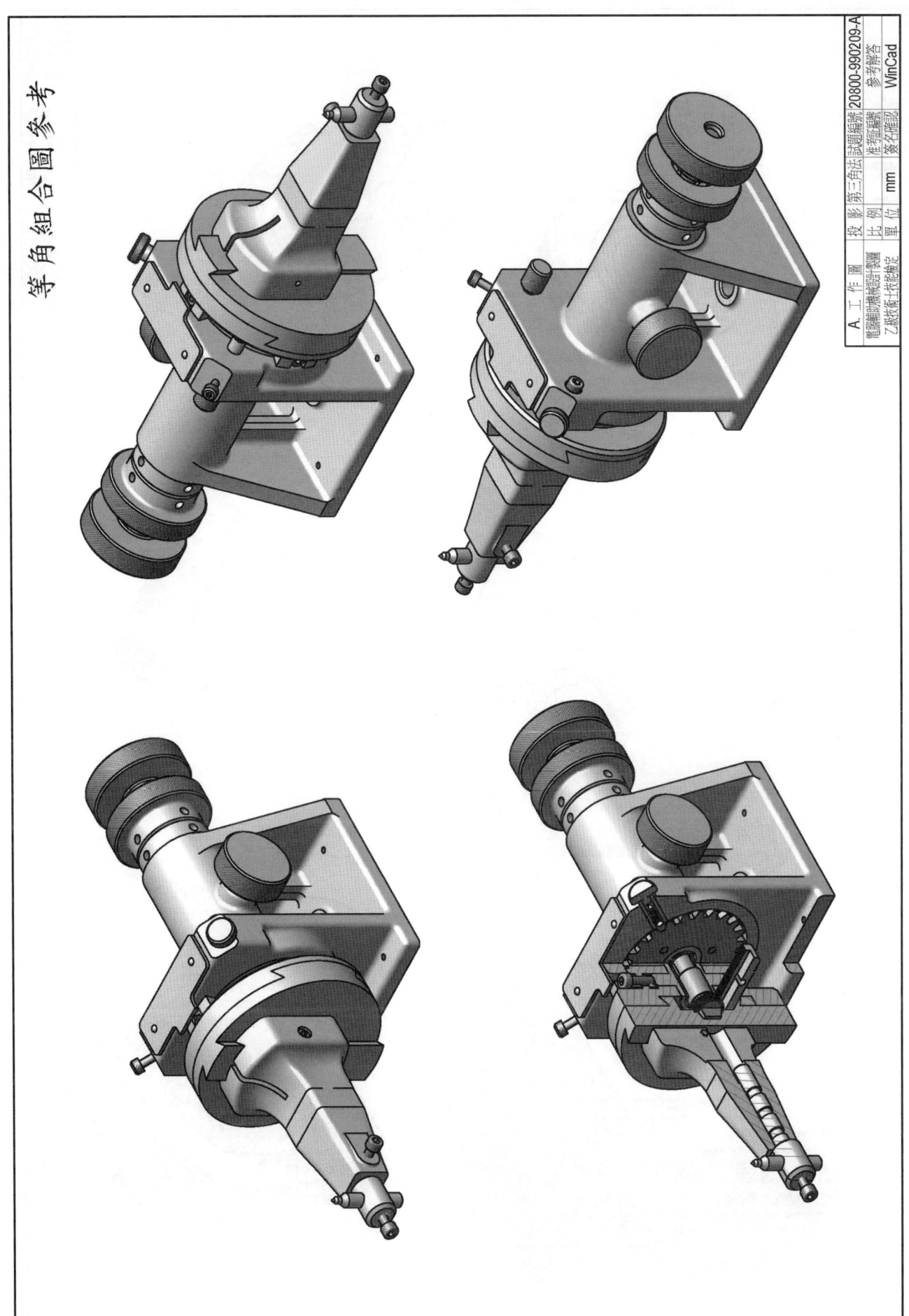

等角組合圖參考

A. 工作置	投 影	第三角法	試題編號	20800-990209-A
電腦輔助機械製圖		比 例	作弈組圖號	參考解答
乙級技術士技能檢定		單 位	mm	簽名雁認型	WinCad

等角圖參考

2

4 (2:1)

1

A. 工作圖　投 影 第三角法 試題編號 20800-990209-A

電腦輔助機械設計製圖　比 例 1:1(2:1) 准考證號碼　參考解答

乙級術科技能檢定　單 位 mm　簽名確認　姓名確認　WinCad

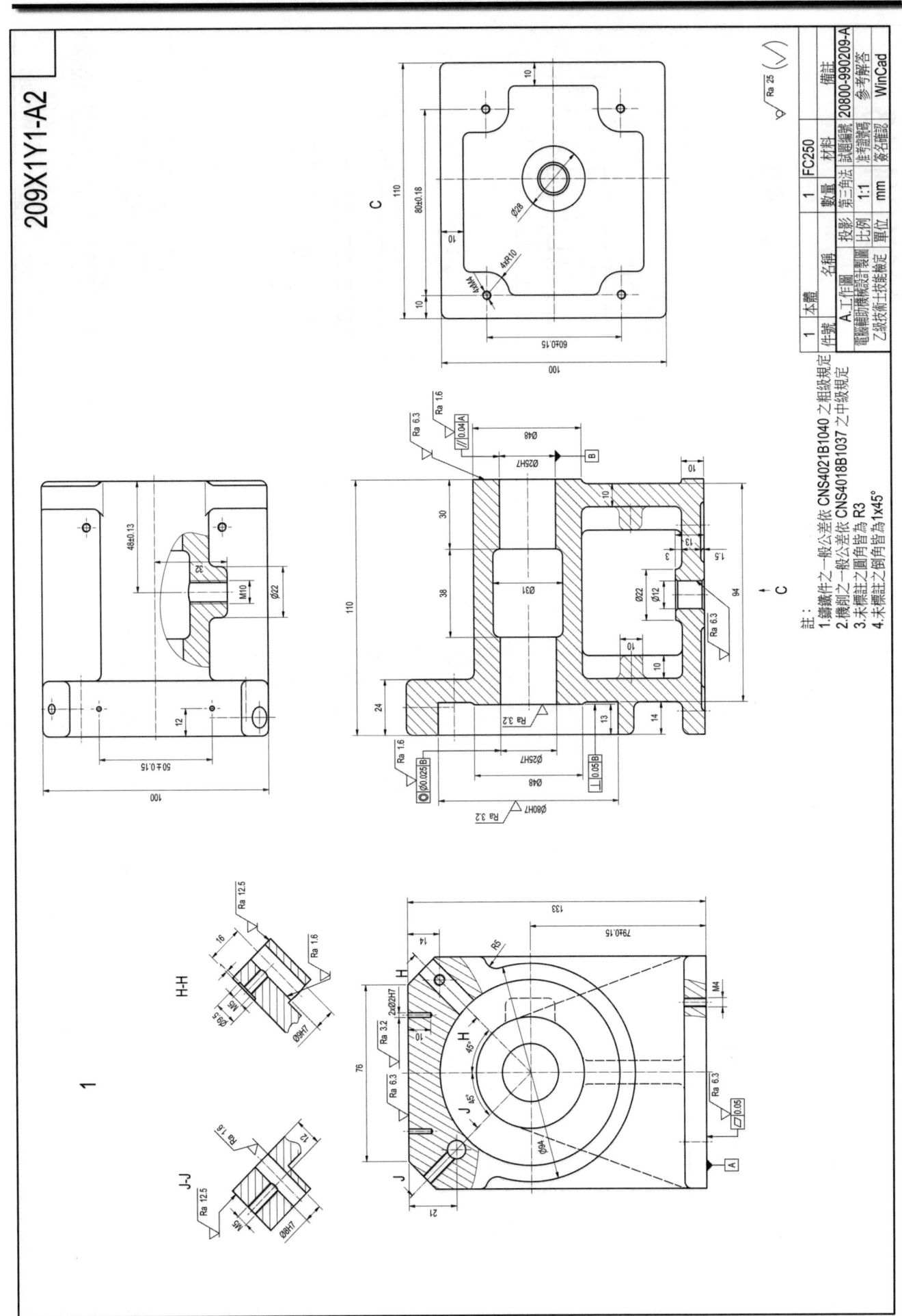

209X1Y1-A2

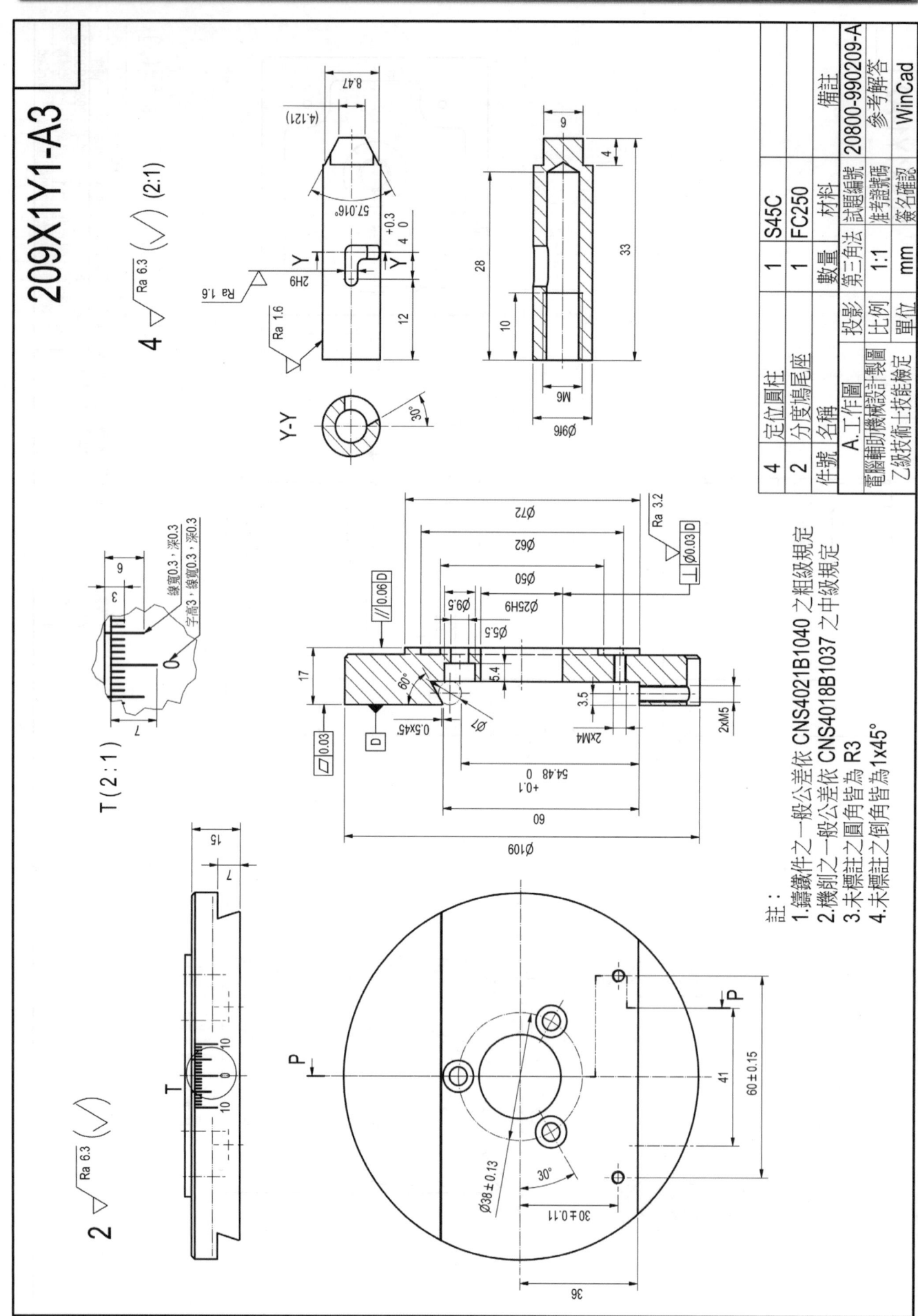

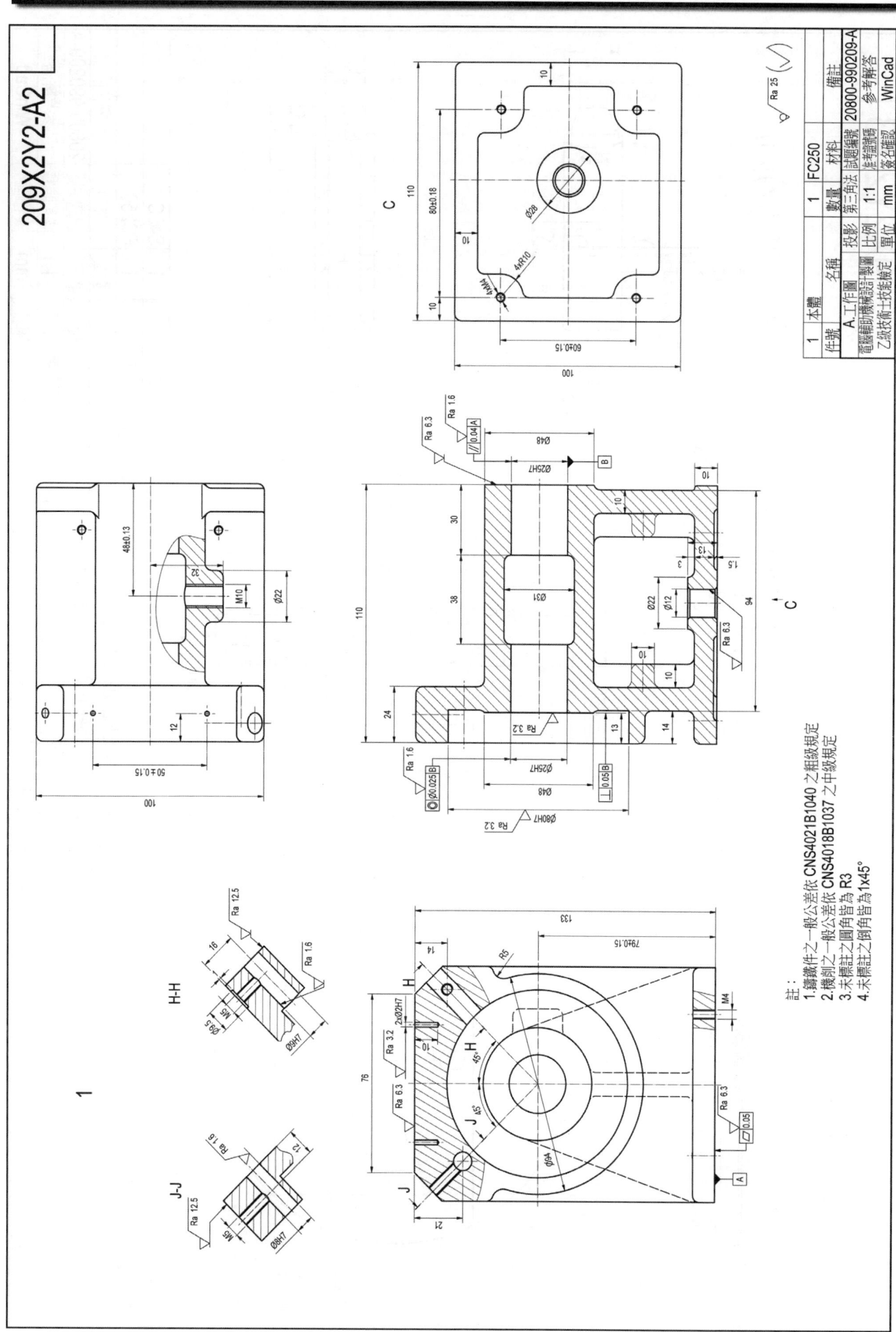

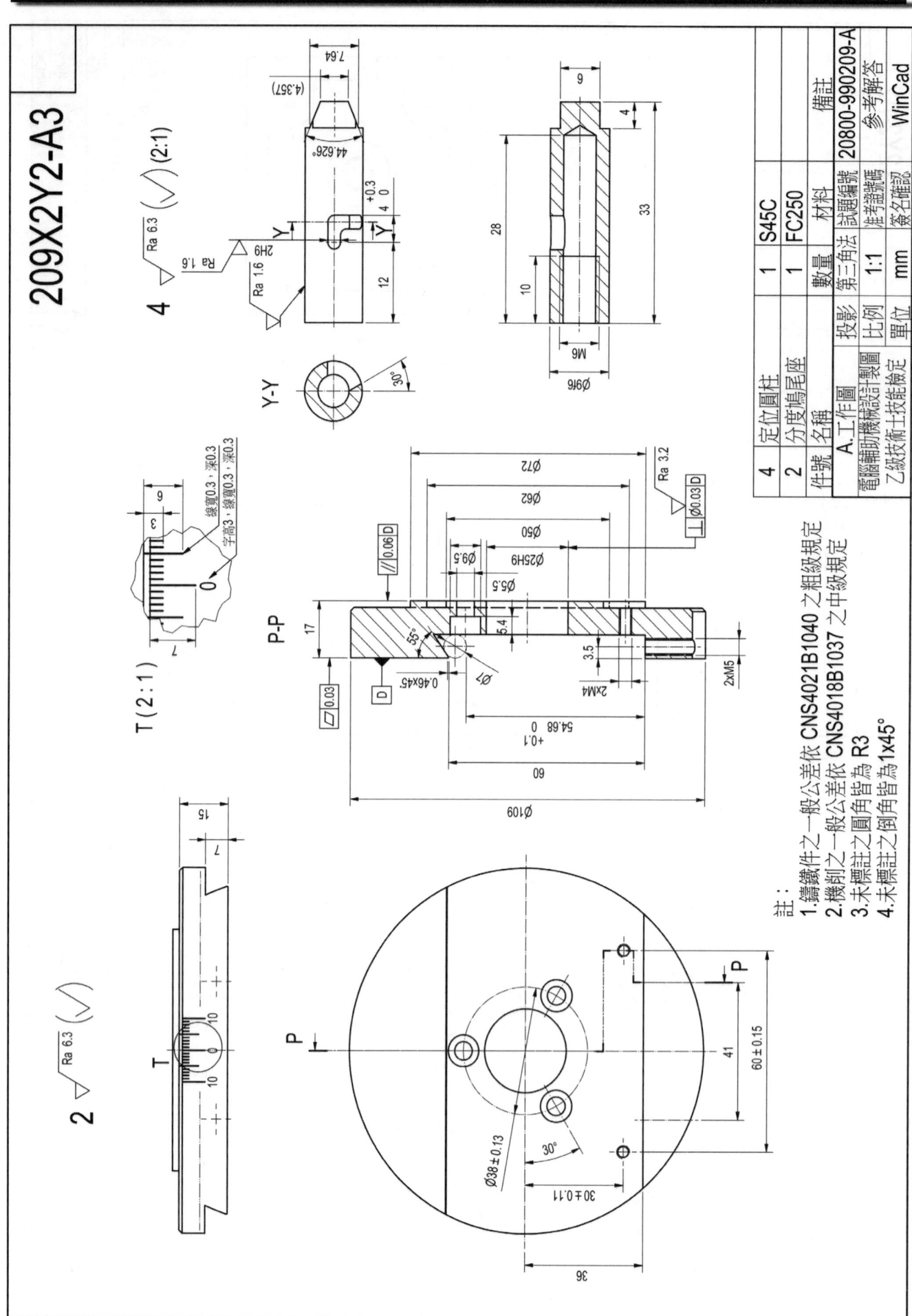

試題編號：20800-990210-A

工作圖試題說明：

一、　本工作圖試題繪製**時間4小時**(可提前交卷但不加分)，不含出圖時間。試題依第三角法命題，應檢人可選用第一角法或第三角法繪製，惟不得混用。

二、　應檢人繪製時，圖中的線條、數字及符號等應依照最近公佈之CNS國家標準繪製。

三、　應檢人依規定可使用之自備工具爲：**直尺、量角器、比例尺**等。只可參閱場地提供之設計資料檔，嚴禁攜帶**自備之設計資料**及**任何儲存媒體**。

四、　『**變更設計**』由監評人員現場抽定(寫於黑板上)，依試題所示之變更設計X及Y處繪製，變更設計將加重計分。

五、　**試題**：(依監評人員抽定之變更設計繪製)

  1. 繪製零件1：出圖於一張A2圖紙

    依1：2之比例，繪製零件1之工作圖於一張A2圖紙，工作圖須含尺度標註、公差配合、幾何公差、表面織構符號及零件表等。

  2. 繪製零件2：出圖於一張A3圖紙

    依2：1之比例，繪製零件2之工作圖於一張A3圖紙，工作圖須含尺度標註、公差配合、幾何公差、表面織構符號及零件表等。

六、　各圖面請繪製如**圖**(a)所示之A2及A3有裝訂邊圖框、標題欄及零件表，如**表**(a)所示，並填妥適當之內容。

七、　繪製時間結束時，請以『**准考證號碼**』爲檔名，存入電腦資料碟中(嚴禁使用自備之任 何儲存媒體)，並確認已經存檔後，電腦螢幕須保留現況，即離開崗位將試題交回給監 評人員，並出場等候出圖之指示。

八、　**出圖**：

  1. 中途離場或放棄出圖者須告知監評人員，並在評審表勾選放棄出圖及簽名後離場，若未依規定而離場者視同不及格。

  2. 應檢人請依監評人員之指示，將電腦繪製之圖面以黑色列印於規定圖紙上；倘若圖面未完整列印，得重新出圖，並將前一張圖紙作廢。

  3. 應檢人出圖後須確認圖面，並在**右下角簽名**後始得離場。監評人員則在右上角簽章 確認。

表**(a)** 零件表

件　號	名　稱	數　量	材　料	備　註
1	泵體	1	FC200	
2	主軸	1	S45C	

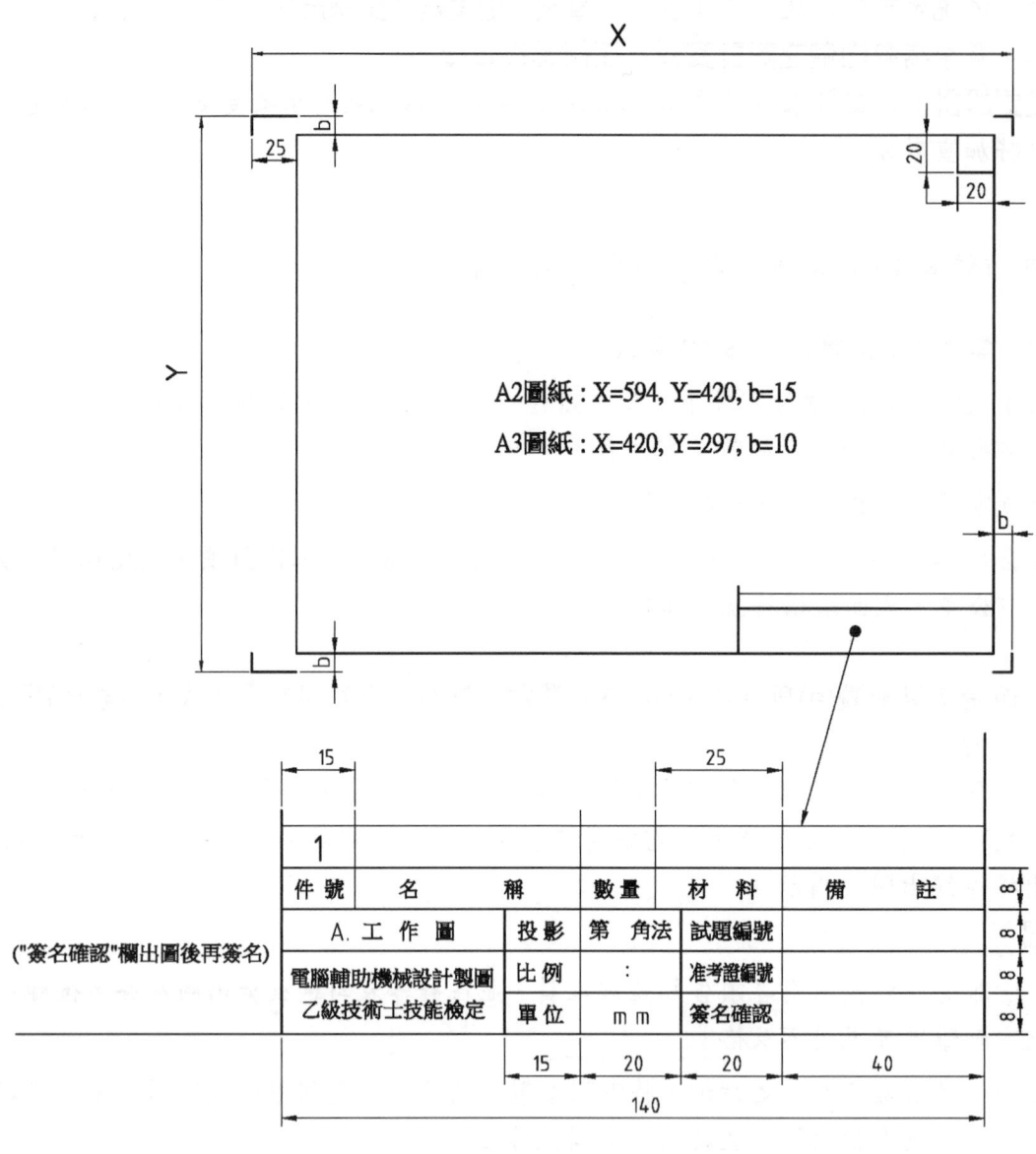

圖(a)

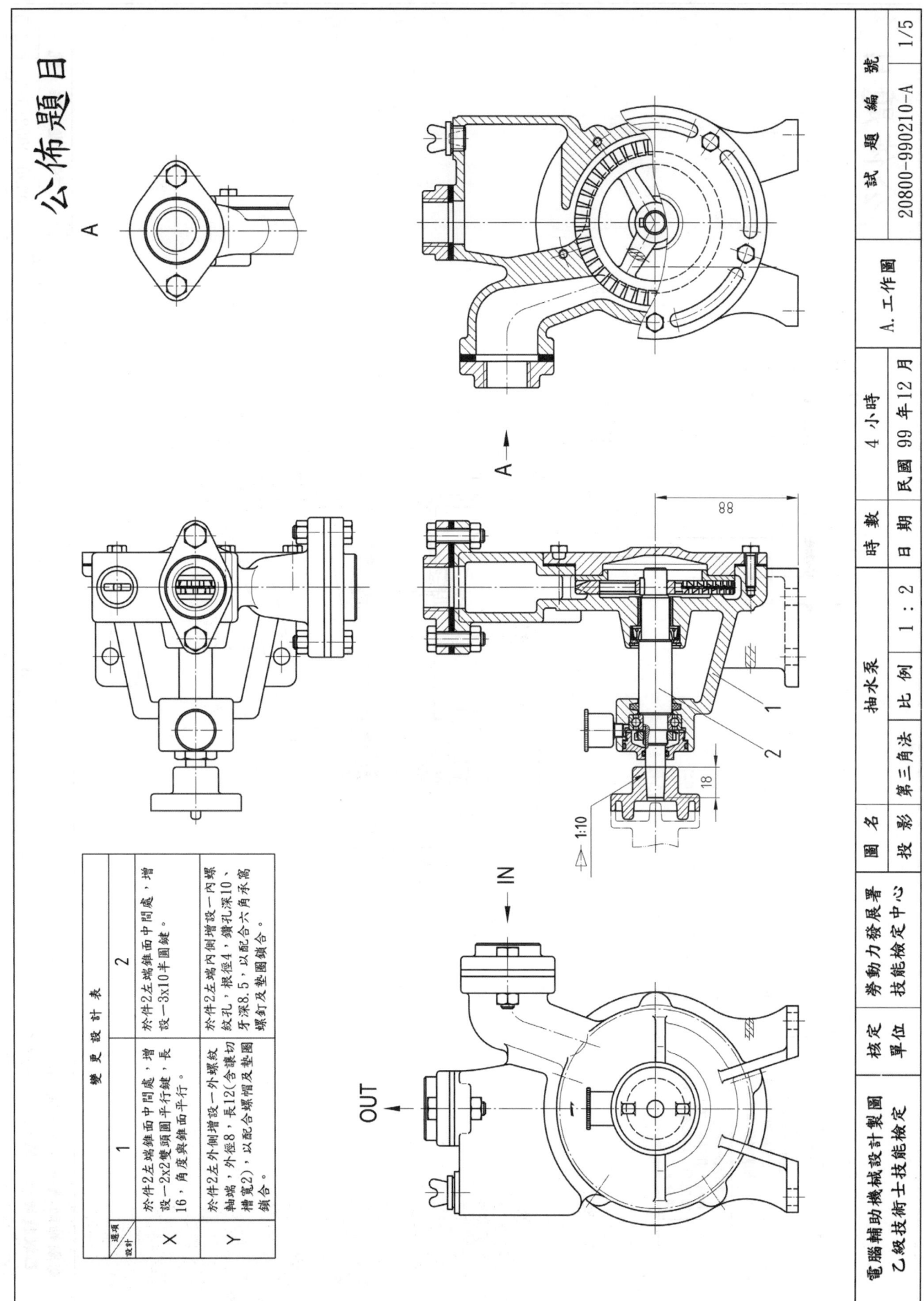

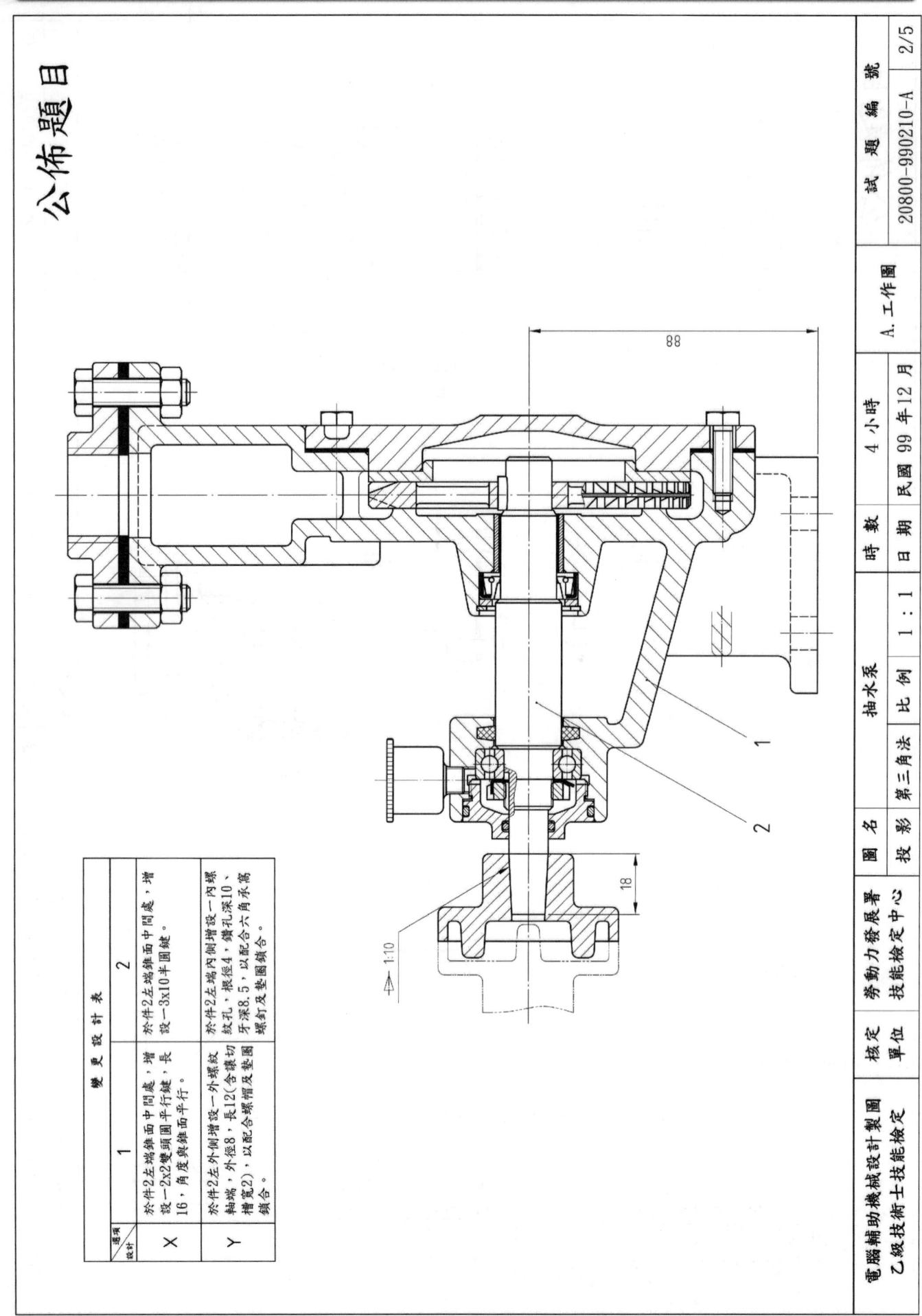

公佈題目

試 題 編 號	2/5
20800-990210-A	

A. 工作圖

時 數	4 小時
日 期	民國 99 年 12 月

投 影	第三角法	比 例	1：1

圖 名　抽水泵

核 定 單 位	勞動力發展署 技能檢定中心

電腦輔助機械設計製圖

乙級技術士技能檢定

變 更 設 計 表

設計 選項		
X	1	於件2左端錐面中間處，增設一2x2雙頭圓平行鍵，長16，角度與錐面平行。
Y	2	於件2左端錐面中間處，增設一3x10半圓鍵。 於件2左端內側增設一內螺紋孔，根徑4，鑽孔深10、牙深8.5，以配合螺帽及墊圈鎖合。 於件2左端外側增設一外螺紋軸端，外徑8，長12(含螺切槽寬2)，以配合螺帽及墊圈螺釘及墊圈鎖合。

88

18

1:10

1

2

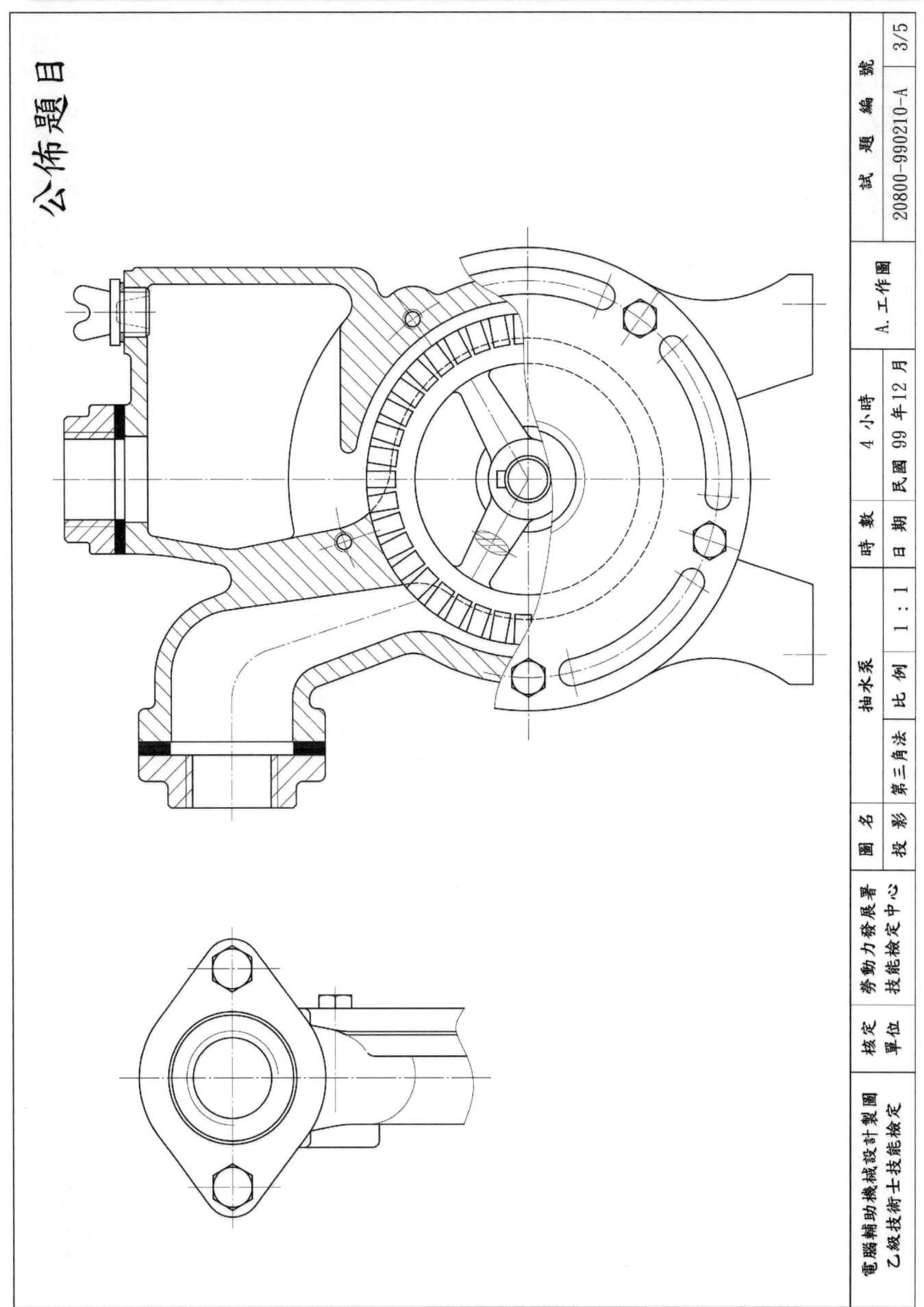

公佈題目

電腦輔助機械設計製圖 乙級技術士技能檢定	核定 單位	勞動力發展署 技能檢定中心	圖 名	抽水泵	時 教	4 小時	試 題 編 號	3/5
			投 影	第三角法	比 例	1：1	20800-990210-A	
					日 期	民國 99 年 12 月	A. 工作圖	

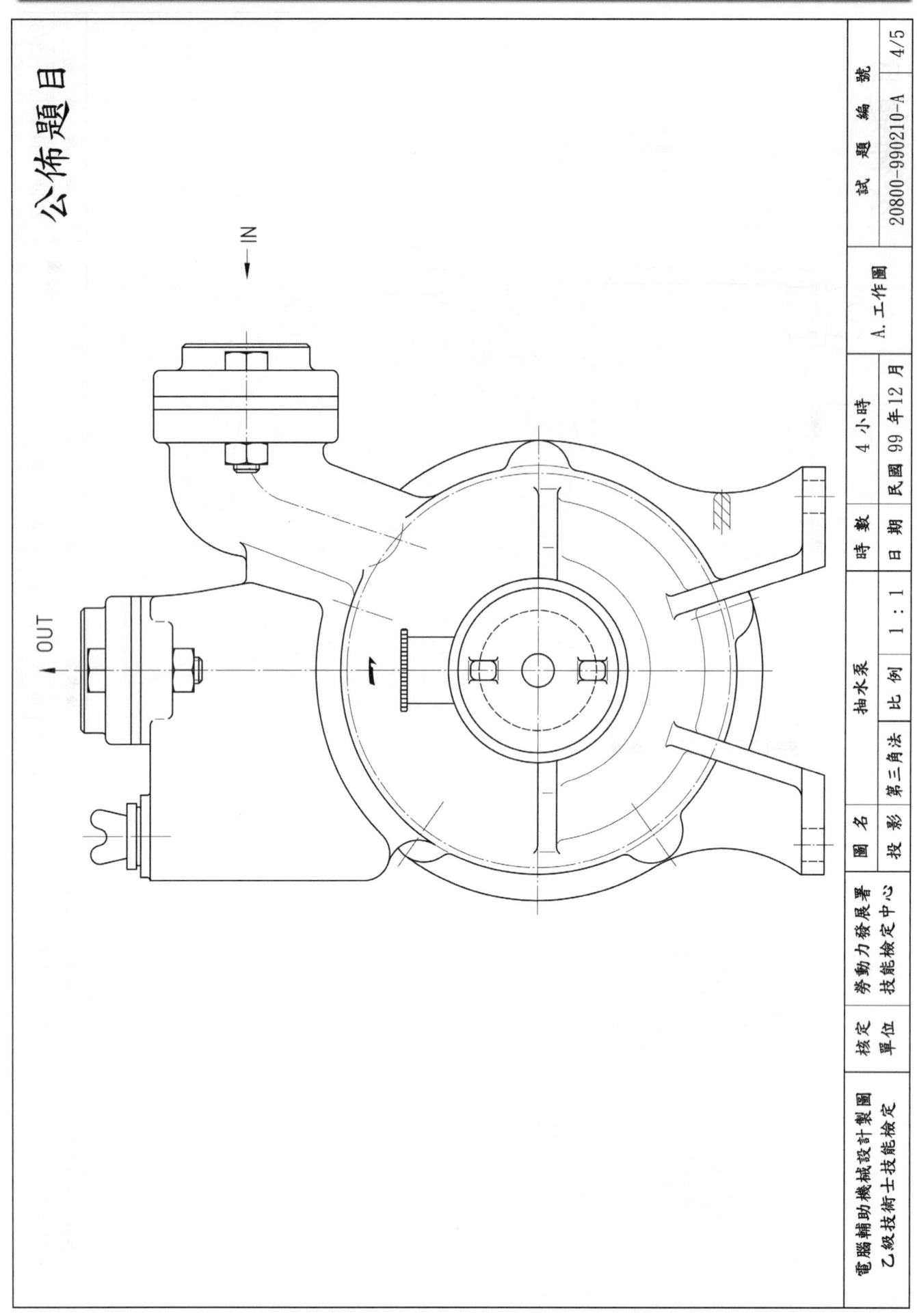

公佈題目

IN

OUT

電腦輔助機械設計製圖	核定 單位	勞動力發展署 技能檢定中心	圖名	投影	抽水泵		時數	4 小時	A.工作圖	試題編號	20800-990210-A
乙級技術士技能檢定			投影	第三角法	比例	1：1	日期	民國 99 年 12 月			4/5

公佈題目

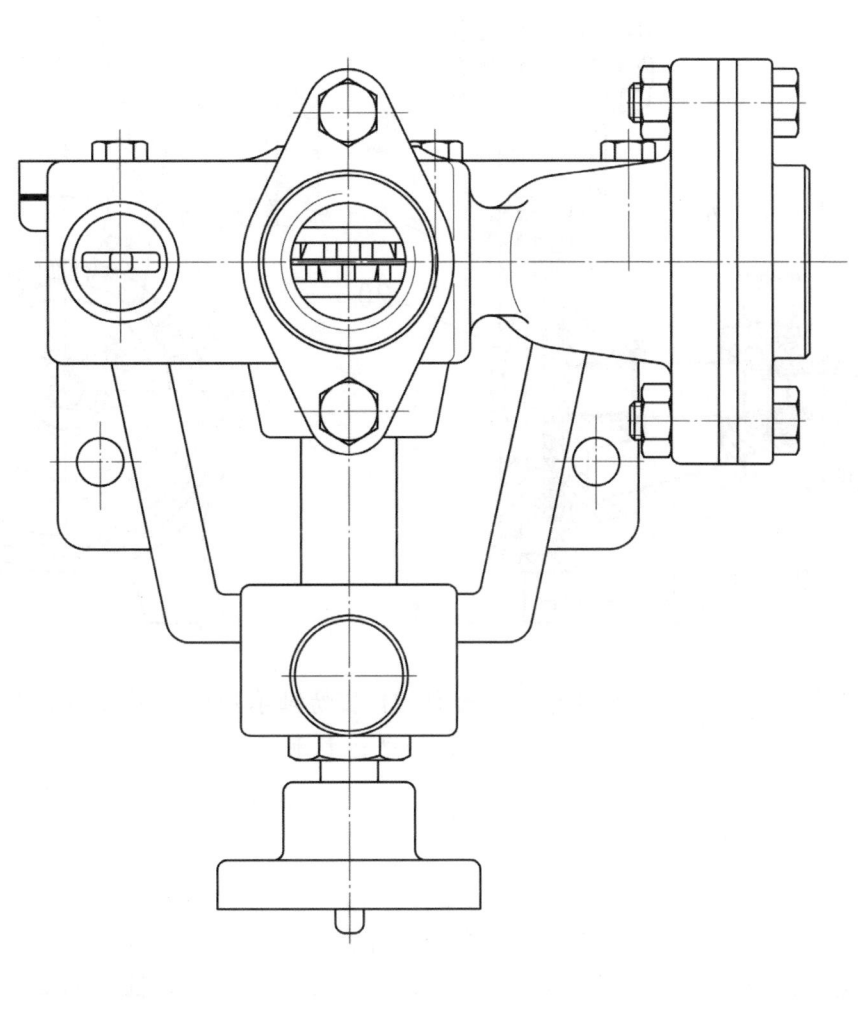

| 電腦輔助機械設計製圖 乙級技術士技能檢定 | 檢定 單位 | 勞動力發展署 技能檢定中心 | 圖名 投影 | 抽水泵 第三角法 | 時數 日期 比例 | 4 小時 民國 99 年 12 月 1 : 1 | A. 工作圖 | 試題 編號 20800-990210-A | 5/5 |

解題分析與研習步驟

一、990210-A 相關知識及機構動作說明

1. 動力來自於件 2 左端之件 3 連結器輸入，透過變更設計的半圓鍵或雙頭圓平行鍵與件 2 傳動軸連接，軸右端藉由件 20 與件 4 連接，帶動渦輪轉動。件 4 渦輪有交錯齒產生渦漩效果，將水由「IN」端吸入經渦輪迴轉後，傳送到上方「OUT」端流出。

2. 而件 5 連結器採爪形離合器，連結使用時須停止轉動，待接合後再重新啓動馬達，以避免損壞。變更設計中，所採取與件 2 鎖緊之螺紋，配合傳動軸旋轉方向，應採左旋螺紋以避免產生鬆脫。

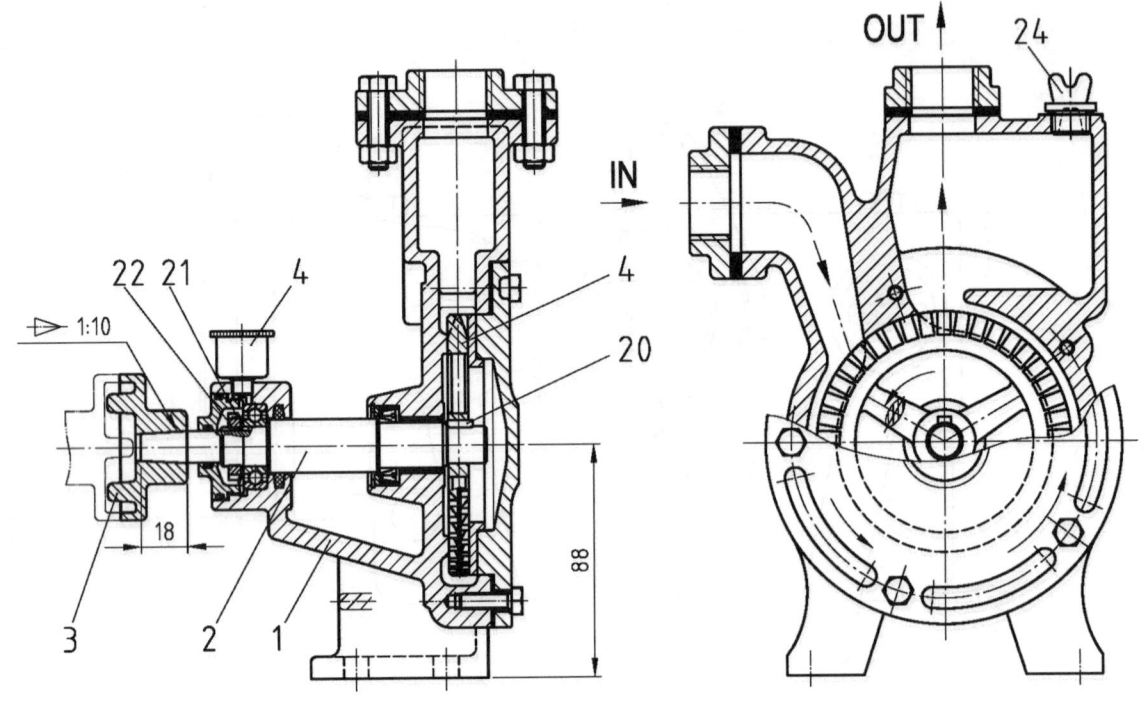

3. 件 2 傳動軸左端之件 22 滾動軸承用螺帽配合件 21 滾動軸承用螺帽墊圈部份用以鎖緊及定位，配合之件 2 螺紋可採細牙螺紋，能防止因爲震動造成鬆動。

4. 爲避免件 2 傳動軸，轉動實產生過熱磨耗，所以可由件 23 處注油潤滑，以防止發熱。本機構可裝置防漏環或 O 形環等以避免水洩漏。

5. 抽水泵使用時當內部空氣過多，可能會產生壓力過大，無法抽水造成馬達轉軸過熱現象，所以可由件 24 處注水以將泵體內空氣排出，以利抽水泵運作。

6. 軸承用螺帽與軸承用齒鎖墊圈，一般用於固定軸承的零件，係於旋轉軸的螺桿上加工縱向的溝槽，藉由將螺帽和齒鎖墊圈的結合，以得到防止螺帽鬆脫的效果。安裝時，先將旋轉軸和軸承組合在一起後，再將齒鎖墊圈的凸起部（S2）組合於旋轉軸的溝槽部（a）後將軸承用螺帽鎖緊，最後將齒鎖墊圈凸起部（S1）合於軸承螺帽的溝槽部（S）折彎。其常用之規格，見下列附表 1。

附表1　軸承用螺帽與軸承用齒鎖墊圈常用之規格

①軸承用螺帽　　②軸承用齒鎖墊圈

No.	M×Pitch(細螺紋)	軸承用螺帽						軸承用齒鎖墊圈								齒數
		D_1	D_2	B	d	S	T	d_1	k	S_1	S_2	t	V	D_3	D_4	
10	10×0.75	18	13	4	14	3	2	10	8.5	3	3	1.0	2	21	13	9
12	12×1.0	22	17	4	18	3	2	12	10.5	3	3	1.0	2	25	17	9
15	15×1.0	25	21	5	21	4	2	15	13.5	4	4	1.0	2.5	28	21	13
17	17×1.0	28	24	5	24	4	2	17	15.5	4	4	1.0	2.5	32	24	13
20	20×1.0	32	26	6	28	4	2	20	18.5	4	4	1.0	2.5	36	26	13
25	25×1.0	38	32	7	34	5	2	25	23	5	5	1.2	2.5	42	32	13
30	30×1.0	45	38	7	41	5	2	30	27.5	5	5	1.2	2.5	49	38	13
35	35×1.5	52	44	8	48	5	2	35	32.5	5	6	1.2	2.5	57	44	15

No.	齒鎖墊圈安裝加工溝槽尺度	
	溝槽寬度 a	溝槽深度 b
10	4	2
12	4	2
15	5	2
17	5	2
20	5	2
25	7	2.5
30	7	3
35	7	3

二、990210-A 變更設計相關知識說明

1. 試題要求之變更設計：

變更設計		
設計＼選項	1	2
X	於件 2 左端錐面中間處，增設一 2×2 雙頭圓平行鍵，長 16，角度與錐面平行。	於件 2 左端錐面中間處，增設一 3×10 半圓鍵。
Y	於件 2 左外側增設一外螺紋軸端，外徑 8，長 12（含讓切槽寬 2），以螺帽及墊圈鎖合。	於件 2 左端內側增設一內螺紋孔，根徑 4，鑽孔深 10，牙深 8.5 以配合六角承窩螺釘及墊圈鎖合。

2. 變更設計之計算及查表：

a. X1 變更設計：

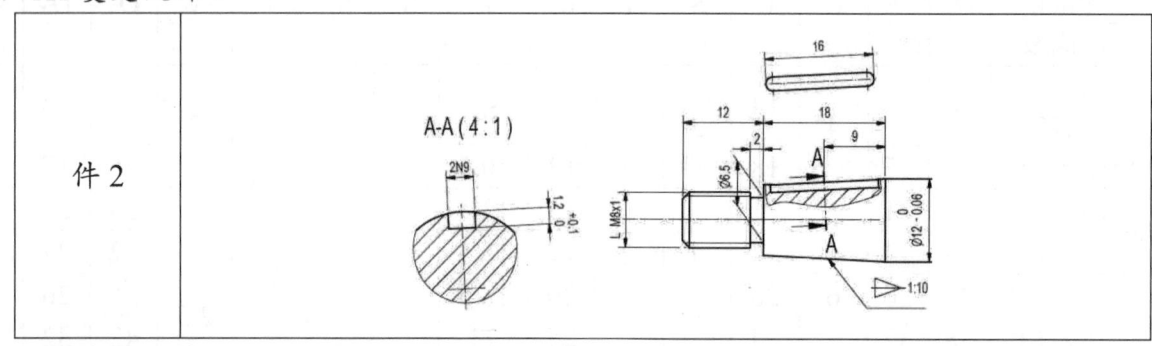

b. X2 變更設計：

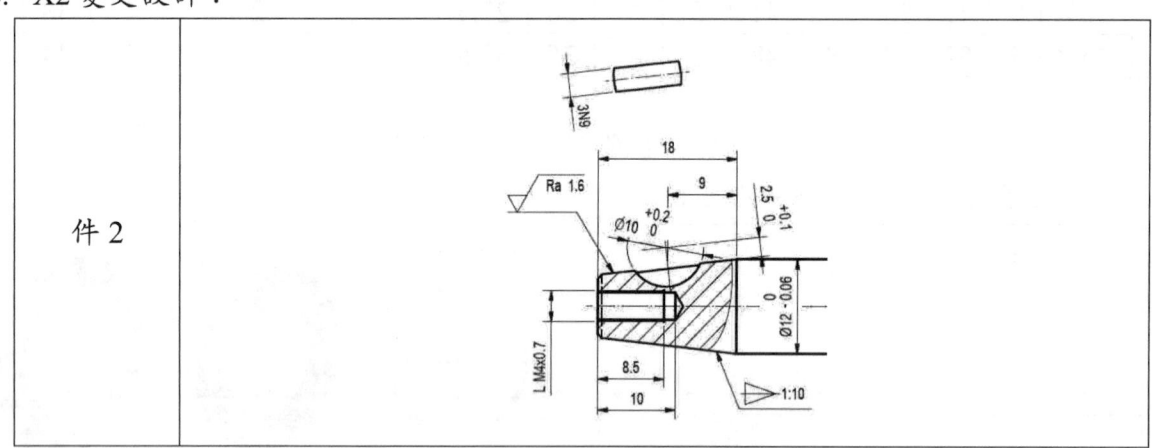

c. Y1 變更設計：　　　　　　　　　　d. Y2 變更設計：

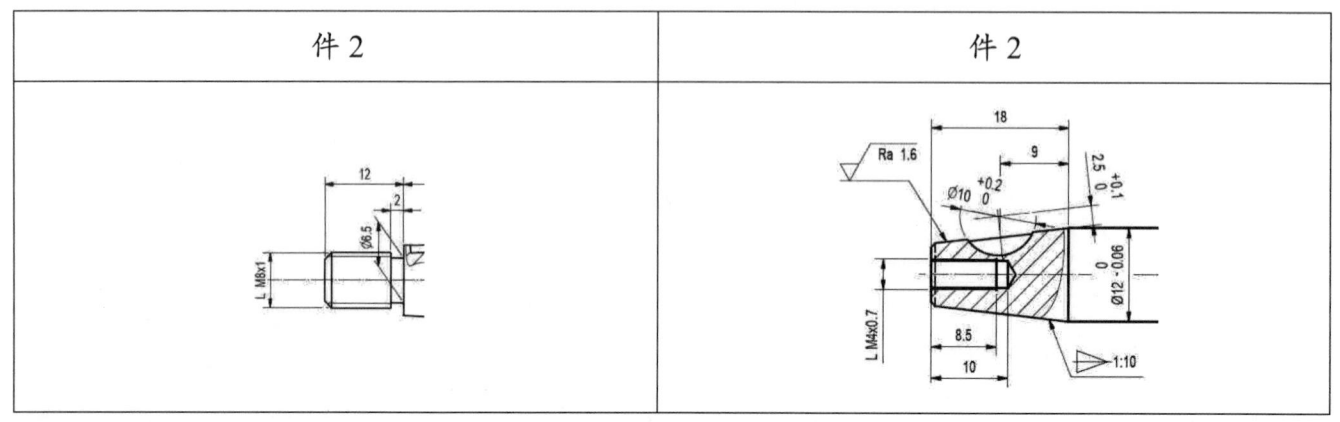

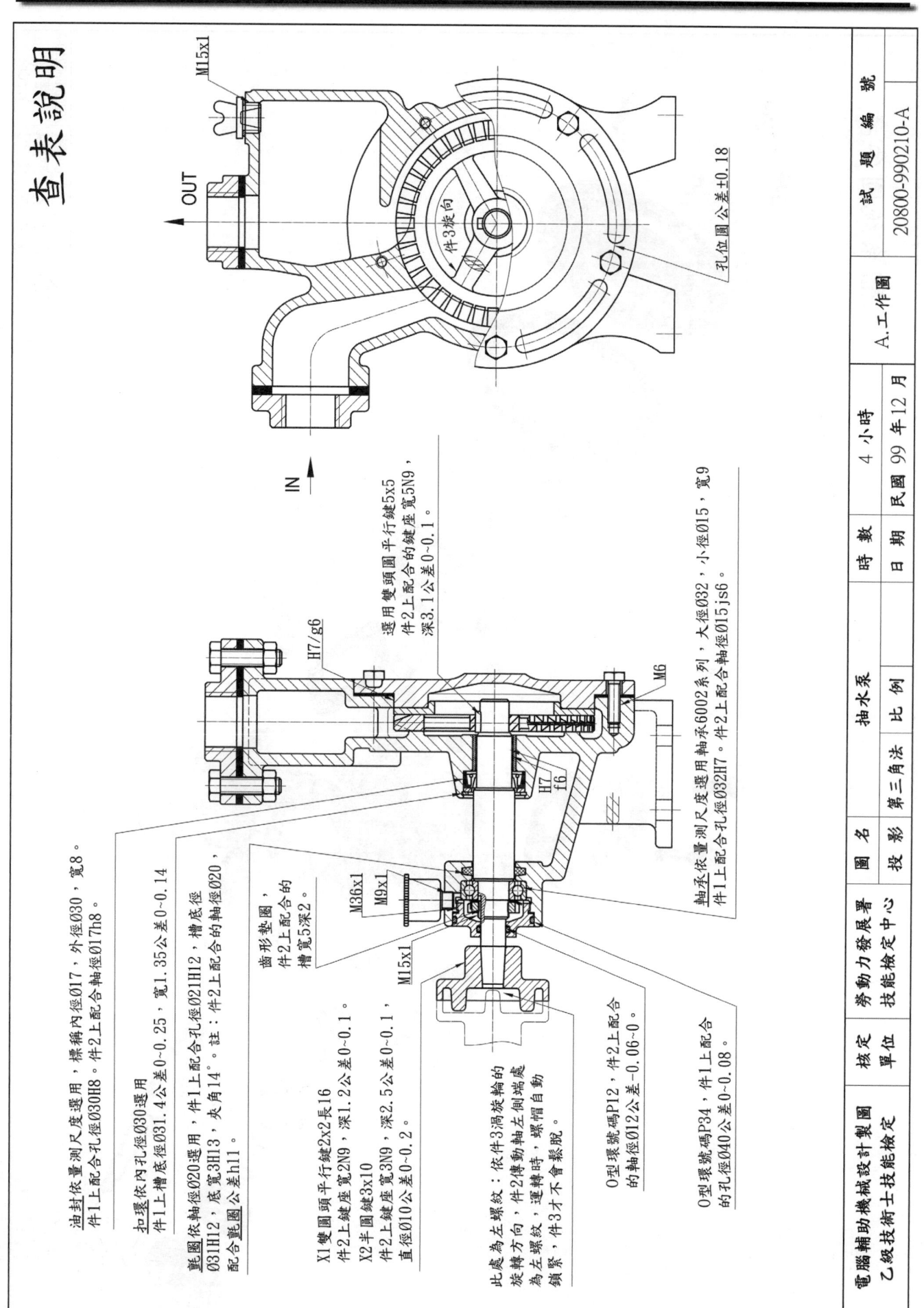

查表說明

M15x1

OUT

件3旋向

IN

孔位圓公差±0.18

H7/g6

選用雙頭圓平行鍵5x5
件2上配合的鍵座寬5N9，
深3.1公差0~0.1。

件2上配合孔徑Ø32H7。件1上配合軸徑Ø15js6。
軸承依量測尺度選用軸承6002系列，大徑Ø32，小徑Ø15，寬9。

M6

H7
f6

M36x1
M9x1

齒形墊圈，
件2上配合的
槽寬5深2。

M15x1

油封依量測尺度選用，標稱內徑Ø17，外徑Ø30，寬8。
件1上配合孔徑Ø30H8。件2上配合軸徑Ø17h8。

扣環依內孔徑Ø30選用
件1上槽底徑Ø31.4公差0~0.25，寬1.35公差0~0.14

襯圈依軸徑Ø20選用，件1上配合孔徑Ø21H12，槽底徑
Ø31H12，底寬3H13，夾角14°。註：件2上配合的軸徑Ø20
配合襯圈公差h11。

X1雙圓頭平行鍵2x2長16
件2上鍵座寬2N9，深1.2公差0~0.1。
X2半圓鍵3x10
件2上鍵座寬3N9，深2.5公差0~0.1，
直徑Ø10公差0~0.2。

此處為左螺紋：依件3渦旋輪的
旋轉方向，件2傳動軸左側端流處
為左螺紋，運轉時，螺帽自動
鎖緊，件3才不會鬆脫。

O型環號碼P12，件2上配合
的軸徑Ø12公差-0.06~0。

O型環號碼P34，件1上配合
的孔徑Ø40公差0~0.08。

電腦輔助機械設計製圖	核定	勞動力發展署	圖名	抽水泵	時數	4 小時	試題編號
乙級技術士技能檢定	單位	技能檢定中心	投影	第三角法	比例		20800-990210-A
					日期	民國 99 年 12 月	A.工作圖

立體系統圖參考

A.工作圖	投影圖	第三角法	試題編號	20800-990210-A
電腦輔助機械設計製圖	比例	2:3	修改圖編號	參考解答
乙級技術士技能檢定	單位	mm	簽名確認	WinCad

等角組合圖參考

A. 工作圖	投 影	第三角法	試題編號	20800-990210-A
電腦輔助機械設計製圖	比 例	1:1	准考證號碼	參考解答
乙級技術士技能檢定	單 位	mm	簽名確認	WinCad

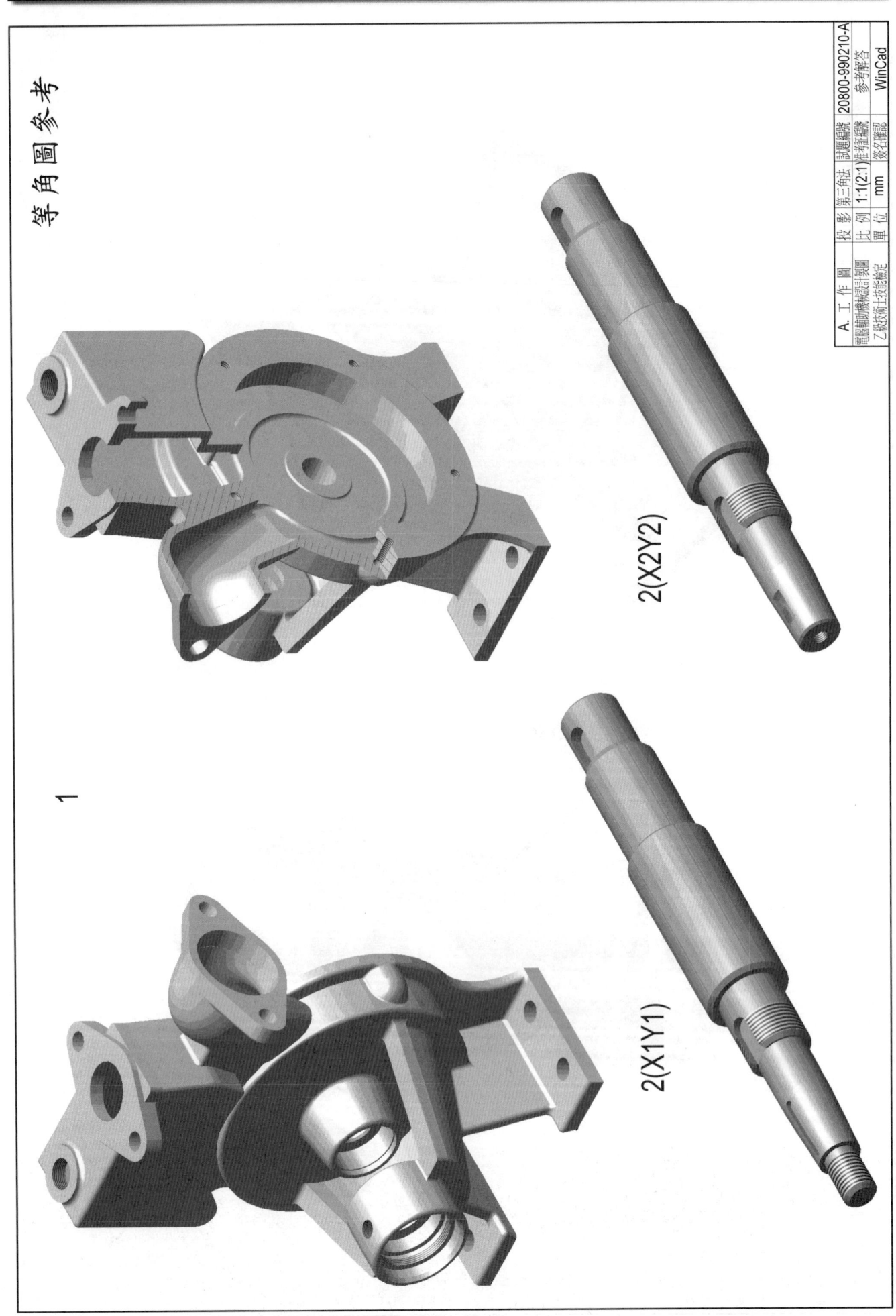

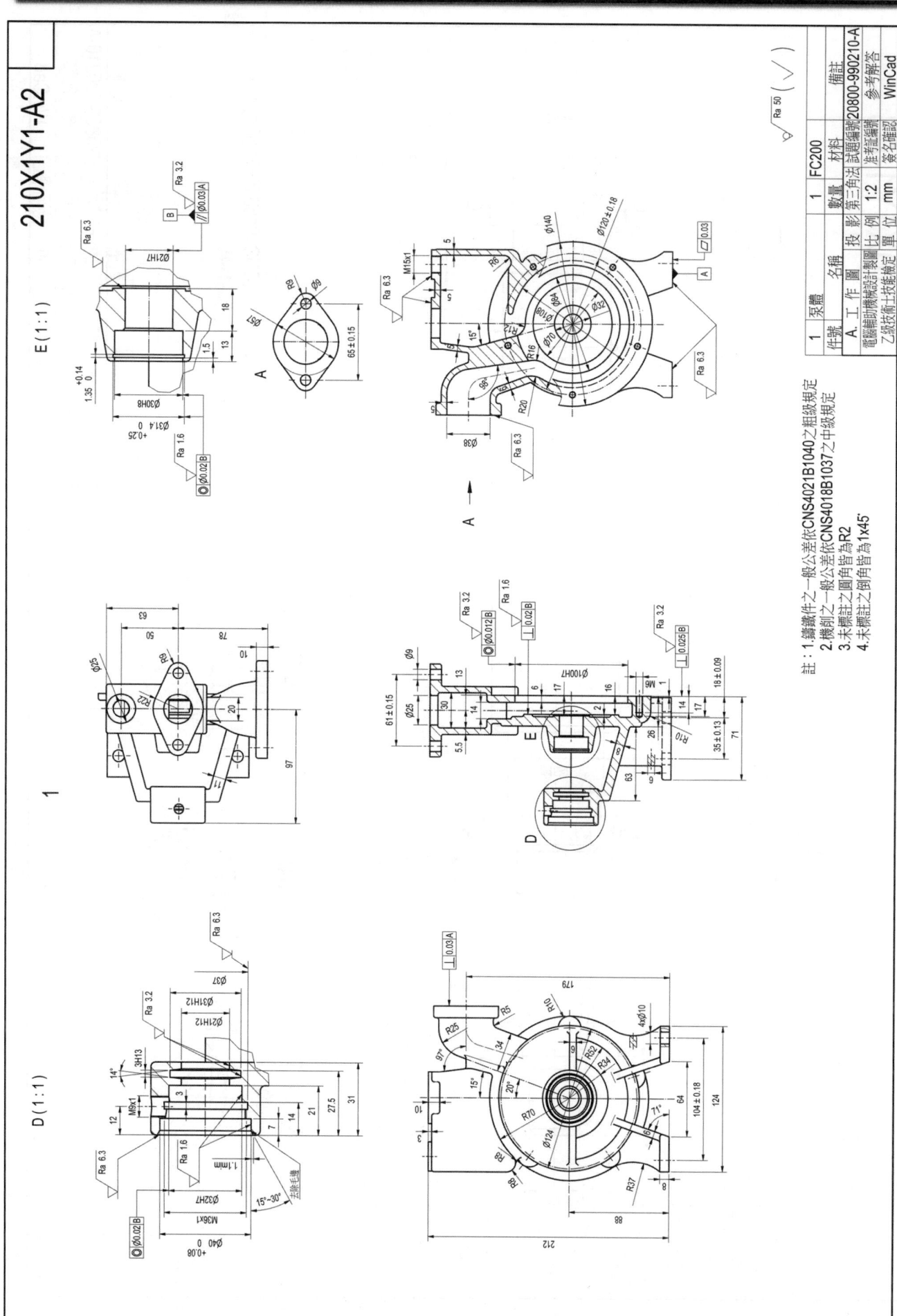

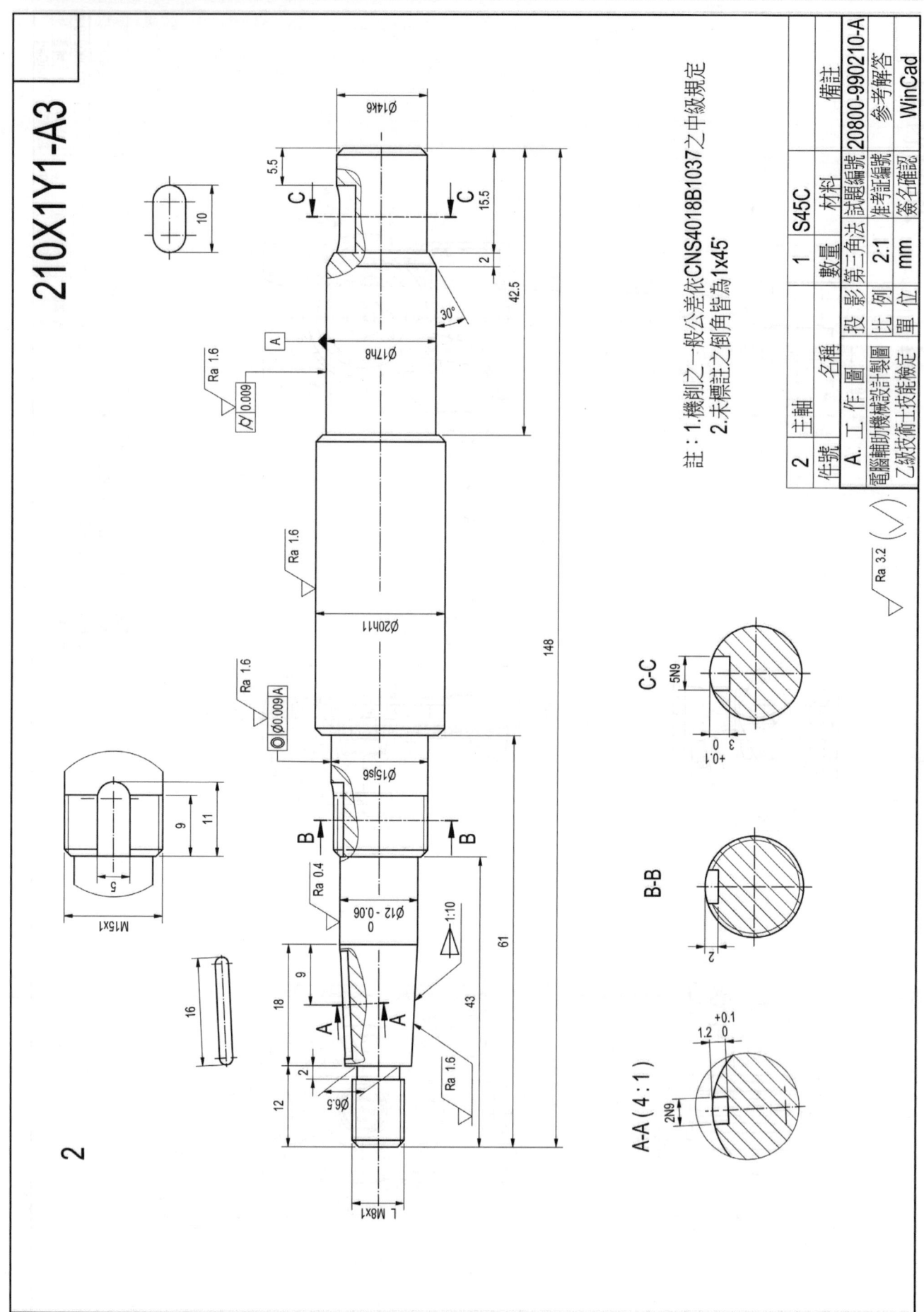

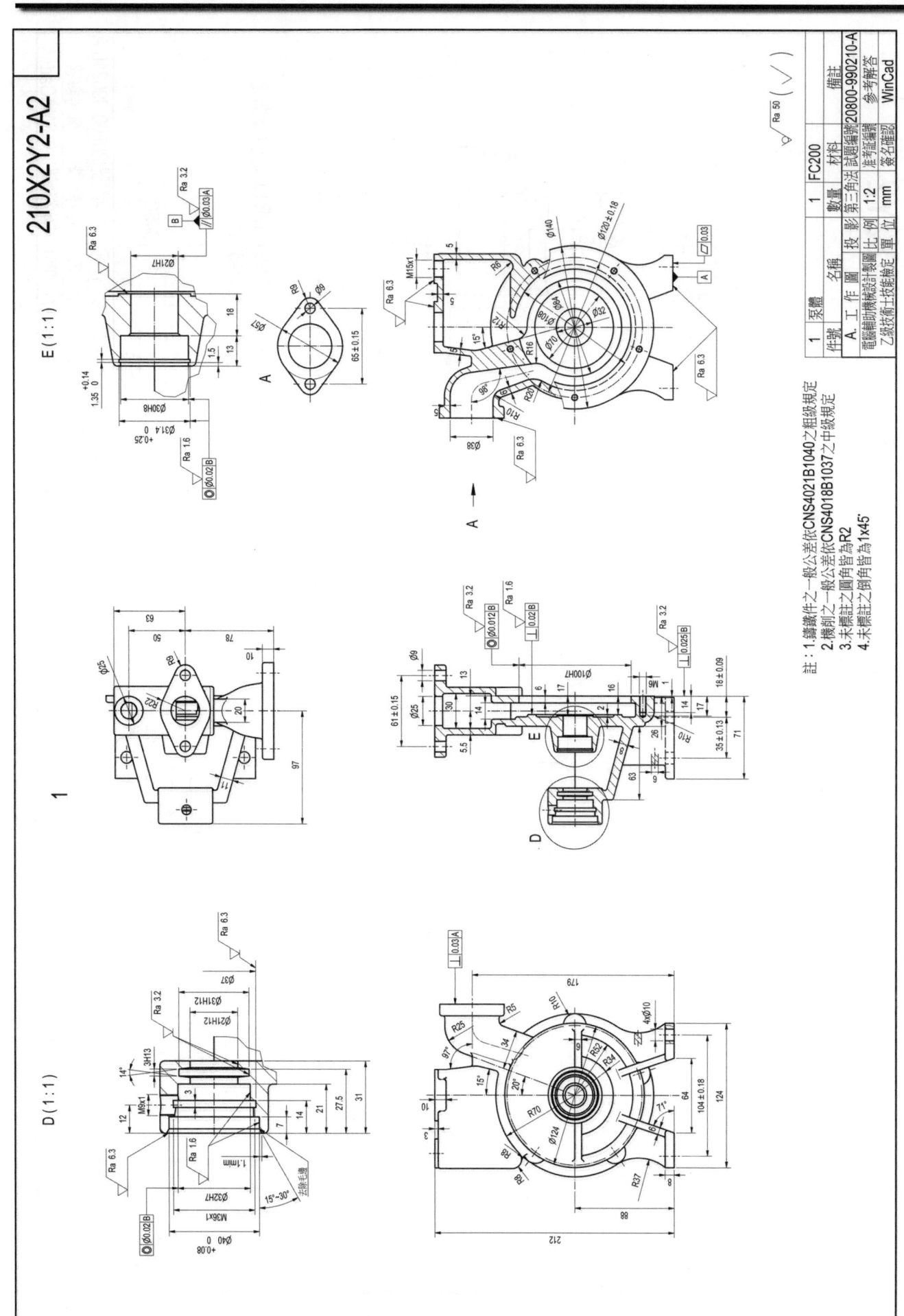

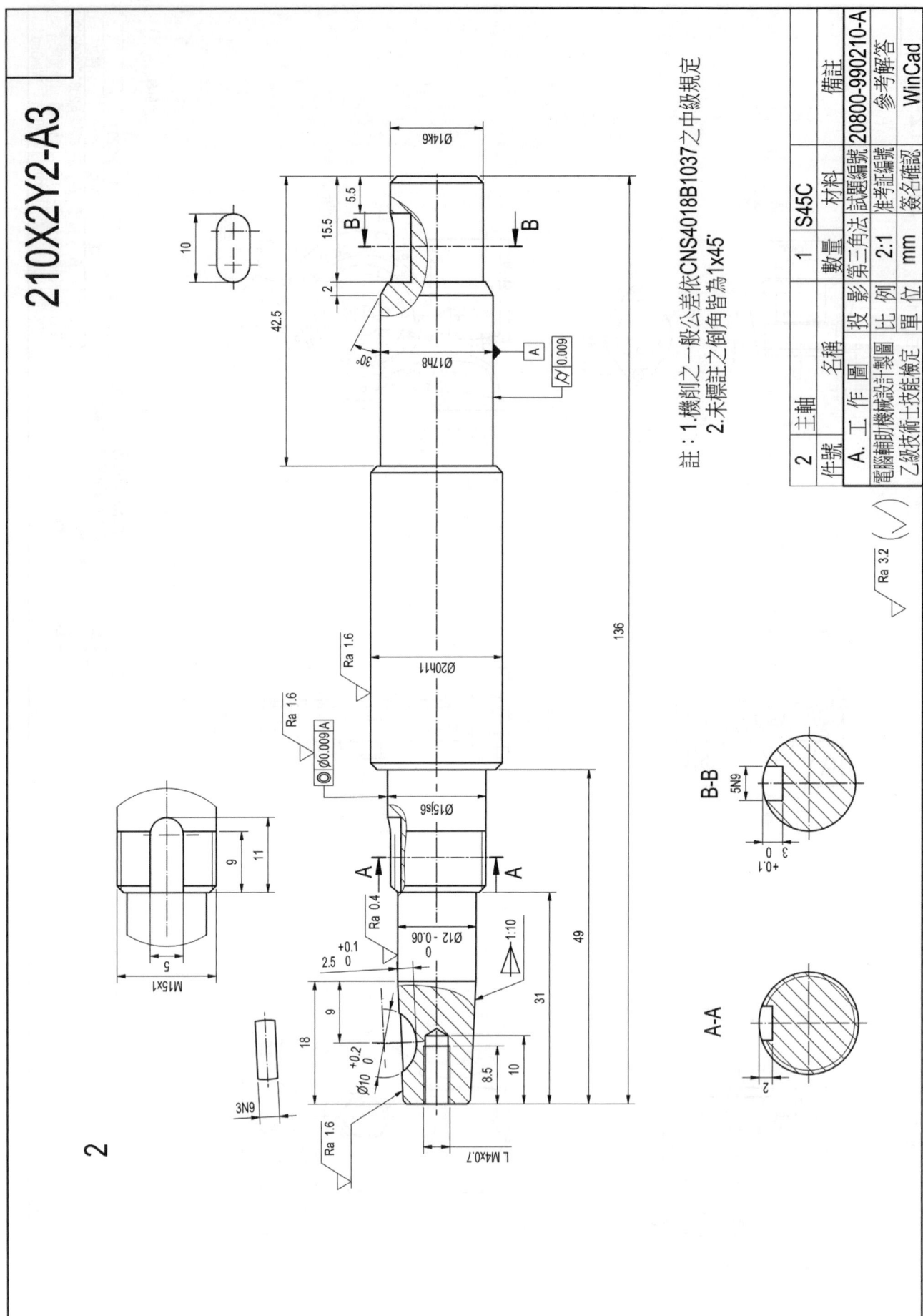

電腦輔助設計製圖乙級-組合圖的製圖說明

1.　組合圖為表示機構中，各機件之相對關係位置與構造，視圖應力求簡潔；因其目的不在表示構件之詳細細節，故組合圖上之虛線，如非必要盡量省略。

2.　尺寸的註記，組合圖中通常只需註入全寬、全高、全深尺寸，及主要中心距離及運動件之移動範圍。

3.　零件編號引線不宜用水平，垂直細線，宜用斜線，各線切勿交叉，引線不要橫跨太多零件，件號應水平或垂直對齊。

4.　零件的組裝位置，大都為軸與孔的公母配合、組合時可先依常用件與標準件的相關配合尺寸，判別與主要零件的組合位置，相關配合尺寸例如：軸承的內外孔徑尺寸，組合齒輪的中心距，彈簧的內外徑，螺栓螺帽的螺紋規格，墊圈、鍵、銷、扣環，油封，O型環等的尺寸。

5.　從零件表觀察，件一通常為主要零件，例如；底座、本體等，件二通常會組裝在件一上，可從二者相關尺寸，判別組裝位置，組合時要參考其他零件，避免將件二，上下或左右位置裝反而影響功能。

6.　零件表的件號，通常由最大外型零件開始編件號，之後為常用件，最後為標準件，在電腦軟體中組合，不一定要依實物的組合程序，但要確保零件的相對位置正確，功能正常，使用時不會因單一零件上下左右相反產生干涉。

7.　繪製單一零件時，應於題目中將可能用於組裝配合尺寸特別圈出，可方便組裝時參考。

8.　常用件在零件表或工作圖上未標明尺寸，相關尺寸須先查表才能研判組裝位置，例如由軸承的號碼，查出軸承的內外徑尺寸。

9.　組合圖之校對，圖面完成之後應依下列各項依次校對，以求圖面正確

　　(1)　依所繪圖面在機構運動上，是否能在適當範圍內，依所控制情況活動，以達工作之需要。

　　(2)　全圖中之外形尺寸與相對之裝配尺寸有否錯誤。

　　(3)　圖面之投影法，佈圖應依試題說明的視角，比例佈圖。

　　(4)　圖面之剖切法，是否能表示所有之機件裝配情形。

　　(5)　件號有否標錯，組合相關尺寸有否標註。

　　(6)　零件表之零件規格、數量、材料有否錯誤。

　　本書將各試題零件中用於組裝配合尺寸，於各試題尺寸中用引線標示指出，特別須加強說明處，於各試題中另以圖示說明，詳見各試題組合說明。

試題編號：20800-990201-B
相關圖試題說明：

一、本相關圖試題為組合圖繪製時間 2.5 小時(可提前交卷但不加分)，不含出圖時間。試題依第三角法命題，應檢人可選用第一角法或第三角法繪製，惟不得混用。

二、應檢人繪製時，圖中的線條、數字及符號等應依照最近公佈之 CNS 國家標準繪製。

三、應檢人依規定可使用之自備工具為：直尺、量角器及比例尺等。只可參閱場地提供之設計資料檔，嚴禁攜帶自備之設計資料及任何儲存媒體。

四、試題：(變速機構)

 1. 繪製正投影組合圖：出圖於一張 A3 圖紙

   按試題所給之零件圖及零件表如表(a)所示，依 1：1 之比例，繪製正投影組合圖於一張 A3 圖紙，尺度不足處請依比例自行量測。正投影組合圖須依零件 1 之視圖方向繪製其前視圖及左側視圖，含適當剖面、件號及組合尺度(如規格、總尺度等)等，繪製時免畫零件表。

 2. 繪製立體分解系統圖：出圖於一張 A3 圖紙

   按試題所給之零件圖及零件表如表(a)所示，依約 1：2 之比例，繪製等角投影立體分解系統圖(爆炸圖)於一張 A3 圖紙。立體分解系統圖以黑白潤飾表現，須含系統線。繪製時免畫剖面、件號及零件表等。

五、各圖面請繪製如圖(a)所示之標題欄及零件表，並填妥適當之內容。只需畫標題欄時，標題欄上方之零件表無需繪製。

六、繪製時間結束時，請以『准考證號碼』為檔名，存入電腦資料碟中(嚴禁使用自備之任何儲存媒體)，並確認已經存檔後，將試題交回給監評人員，並等候指示在個人崗位電腦上出圖，出圖後電腦螢幕須保留現況。

七、出圖：

 1. 中途離場或放棄出圖者須告知監評人員，並在評審表"放棄出圖者"處簽名後離場，若未依規定而離場者視同不及格。

 2. 應檢人請依監評人員之指示，將電腦繪製之圖面以黑色列印於規定圖紙上；倘若圖面未完整列印，得重新出圖，並將前一張圖紙作廢。

 3. 應檢人出圖後須確認圖面，並在右下角簽名後始得離場。監評人員則在右上角簽章確認。

表(a)　零件表

件 號	名 稱	數 量	材 料	備 註
1	本體	1	FC200	
2	蓋	1	FC200	
3	主動齒輪軸	1	S45C	
4	從動齒輪軸	1	S45C	
5	輪	1	FC200	
6	墊片	1	硬橡膠	t=0.3
7	滾珠軸承 A	2	--	6202、6202U 各 1
8	滾珠軸承 B	2	--	6201、6201U 各 1
9	C 形扣環	1	SUP3	Ø 35x1.5
10	直銷	2	S50C	Ø4x30
11	六角螺栓 A	1	S20C	M8x8
12	六角螺栓 B	7	S20C	M6x28
13	彈簧墊圈	7	SUP3	Ø6
14	六角承窩頭固定螺釘	1	S20C	M4x8

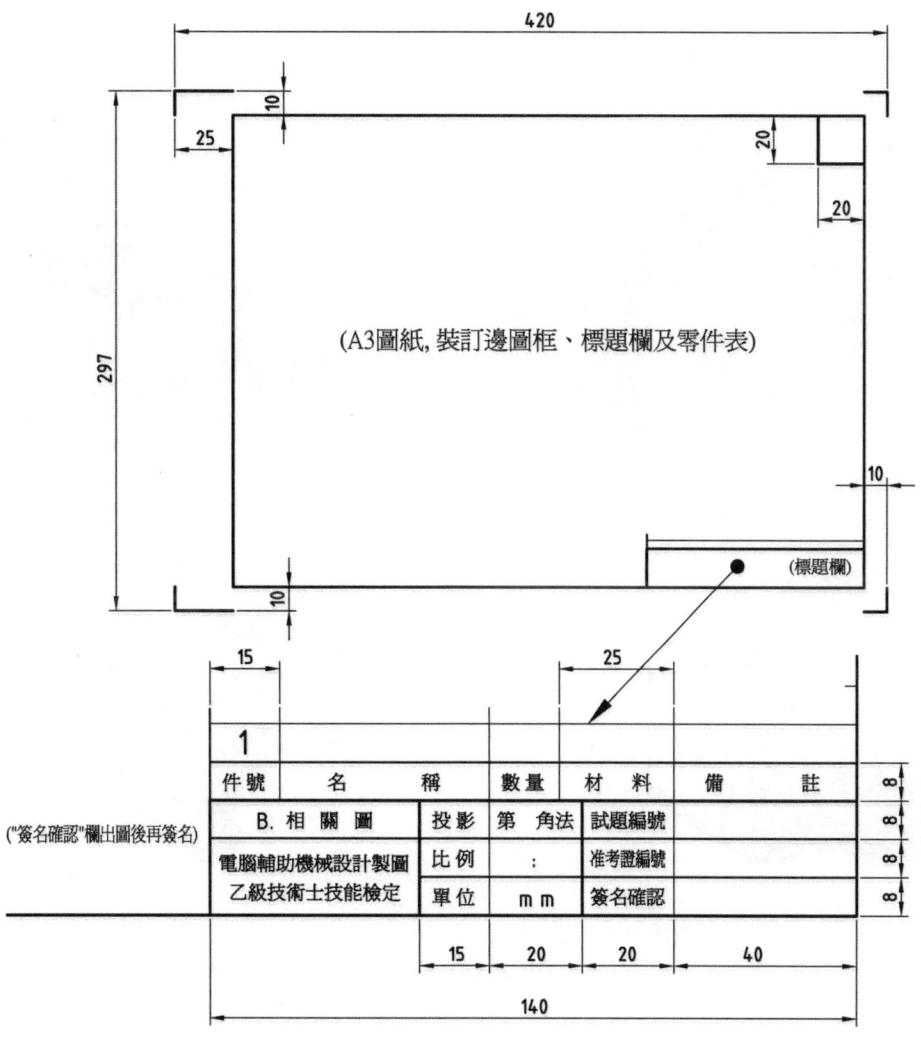

圖(a)

990201 機構動作說明

1. 本機構為一變速機構，輸入端為件 3 主動齒輪軸，輸出端為件 4 從動齒輪軸，二者齒數比為 24:12，速度比為 1:2。

2. 件 7 滾珠軸承 A，規格為 6202，查表得知，外徑為 35mm，分別固定在件 1 與件 2 內孔徑 35mm 處，內徑為 15mm，固定在件 4 從動齒輪軸二端直徑 15mm 處，使軸運轉平穩。

3. 件 8 滾珠軸承 B，規格為 6201，查表得知，外徑為 32mm，分別固定在件 1 與件 2 內孔徑 32mm 處，內徑為 12mm，固定在件 3 主動齒輪軸二端直徑 12mm 處，使軸運轉平穩。

4. 件 6 墊片安裝在件 1 與件 2 之間，經件 12 螺栓鎖固，防止機構內潤滑油洩漏。

5. 將件 11 螺栓鬆開，潤滑油可從件 1 上方的注油孔加入，齒輪運轉時可將底部的油，帶往上飛濺潤滑。

6. 件 9 C 型扣環，安裝在件 2 上扣環槽內，防止後方的軸承移位。

7. 件 1 本體與件 2 蓋組合時，先安裝件 10 直銷定位，再用件 12 六角螺栓 B，穿過件 13 墊圈、件 2 與 6 的孔，鎖固在件 1 螺孔上，定位銷可確保安裝時件 1 與件 2 上的滾珠軸承同心對正，使齒輪軸運轉穩定。

8. 件 13 彈簧墊圈，使件 12 螺栓鎖固後不易鬆脫。

9. 件 5 輪與件 4 齒輪軸，利用件 14 六角承窩頭固定螺釘結合，件 4 旋轉時帶動件 5 輪迴轉。

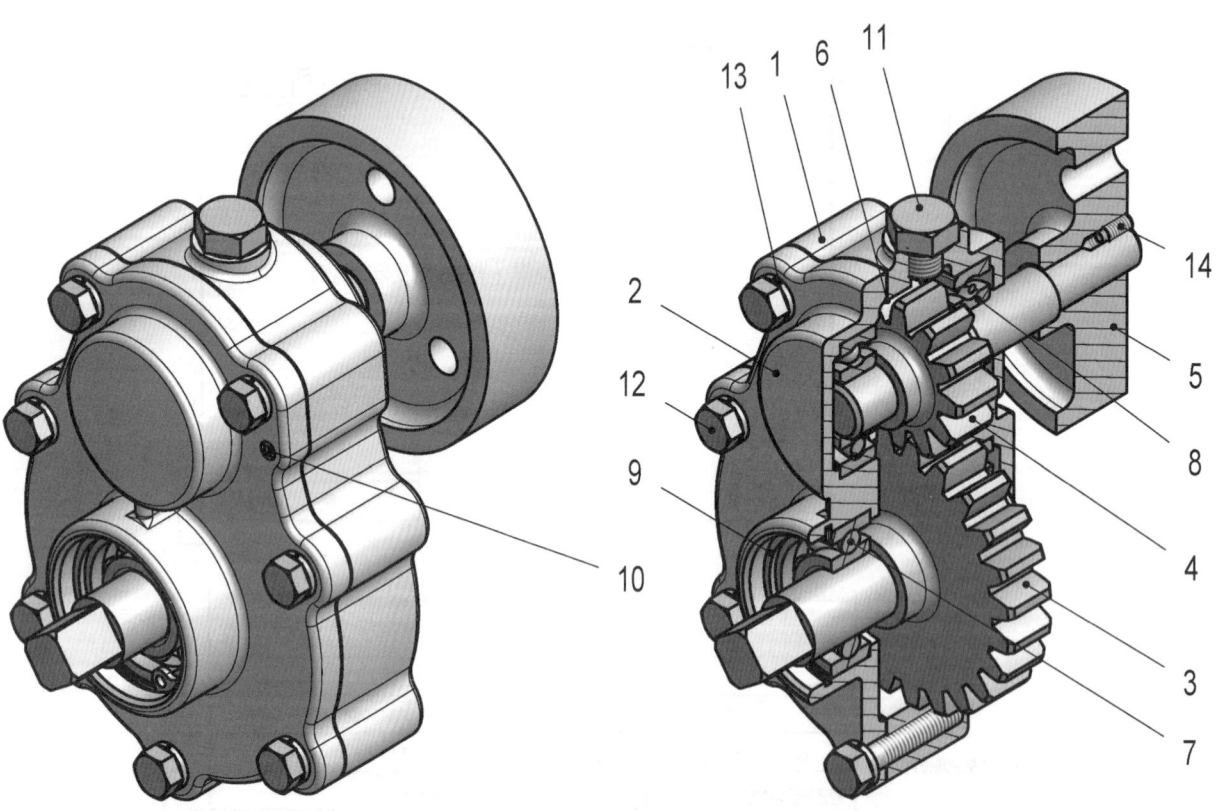

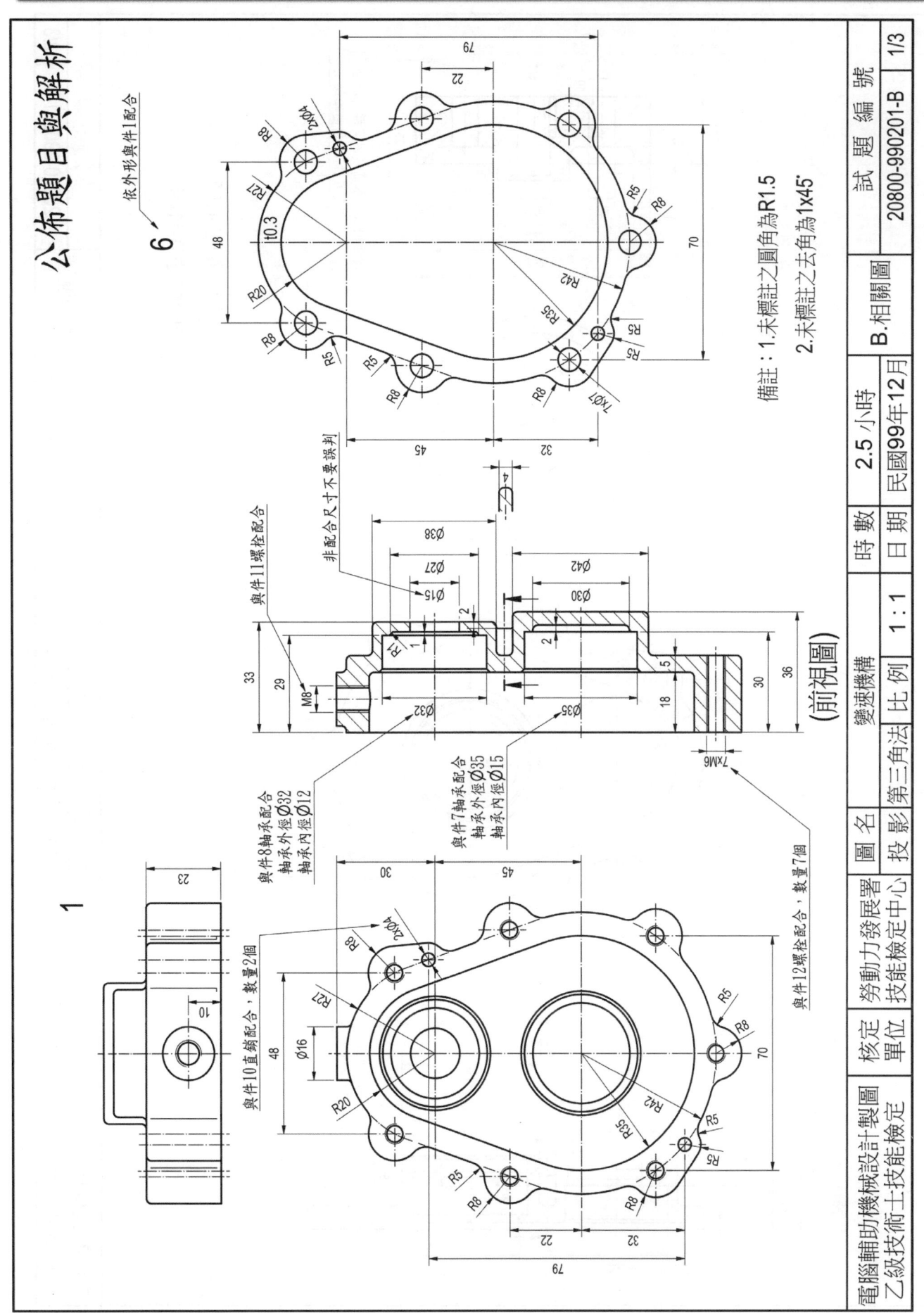

公佈題目與解析

備註：1.未標註之圓角為R1.5
　　　2.未標註之去角為1x45°

非配合尺寸不要誤判

零件11螺栓配合

零件8軸承配合
軸承外徑Ø32
軸承內徑Ø12

零件7軸承配合
軸承外徑Ø35
軸承內徑Ø15

零件12螺栓配合，數量7個

零件10直輪配合，數量2個

依外形與件1配合

（前視圖）

| 電腦輔助機械設計製圖 | 核定 | | 勞動力發展署 | 圖名 | 變速機構 | 時數 | 2.5 小時 | 試題編號 |
| 乙級技術士技能檢定 | 單位 | | 技能檢定中心 | 投影 | 第三角法 比例 1：1 | 日期 | 民國99年12月 | B.相關圖 | 20800-990201-B | 1/3 |

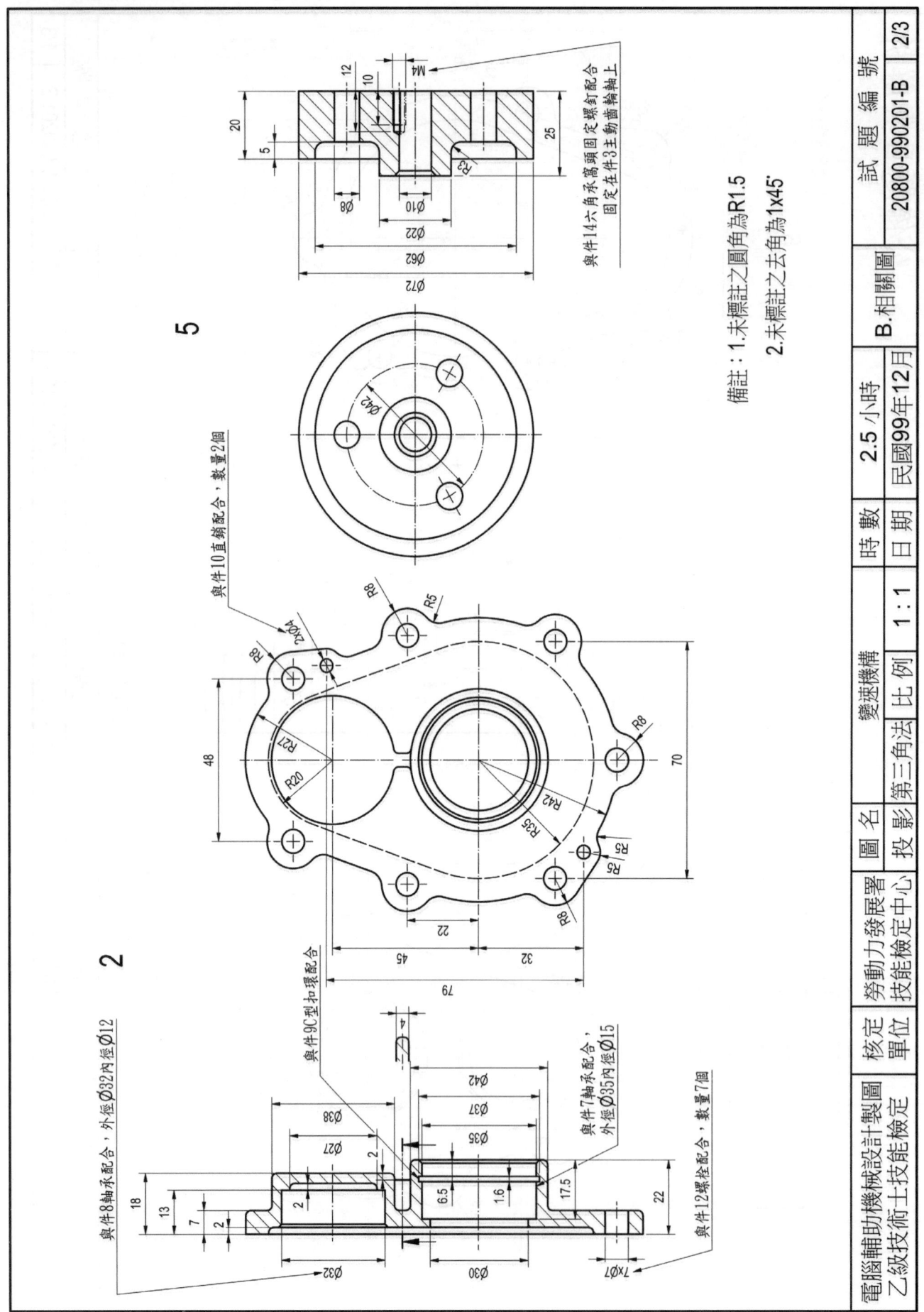

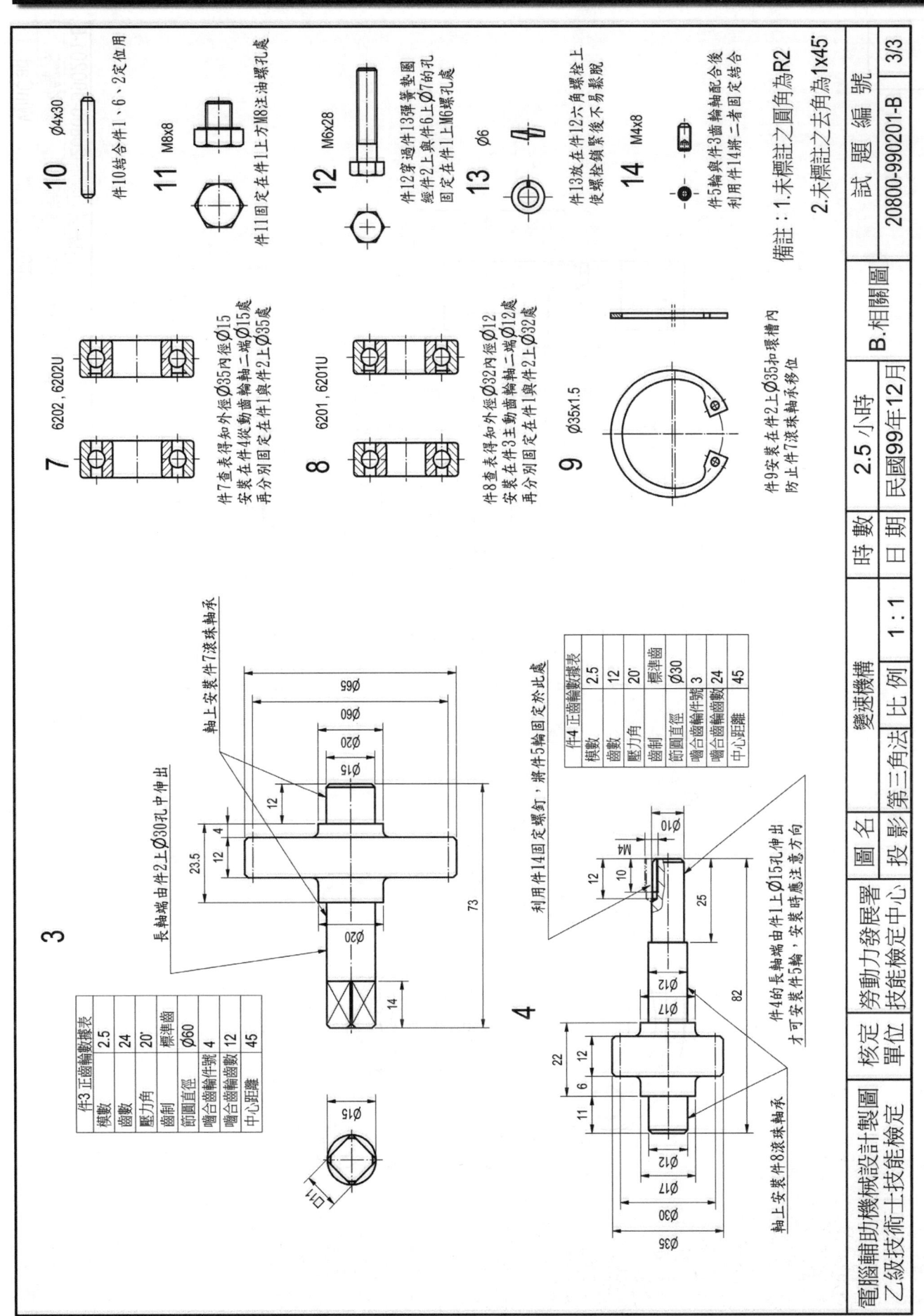

電腦輔助機械設計製圖	勞動力發展署	核定	變速機構		時數	2.5小時	試 題 編 號
乙級技術士技能檢定	技能檢定中心	單位	圖名	投影 比例	日期	民國99年12月	20800-990201-B
				第三角法	1：1		B.相關圖
							3/3

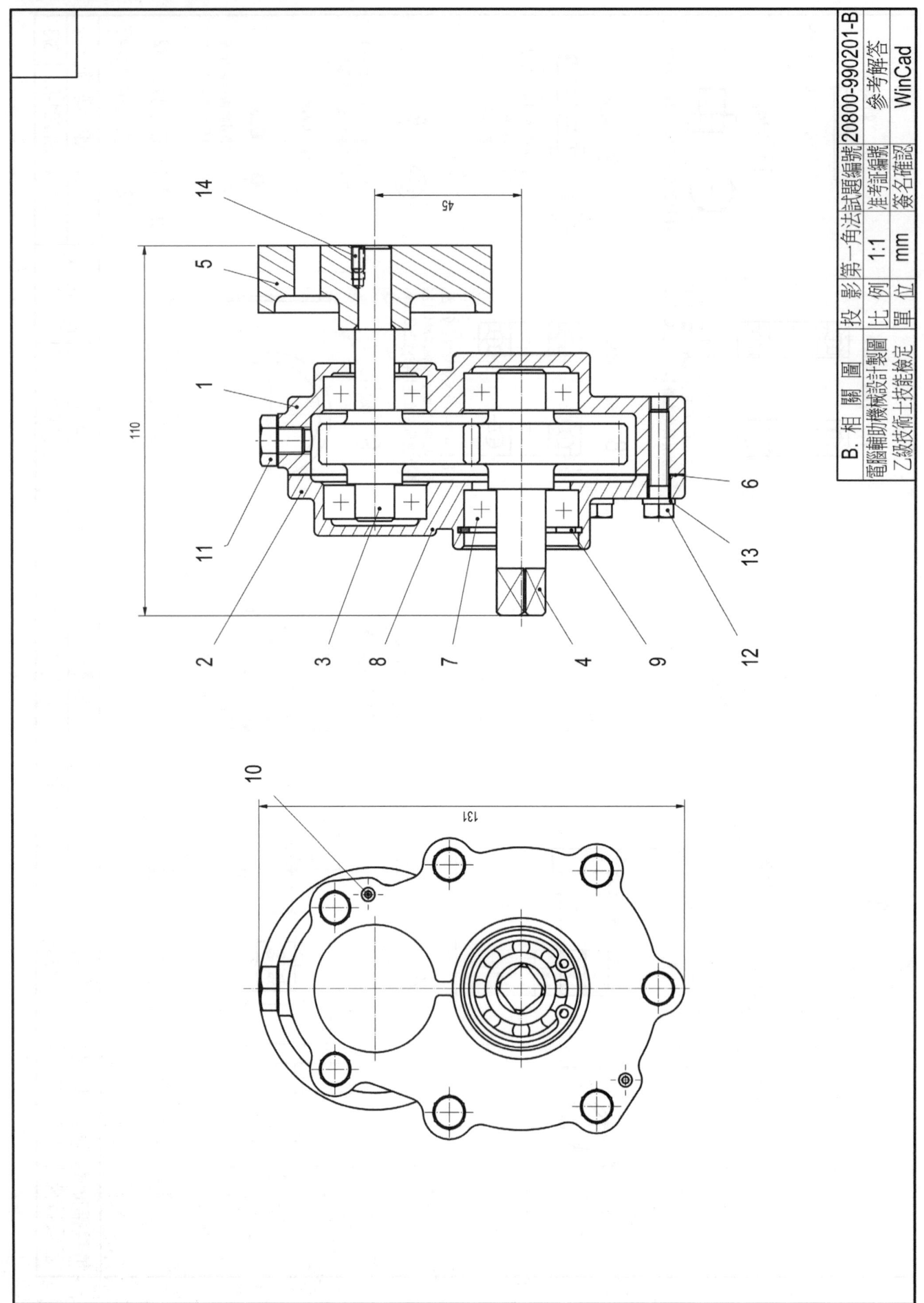

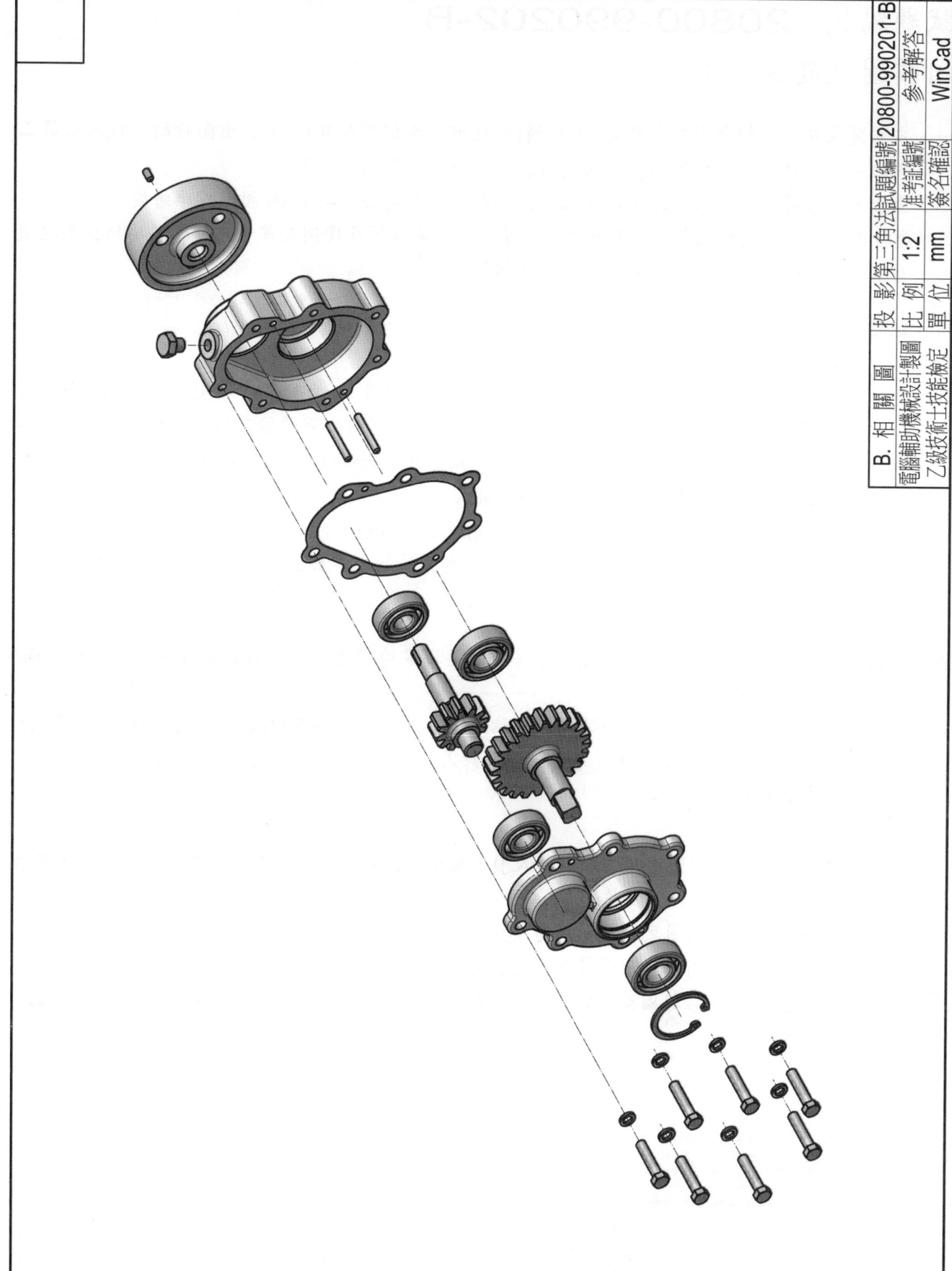

B. 相 關 圖	投 影	第三角法	試題編號	20800-990201-B
電腦輔助機械設計製圖	比 例	1:2	准考証編號	參考解答
乙級技術士技能檢定	單 位	mm	簽名確認	WinCad

試題編號：20800-990202-B

相關圖試題說明：

一、本相關圖試題為組合圖繪製時間 2.5 小時(可提前交卷但不加分)，不含出圖時間。試題依第三角法命題，應檢人可選用第一角法或第三角法繪製，惟不得混用。

二、應檢人繪製時，圖中的線條、數字及符號等應依照最近公佈之 CNS 國家標準繪製。

三、應檢人依規定可使用之自備工具為：直存媒體尺、量角器及比例尺等。只可參閱場地提供之設計資料檔，嚴禁攜帶自備之設計資料及任何儲。

四、試題：(齒輪泵)

　1.　繪製正投影組合圖：出圖於一張 A3 圖紙

　　　　按試題所給之零件圖及零件表如表(a)所示，依 1：1 之比例，繪製正投影組合圖於一張 A3 圖紙，尺度不足處請依比例自行量測。正投影組合圖須依零件 1 之視圖方向繪製其前視圖及左側視圖，含適當剖面、件號、組合尺度(如規格、總尺度等)及零件表等。

　2.　繪製立體分解系統圖：出圖於一張 A3 圖紙

　　　　按試題所給之零件圖及零件表如表(a)所示，依約 1：2 之比例，繪製等角投影立體分解系統圖(爆炸圖)於一張 A3 圖紙。立體分解系統圖以黑白潤飾表現，須含系統線。繪製時免畫剖面、件號及零件表等。

五、各圖面請繪製如圖(a)所示之標題欄及零件表，並填妥適當之內容。只需畫標題欄時，標題欄上方之零件表無需繪製。

六、繪製時間結束時，請以『准考證號碼』為檔名，存入電腦資料碟中(嚴禁使用自備之任何儲存媒體)，並確認已經存檔後，將試題交回給監評人員，並等候指示在個人崗位電腦上出圖，出圖後電腦螢幕須保留現況。

七、出圖：

　1.　中途離場或放棄出圖者須告知監評人員，並在評審表 "放棄出圖者" 處簽名後離場，若未依規定而離場者視同不及格。

　2.　應檢人請依監評人員之指示，將電腦繪製之圖面以黑色列印於規定圖紙上；倘若圖面未完整列印，得重新出圖，並將前一張圖紙作廢。

　3.　應檢人出圖後須確認圖面，並在右下角簽名後始得離場。監評人員則在右上角簽章確認。

表**(a)** 零件表

件　號	名　稱	數　量	材　料	備　註
1	本體	1	FC200	
2	蓋	1	FC200	
3	主動齒輪軸	1	S45C	
4	從動齒輪軸	1	S45C	
5	填料蓋	1	FC200	
6	皮帶輪	1	FC200	
7	墊片	1	硬橡膠	t=0.3
8	油封	1	--	Sx Ø14
9	彈簧墊圈	6	SUP3	Ø5
10	六角螺釘 A	6	S20C	M5x18
11	六角螺釘 B	2	S20C	M5x16
12	六角螺釘 C	1	S20C	M5x12

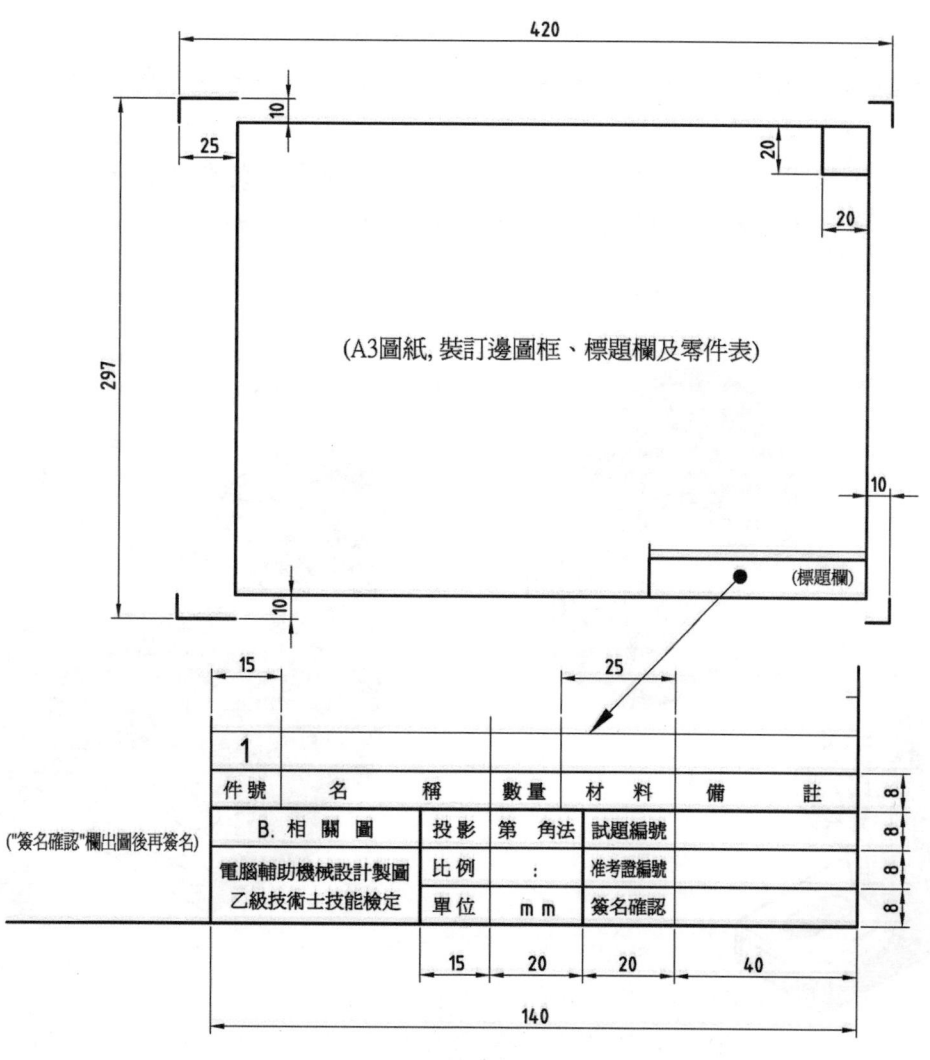

圖(a)

990202 機構動作說明

1. 齒輪油泵的原理：當主動齒輪按逆時針方向旋轉，帶動從動齒輪按順時針方向旋轉時，會造成囓合區右腔壓力降低，產生局部真空，油池中的油在大氣壓力作用下，經管道進入齒輪油幫浦的右邊低壓區。隨著齒輪的旋轉，油槽中的油不斷沿箭頭方向送至左邊的出油口把油壓出，工作原理如下圖所示。

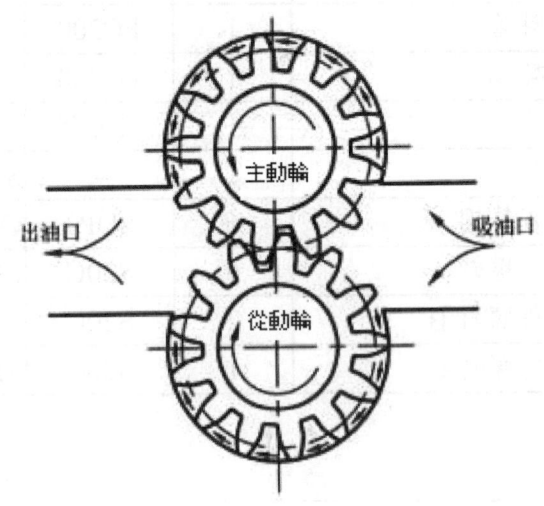

2. 本機構為一齒輪油泵機構，傳動路線為：外動力(馬達) → 件 6 皮帶輪 → 件 12 六角螺釘 → 件 3 主動齒輪軸 → 件 4 從動齒輪軸 。

3. 為了防止滲漏，採用了密封結構，件 3 主動齒輪軸的伸出端裝有件 8 油封，通過件 10 六角螺釘結合件 2 蓋與件 1 本體，壓緊件 7 密封墊片也起密封作用。

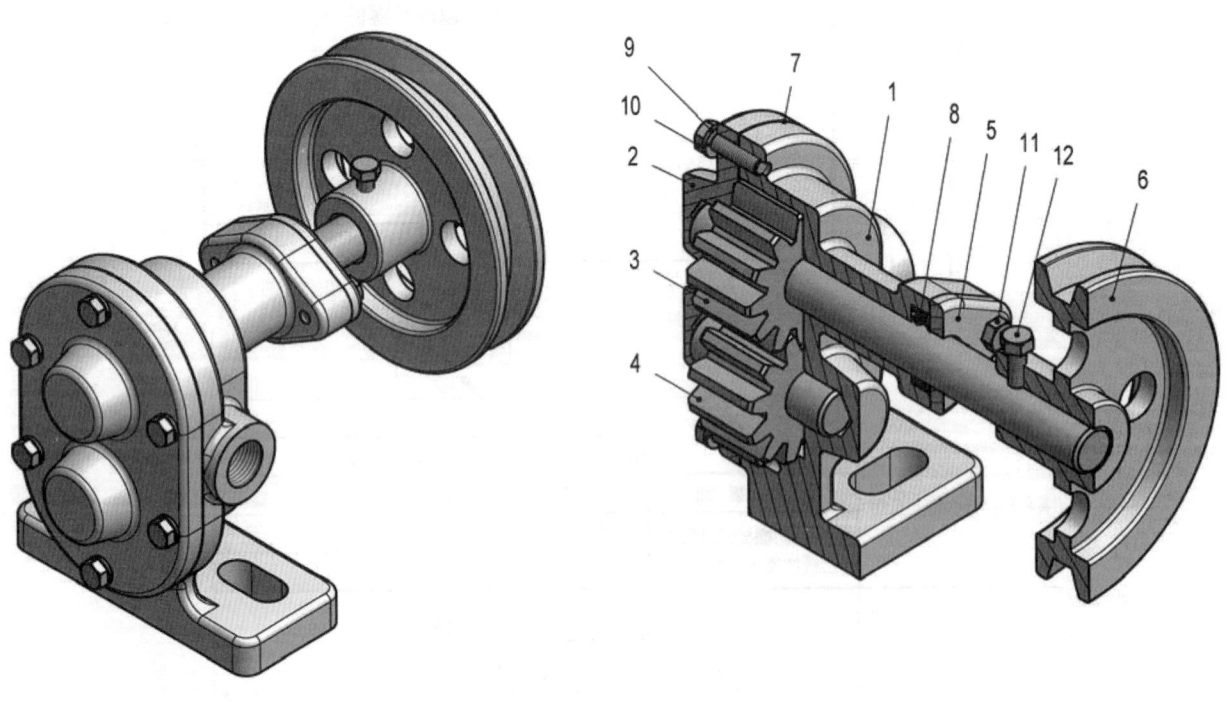

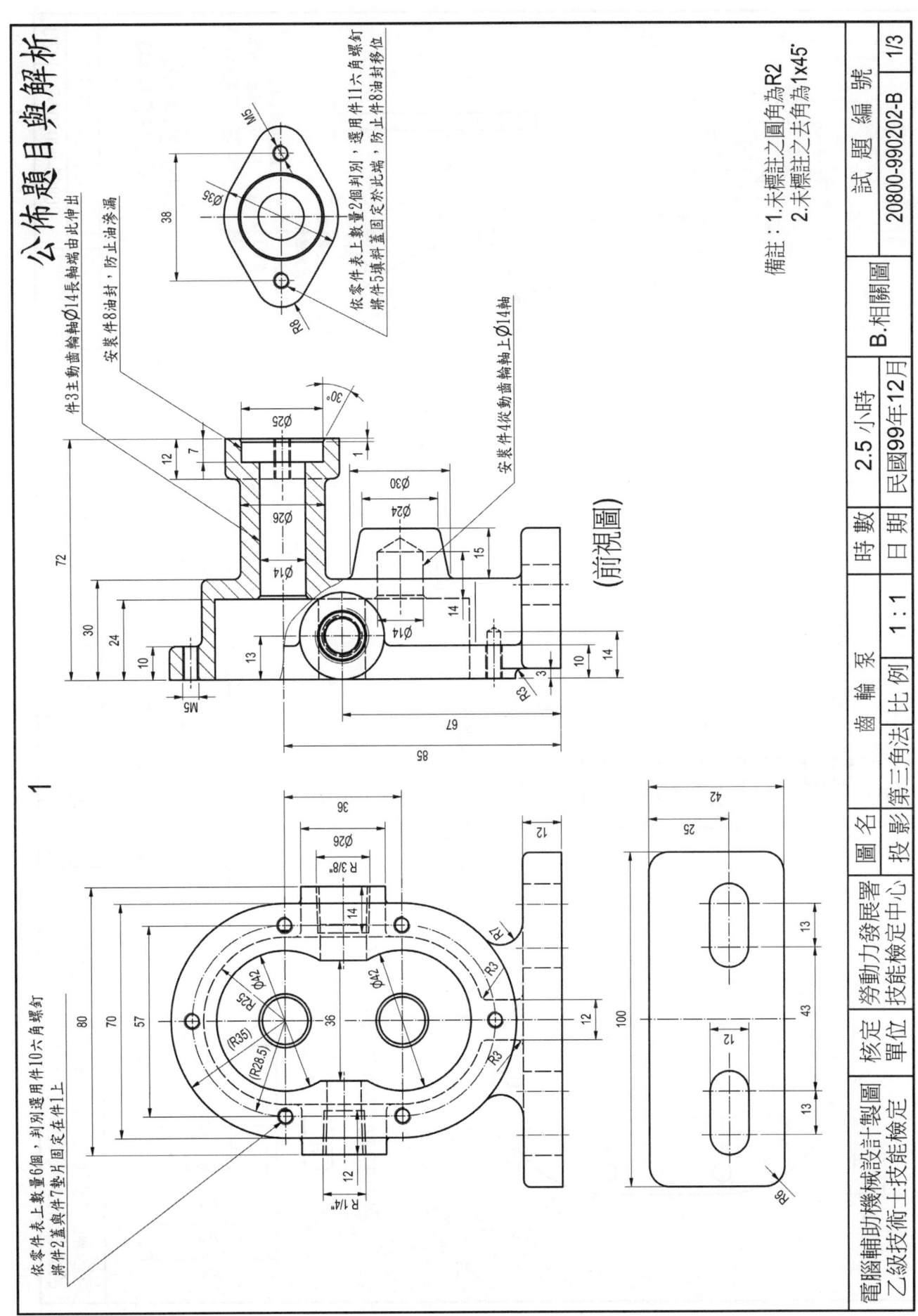

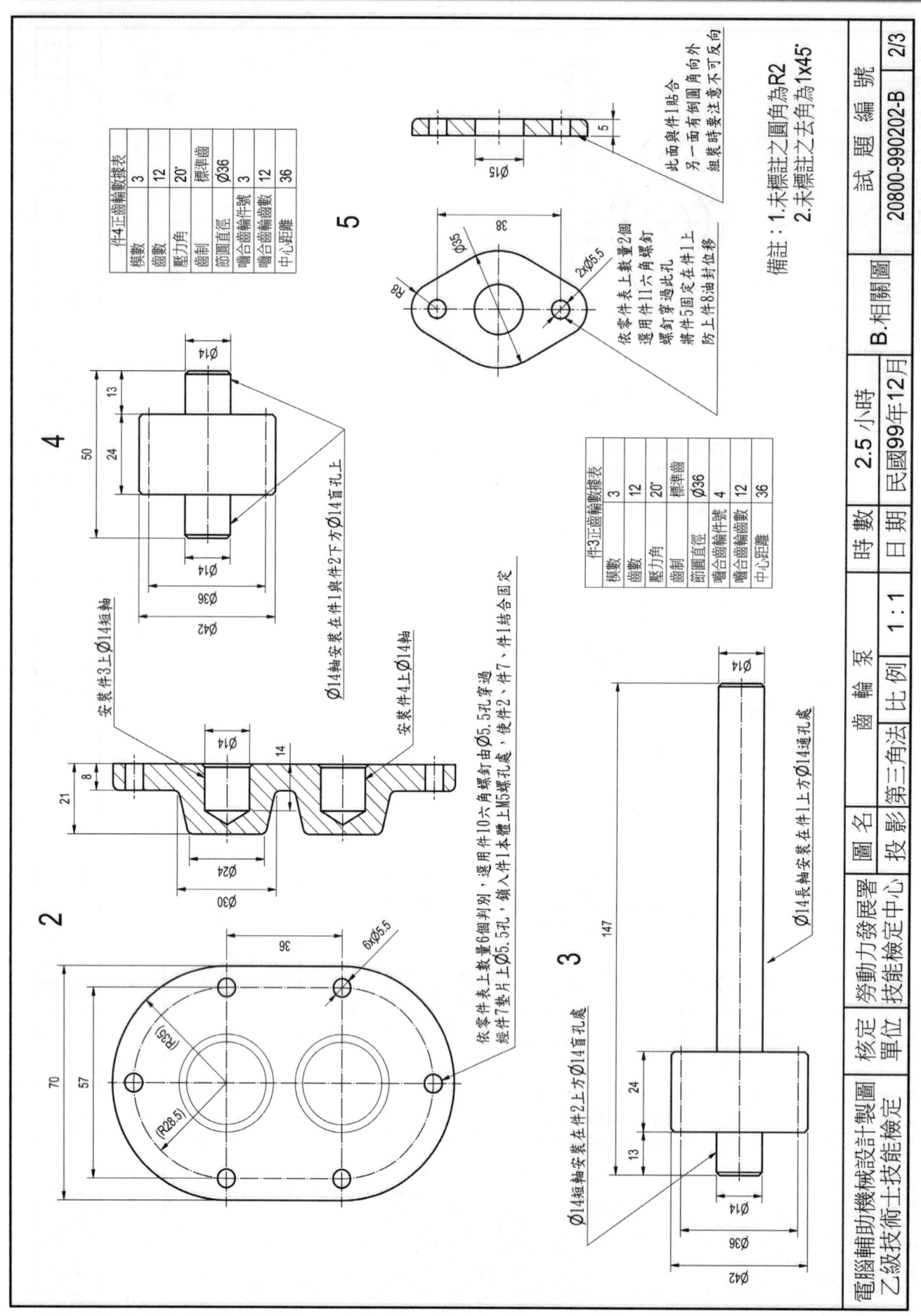

件4正齒輪數據表

模數	3
齒數	12
壓力角	20°
齒制	標準齒
節圓直徑	Ø36
嚙合齒輪件號	3
嚙合齒輪齒數	12
中心距離	36

件3正齒輪數據表

模數	3
齒數	12
壓力角	20°
齒制	標準齒
節圓直徑	Ø36
嚙合齒輪件號	4
嚙合齒輪齒數	12
中心距離	36

此面與件1貼合
另一面角倒圓角向外
組裝時要注意不可反向

備註：1.未標註之圓角為R2
　　　2.未標註之去角為1x45°

5

依零件表上數量2個螺釘
選用件11六角螺釘
螺釘穿過此孔
將件5固定在件1上
防止件8油封位移

依零件表上數量6個判別，選用件10六角螺釘由Ø5.5孔穿過
經件7墊片上Ø5.5孔，鎖入件1本體上M5螺孔處，使件2、件4、件7、件1結合固定

Ø14長軸安裝在件1上方Ø14通孔處

安裝件3在Ø14短軸

安裝件4上Ø14軸

Ø14軸安裝在件1與件2下方Ø14盲孔上

Ø14短軸安裝在件2上方Ø14盲孔處

4

2

3

電腦輔助機械設計製圖 乙級技術士技能檢定	核定單位	勞動力發展署 技能檢定中心	圖名	齒輪泵	時數	2.5小時	試題編號	
			投影	第三角法	比例	1:1	日期	民國99年12月	B.相關圖	20800-990202-B	2/3

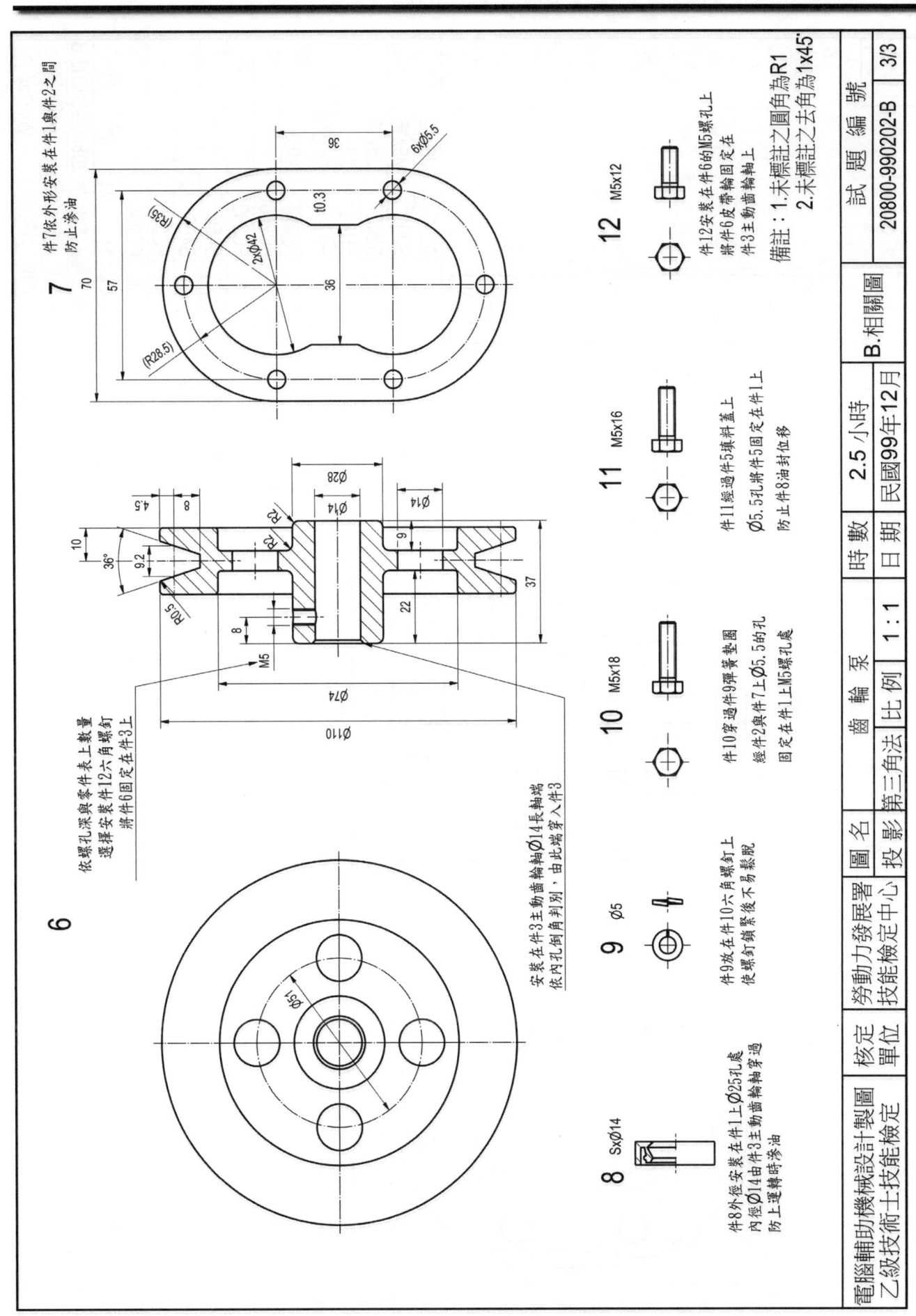

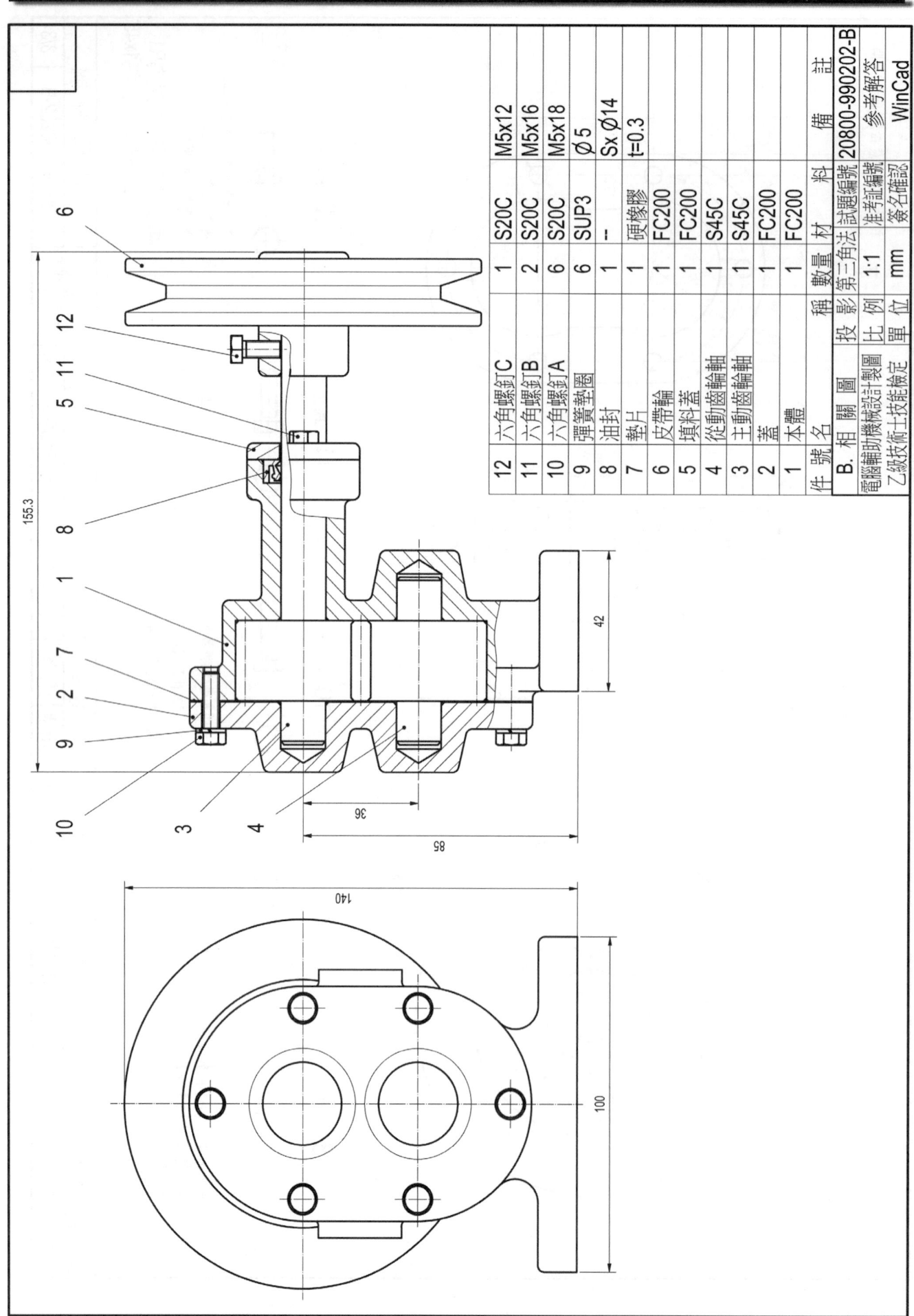

件號	名稱	數量	材料	備註
12	六角螺釘C	1	S20C	M5x12
11	六角螺釘B	2	S20C	M5x16
10	六角螺釘A	6	S20C	M5x18
9	彈簧墊圈	6	SUP3	Ø5
8	油封	1	-	Sx Ø14
7	墊片	1	硬橡膠	t=0.3
6	皮帶輪	1	FC200	
5	填料蓋	1	FC200	
4	從動齒輪軸	1	S45C	
3	主動齒輪軸	1	S45C	
2	蓋	1	FC200	
1	本體	1	FC200	

B. 相關圖

圖名	電腦輔助機械設計製圖	試題編號	20800-990202-B
	乙級技術士技能檢定	准考證編號	參考解答
投影	第三角法	簽名確認	WinCad
比例	1:1		
單位	mm		

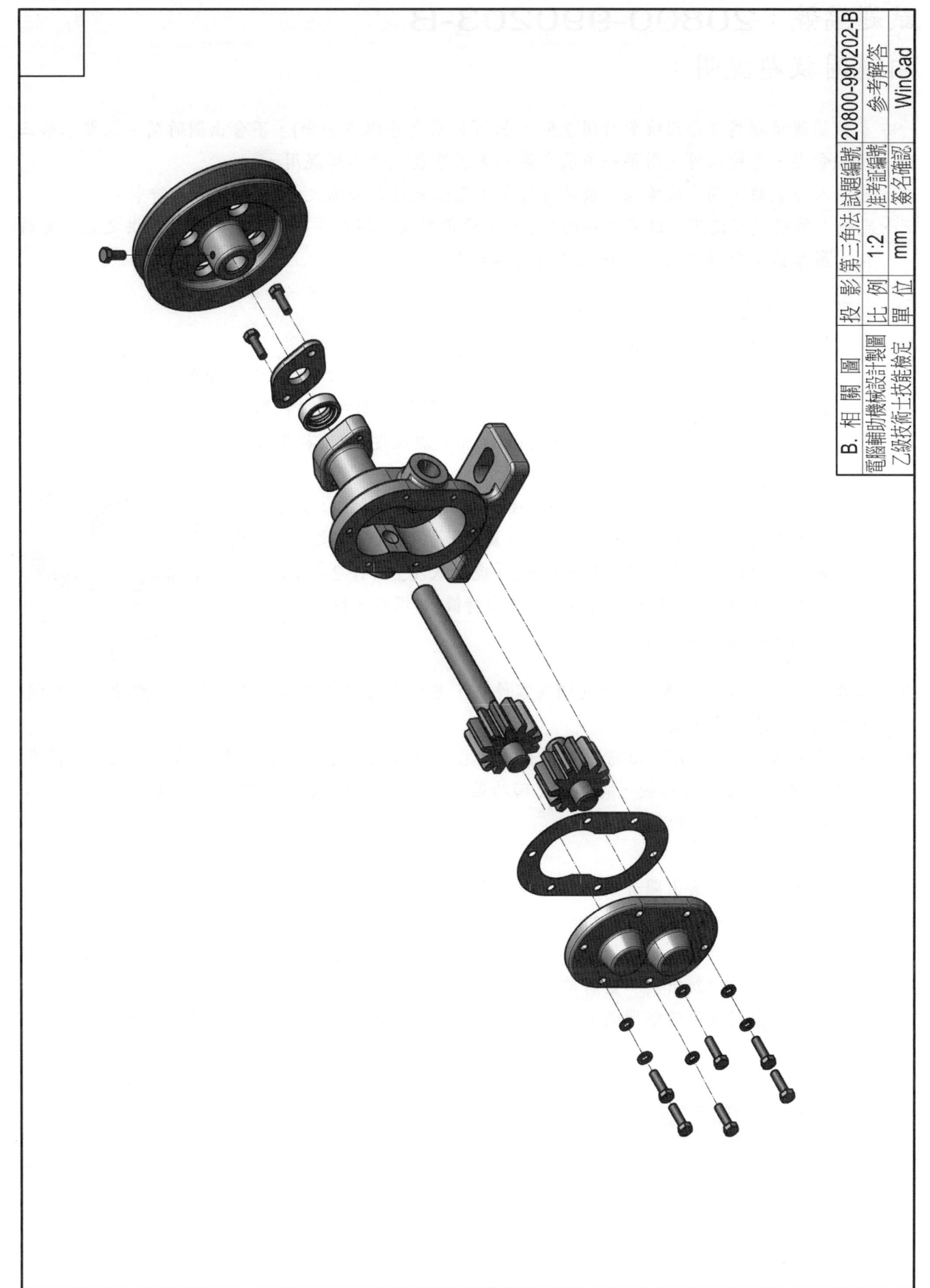

B. 相 關 圖	投 影	第三角法	試題編號	20800-990202-B
電腦輔助機械設計製圖	比 例	1:2	准考證編號	參考解答
乙級技術士技能檢定	單 位	mm	簽名確認	WinCad

試題編號：20800-990203-B

相關圖試題說明：

一、本相關圖試題爲組合圖繪製時間 2.5 小時(可提前交卷但不加分)，不含出圖時間。試題依第三角法命題，應檢人可選用第一角法或第三角法繪製，惟不得混用。

二、應檢人繪製時，圖中的線條、數字及符號等應依照最近公佈之 CNS 國家標準繪製。

三、應檢人依規定可使用之自備工具爲：直尺、量角器及比例尺等。只可參閱場地提供之設計資料檔，嚴禁攜帶自備之設計資料及任何儲存媒體。

四、試題：(旋轉虎鉗)

　1. 繪製正投影組合圖：出圖於一張 A3 圖紙

　　　按試題所給之零件圖及零件表如表(a)所示，依 1：1 之比例，繪製組合圖於一張 A3 圖紙，尺度不足處請依比例自行量測。組合圖須依零件 1 之視圖方向繪製其前視圖及俯視圖，含適當剖面、件號、組合尺度(如規格、總尺度等)及零件表等。

　2. 繪製立體組合圖：出圖於一張 A3 圖紙

　　　按試題所給之零件圖及零件表如表(a)所示，依約 1：1 之比例，繪製等角投影立體組合圖於一張 A3 圖紙。立體組合圖之等角方向如右圖所示，以黑白潤飾表現，件 1「虎鉗底座」與件 2「固定鉗座」必須傾角 30°，部分零件表面須呈現出特徵(如螺紋、輥紋等)。繪製時免畫件號及零件表等。

五、各圖面請繪製如圖(a)所示之標題欄及零件表，並填妥適當之內容。只需畫標題欄時，標題欄上方之零件表無需繪製。

六、繪製時間結束時，請以『准考證號碼』爲檔名，存入電腦資料碟中(嚴禁使用自備之任何儲存媒體)，並確認已經存檔後，將試題交回給監評人員，並等候指示在個人崗位電腦上出圖，出圖後電腦螢幕須保留現況。

七、出圖：

　1. 中途離場或放棄出圖者須告知監評人員，並在評審表"放棄出圖者"處簽名後離場，若未依規定而離場者視同不及格。

　2. 應檢人請依監評人員之指示，將電腦繪製之圖面以黑色列印於規定圖紙上；倘若圖面未完整列印，得重新出圖，並將前一張圖紙作廢。

　3. 應檢人出圖後須確認圖面，並在右下角簽名後始得離場。監評人員則在右上角簽章確認。

表**(a)** 零件表

件 號	名 稱	數 量	材 料	備 註
1	虎鉗底座	1	FC200	
2	固定鉗座	1	FC200	
3	活動鉗座	1	FC200	
4	螺桿	1	S45C	
5	轉把	1	S45C	
6	支架	2	SS400	
7	固定夾塊	1	SS490	
8	活動夾塊	1	SS490	
9	轉軸螺釘	2	S45C	
10	六角螺釘 A	2	S25C	M5×22
11	六角螺釘 B	2	S25C	M5×12
12	六角承窩螺釘	4	S45C	M4×8
13	十字平頭螺釘	1	S25C	M3×6
14	直銷	1	S50C	Ø2×8

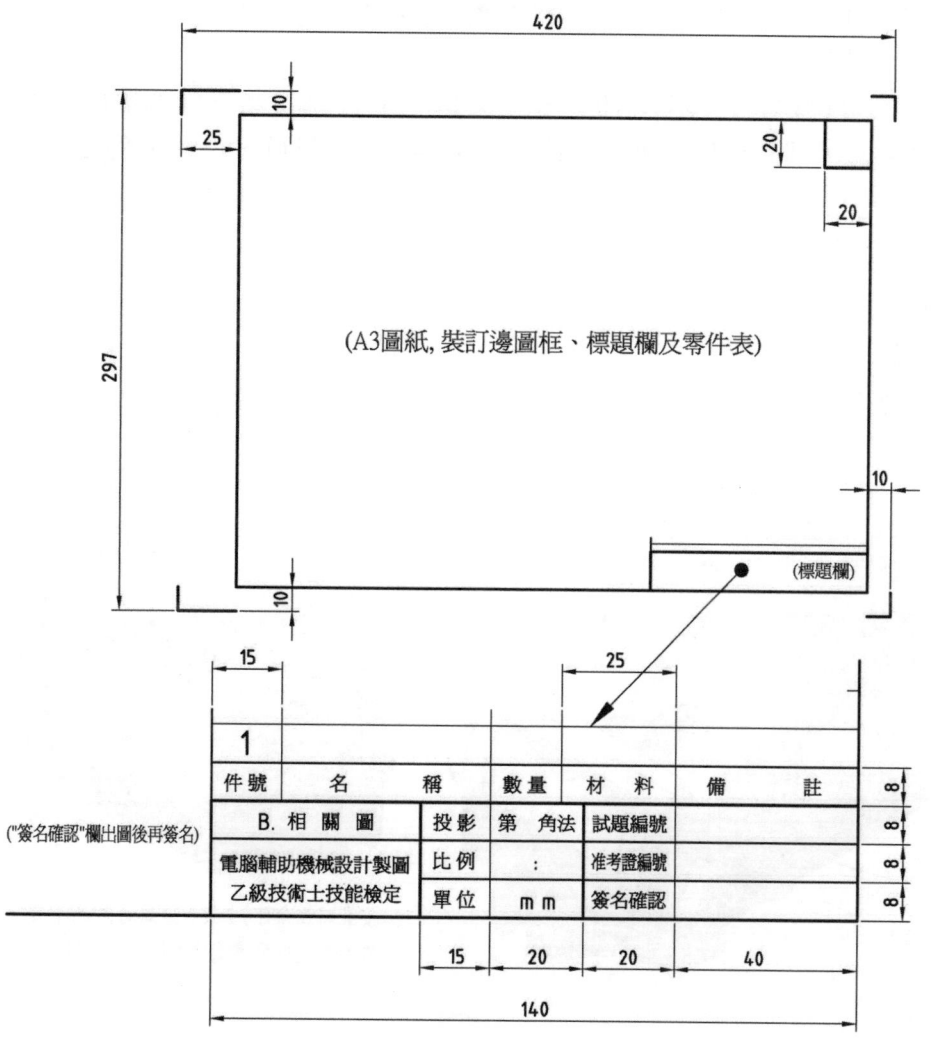

圖(a)

990203 機構動作說明

1. 本機構為一夾持機構，工作先夾持於固定鉗座上，再調整虎鉗底座與固定鉗座二者之間夾角(若已知所需夾角時，亦可先調角度再固定工件)，使加工平面與刀具主軸垂直，方便切削加工。

2. 件 9 二個轉軸螺釘鎖定在件 1 虎鉗底座 M10 螺孔上，前端 Ø8 穿入件 2 固定鉗座上 Ø8 孔內，做為支軸，使件 2 可於支軸上旋轉。

3. 件 7 固定夾塊用件 12 六角承窩螺釘，鎖定於件 2 固定鉗座上沉頭孔處，件 8 活動夾塊用件 12 六角承窩螺釘，鎖定於件 3 活動鉗座上沉頭孔處，件 7 與件 8 夾塊固定在件 2 與件 3 鉗座夾持面上，可增加工件夾持力，磨損後方便置換。

4. 件 14 直銷穿過件 4 螺桿與件 5 轉把上 Ø2 銷孔，使二者結合，轉把以直銷為支軸可旋轉，方便旋轉螺桿時施力。

5. 件 3 活動鉗座底部寬 22 處，置入件 2 固定鉗座上寬 22 槽內，使件 3 在件 2 上滑動。

6. 件 4 螺桿 Tr10x2 與件 2 固定鉗座上 Tr10x2 螺孔配合，螺桿前端 Ø6 處與件 3 活動鉗座上 Ø6 盲孔配合，利用件 13 十字平頭螺釘鎖入件 3 上 M3 螺孔處，螺釘前端嵌入件 4 螺桿前端寬 3 的槽中，使件 3 與件 4 結合，件 13 在件 4 槽中滑動，而非鎖固不動，旋轉件 4 螺桿時，可帶動件 3 在件 2 上滑動夾持工件，螺桿採梯牙設計，可增加夾持效率。

7. 件 10 六角螺釘穿過件 6 支架上 Ø5.5 孔，固定在件 1 虎鉗底座上 M5 螺孔處，做為件 6 支架的旋轉支軸，件 11 六角螺釘穿過件 6 支架上寬 5.5 長槽，固定在件 2 固定鉗座上 M5 螺孔處，件 11 可在件 6 長槽內滑動。

8. 放鬆件 10 與件 11 螺釘時，以件 10 為件 6 支軸，件 11 為滑塊在件 6 槽內滑動，可調整件 2 與件 1 之間的夾角，調整至所須角度，再將件 10 與件 11 鎖固，以固定件 2。

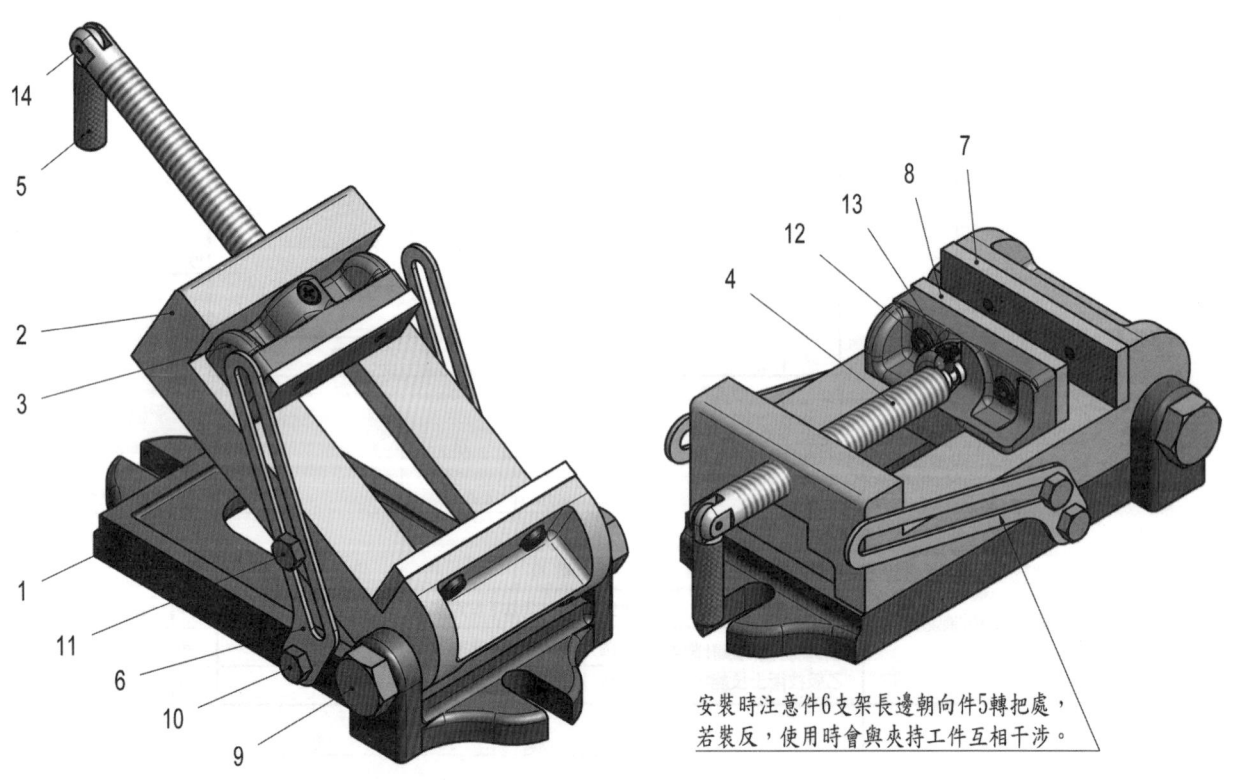

安裝時注意件6支架長邊朝向件5轉把處，若裝反，使用時會與夾持工件互相干涉。

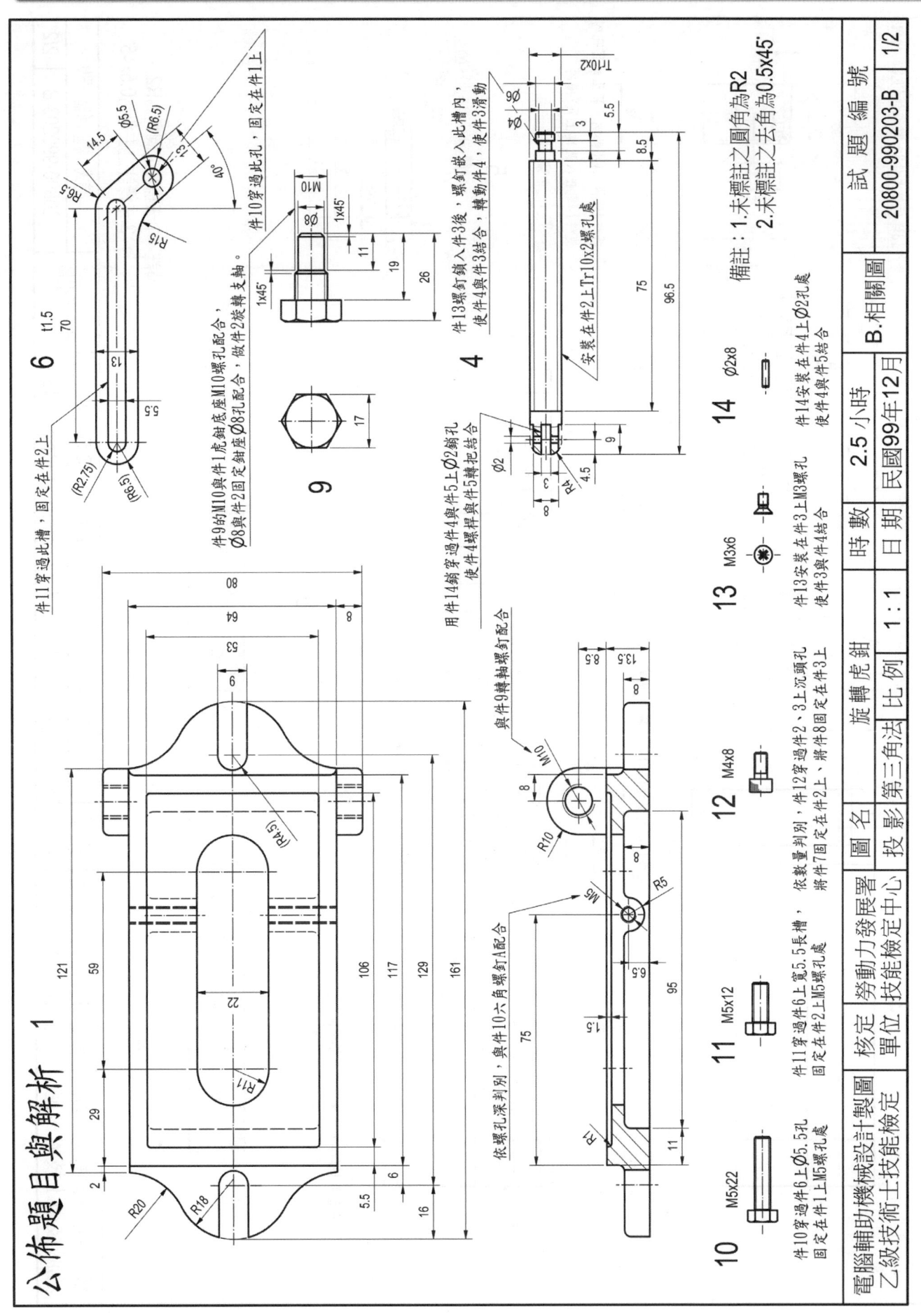

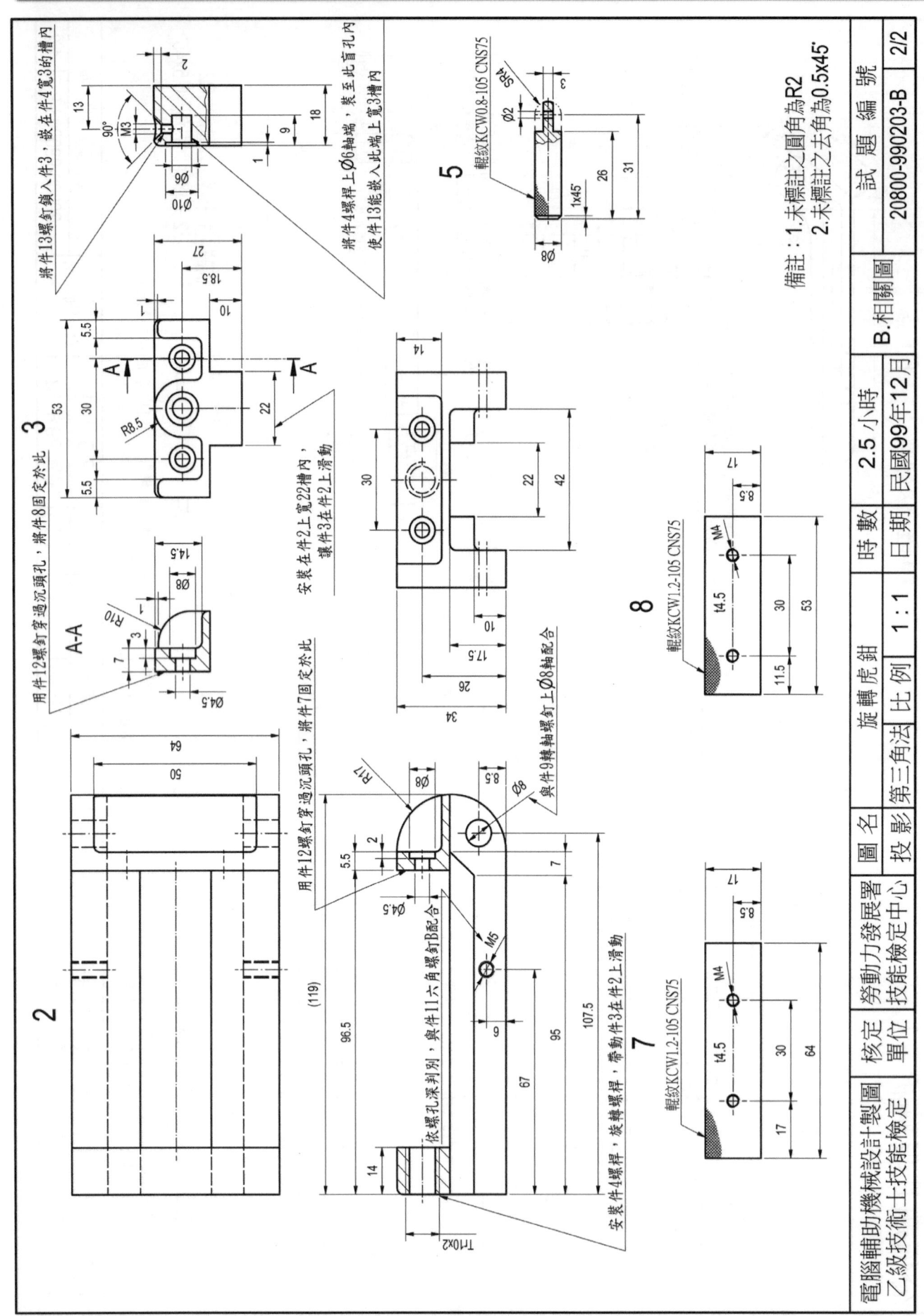

備註：1.未標註之圓角為R2
2.未標註之去角為0.5x45°

試　題	編　號
20800-990203-B	2/2

製圖	電腦輔助機械設計製圖	核定	勞動力發展署	圖名	旋轉虎鉗	時數	2.5小時	日期	民國99年12月
檢定	乙級技術士技能檢定	單位	技能檢定中心	投影	第三角法	比例	1：1		B.相關圖

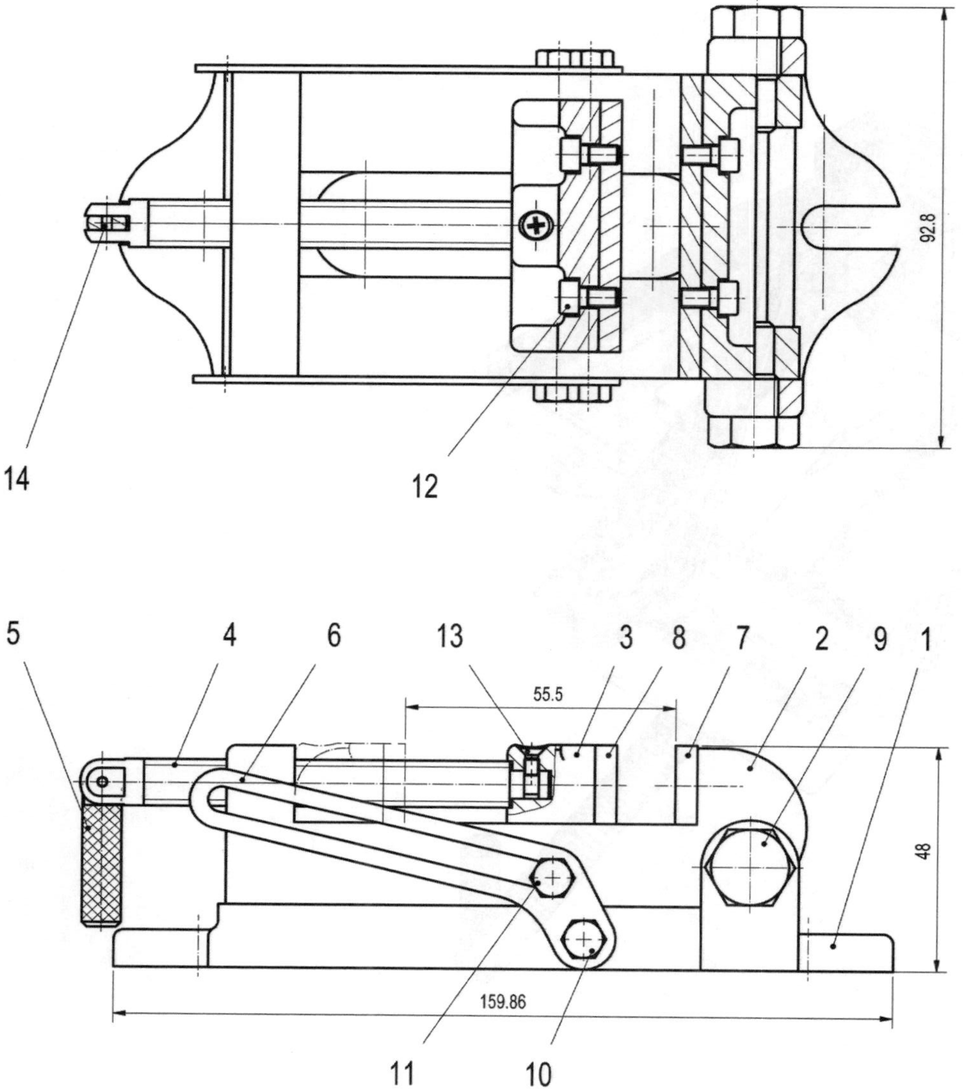

件號	名　稱	數量	材料	備　註
14	直銷	1	S50C	Ø2x8
13	十字平頭螺釘	1	S25C	M3x6
12	六角承窩螺釘	4	S45C	M4x8
11	六角螺釘B	2	S25C	M5x12
10	六角螺釘A	2	S25C	M5x22
9	轉軸螺釘	2	S45C	
8	活動夾塊	1	SS490	
7	固定夾塊	1	SS490	
6	支架	2	SS400	
5	轉把	1	S45C	
4	螺桿	1	S45C	
3	活動鉗座	1	FC200	
2	固定鉗座	1	FC200	
1	虎鉗底座	1	FC200	

B. 相關圖

電腦輔助機械設計製圖
乙級技術士技能檢定

投影種	相關圖	試題編號	20800-990203-B	備　註
比例	1:1 第三角法	准考證編號		參考解答
單位	mm	簽名確認		WinCad

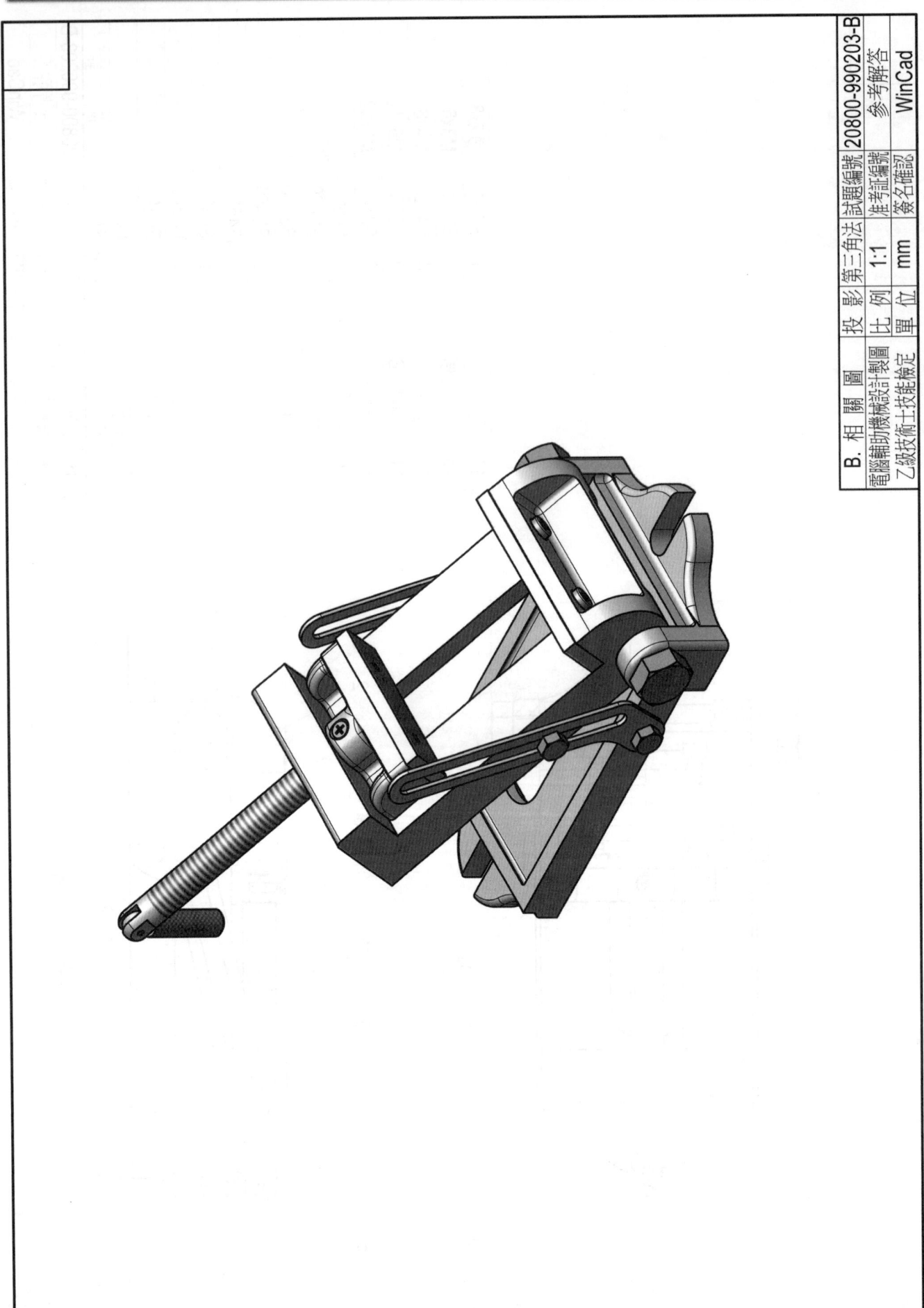

B. 相關圖	投　影	第三角法	試題編號	20800-990203-B
電腦輔助機械設計製圖	比　例	1:1	准考証編號	參考解答
乙級技術士技能檢定	單　位	mm	簽名確認	WinCad

試題編號：20800-990204-B

相關圖試題說明：

一、相關圖試題為組合圖繪製時間 2.5 小時(可提前交卷但不加分)，不含出圖時間。試題依第三角法命題，應檢人可選用第一角法或第三角法繪製，惟不得混用。

二、應檢人繪製時，圖中的線條、數字及符號等應依照最近公佈之 CNS 國家標準繪製。

三、應檢人依規定可使用之自備工具為：直尺、量角器及比例尺等。只可參閱場地提供之設計資料檔，嚴禁攜帶自備之設計資料及任何儲存媒體。

四、試題：(鑽孔夾具)

1. 繪製正投影組合圖：出圖於一張 A3 圖紙

　按試題所給之零件圖及零件表如表(a)所示，依 1：1 之比例，繪製組合圖於一張 A3 圖紙。組合圖須依零件 1 之視圖方向繪製其前視圖及俯視圖，含適當剖面、件號、組合尺度(如規格、總尺度等)等，繪製時免畫零件表。

2. 繪製立體分解系統圖：出圖於一張 A3 圖紙

　按試題所給之零件圖及零件表如表(a)所示，依約 1：1 之比例，繪製等角投影方向之立體分解系統圖(爆炸圖)於一張 A3 圖紙。立體分解系統圖以黑白潤飾表現，須含系統線。繪製時免畫剖面、件號及零件表等。

五、各圖面請繪製如圖(a)所示之標題欄及零件表，並填妥適當之內容。只需畫標題欄時，標題欄上方之零件表無需繪製。

六、繪製時間結束時，請以『准考證號碼』為檔名，存入電腦資料碟中(嚴禁使用自備之任何儲存媒體)，並確認已經存檔後，將試題交回給監評人員，並等候指示在個人崗位電腦上出圖，出圖後電腦螢幕須保留現況。

七、出圖：

1. 中途離場或放棄出圖者須告知監評人員，並在評審表"放棄出圖者"處簽名後離場，若未依規定而離場者視同不及格。

2. 應檢人請依監評人員之指示，將電腦繪製之圖面以黑色列印於規定圖紙上；倘若圖面未完整列印，得重新出圖，並將前一張圖紙作廢。

3. 應檢人出圖後須確認圖面，並在右下角簽名後始得離場。監評人員則在右上角簽章確認。

表(a) 零件表

件　號	名　稱	數　量	材　料	備註
1	固定座	1	S20C	
2	固定底座	1	S20C	
3	壓板	1	S20C	
4	轉動圓柱	1	S20C	
5	固定圓柱 A	1	S20C	
6	握桿	1	S20C	
7	偏心塊	1	S20C	
8	圓柱	1	S20C	鑽孔加工件

表(a) 零件表(續)

件 號	名 稱	數 量	材 料	備 註
9	襯套	1	S20C	
10	彈簧	1	SWPA	
11	鑽頭導套	1	S45C	
12	定位圓柱	1	S20C	
13	固定圓柱 B	1	S20C	
14	六角承窩螺釘 A	1	S20C	M5 x 20
15	六角承窩螺釘 B	2	S20C	M5 x 35
16	直銷	1	S50C	Ø3 x 14
17	E 型扣環	3	SUP3	Ø6
18	握把	1	PVC	
19	套筒	4	S20C	

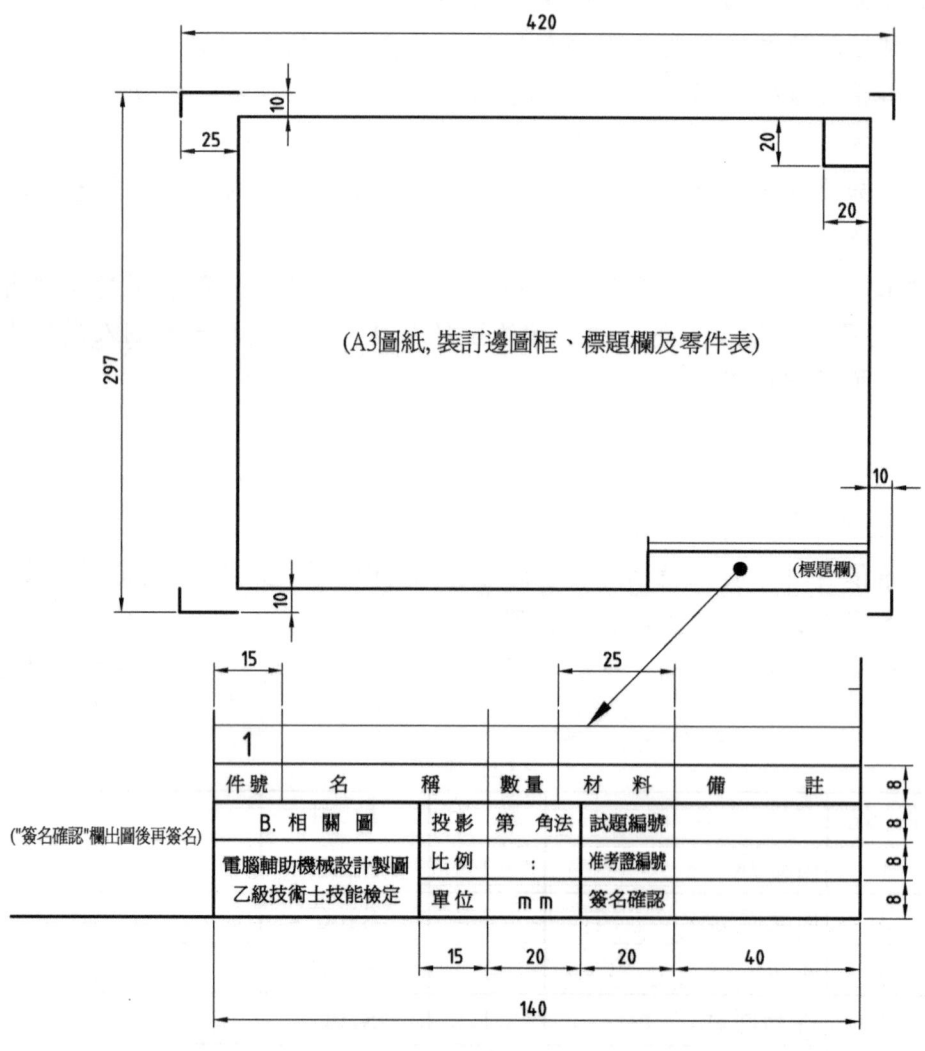

圖(a)

990204 機構動作説明

1. 本機構為一鑽孔夾具，可快速的定位夾持圓柱工件，利用鑽頭導套引導鑽頭在工件上準確的鑽孔，使用時先將件8工作置於件2固定底座的V型槽上，工件寬8mm的梯槽向上，操作件18握把向下時，帶動件4轉動圓柱與件7偏心塊旋轉，驅動件3壓板下壓，件12定位圓柱嵌入工件寬8mm的梯槽內，將工件夾緊定位，鑽頭經件11鑽頭導套的引導，正確的在工件上加工鑽孔。

2. 利用件7偏心塊曲面與軸心的偏心距不同，可快速驅動件3壓板下壓夾緊工件，如右圖所示。

   此弧曲面與件3壓板接觸，二側與軸心的距離不同，偏心塊旋轉時驅動壓板下壓。

3. 件2固定底座採V槽設計，可增加與圓柱工件接觸夾持力。

4. 件3壓板下壓時，固定其上的件12定位圓柱的圓錐面，嵌入工件寬8mm的梯槽內，引導工件的梯槽底面與件11鑽頭導套孔垂直，正確的定位夾緊工件。

5. 放鬆件14六角承窩螺釘與件13固定圓柱，件11鑽頭導套可旋轉拆下，更換不同規格的鑽頭導套，可引導不同直徑的鑽頭加工鑽孔。

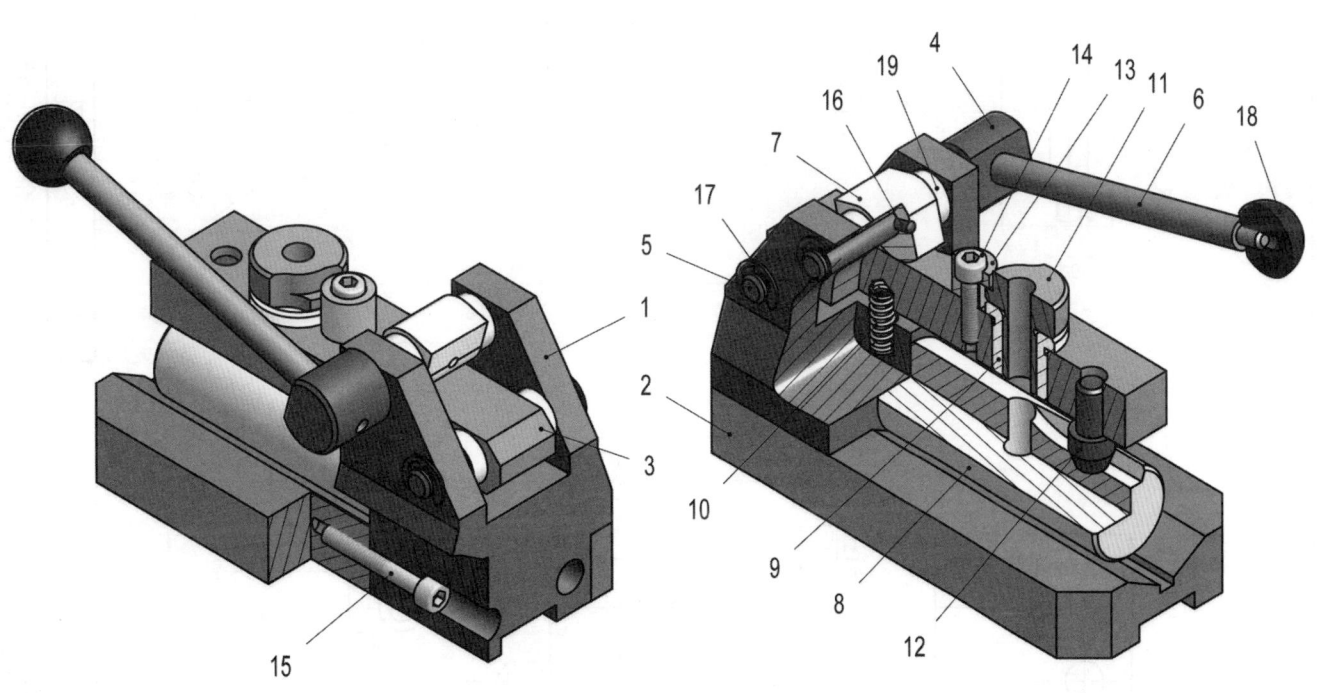

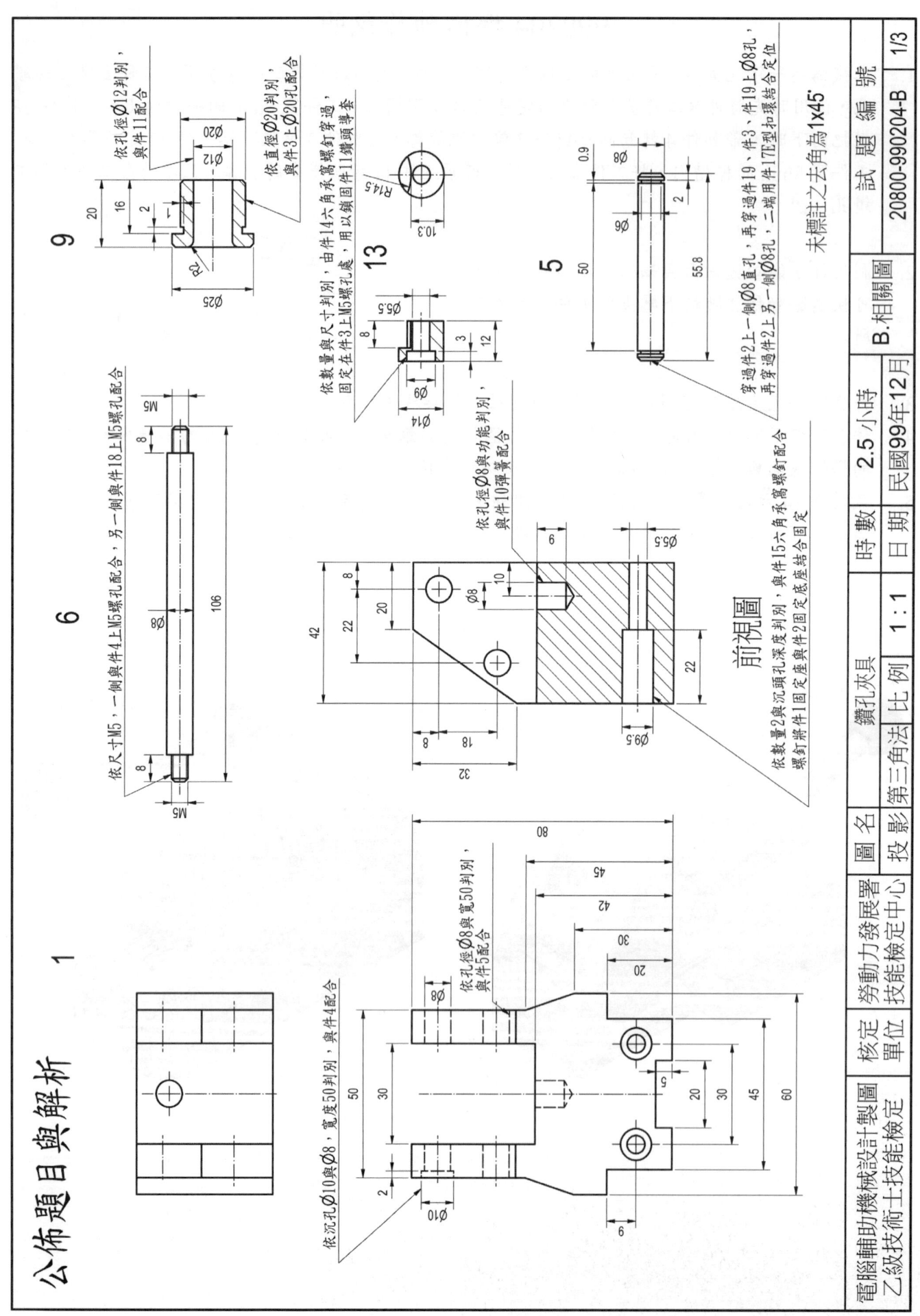

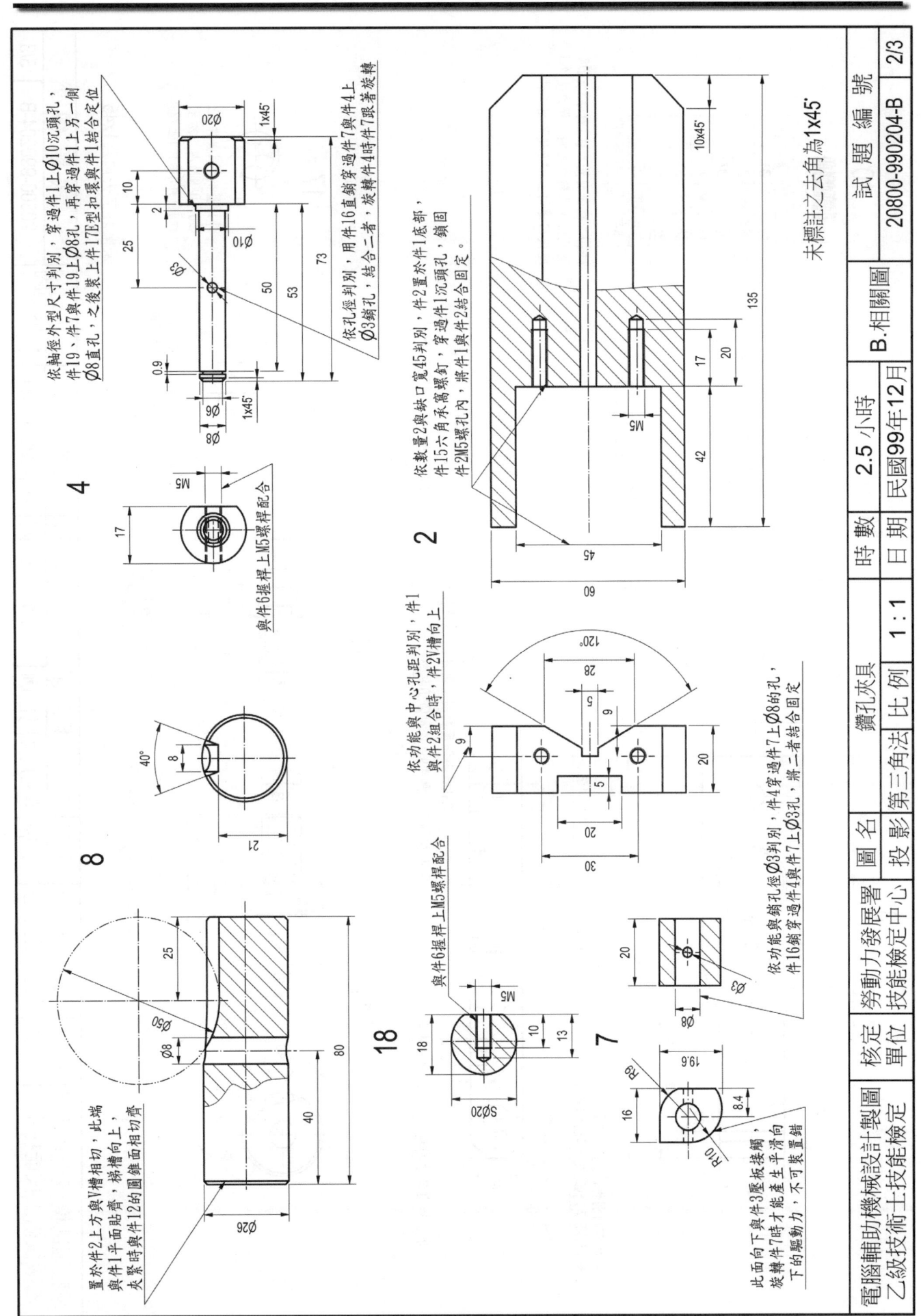

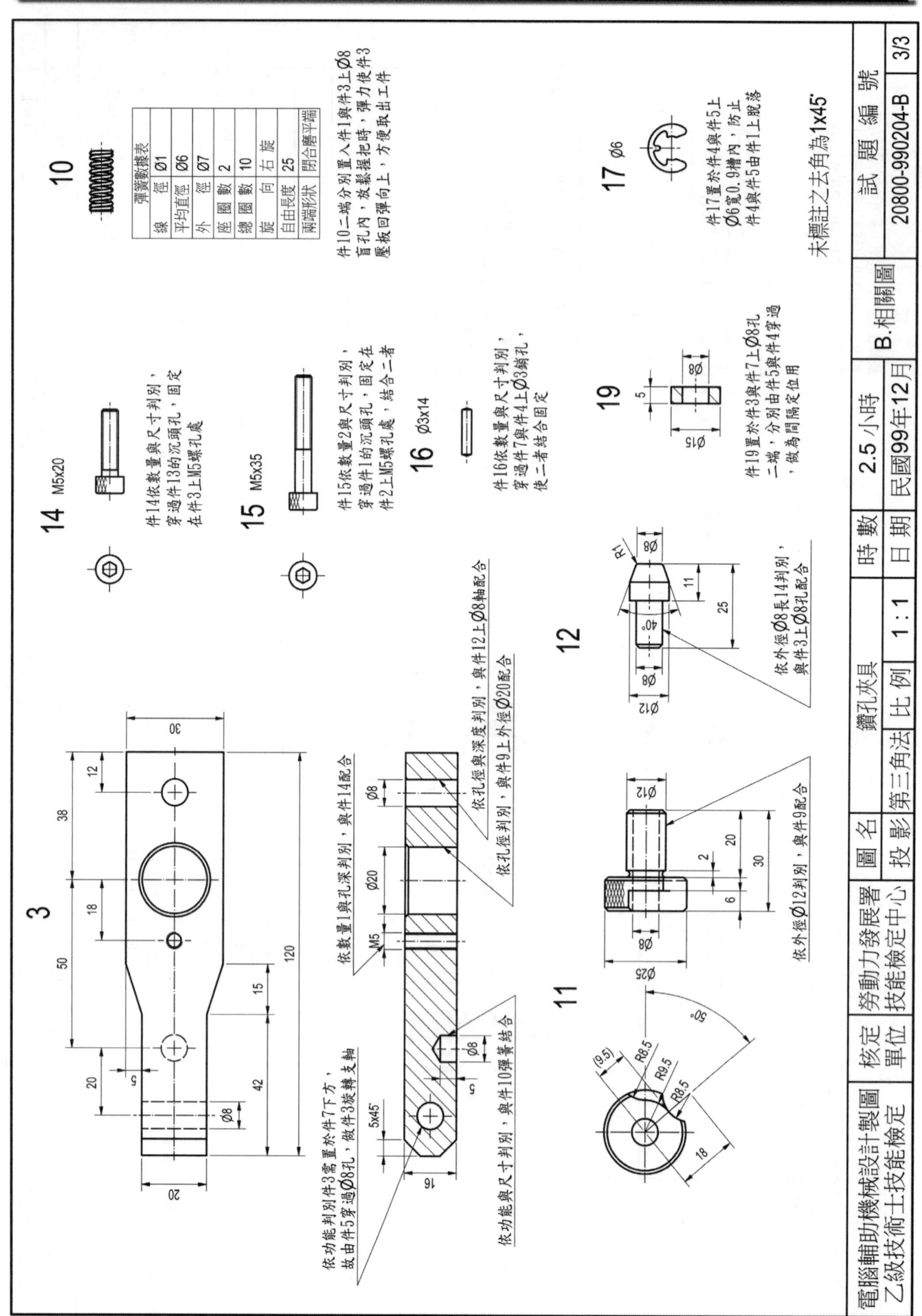

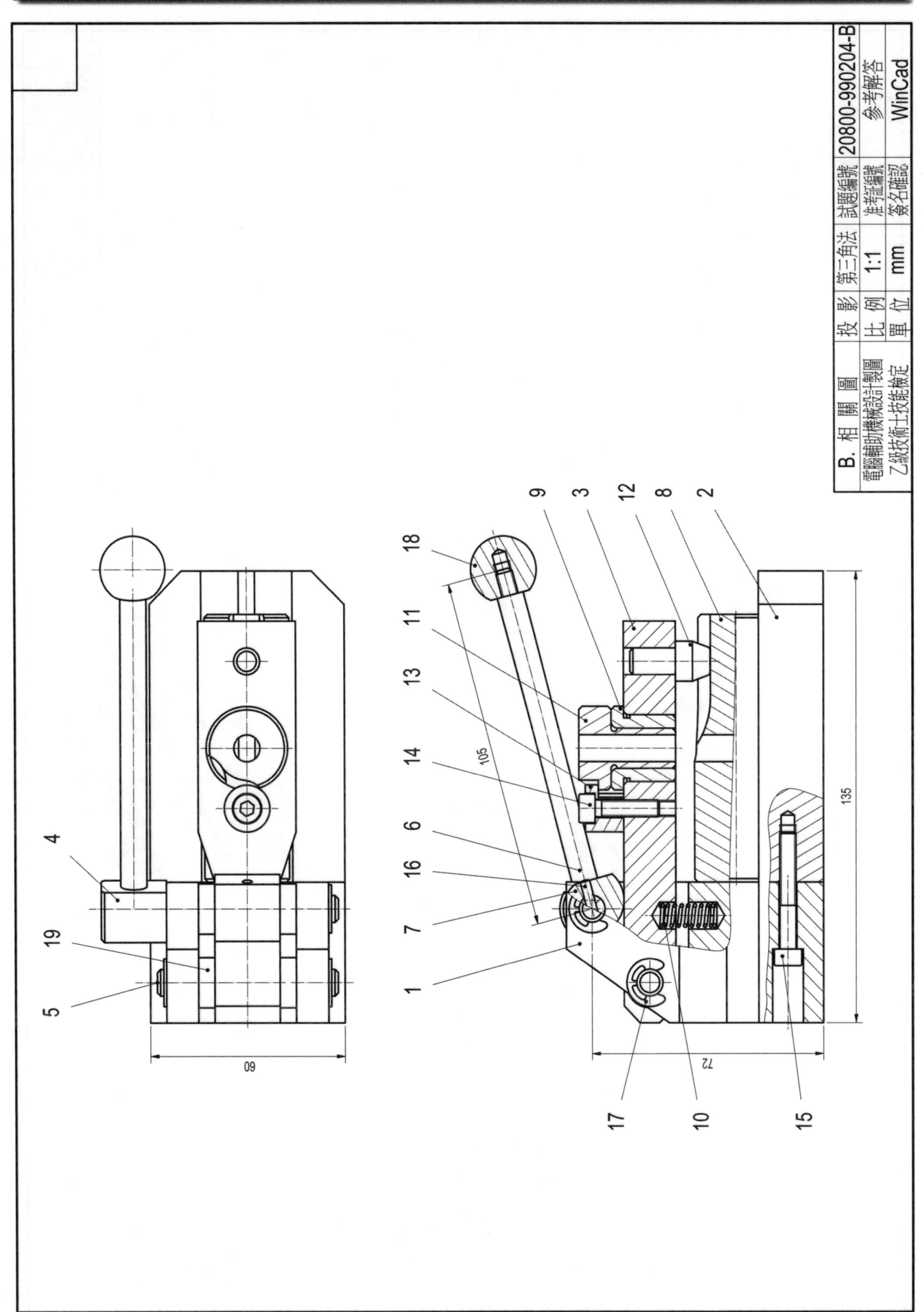

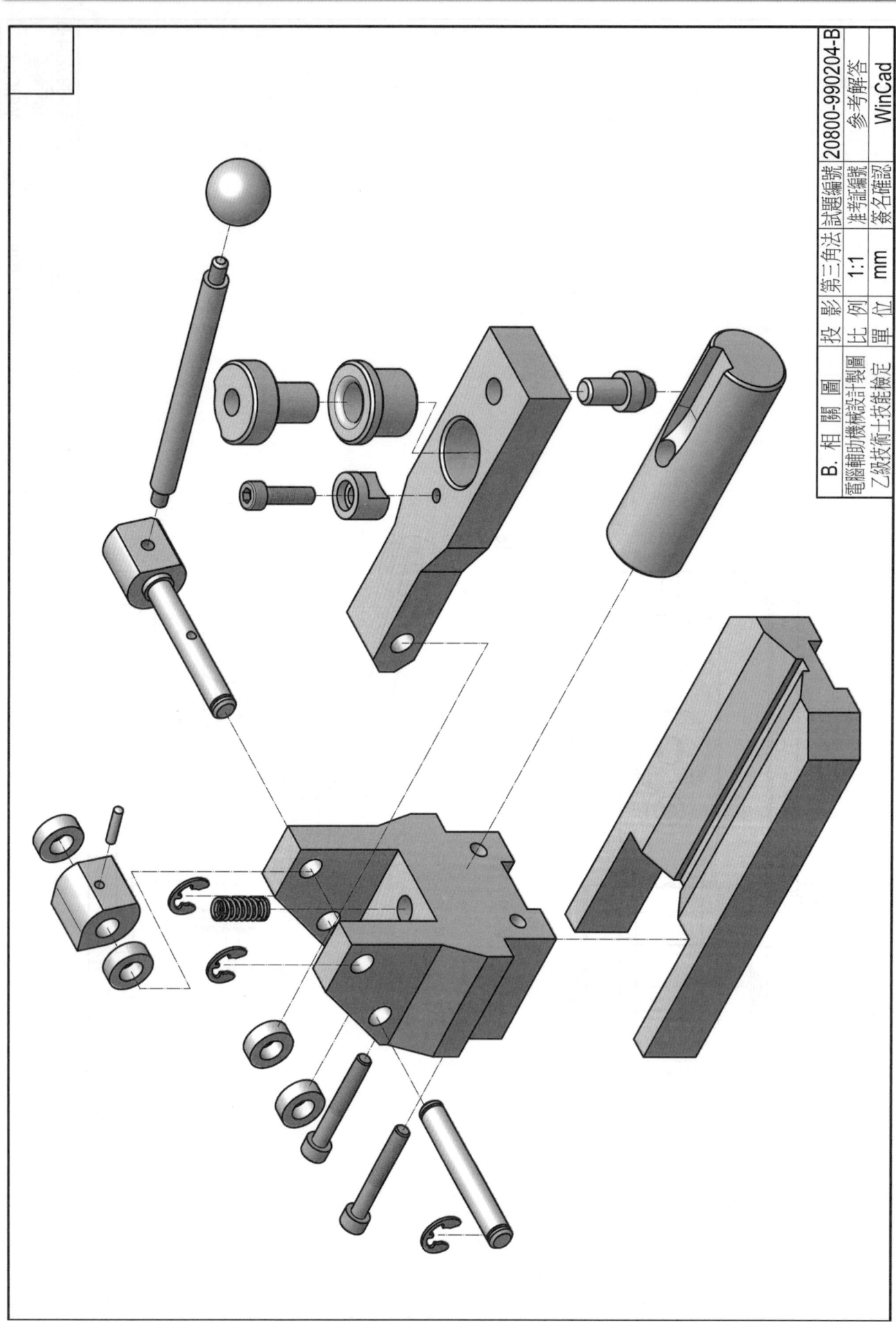

試題編號 20800-990204-B

參考解答

WinCad

准考證編號

簽名確認

投 影 第三角法

比 例 1:1

單 位 mm

B. 相 關 圖

電腦輔助機械設計製圖

乙級技術士技能檢定

試題編號：20800-990205-B

相關圖試題說明：

一、本相關圖試題爲組合圖繪製時間 2.5 小時(可提前交卷但不加分)，不含出圖時間。試題依第三角法命題，應檢人可選用第一角法或第三角法繪製，惟不得混用。

二、應檢人繪製時，圖中的線條、數字及符號等應依照最近公佈之 CNS 國家標準繪製。

三、應檢人依規定可使用之自備工具爲：直尺、量角器及比例尺等。嚴禁攜帶自備之設計資料及任何儲存媒體。

四、試題：(歐丹軸機構)

　　1.　繪製正投影組合圖：出圖於一張 A3 圖紙

　　　　按試題所給之零件圖及零件表如表(a)所示，依 1：2 之比例，繪製正投影組合圖於一張 A3 圖紙，尺度不足處請依比例自行量測。正投影組合圖須依零件 1 之視圖方向繪製其前視圖及俯視圖，含適當剖面、件號、組合尺度(如規格、總尺度等)及零件表等。裝配時零件 3 移動支架須靠邊組裝。

　　2.　繪製立體分解系統圖：出圖於一張 A3 圖紙

　　　　按試題所給之零件圖及零件表如表(a)所示，依約 1：2 之比例，繪製等角投影方向之立體分解系統圖(爆炸圖)於一張 A3 圖紙。立體分解系統圖以黑白潤飾表現，須含系統線。繪製時免畫剖面、件號及零件表等。

五、各圖面請繪製如圖(a)所示之標題欄及零件表，並填妥適當之內容。只需畫標題欄時，標題欄上方之零件表無需繪製。

六、繪製時間結束時，請以『准考證號碼』爲檔名，存入電腦資料碟中(嚴禁使用自備之任何儲存媒體)，並確認已經存檔後，將試題交回給監評人員，並等候指示在個人崗位電腦上出圖，出圖後電腦螢幕須保留現況。

七、出圖：

　　1.　中途離場或放棄出圖者須告知監評人員，並在評審表“放棄出圖者”處簽名後離場，若未依規定而離場者視同不及格。

　　2.　應檢人請依監評人員之指示，將電腦繪製之圖面以黑色列印於規定圖紙上；倘若圖面未完整列印，得重新出圖，並將前一張圖紙作廢。

　　3.　應檢人出圖後須確認圖面，並在右下角簽名後始得離場。監評人員則在右上角簽章確認。

表**(a)** 零件表

件 號	名 稱	數 量	材 料	備 註
1	底座	1	FC200	
2	固定支架	1	FC200	
3	移動支架	1	FC200	
4	軸	2	S45C	
5	襯套	2	BC7	
6	旋轉頭	2	S20C	
7	十字滑塊	1	S20C	
8	齒輪	2	S45C	
9	推拔銷	2	S45C	Ø 5x32
10	六角螺帽	2	S20C	M8
11	六角螺栓 A	2	S20C	M8x32
12	六角螺栓 B	2	S20C	M8x25
13	墊圈	4	S20C	Ø 8
14	帶頭斜鍵	2	S20C	6x6x25

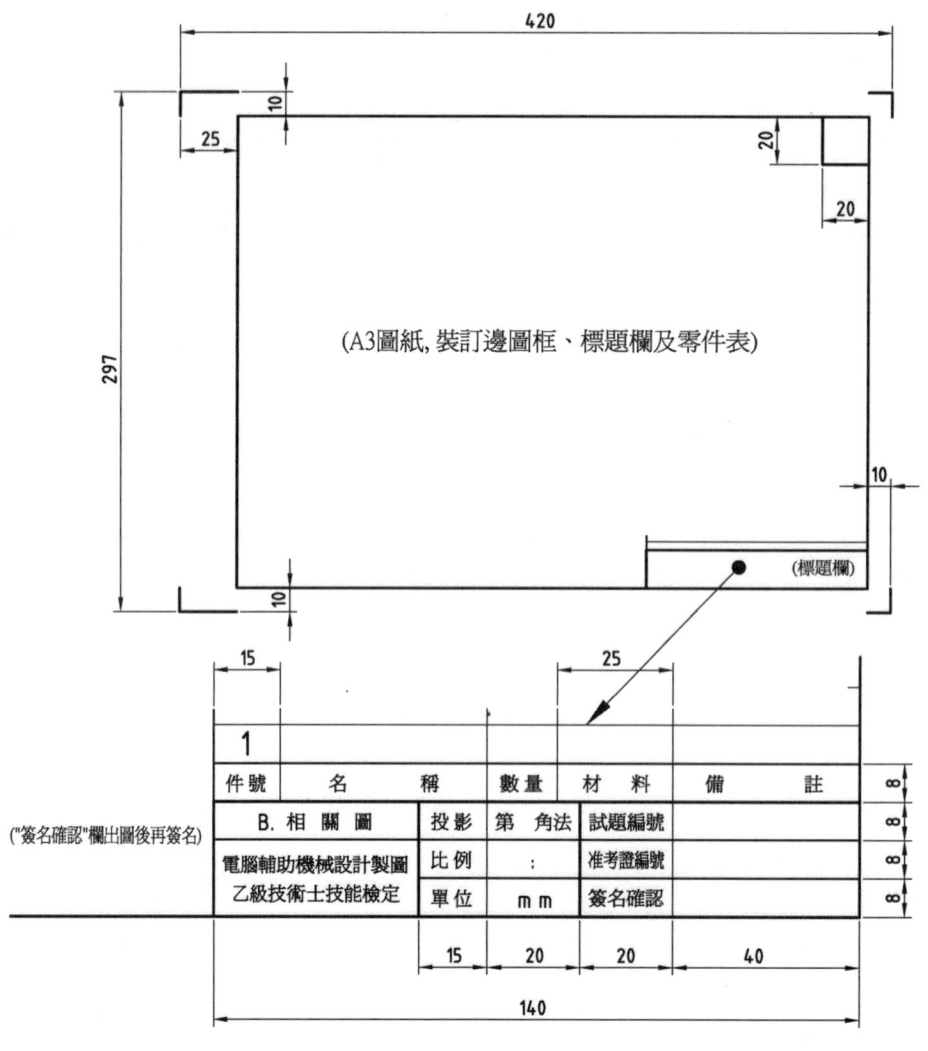

圖(a)

990205 機構動作說明

1. 軸因材料、製造及運動限制，必須做成各種不同的長度，爲了傳遞動力，有時軸與軸必須連接一起，使用的設備稱爲軸的聯接裝置，本機構爲一種稱爲「歐丹聯結器」的軸聯接裝置，用在聯接互相平行但不在同一中心線上的兩軸，兩軸偏心輕微，且軸之間的角速度又必須絕對相等。歐丹聯結器的構造如右圖所示：兩個端面具有凹形方槽的旋轉頭 A 和 C，固定於連接軸後，以兩端有凸形且互成直角的十字圓盤滑塊 B，結合一體，A 旋轉時會帶動 C 旋轉。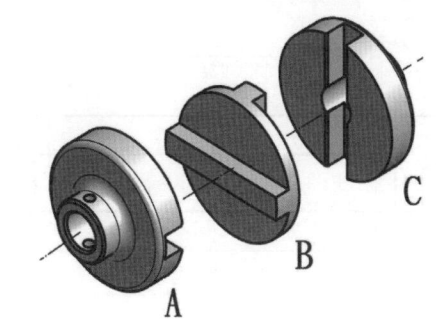

2. 件 5 襯套材質爲黃銅，分別置入件 2 固定支架與件 3 移動支架上 Ø26 孔內，做爲固定軸承，襯套與支架上 Ø2 的孔互相對正，可由此孔添加潤滑油來潤滑軸，襯套硬度較軸小，磨損後可更換。

3. 件 12 螺栓穿過件 13 墊圈與件 2 固定軸承上 Ø8.5 孔，鎖入件 1 底座上 M8 的螺孔，將件 2 固定在件 1 上，件 11 螺栓由件 1 底部直槽穿入，經過 Ø8.5 孔，件 3 移動支架上 Ø8.5 孔與件 13 墊圈，再鎖上件 10 螺帽，將件 3 固定在件 1 上，放鬆螺帽時，件 3 可在件 1 上滑動，依據聯接二軸的偏心距離，調整固定件 3 的相對位置，墊圈可增加螺栓或螺帽鎖緊時夾持力。

4. 件 4 軸上銷孔軸端，穿過件 2 固定支架上襯套，用件 9 推拔銷將件 6 旋轉頭固定在軸上，軸的另一端用件 14 帶頭斜鍵，將件 8 齒輪固定在軸上，另一軸同理組合，但在固定旋轉頭前須先置入件 7 十字滑塊，形成歐丹聯結。

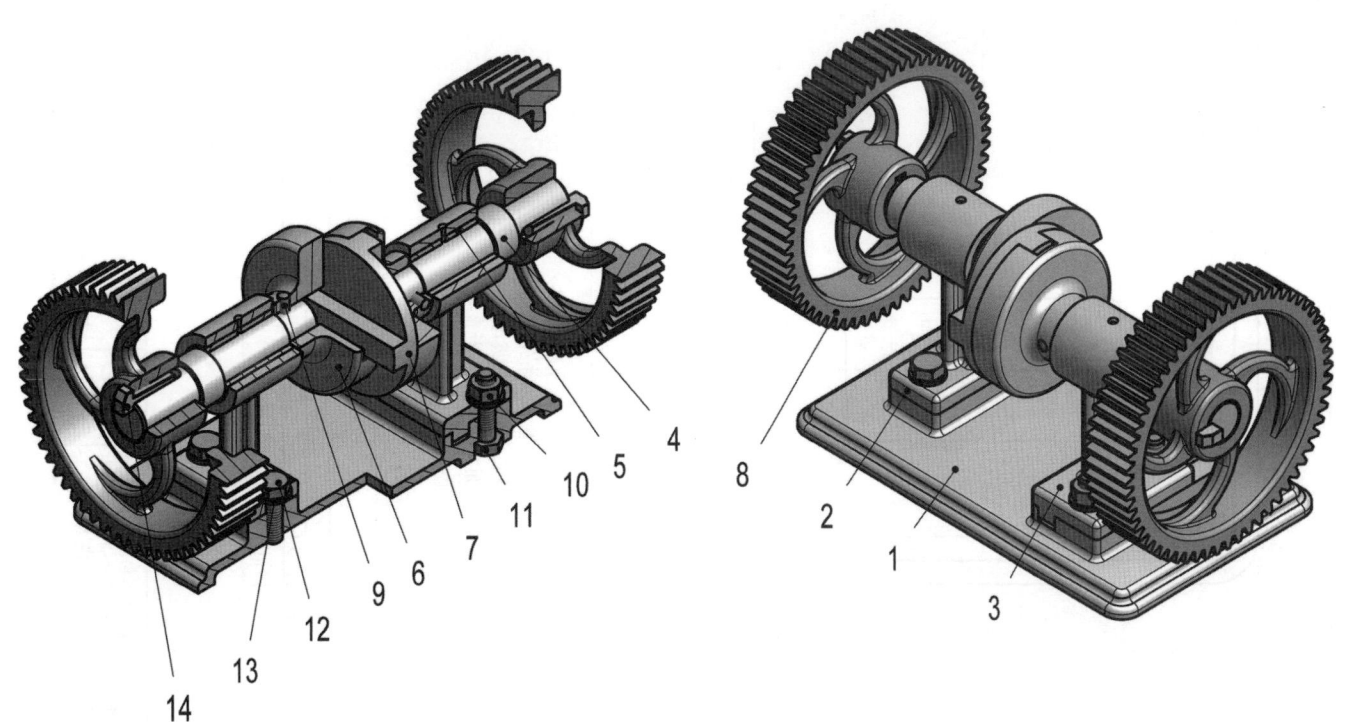

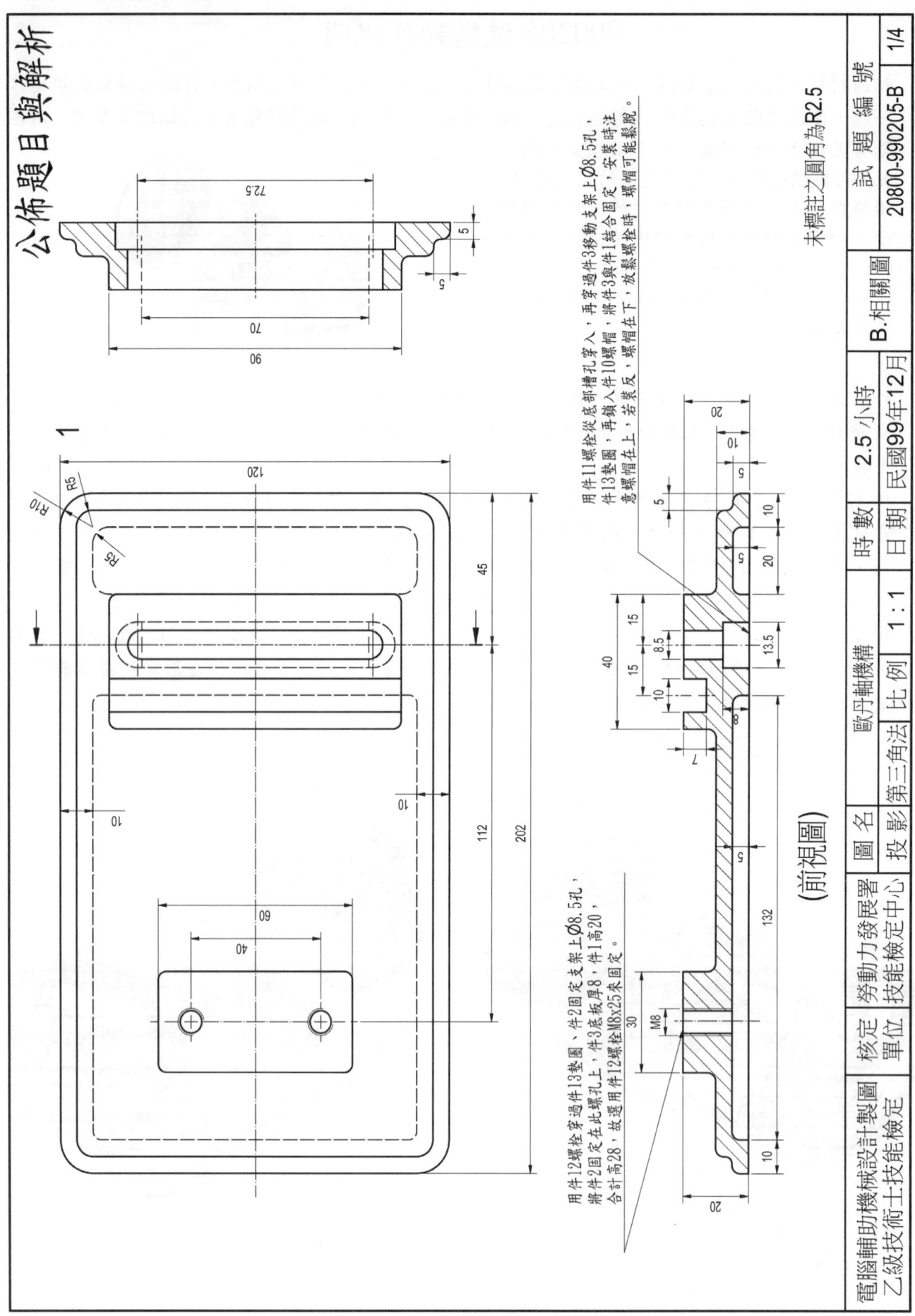

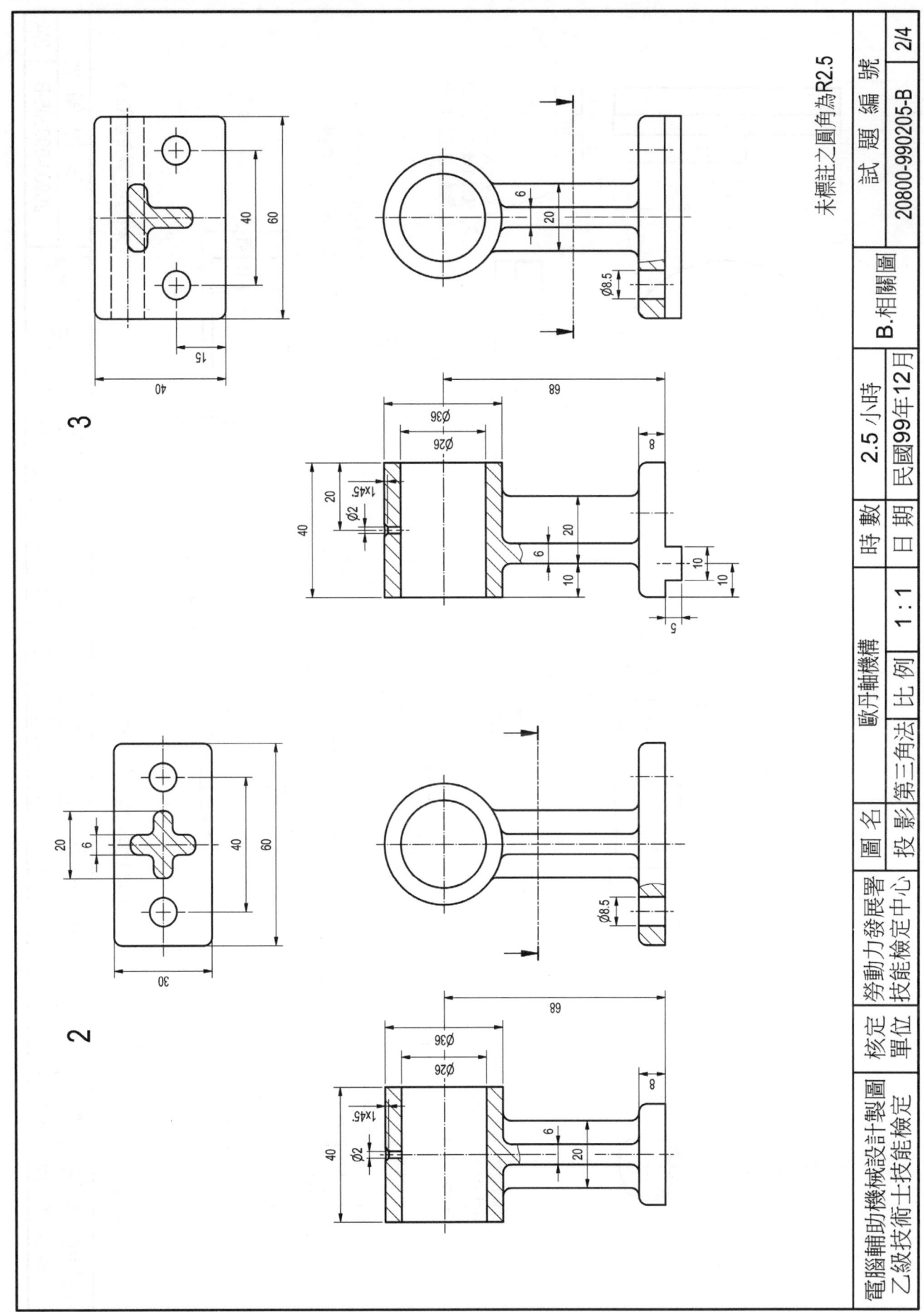

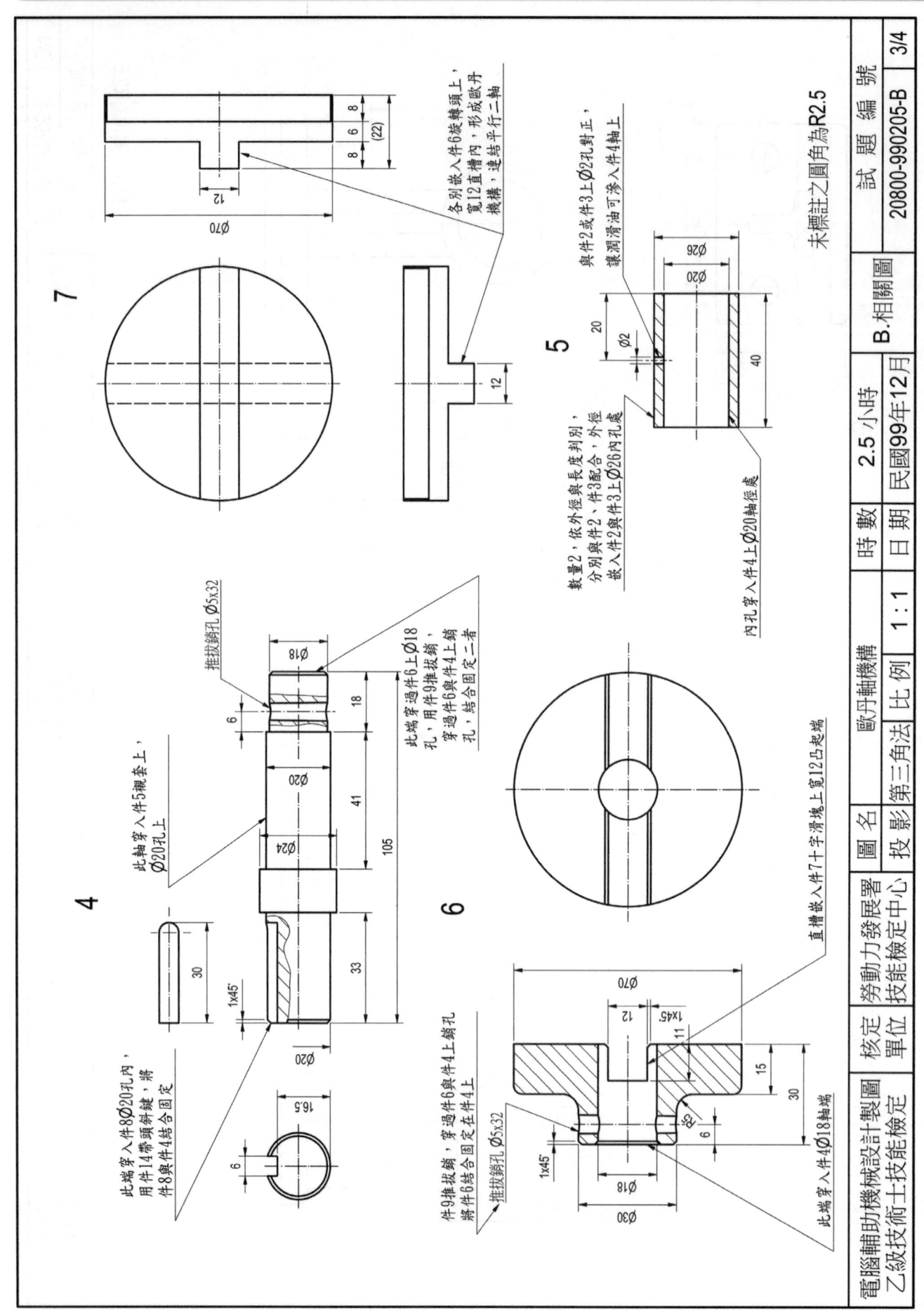

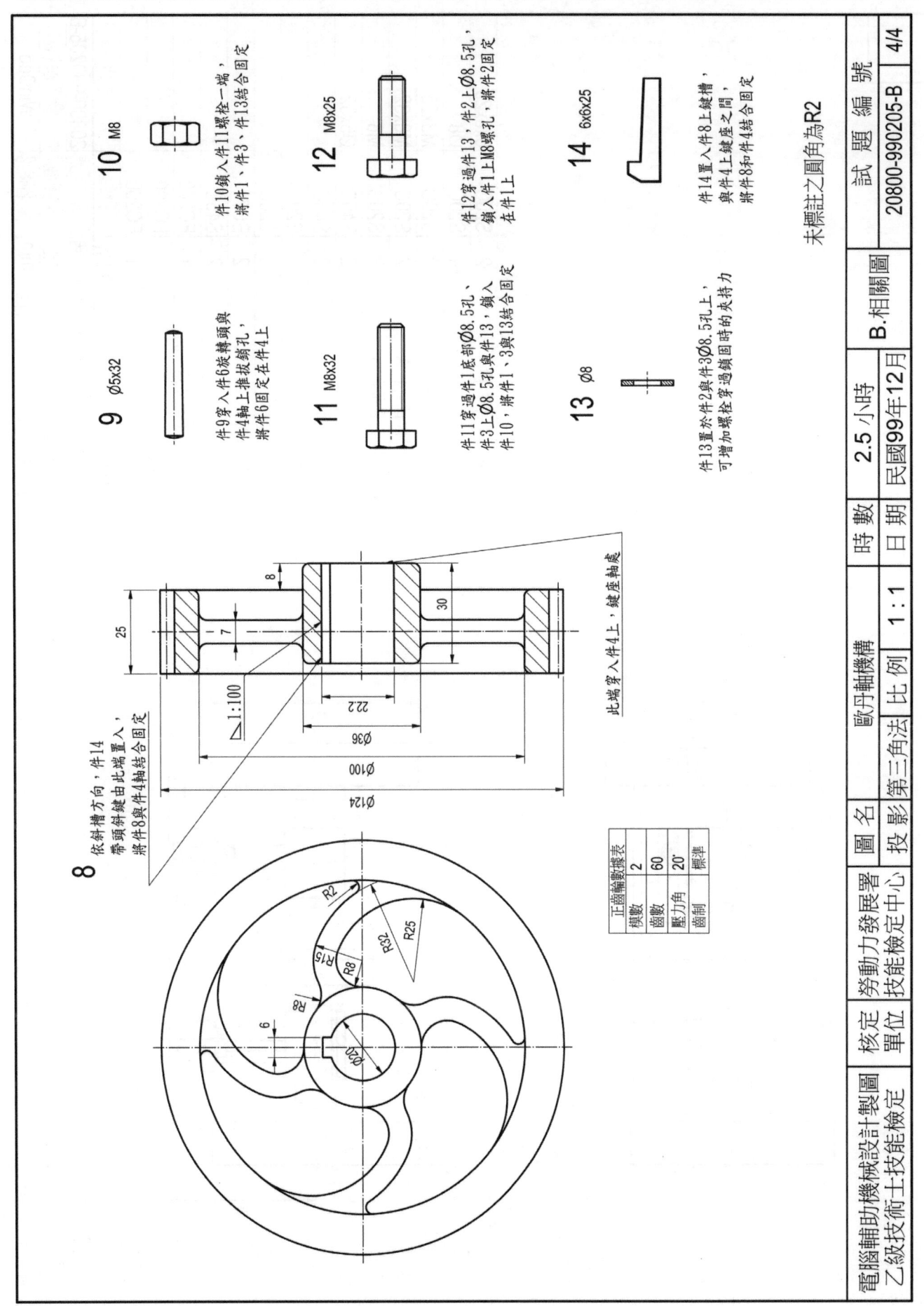

9 ∅5x32

件9穿入件6旋轉頭與件4軸上推拔鎖孔，將件6固定在件4上

10 M8

件10鎖入件11螺座一端，將件1、件3、件13結合固定

11 M8x32

件11穿過件1底部∅8.5孔、件3上∅8.5孔與件13、鎖入件10，將件1、3與13結合固定

12 M8x25

件12穿過件13、件2上∅8.5孔、鎖入件1上M8螺孔，將件2固定在件1上

13 ∅8

件13置於件2與件3∅8.5孔上，可增加螺栓穿過鎖固時的夾持力

14 6x6x25

件14置入件8上鍵槽，與件4上鍵座之間，將件8和件4結合固定

8 依斜槽方向，件14帶頭斜鍵由此端置入，將件8與件4軸結合固定

△1:100
25
7
8
30
222
∅36
∅100
∅124

此端穿入件4上，鍵座軸處

正齒輪製據表
模數	2
齒數	60
壓力角	20°
齒制	標準

R2　R32　R25　R15　R8　R28　6　∅20

未標註之圓角為R2

試題編號	20800-990205-B	4/4

B.相關圖

| 時數 | 2.5小時 |
| 日期 | 民國99年12月 |

| 圖名 | 歐丹軸機構 |
| 投影 | 第三角法 | 比例 | 1：1 |

勞動力發展署　技能檢定中心

核定　單位

電腦輔助機械設計製圖
乙級技術士技能檢定

件號	名稱	數量	材料	備註
14	帶頭斜鍵	2	S20C	6x6x25
13	墊圈	4	S20C	Ø8
12	六角螺栓B	2	S20C	M8x25
11	六角螺栓A	2	S20C	M8x32
10	六角螺帽	2	S20C	M8
9	推拔銷	2	S45C	Ø5x32
8	齒輪	2	S45C	
7	十字滑塊	1	S20C	
6	旋轉頭	2	S20C	
5	襯套	2	BC7	
4	軸	2	S45C	
3	移動支架	1	FC200	
2	固定支架	1	FC200	
1	底座	1	FC200	

B. 相 關 圖	投 影	第三角法	試題編號	20800-990205-B
電腦輔助機械設計製圖	比 例	1:2	准考證編號	參考解答
乙級技術士技能檢定	單 位	mm	簽名確認	WinCad

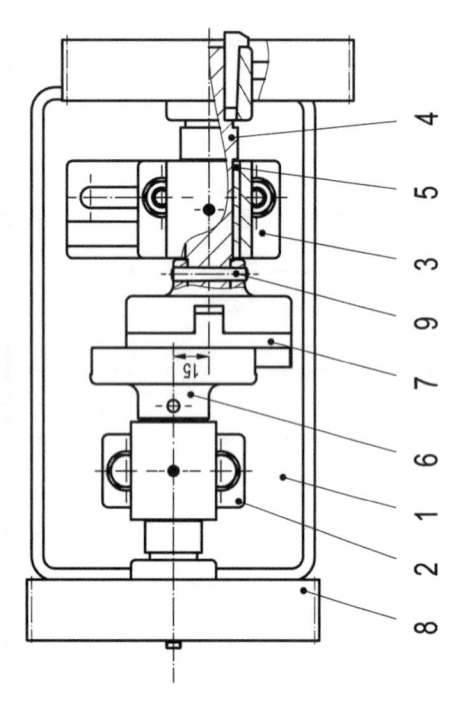

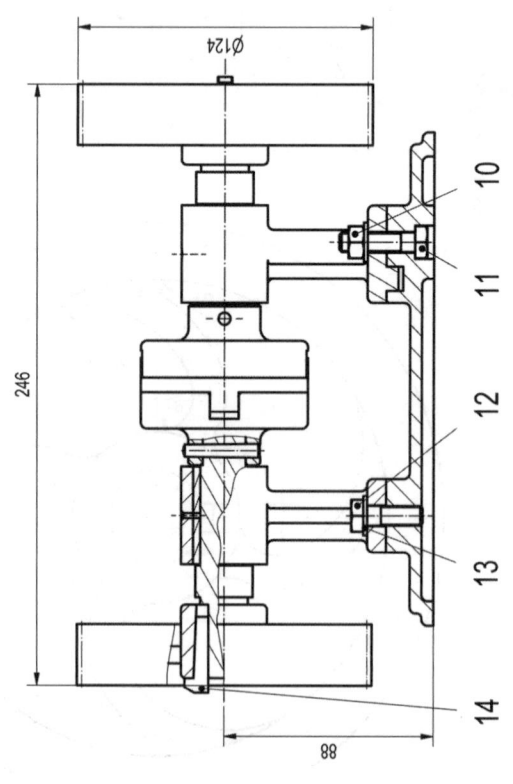

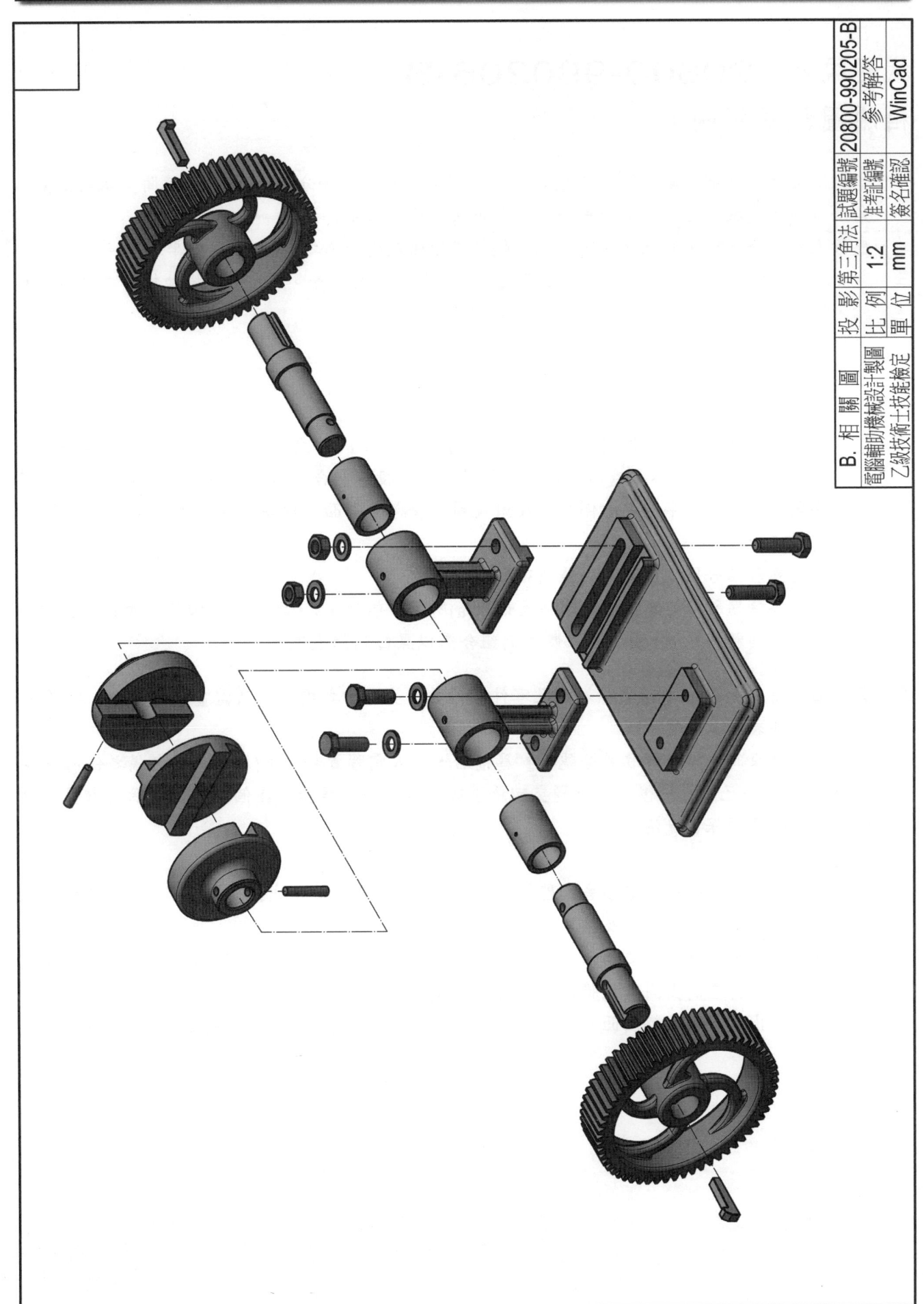

B. 相 關 圖	投 影	第三角法	試題編號	20800-990205-B
電腦輔助機械設計製圖	比 例	1:2	准考證編號	參考解答
乙級技術士技能檢定	單 位	mm	簽名確認	WinCad

試題編號：20800-990206-B

相關圖試題說明：

一、本相關圖試題為組合圖繪製時間 2.5 小時(可提前交卷但不加分)，不含出圖時間。試題依第三角法命題，應檢人可選用第一角法或第三角法繪製，惟不得混用。

二、應檢人繪製時，圖中的線條、數字及符號等應依照最近公佈之 CNS 國家標準繪製。

三、應檢人依規定可使用之自備工具為：直尺、量角器及比例尺等。只可參閱場地提供之設計資料檔，嚴禁攜帶自備之設計資料及任何儲存媒體。

四、試題：(旋塞閥)

1. 繪製正投影組合圖：出圖於一張 A3 圖紙

　　　　按試題所給之零件圖及零件表如表(a)所示，依 1：1 之比例，繪製正投影組合圖於一張 A3 圖紙，尺度不足處請依比例自行量測。正投影組合圖須依零件 1 之視圖方向繪製其半剖之前視圖、半剖之右側視圖及俯視圖，含適當剖面、件號、組合尺度(如規格、總尺度等)及零件表等。

2. 繪製立體組合圖：出圖於一張 A3 圖紙

　　　　按試題所給之零件圖及零件表如表(a)所示，依約 1：1 之比例，繪製等角投影立體半剖組合圖於一張 A3 圖紙。立體半剖組合圖以黑白潤飾表現。

五、各圖面請繪製如圖(a)所示之標題欄及零件表，並填妥適當之內容。只需畫標題欄時，標題欄上方之零件表無需繪製。

六、繪製時間結束時，請以『准考證號碼』為檔名，存入電腦資料碟中(嚴禁使用自備之任何儲存媒體)，並確認已經存檔後，將試題交回給監評人員，並等候指示在個人崗位電腦上出圖，出圖後電腦螢幕須保留現況。

七、出圖：

1. 中途離場或放棄出圖者須告知監評人員，並在評審表"放棄出圖者"處簽名後離場，若未依規定而離場者視同不及格。

2. 應檢人請依監評人員之指示，將電腦繪製之圖面以黑色列印於規定圖紙上；倘若圖面未完整列印，得重新出圖，並將前一張圖紙作廢。

3. 應檢人出圖後須確認圖面，並在右下角簽名後始得離場。監評人員則在右上角簽章確認。

表**(a)** 零件表

件　號	名　稱	數　量	材　料	備　註
1	本體	1	BC6	
2	旋塞	1	BC6	
3	把手	1	FC250	
4	氈圈壓板	1	BC6	
5	氈圈	1	毛氈	Ø 38x Ø 26x7
6	摩擦環	1	BC6	
7	六角螺栓	2	S20C	M10x27

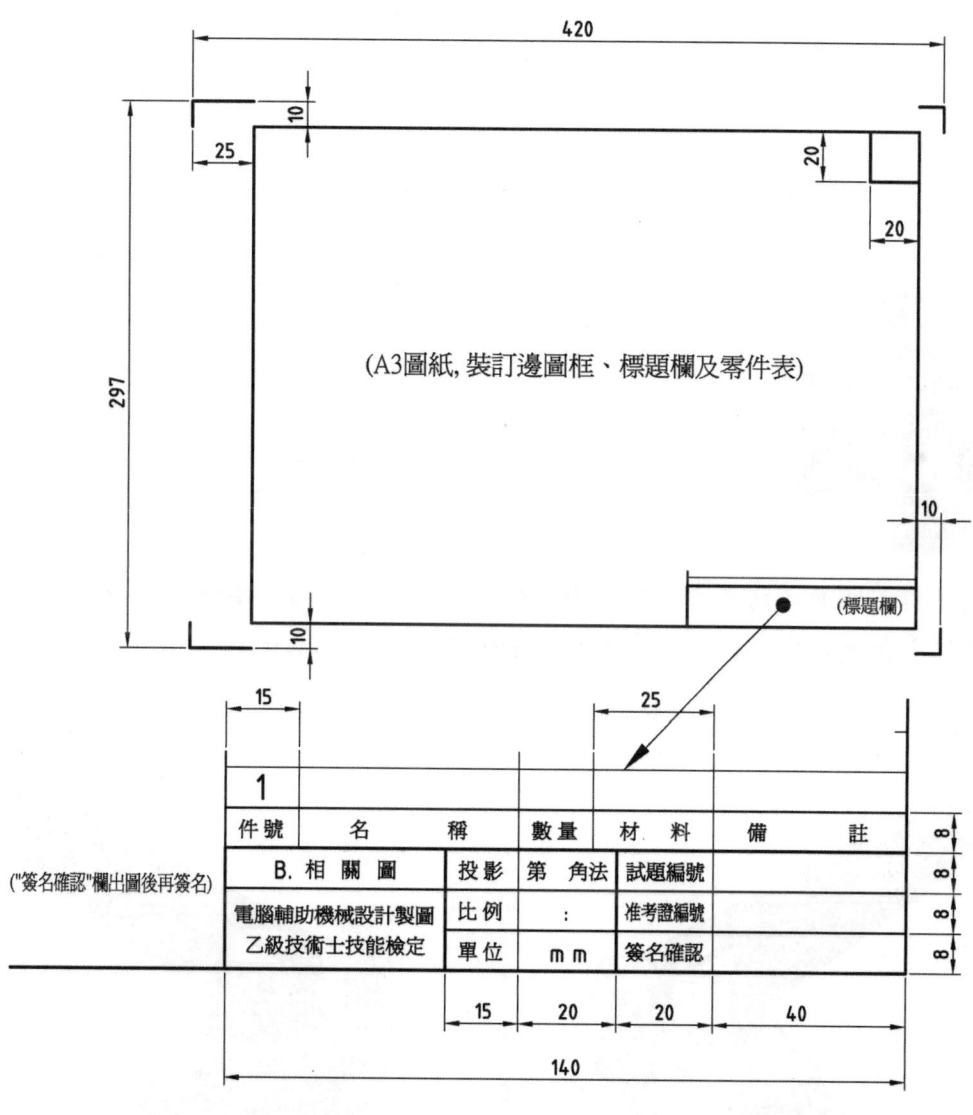

圖(a)

990206 機構動作說明

1. 本機構為一閥門，是一種通過改變其內部通路截面積，來控制管路中介質流動的通用機械產品，旋塞閥啟閉件(旋塞)呈圓錐狀，繞本身軸線作旋轉運動可控制液體流通或不通，特點為結構簡單、體積小、重量較輕，流體阻力小，啟閉迅速，轉動90度即可實現啟閉，缺點為磨擦大，啟閉較費力，密封面呈圓錐狀，研磨維修均困難。

2. 件6摩擦環，裝置在件5氈圈與件2旋塞圓錐端面間，可避免旋塞轉動時直接磨擦氈圈，可增加氈圈壽命。

3. 件5氈圈裝置於件6摩擦環與件4氈圈壓板之間，適當的力量鎖緊件7螺栓時，件4向下擠壓件5氈圈，可防止閥內液體滲漏，不適當的鎖緊件7螺栓，不但使件2旋塞旋轉費力，還會加速氈圈的磨損，氈圈磨損時可拆下件4壓板，重新更換新的氈圈。

4. 一般閥門把手與旋塞頭之間有90度方向性限制配合，當把手與管路平行時表示通路，與管路垂直時表示關閉不通，如下圖所示。

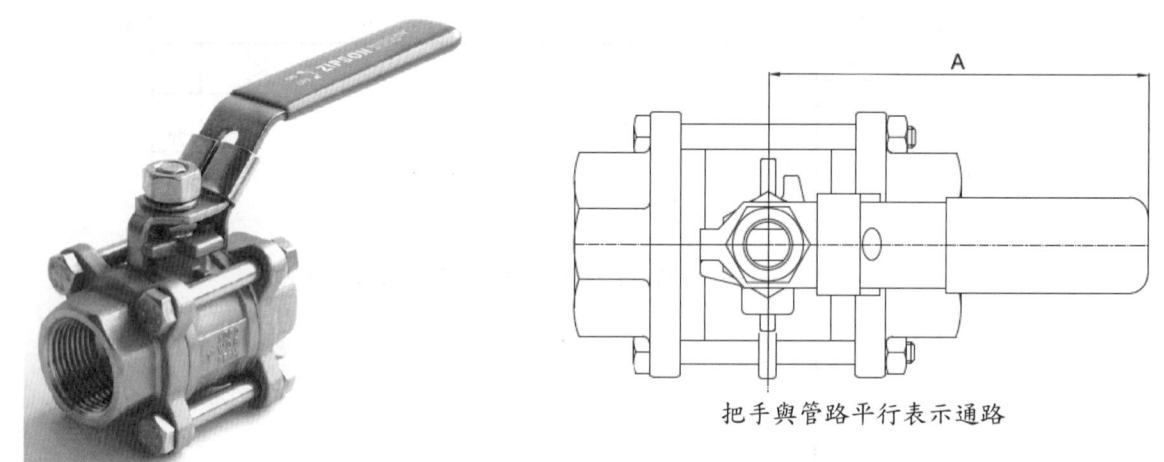

把手與管路平行表示通路

　　本題組把手與旋塞頭之間無方向性配合，而是在旋塞頭上開一字槽表示旋塞流通口位置，組裝時要注意件3把手長柄方向，與件2旋塞頭一字槽及管路的流向平行。

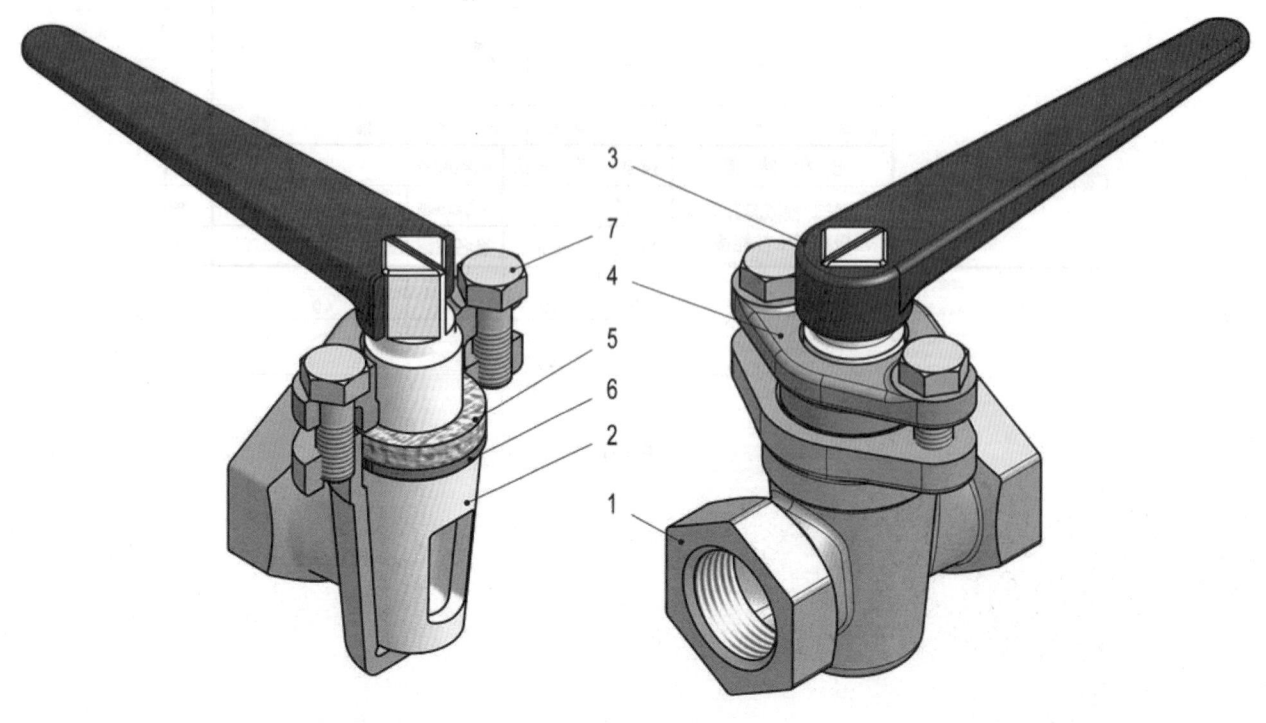

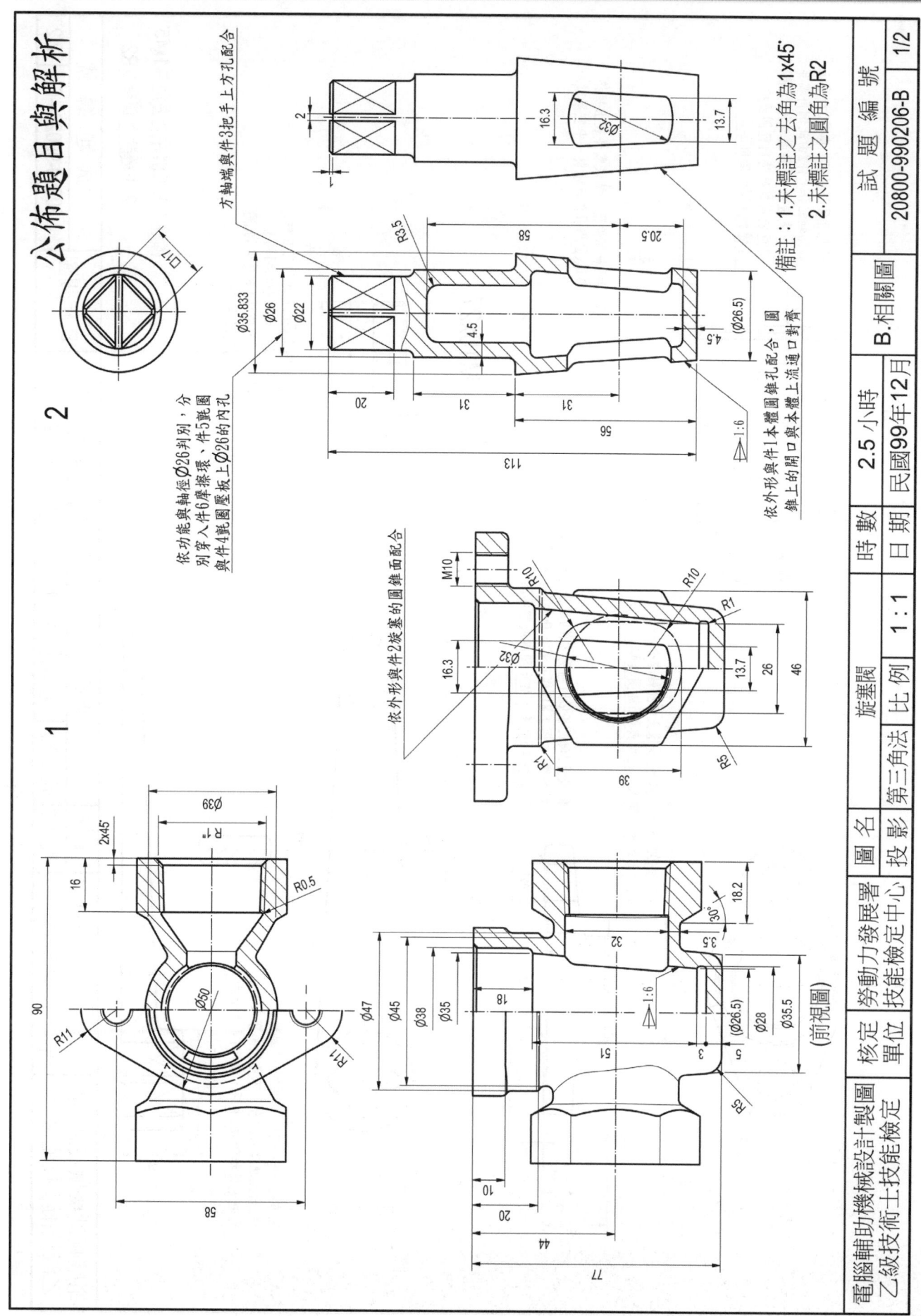

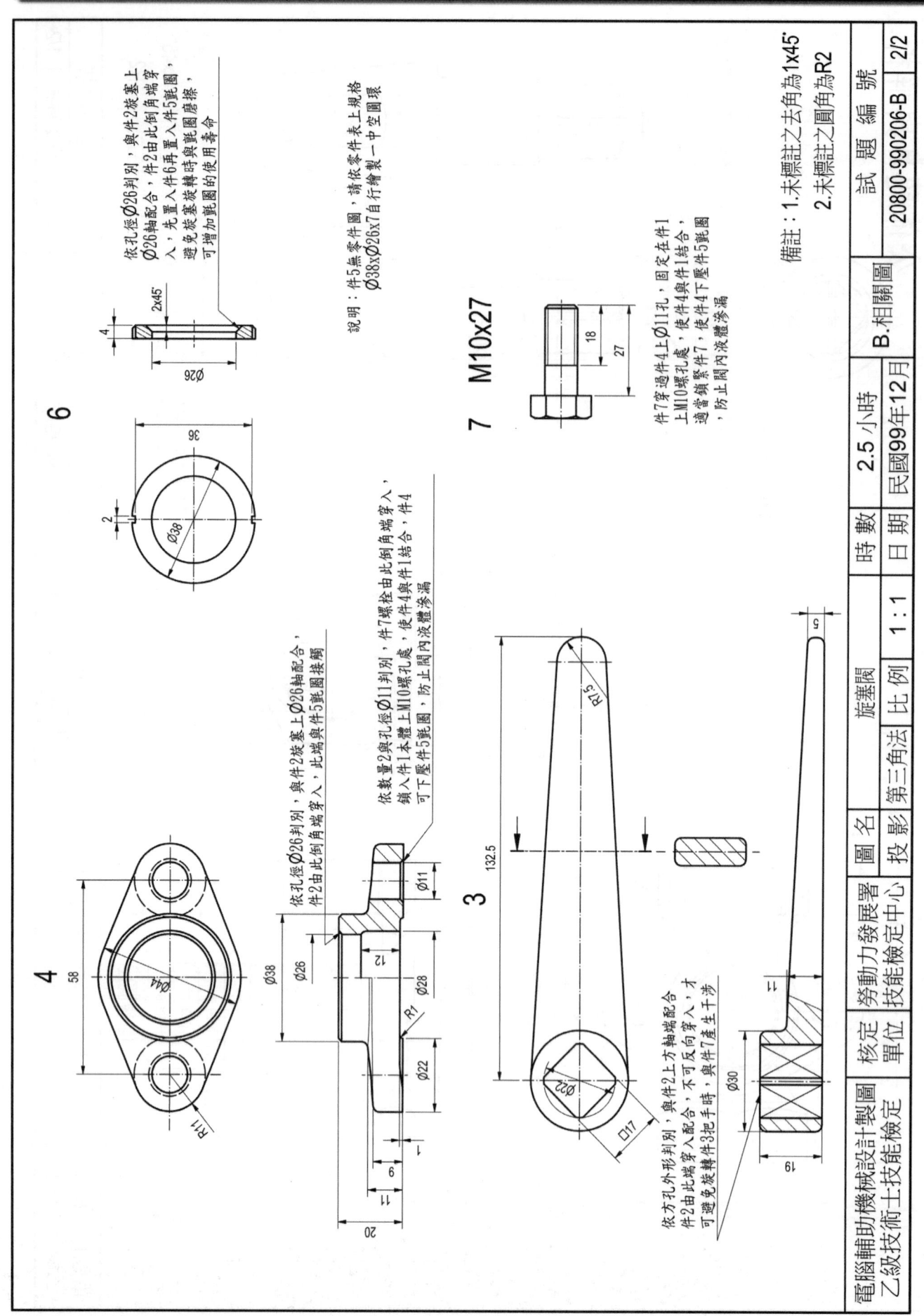

6

依孔徑 Ø26 判別，與件2旋塞上 Ø26 軸配合，件2由此倒角端穿入，先置入件6再置入件5範圈，避免旋塞旋轉時與範圈摩擦，可增加範圈的使用壽命

2x45°

Ø26

說明：件5為零件圖，請依零件表上規格 Ø38xØ26x7自行繪製一中空圓環

7 M10x27

18

27

件7穿過件4上 Ø11孔，固定在件1 上M10螺孔處，使件4與件1結合，邊當鎖緊件7，使件4下壓件5範圈，防止閥內液體滲漏

4

58

Ø44

Ø38

依孔徑 Ø26 判別，與件2旋塞上 Ø26 軸配合，件2由此倒角端穿入，此端與件5範圈接觸

R1

Ø26

Ø28

Ø11

R11

Ø22

依數量2與孔徑 Ø11判別，件7螺栓由此倒角端穿入，鎖入件1本體上M10螺孔處，使件4與件1結合，件4可下壓件5範圈，防止閥內液體滲漏

6

20

3

132.5

R1.5

口17

Ø22

11

Ø30

19

依方孔外形判別，與件2上方軸端配合，件2由此端穿入與件3配合，不可反向穿入，才可避免旋轉件3把手時，與件5干涉

備註：1.未標註之去角為1x45°
　　　2.未標註之圓角為R2

| 電腦輔助機械設計製圖 | 核定 | 勞動力發展署 | 圖名 | 旋塞閥 | 時數 | 2.5小時 | 試題 | 編 號 |
| 乙級技術士技能檢定 | 單位 | 技能檢定中心 | 投影 | 第三角法 | 比例 | 1:1 | 日期 | 民國99年12月 | B.相關圖 | 20800-990206-B | 2/2 |

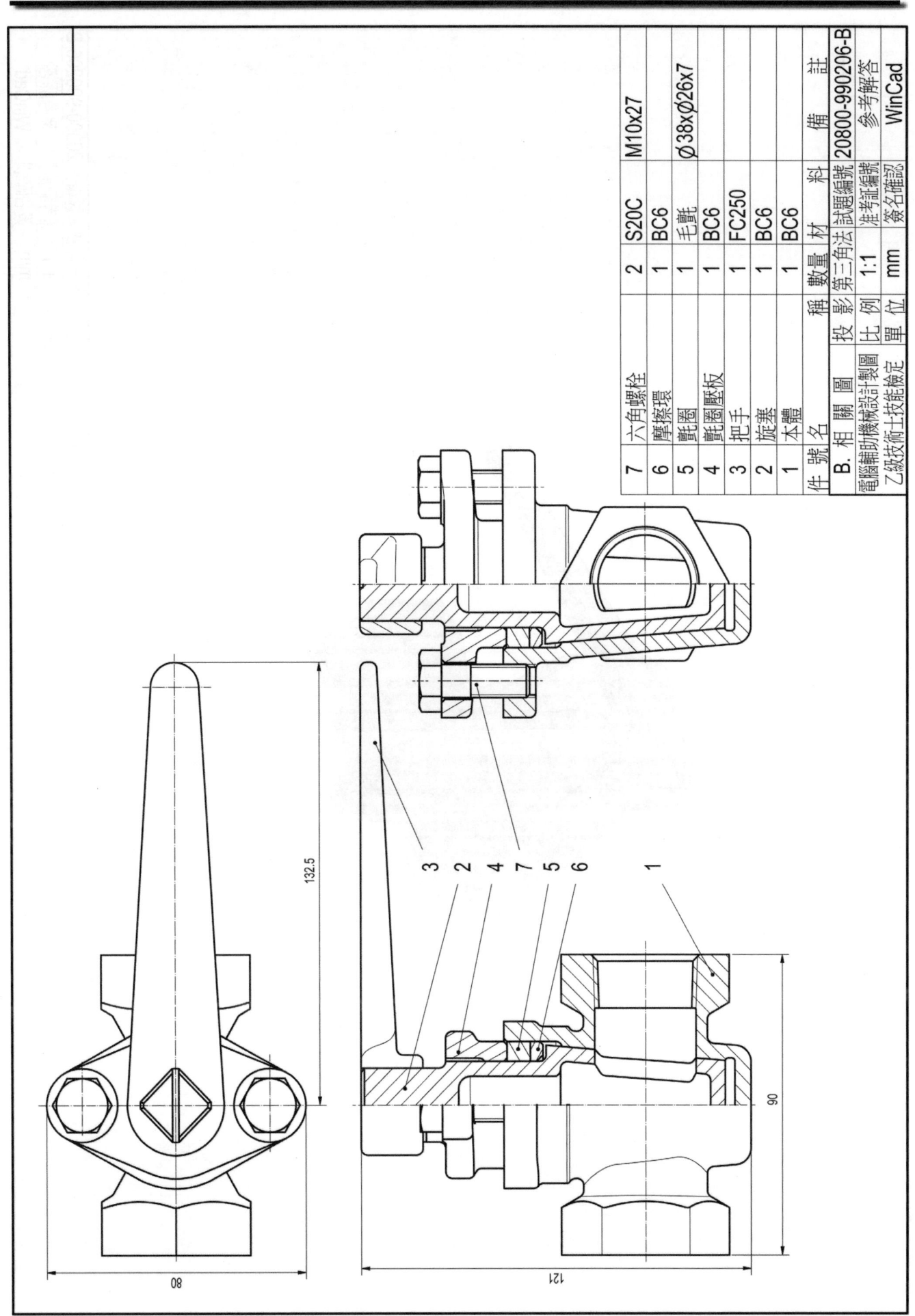

件號	名稱	數量	材料	備註
7	六角螺栓	2	S20C	M10x27
6	摩擦環	1	BC6	
5	氈圈	1	毛氈	Ø38xØ26x7
4	氈圈壓板	1	BC6	
3	把手	1	FC250	
2	旋塞	1	BC6	
1	本體	1	BC6	

B. 相關圖	投影	第三角法	試題編號	20800-990206-B
電腦輔助機械設計製圖	比例	1:1	准考證編號	參考解答
乙級技術士技能檢定	單位	mm	簽名確認	WinCad

132.5

80

121

90

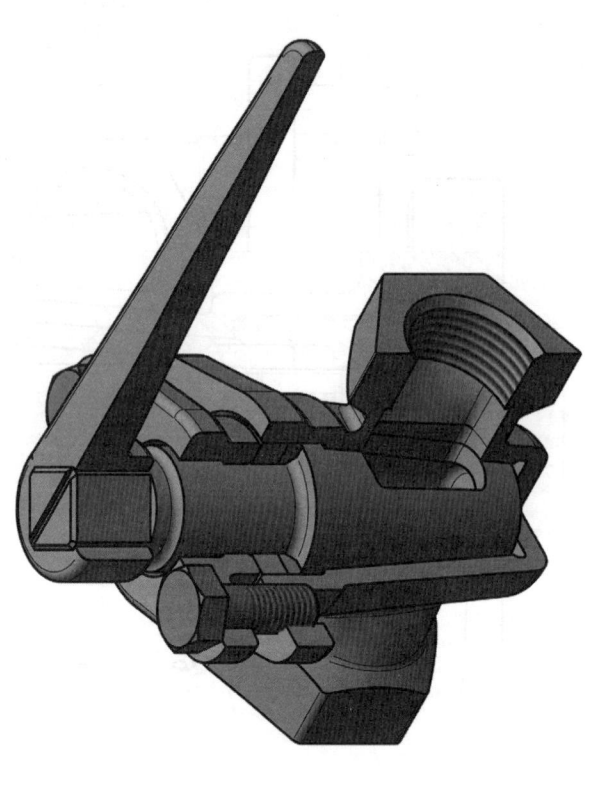

B. 相關圖圖	投影	第三角法	試題編號	20800-990206-B
電腦輔助機械設計製圖	比例	1:1	准考證編號	參考解答
乙級技術士技能檢定	單位	mm	簽名確認	WinCad

試題編號：20800-990207-B

相關圖試題説明：

一、本相關圖試題爲組合圖繪製時間 2.5 小時(可提前交卷但不加分)，不含出圖時間。試題依第三角法命題，應檢人可選用第一角法或第三角法繪製，惟不得混用。

二、應檢人繪製時，圖中的線條、數字及符號等應依照最近公佈之 CNS 國家標準繪製。

三、應檢人依規定可使用之自備工具爲：直尺、量角器、比例尺及計算機等。只可參閱場地提供之設計資料檔，嚴禁攜帶自備之設計資料及任何儲存媒體。

四、試題：(可調式定心器)

  1. 繪製正投影組合圖：出圖於一張 A3 圖紙

      按試題所給之零件圖及零件表如表(a)所示，依 4：5 之比例，繪製組合圖於一張 A3 圖紙。組合圖須依零件 1 之視圖方向繪製其前視圖及左視圖，含適當剖面、件號、組合尺度(如規格、總尺度等)及零件表等。

  2. 繪製立體分解系統圖：出圖於一張 A3 圖紙

      按試題所給之零件圖及零件表如表(a)所示，依約 4：5 之比例，繪製等角投影方向之立體分解系統圖(爆炸圖)於一張 A3 圖紙。立體分解系統圖以黑白潤飾表現，須含系統線。繪製時免畫剖面、件號及零件表等。

五、各圖面請繪製如圖(a)所示之標題欄及零件表，並填妥適當之內容。只需畫標題欄時，標題欄上方之零件表無需繪製。

六、繪製時間結束時，請以『准考證號碼』爲檔名，存入電腦資料碟中(嚴禁使用自備之任何儲存媒體)，並確認已經存檔後，將試題交回給監評人員，並等候指示在個人崗位電腦上出圖，出圖後電腦螢幕須保留現況。

七、出圖：

  1. 中途離場或放棄出圖者須告知監評人員，並在評審表"放棄出圖者"處簽名後離場，若未依規定而離場者視同不及格。

  2. 應檢人請依監評人員之指示，將電腦繪製之圖面以黑色列印於規定圖紙上；倘若圖面未完整列印，得重新出圖，並將前一張圖紙作廢。

  3. 應檢人出圖後須確認圖面，並在右下角簽名後始得離場。監評人員則在右上角簽章確認。

表(a) 零件表

件 號	名 稱	數 量	材 料	備 註
1	本體	1	FC200	
2	把手	1	FC200	
3	支持架	1	S30C	
4	傳動齒輪	1	S45C	
5	傳動齒條	1	S45C	
6	把手柄	1	S25C	
7	頂心	1	S50C	
8	墊圈	1	S20C	Ø12
9	六角螺栓 A	1	S20C	M12x40
10	六角螺栓 B	2	S20C	M8x20
11	六角螺栓 C	2	S20C	M5x16
12	六角螺栓 D	1	S20C	M6x12
13	雙頭圓鍵	1	S45C	8x7x20

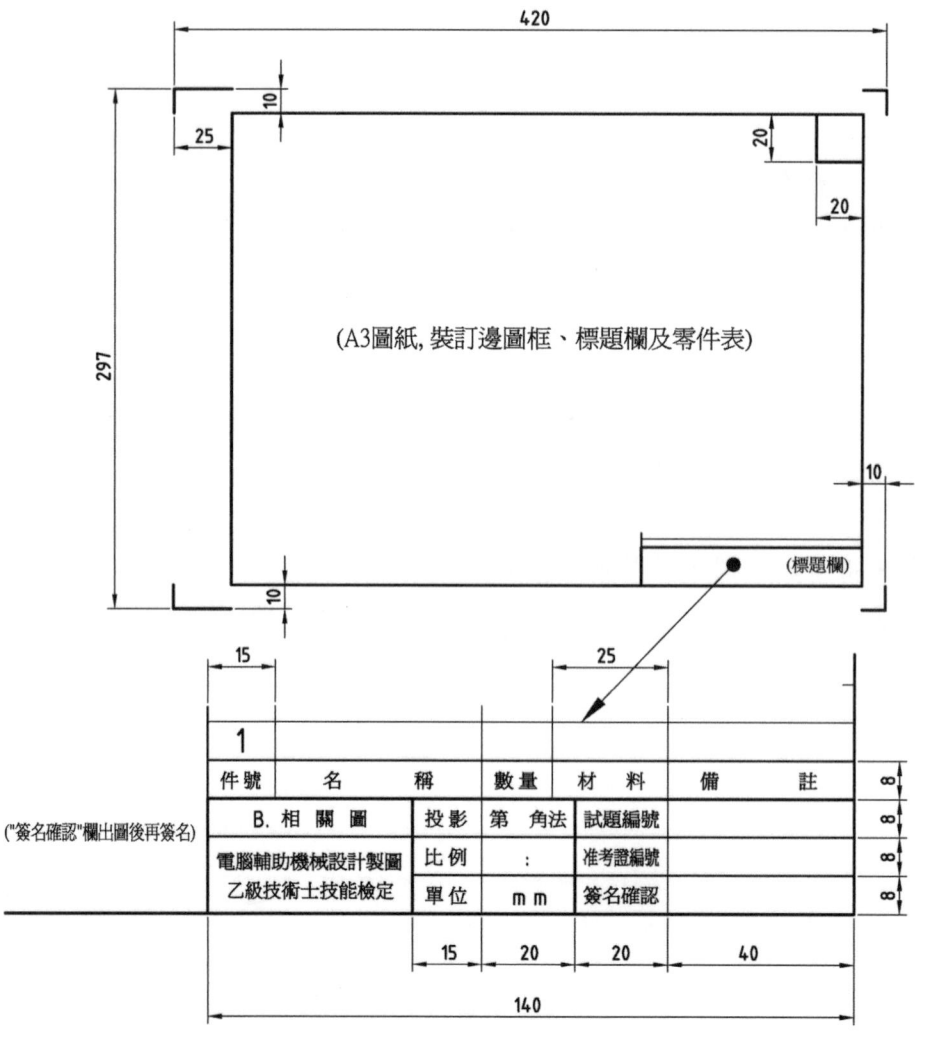

圖(a)

990207 機構動作說明

1.　本機構爲一可調式定心機構，功能是在圓桿件的端面圓上快速定出圓心位置，使用的方式如下：

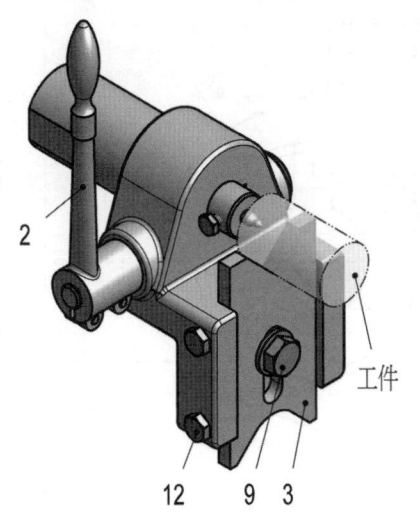

A.　先用劃線方式求出第一件工件圓桿端面中心。

B.　放鬆件 12 與件 9 螺栓，調整件 3 支援架至適當位置，使工件置於支援架上 V 槽時，端面中心與頂心的中心對齊同高，再鎖緊件 9 與件 12 螺栓。

C.　其他同規格尺寸的圓桿工件，依序置於支援架 V 槽上，拉動件 2 把手，使頂心伸出前移，在工件端面定出圓心的位置。

D.　針對不同直徑的圓桿工件，可適當調整件 3 支援架的位置，來定位圓桿端面圓的中心，支援架二側 V 槽尺寸不同，配合工件圓桿的直徑尺寸，支援架必要時可上下反轉安裝。

2.　件 2 把手利用件 11 螺栓鎖固在件 4 傳動齒輪軸上，拉動件 2 可帶動件 4 旋轉，件 4 旋轉時其上的齒輪會使件 5 傳動齒條移動，件 5 移動時帶動件 7 頂心移動，在圓桿工件端面定出圓心。

3.　件 7 頂心置於件 5 傳動齒條上 Ø5 內孔內，用件 12 螺栓固定，件 5 置於件 1 本體上 Ø24 孔內，件 1 與件 5 用件 13 雙頭圓鍵結合，件 13 限制件 5 在件 1 孔內只能滑動無法轉動，件 5 與件 4 爲齒條與齒輪的結合，旋轉件 4 時會帶動件 5 移動。

4.　件 10 螺栓鎖入件 1 上螺孔，將件 3 固定在件 1 上，件 9 螺栓穿過件 3 上的圓槽後，鎖固在件 1 本體上，件 9 可限制件 3 上下移動的距離，在放鬆件 10 螺栓，調整件 3 位置時，也可防止件 3 墜落。

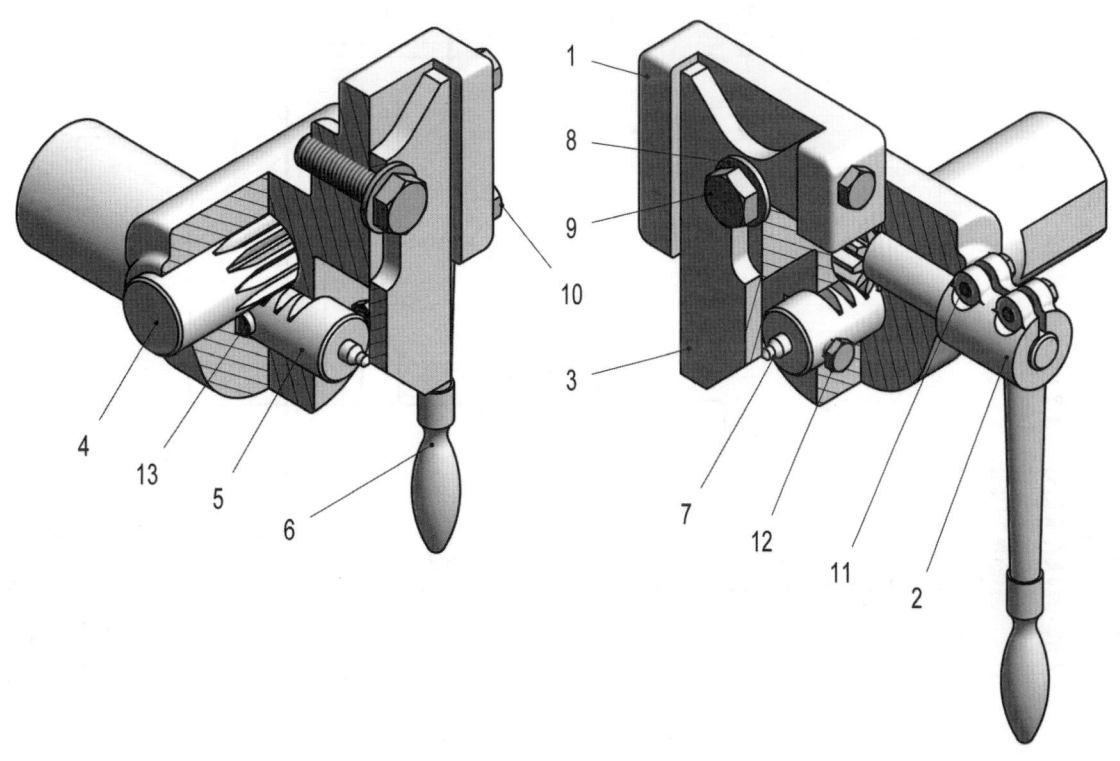

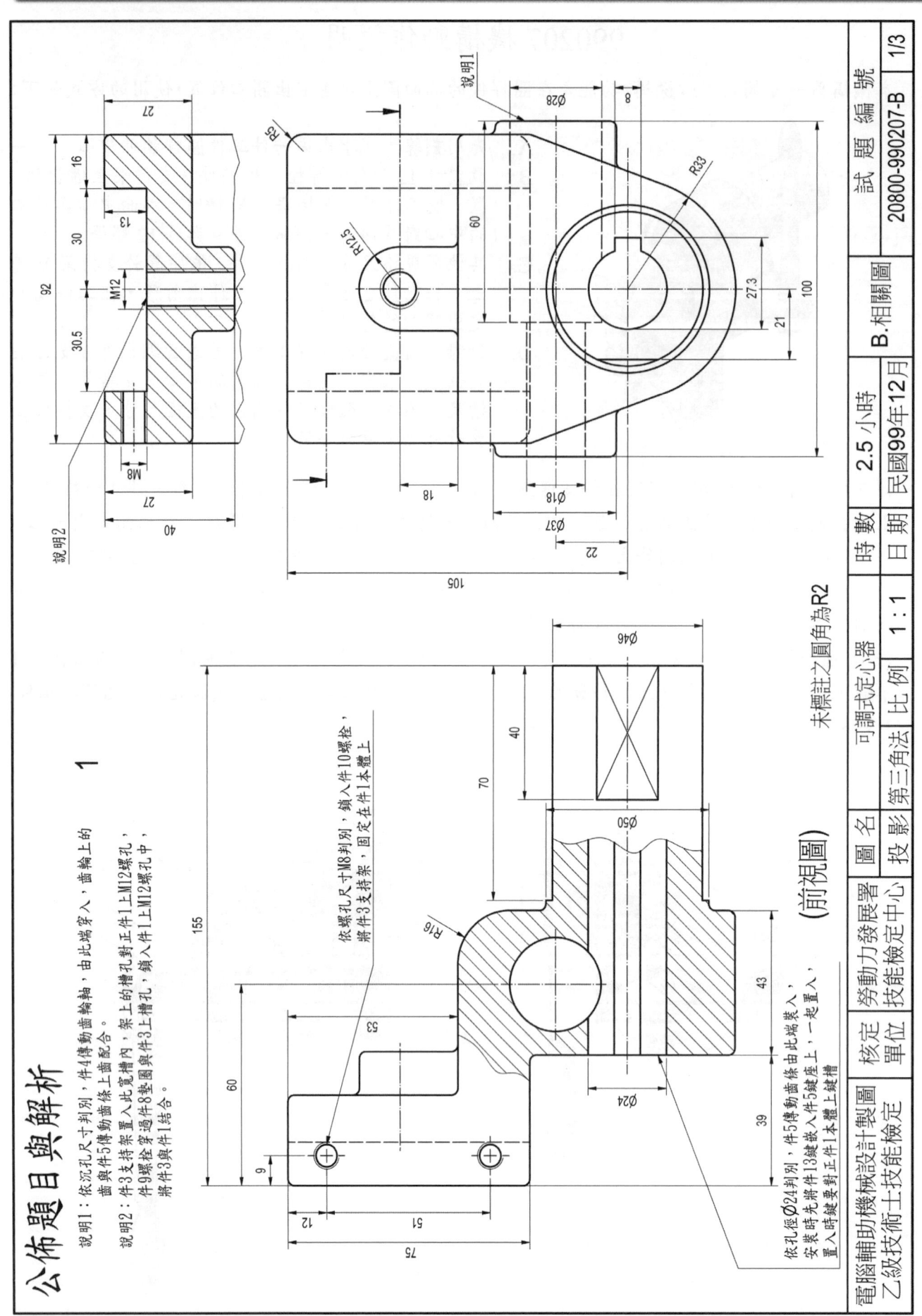

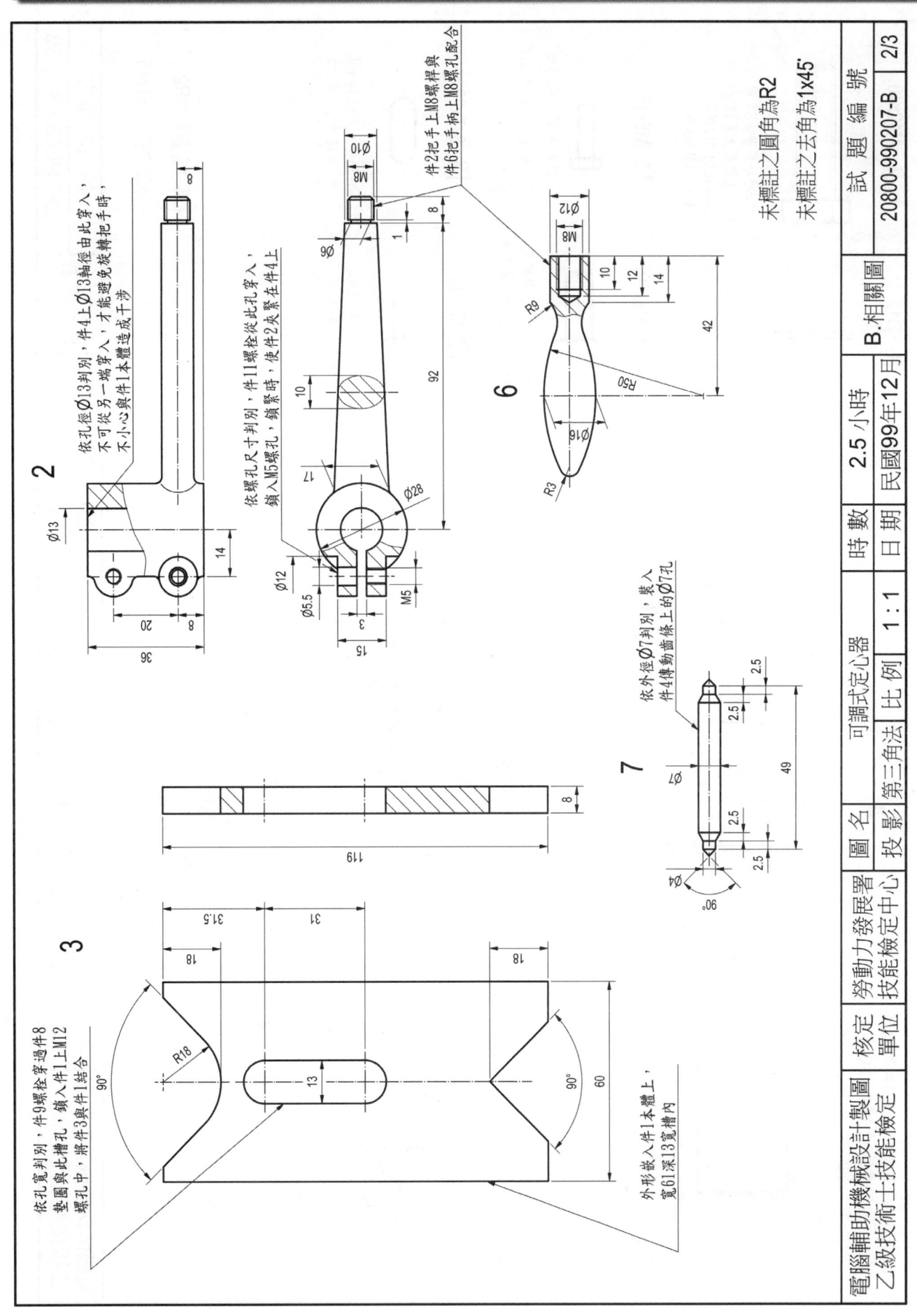

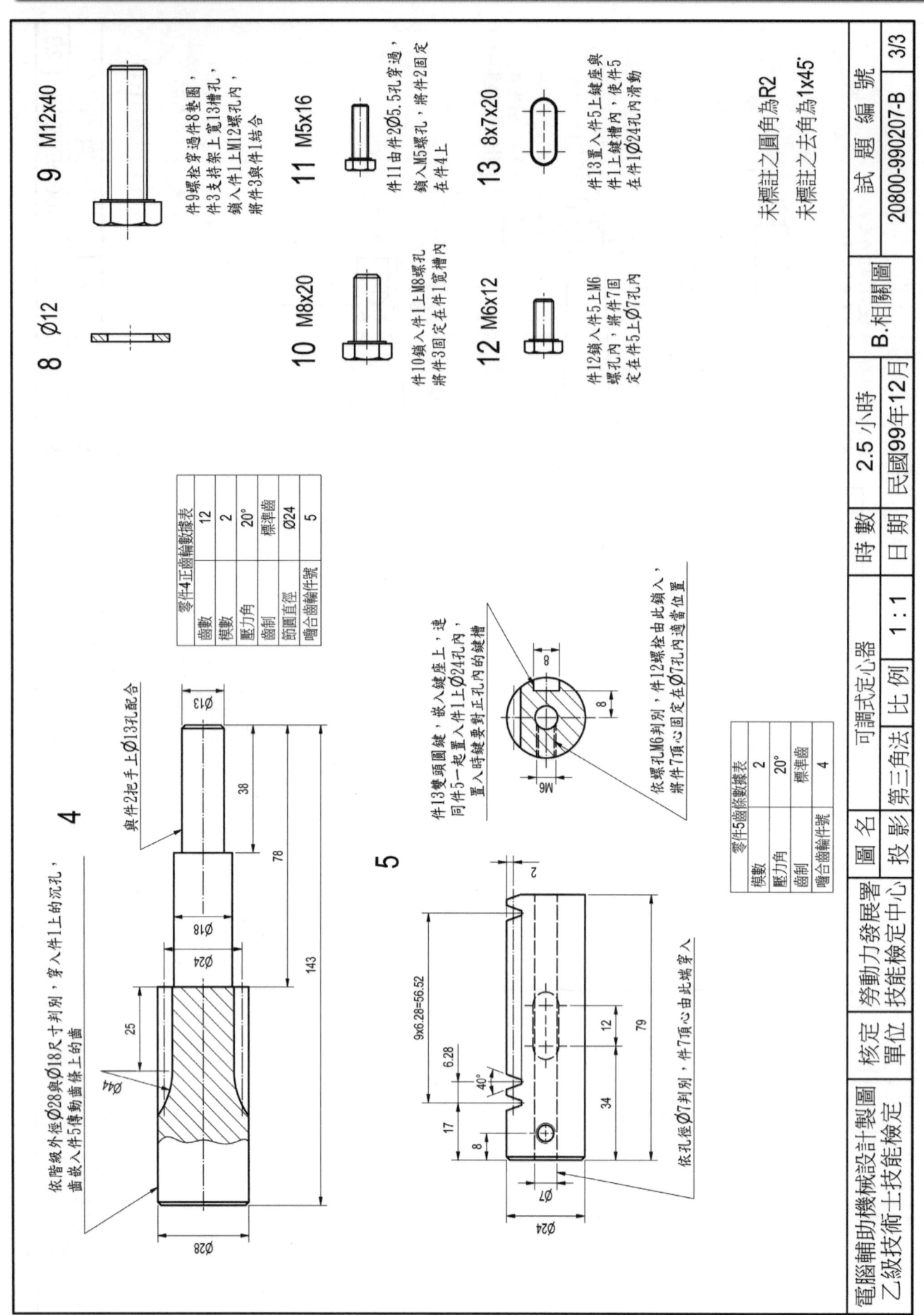

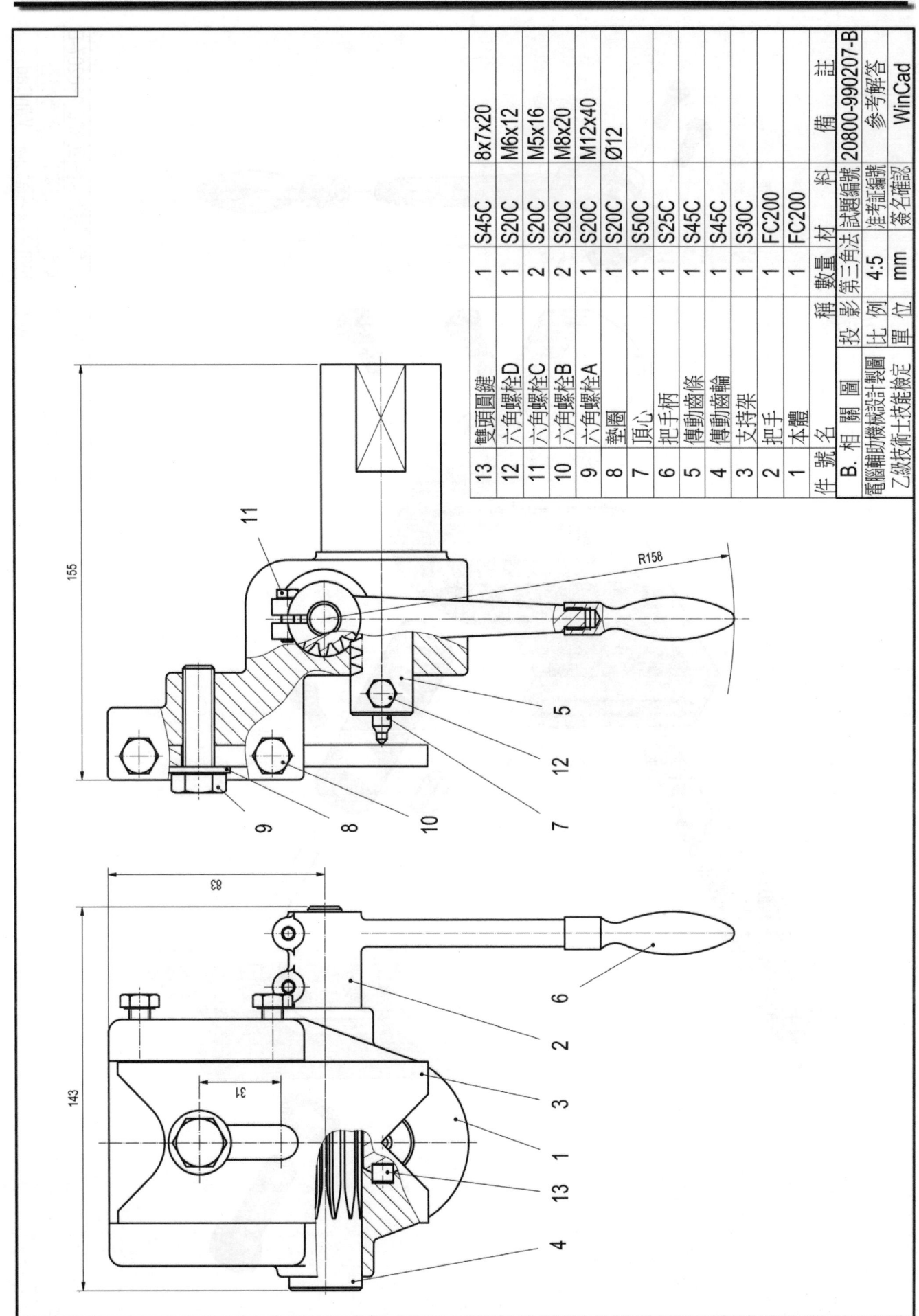

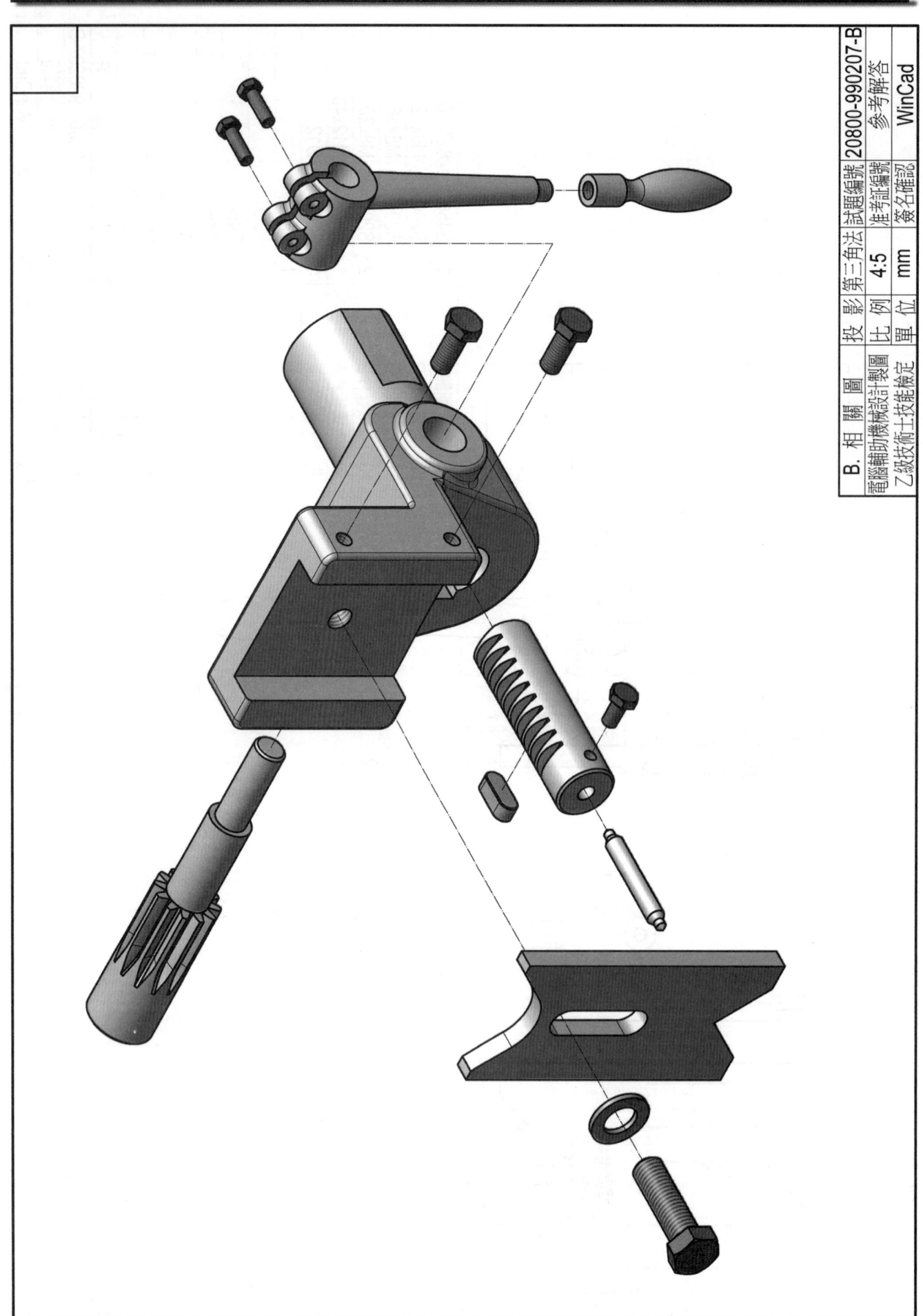

B. 相關圖

電腦輔助機械設計製圖	投 影	第三角法	試題編號	20800-990207-B
乙級技術士技能檢定	比 例	4:5	准考證編號	參考解答
	單 位	mm	簽名確認	WinCad

試題編號：20800-990208-B

相關圖試題說明：

一、本相關圖試題爲組合圖繪製時間 2.5 小時(可提前交卷但不加分)，不含出圖時間。試題依第三角法命題，應檢人可選用第一角法或第三角法繪製，惟不得混用。

二、應檢人繪製時，圖中的線條、數字及符號等應依照最近公佈之 CNS 國家標準繪製。

三、應檢人依規定可使用之自備工具爲：直尺、量角器及比例尺等。只可參閱場地提供之設計資料檔，嚴禁攜帶自備之設計資料及任何儲存媒體。

四、試題：(速回機構)

1. 繪製正投影組合圖：出圖於一張 A3 圖紙

　　按試題所給之零件圖及零件表如表(a)所示，依 1：1 之比例，繪製組合圖於一張 A3 圖紙。尺度不足處請依比例自行量測。組合圖須依零件 1 之視圖方向繪製其前視圖及左側視圖，並含適當剖面、件號、組合尺度(如規格、總尺度等)及零件表等。

2. 繪製立體分解系統圖：出圖於一張 A3 圖紙

　　按試題所給之零件圖及零件表如表(a)所示，依約 1：1.4 比例，繪製等角立體分解系統圖於一張 A3 圖紙。立體分解系統圖以黑白潤飾表現，須含系統線。繪製時免畫剖面、件號及零件表。

五、各圖面請繪製如圖(a)所示之標題欄及零件表，並填妥適當之內容。只需畫標題欄時，標題欄上方之零件表無需繪製。

六、繪製時間結束時，請以『准考證號碼』爲檔名，存入電腦資料碟中(嚴禁使用自備之任何儲存媒體)，並確認已經存檔後，將試題交回給監評人員，並等候指示在個人崗位電腦上出圖，出圖後電腦螢幕須保留現況。

七、出圖：

1. 中途離場或放棄出圖者須告知監評人員，並在評審表"放棄出圖者"處簽名後離場，若未依規定而離場者視同不及格。

2. 應檢人請依監評人員之指示，將電腦繪製之圖面以黑色列印於規定圖紙上；倘若圖面未完整列印，得重新出圖，並將前一張圖紙作廢。

3. 應檢人出圖後須確認圖面，並在右下角簽名後始得離場。監評人員則在右上角簽章確認。

表**(a)** 零件表

件 號	名 稱	數量	材 料	備 註
1	本體	1	FC250	
2	搖桿	1	SS400	
3	曲柄	1	FC250	
4	V型皮帶輪	1	FC250	
5	傳動肩螺釘	1	S45C	
6	單套筒	1	BC6	
7	雙套筒	2	BC6	
8	傳動軸	1	S45C	
9	搖擺心軸	1	S45C	
10	套環	1	SS410	
11	六角螺栓	3	S20C	M8x24
12	直銷	2	S45C	Ø3x20
13	六角螺帽	1	S20C	M8

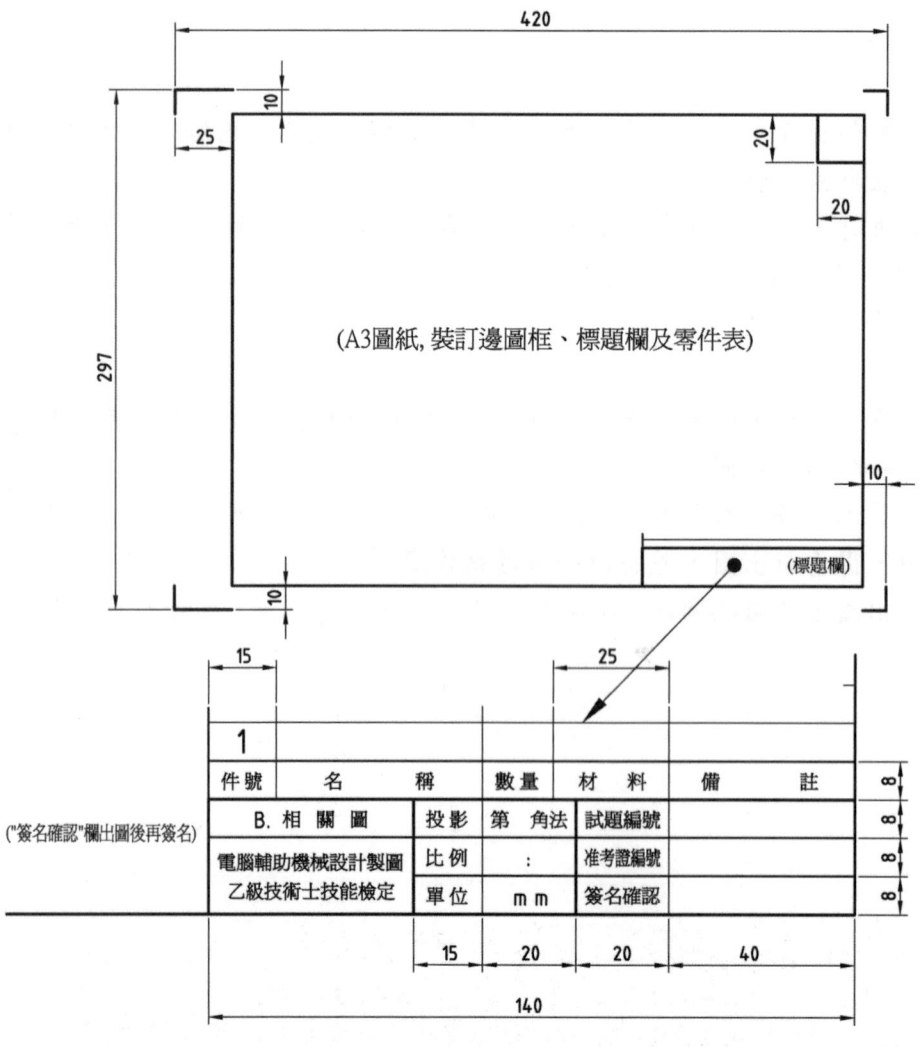

圖(a)

990208 機構動作説明

1. 本機構爲一速回機構，參照機構説明圖，當件 8 傳動軸順時針旋轉時，驅動件 3 曲柄旋轉，件 5 傳動螺釘與件 6 單套筒的中心，以件 8 中心 P 點爲圓心迴轉，當套筒中心由 A 點經 B 點到 C 點，此時件 6 套筒在件 2 搖桿槽內滑動，帶動件 2 搖桿以件 9 搖擺心軸的支點 K 爲中心，由左側向前擺動到右側，件 8 繼續旋轉，套筒中心由 C 點到 A 點，帶動搖桿由右側擺回左側，前擺時套筒由 A 點經 B 點到 C 點，所需時間較長，回擺時套筒由 C 點到 A 點，所需時間較短，因此稱爲速回機構。

2. 件 7 雙套筒裝置在件 1 本體上，Ø20 軸孔的兩側，做爲件 8 傳動軸迴轉的固定軸承，件 6 單套筒裝置在件 5 傳動肩螺釘 Ø12 軸上，機構動作時，件 6 會在件 2 搖桿的槽孔內滑動，件 7 與件 2 材質爲黃銅，結構簡單方便製造，磨損後易更換。

3. 件 4V 型皮帶輪與件 3 曲柄，用件 12 直銷固定在件 8 傳動軸上，件 10 套環穿在件 8 軸上，位於件 7 與件 3 之間，件 10 可適當塡補軸上的間格空隙，避免件 4 迴轉帶動件 3 迴轉時，件 8 傳動軸產生軸向位移，拉動件 5 螺釘使件 2 搖桿繞曲，機構運轉震動。

4. 件 5 傳動肩螺釘穿過件 6 單套筒上 Ø12 孔，套筒外徑 Ø16 嵌入件 2 搖桿上寬 16 槽孔內，件 2 被限制於件 5 與件 6 凸緣間，件 5 再穿過件 3 上 Ø8.5 孔，鎖入件 13 螺帽，將件 6 與件 3 結合，件 3 迴轉時，件 6 在件 2 槽孔內滑動，此時件 2 以件 9 搖擺心軸爲支軸，產生左右擺動運動。

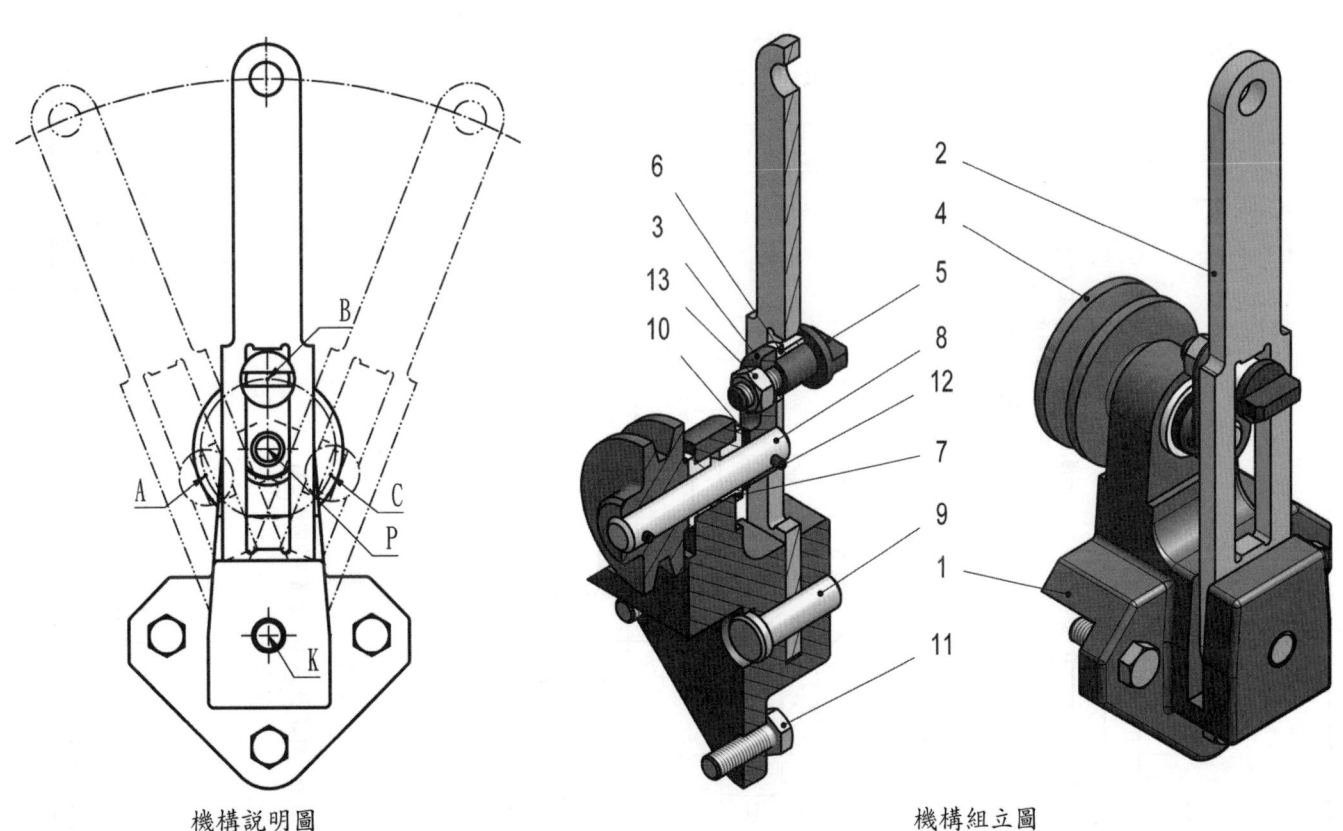

機構説明圖　　　　　　　　　　　　機構組立圖

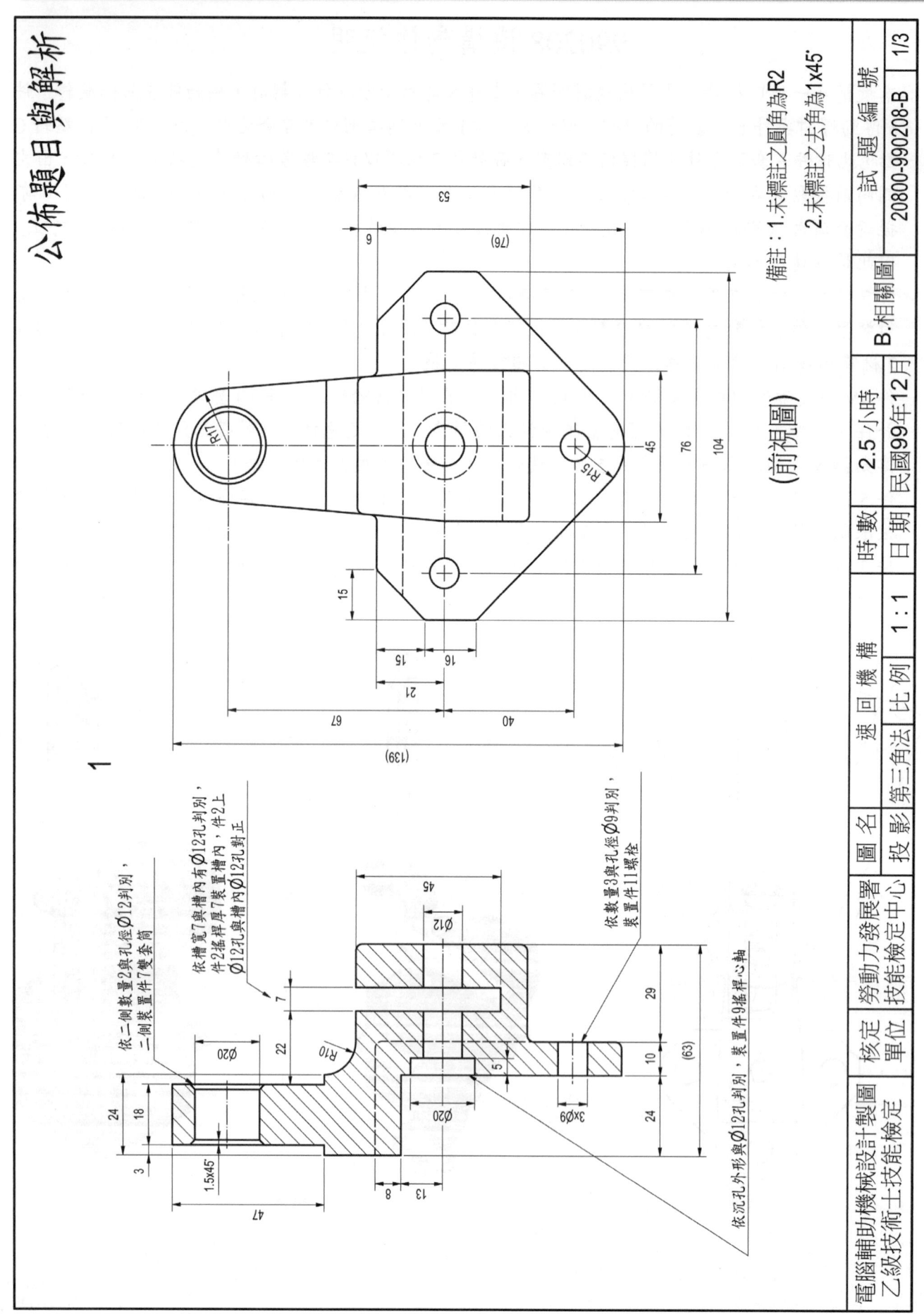

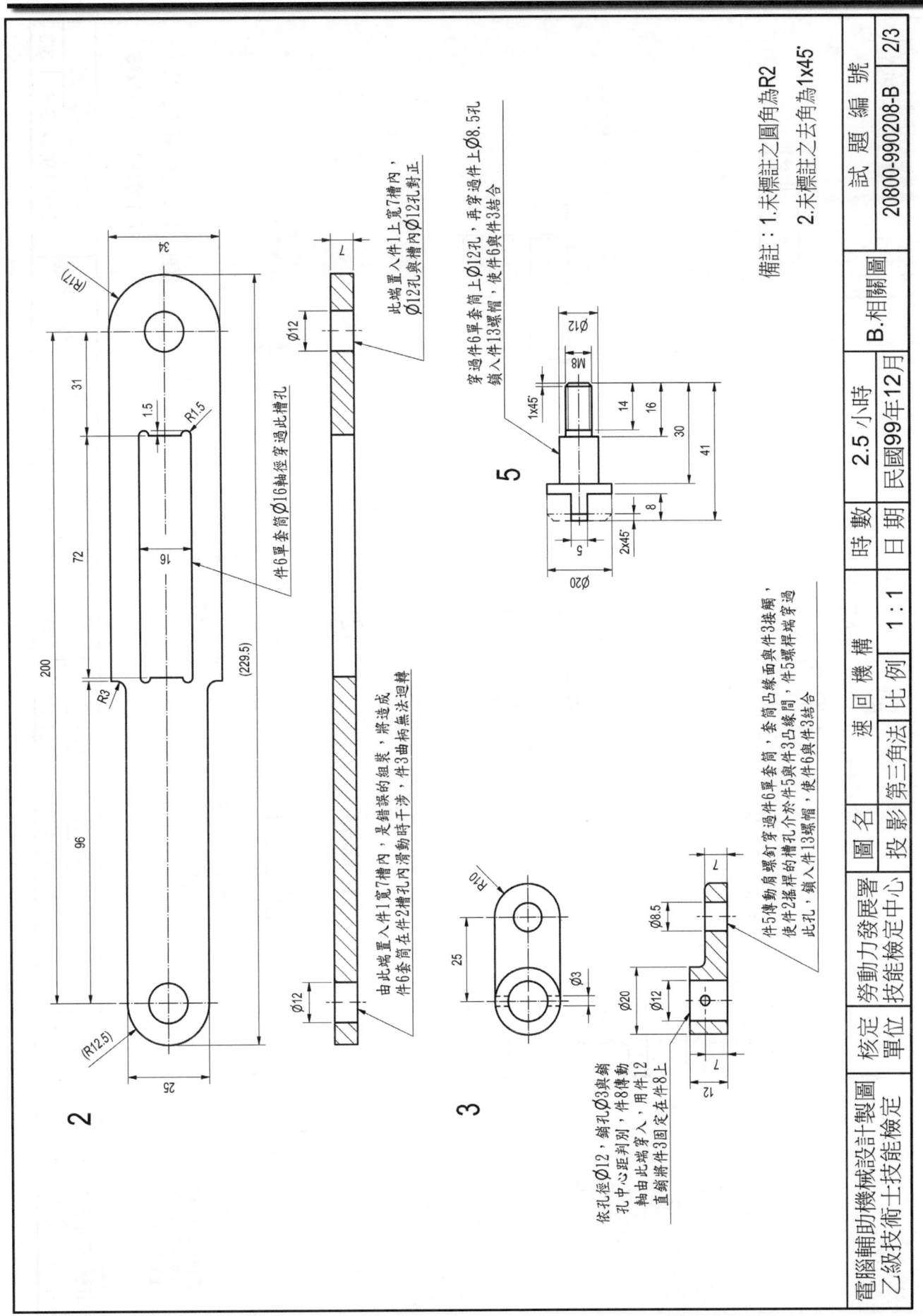

備註：1.未標註之圓角為R2
　　　2.未標註之去角為1x45°

電腦輔助機械設計製圖	核定	勞動力發展署	圖名	速回機構	時數	2.5 小時	試 題 編 號
乙級技術士技能檢定	單位	技能檢定中心	投影	第三角法	比例	1：1	日期	民國99年12月	B.相關圖

20800-990208-B　2/3

穿過件6單套筒上Ø12孔，再穿過件3結合
鎖入件13螺帽，使件6與件3對合

此端置入件1上見7槽內，
Ø12孔與槽內Ø12孔對正

件6單套筒Ø16軸徑穿過此槽孔

由此端置入件1見7槽內，是錯誤的組裝，將造成
件6套筒在件2槽孔內滑動時干涉，件3曲柄無法迴轉

件5傳動啟螺釘穿過件6單套筒，套筒凸緣件3接觸，
使件2插桿孔介於件5與件3凸緣間，件5螺桿端穿過
此孔，鎖入件13螺帽，使件6與件3結合

依孔徑Ø12，鎖孔Ø3與鎖
孔中心距判別，件8傳動
軸由此端穿入，用件12
直鎖將件3固定在件8上

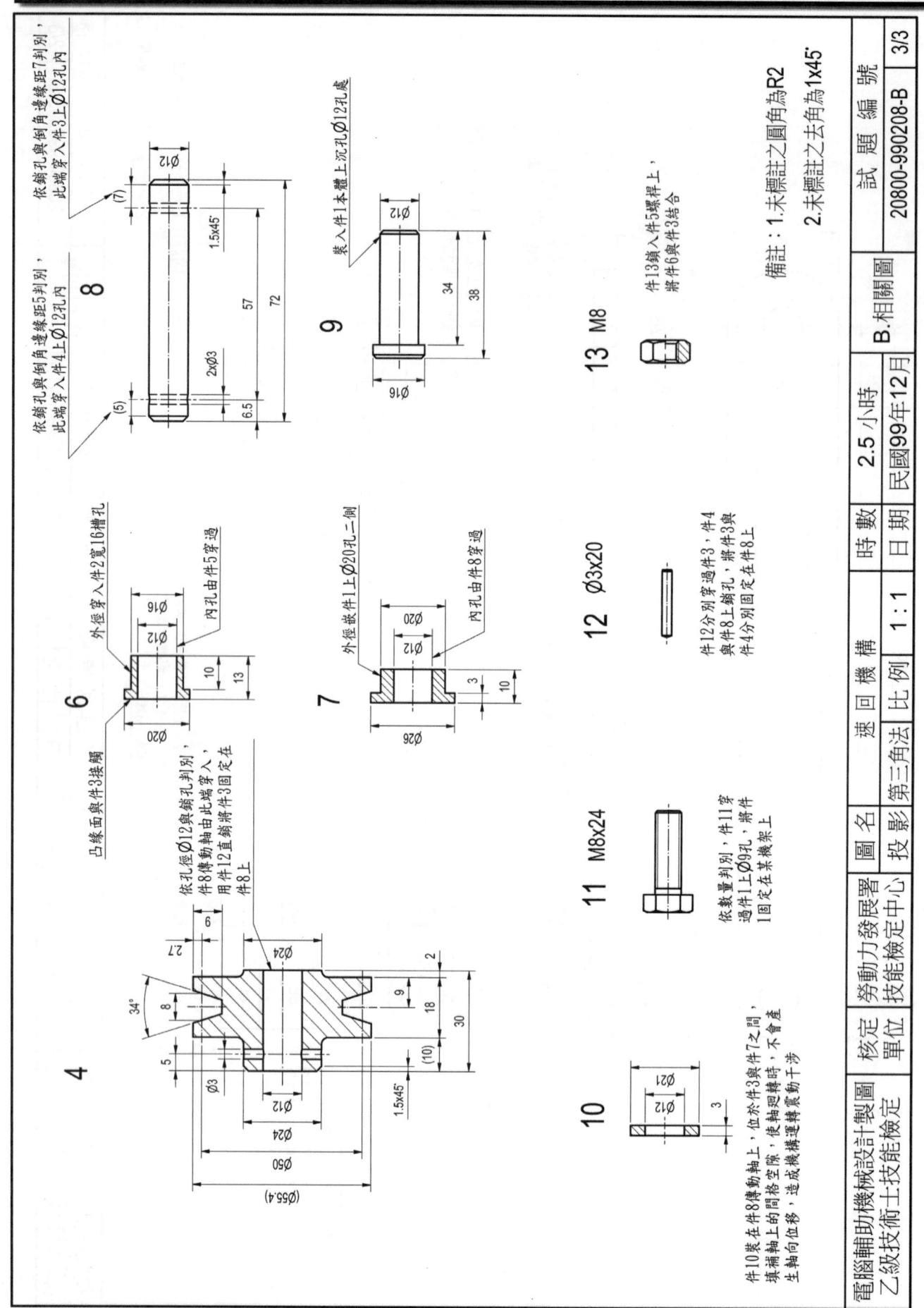

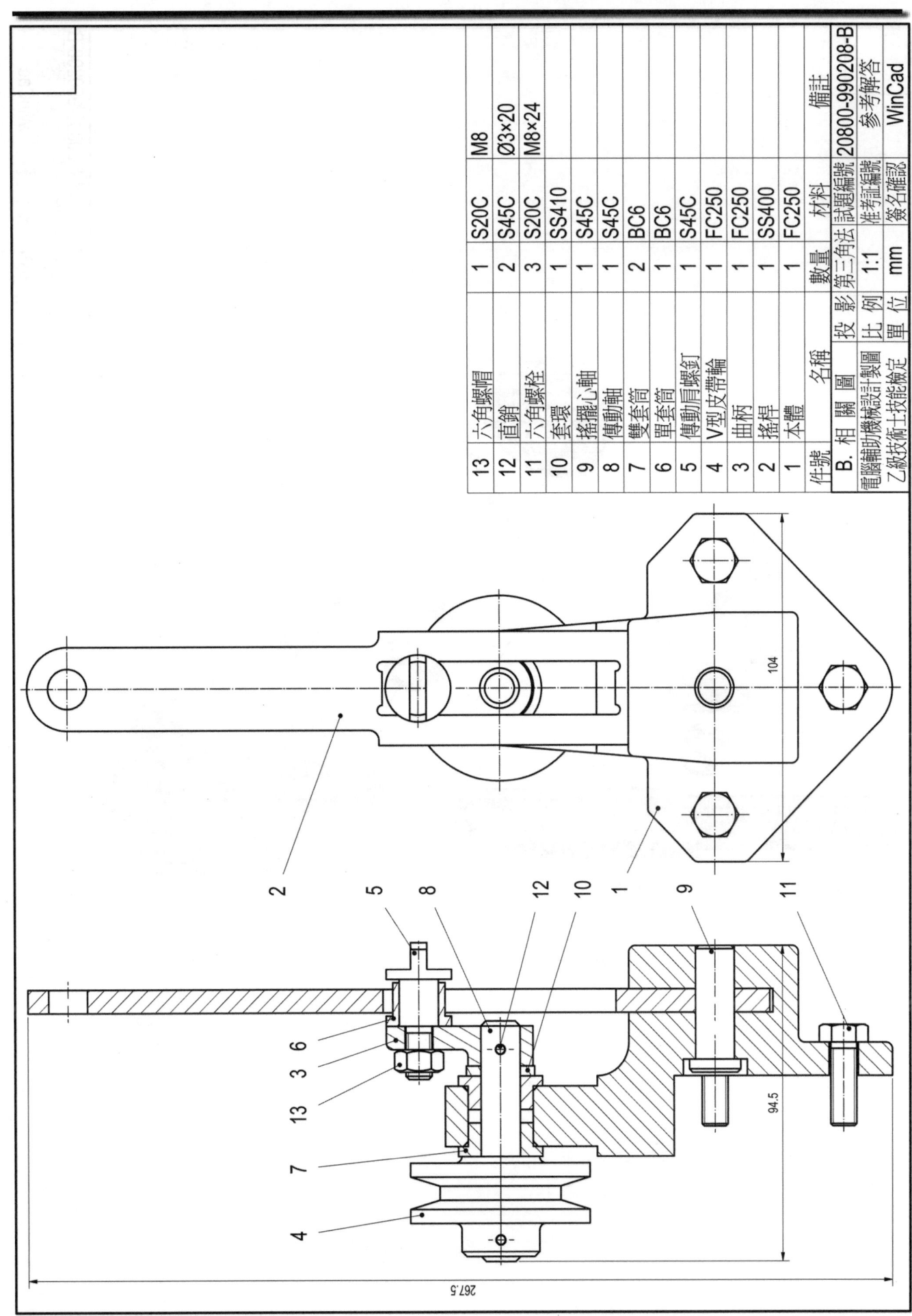

件號	名稱	數量	材料	備註
13	六角螺帽	1	S20C	M8
12	直銷	2	S45C	Ø3×20
11	六角螺栓	3	S20C	M8×24
10	套環	1	SS410	
9	搖擺心軸	1	S45C	
8	傳動軸	1	S45C	
7	雙套筒	2	BC6	
6	單套筒	1	BC6	
5	傳動肩螺釘	1	S45C	
4	V型皮帶輪	1	FC250	
3	曲柄	1	FC250	
2	搖桿	1	SS400	
1	本體	1	FC250	

投影　第三角法　　比例　1:1　　單位　mm
試題編號　20800-990208-B
准考証編號
簽名確認　參考解答　WinCad

B. 相關圖
電腦輔助機械設計製圖
乙級技術士技能檢定

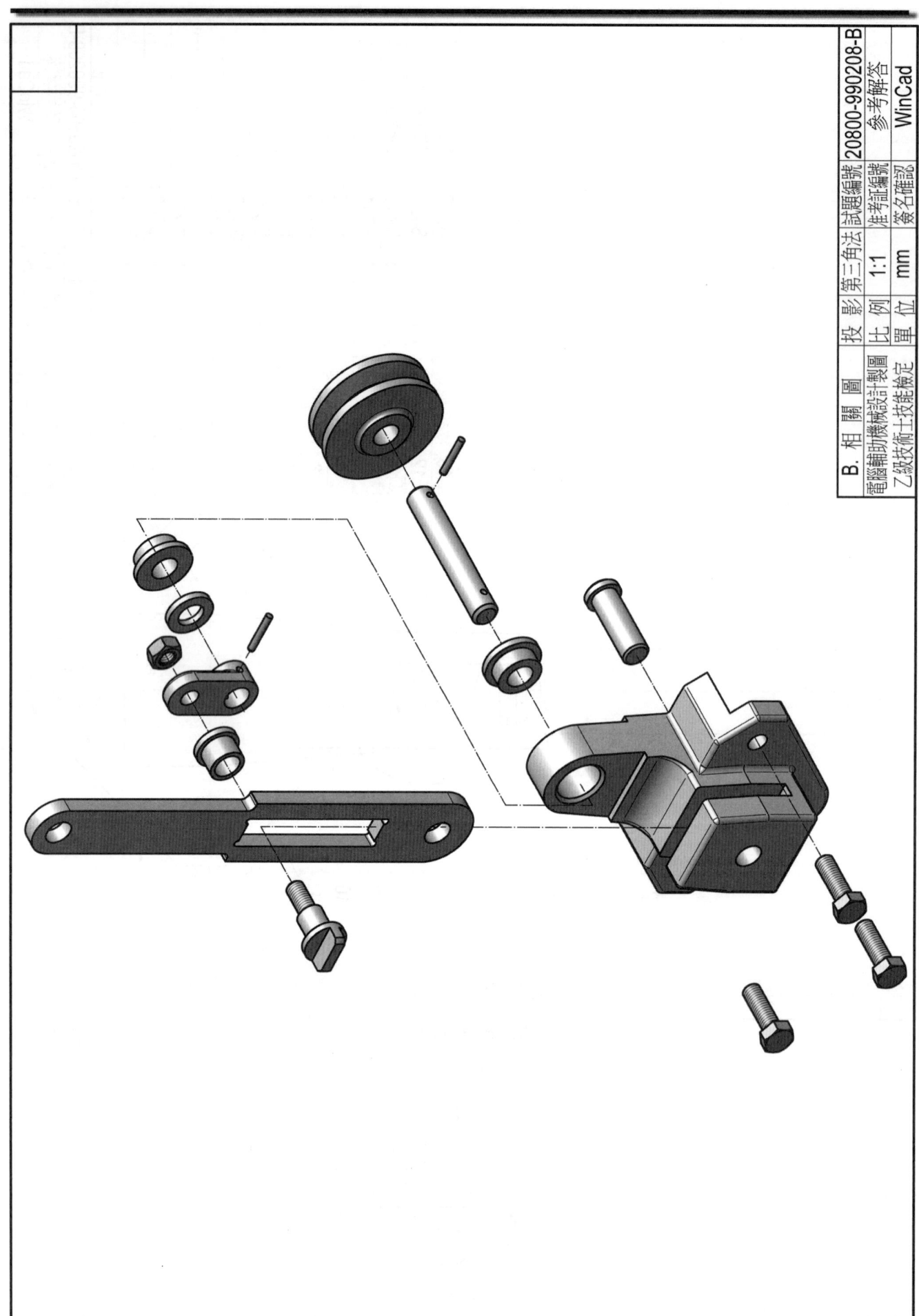

B. 相關圖圖
電腦輔助機械設計製圖
乙級技術士技能檢定

投影	第三角法	試題編號	20800-990208-B
比例	1:1	准考證編號	參考解答
單位	mm	簽名確認	WinCad

試題編號：20800-990209-B

相關圖試題說明：

一、本相關圖試題為組合圖繪製時間 2.5 小時(可提前交卷但不加分)，不含出圖時間。試題依第三角法命題，應檢人可選用第一角法或第三角法繪製，惟不得混用。

二、應檢人繪製時，圖中的線條、數字及符號等應依照最近公佈之 CNS 國家標準繪製。

三、應檢人依規定可使用之自備工具為：直尺、量角器及比例尺等。只可參閱場地提供之設計資料檔，嚴禁攜帶自備之設計資料及任何儲存媒體。

四、試題：(圓桿夾具)

    1.　繪製正投影組合圖：出圖於一張 A3 圖紙

        按試題所給之零件圖及零件表如表(a)所示，依 1：2 之比例，繪製組合圖於一張 A3 圖紙。尺度不足處請依比例自行量測。組合圖須依零件 1 之視圖方向繪製其前視圖及俯視圖，並含適當剖面、件號、組合尺度(如規格、總尺度等)及零件表等。

    2.　繪製立體分解系統圖：出圖於一張 A3 圖紙

        按試題所給之零件圖及零件表如表(a)所示，依約 1：3 之比例，繪製等角投影立體分解系統圖於一張 A3 圖紙。立體分解系統圖以黑白潤飾表現，須含系統線。繪製時免畫剖面、件號及零件表。

五、各圖面請繪製如圖(a)所示之標題欄及零件表，並填妥適當之內容。只需畫標題欄時，標題欄上方之零件表無需繪製。

六、繪製時間結束時，請以『准考證號碼』為檔名，存入電腦資料碟中(嚴禁使用自備之任何儲存媒體)，並確認已經存檔後，將試題交回給監評人員，並等候指示在個人崗位電腦上出圖，出圖後電腦螢幕須保留現況。

七、出圖：

    1.　中途離場或放棄出圖者須告知監評人員，並在評審表"放棄出圖者"處簽名後離場，若未依規定而離場者視同不及格。

    2.　應檢人請依監評人員之指示，將電腦繪製之圖面以黑色列印於規定圖紙上；倘若圖面未完整列印，得重新出圖，並將前一張圖紙作廢。

    3.　應檢人出圖後須確認圖面，並在右下角簽名後始得離場。監評人員則在右上角簽章確認。

表**(a)** 零件表

件 號	名 稱	數 量	材 料	備 註
1	底座	1	FC250	
2	立軸	1	S45C	
3	把手	1	FC250	
4	夾爪	1	FC250	
5	墊圈	1	SS400	
6	彈簧	1	SWPA	
7	V 形座	1	S45C	
8	直銷 A	1	S50C	Ø10x40
9	直銷 B	1	S50C	Ø8x50
10	六角窩頭螺釘	2	S45C	M10x28
11	直銷 C	1	S50C	Ø5x18

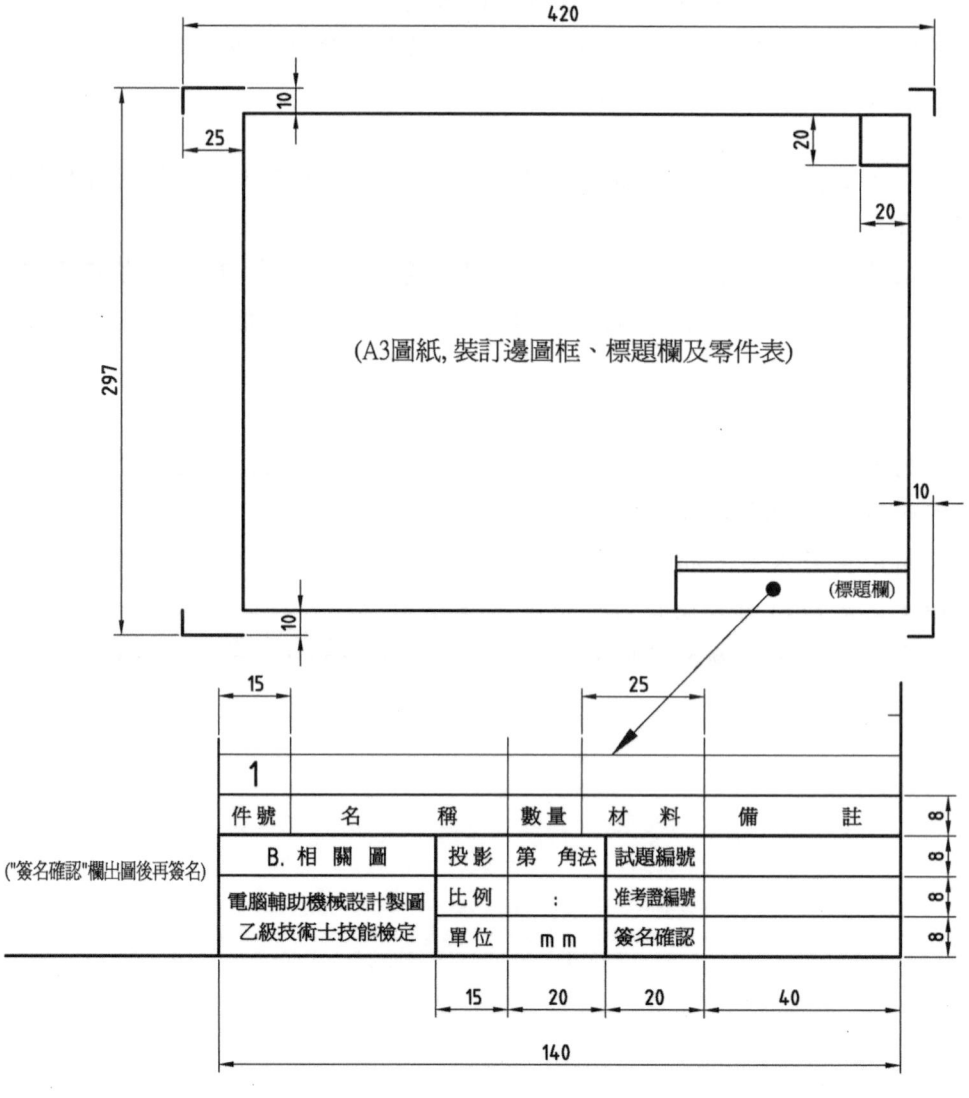

圖(a)

990209 機構動作說明

1. 本機構爲一圓桿夾具，可快速的定位夾持圓桿工件，方便在圓桿件上加工，使用時先將工作置於件7V形座上的V槽上，件3上銷孔中心與外形圓弧面中心有偏心，操作件3把手向下時，因偏心距的改變，下壓件5墊圈，使件4夾爪向下夾緊工件，操作件3把手向上時，件6彈簧壓縮回復，推動件4夾爪向上放鬆工件，使工件加工後可快速取出。

2. 件7V形座利用件10六角承窩螺釘，固定在件1底座上，除磨損易於更換外，也可配合工件圓桿的直徑，設定不同高度的V形座，方便快速夾持工作加工。

3. 件2立軸利用件11直銷C與件1底座結合固定，立軸做爲件6彈簧的套軸，限制彈簧延軸向壓縮，立軸穿過件4夾爪上 Ø36 內孔，限制夾爪延軸向上下滑動，放鬆或夾緊工件。

4. 件9直銷 Ø8 一端固定在件1底座上 Ø8 銷孔，另一端與件4夾爪上 Ø10 銷孔採餘隙配合，做爲件4夾爪的支柱點，當件4夾爪在件2直柱上滑動夾緊工件時，件9限制件4夾爪不會左右偏移擺動過大，使夾爪確實定位夾緊工件。

5. 件4夾爪與件1底座接觸的位置設計成弧面，二者爲線接觸，可使件6壓縮彈簧順利回彈，夾爪放鬆工件。

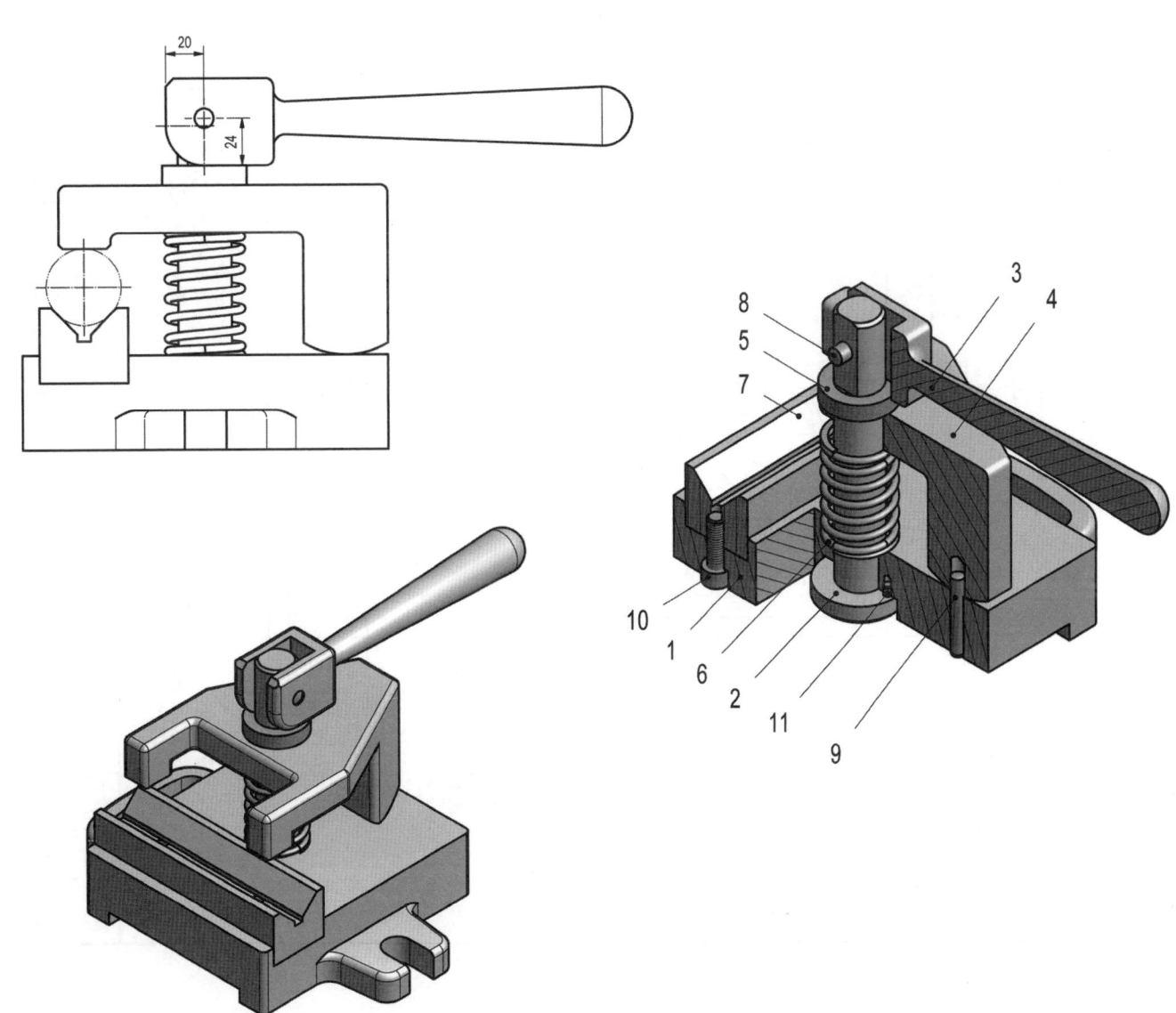

公佈題目與解析

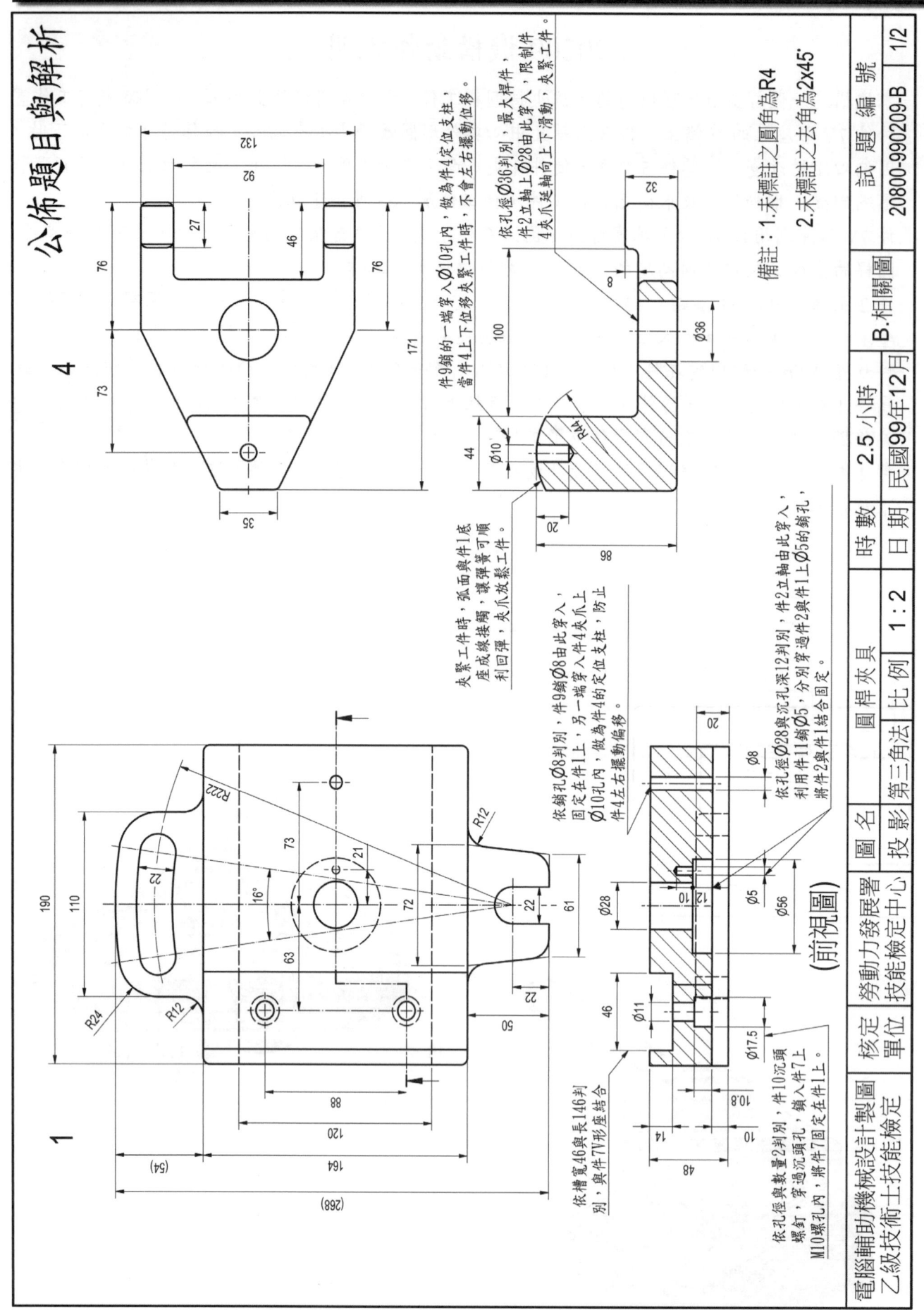

夾緊工件時，弧面與件1底座成線接觸，讓彈簧可順利回彈，將夾爪放鬆工件。

夾緊工件時，件9銷的一端穿入，件9銷Ø8由此穿入，另一端穿入件4夾爪上Ø10孔內，做為件4的定位支柱，防止件4左右擺動偏移。

件9銷的一端穿入Ø10孔內，做為件4定位支柱，當件4上下位移夾緊工件時，不會左右擺動位移。

依孔徑Ø36判別，最大樣件，件2立軸上Ø28由此穿入，限制件4夾爪延伸軸向上下滑動，夾緊工件。

依孔徑Ø28與沉孔深12判別，件2立軸由此穿入，利用件11銷Ø5，分別穿過件2與件1上Ø5的銷孔，將件2與件1結合固定。

依孔徑Ø8判別，件9銷Ø8由此穿入，固定在件1上，另一端穿入件4夾爪上Ø10孔內，做為件4擺動支柱，件4左右擺動偏移。

依槽寬46與槽長146判別，件10沉頭螺釘，穿過沉頭孔，鎖入件7上M10螺孔內，將件7固定在件1上。

依孔徑與數量2判別，件10沉頭螺釘、與件7V形座結合

(前視圖)

備註：1.未標註之圓角為R4
2.未標註之去角為2x45°

電腦輔助機械設計製圖	核定單位	勞動力發展署技能檢定中心	圖名	圓棒夾具	時數	2.5小時	試題編號	20800-990209-B	1/2
乙級技術士技能檢定			投影	第三角法	比例	1:2	日期	民國99年12月	B.相關圖

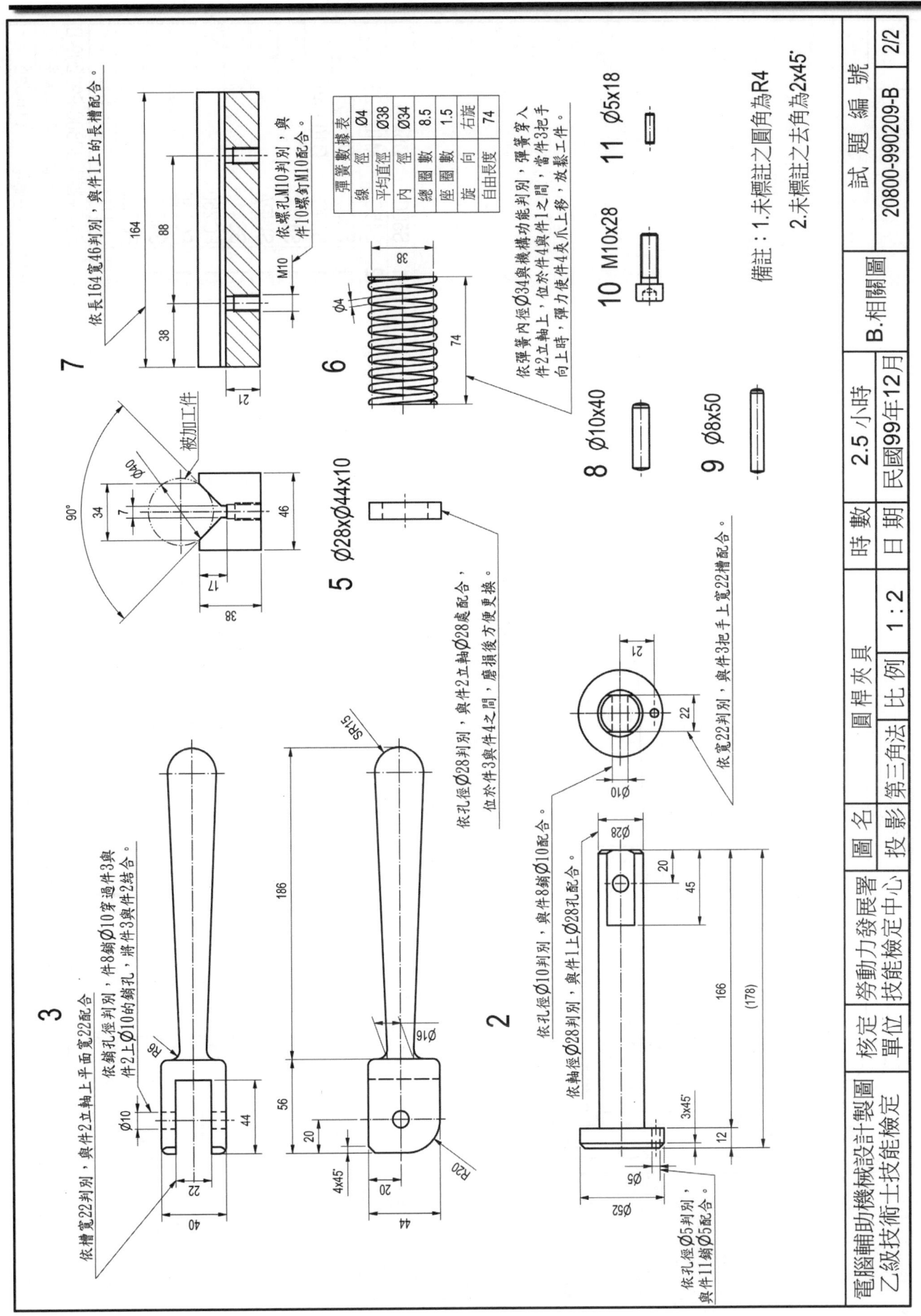

依長164覓槽46判別，與件1上的長槽配合。

依螺孔M10判別，與件10螺釘M10配合。

164
88
38
21
M10

7

彈簧數據表	
線 徑	Ø4
平均直徑	Ø38
內 徑	Ø34
總圈數	8.5
座圈數	1.5
旋 向	右旋
自由長度	74

依彈簧內徑Ø34與機構功能判別，彈簧穿入件2立軸上，位於件4與件12間，當件3把手向上使件4夾爪上移，放鬆工件。

Ø4
38
74

6

11 Ø5x18

10 M10x28

8 Ø10x40

9 Ø8x50

備註：1.未標註之圓角為R4
2.未標註之去角為2x45°

被加工件

90°
Ø40
34
7
46
17
38

5 Ø28xØ44x10

依孔徑Ø28判別，與件2立軸Ø28處配合，位於件3與件4之間，磨損後方便更換。

SR15

依孔徑Ø10判別，與件8銷Ø10配合。

依軸徑Ø28判別，與件1上Ø28孔配合。

Ø28
20
45
166
(178)
Ø10
22
21
3x45°
12
Ø52
Ø5

2

依孔徑Ø5判別，與件11銷Ø5配合。

依槽寬覓22判別，與件2立軸上平面覓22配合。

依銷孔徑判別，件8銷Ø10穿過件3與件2上Ø10的銷孔，將件3與件2結合。

R6
186
Ø16
56
44
20
4x45°
20
R20
Ø10
22
40

3

電腦輔助機械設計製圖	核定	勞動力發展署	圖名	圓桿夾具		
乙級技術士技能檢定	單位	技能檢定中心	投影	第三角法	比例	1:2

時數	2.5 小時	B.相關圖	試題編號	
日期	民國99年12月		20800-990209-B	2/2

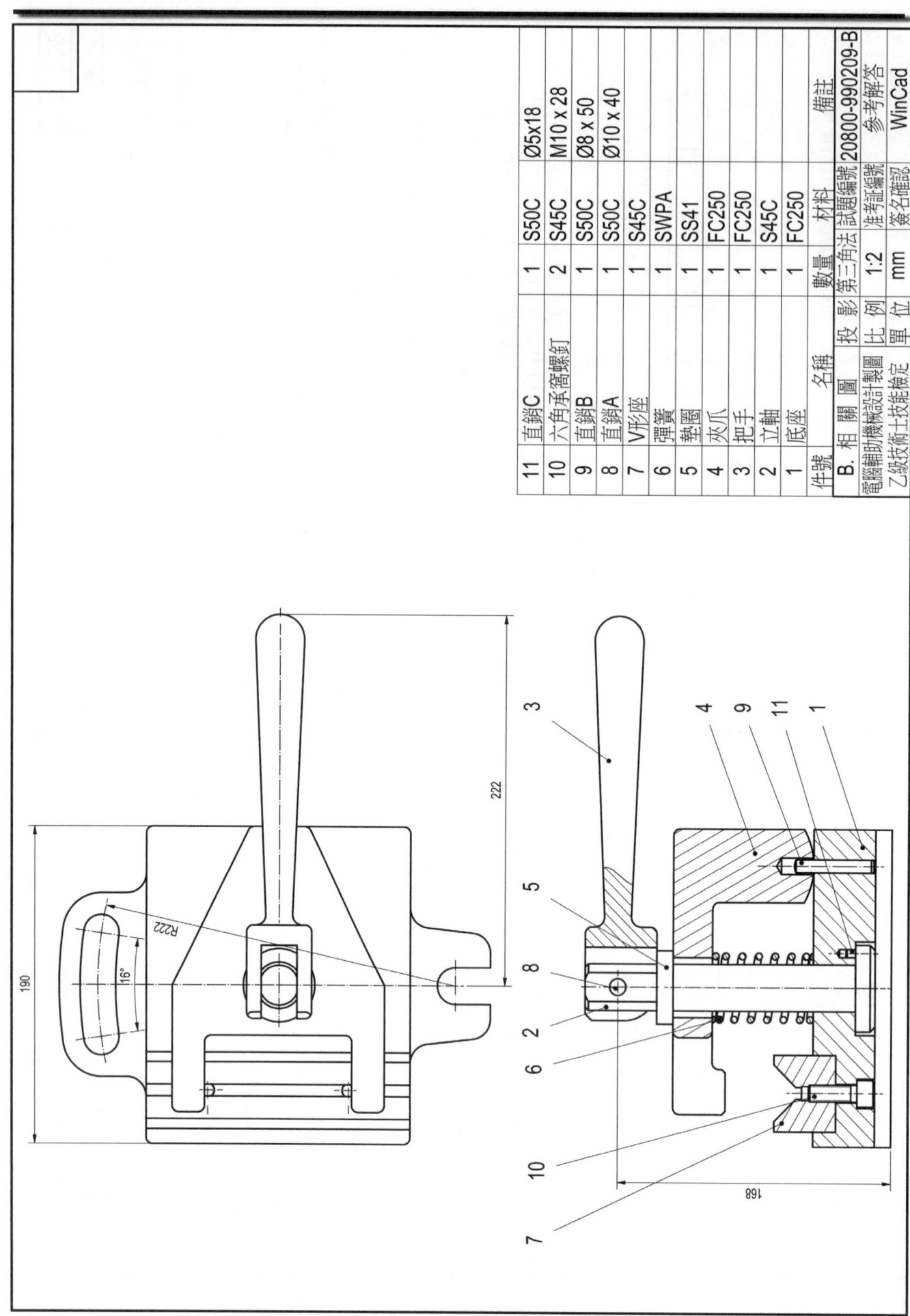

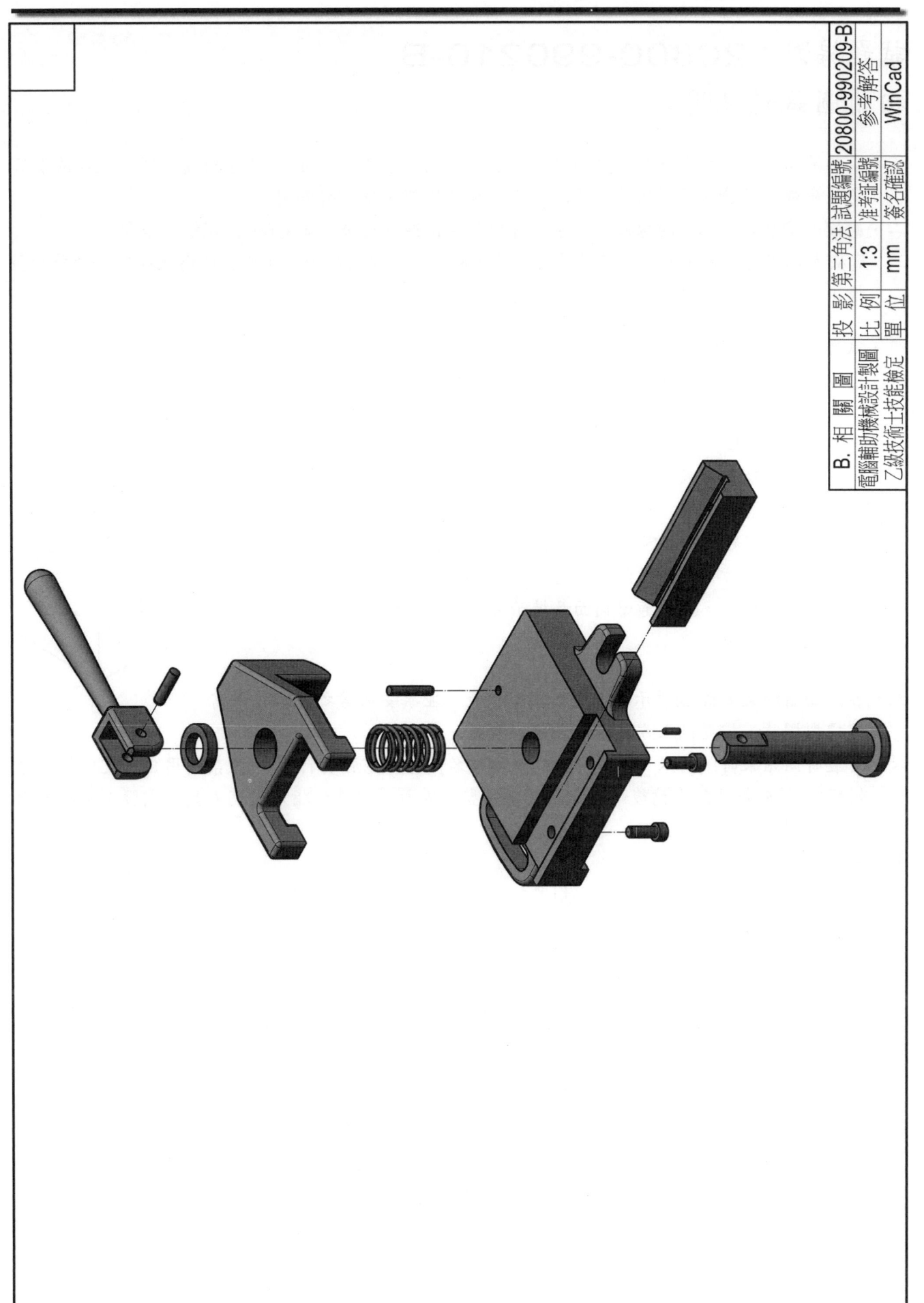

B. 相關圖

電腦輔助機械設計製圖
乙級技術士技能檢定

投　影	第三角法	試題編號	20800-990209-B
比　例	1:3	准考證編號	參考解答
單　位	mm	簽名確認	WinCad

試題編號：20800-990210-B

相關圖試題說明：

一、本相關圖試題爲組合圖繪製時間 2.5 小時(可提前交卷但不加分)，不含出圖時間。試題依第三角法命題，應檢人可選用第一角法或第三角法繪製，惟不得混用。

二、應檢人繪製時，圖中的線條、數字及符號等應依照最近公佈之 CNS 國家標準繪製。

三、應檢人依規定可使用之自備工具爲：直尺、量角器及比例尺等。只可參閱場地提供之設計資料檔，嚴禁攜帶自備之設計資料及任何儲存媒體。

四、試題：(轉子式機油泵)

   1. 繪製正投影組合圖：出圖於一張 A3 圖紙

        按試題所給之零件及零件表如表(a)所示，依 1：1 之比例，繪製組合圖於一張 A3 圖紙。組合圖須含適當剖面、件號、零件表及規格尺度等，視圖表達需含試題所指定之前視圖、左側視圖及俯視圖等或其他能顯示各零件之裝配位置。

   2. 繪製立體組合圖：出圖於一張 A3 圖紙

        按試題所給之零件及零件表如表(a)所示，依 1：1 之比例，繪製等角投影方向之立體組合圖於一張 A3 圖紙。立體組合圖之等角方向如右圖所示，並作適當剖面及標示件號，以黑白潤飾表現，免畫虛線及零件表。

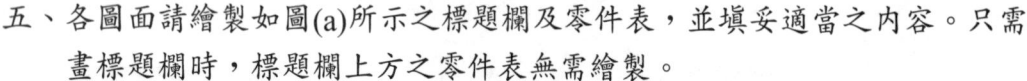

五、各圖面請繪製如圖(a)所示之標題欄及零件表，並填妥適當之內容。只需畫標題欄時，標題欄上方之零件表無需繪製。

六、繪製時間結束時，請以『准考證號碼』爲檔名，存入電腦資料碟中(嚴禁使用自備之任何儲存媒體)，並確認已經存檔後，將試題交回給監評人員，並等候指示在個人崗位電腦上出圖，出圖後電腦螢幕須保留現況。

七、出圖：

   1. 中途離場或放棄出圖者須告知監評人員，並在評審表勾選放棄出圖及簽名後離場，若未依規定而離場者視同不及格。

   2. 應檢人請依監評人員之指示，將電腦繪製之圖面以黑色列印於規定圖紙上；倘若圖面未完整列印，得重新出圖，並將前一張圖紙作廢。

   3. 應檢人出圖後須確認圖面，並在右下角簽名後始得離場。監評人員則在右上角簽章確認。

表**(a)** 零件表

件　號	名　　稱	數　量	材　料	備　註
1	泵壳	1	FC200	
2	底壳	1	FC200	
3	驅動軸	1	S45C	
4	內轉子	1	S45C	
5	外轉子	1	S45C	
6	管塞(A)	1	S25C	M12×1.25
7	管塞(B)	1	S25C	M8×1
8	六角螺釘	4	S25C	M5×16
9	彈簧墊圈	4	S25C	Ø5
10	防漏環	1	橡膠	

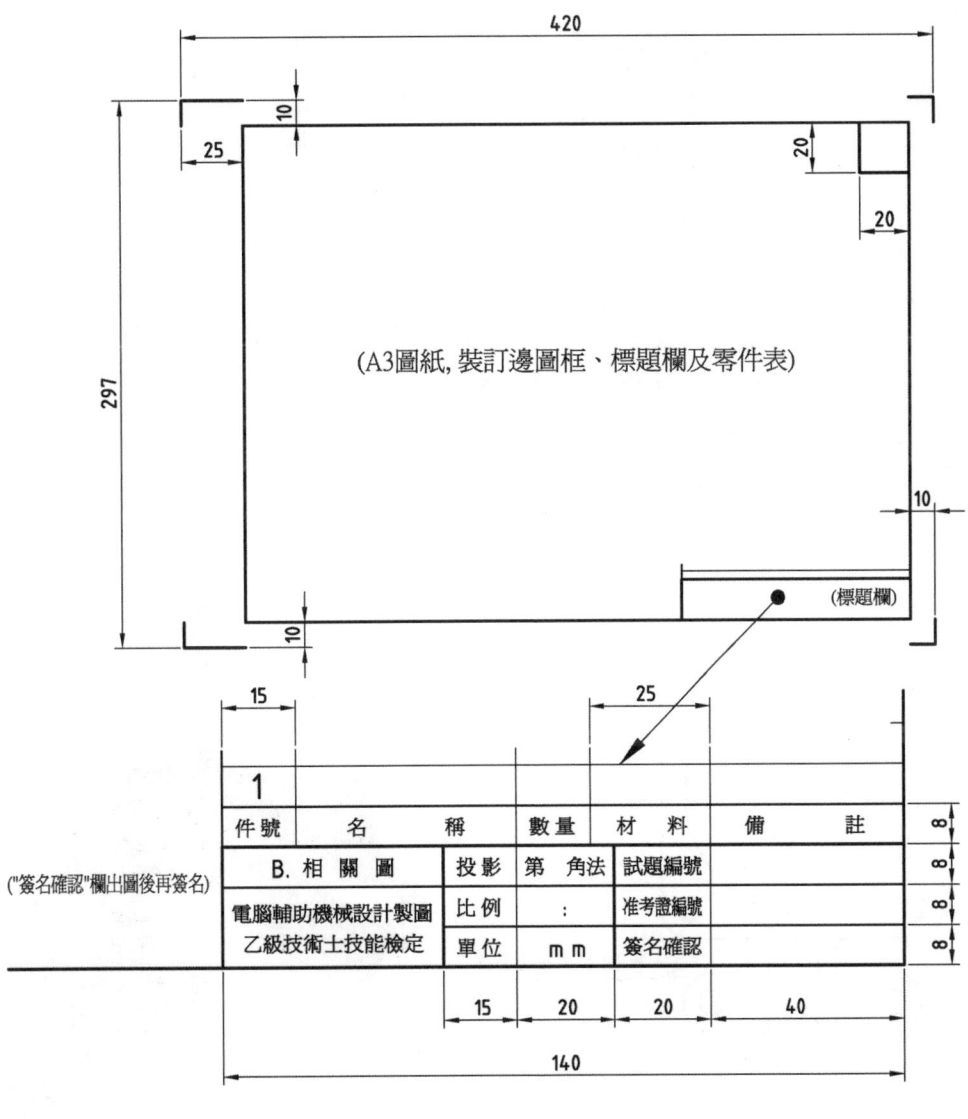

圖(a)

990210 機構動作說明

1. 本機構爲一轉子式機油泵，當件 6 驅動軸旋轉時，帶動件 4 內轉子運轉，驅動件 5 外轉子運轉，內外轉子相對運動，將油由件 2 底殼上 Ø6 進油口吸入，加壓後由件 1 泵殼上 Ø8 出油口送出。

2. 內外轉子運轉原理說明如下：

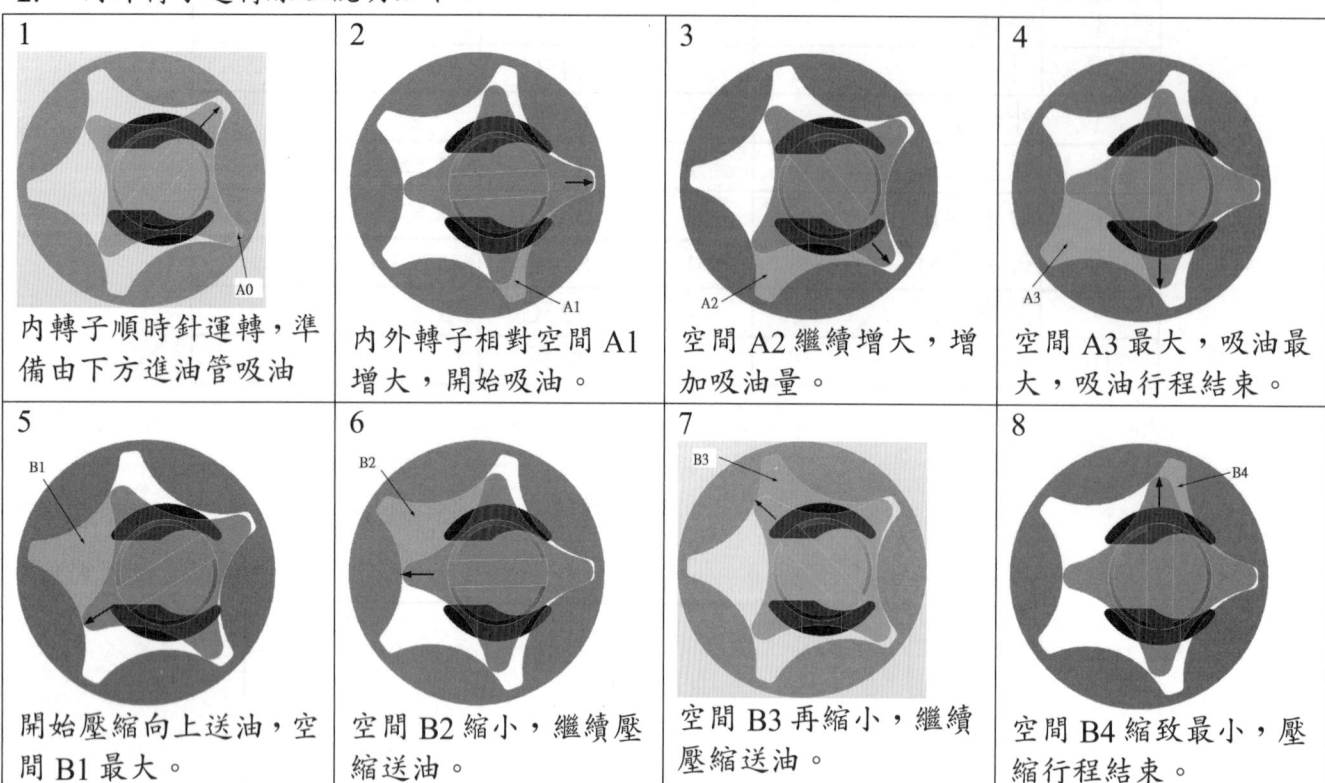

1	2	3	4
內轉子順時針運轉，準備由下方進油管吸油	內外轉子相對空間 A1 增大，開始吸油。	空間 A2 繼續增大，增加吸油量。	空間 A3 最大，吸油最大，吸油行程結束。
5	6	7	8
開始壓縮向上送油，空間 B1 最大。	空間 B2 縮小，繼續壓縮送油。	空間 B3 再縮小，繼續壓縮送油。	空間 B4 縮致最小，壓縮行程結束。

3. 件 1 與件 2 組合相對位置如下圖所示，組合錯誤會喪失機構功能。

4. 件 6 與件 7 管塞，除可洩油排汙外，這樣的設計也方便油路鑽孔加工。

5. 件 10 防漏環置於件 1 與件 2 之間，可防止滲油。

6. 件 9 彈簧墊圈，可防止件 8 六角螺釘鬆脫。

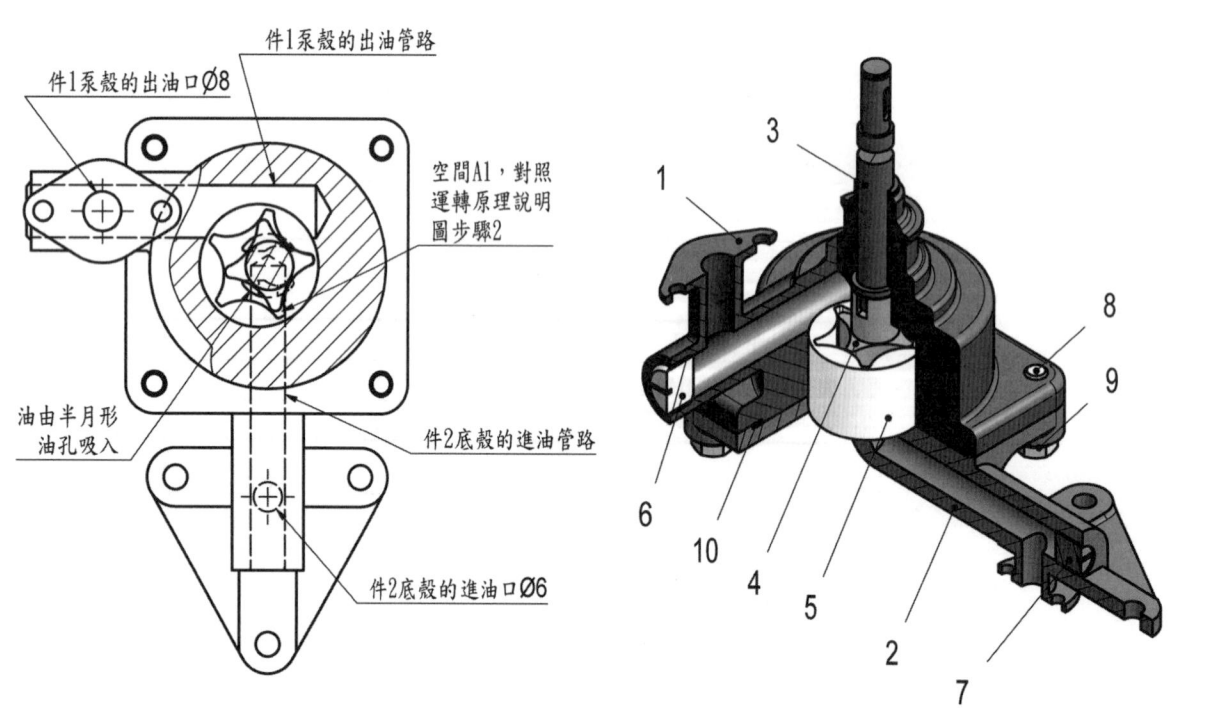

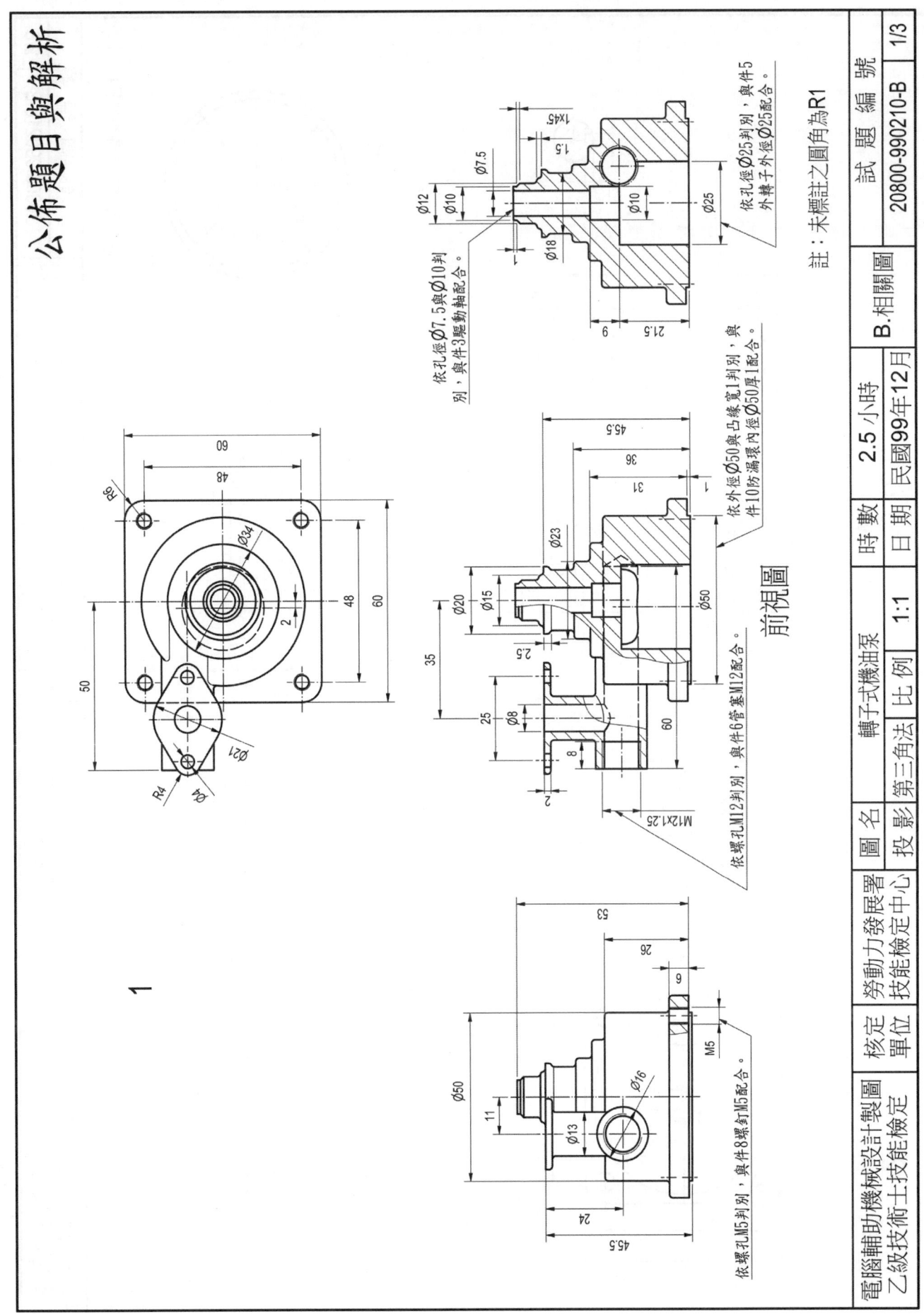

公佈題目與解析

轉子式機油泵

前視圖

註：未標註之圓角為R1

依孔徑Ø7.5與Ø10判別，與件3驅動軸配合。

依孔徑Ø25判別，與件5外轉子外徑Ø25配合。

依外徑Ø50與凸緣凸緣1判別，與件10防漏環內徑Ø50厚Ø1配合。

依螺孔M12判別，與件6管塞M12配合。

依螺孔M5判別，與件8螺釘M5配合。

電腦輔助機械設計製圖	核定	勞動力發展署	圖名	轉子式機油泵	時數	2.5小時	試題編號
乙級技術士技能檢定	單位	技能檢定中心	投影	第三角法	比例	1:1	日期	民國99年12月	B.相關圖	20800-990210-B	1/3

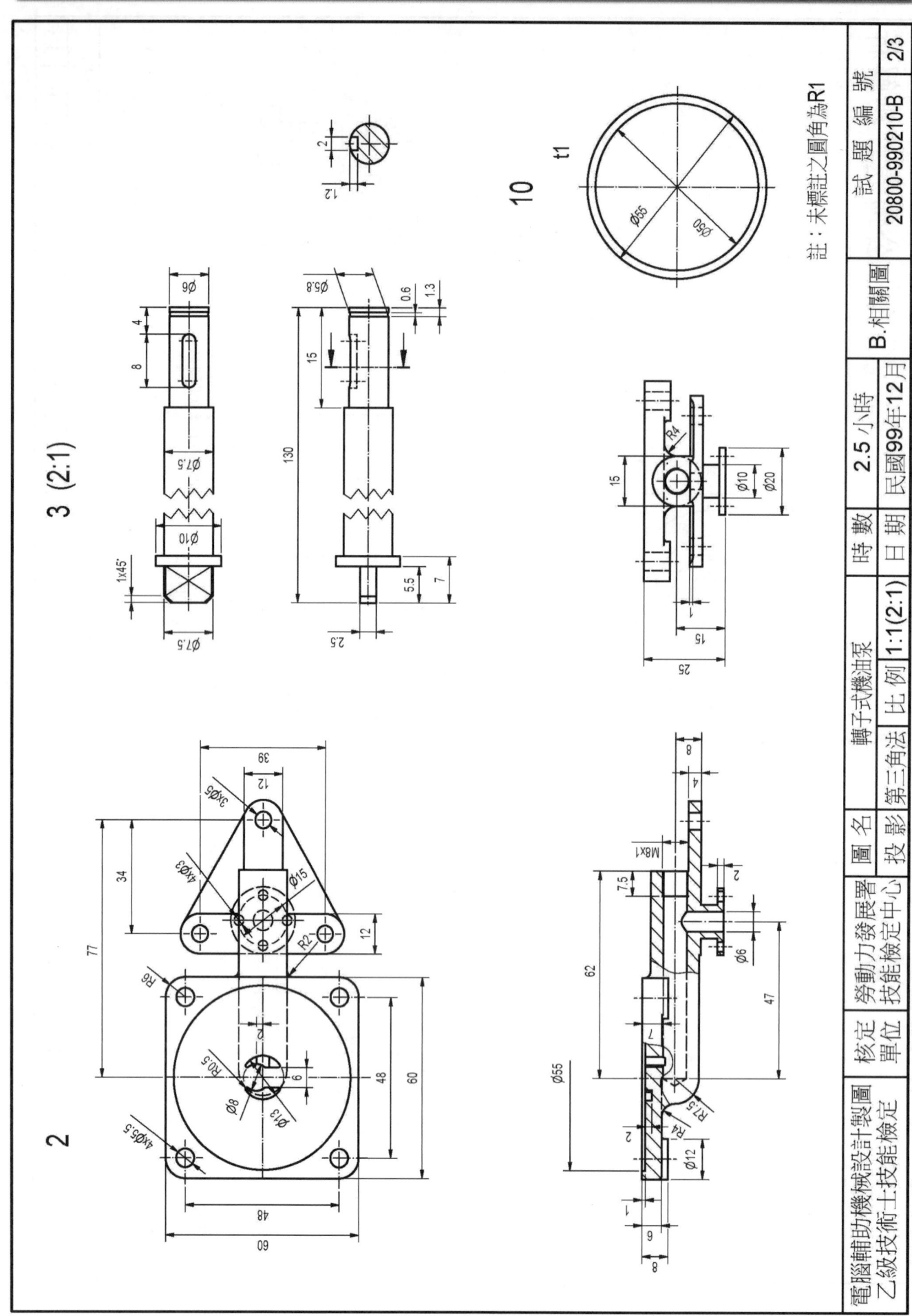

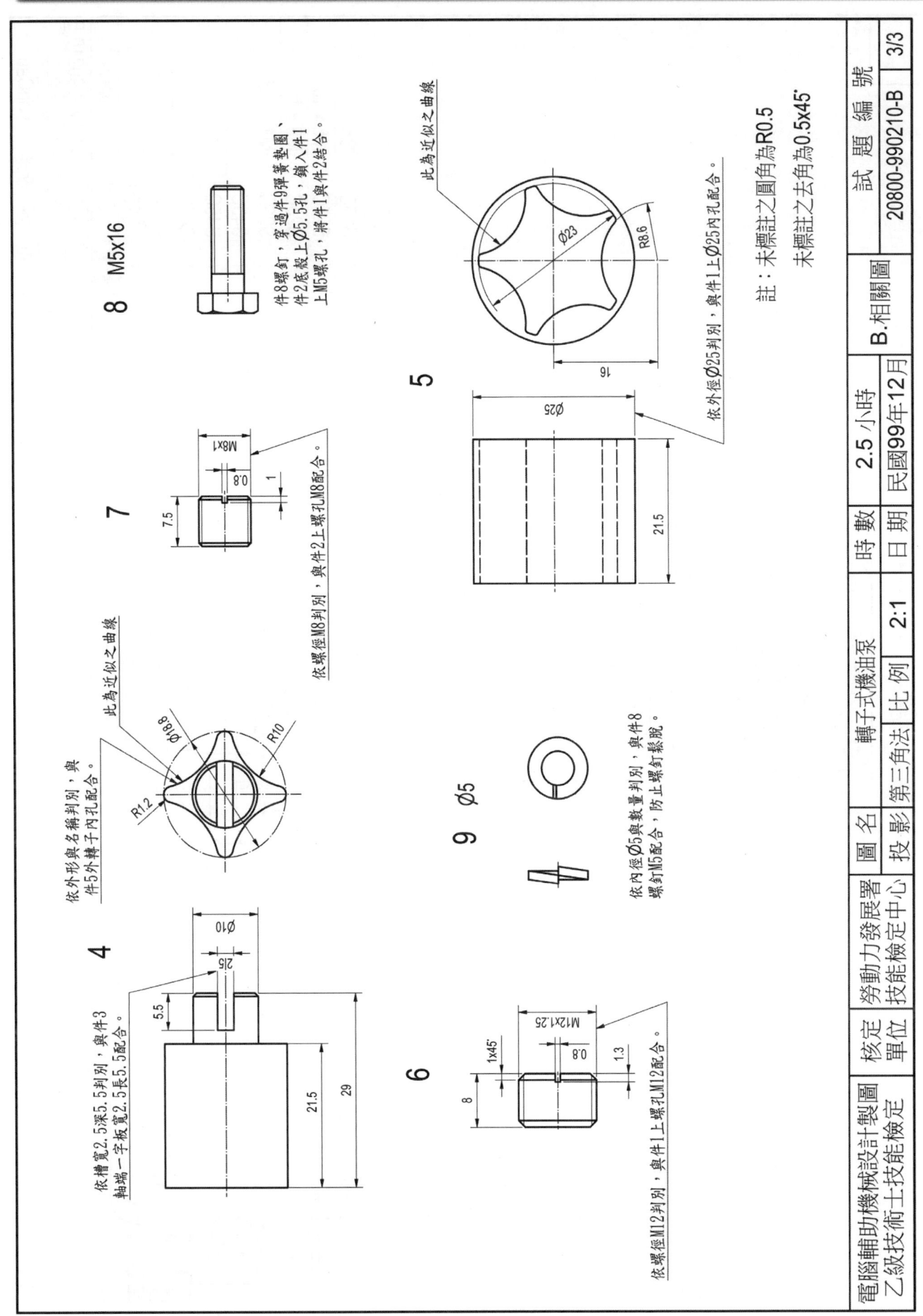

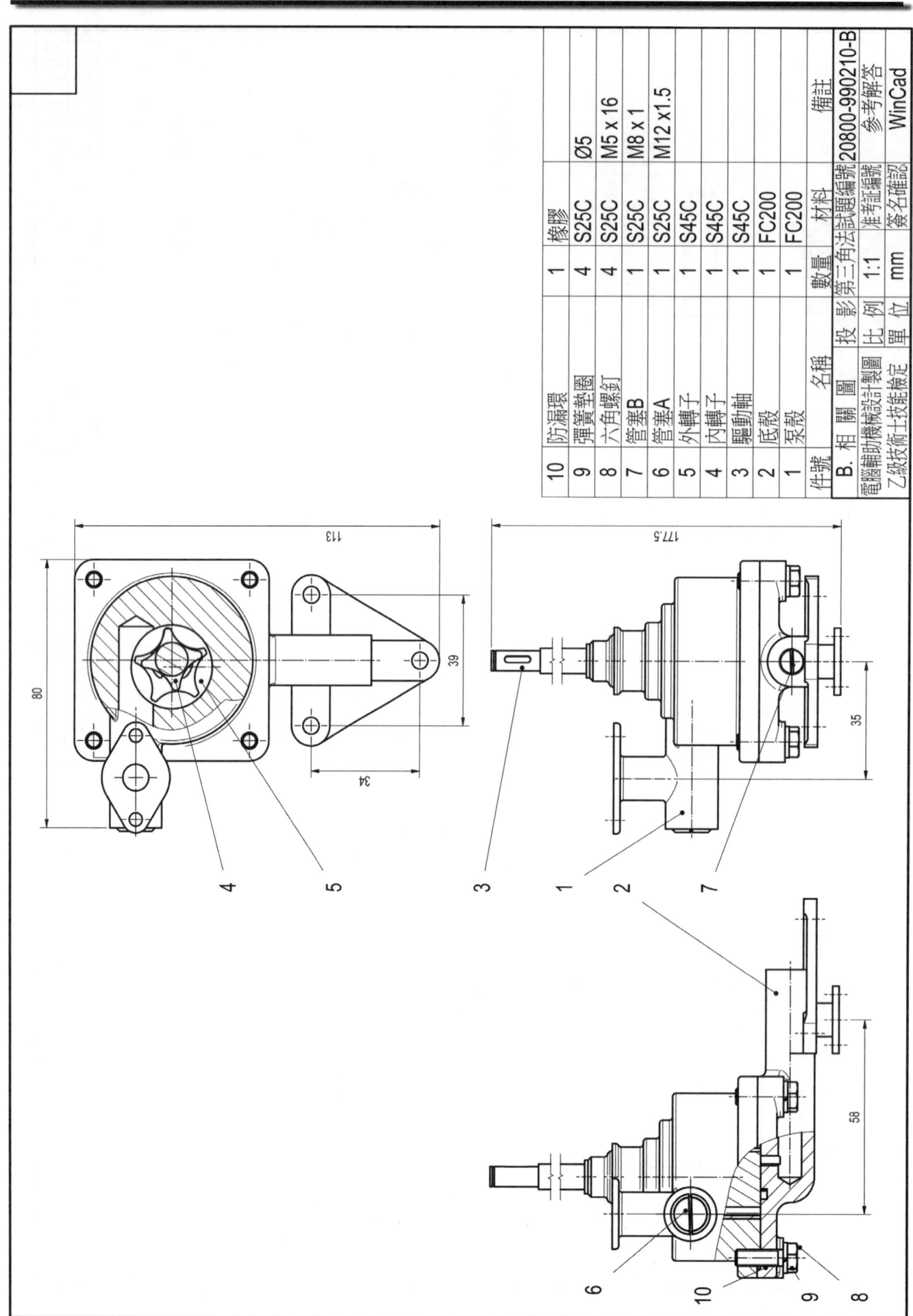

件號	名稱	數量	材料	備註
10	防漏環	1	橡膠	
9	彈簧墊圈	4	S25C	Ø5
8	六角螺釘	4	S25C	M5 x 16
7	管塞B	1	S25C	M8 x 1
6	管塞A	1	S25C	M12 x1.5
5	外轉子	1	S45C	
4	內轉子	1	S45C	
3	驅動軸	1	S45C	
2	底殼	1	FC200	
1	泵殼	1	FC200	

B. 相 關 圖

電腦輔助機械設計製圖	投影 第三角法	試題編號 20800-990210-B
乙級技術士技能檢定	比例 1:1	准考証編號 參考解答
	單位 mm	簽名確認 WinCad

B. 相 關 圖		投 影	第三角法	試題編號	20800-990210-B
電腦輔助機械設計製圖		比 例	1:1	准考證編號	參考解答
乙級技術士技能檢定		單 位	mm	簽名確認	WinCad

第三單元　專業知識重點整理

第一章　電腦基本知識

1. 電腦的組成：可分為硬體(Hardware)、軟體(Software)兩大部份分敘如下：
   (1) 硬體 (Hardware)：電腦硬體是指組成電腦的機械及電子設備。硬體的特性是看得見、摸得著之實際的東西。例如：滑鼠、鍵盤、螢幕、硬碟、主機板…等。又可分為：
   ① 輸入單元：例如滑鼠、鍵盤、數位板。
   ② 控制單元：控制單元是協調整合電腦各大單元、使其正常運作的部分。
   ③ 算術/邏輯：負責資料的算術與邏輯判斷，一般與控制單元合稱為中央處理單元(Central Processing Unit，CPU)
   ④ 記憶單元：即儲存程式及資料。可分為暫時儲存資料的主記憶體，如：隨機存取記憶體(RAM)、唯讀存取記憶體(ROM)或需要長期保存的資料輔助記憶體，如：光碟、軟碟、硬碟、隨身碟等。
   ❶ 記憶體：用途是儲存 CPU 需要讀取的資料。
   ❷ 記憶體與電腦的運作程序為會先到記憶體搜尋，如果找不到，再轉向硬碟機讀取資料。
   ⑤ 輸出單元：例如與印表機、繪圖機、螢幕。
   (2) 軟體 (Software)：廣義而言，泛指一切能夠控制電腦運作的方法與技術。狹義而言，軟體是指用各種程式語言所寫成的程式，這些程式可以指揮電腦工作。又可分為：
   ① 作業系統：提供使用者控制硬體，並為應用軟體提供支援等，例如 Dos、Windows、Linux 等。
   ② 驅動程式：使硬體元件能作用的程式，例如顯示卡驅動程式、印表機驅動程式等。
   ③ 應用軟體：用途是賦予電腦各種不同的功能，例如 Cad 繪圖軟體、DVD 播放軟體、網頁瀏覽軟體等。
2. 週邊：相對於電腦主機以外的硬體，都稱為電腦的週邊設備，常見的週邊設備，有顯示器、印表機，鍵盤、滑鼠等。
   (1) 顯示器：常用有 CRT 顯示器與 LCD(液晶)顯示器兩類，LCD 耗電量最少。大尺寸、高解析度的螢幕是目前的主流。
   ① 顯示器需要顯示卡來驅動顯示卡的解析度一般是以「水平解析度×垂直解析度」，所謂 1MB 顯示卡在全彩顯示時之最高解析度為 640×480。
   ② 全彩，表示螢幕 RGB(彩色顯示顏色的基本組成為 3 色)每個像素可顯示 24bit，2^{24} 種色彩，Hi-Color 高彩，可展現 16 Bit $=2^{16}$ 種顏色。
   ③ 電腦螢幕解析度的單位為 PIXEL。
   ④ 17 吋螢幕表示螢幕對角線長 17 吋。
   (2) 印表機：常用有點陣式印表機、噴墨式印表機和雷射印表機三類。
   ① 平面噴墨繪圖機輸出品質的單位是 dpi。
   ② 彩色噴墨印表機所用四色墨水匣顏色為黃、青藍、紫紅、黑。
   ③ 雷射印表機輸出速度的值為 PPM。
   ④ 點陣式印表機輸出速度的值為 CPS。

(3) 鍵盤、滑鼠：是我們最常用的輸入設備，依照連接埠類型的不同，可以分爲 PS/2、USB 兩種。USB 的傳輸速度快，因此使用 USB 滑鼠與鍵盤輸入訊息時會比較快而且支援熱插拔，可以在不關閉電腦的情況下，安裝滑鼠與鍵盤並且直接使用。

3. 資料儲存：Bit(位元)是資料最基本單位，一般計算資料容量採用位元組 Byte 爲單位。bps 爲每秒傳送資料的位元數，一般電腦在傳送資料的單位以 Mbps 計算。

(1) 1 Byte = 8 Bits，電腦爲二進位 1KB 表示爲 2^{10} = 1024 Bytes，1 MB 表示爲 1024 KB=1024 $\times$1024 Bytes，1 GB= 2^{10} MB = 2^{20} KB = 2^{30} Bytes。

(2) 一般 3.5" 磁碟片的容量爲 1.44 MBytes。

(3) 例如：鮑率(BaudRate)9600bps 的 RS232 介面，連續傳送資料 10 秒，共可傳送 $\dfrac{9600}{8} \times 10 = 12000$ 位元組。

4. 網路(Net work)：兩部以上的電腦和週邊設備連接在一起的模式稱爲網路。在架設網路時，能讓多台電腦可以彼此互相通訊，就必須要用到網路卡。不過架設不同型態的網路，所使用的網路卡規格不盡然相同。例如架設有線網路，只需要一般的網路卡，但架設無線網路就必須使用專門的無線網路卡。

5. 電腦使用注意事項：

(1) 公司內若被查獲違法拷貝或使用盜版軟體，刑事處罰的對象包括實際從事拷貝行爲的人、公司代表人及公司的代理人等。

(2) 電腦電源關閉後，爲使電路回穩定狀態，最好是大約等待 7～10 秒鐘再開啓電源。

(3) 筆記型電腦在開機狀態若要移動時機，應要在正在休眠時爲宜。

(4) 防止電腦感染病毒的最好方法有：使用合法軟體、經常使用掃毒軟體掃毒、開機時將偵察病毒常駐在 RAM 中執行偵察等。

6. 視窗軟體應用事項：

(1) 視窗應用軟體標題列右上角「▬ ◻ ✕」中，▬ 按鈕表示最小化、◻ 按鈕表示最大化、✕ 按鈕表示關閉。「▬ ⧉ ✕」中 ⧉ 按鈕表示還原。

(2) 視窗應用軟體使用時，若要選取多個連續的檔案，在選取前應先按「Shift」鍵。

(3) 視窗應用軟體使用時，若要選取多個非連續的檔案，在選取前應先按「Ctrl」鍵。

(4) 欲開啓 Windows 工作管理員時需按「Ctrl」+「Alt」+「Del」鍵。

(5) 文書處理如要複製文字內容時，可將欲複製段落選取後按「Ctrl」+「C」複製，按「Ctrl」+「V」貼上。

7. DOS 系統應用事項：

(1) 硬碟格式化所使用之程式爲「FORMAT」、分割硬碟容量所使用之程式爲「FDISK」。

(2) DOS 建立擴展記憶體執行 EMM386.EXE 程式前應先載入 HIMEM.SYS、要複製 C 碟的 CAD 目錄下所有檔案及目錄至 D 磁碟機應使用 XCOPY C：\CAD D：/S。

(3) DOS 中可將延伸記憶體規劃爲磁碟機快取緩衝區的趨動程式爲 SMARTDRV.SYS。

(4) 在 DOS 系統中，「MD」爲造一個子目錄、「DEL」爲刪除檔案、「DEL TREE」爲刪除目錄及其內的檔案、「RD」爲刪除內無檔案之空目錄、建立批次檔的副檔名爲「BAT」、可顯示記憶體使用情形的指令爲「MEM」。

第二章　基本圖學概論

1 概論

1. 機械製圖的定義：利用線條、尺度、符號、註解等，來正確說明機件之形狀、大小、材料、加工情形及構造的學科。
2. 學習的目的：識圖(讀圖)、製圖(繪圖)。
3. 製圖的要求(目標)：正確、迅速、清晰與整潔。
4. 製圖的要素：線條、字法。
5. 製圖之方法：(1)儀器畫(2)徒手畫(3)電腦繪圖。
6. 製圖的種類：
   (1) 依圖樣性質分類：
      ① 草圖：設計者在現場以徒手繪製，表達設計理念的圖面。
      ② 原圖：依草圖，運用儀器精密繪成的正式工程圖。
      ③ 藍圖：將原圖曬成的圖面，專爲現場工作使用。
   (2) 依繪圖方法分類：
      ① 徒手畫：不使用任何儀器，草繪之圖。一般常用於草圖及實物測繪時用。
      ② 儀器畫：使用各種製圖儀器繪製正規整齊的圖面，常用來繪製原圖。
      ③ 電腦繪圖(CAD)：Computer Aided Drafting 的縮寫，爲近來新興之繪圖方法，已逐漸取代傳統手工繪圖。電腦繪圖需軟、硬體配合；軟體指繪圖程式，一般最常用的是 Auto CAD、Inventor、Solid works..等；硬體指電腦主機、螢幕、印表機等設備。
   (3) 依用途分類：
      ① 設計圖：表達設計構想的圖。
      ② 工作圖：提供線條、圖形、文字、註解、尺度等資訊，以利加工用的圖面。
      ③ 說明圖：說明機械構造、功能、外形尺度、安裝、操作及維護等資訊的圖面。
   (4) 依內容分類：
      ① **組合圖**：用來表明機件組合時，各機件裝配位置關係的圖面。因其功用只在表明裝配位置，故圖面儘表現可見外形即可，通常虛線不必畫出。
      ② 零件圖：各零件單獨畫出之圖，通常即是指工作圖。
      ③ 配置圖：表示工廠內設備排列配置的圖面。
      ④ 詳　圖：將機件某部位以倍尺、足尺單獨繪出，詳述該部位外形、尺度圖面。
      ⑤ 銲接圖：銲接施工時使用的圖面。
      ⑥ **管路圖**：流體輸送管線之圖。一般用於表示管路中管、閥、管接頭、凸緣等種類，大小及位置之圖面。
      ⑦ 電路圖：電子電路安排配置圖。
      ⑧ 各種專業圖面：鋼結構圖、表面塗裝圖……等。
   (5) 依投影方法分類：
      ① 正投影多視圖：係以物體之各面投影所成之視圖來表示物體之形狀和大小，故通常可得六個正投影方向視圖，但通常只選擇三個或二個視圖來表示即可。
      ② 立體視圖：將物體旋轉與投影面成一傾斜角投影於其上所得之視圖；係以一平面同時表示物體三個面之投影圖。

7. 圖紙之規格：

製圖用紙種類：

(1) 普通紙：常用道林紙或模造紙，一般採用 150 磅者爲最多。紙張之計算係**以全開紙 500 張爲一令**，每令重量若爲 150 磅時稱此單張尺度之紙爲 150 磅紙，越重 表示圖紙越厚。

(2) 描圖紙：爲一種半透明韌性好之薄紙，可用鉛筆或針筆繪圖，可以曬製藍圖，每卷寬約 109cm，長 1830cm。描圖紙之規格以每一平方公尺之克重爲之即(g/m^2)

(3) 方格紙：圖紙上有藍色的方格(每方格 1mm×1mm 或其他規格)常用於實物測繪或繪製草圖。

8. 圖紙的大小尺度：

製圖紙規格受 CNS−5 系列規範。圖紙分爲 A(甲)、B(乙)兩系列，CNS 採用 A 系列圖紙。圖紙爲矩形，其**長：寬**$=\sqrt{2}：1$，A0 爲 A 系列最大的圖紙，面積約爲 $1 m^2$，一般稱作全開；A1 爲 A0 的一半，稱爲對開；A2 稱爲四開；A3 稱爲八開；A4 稱爲十六開。A1 的面積爲 A0 的一半，A2 的面積爲 A1 的一半，依此類推。常用規格及尺度如下：

(單位：mm)

	0	1	2	3	4
A 系列尺度	1189×841	841×594	594×420	420×297	297×210
B 系列尺度	1456×1030	1030×728	728×515	515×364	364×257

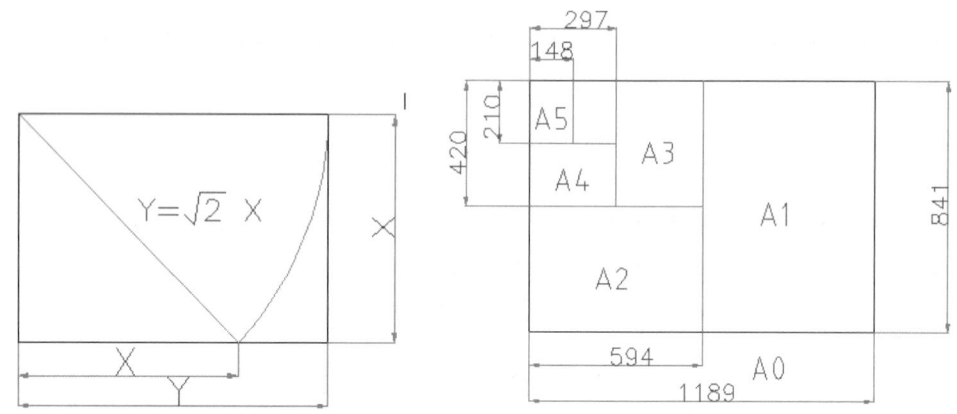

圖紙之剪裁：

(1) A1 的面積爲 A0 的一半，A2 的面積爲 A1 的一半，依此類推。

　　<公式>：2^n 倍表示，如 A0 爲 A3 之倍數爲 $2^{(3-0)}=2^3=8$ 倍。

(2)

圖紙大小	A0	A1	A2	A3	A4
可剪截之張數	$2^0=1$	$2^1=2$	$2^2=4$	$2^3=8$	$2^4=16$
		$2^0=1$	$2^1=2$	$2^2=4$	$2^3=8$
			$2^0=1$	$2^1=2$	$2^2=4$

9. 圖紙摺疊及延伸：摺疊成 A4 圖紙大小，並且標題欄朝上，以便查閱，A0 圖紙摺成 A4 大小之摺疊次數爲 9 次；A1 圖紙摺成 A4 大小之摺疊次數爲 5 次；A2 圖紙摺成 A4 大小之摺疊次數爲 4 次；A3 圖紙摺成 A4 大小之摺疊次數爲 2 次。

10. 如圖紙需裝訂成冊，則左邊的圖框線應離紙邊 25mm 爲裝訂邊，以粗實線畫出。A0 圖紙摺成 A4 大小之摺疊次數爲 5 次；A1 圖紙摺成 A4 大小之摺疊次數爲 3 次；A2 圖紙摺成 A4 大小之摺疊次數爲 2 次；A3 圖紙摺成 A4 大小之摺疊次數爲 1 次。圖紙之延伸，以 A0 之二倍或四倍。

11. 圖框：為使圖在複製或印刷時能準確定位，應在圖紙上繪製或印妥圖框距離紙邊的尺度，如圖紙需裝訂成冊，則左邊的圖框線應離紙邊 25mm 為裝訂邊，以粗實線畫出，例如 A 系列規格紙的圖框大小如下所示。

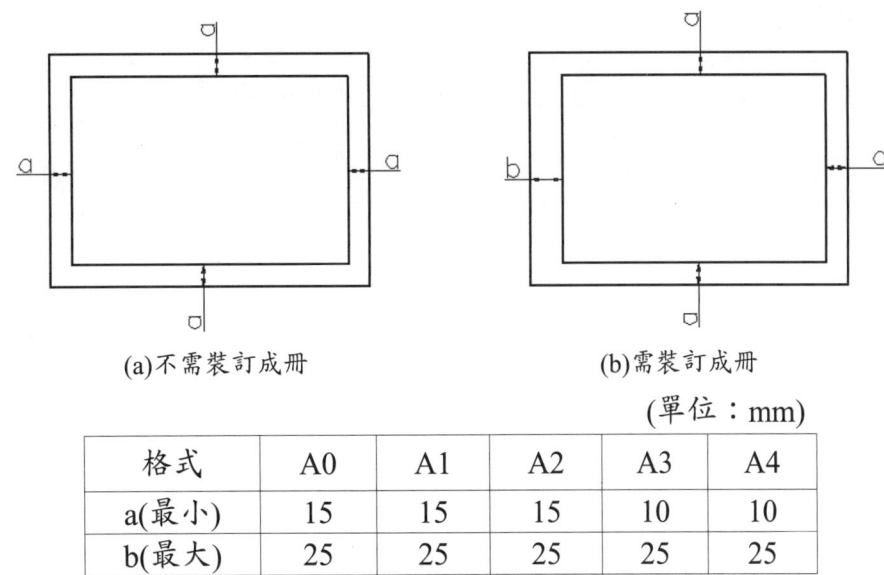

(a)不需裝訂成冊　　　　　　　　(b)需裝訂成冊

(單位：mm)

格式	A0	A1	A2	A3	A4
a(最小)	15	15	15	10	10
b(最大)	25	25	25	25	25

12. 標題欄，一般而言各機關學校皆有其特定之規格，其內容約應包括以下事項：
(1)圖名。(2)設計、繪圖、描圖、校核、審定等人員姓名及日期。(3)圖號。(4)投影法。
(5)機構名稱。(6)比例。

13. 各國之工業標準之英文代號

各國之工業標準	英文代號	各國之工業標準	英文代號
中國國家標準協會	CNS	美國國家標準	ANS
大陸國家標準	GB	美國標準協會	ASA
國際標準化機構	ISO	美國汽車工程學會	SAE
日本工業標準	JIS	美國國家標準協會	ANSI
德國國家標準	DIN	美國鋼鐵協會	AISI
英國標準協會	BS		

2 線條與字法

1. 線條的種類依形態可分為**實線**、**虛線**、**鏈線**等三種；依線寬可分為**粗**、**中**、**細**三種尺度。線條的種類及粗細關係：

種類		式樣	線寬	畫法(以字高 3mm 為例)	用途
實線	A	——————	粗	連續線	可見輪廓線、圖框線
	B	——————	細	連續線	尺度線、尺度界線、指線、剖面線、圓角消失之稜線、作圖線、折線、投影線、水平面等
	C	∿∿∿		不規則連續線(徒手畫)	折斷線
	D	—√—√—		兩相對銳角高約為字高(3mm)，間隔約為字高 6(18mm)	長折斷線
虛線	E	— — — — —	中	線段長約為自高(3mm)，間隔約為線段之 1/3(1mm)	隱藏線
鏈線	一點鏈線 F	—·—·—·	細	空白之間隔約為 1mm，兩間格中之小線段長約為空白間隔之半(0.5mm)	中心線、節線、基準線等
	一點鏈線 G	—·—·—·	粗		表面處理範圍
	一點鏈線 H	⌐·—·⌐	粗細	與式樣 F 相同，但兩端及轉角之線段為粗，其餘為細，兩端粗線最長為字高 2.5 倍(7.5mm)，轉角粗線最長為字高 1.5 倍(4.5mm)	割面線
	二點鏈線 J	—··—··—	細	空白之間隔約為 1mm，兩間格中之小線段長約為空白間隔之半(0.5mm)	假想線

2. 線條的繪製：

    (1) 中心線：中心線的作用是表示軸心或對稱工件的對稱軸。有三種情形：

        ① 在圖面上欲表示柱、錐、空心柱等工件的心軸時，畫一中心線。

        ② 當圖面有圓產生時，需畫垂直及水平中心線，以呈現對稱的關係。

        ③ 在同一圓心的圓周上鑽許多孔時，需畫圓周中心線及角度中心線。

    (2) 虛線：虛線交會問題，影響製圖極大：

        ① 虛線之開始與結束皆必須為線段，不可以空檔開始或結束，虛線與其他線相交時，儘可能使線段部份與之相交。

        ② 虛線與虛線相接(交)時，仍必須儘可能使線段部份相接。

③　虛線之直線與圓弧相切：虛線之直線與圓弧相切時，圓弧部份必須保持線段開始及線段結束，相切之直線則由空檔開始銜接。

④　兩平行之虛線距離甚近時，兩線之線段與空檔繪製時應互相錯開，若其中間有中心線時則應互相對齊。

⑤　虛線與其他線條交會時除虛線爲**實線之延長線外**，應維持相交。

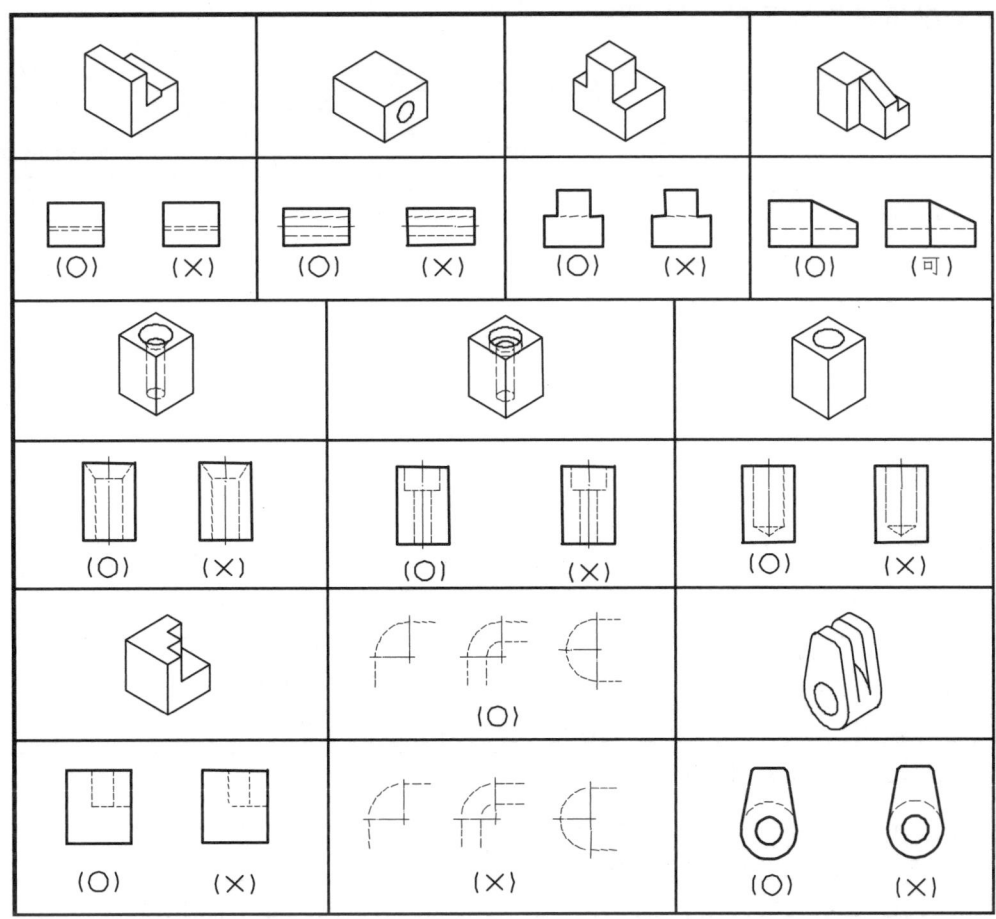

(3)　假想線：用於虛擬視圖中，以假想方式表示物件形狀、配合相關位置或機件運動狀況，必須以假想線，即以兩點鏈線之式樣繪製。

(4)　折斷線：折斷線爲細實線，以徒手畫繪製，不可用尺取代，其折斷之形狀可依材質及形狀之特性稍加變化。

(5)　割面線：割面線爲線條式樣中唯一有粗細混合之線條，其式樣與中心線類似，唯其開始與結束之線段必須爲粗實線，且最長爲 10mm，兩粗實線之間必須以細鍊線。割面線皆爲直線，轉折時必須以兩條割面線連接的方式相接，轉折處之粗實線通常較短約爲 5mm 左右。

(6)　剖面線：用於表示經剖切所得之剖面，須以細實線畫出剖面線，剖面線須與主軸或物件之外形線成 45° 之均勻平行線，其間隔距離依剖面大小而定。

3.　線條若重疊之優先次序：

實線－虛線－中心線－折斷線－尺度(界)線－剖面線

4.　字法

(1)　中文字體：CNS 規定，工程圖上所使用的中文工程字爲等線體(又稱爲黑體)，該字端莊秀麗，筆畫粗細一致。分爲長形、方形、寬形三種，方形之字寬等於字高，長形之字寬爲字高之 3/4，寬形之字寬爲字高之 4/3，筆畫粗細約爲字高之 1/15。

(2) 拉丁字母與數字：CNS 規定工程圖上的拉丁字母與數字用等線體，分直式及斜式兩種。斜式傾斜角爲 75°，筆劃粗細約爲字高的 1/10，行與行間隔爲字高 2/3，字間距適當即可。

(3) 分數、小數與整數的寫法：

分數應先畫出中心樞，樞之上、下分列分母、分子，整個分數高度爲字高的兩倍，分子、分母的高度爲字高的 5/6。

(4) 最小之字高建議如下表：

單位：mm

應用	圖紙大小	最小之字高		
		中文字	拉丁字母	阿拉伯數字
標題圖號	A0，A1	7	7	7
	A2，A3，A4	5	5	5
尺度註解	A0，A1	5	3.5	3.5
	A2，A3，A4	3.5	2.5	2.5

5. 比例

(1) 公制比例尺：

我國係採用公制比例尺，通常刻有 $\frac{1}{100}$、$\frac{1}{200}$、$\frac{1}{300}$、$\frac{1}{400}$、$\frac{1}{500}$、$\frac{1}{600}$ 等六種刻度，下表爲 CNS 規定之常用比例：

比例 ＼ 規格	CNS 工程製圖
常用比例	以 2、5、10 倍數的比例爲常用者
實際比例(足尺)	1：1
縮小比例(縮尺)	1：2、1：2.5、1：4、1：5、1：10、1：20、1：50、1：100、1：200、1：500、1：1000
放大比例(倍尺)	2：1、5：1、10：1、20：1、50：1、100：1

(2) 比例：

① 原則上一張圖以使用一種比例爲原則，並應將比例註記於標題欄上；若遇到部份需使用不同比例，應於所屬視圖正下方另行註明，並可將該比例用括弧填記於標題欄內。

② 圖形無論放大或縮小，其尺度標註仍須註記原尺度。

③ 圖形縮放只縮放線條部份，**角度不受比例影響**，仍畫原角度。

④ 比例的關係如下：比例 $= \dfrac{圖面尺度}{實際尺度} =$ 圖面尺度：實際尺度。

3　應用幾何

1.　立體：
　(1)　正四面體由四個正三角形組成。　　(2)　正六面體由六個正方形組成。
　(3)　正八面體由八個正三角形組成。　　(4)　正十二面體由十二個正五角形組成。
　(5)　正二十面體由二十個正三角形組成。

線.平面			平面體			曲面體	複曲面體	柂面體
銳角	鈍角	直角	四面體	六面體	八面體	正圓柱	圓	雙曲拋物體
等邊(等角)	等腰	直角	十二面體	二十四面體	長方體	斜圓柱	環	圓柱曲面體
不等邊	正方形	矩形	立方體	長斜方體	正三角柱	正圓錐	直橫橢球	劈錐曲面
菱形	長菱形	梯形	斜五角柱	正六角柱	截三角柱	斜圓錐	拋物線	螺旋面
四邊形	正五邊形	正六邊形	正三角錐	正四角錐	斜五角錐	圓錐臺	雙曲面體	雙曲面
正七邊形	正八邊形	正九邊形						
正十邊形	正十二邊形		斜六角錐	錐臺	截錐	截圓錐	蜿延面體	

2.　平面曲線－割錐線
　　割錐線：以平面切割正圓錐所產生之相交線，稱爲割錐線，因切割位置而異，可產生不同之相交線，共有**等腰三角形**、**圓**、**橢圓**、**拋物線**，及**雙曲線**等五種割錐線，茲分別說明如下：
　(1)　由圓錐頂切向底圓：切割面由圓錐頂任意切向底圓，可得一**等腰三角形**。
　(2)　平切圓錐：即切割面垂直圓錐之中心軸方向，平切圓錐，可得一**圓**。
　(3)　傾斜切割圓錐：切割面以任意傾斜角切割圓錐，可得一近似**橢圓**。(平面與錐軸的交角大於素線與錐軸的交角)。
　(4)　平行圓錐之邊線切割：切割面平行圓錐之邊線素線，可得一**拋物線**。(平面與錐軸之交角等於素線與錐軸之交角)
　(5)　平行圓錐中心軸切割：切割面與圓錐之中心軸平行時或平面與錐軸的交角小於素線與錐軸的交角，可得**雙曲線**之。

種類	割 錐 線			
	圓	橢圓	拋物線	雙曲線
定義	切割平面與直立圓錐之錐軸垂直。	切割平面與直立圓錐錐軸之夾角大於錐軸與素線之夾角。	1. 切割平面與直立圓錐之素線平行。 2. 切割平面與直立圓錐錐軸之夾角等於錐軸與素線之夾角。	1. 切割平面與直立圓錐錐軸平行。 2. 切割平面與直立圓錐錐軸之夾角小於或等於錐軸與素線之夾角。
圖例				

3. 橢圓定義：設一動點 P 與二定點（焦點）E 及 F 間之距離的和為一常數，且恆等於其長軸 AB，此動點 P 的軌跡，謂之橢圓。

   橢圓之畫法：(1)同心圓法(2)共軛軸法(3)平行四邊形法(4)**四心圓法**(最常用)。

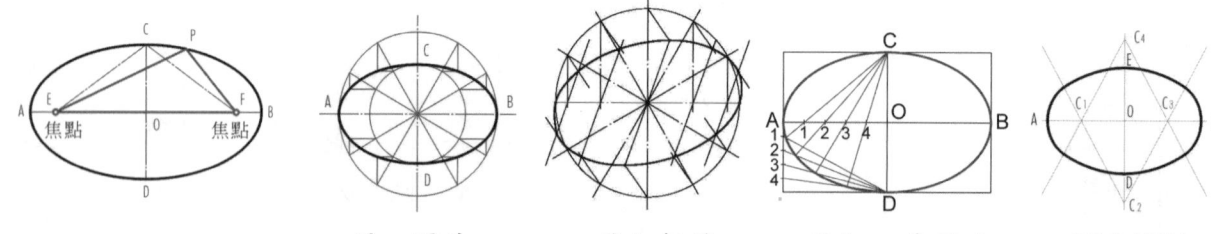

| 同心圓法 | 共軛軸法 | 平行四邊形法 | **四心圓法** |

4. 拋物線定義：一動點在一平面上運動，此動點與一定點（焦點）之距離，恆等於動點至一直線（準線）之垂直距離，此動點移動之軌跡即為拋物線。

   拋物線之畫法：(1)平行四邊形法(2)支距法(3)包絡線法。

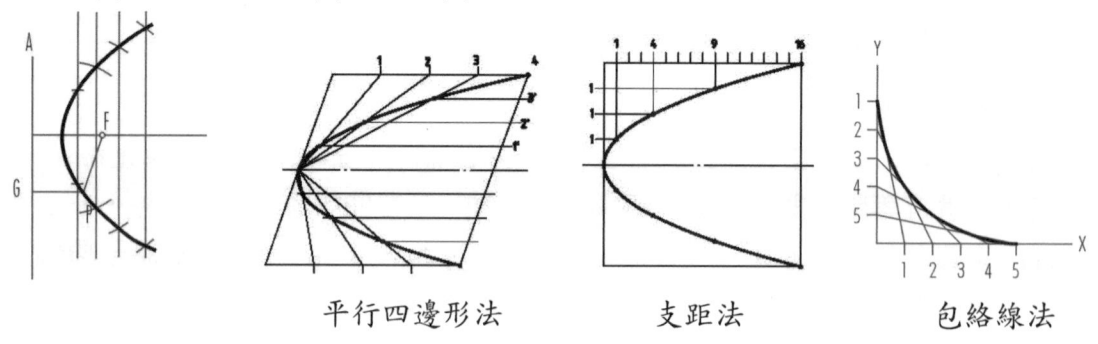

| 平行四邊形法 | 支距法 | 包絡線法 |

5. 擺線：圓上一點，當圓滾動時該點路徑之軌跡稱為擺線。圓滾動時因所滾動之表面不同，使擺線稍有差異，茲分別說明如下：

   (1) 正擺線：當圓在直線上滾動時，圓上某點路徑之軌跡，稱之。

   (2) 外擺線：當圓在另一圓之外緣面上滾動時，滾動圓上某點路徑之軌跡稱之。外擺線應用在精密儀器中，如齒輪之齒形輪廓線上，稱為擺線齒輪。

   (3) 內擺線：當圓在另一圓之內緣面上滾動時，滾動圓上某點路徑之軌跡稱為稱之。

6. 漸開線 ：由中央部位按一定規則慢慢張開之曲線，稱為漸開線，有如一細繩纏於柱體上，當繩子旋轉開時，繩端所移動之軌跡即為漸開線。常見之漸開線張開之情況其中以圓為底之漸開線被應用在一般齒輪之齒形輪廓線上，稱為漸開線齒輪。

7. 阿基米德螺旋線：點沿直線作等速移動時，直線之一端恒在固定點上，作等角速旋轉。

8. 螺旋線：空間上一點繞一圓柱或一圓錐作等速圓周運動，同時又沿軸向作等速直線運動所成之軌跡。該動點繞軸線旋轉一周所前進之距離稱為導程。螺旋線自圓柱體展開後成為一直角三角形。

種類	擺線	漸開線	阿基米得螺線	圓柱
定義	一圓在平面或另一圓外或圓內滾動時，圓周上某點之運動軌跡。	一細繩繞著一正多邊形或一圓柱之表面，緊拉著繩之它端並繞著其周圍而漸漸拉開，則繩端之軌跡。	一動點沿著一直線作等速運動，並同時又繞著另一定點作等角速運動，則此點之運動軌跡	將一直角三角形之斜邊圍繞在圓柱面上時，則斜邊在圓柱面上所形成之複曲線。
圖例				

9. 基本幾何作圖，計算：
   (1) 三角形，由三條直線圍成之平面，此三條直線中任兩邊邊長之和大於第三邊。
   (2) 正三角形每一內角為 60°。
   (3) 三角形的三內角總和為 180°。
   (4) 多邊形係由三條以上直線所構成。
   (5) 多邊形之內角總和為： $(n-2) \times 180°$，n：邊數。
   (6) 多邊形之外角為總和：360°。
   (7) 正多邊形：等邊且等角，能內接或外切於一圓者。
   (8) 多邊形至少可分為 $(n-2)$ 個三角形。
   (9) 過圓上一點僅能有一條外切線，過圓外一點可作二條外切線。
   (10) 兩圓外切，兩圓心距離等於兩圓半徑相加，兩圓內切兩圓心距離等於半徑相減。

4　投影幾何

1. 投影：物體表面各點，經由各點上反射之光線，投射到一平面上，所構成之形象，稱爲此物體之投影。

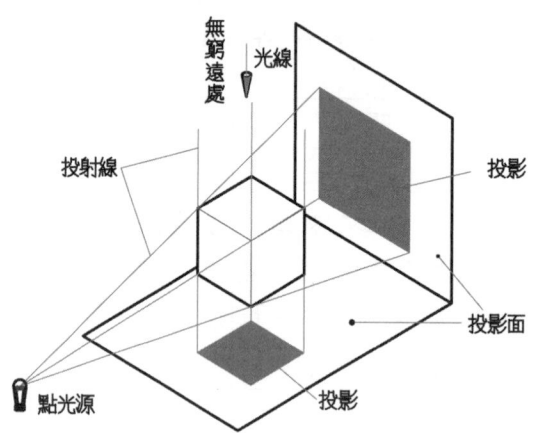

2. 投影之名詞釋義：

   (1) 視點(point of sight)：表示眼睛所在位置之點。

   (2) 視線(line of sight)：即爲眼與點或物體連接之線。

   (3) 投影線(projection)：可分爲兩種如下：

   　① 空間投影線：由點或物體至平面(投影面)上之距離線，可用虛線或細實線表示之。(又稱投射線)

   　② 畫面投影線：在投影畫面上垂直於基線之虛線或細實線。

   (4) 投影面(plane of projection)：投影所在之平面又稱畫面或座標面，可分爲：

   　① 水平投影面(HP)，在空間中，位於水平方向之平面。

   　② 直立投影面(VP)，在空間中，位於垂直方向之平面。

   　③ 側投影面(PP)，在空間中，同時垂直於水平投影面與直立投影面之平面。

   (5) 基線(ground line)：水平投影面與直立投影面之交切線，謂之基線，簡寫爲 GL。而側投影面與水平投影面之交切線，謂之副基線，以 G_1L_1 表示之。

   (6) 象限(quadrant.)：水平投影面(HP)與直立投影面(VP)垂直相交，分空間四等份，每一等份謂之爲一個象限。

   投影觀測之方向，永遠由前向後，由上向下，不予變更，而由左向右或由右向左，則可任意。

   第一象限(I Q)：
   在 HP 之上，VP 之前。
   第二象限(II Q)：
   在 HP 之上，VP 之後。
   第三象限(III Q)：
   在 HP 之下，VP 之後。
   第四象限(IV Q)：
   在 HP 之下，VP 之前。

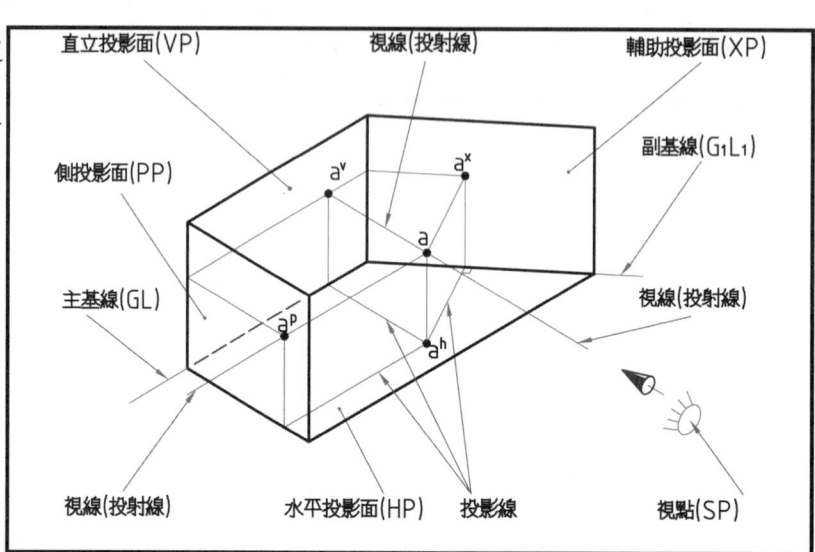

3. 投影之種類：

　　投影可依視點、視線、投影面之關係，分為平行投影與透視投影兩大類。

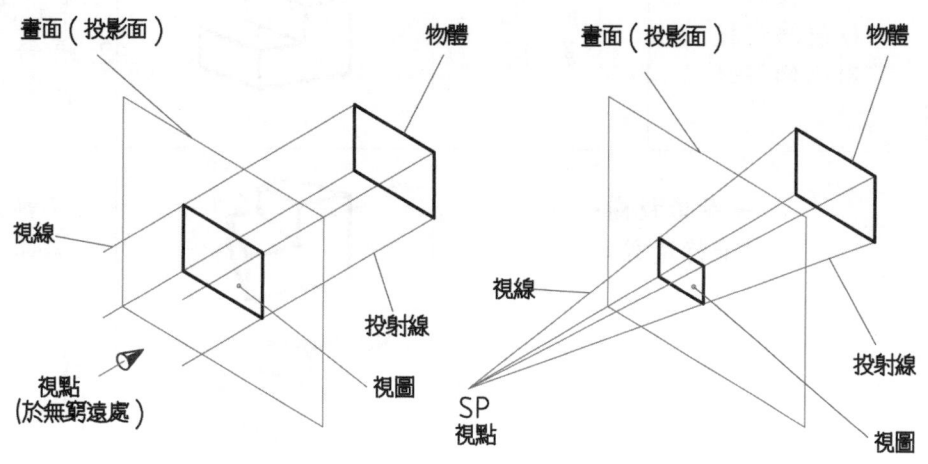

(1) 平行投影(Parallel Projection)：

　　即為將視點置於無窮遠處，則每條視線皆相互平行，故投影線間也相互平行。其投影後之視圖與實形相當；一般工業上圖面均採此法。

(2) 透視投影(Perspective Projection)：

　　即為視線間不互相平行，且皆聚集於一點，此法投影後之視圖較符合視覺原理；一般用於建築圖面或美學方面。另投影的種類尚可細分如下表所示：

投　影　法		種　類	圖　例	備　註
平行投影	垂直投影 投射線與投影面垂直者	正投影 第一角投影圖		
		正投影 第三角投影圖		
		立體正投影 等角投影圖		$\alpha = \beta = \gamma$
		立體正投影 二等角投影圖		$\alpha \neq \beta = \gamma$
		立體正投影 不等角投影圖		$\alpha \neq \beta \neq \gamma$

投　影　法		種　類	圖　例	備　註
平行投影	斜投影 投射線與投 影面傾斜者	斜　投 影　圖		1. 傾斜45°者爲 　等斜圖 2. 傾斜　63°25′ 　者爲半斜圖
透視投影	一點透視圖 (平行透視)			二軸與投 影面平行
	二點透視圖 (成角透視)			僅垂直軸與 投影面平行
	三點透視圖 (傾斜透視)			三軸皆與投 影面傾斜

機械工程製圖中，絕大多數都使用**正投影**原理。

4. 正投影：正投影爲平行投影的一種，投影線相平行，而且垂直於投影面。

5. 投影面的迴轉：

水平與直立投影面分空間成爲四個象限。要將兩畫面的投影，在一平面上表示時，物體置於一象限內，將其外形投影到各投影面上，再將水平投影面(HP)依**順時針**方向迴轉 90°，使與直立投影面重疊於同一平面。

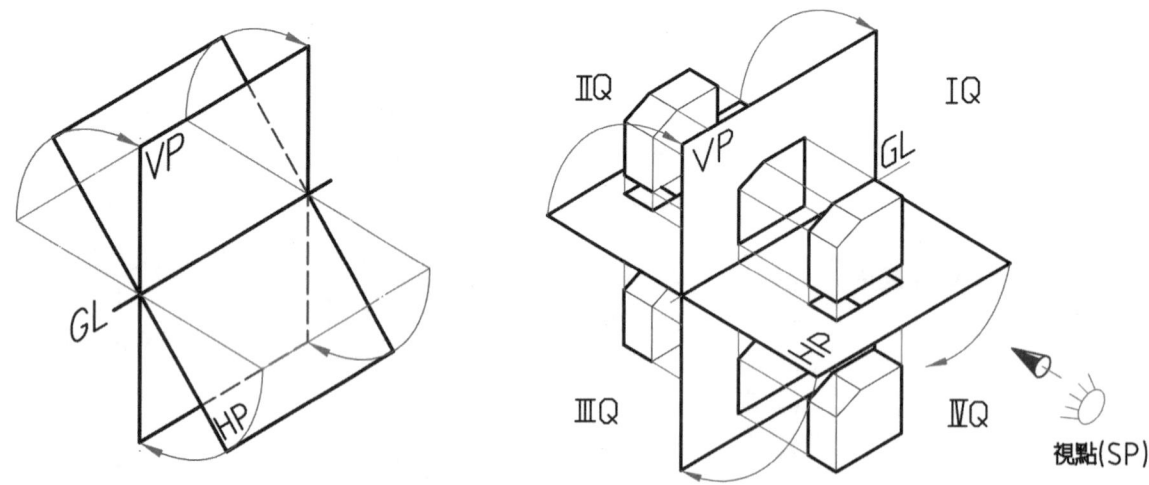

根據上述之結果，物體若置於第二、四象限上，其投影面旋轉後，水平及垂直投影重疊，無法清楚辨視，故投影法中只採用第一、三角法，而不採用第二、四角法。CNS 國家標準規定第一、三角法同等適用，惟同一圖面不得混用。

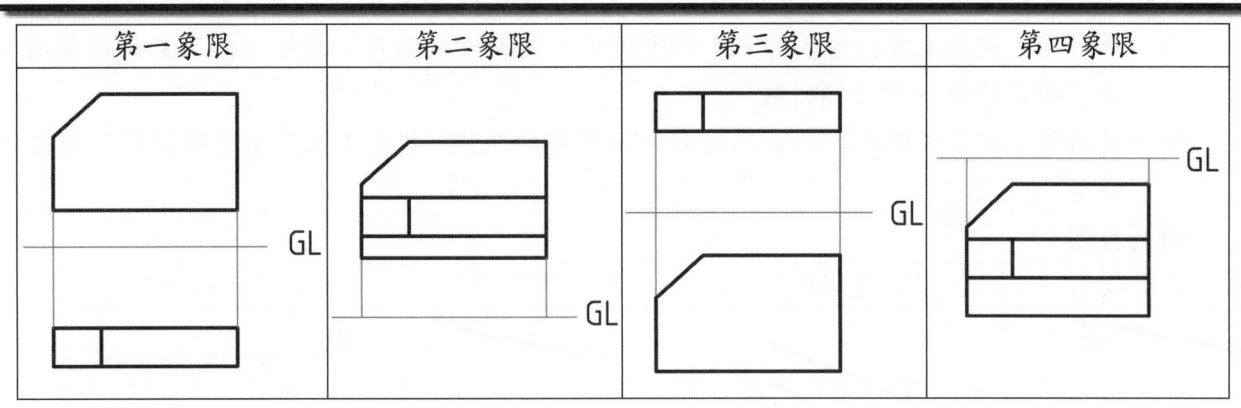

第一象限	第二象限	第三象限	第四象限

6. 點的投影：

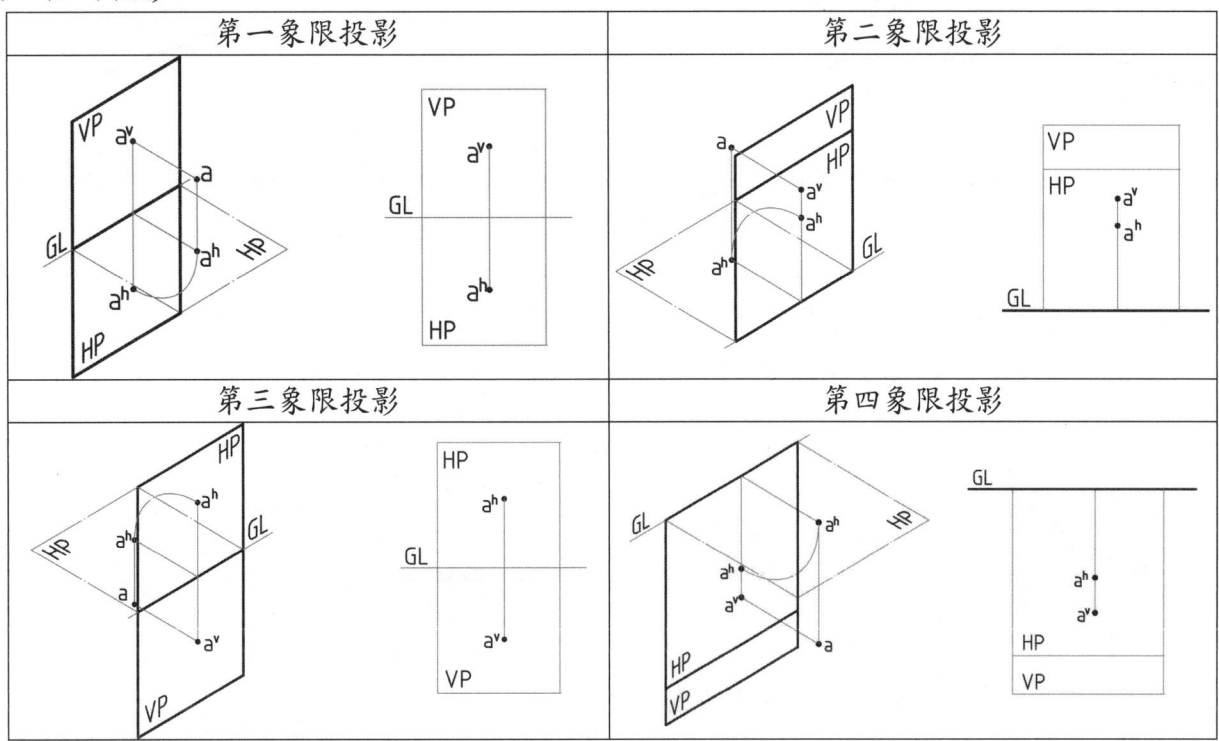

第一象限投影	第二象限投影
第三象限投影	第四象限投影

7. 點特殊位置之投影：

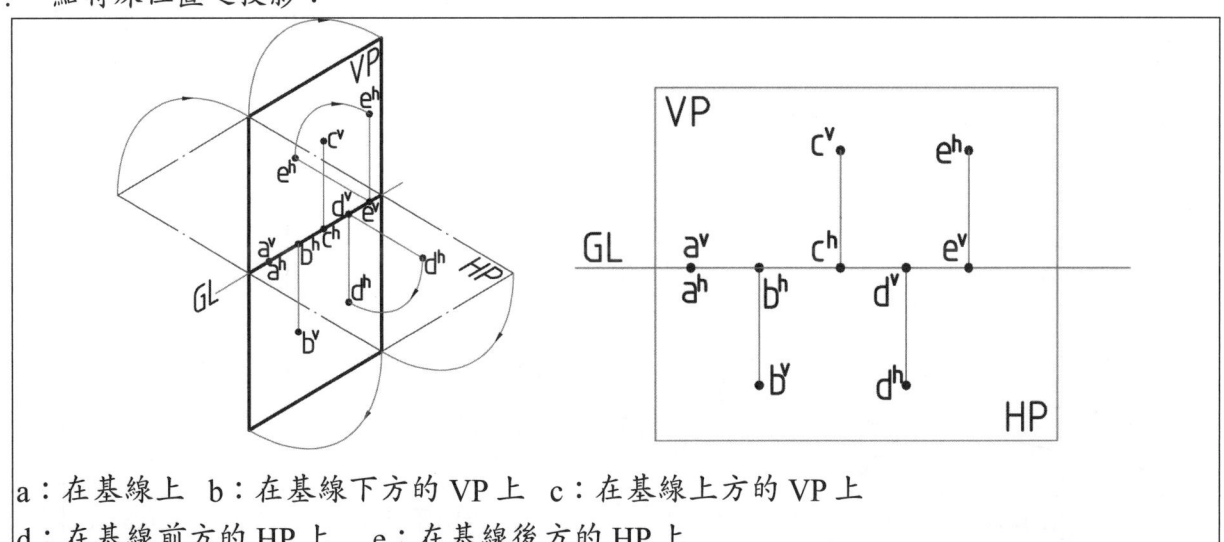

a：在基線上　b：在基線下方的 VP 上　c：在基線上方的 VP 上
d：在基線前方的 HP 上　　e：在基線後方的 HP 上

8. 線的投影：

  (1) 線的種類：

    ① 正垂線：即鉛直線或水平線。定義：與三主要投影面之二平行，並垂直另一投影面的線叫作直線。投影：在三主要視圖為二條實長直線及一點。

② 單斜線：與三主要投影面傾斜，但平行另一投影面的線條。投影：在三主要視圖爲二條變短直線及一實長傾斜線。

③ 複斜線：與三主要投影面皆不垂直也不平行的線段。投影：在三主要視圖爲三條變短斜線。

(2) 線的投影

第一象限投影	第二象限投影	第三象限投影	第四象限投影
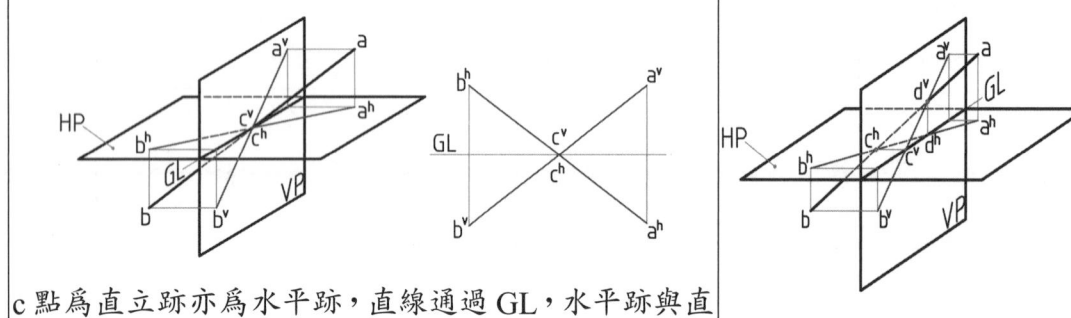			

9. 直線的跡：一直線至少通過一象限，至多通過三個象限，又直線通過象限時與水平或直立投影面之穿點，稱爲**跡**。與 HP 之穿點稱爲水平跡，與 VP 穿點稱爲直立跡。

(1) 直線 a b 位於一、二、四象限：直線 a b 之直立跡及水平跡皆在基線上方。

(2) 直線 a b 位於一、四、三象限：直線 a b 之直立跡及水平跡皆在基線下方。

(3) 直線 a b 位於一、三象限：直線 a b 之直立跡及水平跡皆在基線上。

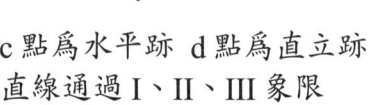

c 點爲直立跡亦爲水平跡，直線通過 GL，水平跡與直立跡同爲一點

c 點爲水平跡 d 點爲直立跡
直線通過 I、II、III 象限

10. 直線的平行與相交：

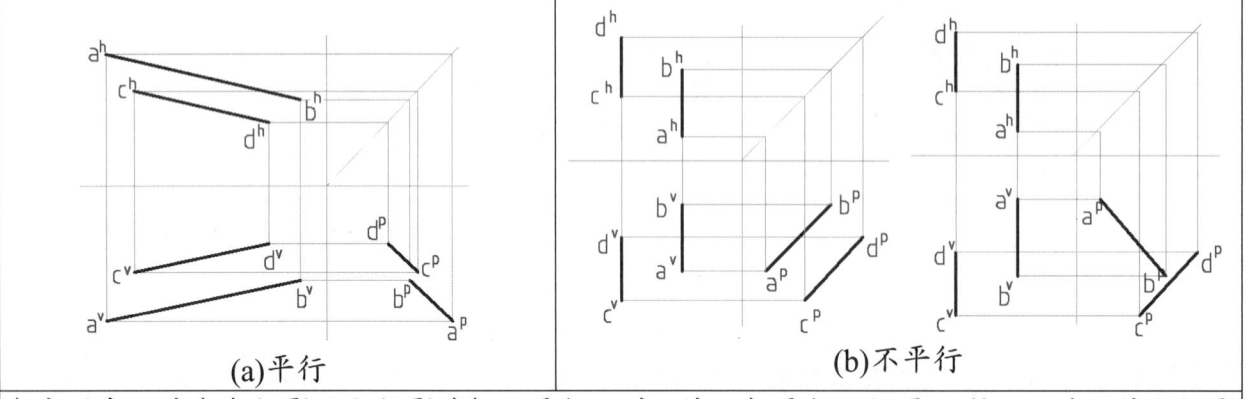

(a)平行

(b)不平行

在空間中兩線在各投影面之投影均相互平行，則兩線互相平行，如圖(a)所示；若兩線之投影皆垂直於基線時，則需另由側投影來確認其是否平行，如圖(b)所示。

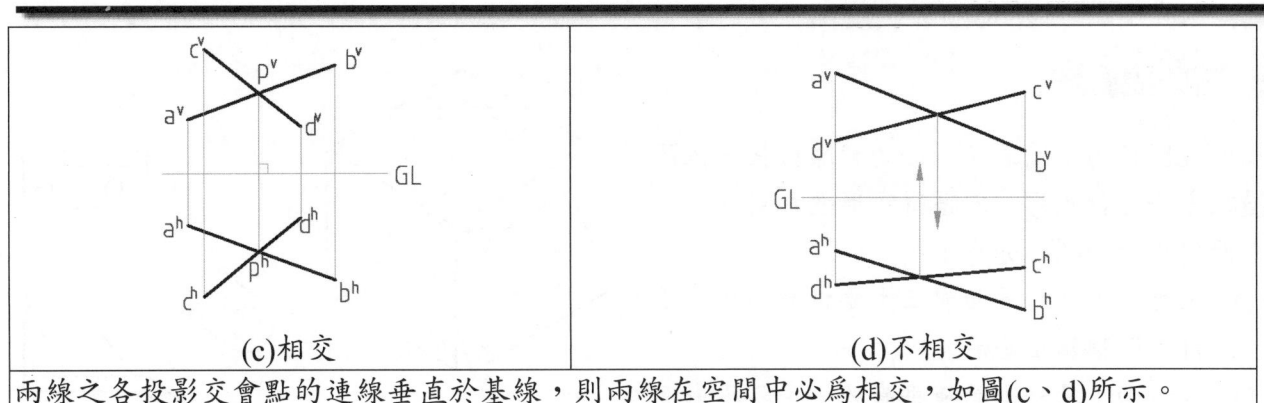

(c)相交	(d)不相交

兩線之各投影交會點的連線垂直於基線，則兩線在空間中必為相交，如圖(c、d)所示。

11. 面的種類與投影：

　　面為一具有長度與寬度，而無須考慮其厚度之型態，亦可視為是線的組合，依其範圍可分為有限平面及無限平面兩類。

(1) 有限平面：有其周圍邊界，日常所見平面型態如多邊形、圓形等。其平面與投影面 關係有三種狀況。

　① 正垂面：一面與二主要投影面垂直，平行另一投影面，並在平行之面上可得其實形。

　② 單斜面：一面與二主要投影面傾斜，但垂直另一投影面的面，在垂直之投影面上可得其邊視圖，再作一次輔助投影才能求得其實形。

　③ 複斜面：一面與三主要投影面皆不垂直也不平行的面，複斜面因為不平行於任何主要投影面，所以其在三主要投影面之投影皆為比實形縮小。所以要先作第一次輔助投影，求得其邊視圖後，再作第二次輔助投影才能求得其實形。

正垂面	單斜面	複斜面

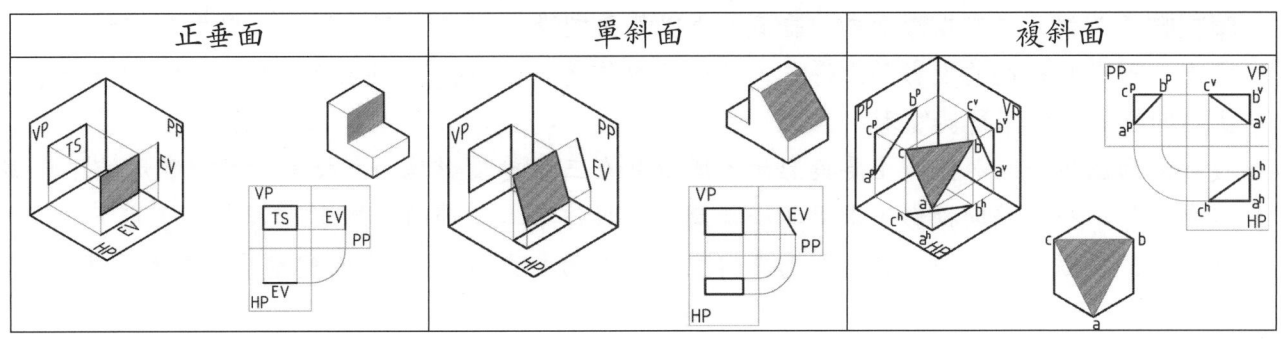

(2) 無限平面：無限平面則可任意擴張，無法由邊來確定。

　① 平面跡方法：無限大之平面則以其與三主要投影面之交切線，即為平面跡(Trace of Plane)來表示之。

　② 不使用平面跡方法：

　　❶兩相交直線。❷兩平行直線。❸不共線之三點。❹一直線與線外一點。

5 輔助視圖

1. 輔助視圖目的：為表達斜面之實際形狀，依**正投影**方法進行投影，以獲得實形之視圖。

2. 平面與投影面關係分為：

   (1) 正垂面：凡一平面與三主要投影面之一平行，即稱為正垂面。

   (2) 單斜面：凡一平面僅垂直於一主要投影面而與其它兩主要投影面傾斜者，稱之為單斜面。

   (3) 複斜面：凡一平面與三主要投影面皆傾斜者，即稱為複斜面。而其經投影後其平面的情形有：① 平面之邊視圖為一直線。②縮小之平面。③相等之平面(實形)等三種狀況。

3. 平面若**平行**投影面時，則在該投影面上之投影即為其平面之**實形**；平面若**垂直**投影面時，則在該投影面上之投影即為其平面之**邊視圖**。

4. 正垂面之實形可直接由與其平行之投影面得之，而單斜面及複斜面則需應用輔助投影法…來求得其實形。

5. **單斜面**為必與三主要投影面之一垂直，所以其面之邊視圖，可在此垂直的投影面上得之，然後可再作**第一次**輔助投影才能求得其實形。

6. 複斜面因為不平行於任何主要投影面，所以其在三主要投影單面之投影皆為比實形縮小。所以要先作第一次輔助投影，求得其邊視圖後，再作第二次輔助投影才能求得其實形。

7. 平面的邊視圖與副基線之夾角即為其與主要投影面之夾角。(1) 平面與水平投影面之夾角以α表示。(2) 平面與直立投影面之夾角以β表示。(3) 平面與側投影面之夾角以γ表示。

8. 尺度標註應標註在實形之輔助視圖上。

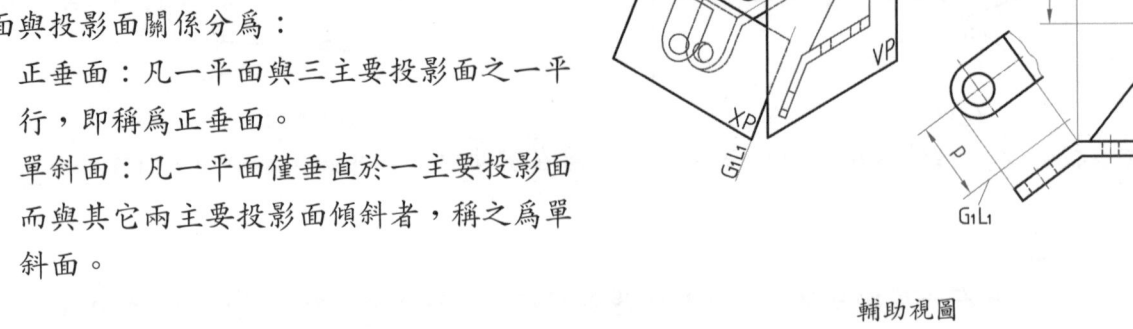

輔助視圖

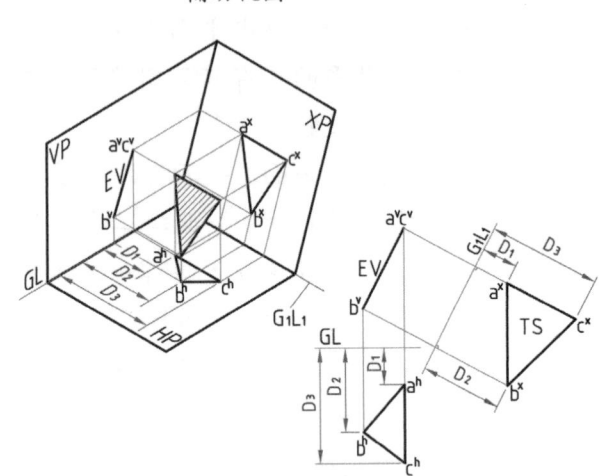

TS 表示平面的實形　EV 表示平面的邊視圖

單輔助視圖

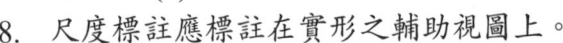

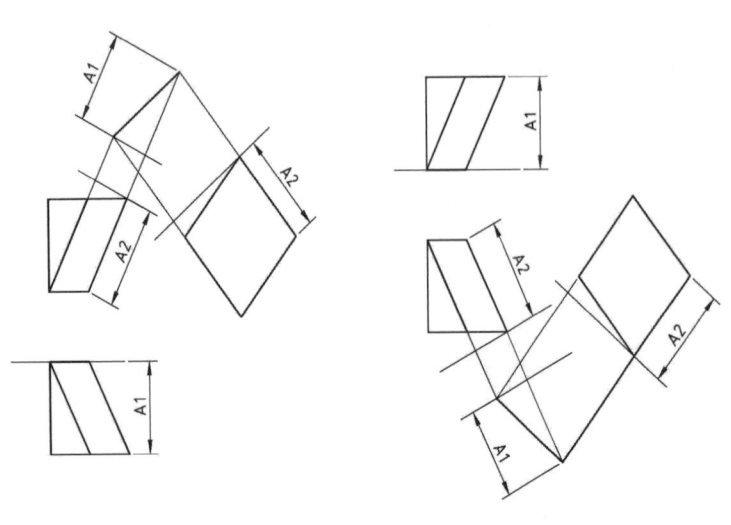

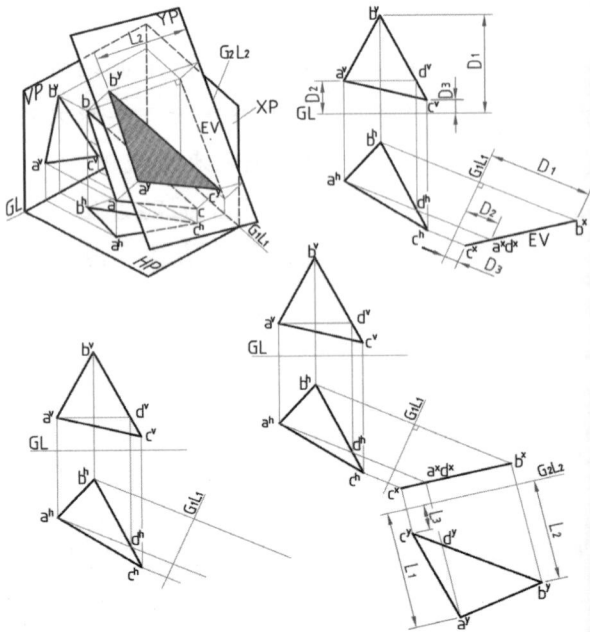

複輔助視圖

6 尺度標註

1. 尺度分爲：
   (1) 功能尺度：係指與其他件組合會影響該機件有關功能的尺度。
   (2) 非功能尺度：係指與其他件無相互關係，其尺度對組合無關不影響使用功能者。
   (3) 參考尺度：係指可省略之尺度而註入圖上僅供工作者參考之用者。
2. 尺度的組成：
   (1) 數字：爲物件之實際大小。
   (2) 尺度線：表該距離之方向。
   (3) 尺度界線：表確定距離之位置。
   (4) 箭頭：尺度線之範圍。
   (5) 註解：凡不能用視圖或尺度表達的資料改用文字表示者以簡明方式供給所需之資料。
   (6) 指線：導引註解之用。

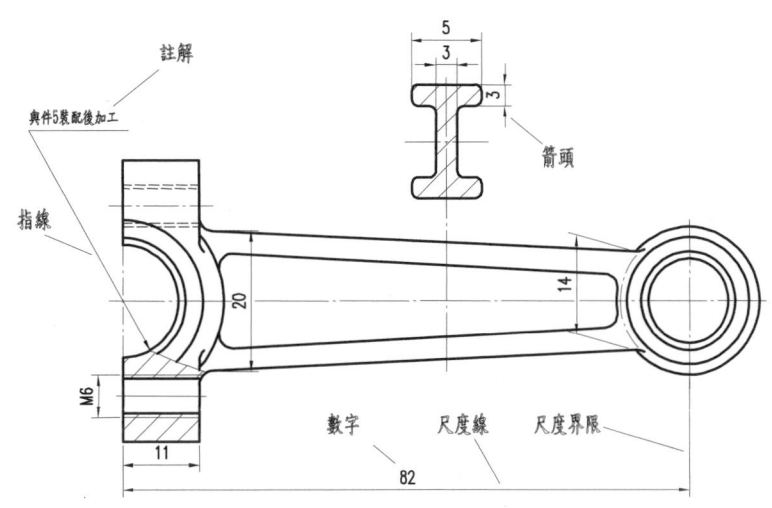

3. 尺度標註之符號：

名稱	直徑	半徑	方形	球面直徑	球面半徑	參考尺度
符號	ϕ	R	□	$S\phi$	SR	( )
範例	$\phi\,30$	$R\,10$	□ 20	$S\phi\,30$	$SR\,15$	(20)
說明	一圓或圓柱之直徑爲 30mm	一圓或圓弧之半徑爲 10mm	一正方形之邊長爲 20mm	一球面直徑爲 30mm	一球面半徑爲 15mm	一長度之參考尺度爲 20mm
名稱	錐度	斜度	板厚	弧長	未按比例	絕對正確
符號	▷	◁	t	⌒	___	□
範例	▷ 1：5	◁ 1：20	$t\,3$	⌒12	150	15
說明	一錐面其錐度值爲 1：5	一物面其斜度值爲 1：20	一薄板厚度爲 3mm	一圓弧之弧長爲 12mm	長度非按圖面比例標註	此尺度爲絕對正確 15mm

4. 尺度線與尺度界線：
   (1) 尺度線與尺度界線皆用細實線繪製，尺度界線沿所欲標註尺度之兩端與輪廓線留 1mm 之空隙延伸。尺度線應與尺度界線垂直，距離尺度界線末端 2~3mm；各尺度線之間隔約爲 2 倍字高，且力求均勻。
   (2) 中心線作尺度界線時，其延伸部份用細實線。

(3) 輪廓線、中心線等不可用作尺度線。

5. 指線：僅用於註解，不得用以標註尺度，用細實線繪製，與水平線約成 45° 或 60°，指示端帶箭頭，尾端為水平線，註解寫在水平線之上方，水平線約與註解等長。

6. 長度尺度數字之位置與方向：尺度數字置於尺度線之上方中央，離尺度線約 1mm 之處，水平方向之尺度數字朝上書寫，垂直方向之尺度數字朝左書寫，傾斜之尺度數字朝尺度線之垂直方向書寫。

7. 尺度數字應避免與中心線及剖面線相交，若不可避免時，前述線條應中斷讓開。

8. 圓、圓弧標註：

(1) 全圓或大於半徑的圓弧，應標註直徑；半圓得標註直徑或半徑。

(2) 全圓之直徑以標註在非圓形之視圖上為原則。

(3) 半視圖之尺度線之長必須超過圓心。

(4) 直徑尺度標註在圓內時其尺度線必須經過圓心。

(5) 弧長符號以 "⌒" 表示，是一個半徑等於尺度數字高之半圓弧，置於尺度數字之前，其粗細與數字相同。

9. 球面符號以 S 表示，畫在 R 或 ϕ 符號前面，例如：SR10、Sϕ20 等。

10. 因圓角或去角而消失時，其尺度仍應標註於原有之稜角上，此稜角須用細實線繪出，並在交點處加一圓點。

11. 狹長部位之尺度標註方式，箭頭可畫在尺度界線外側，其尺度線不中斷，尺度線不中斷，尺度數字寫在尺度線上方，如右列皆可。

12. 錐度與斜度：

項目	錐　度	斜　度
說明	1. 為錐體兩端直徑差與其長度之比值，例如：錐度 1:5 即表示沿軸向每前進 5 個單位，直徑即減小 1 個單位。 2. 錐度符號以 "▷" 表示，符號高度、粗細與數字相同，符號水平方向之長度約為其高之 1.5 倍，符號尖端恆向右方 3. 特殊規定之錐度，如莫氏錐度(MT)、白氏錐度(BS)等，則在錐度符號之後寫其代號以代替比值，例如車床頂心為莫氏 3 號錐度，則標示 MT3	1. 斜度為兩端高低差與其長度之比值 2. 斜度之符號以 "◁" 表示，符號之高為數字之半，粗細與數字相同，符號水平方向之長度，約為高之 3 倍(即尖角約為 15°)，符號尖端恆指向右方
符號	▷1：5	◁1：100

7　剖視圖與習用表示法

1. 剖面與割面線：對物體作假想剖切，以了解其內部形狀。假想之割切面稱為割面，由割面體所見之線，稱為割面線，以表明切割的位置。

2. 剖面的種類：

(1)　全剖面：機件被一割面完全剖切者。必要時割面可隨機件轉折。剖切位置如明確，可省略割面線。 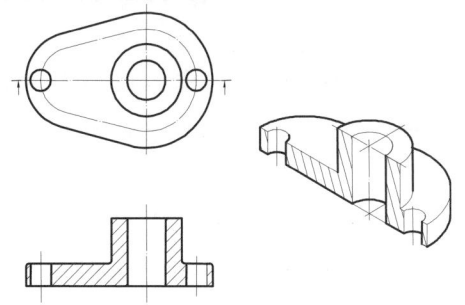	(2)　半剖面：對稱機件之視圖，以中心線為界，其中一半畫成剖視圖以表示其內部形狀者。中心線不得畫成實線，其割面線亦予以省略。 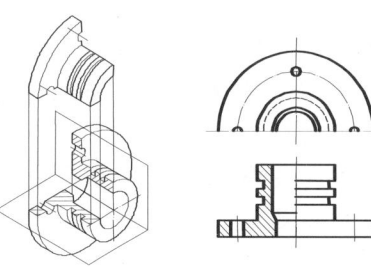
(3)　局部剖面：若只需表示機件某部份之內部，僅將該部份剖切，以折斷線分界之。 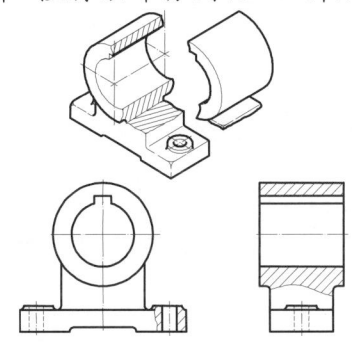	(4)　旋轉剖面： 　　機件之剖面在剖切處原地旋轉90度，以細實線重疊繪出；另亦可配合折斷線表示之，但此時旋轉剖面之輪廓線，應改以粗實線畫出。 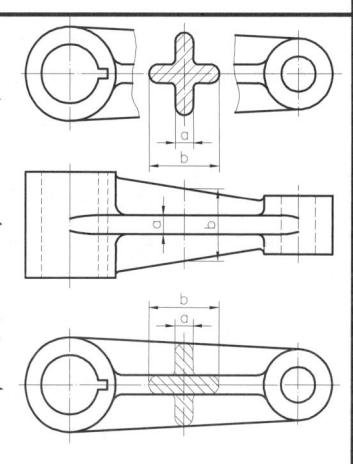
(5)　移轉剖面：將旋轉剖面沿割面線方向，移出繪於原圖外者。必要時得平移至任何位置，不得旋轉。 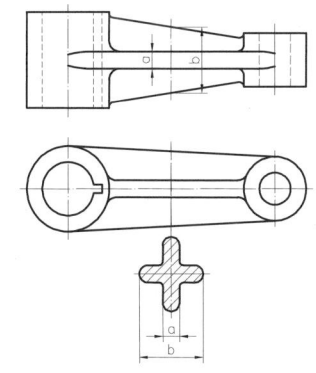	(6)　多個剖視圖之表示方法： 　　機件上有多個剖面時，應使用字母分別標明，在各剖視圖下方，加註與割面線相同之字母以區別之，例如「A-A剖面」等。 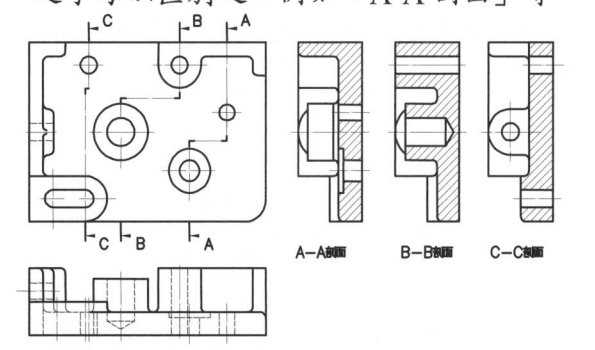

3. 剖面線須以細實線畫出，剖面線須與**主軸或物件之外形線**成45°之均勻平行線。其間隔依剖面之大小而定，約為 2~4mm。

4. 當剖面的面積較小，不易繪剖面線，可以塗黑之，如鐵板、型鋼、薄墊圈、彈簧…等。

5. 同一機件被剖切後,其剖面線之方向與間隔須完全相同。在組合圖中相鄰兩機件,其剖面線方向應取不同之方向或不同間隔,以示區分。

6. 組合件之剖面:組合件被剖切處,若遇軸、銷、螺帽、鉚釘、鍵、肋、輪臂或軸承中滾珠、滾子、滾針等,通常均不予剖切。

7. 習用表示法:

   (1) 因圓角而消失之稜線,仍在原位置上以細實線表示,兩端稍留空隙。消失之稜線如隱藏時,則不畫出。

   (2) 圓柱、圓錐面有一部份被削平而未繪出側視圖時,應在平面上加畫**對角交叉之細實線**表示之。

   (3) 機件如板金或衝壓成形者,若需表示其成形前之形狀,以假想線繪出其成形前之輪廓。

   (4) 機件某部份須實施特殊加工時,將該部份用粗鏈線平行而稍離於輪廓線表示之。

8. 半視圖:

   一個視圖成對稱時,只畫出中心線之一側,而省略其他一半視圖。物體不剖切時,繪靠近之一半為半視圖;物體剖切時,繪遠離之一半為半視圖。

9. 轉正視圖:

   為簡化繪製手續及節省繪製時間,將物體與投影面不平行的部位,旋轉至與投影面平行,然後繪出此部位之視圖。

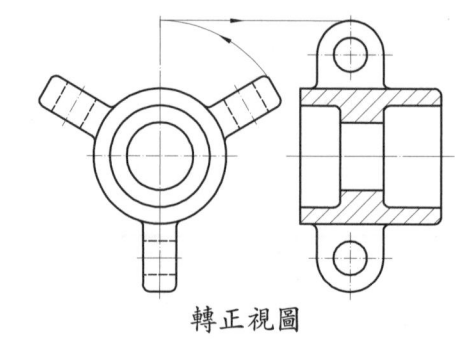

轉正視圖

10. 虛擬視圖:

    在某視圖中並不存在的部位,為表明其形狀或相關位置,常以細鏈線繪出以供參考。

11. 局部視圖:

    只繪出欲表達的部份而省略其他部份的視圖。必要時局部視圖可以平行移至任何位置,不得旋轉,並需在投影方向加繪箭頭及文字註解。

12. 局部放大視圖:

    一般視圖中某部位太小,不易標註尺度或表明其形狀,可將該部位畫一細實圓,然後以適當的放大比例,在此視圖附近繪出該部位的局部放大視圖。

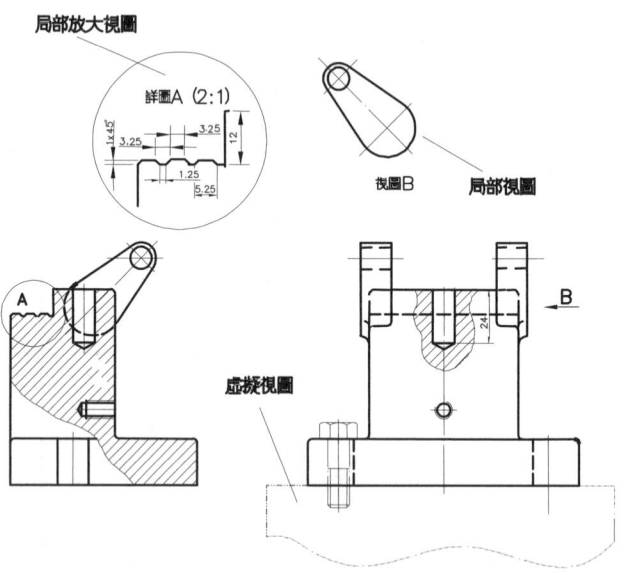

8 表面織構符號

1. 表面織構符號(Surface Texture Symbol)：用圖形及標示，來規定技術產品文件中表面符號稱之。因爲工件經過各種不同的加工方法時，因各種加工條件之因素，致使機件表面產生凹凸紋路或粗糙痕跡，由經由儀器檢測，即可看出其表面微觀幾何特性(例如：粗糙度、波紋度、紋理方向、表面缺陷、形狀誤差)，稱爲表面織構(Surface Texture)。在產品圖樣文件中，對工件表面織構的要求，用幾種不同的圖形符號表示，稱爲表面織構符號。

2. 基本符號：爲用細實線與其所指之面之邊線成 60° 角度之不等邊 V 字，其頂點必須與代加工面之線或延長線接觸，如圖 1 所示。

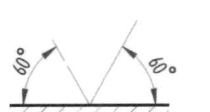
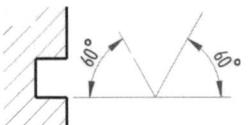

圖 1

3. 延伸符號：分成所指之表面必須去除材料(例如：切削)及所指之表面不得去除材料(保持前次加工程序所形成的表面)兩種，如圖表所示。

項目	必須去除材料	不得去除材料
說明	基本符號上加一短橫線，自基本符號較短邊之末端畫起，圍成一等邊三角形	基本符號上加一小圓，與 V 形之兩邊相切，圓之最高點與較短邊之末端對齊
圖示		

4. 完整符號(Complete Graphical Symbol)當必要補充説明表面織構特徵時，必須在基本符號和延伸符號之長邊加一水平線，水平線的長度，依水平線上方之加註事項的長短調整。如下圖表所示。

項目	允許任何加工方法	必須去除材料	不得去除材料
文字	APA (Any Process Allowed)	MRR (Material Removal Required)	NMR (No Material Removed)
圖示			

5. 工件輪廓之所有表面之符號：當工件輪廓(投影視圖上封閉的輪廓)所有表面有相同的表面織構要求時，須在完整符號中加上一圓圈，標註在圖樣中工件的封閉輪廓線上，如下圖所示。如果環繞線之標註會造成任何不清楚時，各表面應分別標註。

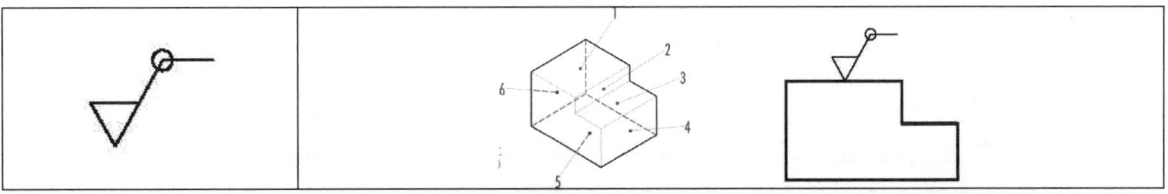

6. 表面織構的完整組成，除了完整符號還有補充要求項目，包括標註表面織構參數和數值外，必要時應增加特別要求事項，如：傳輸波域、取樣長度、加工方法、表面紋理和方向，及加工裕度等。完整符號中可以加註表面織構要求事項的指定位置，如圖 2 所示。在位置 b 註寫第二個表面織構要求，或更多個時，圖形符號應沿垂直方向擴大，並空出足夠的空間。

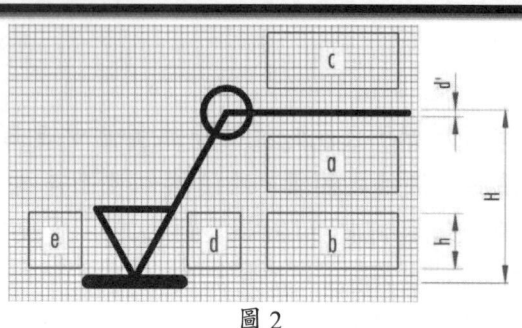

a.註寫單一項表面織構要求
b.註寫兩個或更多表面織構要求
c.註寫加工方法和相關資訊
d.註寫表面紋理和方向
e.註寫加工裕度

圖 2

表面織構要求事項書寫位置

7.　為求確保表面織構之功能，需要有不同之表面織構參數標註，應該標註其參數代號和數字組合，包含解釋要求事項不可少的四項資訊：

(1)　標註三項表面輪廓(R、W、P)中的任一項。

(2)　標註任一種表面織構特徵。

(3)　評估長度為取樣長度之多少倍數。(5 倍取樣長度為預設值)

(4)　應說明所標註的限界(值)規格(16%規則為預設值或最大規則)。

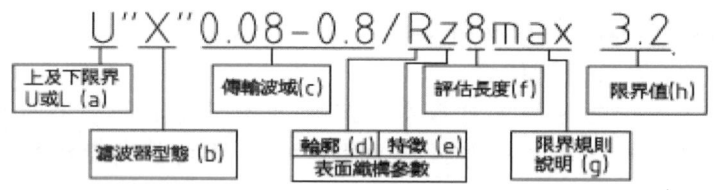

而這些參數若沒有預設值時則應另加以註明，如圖 3 所示。其中為避免誤解，傳輸波域 與 取樣長度 中間用(/)區隔，另外 參數代號 及 限界數值 之間空兩格。下圖表為表面織構要求項目標註範例：(擇自 CNS3-3.B1001-3)

要求項目	範例
必須去除材料，單邊上限界，預設傳輸波域，R 輪廓，表面粗糙度算數平均偏差 1.6 μm，評估長度為 5 倍取樣長度(預設值)，限界規則為"16%-規則" (預設值) 。	$\sqrt{}$ Ra 1.6
必須去除材料，單邊上限界，預設傳輸波域，R 輪廓，表面粗糙度最大高度 0.4 μm，評估長度為 5 倍取樣長度(預設值) ，限界規則為"16%-規則" (預設值) 。	$\sqrt{}$ Rz 0.4
必須去除材料，單邊上限界，預設傳輸波域，R 輪廓，表面粗糙度最大高度 0.2 μm，評估長度為 5 倍取樣長度(預設值) ，限界規則為"最大-規則"。	$\sqrt{}$ Rzmax 0.2
必須去除材料，雙邊上下限界，兩限界傳輸波域均為預設值，R 輪廓，上限界表面粗糙度為算數平均偏差 3.2 μm，評估長度為 5 倍取樣長度(預設值) ，限界規則為"最大-規則";下限界表面粗糙度為算數平均偏差 0.8 μm，評估長度為 5 倍取樣長度(預設值)，限界規則為"16%-規則" (預設值) 。	$\sqrt{}$ U Ramax 3.2 L Ra 0.8
必須去除材料，單邊上限界，傳輸波域 λ_S =0，008-0.8 mm;，R 輪廓，表面粗糙度為算數平均偏差 3.2 μm，5 倍取樣長度，限界規則為"16%-規則" (預設值) 。	$\sqrt{}$ 0.008-0.8/ Ra 3.2

8.　表面織構符號標註：

範例	說明
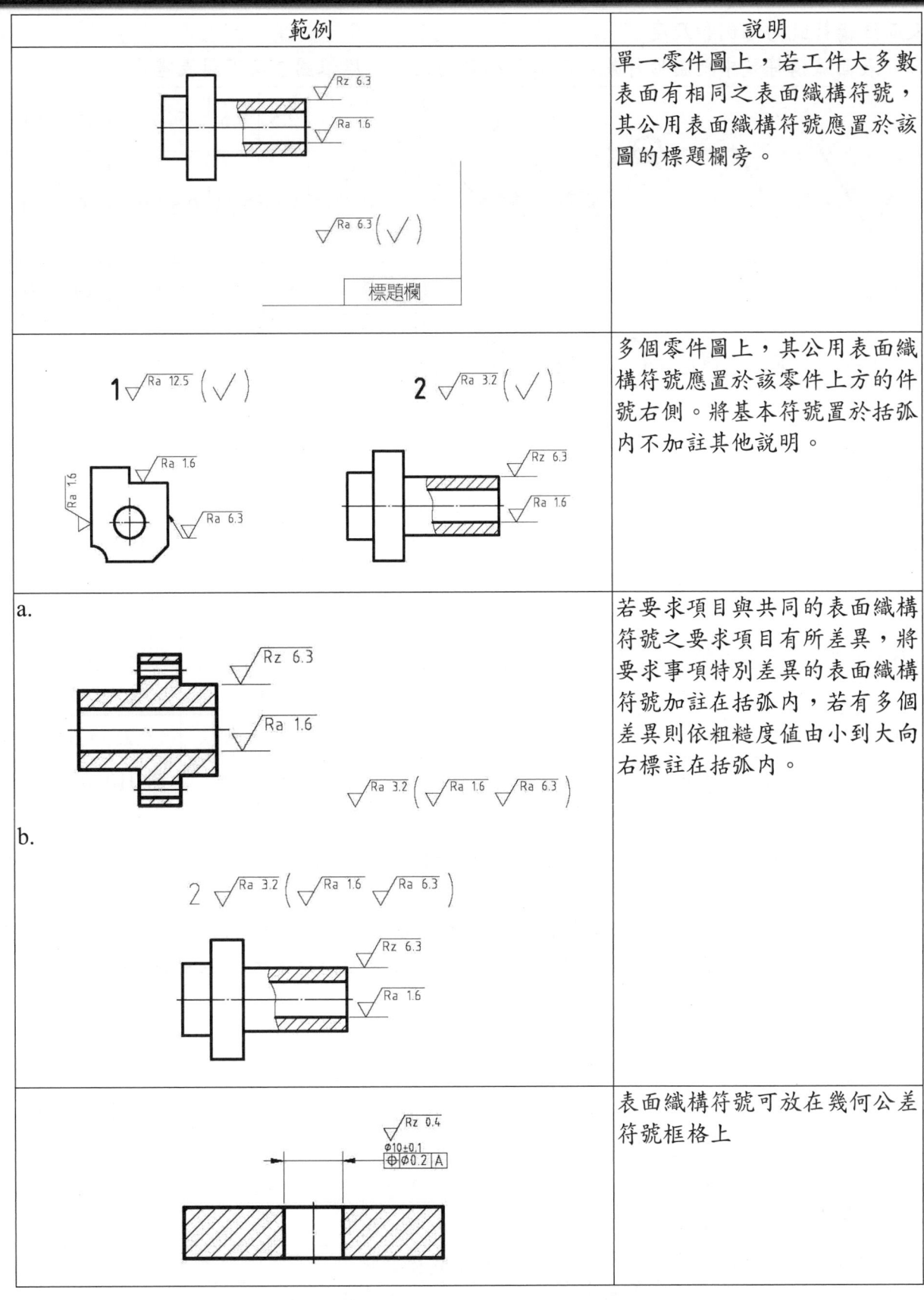	單一零件圖上，若工件大多數表面有相同之表面織構符號，其公用表面織構符號應置於該圖的標題欄旁。
	多個零件圖上，其公用表面織構符號應置於該零件上方的件號右側。將基本符號置於括弧內不加註其他說明。
a. b.	若要求項目與共同的表面織構符號之要求項目有所差異，將要求事項特別差異的表面織構符號加註在括弧內，若有多個差異則依粗糙度值由小到大向右標註在括弧內。
	表面織構符號可放在幾何公差符號框格上

9. 表面織構符號的比例和尺度

表面織構符號中之圖形符號及其加註項目的尺度,應依圖 2 及下圖表畫出。

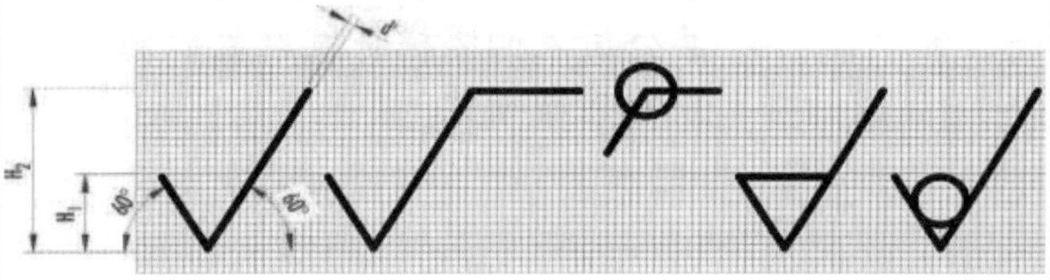	數字和字母高度 h	2.5	3.5	5	7	10	14	20
	符號 d' 線寬	0.25	0.35	0.5	0.7	1	1.4	2
	字母 d 線寬							
	H_1 高度	3.5	5	7	10	14	20	28
	H_2 高度 (最小)	7.5	10.5	15	21	30	42	60
	H_2 高度參照所加註行的數目 單位:mm							

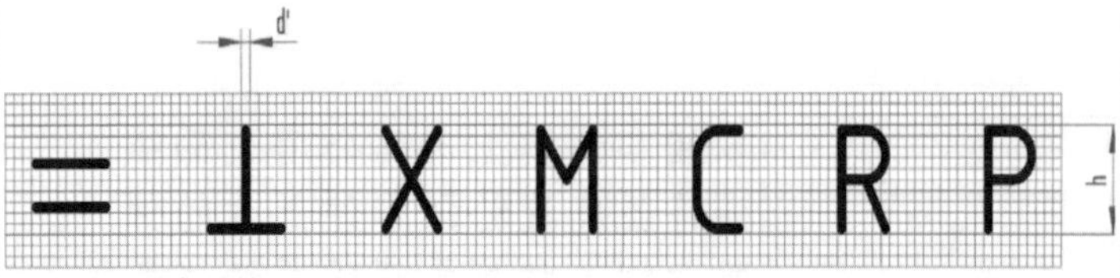

10. 粗糙度等級: (單位:μm)

粗糙度等級	N12	N11	N10	N9	N8	N7	N6	N5	N4	N3	N2	N1	—
算數平均偏差粗糙度	50	25	12.5	6.3	3.2	1.6	0.8	0.4	0.2	0.1	0.05	0.025	0.0125
表面情況	光胚面		粗切面		細切面		精切面		超光面				

11. 代用表面符號:

表面符號	名稱	相當於 Ra 值	表面符號	名稱	相當於 Ra 值
	毛胚面	125 以上	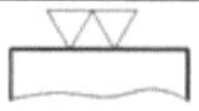	細切面	2.0~6.3
	光胚面	32~125	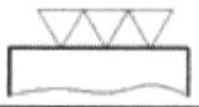	精切面	0.25~1.60
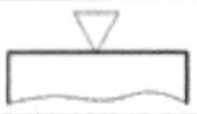	粗切面	8.0~25	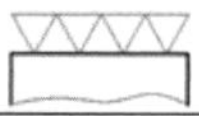	超切面	0.010~0.20

12. 最大粗糙度值(R_z)= 4 倍的算數平均粗糙度值(R_a)。$R_z = 4R_a$

13. 加工方法之代字如有必要指定,則在基本符號長邊之末端加一短線,在其上方加註加工方法代字,且該代字書寫時儘可能朝上書寫。

14. 刀痕方向:切削加工之表面,若必須指定刀具之進給方法時,不論表面能否看出刀痕,皆須加註刀痕方向符號,如非確有必要,不必指定,各種刀痕方向符號之種類,如圖四示。

15. 刀痕方向符號僅用於必須切削加工之表面,其刀痕方向有多種可能,而必須指定清楚;若僅有一種可能,則不必加註。

16. 表面符號之標註,以朝上及朝左兩種方向為原則。惟表面符號不帶文字及數字,則可畫在任何方向。如表面之傾斜方向或地位不利時,可用指線引出,而將表面符號標註於指線尾端之橫線上。

符號	說明
=	刀痕之方向與其所指加工面之邊緣平行
⊥	刀痕之方向與其所指加工面之邊緣垂直
×	刀痕之方向與其所指加工面之邊緣成兩方向傾斜交叉
M	刀痕成多方向交叉或無一定方向
C	刀痕成同心圓狀
R	刀痕成放射狀
P	紋理無方向或成凸起的細粒狀
	圖四

17. 若表面符號僅含表面粗糙度時，該數字必須**朝上**或**朝左**。

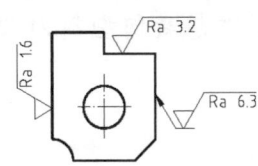

18. 常用之表面符號標註：

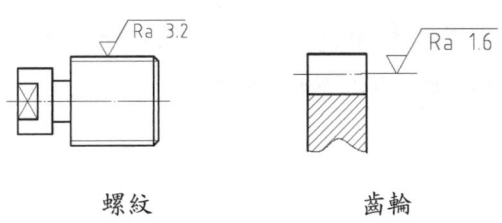

螺紋	齒輪

19. 機件邊緣形態及符號表示法：

機件兩面之交線稱爲邊緣，分爲內邊緣(內角)與外邊緣(外角)兩類。如下表所示：

邊緣形態	外邊緣(外角)			內邊緣(內角)		
種類	毛頭	讓切	銳邊	避尖	讓切	銳邊
說明	外邊緣由其理想幾何型態向外之粗糙凸面	外邊緣由其理想幾何型態向內之偏差	其邊緣形態與理想幾何型態幾乎無任何偏差	內邊緣由其理想幾何型態向外之偏差	內邊緣由其理想幾何型態向內之偏差	其邊緣形態與理想幾何型態幾乎無任何偏差
範例						

20. 邊緣形態符號表示法：範例

	基本符號	各加註事項之書寫位置
符號		
說明	基本符號之形狀如同一般之指線，並在指線之水平線上方加一成直角之二直線，直線長爲標註尺度數字字高之 1.5 倍，粗細與標註尺度數字相同。	(1) 邊緣形態及其尺度 (2) 垂直方向之毛頭(避尖)或讓切及其尺度 (3) 水平方向之毛頭(避尖)或讓切及其尺度

邊緣形態標註中(1)之位置，"＋"號表示邊緣可凸出理想幾何型態，例如內邊緣之避尖，外邊緣之毛頭。"－"號表示邊緣可由理想幾何型態內凹，例如內邊緣或外邊緣之讓切，如下圖所示。

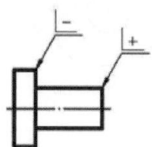

尺度若有上下之極限，則最大極限寫在最小極限之上方。未標註成上下極限時，則認定爲最大或最小極限尺度，另一尺度爲零，如下圖所示。

$$\begin{array}{ccccc} {}^{+1}_{+0.5} & {}^{+1}_{-0.5} & \pm0.3 & {}^{+0.2}_{-0.5} & {}^{-1}_{-2.5} \end{array}$$

21. 邊緣形態符號表示法之範例：

標註法	說明	標註法	說明
（＋1）	外邊緣之毛頭可向垂直方向凸出至1mm。	（＋1）	外邊緣之毛頭可向水平方向凸出至1mm。
（−1）	邊緣型態爲內邊緣之避尖可向垂直方向至1mm。	（−1）	邊緣型態爲內邊緣之避尖可向水平方向至1mm。
（−0.1 −0.5）	外邊緣之讓切在0.1mm至0.5mm之間，無毛頭。	（−0.5）	前後兩面之全周邊緣狀況相同，外邊緣讓切爲0.5mm。
（＋0.3）	內邊緣之避尖可至0.3mm。	（−0.3）	外邊緣之讓切在0.3mm，無毛頭。
（±0.05）	內邊緣之讓切可至0.05mm或避尖可至0.05mm，視爲銳邊讓切之方向不定。	（−0.3）（＋0.3）（＋0.02）	所有外邊緣爲-0.3，內邊緣爲+0.3，少數例外之邊緣爲+0.02。

若有少數例外之邊緣符號，又有多種不同的狀況，則括號內之邊緣符號可簡化，如下圖所示。

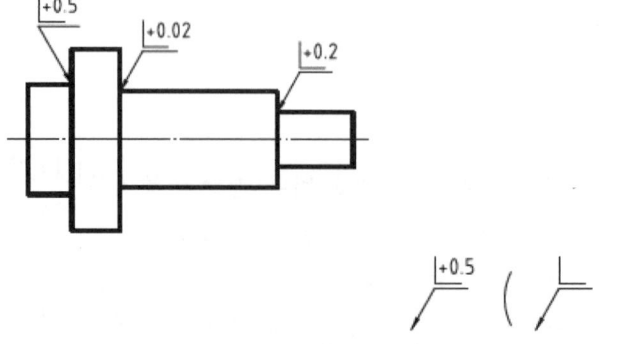

9 公差配合

1.　公差：機件尺度所允許之差異，即最大限界尺度與最小限界尺度之差。

2.　偏差：實際尺度與基本尺度之公差，或限界尺寸與基本尺寸之差。

　　上偏差＝最大限界尺寸－基本尺寸　　下偏差＝最小限界尺寸－基本尺寸

3.　CNS 標準公差，係採用國際標準(ISO)公差制度而定，從 IT01、IT0、IT1…IT18 共分 20 級，IT01－IT4 用於樣規、量具之公差；IT5－IT10 用於一般機械之公差；IT11－IT18 用不需要配合零件之公差。數字相者同代表公差等級相同，若公差等級相同，公稱尺寸數值愈大，公差愈大。

4.　CNS 之配合等級係採用英文字母表示，以大寫字母表示孔的配合，小寫字母表示軸的配合。配合符號中 A、a 為最小材料狀況，Z、z 為最大材料狀況。

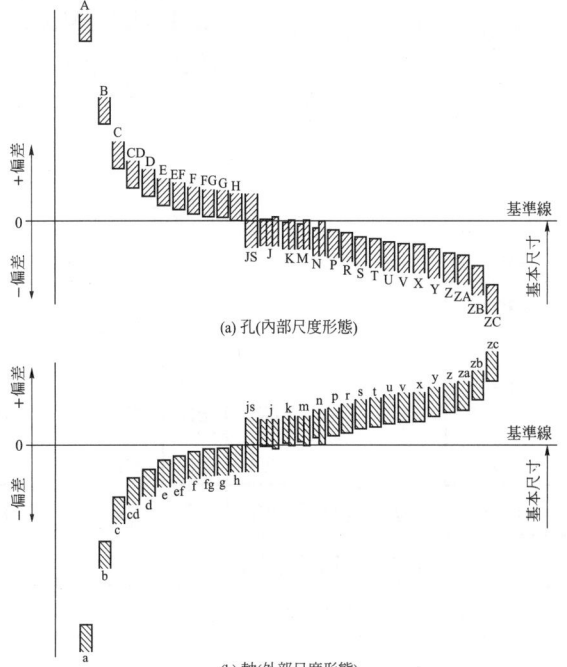

(a) 孔(內部尺度形態)

(b) 軸(外部尺度形態)

5.　配合符號中大寫的英文字母代表孔之基礎偏差位置，例如：H 代表基孔制其下偏差為零，上偏差為正，小的英文字母代表軸基礎偏差位置，例如：h 代表基軸制其上偏差為零，下偏差為負。*js* 為雙向公差其上、下偏差值是相等的。

6.　餘隙配合：兩件配合時，可保有相當的餘隙，即孔的尺度大於軸。

　　(1)　最大餘隙：孔的最大尺度－軸的最小尺度＞0

　　(2)　最小餘隙：孔的最小尺度－軸的最大尺度＞0

　　(3)　常見之配合：

　　　　①基孔制(H)搭配 a~g　②基軸制(h)搭配 A~G

　　　　③其它 A~G 搭配 a~g。

7.　過渡配合：兩件配合時，有可能產生餘隙配合或干涉配合之狀態，又稱為靜配合。

　　(1)　最大餘隙：孔的最大尺度－軸的最小尺度＞0

　　(2)　最大干涉：孔的最小尺度－軸的最大尺度＜0

　　(3)　常見之配合：

　　　　①基孔制(H)搭配 h~n　②基軸制(h)搭配 H~N。

8.　干涉配合：兩件配合時，即軸的尺度大於孔。

　　(1)　最大干涉：孔的最小尺度－軸的最大尺度＜0

　　(2)　最小干涉：孔的最大尺度－軸的最小尺度＜0

　　(3)　常見之配合：

　　　　①基孔制(H)搭配 p~x(zc)　②基軸制(h)搭配 P~X(ZC)　③其它 P~X 搭配 p~x。

9.　CNS 之配合種類：

配合種類	配合座別		基軸制(h)	基孔制(H)	配合情形
餘隙配合	轉合座		孔 ABCDEFG	軸 abcdefg	受扭矩後即發生相對轉動
靜配合	靜合座	滑合座	孔 H	軸 h	加潤滑劑以後，可利用手動裝合或分解
		推合座	孔 J	軸 j	可用手或手搥分合之配合件
		緊迫合座	孔 K	軸 k	兩配合件之分合，可以不用大力，而以手搥行之
		迫合座	孔 MN	軸 mn	兩配合件之分合，須用壓力或以手搥大力行之
緊配合	壓合座		孔 PRSTUVXY Z ZA ZB ZC	軸 p r s t u v x y z za zb zc	兩配合件之裝配，須用大壓力或加熱行之，裝合後不易開

10.　基孔制系統之較佳配合如下表：(CNS4-1 B1002-1)

基孔	軸用公差類別													
	餘隙配合						過渡配合				干涉配合			
H6					g5	h5	js5	k5	m5		n5	p5		
H7			f6	g6	h6		js6	k6	m6	n6	p6	r6	s6	t6 u6 x6
H8		e7	f7		h7		js7	k7	m7			s7		u7
	d8	e8	f8		h8									
H9	d8	e8	f8		h8									
H10	b9	c9	d9	e9		h9								
H11	b11	c11	d10			h10								

11.　基軸制系統之較佳配合如下表：(CNS4-1 B1002-1)

基軸	孔用公差類別												
	餘隙配合						過渡配合				干涉配合		
h5				G6	H6		JS6	K6	M6		N6	P6	
h6			F7	G7	H7		JS7	K7	M7	N7	P7	R7 S7	T7 U7 X7
h7		E8	F8		H8								
h8	D9	E9	F9		H9								
h9		E8	F8		H8								
	D9	E9	F9		H9								
	B11	C10	D10			H10							

12.

例 1：$\phi26.5\pm0.003$ 之上限為 $\phi26.503$；下限尺度為 $\phi26.497$；公差值為：0.006。如採用基孔

制則其下偏差為零；故可改寫為：$26.497\ ^{+0.006}_{0.}$ 。

例 2：$26\ ^{+0.004}_{-0.003}$ 之上偏差為+0.004，下偏差為-0.003；所以上限為 $\phi26.004$；下限尺度為

$\phi25.997$，公差為 0.007。

例 3： $\phi26H7/g6$，其配合之判斷如下：

可先從設計便覽中查得 $\phi26H7$ 孔之尺度，上限為 $\phi26.021$；下限尺度為 $\phi26.0$；$\phi26g6$ 軸之尺度，上限為 $\phi25.993$；下限尺度為 $\phi25.980$。

孔的最大尺度－軸的最小尺度＝＋0.041＞0，

孔的最小尺度－軸的最大尺度＝＋0.007＞0 所以為餘隙配合。

13. 幾何公差符號：

形態	公差類別	公差性質	符號	形態	公差類別	公差性質	符號
單一形態	形狀公差	真直度	—	相關形態	方向公差	垂直度	⊥
		真平度	▱			傾斜度	∠
		真圓度	○		位置公差	位置度	⊕
單一或相關形態		圓柱度	⌀			同心度	◎
		曲線輪廓度	⌒			對稱度	=
		曲面輪廓度	⌓		偏轉公差	圓偏轉度	↗
相關形態	方向公差	平行度	//			總偏轉度	↗↗

14. 幾何公差符號之標註：

(1) 框格線用細實線繪製，框格高度為字高的二倍。

(2) 框格內由左而右填入各項標註與註解，如右圖例。 ○ | 0.01 ‖ // | 0.2 | A

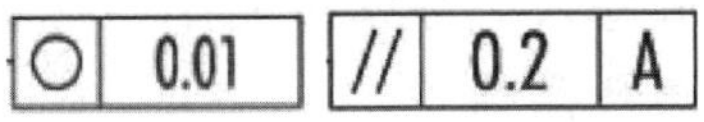

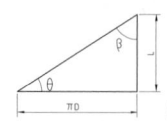 **10 常用機件**

1.　螺紋：

(1)　螺旋為斜面之應用，將螺紋展開成一平面時，其斜邊與底邊交角稱為導程角

θ 為導程角，β 為螺旋角　$\tan\theta = L/\pi D$　$\tan\beta = \pi D/L$

(2)　依旋向分為：
左螺紋：逆時針方向旋轉而前進者為(LH)
右螺紋：順時針方向旋轉而前進者為(RH)

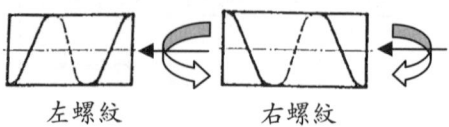

左螺紋　　　右螺紋

(3)　公制螺紋正確的標註：旋向－線數－螺紋種類－公稱直徑－節距－公差等級。
例如：M8×1，L 2N M5×0.5- 6g 5g 等。

(4)　英制螺紋正確的標註:螺紋外徑－每吋牙數－螺紋種類－螺紋粗細等級－公差等級－英或陽螺紋－螺紋線數－螺紋旋向。
例如：9/16-18 UNF，3/4-16UNF-2A-Double-LH 等。

(5)　英美加統一標準螺紋通常級別前加註「U」。
UNC：英美加統一標準粗牙螺紋　UNF：英美加統一標準細牙螺紋
UNEF：英美加統一標準特細牙螺紋。

(6)　螺紋轉動一周時，螺紋沿軸線方向移動的距離稱為導程。

(7)　N 線螺紋的牙口間隔 $\dfrac{360}{N}$ 。

(8)　螺旋角愈大，導程角愈小，螺栓愈不易鬆動。

(9)　常用螺紋標稱：

螺紋形狀	螺紋名稱	CNS 總號	螺紋符號	螺紋標稱例
三角形螺紋	公制粗牙螺紋	497	M	M8
	公制細牙螺紋	498		M8×1
	木螺釘螺紋	4227	WS	WS4
	韋式管子螺紋	495	R	R1/2"
	自攻螺釘螺紋	3981	TS	TS3.5
梯形螺紋	公制梯形螺紋	511	Tr	Tr40×7
	公制短梯形螺紋	4225	Trs	Trs48×8
鋸齒形螺紋	公制鋸齒形螺紋	515	Bu	Bu40×7
圓形螺紋	圓螺紋	508	Rd	Rd40×5

(10)　螺紋標註：　　　　　　　　　　　　螺紋組合：

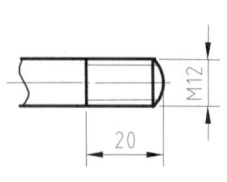

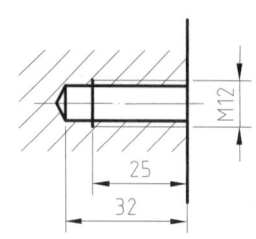

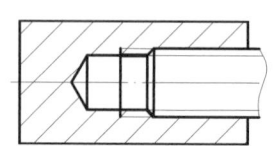

(11) 使用雙螺帽緊鎖時，與物體接觸之螺帽較薄。

(12) 滾珠螺紋傳達位移最為精確的。

2. 齒輪：

(1) 齒輪之輪齒尺度標註皆用表格列出各項數字，其項目：齒數、模數、壓力角、齒制、節徑、嚙合齒輪件號、嚙合齒輪齒數、中心距離等。

(2) 螺旋齒輪

優點：①傳動均勻，噪音小，可高速轉動。

②接觸齒數較多，可傳達大動力。

缺點：①會沿輪齒法線方向衍生一軸向推力。

②若螺旋角愈大，則軸向推力愈大，有效傳動力反而愈小。

(3) 齒輪壓力角愈大時，其齒根厚值愈大，所以兩模數相同的標準正齒輪，壓力角 20 度的齒根厚度大於壓力角 14.5 度的齒根厚度。

(4) 正確的正齒輪組合畫法，如圖一；正齒輪嚙合之正確畫法，如圖二。

(5) 正確的螺旋齒輪的齒之方向的畫法，如圖三；相嚙合之螺旋齒輪，如圖四。

(6) 蝸桿之正確畫法，如圖五；相嚙合之蝸桿蝸輪正確的畫法，如圖六。

(7) 齒條正確畫法為，如圖七；壓力角 20 度的齒條 θ 角約為 40°。

(8) 兩齒輪之中心軸距採用正的單向公差。一對相嚙合，齒輪模數及其周節必須相等。

(9) 齒輪傳動時，若有一輪齒數少於 17 齒時，常容易發生干涉現象。

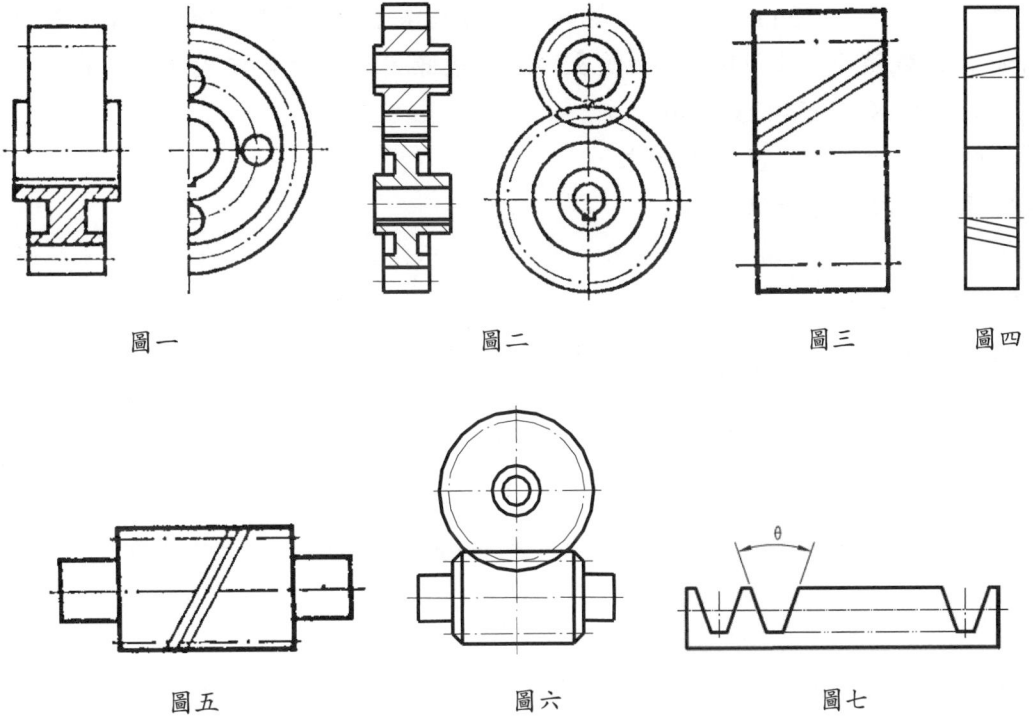

圖一　　　　　圖二　　　　　圖三　　　圖四

圖五　　　　　圖六　　　　　圖七

(10) 移位齒輪：標準齒輪是利用基本齒條的輪廓做為滾齒刀具，齒輪節圓與齒條刀具基本節線相切，進行滾動切削可創成標準齒。如果切削齒形時將刀具移位，把刀具基本節線移出基本節圓外稱為轉位，轉位可防止齒的干涉並增加強度，因此齒形較厚，但不改變漸開線之性質。正移位齒輪的齒形較標準齒形圓胖，負移移位齒輪的齒形較標準齒形瘦長。

(11) 蝸桿與蝸輪、斜齒輪之計算部份之計算公式：

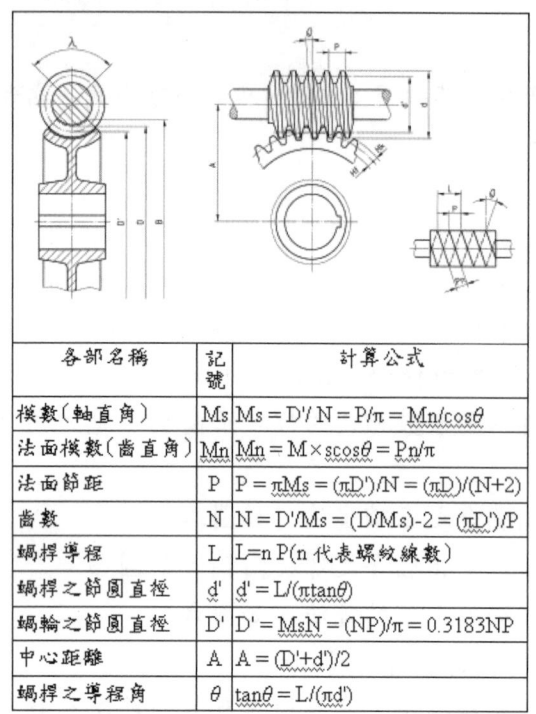

各部名稱	記號	計算公式
模數(軸直角)	Ms	$Ms = D'/N = P/\pi = Mn/\cos\theta$
法面模數(齒直角)	Mn	$Mn = M \times s\cos\theta = Pn/\pi$
法面節距	P	$P = \pi Ms = (\pi D')/N = (\pi D)/(N+2)$
齒數	N	$N = D'/Ms = (D/Ms)-2 = (\pi D')/P$
蝸桿導程	L	$L = nP$ (n 代表螺紋線數)
蝸桿之節圓直徑	d'	$d' = L/(\pi\tan\theta)$
蝸輪之節圓直徑	D'	$D' = MsN = (NP)/\pi = 0.3183NP$
中心距離	A	$A = (D'+d')/2$
蝸桿之導程角	θ	$\tan\theta = L/(\pi d')$

各部名稱	記號	計算公式	
節錐半徑	A	$A = MN_1/(2\sin\theta_1) = D_1'/(2\sin\theta_1)$	$= D_2'/(2\sin\theta_2)$
模數	M	$M = D_1'/N_1 = D_2'/N_2$	
齒數	N	$N_1 = D_1'/M$	$N_2 = D_2'/M$
齒冠	Hk	$Hk = M = A\tan\beta$	
齒根	Hf	$Hf = 1.25M = A\tan\beta'$	
節圓直徑	D'	$D_1' = MN_1$	$D_2' = MN_2$
外徑	D	$D_1 = D_1'+2M\cos\theta_1$	$D_2 = D_2'+2M\cos\theta_2$
節圓錐角	θ	$\tan\theta_1 = N_1/N_2$	$\tan\theta_2 = N_2/N_1$
齒冠(頂)角	β	$\tan\beta = Hk/A$	
齒根(底)角	β'	$\tan\beta' = Hf/A$	
齒頂(頂)圓錐角	g	$g_1 = \theta_1 + \beta$	$g_2 = \theta_2 + \beta$
齒根(底)圓錐角	h	$h_1 = \theta_1 - \beta'$	$h_2 = \theta_2 - \beta'$
軸間角		$\theta_1 + \theta_2$	

3. 鏈輪、皮帶輪：

(1) 滾子鏈條之編號及形式：

滾條節距除以 3.175mm 之數字，尾部附加 0 為滾子式；5 為無滾子；1 為輕量形。

例如：80 號鏈條，由「0」得知代表的滾子鏈條，節距計算方式為節距為：

「8」×3.175＝25.4mm。

(2) 鏈輪的齒數是與節圓直徑成正比。

(3) 腳踏車所用之鍊條是滾子鏈。

(4) 鏈輪與鏈條組合：鏈輪之表示法依一般齒輪表示法之原則，鏈輪之組合，鏈條以中心線表示之，不必繪出。

(5) 三角皮帶輪規格有 M、A、B、C、D、E 與 3V、5V、8V 兩大類。
V 型皮帶輪其斷面形狀為梯形，角度為 40°。

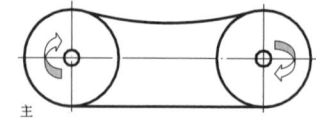

(6) V 形皮帶輪的槽角有 34°、36°、38°等型式。

① 皮帶輪的輪面應稍微隆起，以使平皮帶輪在運轉時不易脫落。

② 皮帶和皮帶輪裝置時緊邊在下方，鏈輪與鏈條組合，緊邊在上方，鬆邊張力近於 0。

4. 軸承：

(1) 滾珠軸承是以內徑為公稱直徑。

(2) 「00」其內徑 10mm；「01」其內徑 12mm；「02」其內徑 15mm；「03」其內徑 17mm
「04」～「96」將其號碼乘以五倍，即為其內徑，內徑 500 以上，內徑大小即為公稱號碼。

例如：

『6203』『62』：軸承系列號碼，查表得知其尺度系列為『02』，0 為寬度序列，2 為直徑序列，所以 2：代表外徑級序。『03』：代表內徑號碼。『699』深槽滾珠軸承之內徑為 9mm。
『6919』的內孔直徑為 95 mm。

(3) 滾珠軸承之零件中滾珠不得剖切外，其他可以剖切。外環和內環之剖面線畫成不同方向。

(4) 如右圖 a 所示爲雙列自動對位滾珠軸承，可同時承受徑向推力和軸向推力，繪製時，R 值不等於軸承內徑且相切於兩滾珠。

(5) 右圖 b，爲斜角滾珠軸承繪製時其 G 值等於滾珠之直徑。

(6) 單列斜角滾珠軸承的接觸角愈大愈能承受軸向負荷。

(7) 若軸與軸承箱孔，兩者中心線產生角度對準誤差時，宜選用雙列自動調心滾珠軸承。

(8) 可同時承受徑向與軸向負荷之軸承爲錐形滾子軸承。

(9) 滑動軸承面上開油槽應開在負荷最小處。

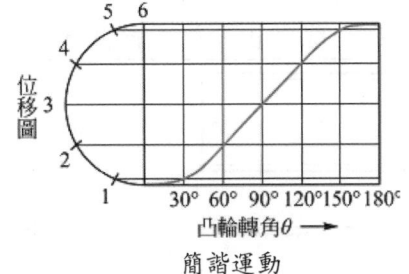

圖 a　　　　圖 b

5. 彈簧：

(1) 螺旋彈簧未註明旋向時，均爲右旋。拉伸彈簧之全長標註，如圖一。

(2) 常用於鐘錶及玩具上，作爲儲存能量之用的是渦卷彈簧。

(3) 卡車後車輪與車體間主要防震彈簧爲疊板彈簧。

(4) 常用於空間狹小及偏轉不夠大的彈簧爲筍形彈簧。

(5) 環首疊板彈簧的簡易表示法，如圖二。

圖一　　　　圖二

6. 凸輪：

(1) 凸輪從動件之運動形態爲有①靜止②等速度③等加(減)速度④簡諧運動等，下圖爲等加(減)速度及簡諧運動之凸輪位移圖。

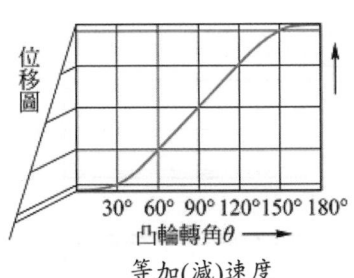

等加(減)速度　　　　簡諧運動

(2) 凸輪的壓力角爲接觸點之公法線與從動件運動方向之間夾角，一般不超過 30 度爲宜，過大則側推力愈大傳動效率差，同升程時基圓愈大則壓力角愈小。

(3) 通常凸輪(基圓固定)的最大壓力角發生於從動件速度最快時。

7. 棘輪機構：一具有齒或銷子之輪，藉另一主動臂的往復或搖擺運動，而致產生單向的間歇性運動之機構。

8. 間歇運動機構：當一機構的主動件作連續運動或搖擺運動，從動件則有時靜止，有時運動之機構稱之。例如：日內瓦機構、棘輪機構等。

9. 急回機構：爲某一運動件往返在同一距離內回程所需時間較去程所需時間短稱之。以牛頭刨床而言，切削行程(做功時)速度較慢，回程時(不做功時)速度較快。

10. 其他機件：

(1) 推拔銷用於連結並傳達負荷較小之運動，標準推拔銷其錐度爲 1：50。其之標稱直徑是以小端直徑表示。

(2) 標註圓銷規格時，應註明直徑、配合及長度。圓銷 $\phi3$m6×14，『$\phi3$』代表銷徑，『m6』代表配合，「14」表示圓銷長度，用於汽機車之活塞與連桿所用的銷是圓銷。

(3) 當兩配合件其定位相關位置必須非常正確時，宜用斜銷。

(4) 可使兩軸迅速聯結或分離的機件稱爲離合器。

(5) 萬向接頭特點爲：用於連接兩不平行且相交小於 30 度之傳動軸。萬向接頭常成對使用之，因爲使兩軸角速度相同。

(6) 半圓鍵在裝配時具有自動調心功用。

(7) 扣環的主要功用是扣住軸上或孔內機件，避免產生軸向移動，扣環有軸用扣環和孔用扣環兩種。

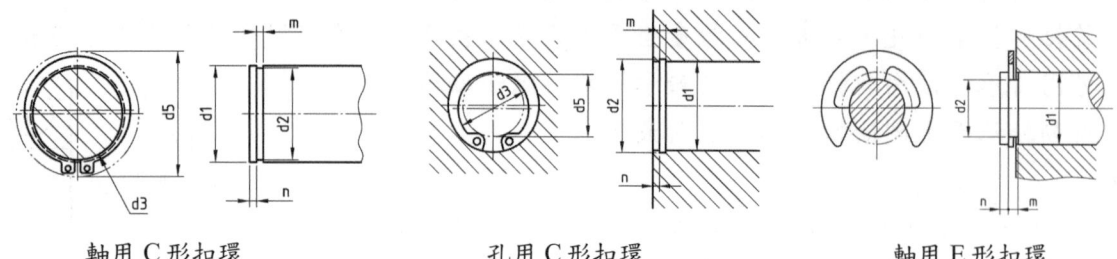

| 軸用 C 形扣環 | 孔用 C 形扣環 | 軸用 E 形扣環 |

(8) 栓槽軸及穀之表示法：栓槽軸及栓槽穀可分爲直線型及漸開線型兩種。

栓槽軸		
類別	直線型	漸開線型
符號及標示	⊓ 槽數×標稱尺度×大徑	⋏ 標稱尺度×齒數×模數
說明	在前視圖中表示槽底之直線須用細實線，表示槽頂及有效長度之線均用粗實線，不完全槽部份可省略之。前視圖剖視時，表示槽底之線改用粗實線，剖面線畫至槽底線爲止。端視圖中，外圓用粗實線，內圓用細實線；漸開線型者以細鏈線畫出節線或節圓，標註時指線在外徑。	
表示		

栓槽穀		
類別	直線型	漸開線型
符號及標示	⊓ 槽數×標稱尺度×大徑	⋏ 標稱尺度×齒數×模數
說明	在前視圖中表示槽底及槽頂之線均用虛線。前視圖剖視時，表示槽底及槽頂之線均用粗實線，剖面線畫至槽底線爲止。端視圖中，外圓用細實線，內圓用粗實線；漸開線型者以細鏈線畫出節線或節圓。標註時指線在內徑。	
表示		

第三章 相關圖概論

1 銲接與鉚接

1. 銲接符號標示位置

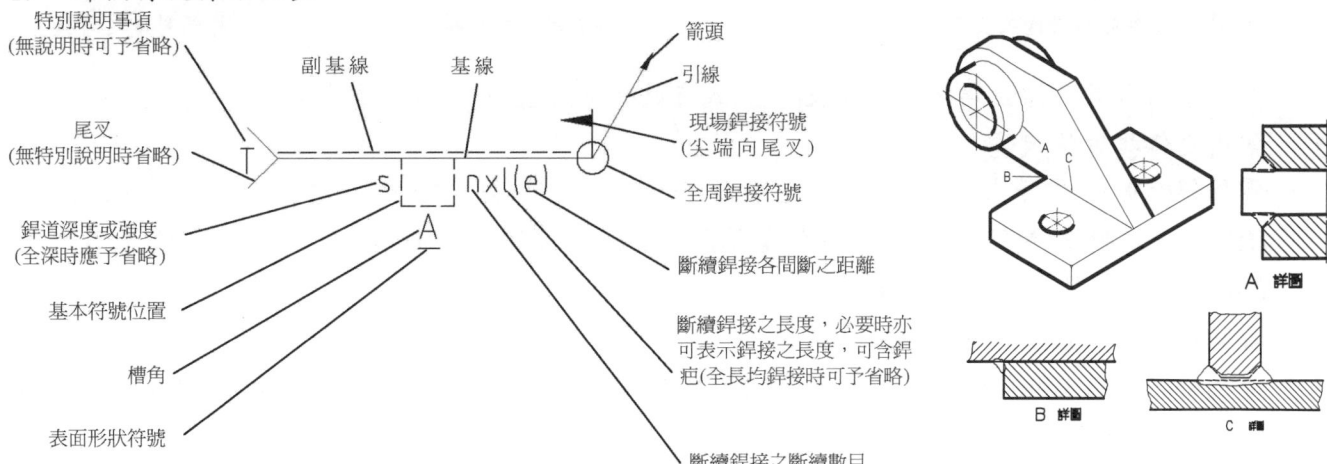

2. 銲接基本符號：

名稱	示意圖	圖示	名稱	示意圖	圖示
凸緣銲接		八	背後銲接		▽
I 形槽銲接		‖	填角銲接		◺
V 形槽銲接		∨	塞孔或塞槽銲接		⊓
單斜形槽銲接		⌵	點銲或浮凸銲		○
Y 形槽銲接		Y			
斜 Y 形槽銲接		⅄	縫銲		⊖
U 形槽銲接		Υ			
J 形槽銲接		Ρ			
平底 V 形起槽銲接		⋁	端緣銲接		⦀
平底單斜形槽銲接		⊿	表面銲接		∿

3. 銲接輔助符號：

現場及全周熔接	名稱	符號	銲接道之表面形狀	名稱	符號
	全周 銲接	○		平面	—
	現場銲接	▶		凸面	⌒
	現場全周銲接	○▶		凹面	⌣
使用背托條	永久者	M		去銲趾	⎷
	可去除者	MR			

4. 銲接知識：

(1) 如箭頭邊與箭頭對邊之符號兩邊完全相同，則僅標註其中之任一邊，不畫副基線。

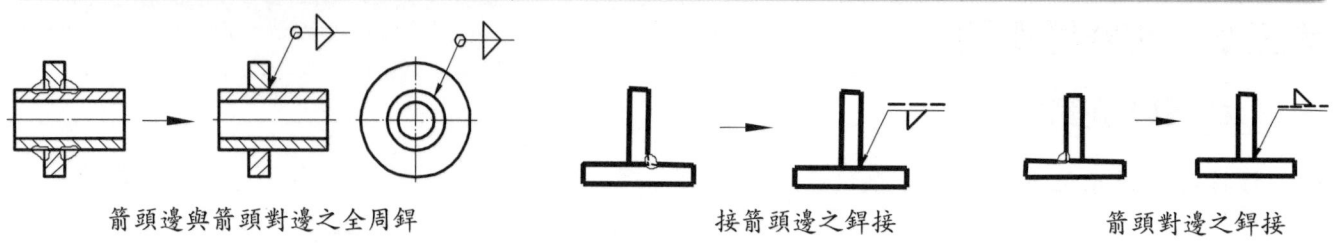

箭頭邊與箭頭對邊之全周銲　　　　接箭頭邊之銲接　　　　箭頭對邊之銲接

(2) 填角銲接可標註銲接道之腳長(z△)或有效喉深(a△)，但不可重覆。

5. 常用之銲接方法代號：

電弧銲(AW)、電子束銲(EBW)、氧乙炔銲(OAW)、氫氧銲(OHW)空氣乙炔銲(AAW)、浮凸銲(RPW)、雷射束銲(LBW)、充氣鎢極電弧銲(GTAW)、超音波銲(USW)、充氣碳極電弧銲(GCAW)、高週波電阻銲(HFRW)。

6. 常見之電阻銲接：

浮凸銲(RPW)、閃光銲(RW)、高週波電阻銲(HFRW)、端壓銲(UW)、電阻點銲(RSW)、電阻縫銲(RSEW)。

7. 尾叉：接在基線之另一端成90°開叉，對稱於基線。供註解或特殊說明使用，例如可將上述代號標示於尾叉內。如沒有說明或註解則可省略。

8. 常用之銲接符號範例：

詳　圖	符　號	詳　圖	符　號
	箭頭邊為U形起槽銲接深度為10mm槽角為60°，槽底圓弧半徑為R4；箭頭對邊為V形起槽銲接深度為3mm，槽角為30°；兩側銲接表面為凸面。		
	箭頭邊為填角銲接腳長為10mm，銲接長度為600mm，銲接表面為凸面。		
	箭頭邊V形起槽銲接深度為10mm，箭頭對邊V形起槽銲接深度為5mm，兩邊銲接表面皆為凸面；箭頭邊、箭頭對邊之槽角皆為60°，因此一邊可省略。		

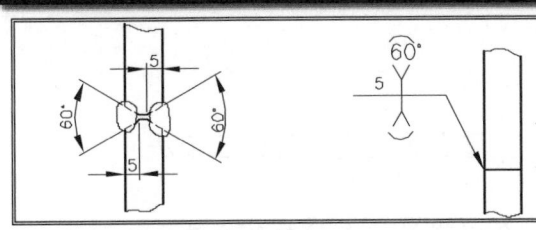

| | | 箭頭邊、箭頭對邊均爲 Y 形起槽銲接深度爲 5mm，兩邊銲接表面皆爲凸面；箭頭邊、箭頭對邊之槽角皆爲60°，因此一邊可省略。 |

9. 常用之鉚接符號範例：

(1) 鉚釘孔符號：依 CNS3-5 標準之規定，分爲工廠鑽鉚釘孔與現場鉚釘孔兩類，如表 1：

表 1 鉚釘孔符號

		直孔	單邊錐坑孔		兩邊錐坑孔
			近邊錐坑	遠邊錐坑	
視平垂於軸 圖面直孔線	工廠鑽鉚釘孔				
	現場鉚釘孔				
視平平於軸 圖面行孔線	工廠鑽鉚釘孔				
	現場鉚釘孔				

(2) 鉚釘符號：依 CNS3-5 標準之規定，分爲工廠鉚接與現場鉚接兩類，現場鉚接又分爲工廠鑽鉚釘孔與現場鉚釘孔兩類，如表 2：

表 2 鉚釘符號

			直孔	單邊錐坑孔		兩邊錐坑孔
				近邊錐坑	遠邊錐坑	
視平垂於軸 圖面直孔線	工廠鉚接					
	現場鉚接	工廠鑽鉚釘孔				
		現場鑽鉚釘孔				
視平平於軸 圖面行孔線	工廠鉚接					
	現場鉚接	工廠鑽鉚釘孔				
		現場鑽鉚釘孔				

2 板金膠合、鉤和、壓合

依 CNS3-18 B1001-18 此為適用於工程圖上板金膠合、鉤和、壓合接縫處之符號表示法。

用語解釋：

1. 膠合：是指兩片或兩片以上同材質或不同材質之板金以膠搭接在一起的方法。
2. 鉤和：是指兩片同材質或不同材質板金之邊緣以鉤接方式接合在一起的方法。
3. 壓合：是指兩片或兩片以上的板金由圓柱型或長方形壓具從兩面同時衝壓成型後接合在一起的方法。

其圖示及符號如下表所示，符號線條的粗細兩標註尺度數字相同，其中 H 為標註尺度數字字高。

名稱		示意圖	符號	畫法
膠合	平接		=	
	斜接		∥	
鉤和			⊇	
壓合			⟋⟍	

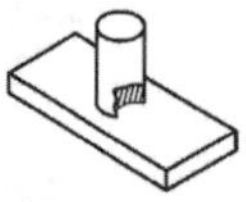

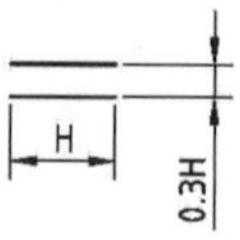

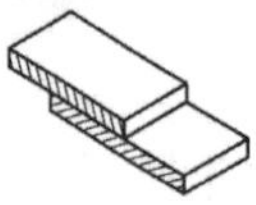

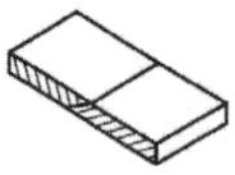

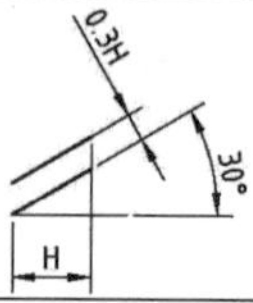

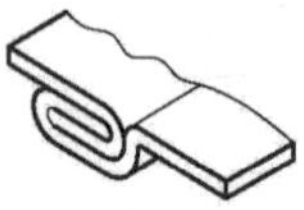

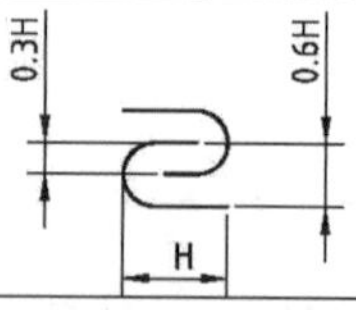

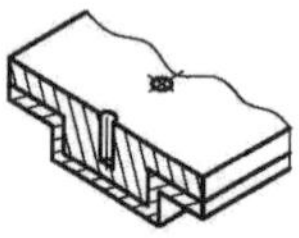

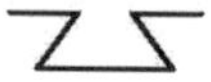

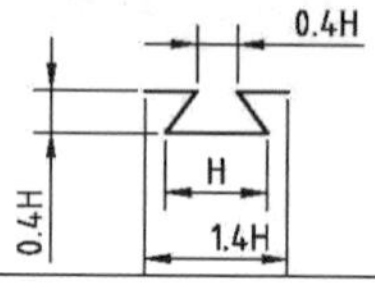

範例：

名稱	示意圖	符號標示
膠合	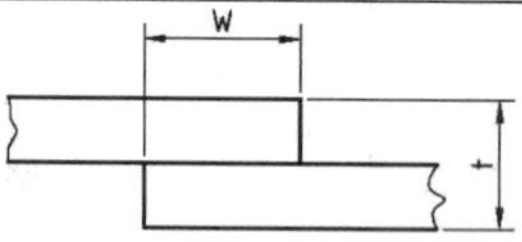 W	t×W =
鉤和	W	t×W ⊇
壓合	W	t×W ⟍
全周膠合	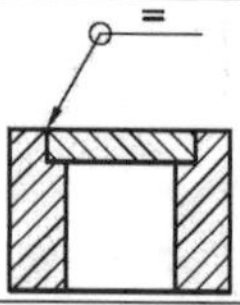	全周膠合時，在引線與基線的交點上加上依直徑約 3mm 的小圓。

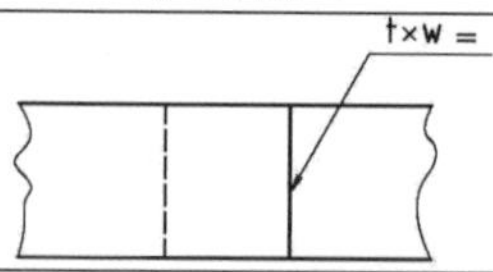

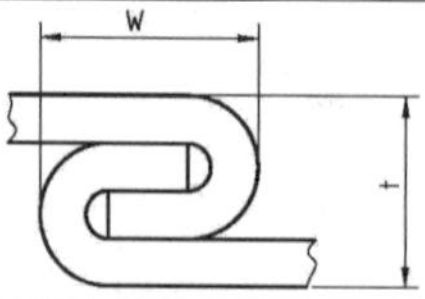

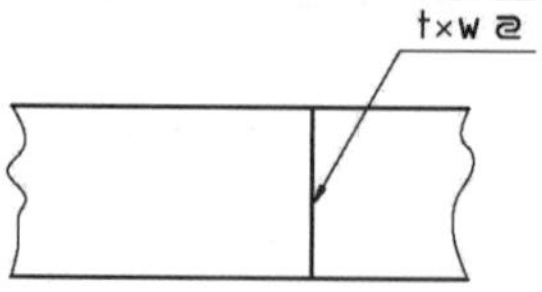

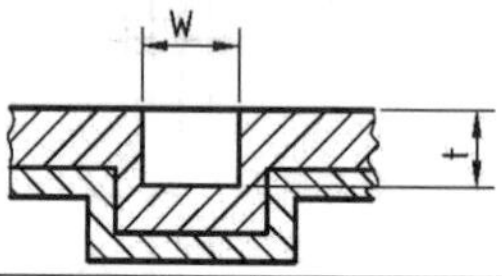

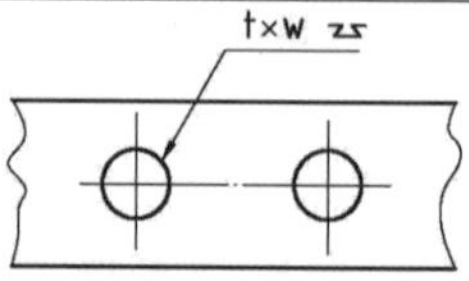

3　展開

1.　繪製展開圖時之重點：

(1)　展開圖需以 1:1 之比例繪製。

(2)　爲了工作中便於畫出折線，原則上物體展開時，應使其內面向上。如果是利用手工敲打成型者的，則都以外面向上。

(3)　通常都將物體的最短邊置於展開圖的最外面，以便接縫。

2.　線段實長的求法：常用之線段求法有觀察法、旋轉法、三角法、輔助投影法。

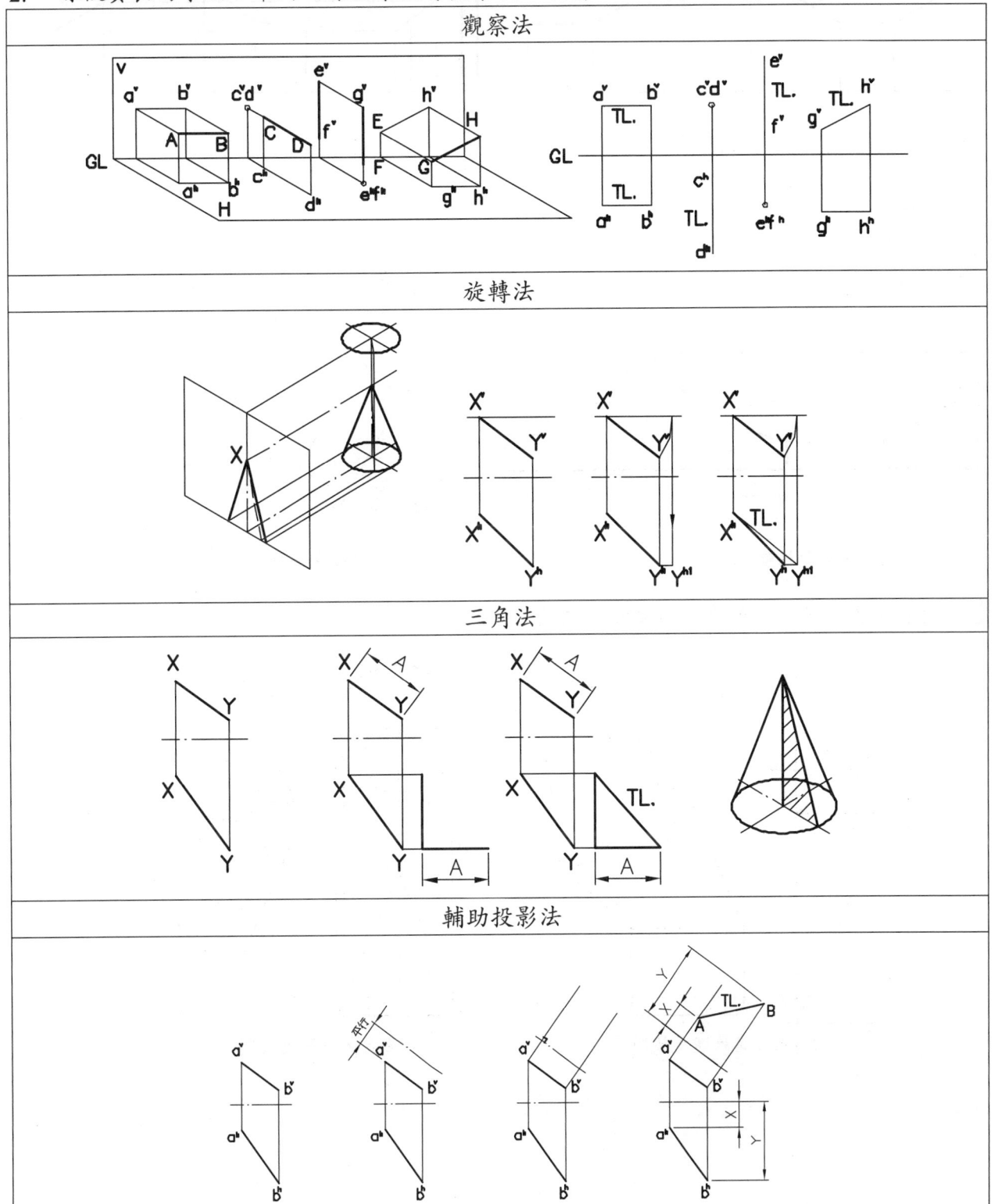

3. 展開圖的繪製方法展開圖的方法有下列三種：

(1) 平行線法：適用於角柱，圓柱體之展開。

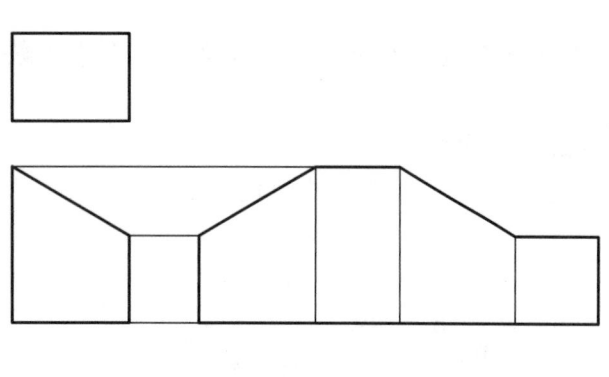
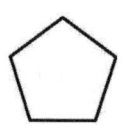
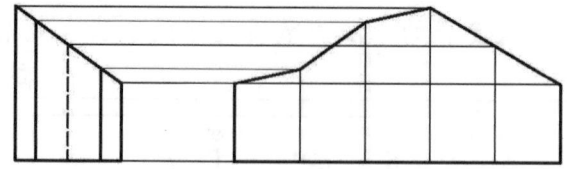

(a) 直立角柱體之展開　　　　　　　　(b) 直立角柱體之展開

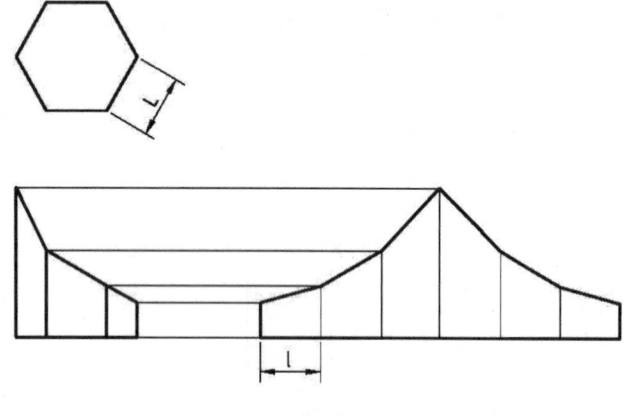
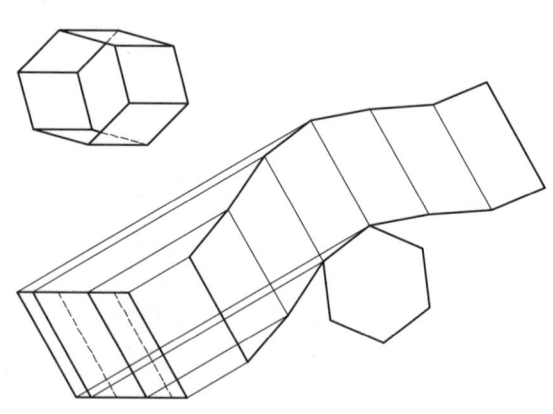

(c) 直立角柱體之展開　　　　　　　　(d) 單斜角柱體之展開

(2) 放射線法：適用於角錐，圓錐體之展開。

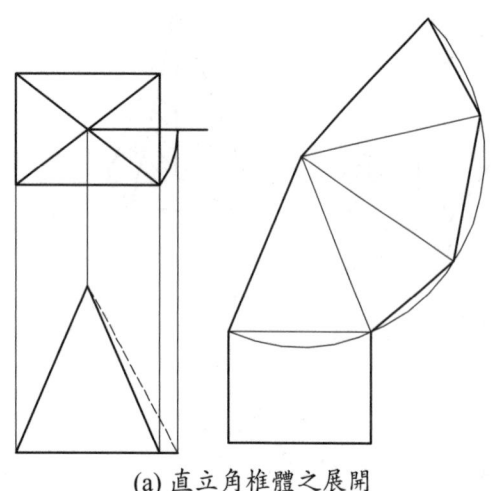
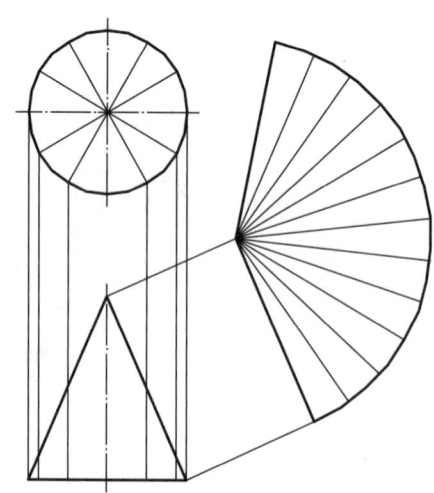

(a) 直立角椎體之展開　　　　　　　　(b) 直立圓錐體之展開

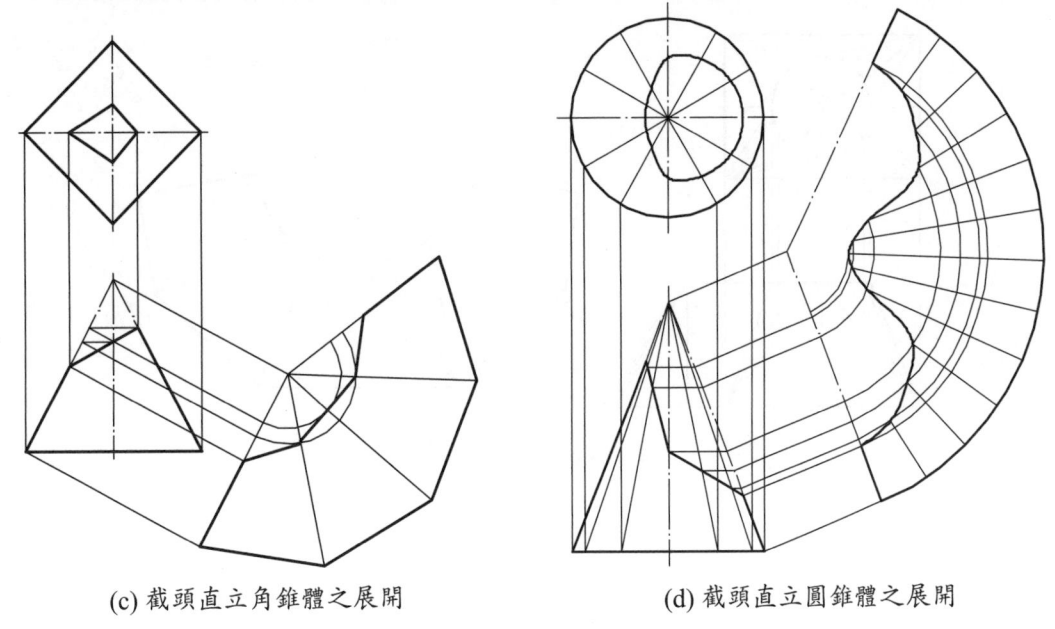

(c) 截頭直立角錐體之展開　　　　(d) 截頭直立圓錐體之展開

(3)　三角形法：適用於錐體及變口體(異型管之展開)

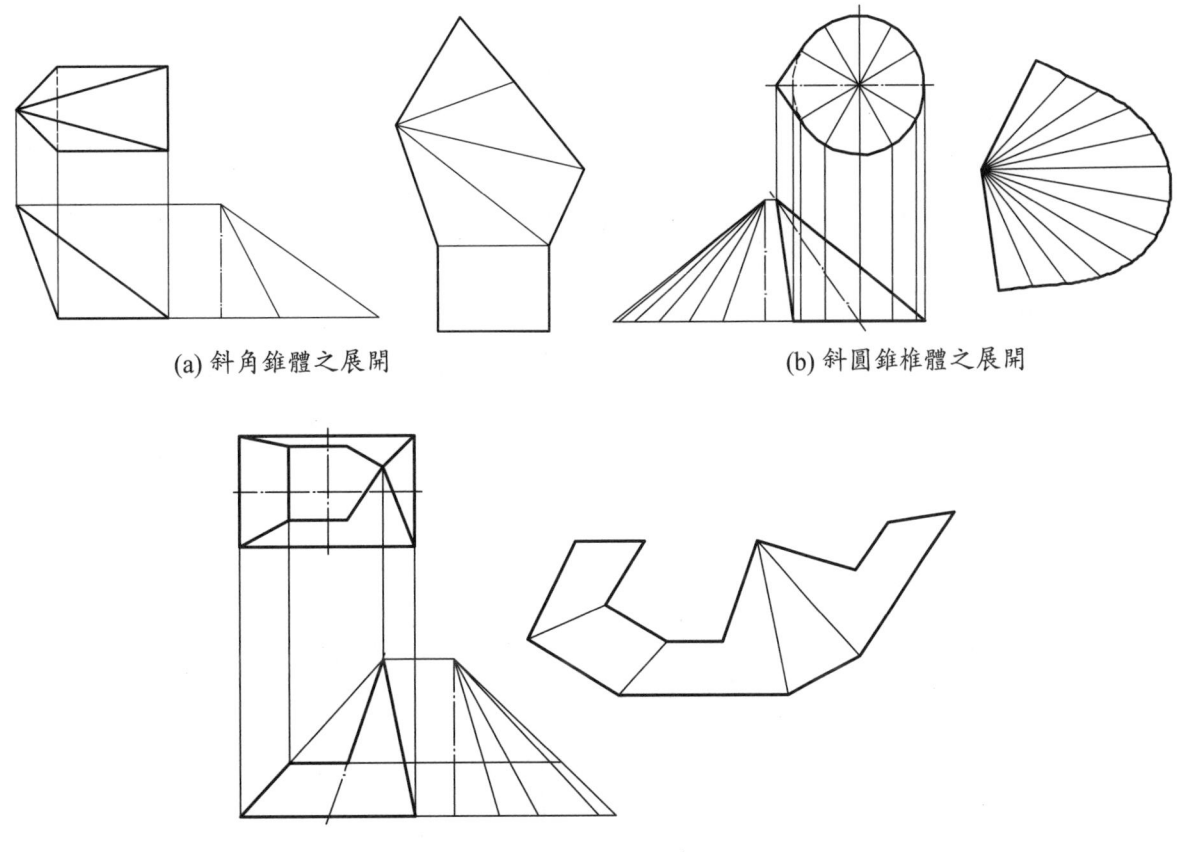

(a) 斜角錐體之展開　　　　　　　(b) 斜圓錐椎體之展開

(c) 截頭斜錐體之展開

(4)　變口體之展開法：

變口體是用來連接不同的形狀，不同大小管口的物體

①　劃分變口體表面為數個成三角形的面，並使其頂點分別在管口上。

②　分別求出各錐面素線之實長。

③　任取一點為頂點，以三角展開法依序畫出成三角形的各錐面，即得所求之展開圖。

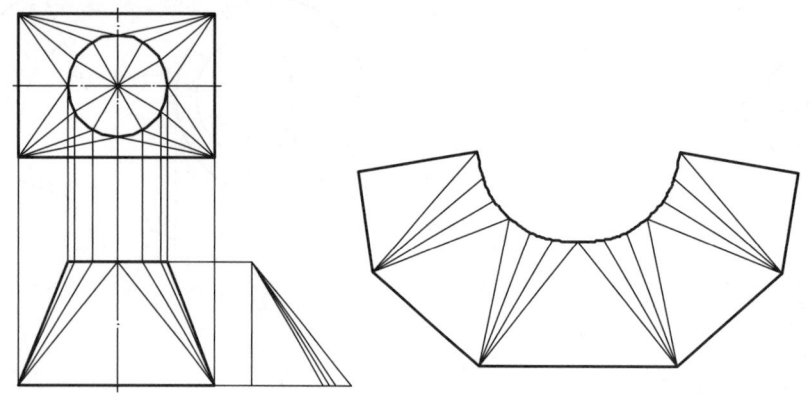

變口體之展開（近似）

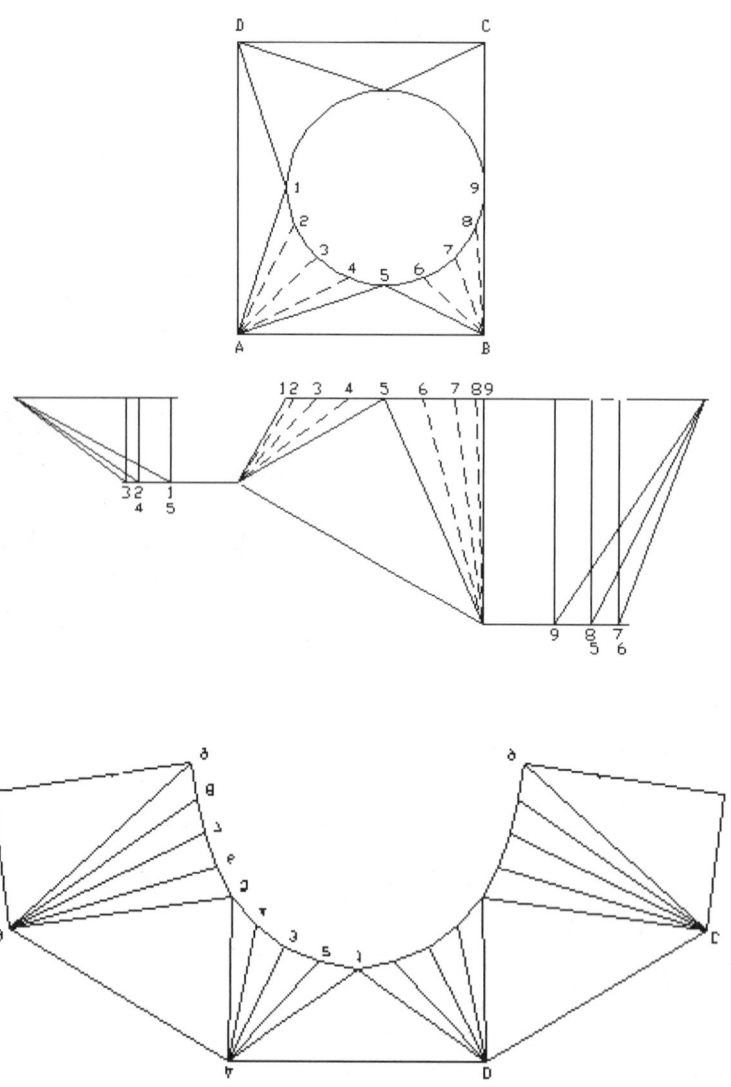

變口體之展開（近似）

4 交線

　　交線（共線）即爲面與面相交後，所形成的線條。體爲面之組成，所以體與體或面與體相交後皆會產生交線，例如平面與立體之交切，可視爲一切割面對立體作截割，或立體上之各稜線或素線對平面貫穿，則將所得之截面或貫穿點等之交點，連接起來即爲平面與立體之交線。

　　各面交切後，視其狀況所產生的交線有下列狀況，即爲交線爲直線或曲線。因爲線爲點的集合，所以要求交線應先求其貫穿點（交點），一般如交線爲直線，則應求兩個貫穿點，曲線則需求奇數個貫穿點（至少三點）。

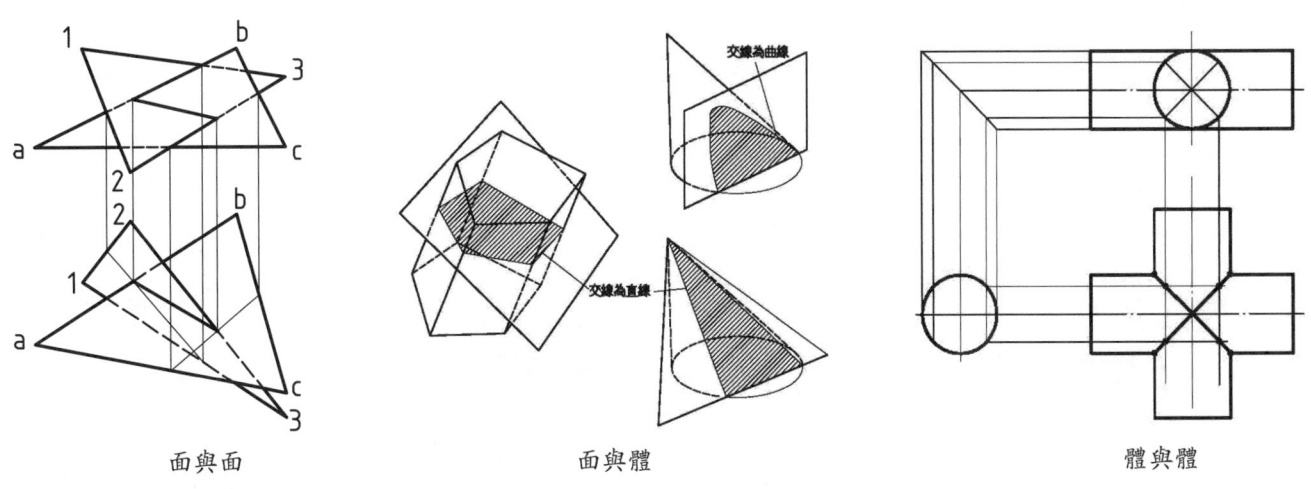

| 面與面 | 面與體 | 體與體 |

交線的求法 ：

　　1.邊視圖法：此法係利用一平面之邊視圖爲一直線，而直線與平面之相交之處亦必在此邊視圖有其對應點。所以任一直線若與平面之邊視圖相交之處，即爲其交點。

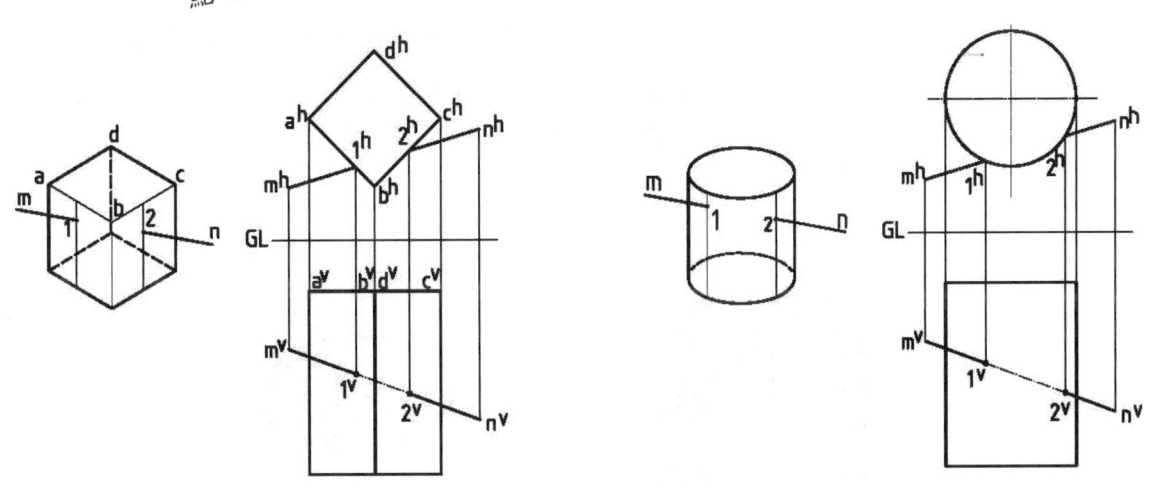

　　2.割面法：即爲設一切割平面包含欲貫穿之直線，並同時垂直於一投影面，則此割面與被切割之平面之交切線與直線相交之處，即爲其所求之交點。

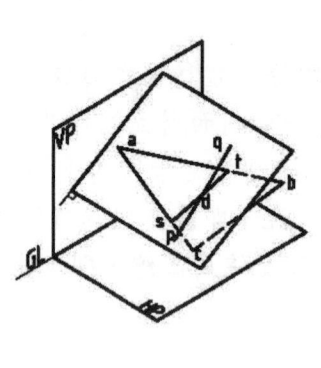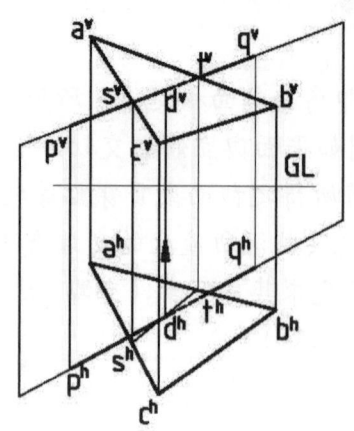

3.擴大平面法：爲割面法的延伸應用。

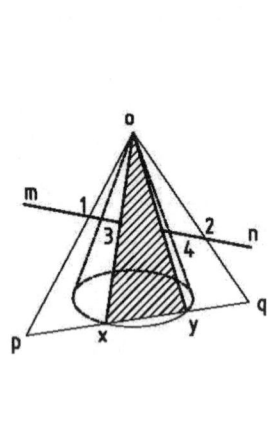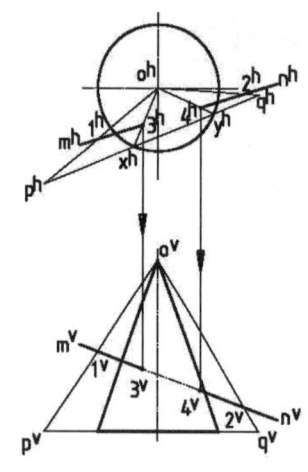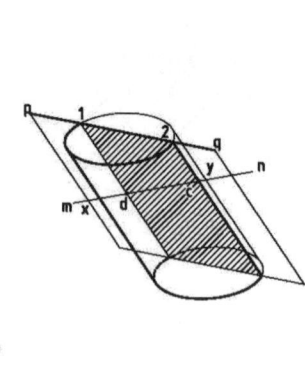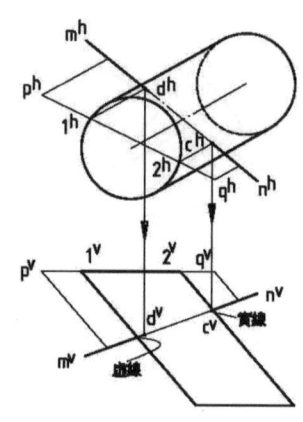

4.輔助球法：此法爲求正圓柱、圓錐之交線最迅速簡單的方法，一般輔助球面法求解必須符合下列三個條件：

(1)　必須爲旋轉面體，例如正圓柱或正圓錐，斷面不得爲橢圓形。

(2)　圓柱與圓錐必須爲直立或單斜相交。

(3)　兩相交貫體之軸線必須相交，且在同一平面上。

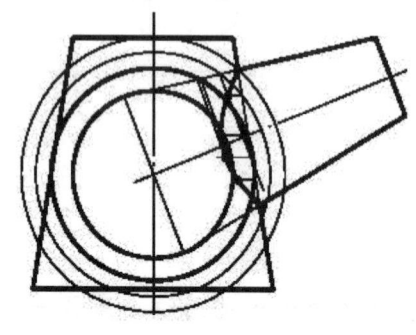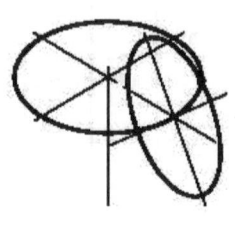

範例：

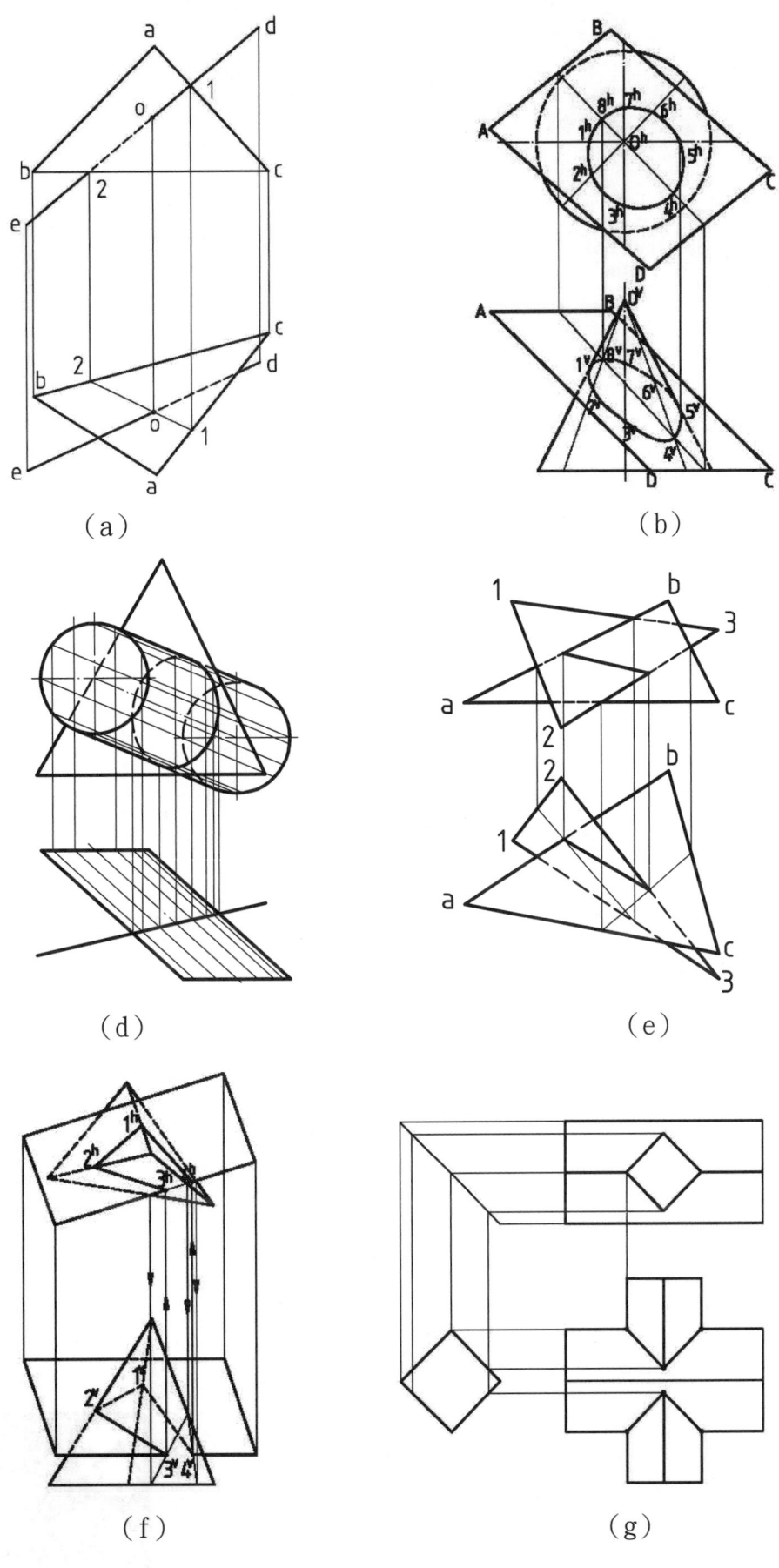

工作項目 01　基本工作

單選題

( )1. 液晶顯示通稱為①LCD②LDC③LDE④LED。 ①

( )2. 防止電腦感染病毒的最好方法，下列何者為非？①使用合法軟體②經常使用解毒 ④
軟體執行掃毒③開機時將偵查病毒常駐在 RAM 中執行偵毒④至不明網站瀏覽
及任意下載軟體。

( )3. 下列視頻介面卡(Video Interface Card)中，解析度最高為①VGA 卡②XGA 卡 ④
③SVGA 卡④UXGA 卡。

( )4. CAD 系統中所用的滑鼠屬於①輸入單元②輸出單元③記憶單元④控制單元。 ①

( )5. 儲存容量較大的儲存體為①3.5"軟碟片②5.25"磁碟片③光碟片④硬碟。 ④

( )6. 下列儲存設備中，存取速度較快的為①光碟機②硬式磁碟機③磁片機④磁帶機。 ②

( )7. 視窗作業系統之檔案資料夾的結構為①樹狀②星狀③網狀④環狀。 ①

( )8. 1MB 等於①$2^8$②$2^{10}$③$2^{20}$④$2^{30}$　Bytes。 ③

( )9. 評量噴墨繪圖機輸出品質之單位是①cpi②dpi③ppm④rpm。 ②

( )10. 分割硬碟容量所使用之程式為①DISKCUT②FDISK③FORMAT④SECTION。 ②

( )11. 硬碟格式化所使用之程式為①DEVICE②FDISK③FORMAT④SCANDISK。 ③

( )12. 電腦程式著作財產權之存續期限為①20 年②30 年③40 年④50 年。 ④

( )13. CAD 軟體是屬於①作業系統②編譯程式③應用軟體④直譯程式。 ③

( )14. 使用視窗應用軟體要選取多個非連續的檔案，在選取前應先按住①Alt 鍵 ②
②Ctrl 鍵③Esc 鍵④Shift 鍵。

( )15. 使用視窗應用軟體要選取多個連續的檔案，在選取前應先按住①Alt 鍵②Ctrl 鍵 ④
③Esc 鍵④Shift 鍵。

( )16. 電腦螢幕所顯示的字型，其矩陣的組成為①點②線③面④體。 ①

( )17. 評量點矩陣印表機速度的單位是①BPI②DPI③BPS④CPS。 ④

( )18. 電腦螢幕解析度的單位是①bit②Byte③dpi④Pixel。 ④

( )19. 彩色顯示卡若為 True Color，是表示可展現之顏色約為①$2^4$②$2^8$③$2^{16}$④$2^{24}$。 ④

( )20. 電腦螢幕輸出品質，其決定的標準為①顏色②頻寬③速度④解析度。 ④

( )21. 1GB 等於①$2^8$②$2^{10}$③$2^{20}$④$2^{30}$　KB。 ③

( )22. 電腦系統內部代表資料的最基本單位是①bit②Byte③KB④MB。 ①

( )23. 計量電腦速度的時間單位中，「微秒(Micro Seconds)」是指①千分之一秒 ④
②萬分之一秒③十萬分之一秒④百萬分之一秒。

( )24. 在 PC 中，磁碟機存取資料時之存取單位為①bit②Byte③Track④Sector。 ④

( )25. 在 PC 中，CPU 之 GHz 的數值愈大，表示其 CPU①品質愈高②品質愈低 ③
③速度愈快④速度愈慢。

(　)26. 與電腦連接之繪圖機，其出圖速度較快的為①筆式②點陣式③噴墨式④雷射式。　④

(　)27. 下列電腦裝置屬於輸出的為①鍵盤②滑鼠③繪圖機④數位板。　③

(　)28. 電腦 CPU 在處理磁碟機檔案時，其讀取資料之程序是①CPU→RAM→DISK ②RAM→DISK→CPU③DISK→CPU→RAM④DISK→RAM→CPU。　①

(　)29. 隨機存取記憶體通稱為①RAM②ROM③MEM④MOM。　①

(　)30. 滑鼠(Mouse)與電腦主機連接可透過介面為①VGA②USB③SCSI④Centronic。　②

(　)31. 電腦電源關閉後，若需再開啓電源，最好是大約等待 7～10 秒鐘再開機，原因是①去除靜電②預防過熱③使電路回穩定狀態④讓開關休息。　③

(　)32. 個人電腦電源供應器，其直流接頭之接地線的顏色一般為①白色②黑色③紅色④黃色。　②

(　)33. 顯示器耗電量最少的為①CRT②LCD③LED④PLC。　③

(　)34. 彩色顯示顏色的基本組成為①1 色②2 色③3 色④4 色。　③

(　)35. RS-232C 傳輸資料是採用①串列式②並列式③串並列式④並串列式。　①

(　)36. 鮑率(BaudRate)9600bps 的 RS232 介面，連續傳送資料 10 秒，共可傳送資料為多少位元組？①1200②12000③9600④96000。　②

(　)37. 電腦中處理資料最快速的元件是指①RAM②Monitor③HD④CPU。　④

(　)38. 當硬碟磁頭找到指定資料時，開始讀取資料的速度即「資料傳輸速率」，一般使用單位為①bps②Gbps③Kbps④Mbps。　④

(　)39. 評量雷射印表機列印速度的數值為①BPS②DPI③PPM④RPM。　③

(　)40. 唯讀記憶體通稱為①MO②MEM③RAM④ROM。　④

(　)41. 1GB 等於①$2^8$②$2^{10}$③$2^{20}$④$2^{30}$　MB。　②

(　)42. 視窗應用軟體標題列右上角 ■□⊠ 中「□」按鈕表示①最大化②最小化③還原④關閉。　②

(　)43. 視窗應用軟體標題列右上角 ■□⊠ 中「回」按鈕表示①最大化②最小化③還原④關閉。　①

單 選題。

3. 視頻介面卡由早期至今為 CGA→EGA→VGA→SVGA，愈後期者解析度愈高。

4. 鍵盤、滑鼠、數位板皆為輸入單元，印表機、繪圖機、螢幕皆為輸出單元。

8. $1GB = 2^{10}MB = 2^{20}KB = 2^{30}$ bytes，$1TB = 2^{10}GB$。

9. **DPI** 是 Dots Per Inch(每英寸所列印的點數)的縮寫，是印表機、滑鼠等設備解析度的單位。這是衡量印表機列印精度的主要參數之一，一般來說，該值越大，表明印表機的列印精度越高。

18. PIXEL 像素(指螢幕的解析度)，BYTE 位元組，DPI(點/吋，指印表機的解析度)，BIT 位元。

22. Bit 位元是資料最基本單位，但一般計算資料容量採用位元組 Byte 為單位，1Byte=8Bits。

29. 隨機存取記憶體通稱為 RAM，唯讀存取記憶體通稱為 ROM。

34. 紅、綠、藍。

36. 位元組(byte)=8 位元(bit)，bps：每秒傳送的位元數 $\dfrac{9600}{8} \times 10 = 12000$。

40. 詳見 29 題。

43. 視窗應用軟體標題列右上角「」中，■按鈕表示最小化、□按鈕表示最大化、区按鈕表示關閉。「」中回按鈕表示還原。

複選題

( )44. 產品及零件命名時應注意的規則為①好唸易記，簡短有力②縮略字應使用 5 個字以上③注意諧音是否會引起不當聯想④配合全球各地市場的不同語言命名與注意是否已被註冊。　①③④

( )45. 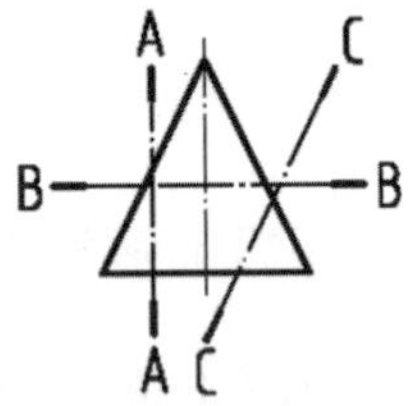 如左圖所示，以割面線切割直立圓錐，可得之曲線為下列何者？①割面 A 為雙曲線，割面 B 為正圓②割面 C 為拋物線，割面 A 為雙曲線③割面 B 為正圓，割面 C 為雙曲線④割面 A 為拋物線，割面 B 為正圓。　①②

( )46. 基本輸入輸出系統 BIOS(BasicInput/OutputSystem)的功能有①檢查電腦系統硬體設備②記憶體的管理③檔案系統的管理④呼叫作業系統開啟電腦。　①④

( )47. 下列有關橢圓形的敘述，何者正確？①一動點與兩定點距離之和恆為常數時，動點所形成的軌跡②橢圓上任一點至兩定點之距離和，恆等於 2 倍短軸③四心法是最常用的橢圓近似畫法④等角圖的橢圓以 30 度橢圓繪製。　①③

( )48. 下列何者以假想線繪製？①虛擬視圖②相同型態視圖③機構模擬零件移動位置④加工件於加工前之胚件形狀。　①③④

( )49. 下列有關三原色光 RGB 混搭顯現顏色的敘述，何者正確？①紅色加藍色呈現紫色②紅色加綠色呈現青色③綠色加藍色呈現黃色④紅、綠、藍三色相加呈現白色。　①④

( )50. A1 圖紙其圖框大小，下列敘述何者正確？①811×564mm②801×564mm③821×574mm④806×574mm。　①②

( )51. A2 圖紙其圖框大小，下列敘述何者正確？①554×390mm②564×390mm③574×400mm④559×400mm。　①②

( )52. A3 圖紙其圖框大小，下列敘述何者正確？①400×277mm②385×277mm③390×267mm④380×267mm。　①②

( )53. 下列屬於一點鏈線的為①節線②中心線③假想線④表面處理範圍。　①②④

( )54. 有關電腦輔助製圖之輸出裝置，下列敘述何者正確？①顯示器②繪圖機③無線滑鼠④燒錄器。　①②④

( )55. 下列對於電腦相關資訊的敘述，何者正確？①光碟是屬於輔助記憶體的一種②500GB 硬式磁碟機表示其可儲存的容量有 500×1024×1024 個位元組③電腦處理資料其最小記憶單位為 bit④1200dpi 是表示噴墨式繪圖機印圖品質。　①③④

( )56. 一點細鏈線在工程圖中之使用，下列何者正確？①中心線②假想線③節線④基準線。　①③④

( )57. 細實線在工程圖中之使用，下列何者正確？①尺度線②投影線③因圓角消失之稜線④節線。　①②③

( )58. 下列何者為彩色繪圖機墨水匣使用的顏色？①紅色、橙色②藍色、綠色③黃色、紫紅色④青藍色、黑色。　③④

(　)59. 有關工程字的敘述，下列何者正確？①中文工程字採用等線體②英文單字間以能放下大寫字母 O 為原則③斜體英文字的傾斜角度為 75 度④長體中文字的字高為字寬的 3/4 倍。　①②③

(　)60. CNS 標準規範中，有關圖框型式設定的種類有①圖面分區法②圖紙中心記號③圖紙邊緣記號④圖面顏色分區記號。　①②③

(　)61. 有關線條與字法的敘述，下列何者正確？①線條與字法是製圖的要素②輪廓線的繪製順序優於中心線③英文字行與行的間隔約為字高的 3/2 倍④拉丁字母的筆劃粗細約為字高的 1/10。　①②④

(　)62. CNS 標準中，有關「圖面分區法」的圖框型式，下列敘述何者正確？①使圖面內容易於搜尋，方便溝通②圖框之外圍作偶數等分刻劃③縱向由上而下以大楷拉丁字母順序記入④分區之區域代號寫法以縱向橫向為順序，例如 A2。　①②③④

(　)63. 有關正多面體之敘述，下列何者正確？①由 24 個正三角形可以組成正二十四面體②由 12 個正五邊形可以組成正十二面體③由 8 個正三角形可以組成正八面體④由 6 個正四邊形可以組成正六面體。　②③④

(　)64. 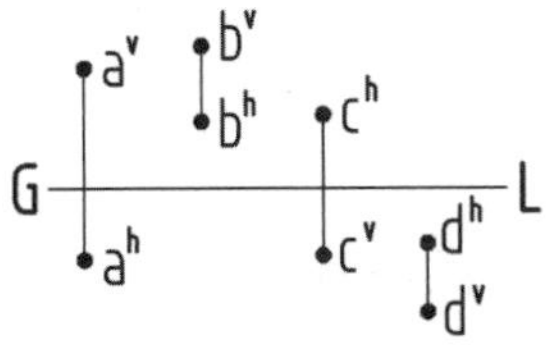 如左圖所示，下列之敘述何者正確？①點 a 在第 1 象限②點 b 在第 4 象限③點 c 在第 3 象限④點 d 在第 2 象限。　①③

(　)65. 關於線的投影，下列選項何者正確？　①②③
① 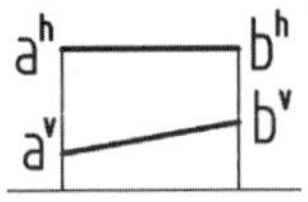 線段 ab 在第 2 象限　② 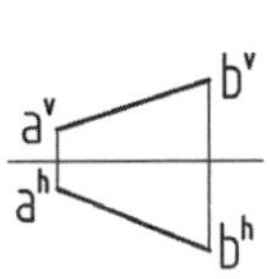 線段 ab 在第 1 象限
③ 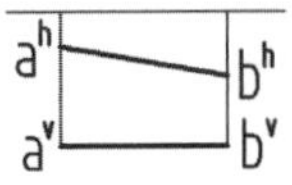 線段 ab 在第 4 象限　④ 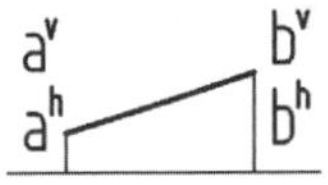 線段 ab 在第 3 象限。

(　)66. 下列圖示何者為拋物線的繪製方法？　①②③

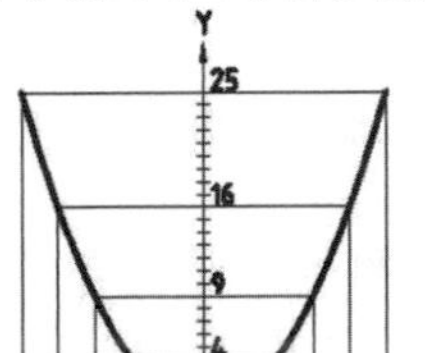

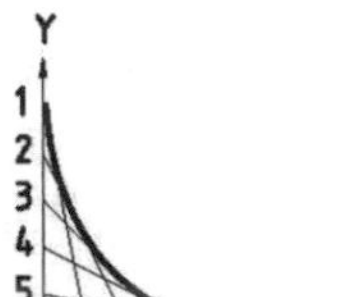

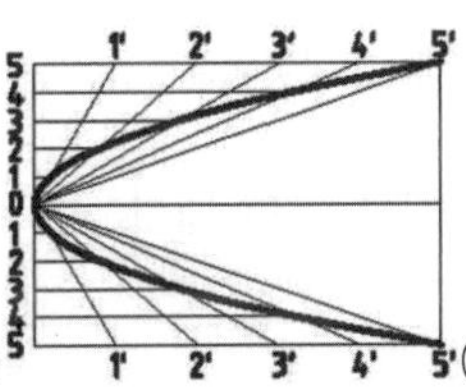

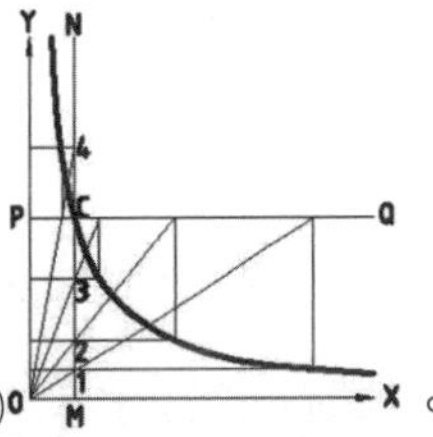

(　)67. 有關輸出設備的敘述，下列何者正確？①印表機的機型一般可分為雷射式、噴墨式與撞針式②VCD-W 的存取容量高於 DVD-W③螢幕的規格是依尺寸大小、解析度與點距來區分④複合式影印機結合列印、影印、掃描與傳真的功能於一身。　①③④

複選題。

45. 割面 A 為雙曲線、割面 B 為正圓、割面 C 為拋物線。詳見本書第三單元，基本圖學概論，3.應用幾何。

47. 橢圓上任一點至兩定點之距離和，恆等於長軸；圓形在等角圖內是與 60°菱形相切，若以橢圓板來繪製，所使用之橢圓板方位角為 30 度 15 分繪製。

49. 紅色加藍色＝紫色，紅色+綠色＝黃色，綠色+藍色＝青色，紅色+綠色+藍色＝白色。

50. A1 圖紙大小為 841×594mm ，圖框大小無裝訂邊為 811×564mm ，有裝訂邊為 801×564mm。詳見本書第三單元，基本圖學概論，3.應用幾何。

51. A2 圖紙大小為 594×420mm ，圖框大小無裝訂邊為 554×390mm ，有裝訂邊為 564×390mm。

52. A3 圖紙大小為 420×297mm ，圖框大小無裝訂邊為 400×277mm ，有裝訂邊為 385×277mm。

53. 節線、中心線為一點細鏈線，假想線為二點鏈線，表面處理範圍為一點粗鏈線。

54. 無線滑鼠為輸入裝置。

55. 500GB 硬式磁碟機表示其可 儲存的容量有 500×1024×1024×1024 個位元組。

56. 假想線為二點鏈線。

57. 節線為一點鏈線。

59. 長體中文字的字高為字寬的 4/3 倍。

61. 英文字行與行的間隔約為字高的 2/3 倍。

63. 20 個正三角形可以組成正二十面體。詳見本書第三單元，基本圖學概論，3.應用幾何。

64. 點 b 在第 2 象限，點 d 在第 4 象限。詳見本書第三單元，基本圖學概論，4.投影幾何。

65. 第④選項之線段 ab 在第 2 象限。詳見本書第三單元，基本圖學概論，4.投影幾何。

66. 第④選項應為雙曲線的畫法。

工作項目 02　視圖

單 選題。

(④)1. 對採用右手定則之座標系而言，若 X 軸朝左、Y 軸朝上，則 Z 軸之方向應朝螢幕之①下②右③前④後　方。

(④)2. 若角度方向定義以右手定則之逆時針方向爲正，則在直角座標系統中之 X-Y 平面之 Z 軸爲軸心旋轉"–90°"後，則此時 1①新 X 軸在原 Y 軸位置的正向位置②新 X 軸在 Z 軸位置的正向位置③新 Z 軸在原 Y 軸位置的正向位置④新 Y 軸在原 X 軸位置的正向位置。

(③)3. 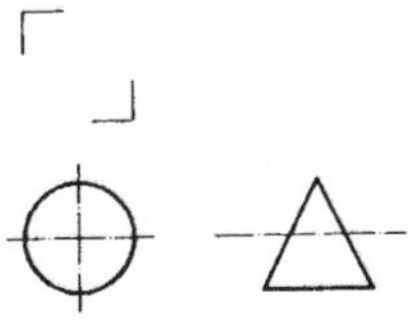 左圖正確之俯視圖爲①②③④。

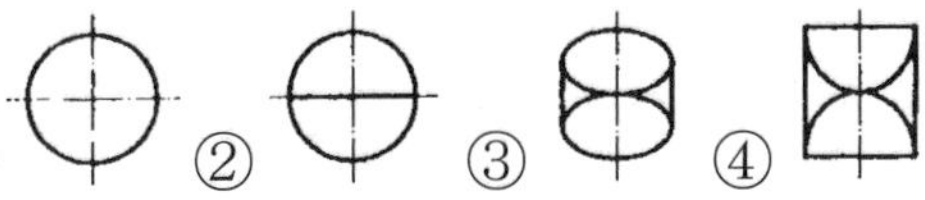

(④)4. 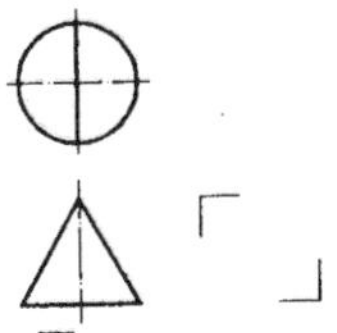 左圖正確之右側視圖爲①②③④。

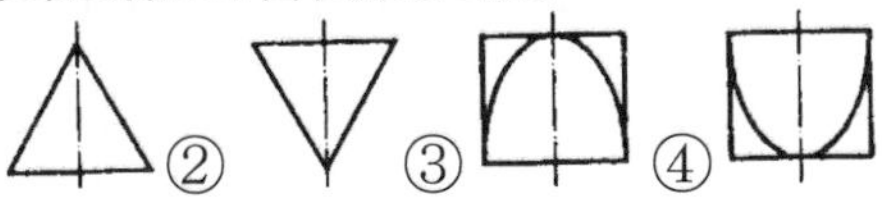

(①)5. 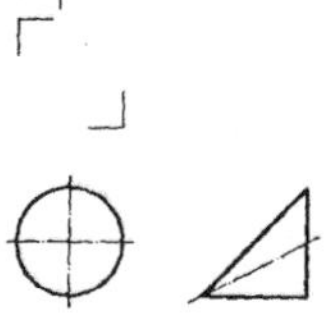 左圖正確之俯視圖爲①②③④。

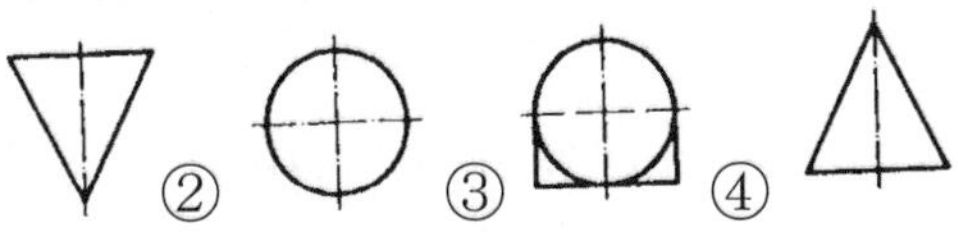

(②)6. 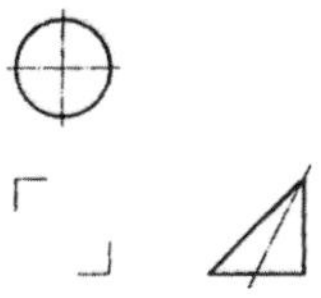 左圖正確之前視圖爲①②③④。

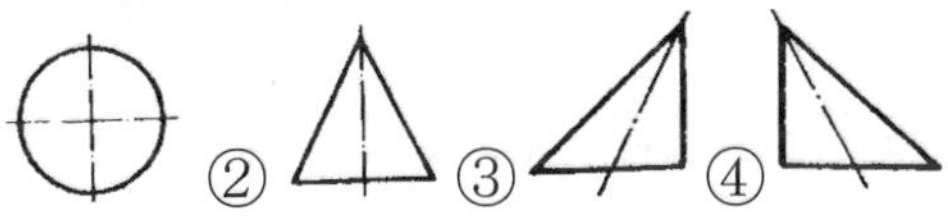

(③)7. 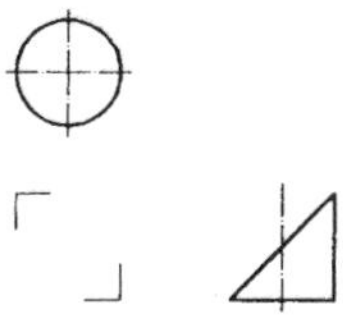 左圖正確之前視圖爲①②③④。

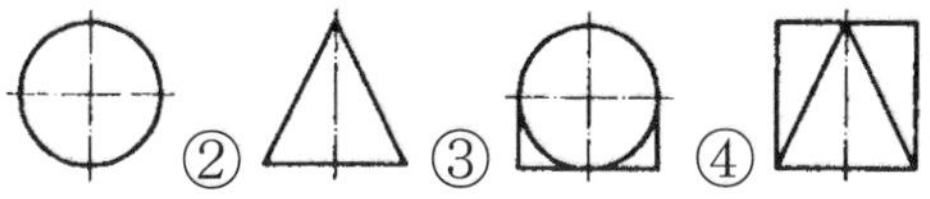

(①)8. 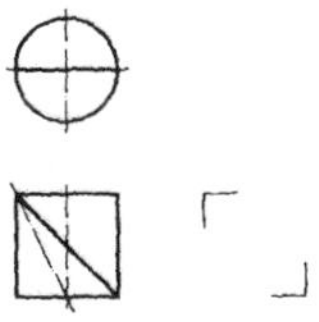 左圖正確之右側視圖爲①②③④。

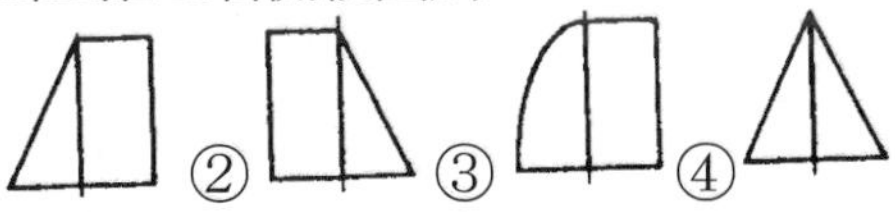

(③)9. 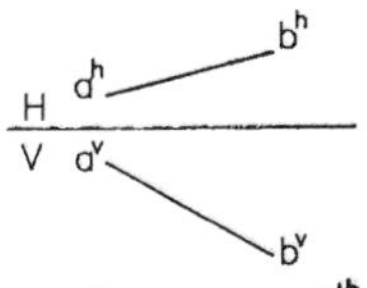 左圖中，線段 AB 所在象限爲① I ②II ③III④IV　象限。

(①)10. 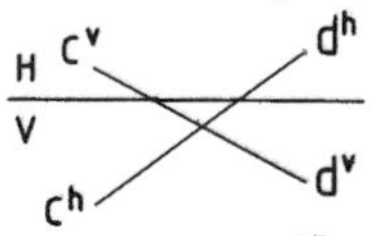 左圖中，線段 CD 穿越象限爲① I 、IV、III② I 、III、II ③ I 、II、IV④II 、III、IV。

(②)11. 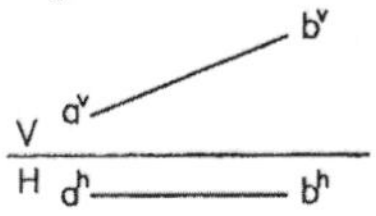 左圖中，線段 AB 應平行於①水平投影面②直立投影面③側投影面④基軸。

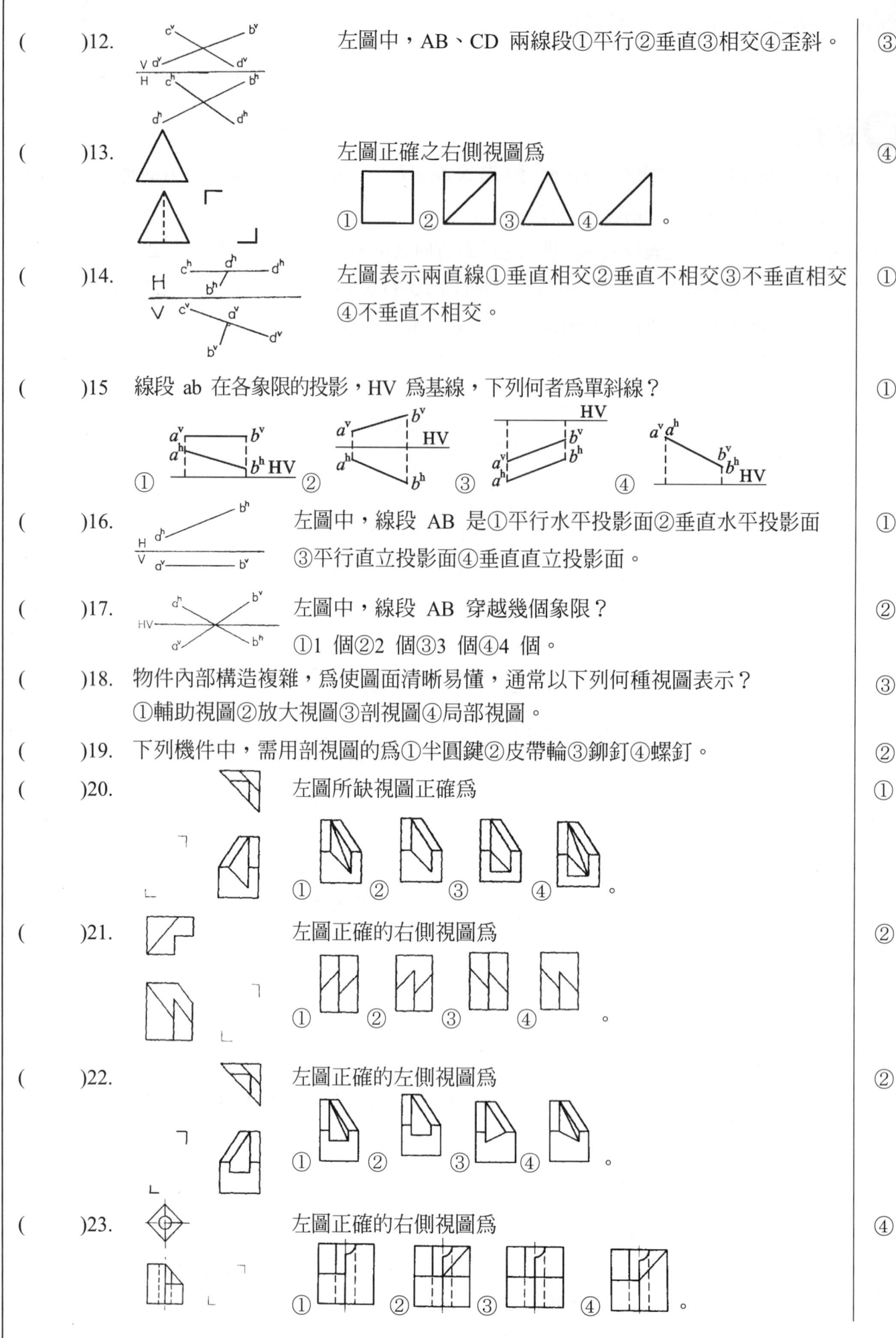

(③)12. 左圖中，AB、CD 兩線段①平行②垂直③相交④歪斜。

(④)13. 左圖正確之右側視圖為 ① ② ③ ④ 。

(①)14. 左圖表示兩直線①垂直相交②垂直不相交③不垂直相交④不垂直不相交。

(①)15 線段 ab 在各象限的投影，HV 為基線，下列何者為單斜線？ ① ② ③ ④

(①)16. 左圖中，線段 AB 是①平行水平投影面②垂直水平投影面③平行直立投影面④垂直直立投影面。

(②)17. 左圖中，線段 AB 穿越幾個象限？ ①1 個②2 個③3 個④4 個。

(③)18. 物件內部構造複雜，為使圖面清晰易懂，通常以下列何種視圖表示？ ①輔助視圖②放大視圖③剖視圖④局部視圖。

(②)19. 下列機件中，需用剖視圖的為①半圓鍵②皮帶輪③鉚釘④螺釘。

(①)20. 左圖所缺視圖正確為 ① ② ③ ④ 。

(②)21. 左圖正確的右側視圖為 ① ② ③ ④ 。

(②)22. 左圖正確的左側視圖為 ① ② ③ ④ 。

(④)23. 左圖正確的右側視圖為 ① ② ③ ④ 。

單 選題。

1. 右手定則，以右手為主，拇指的指向為 X 正向，食指的指向為 Y 正向，立起中指的指向為 Z 正向，如圖 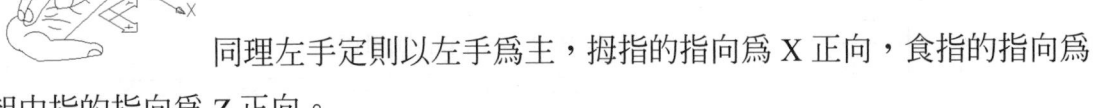 同理左手定則以左手為主，拇指的指向為 X 正向，食指的指向為 Y 正向，立起中指的指向為 Z 正向。

2. 以右手拇指向軸的正向，四指彎曲方向為正角度如圖  以三軸為軸心旋轉正向，如圖

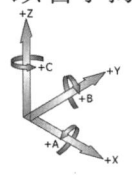   3.   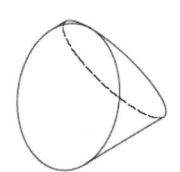 4.   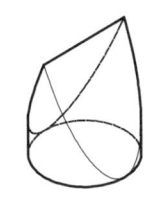 5.   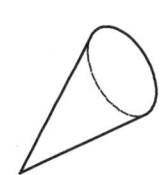 6.   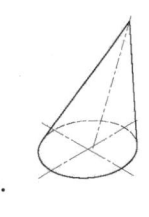 7.    8.   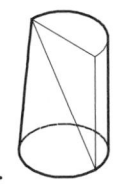

9. 因為 a、b 兩點皆在第Ⅲ象限，而且沒有水平跡、直立跡，所以線段 AB 在第Ⅲ象限。

10. 因為 c 點在第Ⅰ象限，d 點在第Ⅲ象限，而且直立跡及水平跡皆在基線(HV)下方，所以直線 CD 通過Ⅰ、Ⅳ、Ⅲ象限。

11. 若 AB 直線之水平投影平行 HV，所以直立投影為實長，因此該線平行直立投影面。

12. 若兩線段之投影交點連線垂直 HV 時，則兩線相交。若無則兩線不相交。

13.

14. 若空間中兩線之投影相互垂直，而且其中一線之投影為該線之正垂視圖，則即可判別兩直線相互垂直。

15. 第①選項，ab 直線在第二象限，平行水平投影面，傾斜直立平投影面。

16. 若 AB 直線之直立投影平行 HV，所以水平投影為實長，因此該線平行水平投影面。

17. 因為 a 點在第Ⅲ象限，b 點在第Ⅰ象限，而且水平跡與直立跡均交於基線(HV)，所以直線 ab 通過Ⅰ、Ⅲ象限。

20.    21. 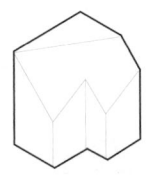   22.   23.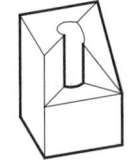

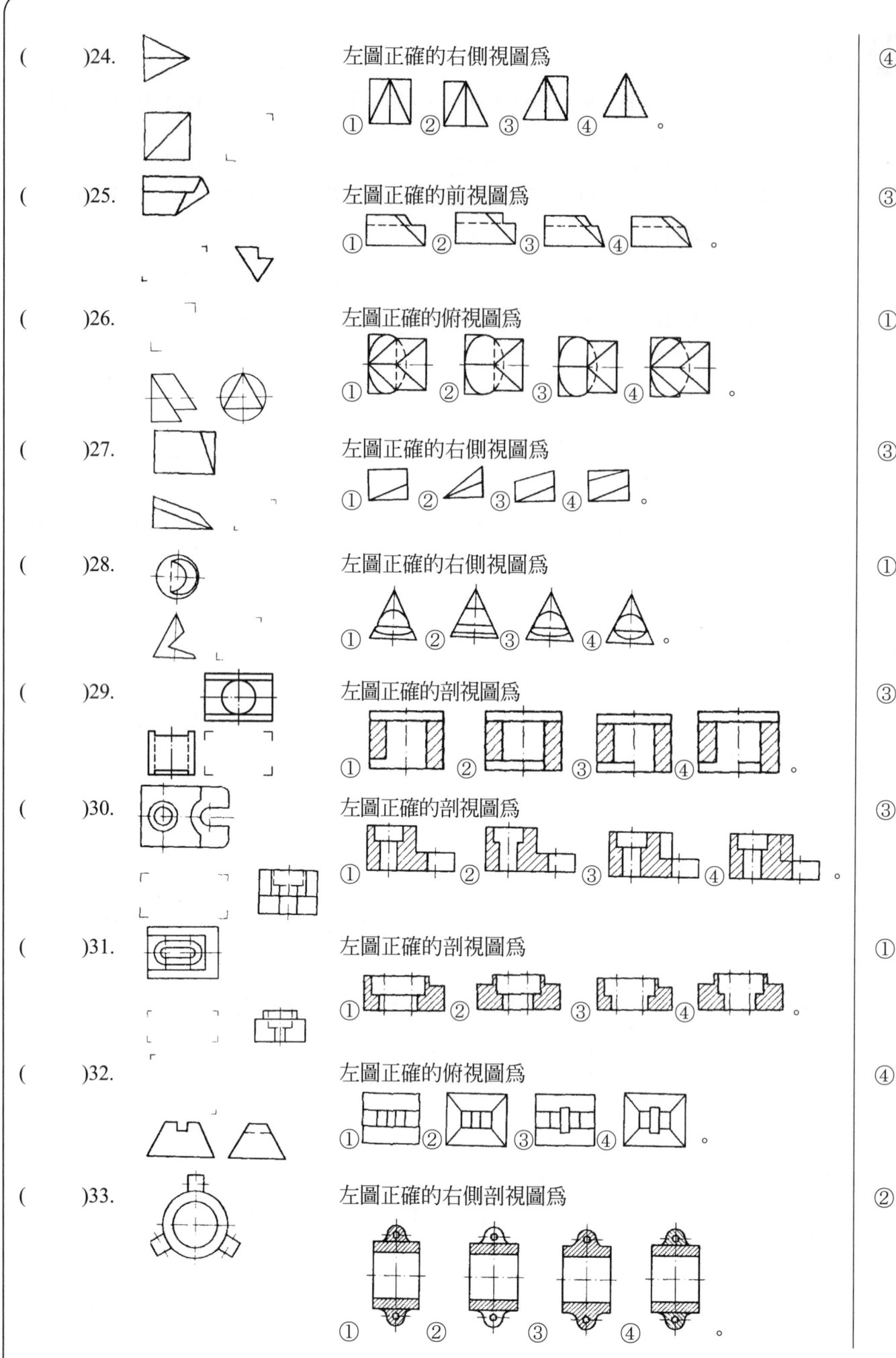

(　)24.　左圖正確的右側視圖為　　①②③④。　　④

(　)25.　左圖正確的前視圖為　　①②③④。　　③

(　)26.　左圖正確的俯視圖為　　①②③④。　　①

(　)27.　左圖正確的右側視圖為　　①②③④。　　③

(　)28.　左圖正確的右側視圖為　　①②③④。　　①

(　)29.　左圖正確的剖視圖為　　①②③④。　　③

(　)30.　左圖正確的剖視圖為　　①②③④。　　③

(　)31.　左圖正確的剖視圖為　　①②③④。　　①

(　)32.　左圖正確的俯視圖為　　①②③④。　　④

(　)33.　左圖正確的右側剖視圖為　　①②③④。　　②

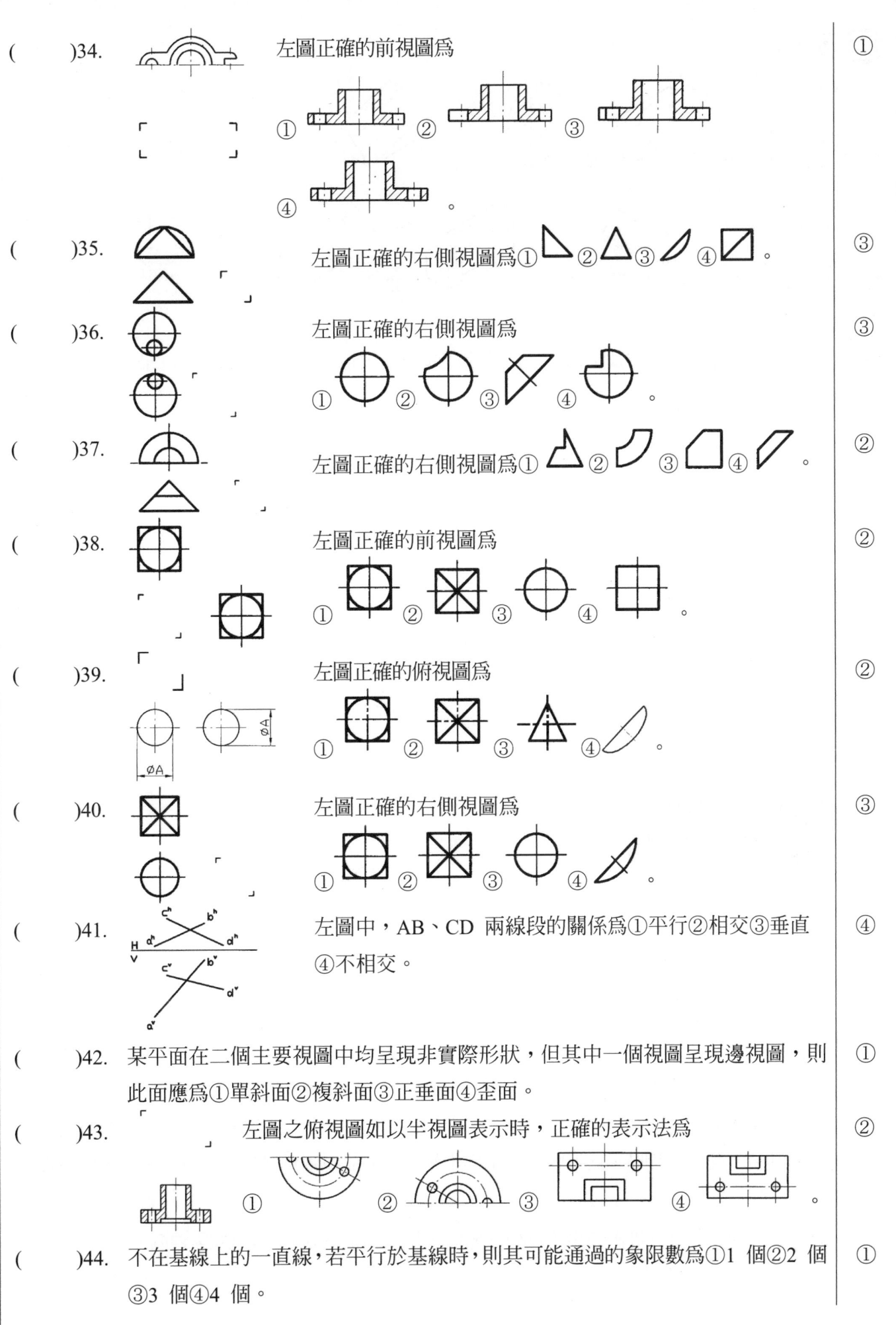

(　)34.　左圖正確的前視圖為　①②③④。　①

(　)35.　左圖正確的右側視圖為①②③④。　③

(　)36.　左圖正確的右側視圖為　①②③④。　③

(　)37.　左圖正確的右側視圖為①②③④。　②

(　)38.　左圖正確的前視圖為　①②③④。　②

(　)39.　左圖正確的俯視圖為　①②③④。　②

(　)40.　左圖正確的右側視圖為　①②③④。　③

(　)41.　左圖中，AB、CD 兩線段的關係為①平行②相交③垂直④不相交。　④

(　)42. 某平面在二個主要視圖中均呈現非實際形狀，但其中一個視圖呈現邊視圖，則此面應為①單斜面②複斜面③正垂面④歪面。　①

(　)43.　左圖之俯視圖如以半視圖表示時，正確的表示法為　①②③④。　②

(　)44. 不在基線上的一直線，若平行於基線時，則其可能通過的象限數為①1 個②2 個③3 個④4 個。　①

單選題。

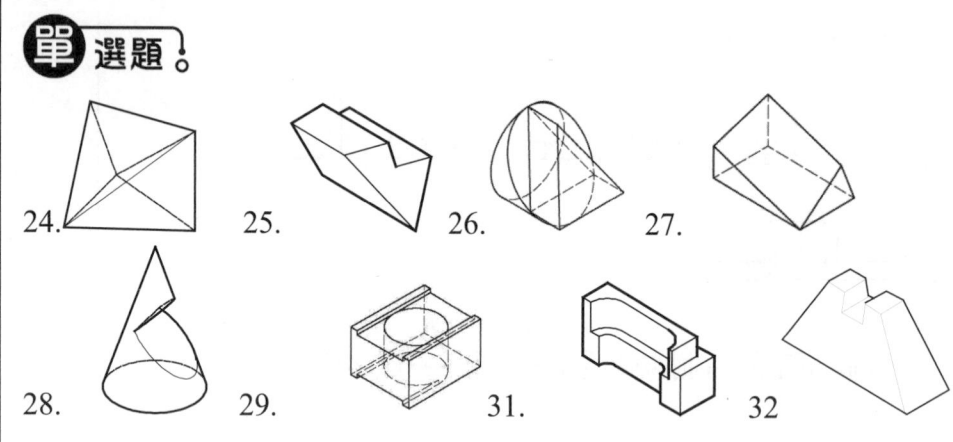

24.　25.　26.　27.

28.　29.　31.　32

33.　凡是肋、輪幅輻、矩形的耳部份通常不加以剖切，否則將易與實體之腹板、凸緣等混淆。

35.　答案應為：

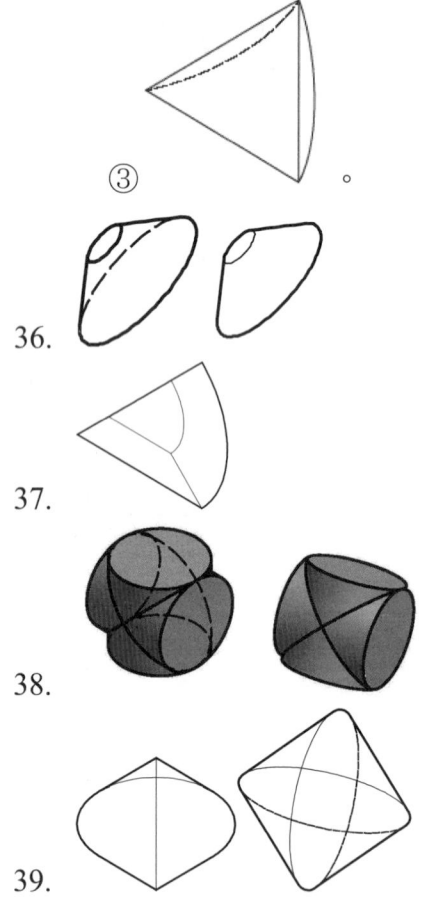

③

36.

37.

38.

39.

40.　與第 39 題同。

41.　若兩線段之投影交點連線垂直 HV 時，則兩線相交，若無則兩線不相交。所以本題兩線不相交。

43.　一個視圖成對稱時，只畫出中心線之一側，而省略其他一半視圖。物體不剖切時，繪靠近之一半為半視圖；物體剖切時，繪遠離之一半為半視圖。因前視圖為剖視圖，所以俯視圖應以後半部份顯示。

44.　一線之水平投影與直立投影如果平行於基線時，則其可能通過的象限數為 1 個。

(　)45. 肋被橫切而顯示其厚度時,其剖面線畫法為①省略②加粗③畫成交叉細實線④與剖面線成約 45°之細實線。　④

(　)46. 機件以半剖視圖表示時,其內部與外部的分界線是①粗實線②細實線③虛線④細鏈線。　④

(　)47. 複斜面之邊視圖必出現在①前視圖②俯視圖③輔助視圖④側視圖　中。　③

(　)48. 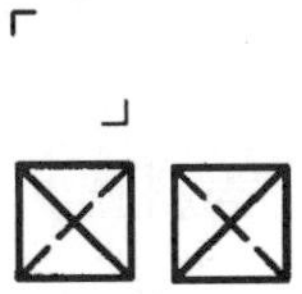 左圖正確的俯視圖為①▢②◪③▨④▧。　②

(　)49. 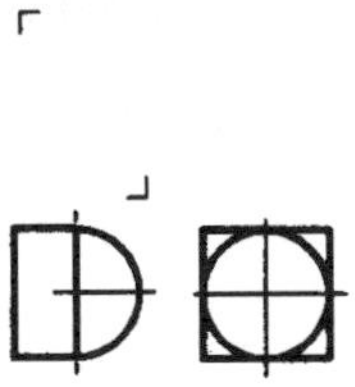 左圖正確的缺視圖為①▯②▽③⊕④⊕。　④

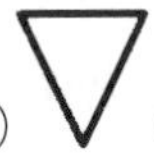

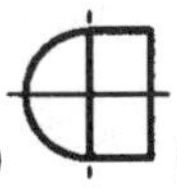

(　)50. 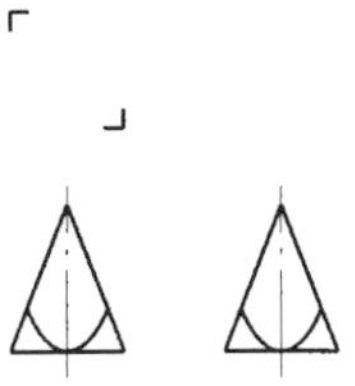 左圖正確的俯視圖為①⊕②⊖③⊕④⊗。　④

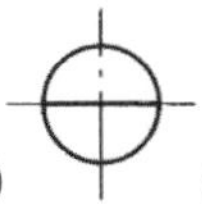

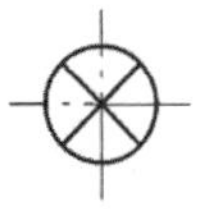

(　)51. 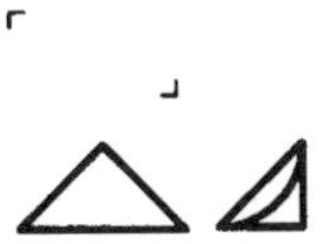 左圖正確的俯視圖為①◠②△③◠④▽。　①

(　)52. 一直線在視圖中若形成一點,則稱此點為該線之①斜視圖②端視圖③邊視圖④前視圖。　②

(　)53. 正確性較高的橢圓畫法為①同心圓法②四圓心法③八圓心法④平行四邊法。　①

(　)54. 影響擺線形狀的因素為①滾圓②基圓③滾圓與基圓④節圓。　③

(　)55. 正投影之條件為①投影線相互平行②投影線互相平行且垂直投影面③投影線聚成一點④投影線相互平行傾斜投影面。　②

(　)56. A1 圖紙尺度註解中之中文字高最小為①3.5mm②4mm③4.5mm④5mm。　④

(　)57. A4 圖紙,當不須裝訂時,其圖框應為①287×410②200×287③190×277④180×277 mm。　③

(　)58. 為使圖在複製時,易於裁切,可在圖紙之四個角落畫兩垂直相交之粗短線或①實心三角形②空心三角形③正方形④實心圓點。　①

(　)59. 等角圖的三主軸長度的比例應為①1:3/4:3/4②1:1:1/2③1:1:1④1:3/4:1/2。　③

(　)60. 物面以正投影顯示其實形時,必與此投影面①垂直②平行③相交④傾斜。　②

(　)61. 平面切割正圓錐,其與錐軸夾角小於圓錐角之半,所得之截面形狀為①圓②橢圓③拋物線④雙曲線。　④

( )62.  左圖的右側視圖為 ① ② ③ ④ 。　③

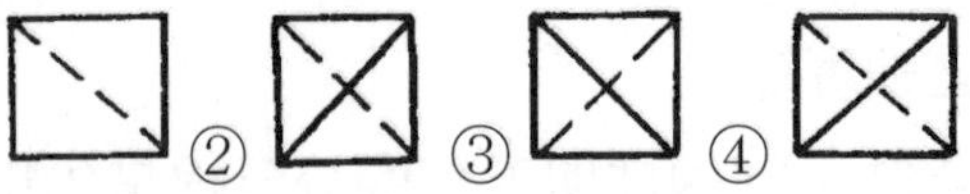

( )63. 較長物體，其形狀無變化的部分可用①局部視圖②中斷視圖③轉正視圖④輔助視圖　表示。　②

( )64. 圖紙中心記號線為①細實線②粗實線③細鏈線④粗鏈線。　②

( )65. 下列何種圖不屬於正投影？①等角圖②二等角圖③不等角圖④等斜圖。　④

( )66. 拉丁字母與阿拉伯數字，行與行的間隔約為字高的①2/3②3/5③3/4④4/5。　①

( )67. 標準圖框線應以何種線條繪製？①粗鏈線②粗實線③細鏈線④細實線。　②

( )68. A0 的圖紙面積為①$0.8m^2$②$1m^2$③$1.2m^2$④$1.5m^2$。　②

( )69. 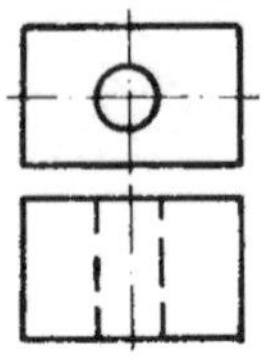 左圖前視圖之全剖面為 ① ② ③ ④ 。　①

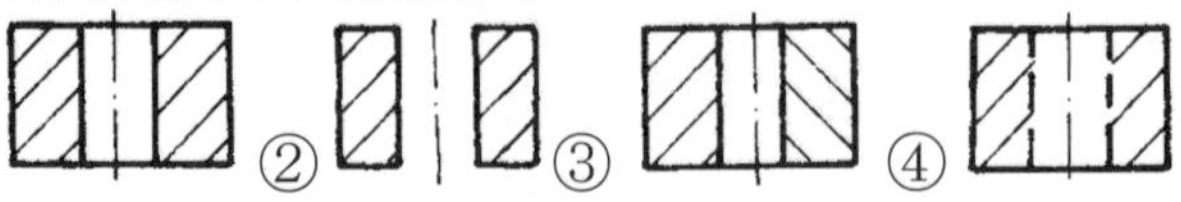

( )70. 平面切割正圓錐，其與錐軸之夾角等於圓錐角之半，所得之截面形狀為①圓②橢圓③拋物線④雙曲線。　③

( )71. 一圓沿一直線 AB 上滾動，其圓周上一點 P 所移動之軌跡，稱為①正擺線②漸開線③阿基米德螺線④外擺線。　①

( )72. 三角板之標稱尺度係指①$60°$之對邊長②$45°$之對邊長③$30°$之對邊長④無規定。　①

( )73.  左圖之展開圖為 ① ② ③ ④ 。　②

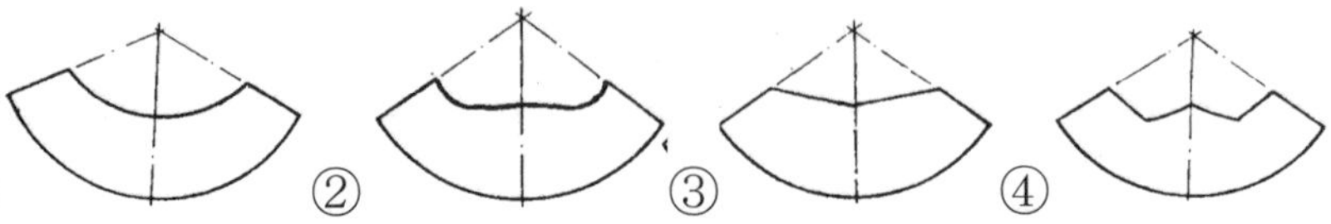

( )74. 圖紙大小系列中，其中 420×297mm 是①A2②A3③B3④B4　的圖紙大小。　②

( )75. 繪複斜面的實形，必先繪出該面的①端視圖②法線視圖③前視圖④邊視圖。　④

( )76. 平面切割一正圓錐時，所產生的平面曲線有①3 種②4 種③5 種④6 種。　②

( )77. 一平面與投影面平行所投影之視圖，稱為①透視圖②斜視圖③正垂視圖④端視圖。　③

( )78. 轉正視圖之目的為①節省空間②放大視圖③簡化繪製手續④縮短視圖。　③

( )79. 全剖視圖中，其割面線應如何表示？①省略不畫②不可省略③視情況而定④皆用中心線代替。　③

( )80. 圓面傾斜 $45°$時，其傾斜軸徑約縮為①0.91②0.82③0.77④0.71　倍。　④

( )81. 國際標準線條之粗細，其相鄰兩級間為①2 倍②$\sqrt{3}$ 倍③1.5 倍④$\sqrt{2}$　倍。　④

單選題.

45. 半視圖其內部與外部是以細鏈線(中心線)為分界線。

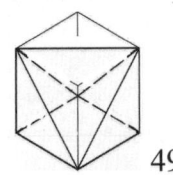 48. 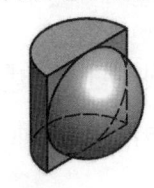 49. 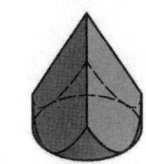 50.

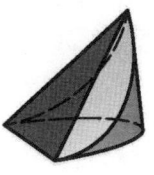 

51.

52. 一直線若垂直於某投影面，則在該面形成一點，稱為該線之端視圖。若一平面若垂直於某投影面，則在該面形成一線，稱為該平面之邊視圖。

55. 正投影為，平行投影中➜垂直投影。

57. A4 圖紙，不須裝訂時，其圖框各距圖紙邊緣 10mm，所以(210－20)×(297－20)＝190×277。

58. 為使圖在複製時圖紙大小之裁切容易， 可於圖紙之四個角落繪製圖紙邊緣記號，此記號可為實三角(邊長約 10 mm)，或為兩直交之粗短線(線粗約 2 mm， 線長約 10 mm)。

59. 等角投影圖為物體先原地旋轉 45°後，再向前傾斜 35°16' ； 形成之三軸線間隔 120°。而三主軸長度比為 1:1:1。

60. 一物面與某投影面平行，則可在該面得其正垂視圖(實形)。

61. 切割面與圓錐之中心軸平行時，或平面與錐軸的交角小於素線與錐軸的交角，可得雙曲線。

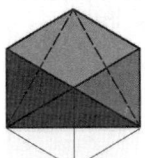

62.

64. 為使圖面在複製或微縮片製作時能定位準確，可於圖紙之四邊繪製圖紙中心記號。中心記號線為粗實線，向圖框內延伸約 5 mm 長。

65. 等斜圖為，平行投影中➜傾斜投影。

68. A0 的圖紙面積為 $1m^2$，B0 的圖紙面積為 $1.5m^2$。

70. 詳見本書第三單元，基本圖學概論，3.應用幾何－2.平面曲線－割錐線。

71. 詳見本書第三單元，基本圖學概論，3.應用幾何。

75. 用第一次輔助投影可求得複斜面的邊視圖，再由邊視圖作第二次輔助投影可求得複斜面的實形。

76. 一平面切割正圓錐產生的截面，會產生圓、橢圓、拋物線、双曲線等 4 種曲線。

78. 轉正視圖之目的為簡化繪製手續及節省繪製時間，將物體與投影面不平行的部位，旋轉至與投影面平行，然後繪出此部位之視圖。

( )82. 下列線條何者不用細鏈線表示？①旋轉剖面輪廓線②中心線③節線④假想線。 ①

( )83. 圖紙裝訂或摺疊時，其大小通常摺成①148×210②185×297③210×297④190×277 mm。 ③

( )84. 一平面最多可通過①一個象限②二個象限③三個象限④四個象限。 ④

( )85. 平面沿錐軸切割正圓錐所得之截面形狀爲①圓②三角形③橢圓④拋物線。 ②

( )86. 左圖的輔助視圖爲 ①

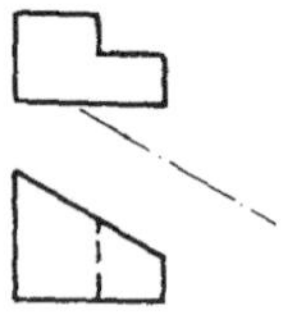

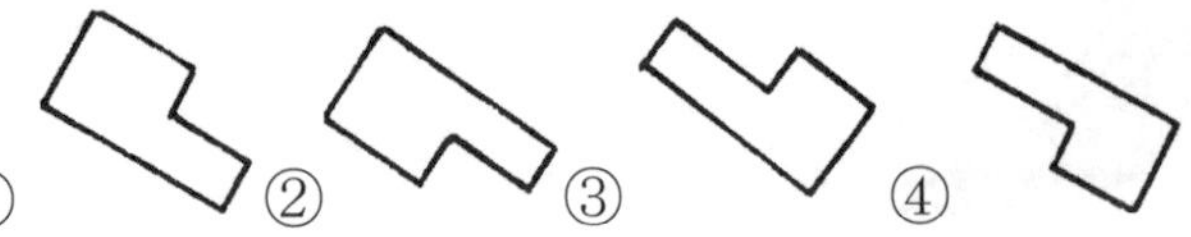

( )87. 包含一直線的平面可以有①1 個②2 個③3 個④無數個。 ④

( )88. 左圖代表①第一角法②第二角法③第三角法④第四角法。 ③

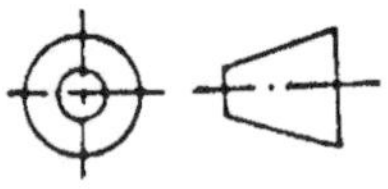

( )89. 下列剖面線最理想的爲① ② ③ ④ 。 ③

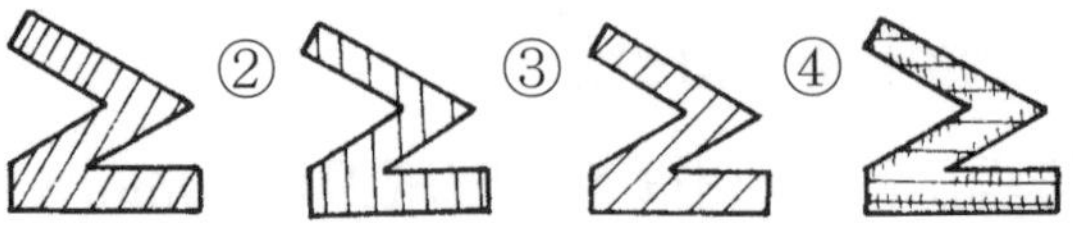

( )90. 等角投影圖與等角圖邊長之比約爲①1:1.15②1:1.18③1:1.22④1:1.26。 ③

( )91. 下列何者不是常用比例？①1:2②1:2.5③1:3④1:5。 ③

( )92. 表示表面特殊處理的部分，用①粗實線②細實線③粗鏈線④細鏈線。 ③

( )93. A1 圖紙可裁成 A4 圖紙①4 張②8 張③16 張④32 張。 ②

( )94. 某平面在六個主要視圖中均非實形，但出現邊視圖，則此面應爲①水平面②直立面③單斜面④複斜面。 ③

( )95. 以一平面切割正圓錐，若平面平行於圓錐軸時所得之截面形狀爲①圓②橢圓③拋物線④雙曲線。 ④

( )96. 當一圓沿另一圓之外圓周滾動時，滾動圓的圓周上一定點所移動之軌跡爲①阿基米德螺線②內擺線③外擺線④漸開線。 ③

( )97. 在某視圖中不存在的特徵，爲表明其形狀或相關位置，此種視圖稱爲①局部詳圖②形狀位置圖③中斷視圖④虛擬視圖。 ④

( )98. 左圖在 RP2 之圖形爲 ①

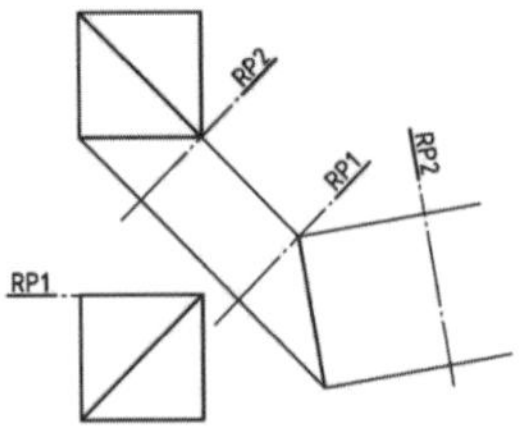

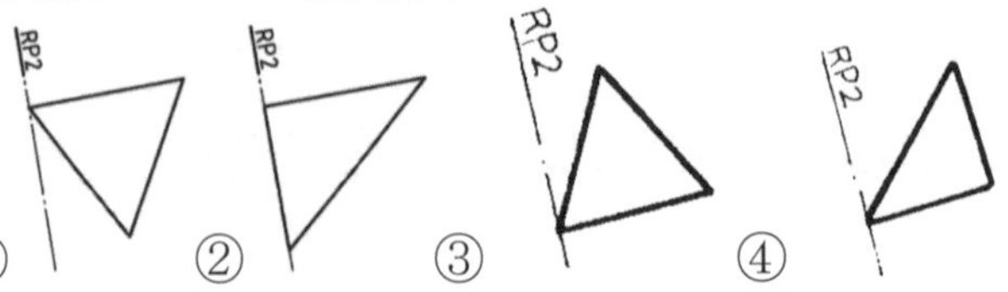

( )99. 下列之投影，何者投影線不垂直於投影面？①等角圖②二等角圖③不等角圖④等斜圖。 ④

( )100. 線條粗、中、細之組合，下列何者較不適當？①0.6、0.4、0.2②0.5、0.35、0.18③0.7、0.5、0.25④0.6、0.5、0.1。 ④

( )101. A0 的圖紙摺成 A4 大小，其摺疊的次數爲①7②8③9④10。 ③

( )102. 線條粗細的種類有①3 種②5 種③7 種④9 種。 ①

(　)103.　欲求一斜面的實形，需先求得其①斜視圖②端視圖③邊視圖④正垂視圖。　③

(　)104.　平面切割一正圓錐時，所形成的截面形狀有①3 種②4 種③5 種④6 種。　③

(　)105.　等角投影的邊長比原尺寸約縮為①0.82②0.77③0.64④0.58　倍。　①

(　)106.　一直線最多可通過①一個象限②二個象限③三個象限④四個象限。　③

(　)107.　下列之投影，何者投影線不互相平行？①不等角圖②等斜圖③半斜圖④透視圖。　④

(　)108.　斜式拉丁字母之傾斜角度約為①45°②60°③75°④90°。　③

(　)109. 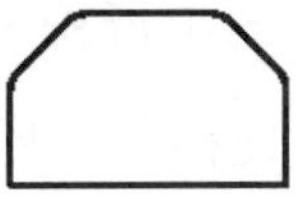　左圖之俯視圖為① ② ③ ④ 。　④

(　)110.　如需裝訂成冊時，圖紙左邊的圖框線，應留①15mm②20mm③25mm④30mm。　③

(　)111. 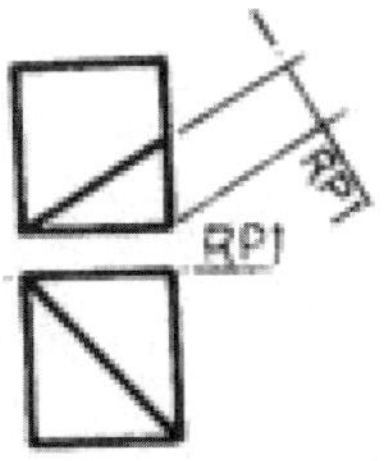　左圖複斜面之邊視圖為① ② ③ ④ 。　④

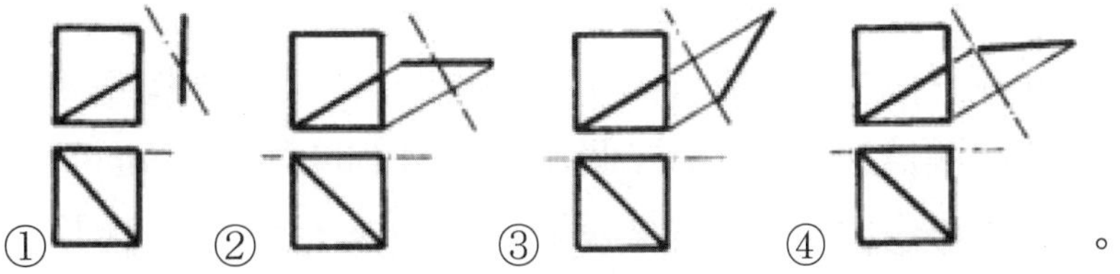

(　)112.　複斜面的邊視圖，一定出現在①前視圖②側視圖③俯視圖④輔助視圖　中。　④

(　)113.　畫擺線系齒輪之齒廓線為①阿基米德螺線②外擺線③內擺線④內、外擺線。　④

(　)114.　割面線之轉折處須以①文字標註②粗實線繪製③粗鏈線繪製④虛線繪製。　②

(　)115.　常用之比例倍數為①2，3②2，5③3，5④3，7。　②

(　)116.　A3 的圖紙須裝訂時，其圖框的大小應為①400×277②385×277③400×267④400×262　mm。　②

(　)117. 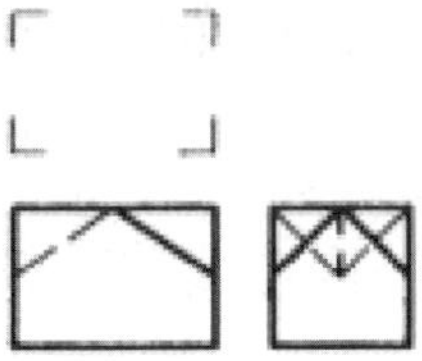　左圖所缺視圖正確的為① ② ③ ④ 。　①

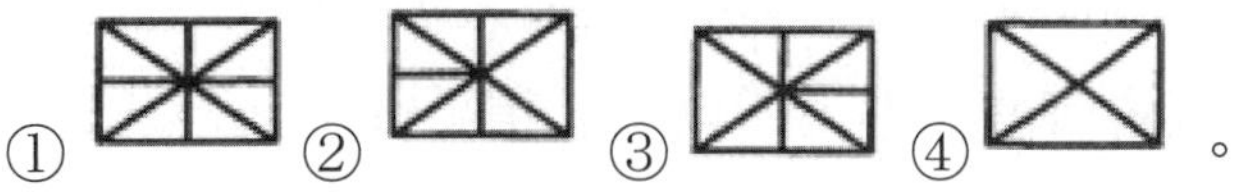

(　)118. 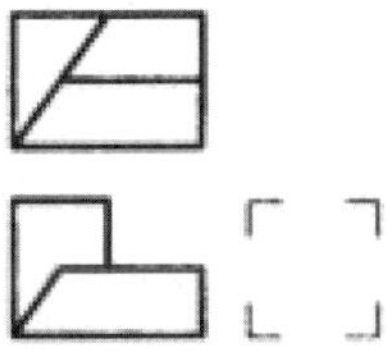　左圖所缺視圖正確的為① ② ③ ④ 。　②

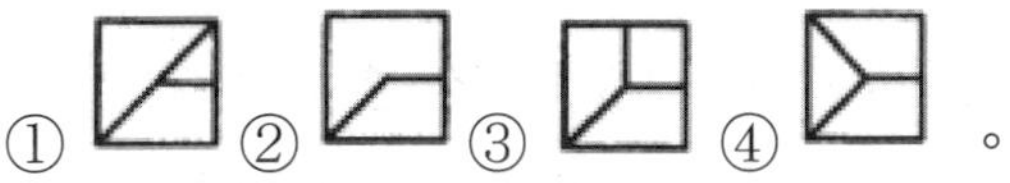

(　)119. 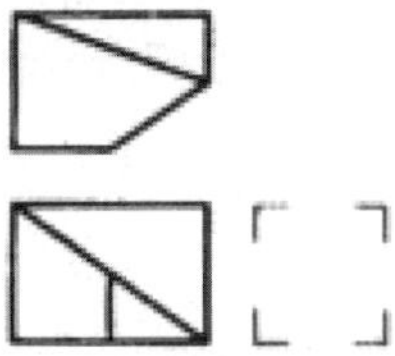　左圖所缺視圖正確的為① ② ③ ④ 。　②

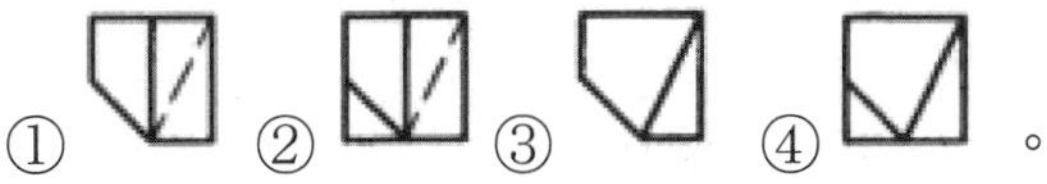

單 選題。

82. 旋轉剖面輪廓線爲細實線。

83. 較 A4 大之圖紙通常可摺成 A4 大小，以便置於文書夾中，或裝訂成冊保存。摺疊時， 圖之標題欄必須摺在上面， 以便查閱。

86. 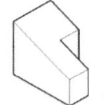 。

89. 剖面線須以細實線畫出，剖面線須與主軸或物件之外形線成 45° 之均勻平行線。

90. 等角投影圖的邊長約爲實物邊長之 0.816，等角圖的邊長則與實物邊長相等，所以兩者之比例爲 1：1.22，所呈現的圖形爲形狀相同而大小不同。

91. 常用之比例倍數爲 2、5、10 倍數的比例。

93. A1 爲 A4 之倍數爲 $2^{(4-1)}=2^3=8$ 倍。

94. 正垂面在三個主要投影面所呈現的視圖爲，二個視圖爲邊視圖，另一個視圖爲其實形。單斜面爲一個視圖爲邊視圖，另二個視圖爲縮小的面。複斜面所呈現的視圖爲三個視圖爲縮小的面。

99. 等斜圖的投影線與投影面間夾的角度約爲 45°，單位線長之比爲 1：1：1；半斜圖的投影線與投影面間夾的角度約爲 63°26'，單位線長之比爲 1：1：0.5。

101. A0 的圖紙摺疊 9 次，摺成 A4 大小；A1 的圖紙摺疊 6 次，摺成 A4 大小；A2 的圖紙摺疊 4 次，摺成 A4 大小。

102. 線條粗細的種類有粗線、中線、細線 3 種。

103. 複斜面經第一次輔助投影後得到其邊視圖，第二次輔助投影後得到其實形。

104. 一平面切割正圓錐產生的截面，會產生等腰三角形、圓、橢圓、拋物線、雙曲線等 5 種狀況。

105. 等角投影圖的邊長約爲實物邊長之 0.816，等角圖的邊長則與實物邊長相等，所以兩者之比例爲 1：1.22，所呈現的圖形爲形狀相同而大小不同。

107. 透視圖的投影線會有消失點，所以不互相平行。

110. 如需裝訂成冊之圖， 則左邊之圖框線應離圖紙邊緣 25 mm。

111. 詳見本書第三單元，相關圖概論，4.交線。

112. 複斜面經第一次輔助投影後會得到其該面的邊視圖。

113. 擺線齒輪之齒廓線，其齒面爲外擺線，齒腹爲內擺線。

114. 割面線的兩端及角之線段爲粗，其餘爲細，兩端粗線最長爲字高 2.5 倍(7.5 mm)，轉角粗線最長爲字高 1.5 倍(4.5 mm)。

115. 常用之比例倍數爲 2、5、10 倍數的比例。

116. A3 圖紙尺度爲 297×420，其左側裝訂距離圖紙邊緣 25mm，其餘距離圖紙邊緣 10mm，所以其圖框的大小應爲 277×385 mm。

117. 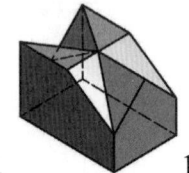　　118. 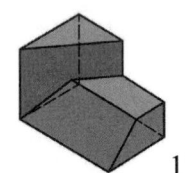　　119.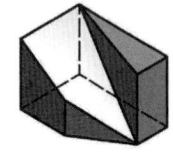

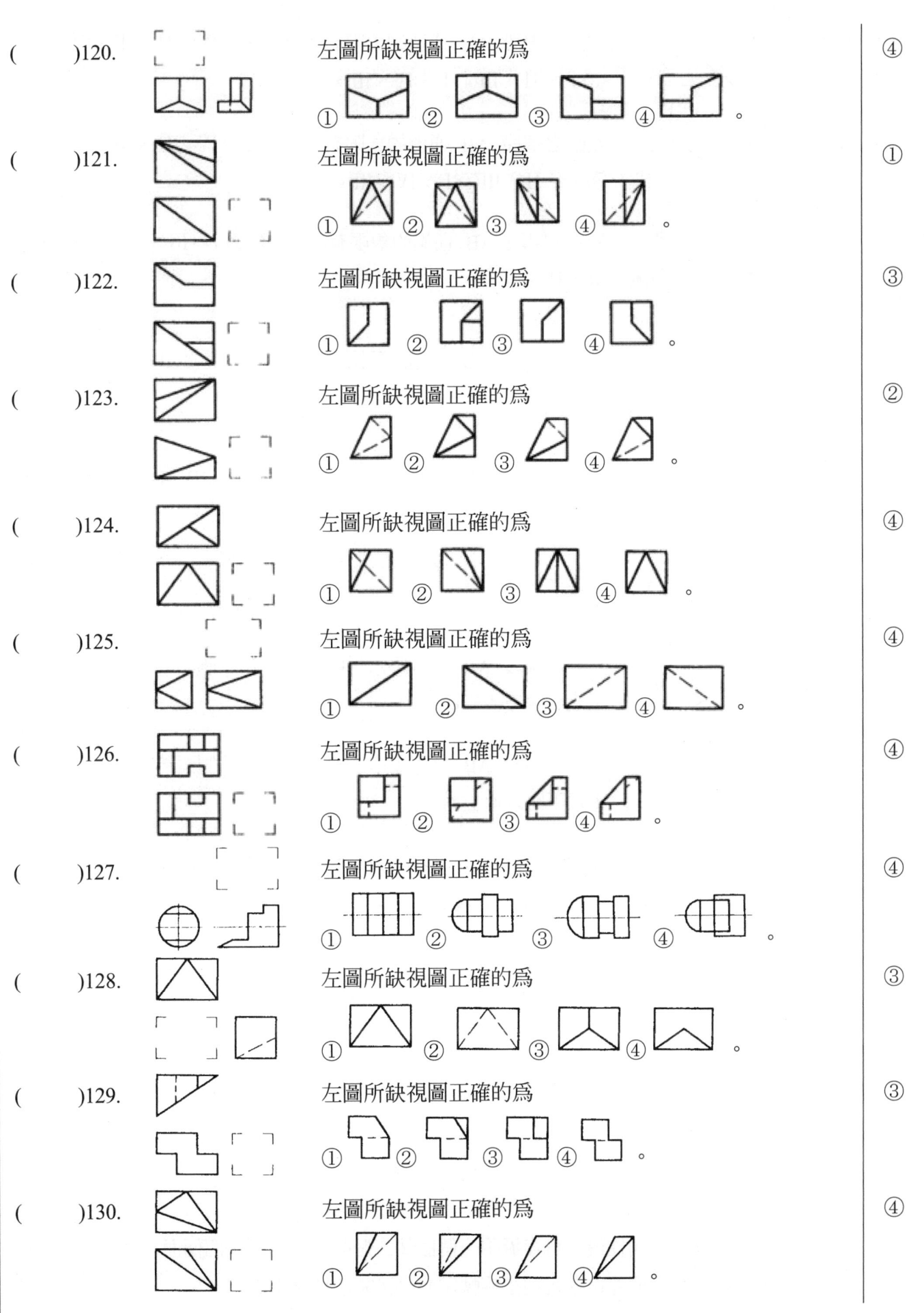

( )120. 左圖所缺視圖正確的為 ① ② ③ ④ 。　④

( )121. 左圖所缺視圖正確的為 ① ② ③ ④ 。　①

( )122. 左圖所缺視圖正確的為 ① ② ③ ④ 。　③

( )123. 左圖所缺視圖正確的為 ① ② ③ ④ 。　②

( )124. 左圖所缺視圖正確的為 ① ② ③ ④ 。　④

( )125. 左圖所缺視圖正確的為 ① ② ③ ④ 。　④

( )126. 左圖所缺視圖正確的為 ① ② ③ ④ 。　④

( )127. 左圖所缺視圖正確的為 ① ② ③ ④ 。　④

( )128. 左圖所缺視圖正確的為 ① ② ③ ④ 。　③

( )129. 左圖所缺視圖正確的為 ① ② ③ ④ 。　③

( )130. 左圖所缺視圖正確的為 ① ② ③ ④ 。　④

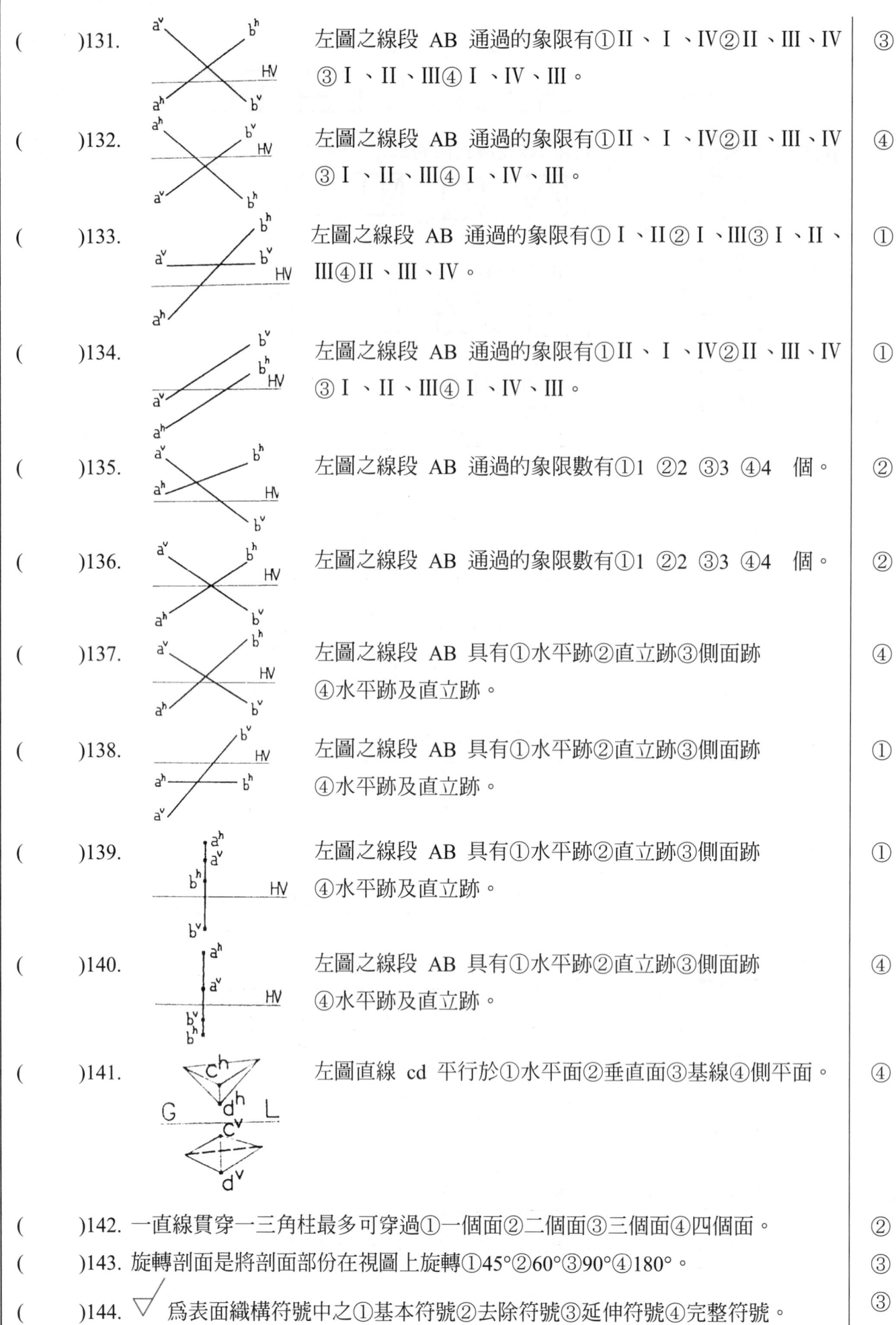

(　　)131. 左圖之線段 AB 通過的象限有①II、I、IV②II、III、IV③I、II、III④I、IV、III。 ③

(　　)132. 左圖之線段 AB 通過的象限有①II、I、IV②II、III、IV③I、II、III④I、IV、III。 ④

(　　)133. 左圖之線段 AB 通過的象限有①I、II②I、III③I、II、III④II、III、IV。 ①

(　　)134. 左圖之線段 AB 通過的象限有①II、I、IV②II、III、IV③I、II、III④I、IV、III。 ①

(　　)135. 左圖之線段 AB 通過的象限數有①1 ②2 ③3 ④4　個。 ②

(　　)136. 左圖之線段 AB 通過的象限數有①1 ②2 ③3 ④4　個。 ②

(　　)137. 左圖之線段 AB 具有①水平跡②直立跡③側面跡④水平跡及直立跡。 ④

(　　)138. 左圖之線段 AB 具有①水平跡②直立跡③側面跡④水平跡及直立跡。 ①

(　　)139. 左圖之線段 AB 具有①水平跡②直立跡③側面跡④水平跡及直立跡。 ①

(　　)140. 左圖之線段 AB 具有①水平跡②直立跡③側面跡④水平跡及直立跡。 ④

(　　)141. 左圖直線 cd 平行於①水平面②垂直面③基線④側平面。 ④

(　　)142. 一直線貫穿一三角柱最多可穿過①一個面②二個面③三個面④四個面。 ②

(　　)143. 旋轉剖面是將剖面部份在視圖上旋轉①45°②60°③90°④180°。 ③

(　　)144. ▽ 為表面織構符號中之①基本符號②去除符號③延伸符號④完整符號。 ③

單選題。

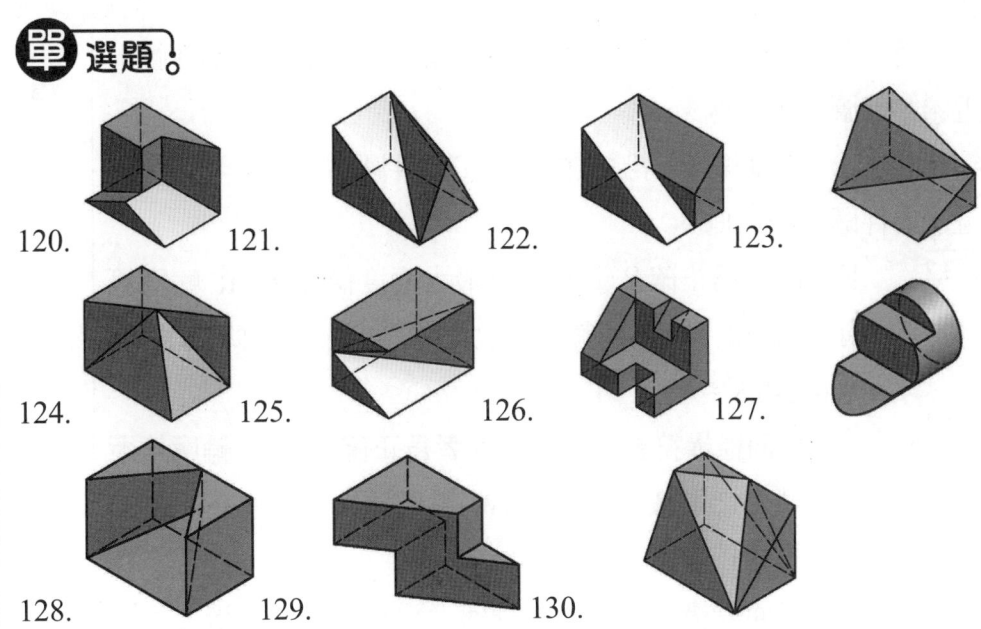

120.　　　121.　　　122.　　　123.

124.　　　125.　　　126.　　　127.

128.　　　129.　　　130.

131. 因爲 a 點在第 I 象限，b 點在第 III 象限，而且水平投影與基線(HV)相交，產生直立跡基線(HV)上方，因此直線 ab 通過 I、II、III 等三個象限。

132. 因爲 a 點在第 III 象限，b 點在第 I 象限，而且水平投影與基線(HV)相交，產生直立跡基線(HV)下方，因此直線 ab 通過 I、IV、III 等三個象限。

133. 因爲 a 點在第 I 象限，b 點在第 II 象限，而且只有水平投影與基線(HV)相交，所以僅有直立跡，因此直線 ab 通過第 I 及第 II 兩個象限。

134. 因爲 a 點在第 IV 象限，b 點在第 II 象限，而且只有水平投影與基線(HV)相交，產生直立跡基線(HV)上方，因此直線 ab 通過 II、I、IV 等三個象限。

135. 因爲 a 點在第 II 象限，b 點在第 III 象限，而且只有直立投影與基線(HV)相交，所以僅有水平跡，因此直線 ab 通過第 II 及第 III 兩個象限。

136. 因爲 a 點在第 I 象限，b 點在第 III 象限，而且水平跡與直立跡均交於基線(HV)，所以直線 ab 通過第 I 及第 III 兩個象限。

137. 因爲 a 點在第 I 象限，b 點在第 III 象限，而且水平投影及直立投影均與基線(HV)相交，所以會產生直立跡及水平跡。

138. 因爲 a 點在第 IV 象限，b 點在第 I 象限，而且直立投影與基線(HV)相交，所以會產生水平跡。

139. 因爲 a 點在第 II 象限，b 點在第 III 象限，而且直立投影與基線(HV)相交，所以會產生水平跡。

140. 因爲 a 點在第 II 象限，b 點在第 IV 象限，而且水平投影及直立投影均與基線(HV)相交，所以會產生直立跡及水平跡。

141. 直線 cd 之水平投影及直立投影均垂直於基線(GL)，所以直線 cd 平行於側投影面。

143. 機件之剖面在剖切處原地旋轉 90 度，以細實線重疊繪出；另亦可配合折斷線表示之，但此時旋轉剖面之輪廓線，應改以粗實線畫出。

144. 用於必須去除材料後之表面，或未加註其他說明之加工面。

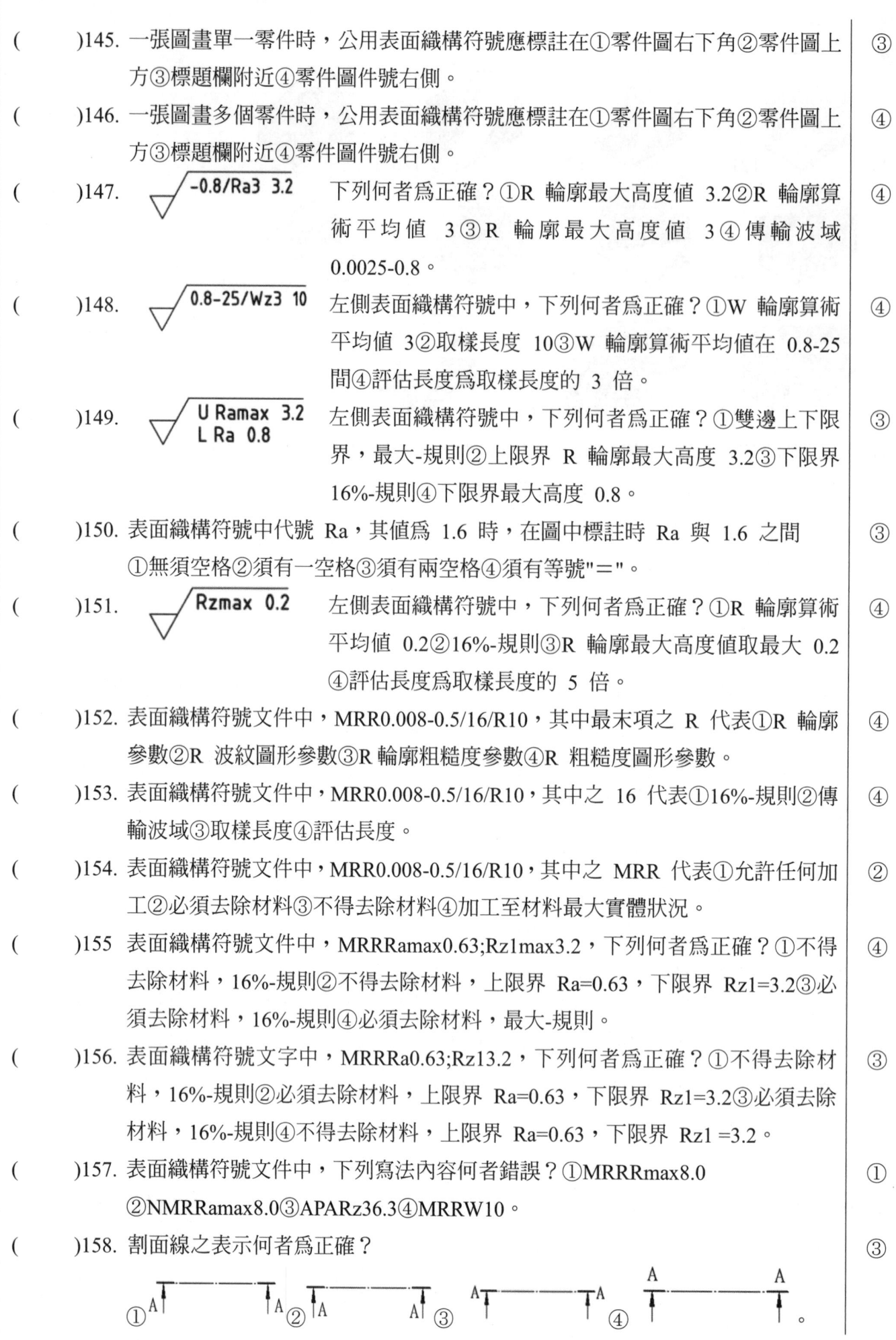

( )145. 一張圖畫單一零件時，公用表面織構符號應標註在①零件圖右下角②零件圖上方③標題欄附近④零件圖件號右側。 ③

( )146. 一張圖畫多個零件時，公用表面織構符號應標註在①零件圖右下角②零件圖上方③標題欄附近④零件圖件號右側。 ④

( )147. $\sqrt{}$ -0.8/Ra3 3.2　下列何者為正確？①R 輪廓最大高度值 3.2②R 輪廓算術平均值 3③R 輪廓最大高度值 3④傳輸波域 0.0025-0.8。 ④

( )148. $\sqrt{}$ 0.8-25/Wz3 10　左側表面織構符號中，下列何者為正確？①W 輪廓算術平均值 3②取樣長度 10③W 輪廓算術平均值在 0.8-25 間④評估長度為取樣長度的 3 倍。 ④

( )149. $\sqrt{}$ U Ramax 3.2　左側表面織構符號中，下列何者為正確？①雙邊上下限
　　　L Ra 0.8　界，最大-規則②上限界 R 輪廓最大高度 3.2③下限界 16%-規則④下限界最大高度 0.8。 ③

( )150. 表面織構符號中代號 Ra，其值為 1.6 時，在圖中標註時 Ra 與 1.6 之間①無須空格②須有一空格③須有兩空格④須有等號"＝"。 ③

( )151. $\sqrt{}$ Rzmax 0.2　左側表面織構符號中，下列何者為正確？①R 輪廓算術平均值 0.2②16%-規則③R 輪廓最大高度值取最大 0.2④評估長度為取樣長度的 5 倍。 ④

( )152. 表面織構符號文件中，MRR0.008-0.5/16/R10，其中最末項之 R 代表①R 輪廓參數②R 波紋圖形參數③R 輪廓粗糙度參數④R 粗糙度圖形參數。 ④

( )153. 表面織構符號文件中，MRR0.008-0.5/16/R10，其中之 16 代表①16%-規則②傳輸波域③取樣長度④評估長度。 ④

( )154. 表面織構符號文件中，MRR0.008-0.5/16/R10，其中之 MRR 代表①允許任何加工②必須去除材料③不得去除材料④加工至材料最大實體狀況。 ②

( )155 表面織構符號文件中，MRRRamax0.63;Rz1max3.2，下列何者為正確？①不得去除材料，16%-規則②不得去除材料，上限界 Ra=0.63，下限界 Rz1=3.2③必須去除材料，16%-規則④必須去除材料，最大-規則。 ④

( )156. 表面織構符號文字中，MRRRa0.63;Rz13.2，下列何者為正確？①不得去除材料，16%-規則②必須去除材料，上限界 Ra=0.63，下限界 Rz1=3.2③必須去除材料，16%-規則④不得去除材料，上限界 Ra=0.63，下限界 Rz1 =3.2。 ③

( )157. 表面織構符號文件中，下列寫法內容何者錯誤？①MRRRmax8.0
②NMRRamax8.0③APARz36.3④MRRW10。 ①

( )158. 割面線之表示何者為正確？ ③

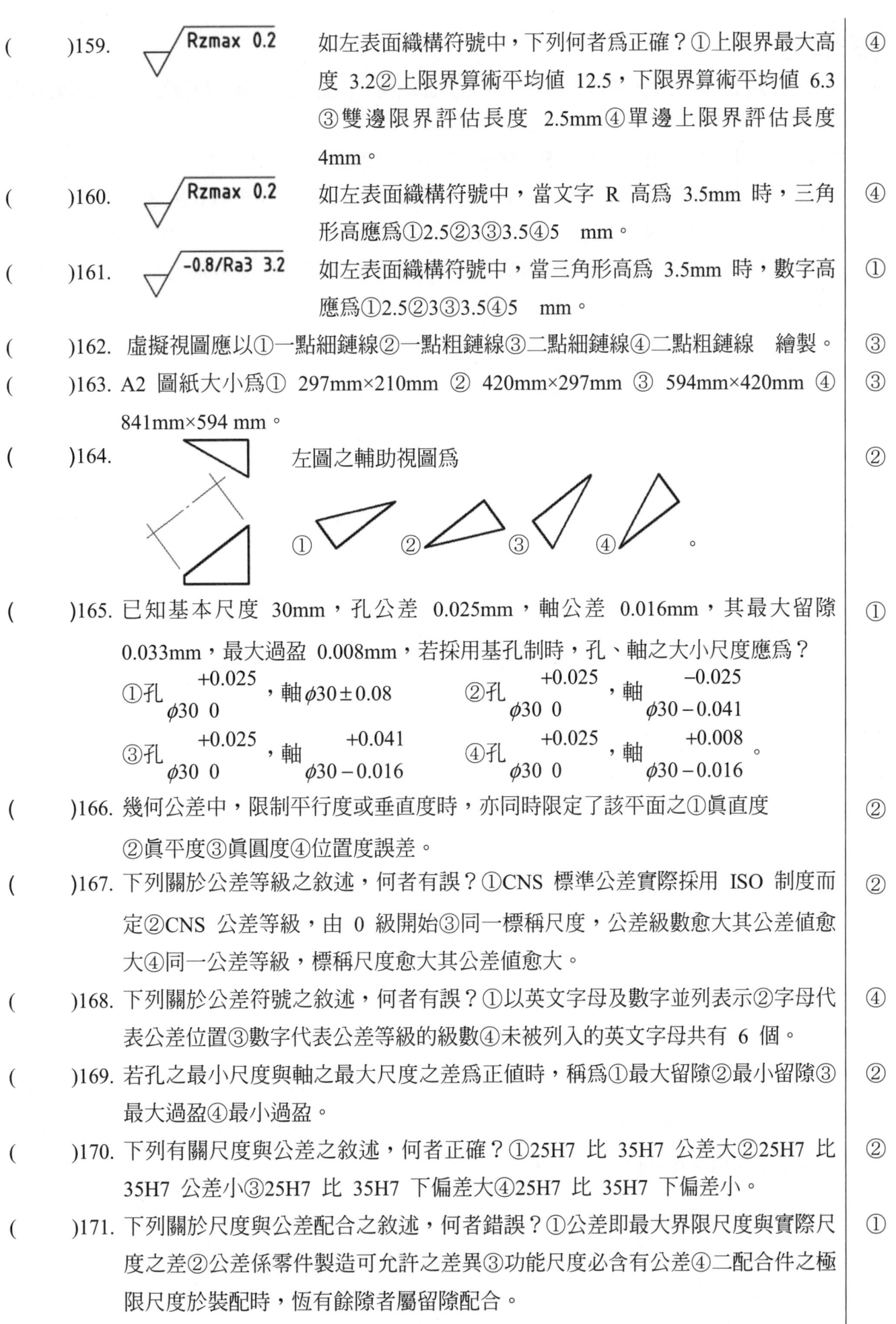

(　)159. 如左表面織構符號中，下列何者為正確？①上限界最大高度 3.2②上限界算術平均值 12.5，下限界算術平均值 6.3③雙邊限界評估長度 2.5mm④單邊上限界評估長度 4mm。　④

(　)160. 如左表面織構符號中，當文字 R 高為 3.5mm 時，三角形高應為①2.5②3③3.5④5　mm。　④

(　)161. 如左表面織構符號中，當三角形高為 3.5mm 時，數字高應為①2.5②3③3.5④5　mm。　①

(　)162. 虛擬視圖應以①一點細鏈線②一點粗鏈線③二點細鏈線④二點粗鏈線　繪製。　③

(　)163. A2 圖紙大小為① 297mm×210mm ② 420mm×297mm ③ 594mm×420mm ④ 841mm×594 mm。　③

(　)164. 左圖之輔助視圖為①②③④。　②

(　)165. 已知基本尺度 30mm，孔公差 0.025mm，軸公差 0.016mm，其最大留隙 0.033mm，最大過盈 0.008mm，若採用基孔制時，孔、軸之大小尺度應為？　①
①孔 $\phi30\ ^{+0.025}_{\ \ \ 0}$，軸 $\phi30\pm0.08$
②孔 $\phi30\ ^{+0.025}_{\ \ \ 0}$，軸 $\phi30\ ^{-0.025}_{-0.041}$
③孔 $\phi30\ ^{+0.025}_{\ \ \ 0}$，軸 $\phi30\ ^{+0.041}_{-0.016}$
④孔 $\phi30\ ^{+0.025}_{\ \ \ 0}$，軸 $\phi30\ ^{+0.008}_{-0.016}$。

(　)166. 幾何公差中，限制平行度或垂直度時，亦同時限定了該平面之①真直度②真平度③真圓度④位置度誤差。　②

(　)167. 下列關於公差等級之敘述，何者有誤？①CNS 標準公差實際採用 ISO 制度而定②CNS 公差等級，由 0 級開始③同一標稱尺度，公差級數愈大其公差值愈大④同一公差等級，標稱尺度愈大其公差值愈大。　②

(　)168. 下列關於公差符號之敘述，何者有誤？①以英文字母及數字並列表示②字母代表公差位置③數字代表公差等級的級數④未被列入的英文字母共有 6 個。　④

(　)169. 若孔之最小尺度與軸之最大尺度之差為正值時，稱為①最大留隙②最小留隙③最大過盈④最小過盈。　②

(　)170. 下列有關尺度與公差之敘述，何者正確？①25H7 比 35H7 公差大②25H7 比 35H7 公差小③25H7 比 35H7 下偏差大④25H7 比 35H7 下偏差小。　②

(　)171. 下列關於尺度與公差配合之敘述，何者錯誤？①公差即最大界限尺度與實際尺度之差②公差係零件製造可允許之差異③功能尺度必含有公差④二配合件之極限尺度於裝配時，恆有餘隙者屬留隙配合。　①

單選題。

145. 單一零件圖上,若工件大多數表面有相同之表面織構,其公用表面織構符號應置於該圖的標題欄旁。

146. 多個零件圖上,則其公用表面織構符號應置於該零件圖上方的件號右側。

147. 必須去除材料,單邊上限界規格,傳輸波域取樣長度 0.8 mm(λs 預設值 0.0025 mm),R 輪廓,表面粗糙度算術平均偏差 3.2 μm,評估長度為 3 倍取樣長度,"16%-規則"(預設值)。

148. 必須去除材料,單邊上限界規格,傳輸波域 0.8-25 mm,W 輪廓,波紋最大高度 10 μm,評估長度為 3 倍取樣長度,"16%-規則"(預設值)。

149. 不得去除材料,雙邊上下限界規格,兩限界傳輸波域均為預設值,R 輪廓,上限界:表面粗糙度算術平均偏差 3.2 μm,評估長度為 5 倍取樣長度(預設值),"最大-規則"。下限界:算術平均偏差 0.8 μm,評估長度為 5 倍取樣長度(預設值),"16%-規則"(預設值)。

151. 本題之表面織構符號所代表之意義:必須去除材料,單邊上限界規格,預設傳輸波域,R 輪廓,表面粗糙度最大高度 0.2 μm,評估長度為 5 倍取樣長度(預設值),"最大-規則"。

154. APA(Any process allowed)允許任何加工方法,　MRR(Material removal required)必須去除材料,NMR(No material removed)不得去除材料。

155. MRR 代表必須去除材料,表面織構的限界規格為"最大-規則",上限界 Ra=0.63μm ,下限界 Rz1 =3.2μm 。

156. MRR 代表必須去除材料,表面織構的限界規格為"16%-規則",上限界 Ra=0.63μm ,下限界 Rz =13.2μm 。

159. 評估長度＝5×λc＝ 5×0.8＝4mm。

162 虛擬視圖線條以假想線繪製,假想線為二點細鏈線。

164.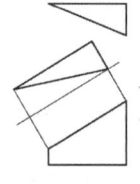

165. 若採基孔制,則孔之下限尺度為 30.0、上限尺度為 30.025,又最大過盈為孔的下限尺度－軸的上限尺度=0.008,所以軸上限尺度應為 30.008。又最大留隙(餘隙)為孔的上限尺度－軸的下限尺度=0.033,所以軸下限尺度應為 29.992。

167. CNS 公差等級,由 IT 00 開始,到 IT18 共有 20 級。

168. 公差之基礎偏差位置以英文字母表示,孔為大寫字母、軸為小寫字母,其中英文字母之 I、L、O、Q、W 不用,另加 CD、EF、FG、Js、ZA、ZB、ZC 共 28 個偏差位置。

170. 公差等級相同時,尺度較小者公差較小。

171 公差即最大界限尺度與最小界限尺度之差,或 |上偏差－下偏差|。

（　）172. 下列尺度標註何者正確？　　　　　　　　　　　　　　　　　　　②

① $\overset{-0.3}{\underset{90\ \ 0}{\longleftrightarrow}}$ ② $\overset{0}{\underset{90-0.3}{\longleftrightarrow}}$ ③ $\overset{0}{\underset{90+0.3}{\longleftrightarrow}}$ ④ $\overset{}{\underset{90+0.3}{\longleftrightarrow}}$ 。

（　）173. 下列尺度標註何者錯誤？　　　　　　　　　　　　　　　　　　　④

① $\overset{}{\underset{20\ H6/g7}{\longleftrightarrow}}$ ② $\overset{H8}{\underset{20\ g6}{\longleftrightarrow}}$ ③ $\overset{}{\underset{20H6}{\longleftrightarrow}}$ ④ $\overset{}{\underset{20/g7}{\longleftrightarrow}}$ 。

（　）174. 下列公差符號何者不屬於形狀公差？① ◎ ② ▱ ③ ⌀ ④ ⌒ 。　①

（　）175. 下列之幾何公差方框標註法，何者正確？　　　　　　　　　　　③

① | ⌀0.01 | ⊥ | A | ② | A | ⌀0.01 | ⊥ | ③ | ⊥ | ⌀0.01 | A | ④ | A | ⌀0.01 | B | 。

（　）176. 若求一直線與平面的貫穿點，應先作一平面包含①該直線②該平面③任一直線　①
　　　　　④兩投影的基線。

單 選題 。

172 尺度標註標偏差值時，則其下偏差應與基本尺度對齊。

173. 配合用偏差符號及公差數值表示時，僅在尺度數字後直接加偏差符號及公差數值即可，所以第
④選項，在偏差符號及公差數值中加一斜線是錯誤的。

174. ◎：同心度，其為位置公差。

175. 幾何公差方框內容標註為，先為幾何公差符號，次為公差數值，再為基準面代號。

176. 詳見本書第三單元，相關圖概論，4.交線。

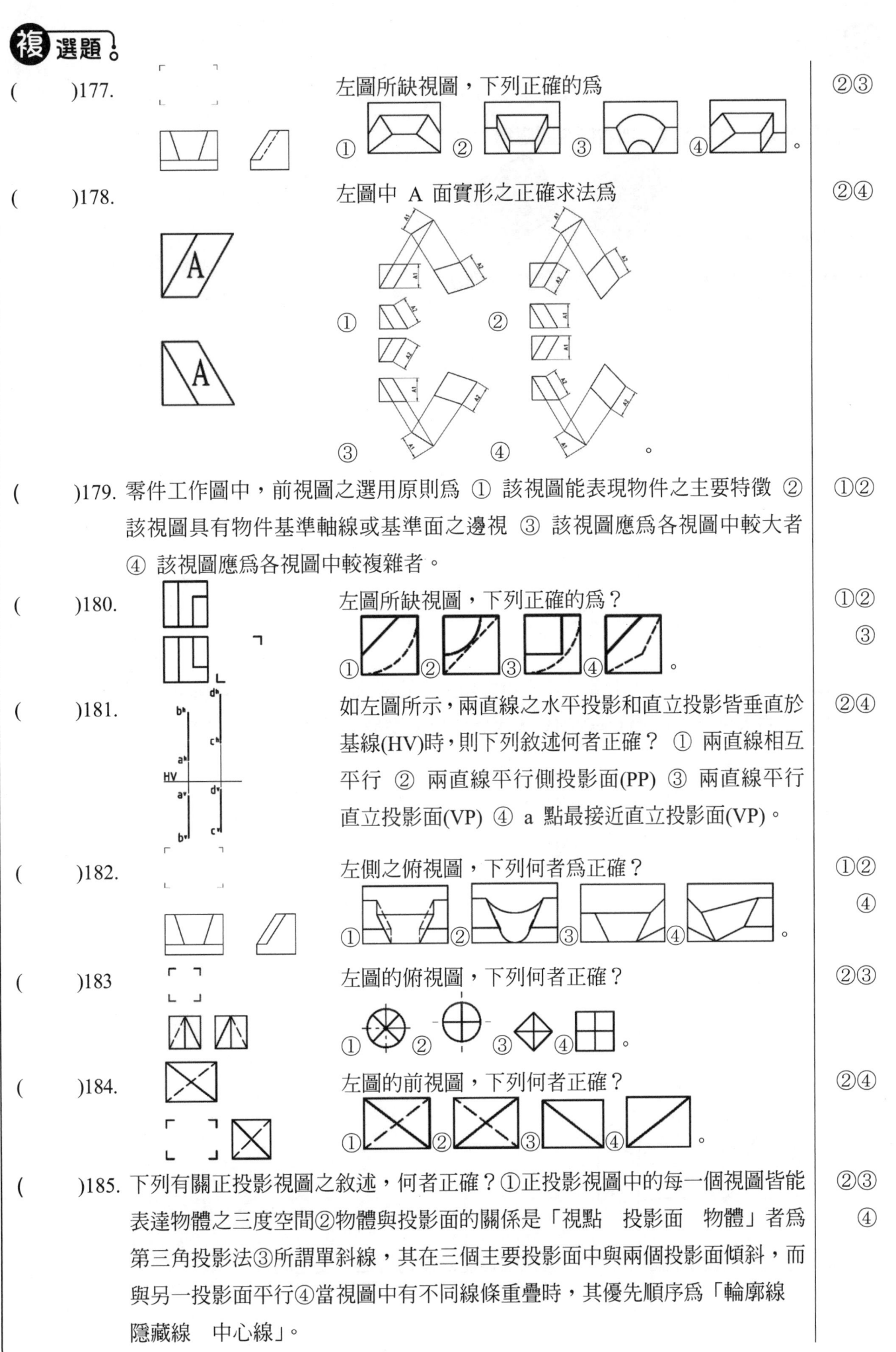

複選題

(　)177.　左圖所缺視圖，下列正確的為 ①②③④。　②③

(　)178.　左圖中 A 面實形之正確求法為 ①②③④。　②④

(　)179. 零件工作圖中，前視圖之選用原則為 ① 該視圖能表現物件之主要特徵 ② 該視圖具有物件基準軸線或基準面之邊視 ③ 該視圖應為各視圖中較大者 ④ 該視圖應為各視圖中較複雜者。　①②

(　)180.　左圖所缺視圖，下列正確的為？ ①②③④。　①②③

(　)181.　如左圖所示，兩直線之水平投影和直立投影皆垂直於基線(HV)時，則下列敘述何者正確？ ① 兩直線相互平行 ② 兩直線平行側投影面(PP) ③ 兩直線平行直立投影面(VP) ④ a 點最接近直立投影面(VP)。　②④

(　)182.　左側之俯視圖，下列何者為正確？ ①②③④。　①②④

(　)183　左圖的俯視圖，下列何者正確？ ①②③④。　②③

(　)184.　左圖的前視圖，下列何者正確？ ①②③④。　②④

(　)185. 下列有關正投影視圖之敘述，何者正確？①正投影視圖中的每一個視圖皆能表達物體之三度空間②物體與投影面的關係是「視點　投影面　物體」者為第三角投影法③所謂單斜線，其在三個主要投影面中與兩個投影面傾斜，而與另一投影面平行④當視圖中有不同線條重疊時，其優先順序為「輪廓線　隱藏線　中心線」。　②③④

複 選題！

177. 該題若要符合其答案，則右側視圖應為 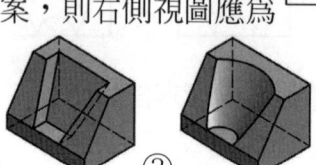 。

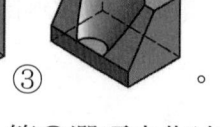

正確之等角圖：② ③ 。

178. 第②選項之作法： 第④選項之作法：

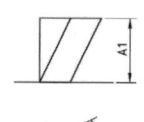 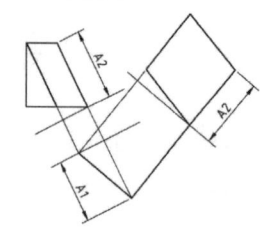

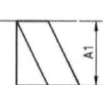

180. 正確之等角圖：

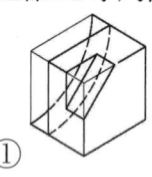 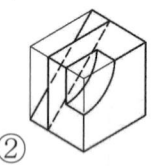 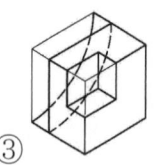

① ② ③ 。

181. 直線 ab 及直線 cd 之水平投影及直立投影均垂直於基線(HV)，所以兩直線均平行於側投影面。

又 a 點的水平投影最接近基線(HV)，因此得知 a 點最接近直立投影面(VP)。

182. 正確之等角圖：

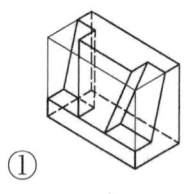 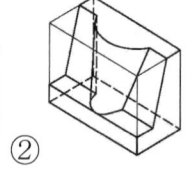 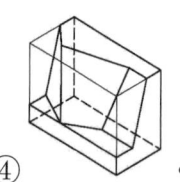

① ② ④ 。

183. 正確之等角圖：

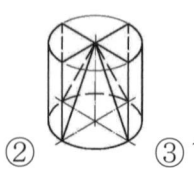 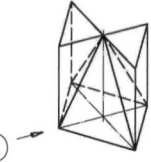

② ③ 。

184. 正確之等角圖：

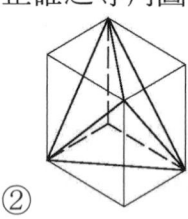 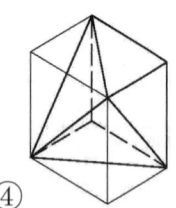

② ④ 。

185. 第①選項，正投影視圖中的每一個視圖皆能表達物體之二度空間。

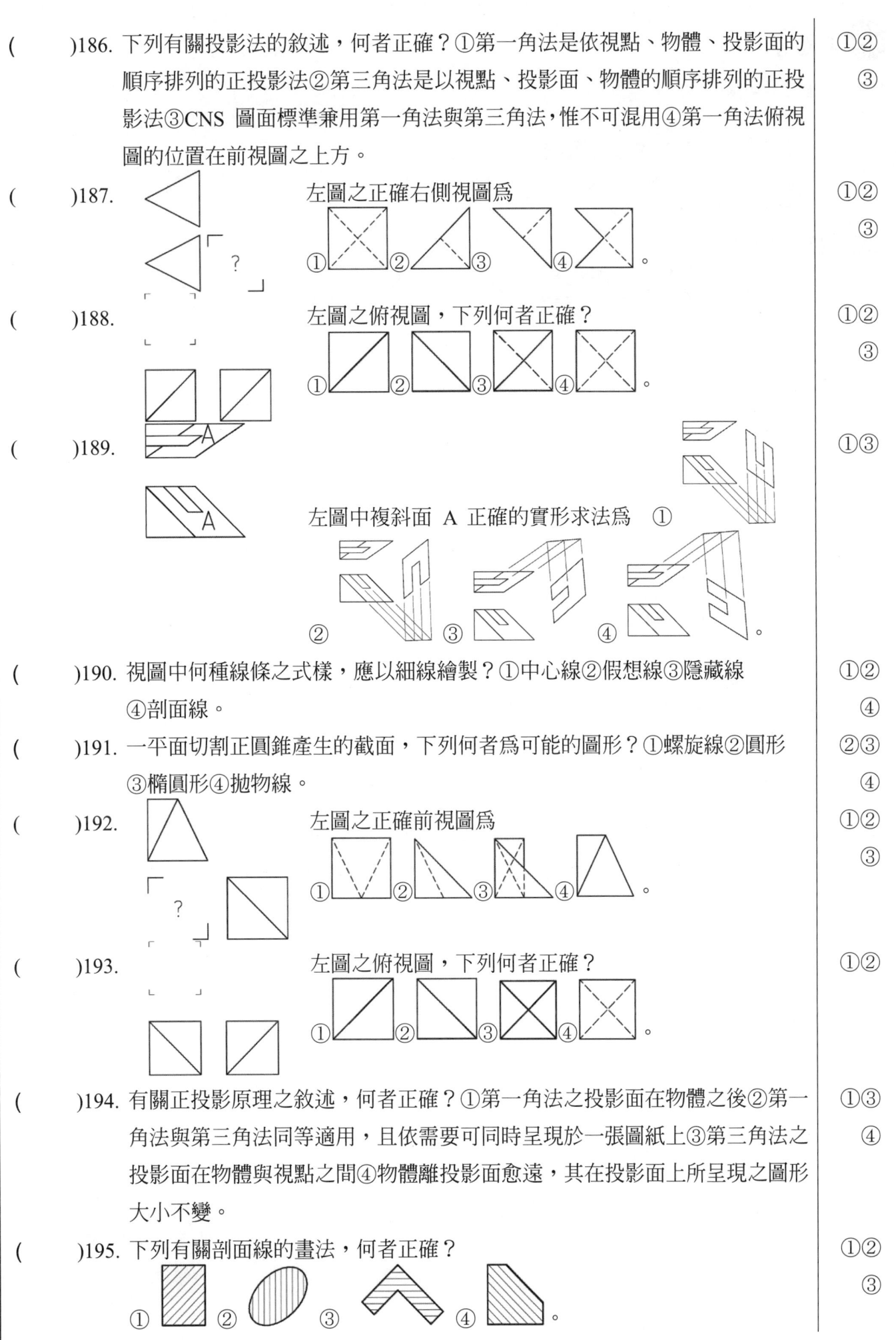

( )186. 下列有關投影法的敘述，何者正確？①第一角法是依視點、物體、投影面的順序排列的正投影法②第三角法是以視點、投影面、物體的順序排列的正投影法③CNS 圖面標準兼用第一角法與第三角法，惟不可混用④第一角法俯視圖的位置在前視圖之上方。 ①②③

( )187. 左圖之正確右側視圖為 ①②③

( )188. 左圖之俯視圖，下列何者正確？ ①②③

( )189. 左圖中複斜面 A 正確的實形求法為 ①③

( )190. 視圖中何種線條之式樣，應以細線繪製？①中心線②假想線③隱藏線④剖面線。 ①②④

( )191. 一平面切割正圓錐產生的截面，下列何者為可能的圖形？①螺旋線②圓形③橢圓形④拋物線。 ②③④

( )192. 左圖之正確前視圖為 ①②③

( )193. 左圖之俯視圖，下列何者正確？ ①②

( )194. 有關正投影原理之敘述，何者正確？①第一角法之投影面在物體之後②第一角法與第三角法同等適用，且依需要可同時呈現於一張圖紙上③第三角法之投影面在物體與視點之間④物體離投影面愈遠，其在投影面上所呈現之圖形大小不變。 ①③④

( )195. 下列有關剖面線的畫法，何者正確？ ①②③

複選題

187. 正確之等角圖：

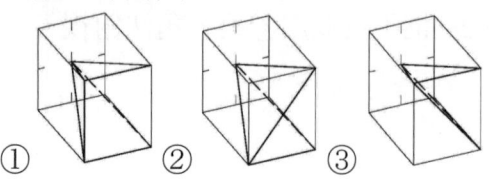

① ② ③ 。

188. 正確之等角圖：

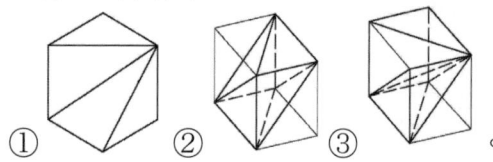

① ② ③ 。

189. 第④選項，第一角法俯視圖的位置在前視圖之下方。

190 第③選項，隱藏線(虛線)以中線繪製。

191. 一平面切割正圓錐產生的截面，會產生等腰三角形、圓、橢圓、拋物線、雙曲線等 5 種狀況。

192. 正確之等角圖：

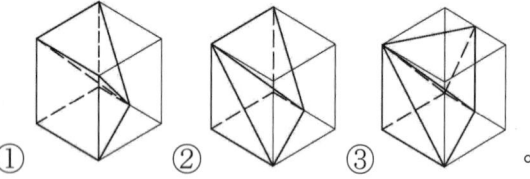

① ② ③ 。

193. 正確之等角圖：

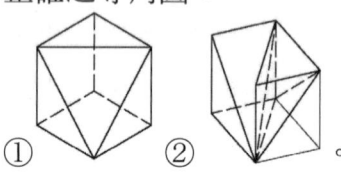

① ② 。

194. CNS 標準規定，第一角法與第三角法同等適用，唯同一張圖面僅能選用一種投影法繪製。

195. 剖面線的畫法，與圖形外形或主軸中心線成 45 度，不要與圖形輪廓平行或垂直。

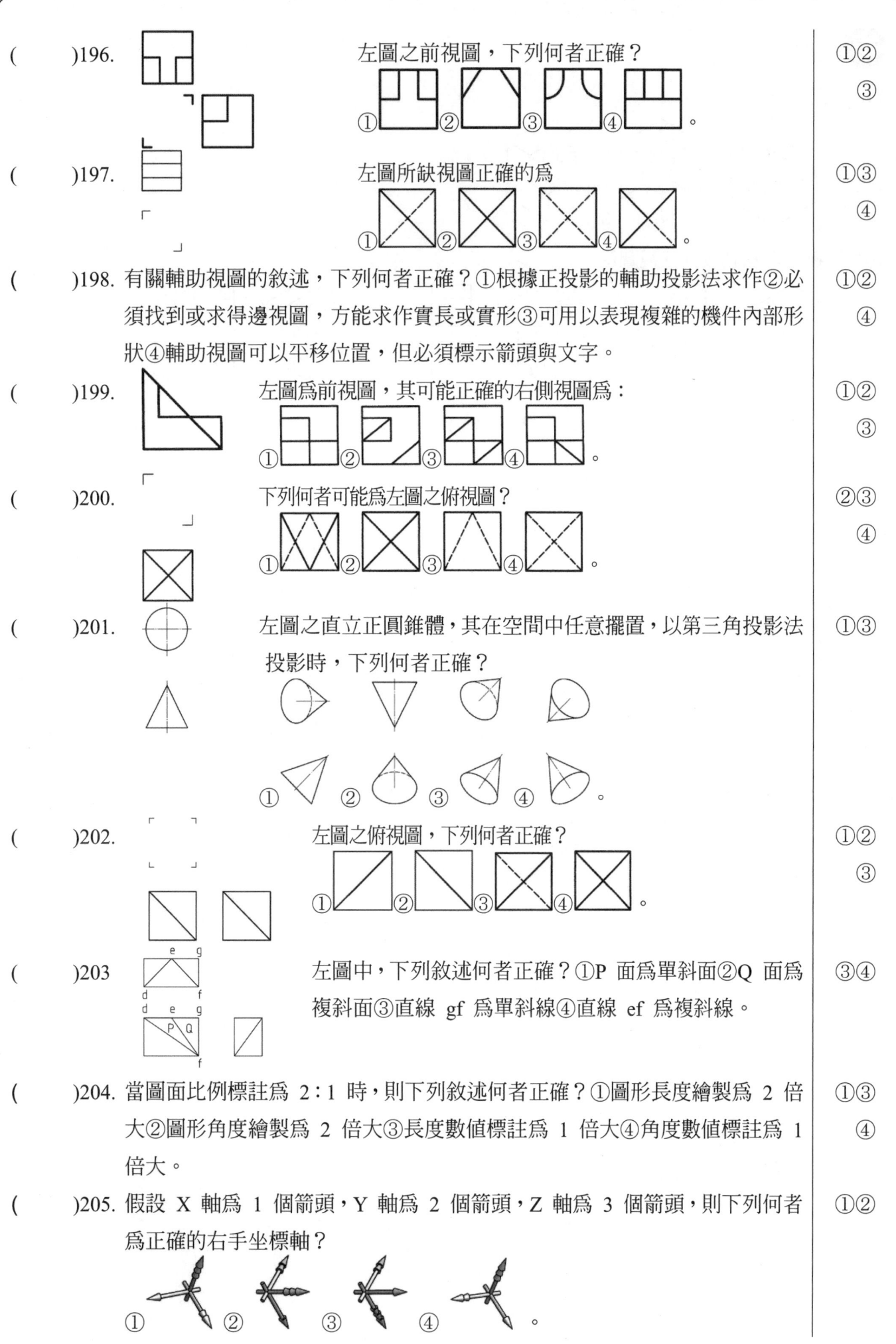

( )196. 左圖之前視圖，下列何者正確？ ①②③

( )197. 左圖所缺視圖正確的為 ①③④

( )198. 有關輔助視圖的敘述，下列何者正確？①根據正投影的輔助投影法求作②必須找到或求得邊視圖，方能求作實長或實形③可用以表現複雜的機件內部形狀④輔助視圖可以平移位置，但必須標示箭頭與文字。 ①②④

( )199. 左圖為前視圖，其可能正確的右側視圖為： ①②③

( )200. 下列何者可能為左圖之俯視圖？ ②③④

( )201. 左圖之直立正圓錐體，其在空間中任意擺置，以第三角投影法投影時，下列何者正確？ ①③

( )202. 左圖之俯視圖，下列何者正確？ ①②③

( )203 左圖中，下列敘述何者正確？①P 面為單斜面②Q 面為複斜面③直線 gf 為單斜線④直線 ef 為複斜線。 ③④

( )204. 當圖面比例標註為 2:1 時，則下列敘述何者正確？①圖形長度繪製為 2 倍大②圖形角度繪製為 2 倍大③長度數值標註為 1 倍大④角度數值標註為 1 倍大。 ①③④

( )205. 假設 X 軸為 1 個箭頭，Y 軸為 2 個箭頭，Z 軸為 3 個箭頭，則下列何者為正確的右手坐標軸？ ①②

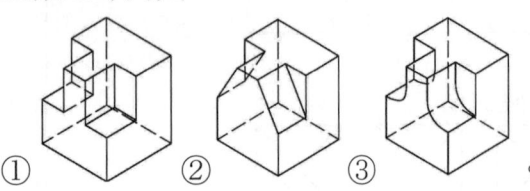

複選題。

196. 正確之等角圖：

①　②　③　。

197. 正確之等角圖及其三視圖：

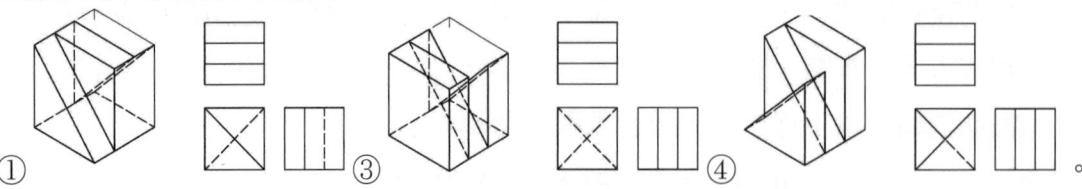

①　③　④　。

198. 第③選項，表現複雜的機件內部形狀，使用剖視圖。

199. 正確之等角圖及其三視圖：

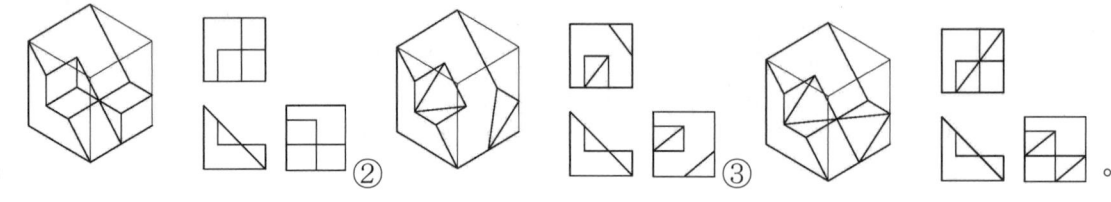

①　②　③　。

200. 正確之等角圖及其三視圖：

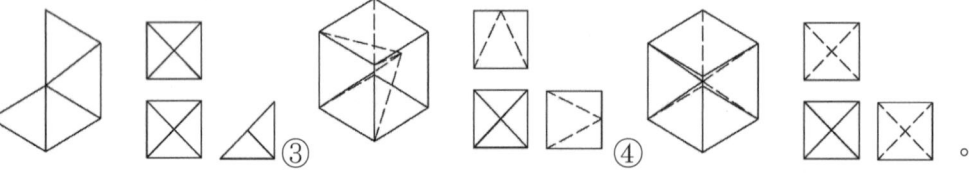

②　③　④　。

202. 正確之等角圖：

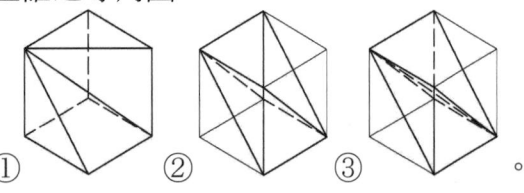

①　②　③　。

203 第①選項 P 面為複斜面，第②選項，Q 面為單斜面。

204. 第②選項，比例縮放後，其角度不變。

205. 詳見第 1 題說明，(本命題不理想，會造成誤解，如第 3 選項視角為 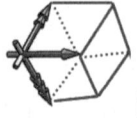 時為錯，若視角覺為 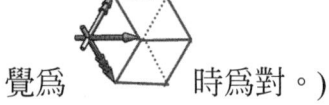 時為對。)

( )206. 假設 X 軸為 1 個箭頭，Y 軸為 2 個箭頭，Z 軸為 3 個箭頭，則下列何者為正確的左手坐標軸？ ③④

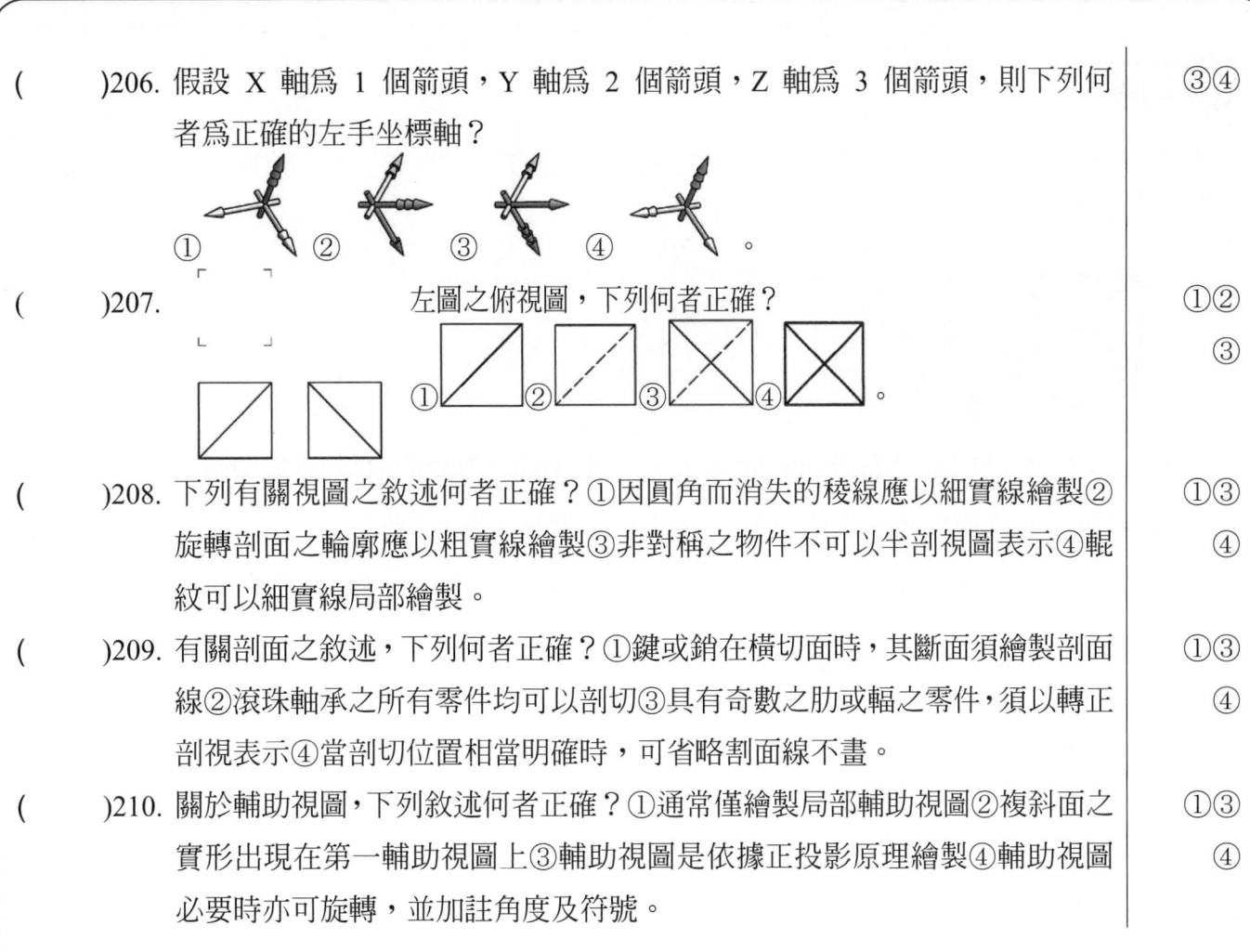

① ② ③ ④ 。

( )207. 左圖之俯視圖，下列何者正確？ ① ② ③ 。 ①②③

( )208. 下列有關視圖之敘述何者正確？①因圓角而消失的稜線應以細實線繪製②旋轉剖面之輪廓應以粗實線繪製③非對稱之物件不可以半剖視圖表示④輥紋可以細實線局部繪製。 ①③④

( )209. 有關剖面之敘述，下列何者正確？①鍵或銷在橫切面時，其斷面須繪製剖面線②滾珠軸承之所有零件均可以剖切③具有奇數之肋或輻之零件，須以轉正剖視表示④當剖切位置相當明確時，可省略割面線不畫。 ①③④

( )210. 關於輔助視圖，下列敘述何者正確？①通常僅繪製局部輔助視圖②複斜面之實形出現在第一輔助視圖上③輔助視圖是依據正投影原理繪製④輔助視圖必要時亦可旋轉，並加註角度及符號。 ①③④

複選題。

206. 同第 205 題所示。

207. 正確之等角圖：

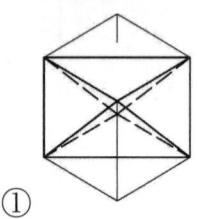 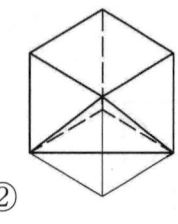 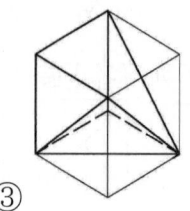
①　　　　　②　　　　　③　　　　　。

208 第②選項，旋轉剖面之輪廓應以細實線繪製，移轉剖面之輪廓應爲粗實線繪製。

209. 第②選項，滾珠軸承之內外環剖面爲不同方向，但滾珠不予以剖切。

210. 第②選項，第一輔助視圖上，爲該複斜面之邊視圖；第二輔助視圖上，爲該複斜面之實形。

工作項目 03 尺度

單選題

(③)1. 測量 $\phi40H7$ 的最佳量具是①外徑分厘卡②1/50 游標卡尺③三點式缸徑規④槓桿式量表。

(②)2. H7/k6 屬於①留隙(餘隙)配合②過渡配合③過盈(干涉)配合④與配合無關。

(①)3. H7/g6 屬於①留隙(餘隙)配合②過渡配合③過盈(干涉)配合④與配合無關。

(③)4. H7/s6 屬於①留隙(餘隙)配合②過渡配合③過盈(干涉)配合④與配合無關。

(①)5. 下列何者爲過盈(干涉)配合？①$\phi30H7/r6$②$\phi30H7/m6$③$\phi30H10/b9$④$\phi30H7/f7$。

(③)6. 若圖面標註爲 $75\begin{smallmatrix}-0.03\\-0.06\end{smallmatrix}$，檢查結果下列合格的爲①75.00②74.98③74.95④74.93。

(②)7. 一般車床導螺桿之螺紋爲①鋸齒螺②梯形螺紋③惠氏螺紋④Ｖ形螺紋。

(②)8. 傳達位移最精確的螺紋是①圓螺紋②滾珠螺紋③梯形螺紋④方螺紋。

(②)9. 錐度 1：4，錐度長 80，小徑爲 40，則大徑爲①56②60③80④100。

(①)10. 車床加工中，使用量表檢查錐度，量工件外徑相距 30mm 之任何兩處，其量表顯示相差 3mm，其錐度爲①1：5②1：10③1：12④1：20。

(②)11. 兩配合件相配合部份所容許之尺度差，稱爲①極限②裕度③精度④公差。

(②)12. 孔之尺度 $\phi101\begin{smallmatrix}+0.035\\0\end{smallmatrix}$，軸之尺度 $\phi101\begin{smallmatrix}+0.101\\+0.079\end{smallmatrix}$，其最大干涉量爲①0.022②0.101③0.044④0.035。

(①)13. 組合圖中，如果兩配合面的加工情形相同，通常其表面織構符號應①一次標註②不必標註③分別標註④視情形而定。

(①)14. 標註尺度時應儘量置於視圖的①外面②內面③中間④固定上方。

(③)15. 一般鍵槽是位於①鍵上②軸上③輪轂上④齒輪上。

(②)16. 上偏差爲①最大限界尺度與最小限界尺度差②最大限界尺度與基本尺度差③最大限界尺度與實際尺度差④最小限界尺度與最大限界尺度差。

(④)17. 機件中最小限界尺度與基本尺度之差稱爲①單向公差②雙向公差③上偏差④下偏差。

(②)18. 使用鍛造之扳手，常用之公差爲①±0.05②±1③±1.5④±2。

(③)19. 下列公差符號中，公差範圍最小的爲①H7②D10③P6④Js9。

(③)20. 斜圓錐的尺度，通常須記入①斜錐角及高度②兩斜邊長度③高度、底直徑及錐軸傾斜角④斜邊長度及角度。

(④)21. 可延長至圖形外，作爲尺度界線用的是①割面線②隱藏線③假想線④中心線。

(②)22. 標註不規則曲線的尺度時，常用①等距法②支距法③半徑法④切線法。

(①)23. 公制推拔銷的標稱直徑以①小端直徑表示②大端直徑表示③中間直徑表示④平均直徑表示。

(③)24. 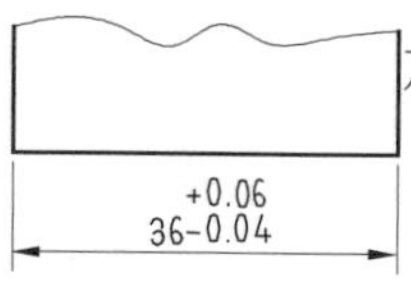 左圖 $36\begin{smallmatrix}+0.06\\-0.04\end{smallmatrix}$ 所表示的公差值爲①0.02②0.058③0.10④0.14。

單 選題 :

1. 因爲ϕ40H7，其中 H 代表孔的偏差區域，所以測量內徑可選的量具爲三點式缸徑規。

2. 因爲 H 之下偏差爲 0，而 k 之上偏差位置在零線以上，下偏差位置在零線以下，因此ϕ10H7/k6 爲過渡配合。

基準孔	軸 之 種 類 與 等 級																
	餘 隙 配 合						過 渡 配 合				干 涉 配						
	b	c	d	e	f	g	h	js	k	m	n	p	r	s
H5						4	4	4	4	4				
H6						5	5	5	5	5				
						6	6	6	6	6	6	6		
H7				(6)	6	6	6	6	6	6	6	6	6	6
					7	7	(7)	7	7	(7)	(7)	(7)	(7)	(7)

3. 詳見本書第三單元，第二章、基本圖學概論，9.公差配合。

4. 因爲 H 之下偏差爲 0，而 s 之偏差位置均在零線以上，因此ϕ10H7/s6 爲過盈(干涉)配合。

5. 因爲 H 之下偏差爲 0，而 r 之偏差位置均在零線以上，因此ϕ30H7/r6 爲干涉配合。

6. 此工件之上限尺寸爲 $75-0.03=74.97$，下限尺寸爲 $75-0.06=74.94$。

9. $\dfrac{1}{4}=\dfrac{D-40}{80}$ $\therefore D=60\text{mm}$。

10. 因爲其爲迴轉，所以量表上顯示相差 3，實際兩端直徑相差爲 6；所以錐度 $=\dfrac{6}{30}=\dfrac{1}{5}=1:5$。

12. 本題之孔的最小尺度爲 101，最大尺度爲 101.035；軸的最小尺度爲 101.079，最大尺度爲 101.101，所以最大干涉量＝|孔的最小尺度－軸的最大尺度|=| $101-101.101$ |=0.101。

15. 鍵槽位於輪轂上，鍵座槽位於軸上。

16. 偏差爲工件之極限尺度與基本尺度之代數差，上偏差爲最大限界尺度與基本尺度差。

17. 下偏差爲機件中最小限界尺度與基本尺度之差。詳見本書第三單元，第二章、基本圖學概論，9.公差配合。

21. 中心線可延長至圖形外，作爲尺度界線用，唯延伸至視圖的線條以細實線表示。

22. 支距法：先標註各位置之大小尺度，然後再標各大小尺度間的間隔尺度。

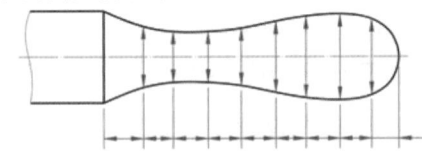

23. 公制推拔銷(斜銷)之標稱直徑是以小端直徑爲規格，其錐度爲 1/50。英制推拔銷之標稱直徑是以大端直徑爲規格，其錐度爲 1/48。

24. 公差=|上偏差－下偏差|=|最大限界尺度－最小限界尺度|，所以公差值爲|+0.06－（－0.04)| = 0.10。

解答

( )25. φ56g6 比φ56f6①公差大②公差小③公差相等④兩者無法比較。 ③

( )26. 一般可達到 IT6 公差等級的切削加工法為①鉋削②車削③鑽削④搪削。 ②

( )27. 錐度公差共分為①9②16③18④27 級。 ②

( )28. 下列尺度上偏差為 0 的是 ②

① $\phi14^{+0.020}_{-0.020}$ ② $\phi14^{0}_{-0.005}$ ③ $\phi14^{+0.003}_{0}$ ④ $\phi14^{-0.009}_{-0.019}$

( )29. 機件之錐度 1：10，其錐度公差為±0.0002，若大徑為 φ60，小徑為 φ40，則此 ③
錐度允許之公差為①0.02②0.04③0.08④0.16。

( )30. 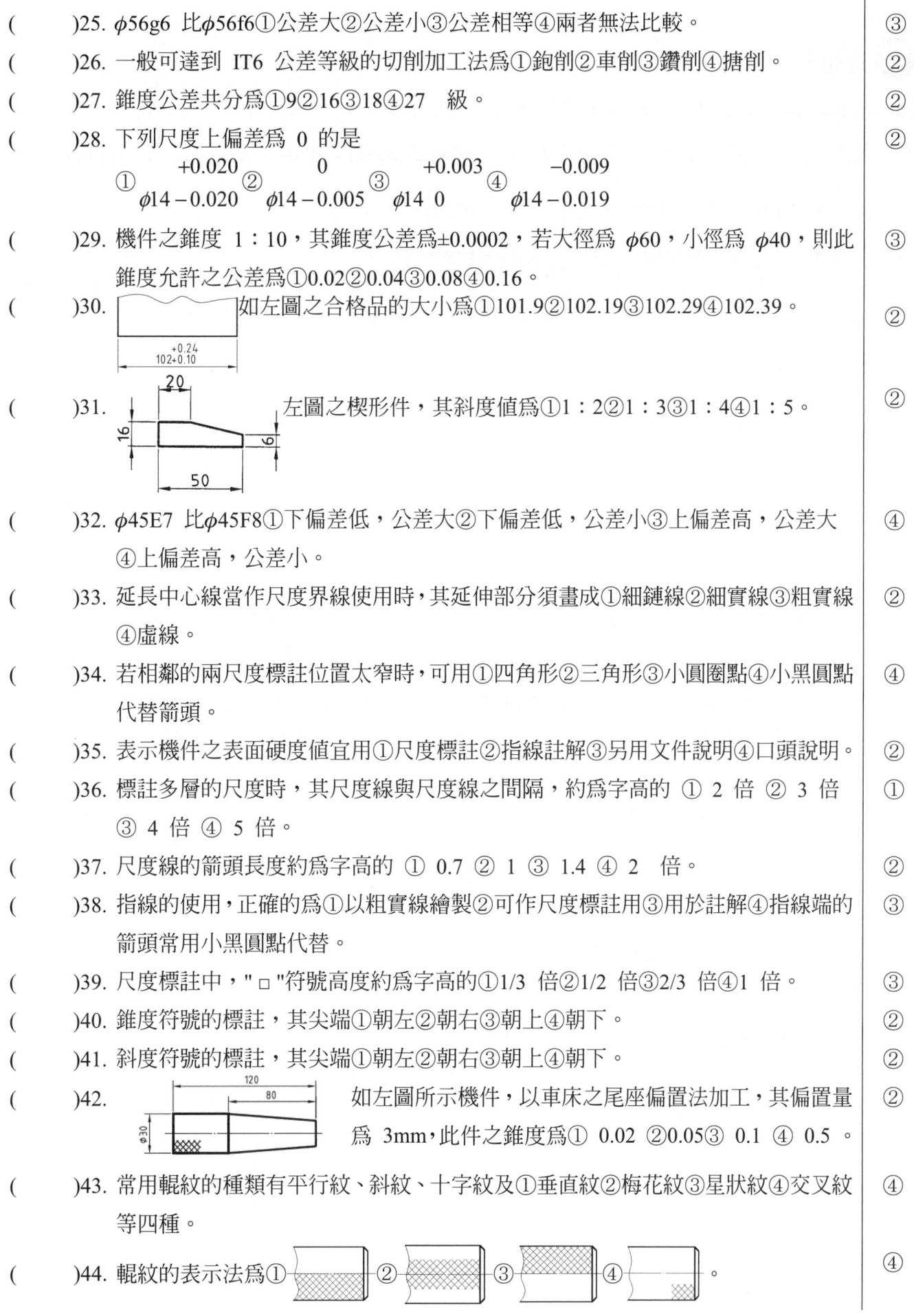 如左圖之合格品的大小為①101.9②102.19③102.29④102.39。 ②

( )31. 左圖之楔形件，其斜度值為①1：2②1：3③1：4④1：5。 ②

( )32. φ45E7 比φ45F8①下偏差低，公差大②下偏差低，公差小③上偏差高，公差大 ④
④上偏差高，公差小。

( )33. 延長中心線當作尺度界線使用時，其延伸部分須畫成①細鏈線②細實線③粗實線 ②
④虛線。

( )34. 若相鄰的兩尺度標註位置太窄時，可用①四角形②三角形③小圓圈點④小黑圓點 ④
代替箭頭。

( )35. 表示機件之表面硬度值宜用①尺度標註②指線註解③另用文件說明④口頭說明。 ②

( )36. 標註多層的尺度時，其尺度線與尺度線之間隔，約為字高的 ① 2 倍 ② 3 倍 ①
③ 4 倍 ④ 5 倍。

( )37. 尺度線的箭頭長度約為字高的 ① 0.7 ② 1 ③ 1.4 ④ 2 倍。 ②

( )38. 指線的使用，正確的為①以粗實線繪製②可作尺度標註用③用於註解④指線端的 ③
箭頭常用小黑圓點代替。

( )39. 尺度標註中，"□"符號高度約為字高的①1/3 倍②1/2 倍③2/3 倍④1 倍。 ③

( )40. 錐度符號的標註，其尖端①朝左②朝右③朝上④朝下。 ②

( )41. 斜度符號的標註，其尖端①朝左②朝右③朝上④朝下。 ②

( )42. 如左圖所示機件，以車床之尾座偏置法加工，其偏置量 ②
為 3mm，此件之錐度為① 0.02 ②0.05③ 0.1 ④ 0.5。

( )43. 常用輥紋的種類有平行紋、斜紋、十字紋及①垂直紋②梅花紋③星狀紋④交叉紋 ④
等四種。

( )44. 輥紋的表示法為① ② ③ ④ 。 ④

單 選題！

25. 兩個之基本尺度相同，公差等級相同，所以公差相等。

29. 公式：$T = \dfrac{D-d}{L}$，$L = \dfrac{60-40}{0.1} = 200\text{mm}$ ∴ $200 \times (\pm 0.0002) = \pm 0.04$ ⇒ 允許之公差值爲 0.08。

30. 此工件之上限尺寸爲 102.24，上限尺寸爲 102.10。

31. 斜度值 $= \dfrac{H-h}{L}$，斜度值 $= \dfrac{16-6}{(50-20)} = \dfrac{10}{30} = 1:3$。

32. $\phi 45E7$ 與 $\phi 45F8$ 比較爲：基本尺度相同，上偏差 E 比 F 高，7 級比 8 級公差小。

33. 詳見 21 題。

34. 狹窄部位之尺度，箭頭畫在尺度界線之外側，其尺度線仍不可中斷，尺度數字寫在尺度線上方或者以小黑圓點代替箭頭。

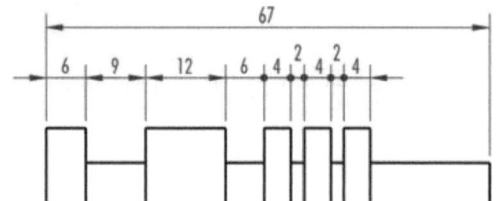

38. 指線：僅用於註解，不得用以標註尺度，用細實線繪製，與水平線約成 45°或 60°，指示端帶箭頭，尾端爲水平線，註解寫在水平線之上方，水平線約與註解等長。

39. 方形係四邊等長且互相垂直，其尺度僅須標註一邊，惟須加註方形符號，並以標註於方形的視圖上爲原則。方形符號以"□"表示，其高度約爲數字之 2/3，粗細與數字相同，寫在邊長數字前面。

40. 錐度符號以"　"表示，符號高度、粗細與數字相同，符號水平方向之長度約爲其高之 1.5 倍，符號尖端恆向右方。

41. 斜度之符號以"　"表示，符號之高爲數字之半，粗細與數字相同，符號水平方向之長度，約爲高之 3 倍(即尖角約爲 15°)，符號尖端恆指向右方。

42. 偏置量 $= \dfrac{\text{錐度} \times \text{工件全長}}{2}$，$S = \dfrac{T \times L}{2} \Rightarrow 3 = \dfrac{T \times 120}{2}$ ∴ $T = \dfrac{1}{20} = 0.05$。

43. 機件之滾花加工面以細實線等距平行繪之，或以 30°細實斜線左右等距交叉繪之。亦可僅畫出一角來表示。而常用輥紋的種類有平行紋、斜紋、十字紋及交叉紋四種。

44. 詳見 43 題。

( )45. 圖上表示未鑽穿的鑽孔端部圓錐角均畫為①60°②90°③120°④150°。　③

( )46. 尺度標註時，供製造者讀圖參考用的尺度，稱為①位置尺度②大小尺度③參考尺度④功能尺度。　③

( )47. 機件上某一部位須作特殊處理加工時，在視圖上的相關部位畫①一點細鏈線②二點細鏈線③一點粗鏈線④二點粗鏈線。　③

( )48. 從下圖的標註中，可知 B 孔之 X 座標值為①16②20③80④180。　②

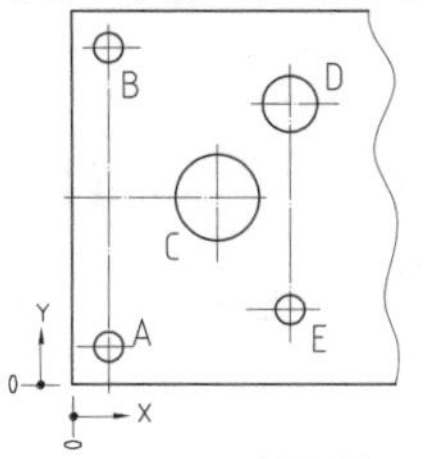

	A	B	C	D	E
X	20		80		
Y	20	180	100		
φ	16	16	46		

( )49. 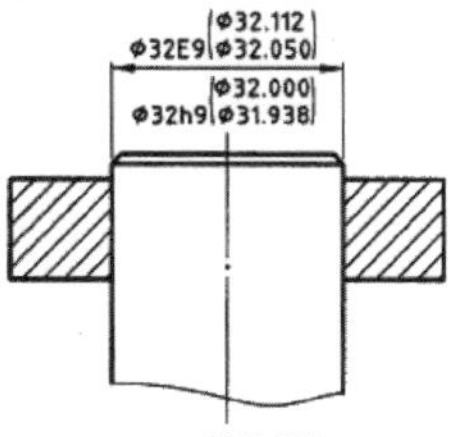 左圖之尺度標註中，其最大留隙(餘隙)為①0.050②0.062③0.112④0.174。　④

( )50. 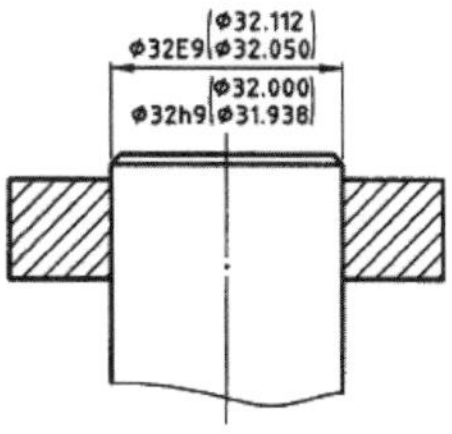 左圖之尺度標註中，其最小留隙(餘隙)為①0.050②0.062③0.112④0.174。　①

( )51. 經切削加工後的表面，觸覺無法分辨，但由視覺仍可辨別有模糊的刀痕者，屬於①超光面②精切面③細切面④粗切面。　③

( )52. 公差符號 G7 之偏差①均為正偏差②均為負偏差③為正負偏差④下偏差為 0。　①

( )53. 配合符號 H/g，G/h 是屬於①過渡配合②壓入配合③過盈(干涉)配合④留隙(餘隙)配合。　④

( )54. CNS 尺度數字之標註採用①單向制②對齊制③對稱制④配合制。　②

( )55. 一般帶頭斜鍵的斜度為①1:5②1:10③1:50④1:100。　④

( )56. 用於工具機心軸之加農錐度值為①1/36②7/24③1/24④1/20。　④

( )57. 車床主軸孔的錐度為①加農②白氏③莫氏④公制　錐度。　③

( )58. 一般推拔銷之錐度為①1/60②1/50③1/24④1/16。　②

( )59. 國際標準公差用於量規製造的公差等級為①IT1～IT4②IT6～IT11③IT12～IT18④IT19～IT24。　①

( )60. 表面粗糙度值的單位為①cm②mm③μm④dm。　③

( )61. 圓錐面與圓柱面，具有共同之中心線所給予之公差，稱為①雙向公差②單向公差③累積公差④同心度公差。　④

( )62. $\phi40H7$ 由表查得 IT7 為 25μm，則其尺度公差為① $\phi40\pm0.25$ ② $\phi40\pm0.025$ ③ $\phi40\,^{+0.025}_{0}$ ④ $\phi40\,^{0}_{-0.025}$ 。　③

單 選題 !

45. 鑽頭之鑽唇角為 118°，視圖中以 120°繪製。

47. 機件上某一部位須作特殊處理加工時，須以一點粗鏈線表示。

49. $\phi 32E9(^{\phi 32.112}_{\phi 32.050})\square\square\square\square\phi 3h9(^{\phi 32.000}_{\phi 31.938})\square\square$，其最大餘隙＝孔的最大尺度－軸的最小尺度＝

　　 $32.112-31.938 = 0.174$。

50. 最小餘隙＝孔的最小尺度－軸的最大尺度＝32.050-32.000=0.050。

51. 機械表面，依加工情況可分為：①毛胚面：一般鑄造、鍛造等無屑加工之表面(125Ra 以上)，
②細切面：經一次或多次有屑切削加工所得之表面，以觸覺試之，似甚光滑，但可由視覺分辨
出模糊之刀痕者，③精切面：經一次或多次有屑切削加工所得之表面，幾乎無法以視覺、觸覺
分辨出來者，④超光面：以超光製加工方法，其表面光滑如鏡。

52. 詳見下圖：

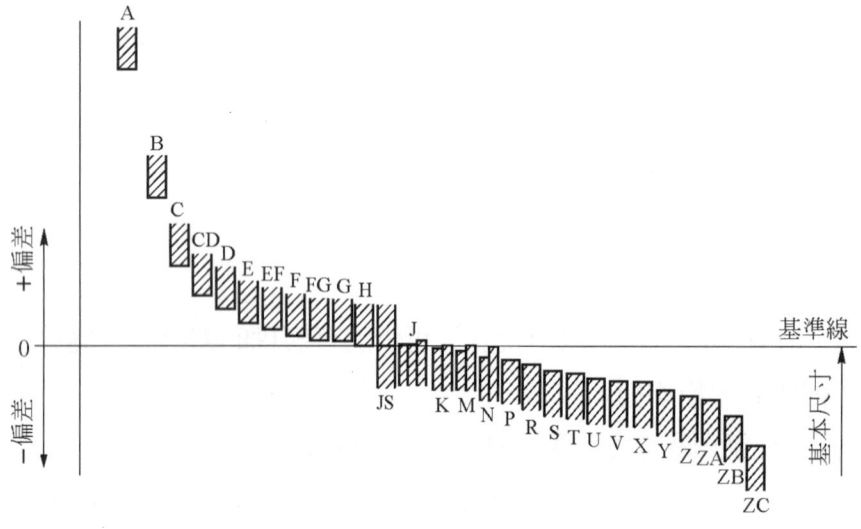

53. 詳見第 2 題或本書第三單元，第二章、基本圖學概論，9.公差配合。

55. 帶頭斜鍵的斜度，公制 1：100，英制 1：96。

57. 莫氏錐度：用於鑽柄、車床、鑽床等主軸錐度。錐度值約 1/20。錐度 MT#5 最大，MT#1 最小。
百郎俠潑錐度：多用於老式銑床主軸錐孔。錐度值約 1/24。嘉諾錐度：錐度值均為 1/20，另
銑床刀柄錐度為 7/24。

58. 詳見 23 題。

59. IT01～IT4 係供量規使用，IT5～IT10 供一般機械零件配合用，IT11～IT18 用於不需配合部分。

62. 因為 H 之下偏差為 0，表查得 IT7 為 25μm 為上偏差 (25μm = 25×0.001 = 0.025mm)，所以尺
度公差為 $\phi 40^{+0.025}_{\ 0}$。

解答

( )63. 經切削加工後的表面，幾乎無法以視覺分辨加工的細刀痕者，屬於①超光面②精切面③細切面④粗切面。 ②

( )64. 公差符號 f6 之偏差①均為正偏差②均為負偏差③為正負偏差④上偏差為 0。 ②

( )65. 公差配合符號 H/f 是屬於①過盈(干涉)配合②加壓配合③過渡配合④留隙(餘隙)配合。 ④

( )66. 刀痕成同心圓狀之符號為①C②M③R④X。 ①

( )67. 若弧長為 S，圓心角為 θ，圓半徑為 r，則①$\theta = rs$ ②$r = S\theta$ ③$S = r\theta$ ④$S = \pi r\theta$。 ③

( )68. 幾何公差中，圓柱度符號為①⌖②◎③⌀④○ ③

( )69. 幾何公差符號 ⟂ 0.05 A ，其中 0.05 代表①斜度值②角度值③錐度值④精度值。 ④

( )70. 在同一公差等級內，孔之公差不變，擬配合軸之公差位置不同，而訂出不同之公差，此種配合制度稱為①基孔制②基軸制③國際制④導向制。 ①

( )71. 工件去角的標準尺度通常是①30°②45°③60°④75°。 ②

( )72. 尺度記入中的註解，必須先自圖形引出①中心線②指線③尺度界線④尺度線。 ②

( )73. 錐度 1：5 的工件，長 50mm、大徑為 25mm，則小徑為①5mm②10mm③15mm④20mm。 ③

( )74. 幾何公差中，同心度符號為①⌖②○③◎④⌀。 ③

( )75. 下列公差何者屬於基軸制？①20h7②20g6③20m6④20H6。 ①

( )76. 物體表面若為多方向交叉加工，其表面符號為①C②M③R④X。 ②

( )77. 常用基孔制 7 級精度公差符號是①B7②b7③H7④h7。 ③

( )78. 下列公差何者屬於基孔制？①ϕ30H6②ϕ30G6③ϕ30R6④ϕ30F6。 ①

( )79. 兩心間車削之工件，其中心孔的錐角為①45°②60°③80°④90°。 ②

( )80. 莫氏錐度比值約為①1/30②7/24③1/24④1/20。 ④

( )81. 幾何公差中，真圓度符號為①⌖②◎③⌀④○。 ④

( )82. 表面粗糙度 Ra3.2，其 3.2 的單位為①dm②cm③mm④μm。 ④

( )83. 下列何者屬於雙向公差？①ϕ30h6②ϕ30g6③ϕ30m6④ϕ30js6。 ④

( )84. ϕ30H7/p6 的配合屬於①留隙(餘隙)配合②過渡配合③過盈(干涉)配合④選標配合。 ③

( )85. 大徑 28mm，小徑 24mm，錐度 1：16 的錐柄長為①128mm②64mm③32mm④16mm。 ②

( )86. 銑床刀柄錐度為①1/20②1/24③7/24④1/50。 ③

( )87. 公差符號 t6 之上下偏差①均為正偏差②均為負偏差③為正負偏差④為零偏差。 ①

( )88. 圖中未按比例繪製之尺度標註為①⊢60⊣②⊢60⊣③⊢6̲0̲⊣④⊢6̲0̲⊣。 ②

( )89. 表面織構符號是表示物體的①尺度大小②形狀③表面狀況④裝配情形。 ③

單 選題。

63. 詳見第 51 題。

65. H/f 是屬於留隙(餘隙)配合，詳見第 2 題。

66. 表面紋理符號:「＝」表示其與所指之加工面邊緣平行，「⊥」表示其與所指之加工面邊緣垂直，「×」表示其與所指之加工面邊緣成兩方向傾斜交叉，「M」表示其紋理成多向，「C」表示其紋理成同心圓，「R」表示其紋理成放射狀，「P」表示其紋理成凸起之細粒狀。

69. ⊥ | 0.05 | A |，代表與 A 基準面垂直，0.05 代表精度值，單位為 mm。

70. 基孔制為同一公差等級內，孔之公差不變，而來配合軸之公差位置不同，而訂出不同之公差，其偏差代號為 H。

73. $\dfrac{1}{5} = \dfrac{25 - d}{50}$　∴d=15。

74. ⊕為位置度符號；○為眞圓度符號；◎為同心度符號；⌀為圓柱度符號。

76. 詳見 66 題。

77. 基孔制之偏差符號爲大寫英文字母 H，基軸制之偏差符號爲小寫英文字母 h。

80. 詳見 57 題。

81. 詳見 74 題。

82. 表面粗糙度的單位為 μm。

83. js 爲雙向公差，其偏差值＝$\dfrac{IT}{2}$。

84. ϕ30H7/p6 是屬於過盈(干涉)配合，詳見第 2 題。

85. $\dfrac{1}{16} = \dfrac{28 - 24}{L}$　∴$L = 64$。

86. 詳見第 57 題。

88. 長度非按圖面比例標註之標註，如右例示 60。

( )90. 算術平均粗糙度值 Ra 與最大粗糙度值 Rz 之比，一般約為①4②1/4③2④1/2。 ②

( )91. 物件表面加工時，所預留材料之大約厚度，稱為①加工限度②加工裕度③加工精度④加工粗度。 ②

( )92. 基軸制配合是指軸之基本尺度為①軸之最大尺度②軸之最小尺寸③軸之正負公差尺寸④軸之平均尺度。 ①

( )93. 標稱尺度是指①實測尺度②基本尺度③設計尺度④極限尺度。 ②

( )94. 設錐度為 T，半錐角為 A，長度為 L，則換算公式為①$\tan A = TL/2$②$\tan A = T/2$③$\cot A = TL/2$④$\cot A = 2T/L$。 ②

( )95. 下列何者屬於留隙(餘隙)配合？①H7/e7②H7/js7③H7/k6④H7/s6。 ①

( )96. 下列尺度標註何者屬於參考尺度？①$\vdash\frac{60}{}\dashv$②$\vdash(60)\dashv$③④。 ②

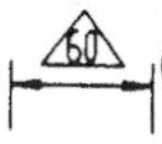

( )97. 收縮配合屬於①永久配合②臨時配合③轉動配合④滑動配合。 ①

( )98. 下列何者屬於過盈(干涉)配合？①H7/e7②H7/g7③H7/k6④H7/s6。 ④

( )99. 標註尺度時，要儘量標註於視圖的①外側②內面③中間④右側。 ①

( )100. 下列何者屬於幾何公差類別中之形狀公差？①傾斜度②對稱度③平行度④真直度。 ④

( )101. 總偏轉度之幾何公差符號為①  ② ③  ④  。 ④

( )102. 各種邊緣型態，其值小於等於 0.05 者，無論正負值，稱為①毛頭②避尖③銳邊④讓切。 ③

( )103. 外邊緣型態，其值大於等於+0.1 者，稱為①毛頭②避尖③銳邊④讓切。 ①

( )104. 內邊緣型態，其值大於等於+0.1 者，稱為①毛頭②避尖③銳邊④讓切。 ②

( )105. 各種邊緣型態，其值小於等於－0.1 者，稱為①毛頭②避尖③銳邊④讓切。 ④

( )106. 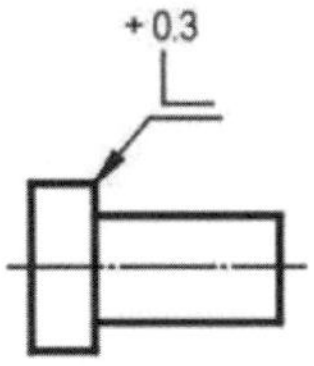 左圖外邊緣型態之毛頭為①可向垂直方向凸出 0.3②可向水平方向凸出 0.3③方向不定向凸出 0.3④讓切可至 0.3 無毛頭。 ①

( )107. 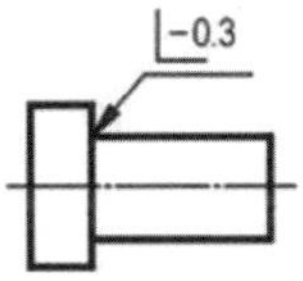 左圖屬於①毛頭②銳邊③讓切④避尖。 ③

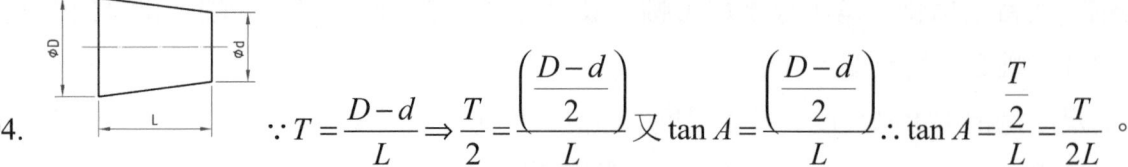

90. Rz=Rmax=4Ra。

94. $\because T = \dfrac{D-d}{L} \Rightarrow \dfrac{T}{2} = \dfrac{\left(\dfrac{D-d}{2}\right)}{L}$ 又 $\tan A = \dfrac{\left(\dfrac{D-d}{2}\right)}{L} \therefore \tan A = \dfrac{\dfrac{T}{2}}{L} = \dfrac{T}{2L}$ 。

95. H7/e7 為留隙(餘隙)配合，H7/js7 及 H7/k6 為過渡配合，H7/s6 為過盈(干涉)配合，詳見本書第三單元，第二章、基本圖學概論，9.公差配合。

96. 第①選項，在尺度數值下加一細橫線，代表為不按圖面比例，第②選項，將尺度數值括號，代表為參考尺度，詳見本書第三單元，第二章、基本圖學概論，6.尺度標註。

98. 詳見第 2 題。

101. ⌭ 為圓柱度符號；∠ 為傾斜度符號；↗ 為圓偏轉度符號；↗↗ 為總偏轉度符號。

106. 詳見本書第三單元，基本圖學概論，第二章、8. 表面織構符號－19.機件邊緣形態及符號表示法。

複選題。

( )108. 工作圖之尺度依其作用特性，可分爲①基本尺度②功能尺度③非功能尺度④參考尺度。 ②③④

( )109. 依 CNS 規定，下列有關尺度標註的敘述，何者正確？①球面直徑爲 50mm，其標稱方式爲 Sϕ50②中心線及輪廓線皆可作爲尺度界線使用③錐度符號之尖端恆指向左方④在尺度數字外加一括弧，表示該尺度爲參考尺度。 ①②④

( )110. 尺度標註時，下列敘述正確的爲①中心線可以當作尺度線②輪廓線不可以用作尺度線③尺度線爲細實線④尺度界線爲細實線。 ②③④

( )111. 有關尺度標註的敘述，下列何者正確？①尺度標註的符號高度與數字高度相同②尺度標註的數字內容與圖形比例無關③錐度符號與斜度符號的尖端恆指向右方④中心線與輪廓線可作尺度界線使用。 ②③④

( )112. 埋頭平行鍵的鍵槽尺度公差，下列何者正確？①F9②JS9③N9④P9。 ②④

( )113. 埋頭平行鍵的鍵座尺度公差，下列何者正確？①F9②JS9③N9④P9。 ③④

( )114. 有關 CNS 之尺度標註，下列敘述何者正確？①尺度線通常與尺度界線垂直，並距離尺度界線末端約 2mm ②全圓或大於半圓之圓弧，應標註其直徑③全圓之直徑以標註在非圓形視圖爲原則④輪廓線中心線必要時可作爲尺度線。 ①②③

( )115. 下列有關尺度標註之敘述，何者正確？①參考尺度必須於尺度數字加上括弧②依據 CNS 國家標準規定，斜度符號之尖端恆朝向左方③標註弧長尺度時，必須於尺度數上方加註弧長符號④指線註解之文字應爲水平排列。 ①④

( )116. 尺度標註時，下列敘述何者正確？①尺度線避免相交叉②小尺度標註於視圖與大尺度之間③尺度必須標註於剖視圖中④連續狹窄部位之尺度可用小圓點代替箭頭。 ①②④

( )117. 下列有關尺度標註的敘述，何者正確？①中心線之延長線可做爲尺度界線②工程圖中的尺度數字及符號必要時可以與其他線相交③半徑尺度線通常不宜成水平或垂直④大圓弧標註半徑尺度時，含數字之尺度線不必指向圓心。 ①③

( )118. 下列各圖中的尺度標註，何者有誤？ ①②③④

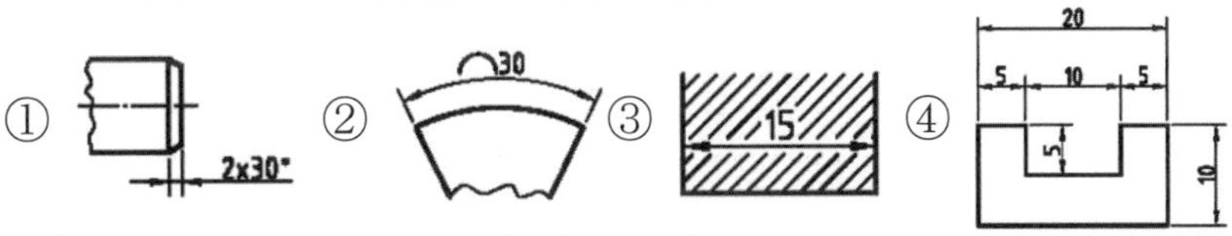

( )119. 直徑 30mm 時，IT7 級之基本公差爲 21μm，下列公差標註方式何者適當？①ϕ30 $^{+0.021}_{\ \ 0}$②ϕ30 $^{\ \ \ 0}_{-0.021}$③ϕ30 $^{+0.061}_{+0.040}$④ϕ30 $^{-0.060}_{-0.181}$。 ①②③

( )120. 當有一尺度標註數值爲 30 時，可能使用下列何種標註法？①R30②C30③M30④N30。 ①③

( )121. 下列幾何公差符號敘述何者正確？①Ⓜ最大實體狀況②Ⓟ包絡圓③Ⓔ延伸公差區域 ④⑥⓪理論上正確尺度。 ①④

複選題

108. 爲了機件間之相互關係，尺度分爲功能尺度、非功能尺度與參考尺度。與他件組合有關者爲功能尺度；他件組合無關者爲非功能尺度；可省略而僅供參考者爲參考尺度。

109. 錐度符號之尖端恆指向右方。

110. 中心線可以當作尺度界線。

111. 並非所有符號高度與數字高度相同，例如，斜度之符號高度爲數字之半，弧長符號爲半徑等於尺度數字高之半圓弧，方形符號爲字高之 2/3 等。

114. 輪廓線、中心線可以當作尺度界線，但不能當作尺度線。

115. 錐度符號之尖端恆指向右方，弧長尺度置於尺度數字之前，其粗細與數字相同。

116 所有尺度標註應儘量標於各視圖外側，而且在視圖與視圖之間，向視圖外由小至大順序排列。

117. 尺度數字及符號應避免與剖面線或中心線相交。如不可避免時，前述線條應中斷讓開；圓弧之半徑太大時，則半徑之尺度線可以縮短，但必須對準圓心。

118. 第①選項中倒角爲 45 度時的標註方式，非 45 度時需標長度及倒角之角度，如下圖：

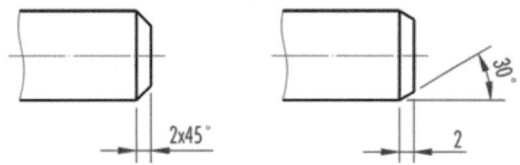

第②選項弧線長之標註，圓心角小於 90° 之單一弧長標註法尺度界線爲兩平行線。

第③選項於剖視圖標註尺度時，儘量避免於剖面範圍內標註尺度，若必要時，則於剖面範圍內所標註之尺度數字或符號，應避免與剖面線相交，也就是剖面線要中斷讓開。如下圖：

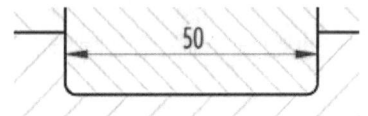

119. 經查數值表中第①選項爲 ϕ30H7，第②選項爲 ϕ30h7，第③選項爲 ϕ30E7，所以第④選項非 IT7 級之基本公差。

120. R30 表示半徑 30，M30 表示公制螺紋外徑 30。

121. Ⓔ爲包絡圓，Ⓟ爲延伸公差區域。

( )122. 有關於斜度標註之符號，下列何者正確？①斜度符號以 ◁ 表示②符號高度爲尺度數字之半，粗細與數字相同③符號水平方向之長度約爲高度的 3 倍④符號之尖端恆指向右方。 ①②③④

( )123. 關於尺度標註符號，下列敘述何者正確？①未按比例之尺度以 $\underline{250}$ 表示②更改尺度記號以 △ 表示③理論上正確尺度以 ☒ 表示④參考尺度以 (25) 表示。 ①②③④

( )124. 圖形比例與尺度標註的關係，下列敘述何者正確？①尺度標註的大小與圖形比例無關，均標註足尺(1：1)的數值②圖形若爲縮小比例，標示的尺度數字會比繪製的圖形大③圖形比例若有縮放，必須另外於圖形的下方標示比例大小④未按比例繪製之尺度，必須於尺度數字下方標示底線。 ①②④

( )125. 左圖所示之尺度標註中，各代號所表示之標註方式及數字，下列敘述何者正確？①A 爲 R75②B 爲 6×10°=60°③C 爲 $\phi 7 \times 6$④D 爲 15。 ①④

( )126. 左圖表面織構符號中，下列敘述何者正確？①傳輸波域 λs=0.0025-0.1mm②16%-規則③未規定加工符號④粗糙度圖形最大深度 0.2μm。 ②③④

( )127. 尺度標註之元素應包含①尺度數值②尺度線③箭頭④投影線。 ①②③

( )128. 左圖邊緣型態符號，當指向內邊緣時，下列敘述何者正確？①視爲銳邊②避尖可至 0.05mm③讓切可至 0.05mm④毛頭可至 0.05mm。 ①②③

( )129. 下列何種機件需使用到左螺紋①自行車腳踏板的螺紋②砂輪機主軸的螺紋③電風扇主軸的螺紋④燈泡的螺紋 ①②③

( )130. 有關尺度標註的敘述，下列何者正確？①尺度線均與尺度界線成垂直②尺度箭頭長爲尺度數字字高，開尾夾角爲 20 度③尺度符號規定放在尺度數字的左側，公差配合置右側④尺度線均爲直線。 ②③

( )131. 有關尺度標註之公差配合選用，下列何組錯誤？①$\phi 30CD7/\phi 30h6$②$\phi 30H8/\phi 30i7$③$\phi 30ZD9/\phi 30h8$④$\phi 30H10/\phi 30w9$。 ②③④

( )132. 如左圖，斜度爲 1：10，$L = 40$，兩端高度爲 H 及 h，下列何者正確？①H=40 時，h=36②h=46 時，H=50③H=46 時，h=36④h=40 時，H=46。 ①②

( )133. 下列球面標註方式何者正確？①R20②$\phi 40$③SR20④$S\phi 40$。 ③④

( )134. 對於尺度標註之敘述，下列何者正確？①爲避免累積公差，應採用基準位置標註法②當精度要求不高時，可採用連續尺度標註法③未按比例標註之尺度，其數值應加括弧④參考用之尺度，其數值應加底線。 ①②

複選題

122. 詳見單選題第 40、41 題。

124. 圖形比例若有縮放，須於圖形的適當位置標示比例大小，並在標題欄之主要比例後以括弧註明，例如：1：1 (1：2)。

125. 第②選項正確為 5×10°=50°，第③選項正確為 6×ϕ7。

126. 該表面織構符號的意義為：未規定加工方法，單邊上限界規格，傳輸波域 λ_S =0,0025 mm；A=0.1mm，評估長度等於 3.2mm(預設值)，粗糙度圖形參數，粗糙度圖形最大深度 0.2μm，"16%-規則"(預設值)。

127. 一般尺度標註，包括尺度界線、尺度線、箭頭、數字、指線、註解及符號各項。

128. 表示內邊緣之讓切可至 0.05mm 或避尖可至 0.05mm，視為銳邊讓切之方向不定；如為指向外邊緣，表示外邊緣之毛頭可凸出至 0.05mm 或外邊緣之讓切可至 0.05mm，視為銳邊毛頭之方向不定。

130. 通常尺度線均與尺度界線成垂直，唯尺度界線如與輪廓線近似平行時，可於該尺度之兩端處引出與尺度線約成 60°之傾斜平行線為尺度界線。角度尺度線為一圓弧，其圓心為該角之頂點。

131. 偏差位置以 26 個拉丁字母中除 I、L、O、Q、W 五個未被列用外，另增加 CD、EF、FG、JS、ZA、ZB、ZC 雙拼字母，共分 28 個規定位置，所以第②選項中ϕ30i7、第③選項中ϕ30ZD9、第④選項中ϕ30w9 是錯誤的。

132. $H = 46$時，$\dfrac{1}{10} = \dfrac{46-h}{40} \therefore h = 42$ ，$h = 40$時，$\dfrac{1}{10} = \dfrac{H-40}{40} \therefore H = 44$。

133. 球面符號以 S 表示，畫在 R 或ϕ符號前面，例如：SR10、Sϕ20 等。

134. 未按比例標註之尺度，其數值應加底線，例如：<u>30</u>。，參考用之尺度，其數值應加括弧，例如：(8)，如下圖所示。

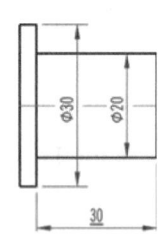 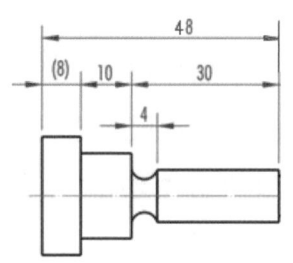

(　)135. 下列符號何者用於尺度標註中？①⌒②□③○④ϕ。　①②④

(　)136. 有關尺度標註的敘述，下列何者正確？①不規則曲線的尺度，可採用座標法　①②③④
或支距法標註②尺度的標註基準，一般使用基準面爲基準線③CNC 加工尺
度，可採用單一尺度線，以基準面爲起點，用小圓點並標註 0 爲起點，各尺
度以單向箭頭標示，尺度數字沿尺度界線之方向置於末端④多孔的尺度標
註，可以採用列表方式。

(　)137. 在表面織構符號中，有關輪廓參數的預設評估長度的敘述，下列何者正確？　①②③
①R 輪廓：評估長度爲取樣長度的 5 倍②W 輪廓：無預設評估長度③P 輪
廓：評估長度爲測量之全長④W 輪廓：評估長度爲取樣長度的 5 倍。

(　)138. 半視圖之直徑標註，下列何者正確？　①②③

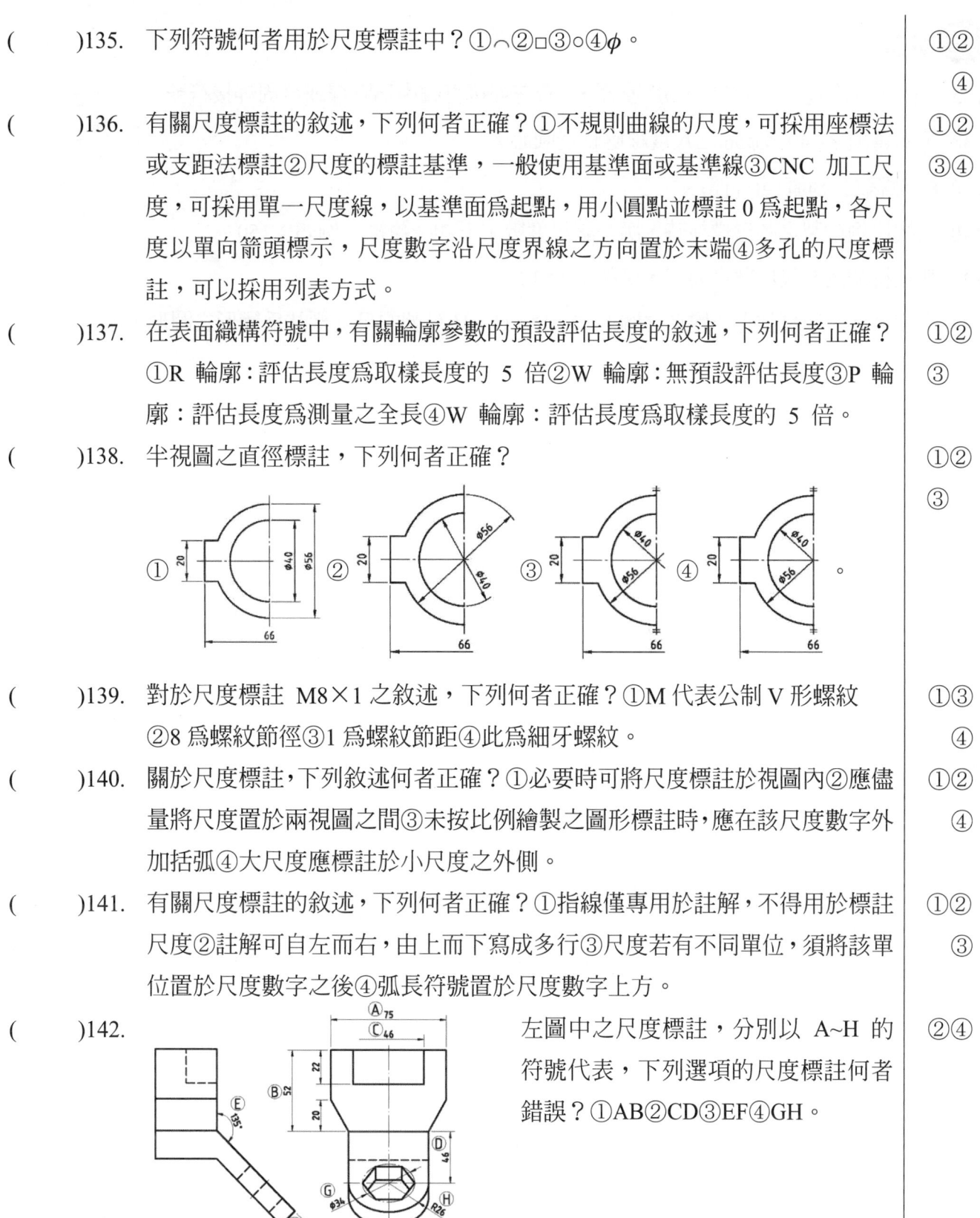

(　)139. 對於尺度標註 M8×1 之敘述，下列何者正確？①M 代表公制 V 形螺紋　①③④
②8 爲螺紋節徑③1 爲螺紋節距④此爲細牙螺紋。

(　)140. 關於尺度標註，下列敘述何者正確？①必要時可將尺度標註於視圖內②應儘　①②④
量將尺度置於兩視圖之間③未按比例繪製之圖形標註時，應在該尺度數字外
加括弧④大尺度應標註於小尺度之外側。

(　)141. 有關尺度標註的敘述，下列何者正確？①指線僅專用於註解，不得用於標註　①②③
尺度②註解可自左而右，由上而下寫成多行③尺度若有不同單位，須將該單
位置於尺度數字之後④弧長符號置於尺度數字上方。

(　)142. 左圖中之尺度標註，分別以 A~H 的　②④
符號代表，下列選項的尺度標註何者
錯誤？①AB②CD③EF④GH。

複選題

135. ⌒為弧長符號，□為方形，φ為直徑，○若在焊接符號中為點焊或全周焊接符號。

138. 第④選項之φ40 及φ56 之尺度線應超過圓心。

130. 8 為螺紋公稱直徑(外徑)。

140. 未按比例繪製之圖形標註時，應在該尺度數字下加一短線，例如：150。

141. 弧長符號置於尺度數字前方，例如：⌒12。

142. 尺度標註，應標註在非變形之圖形處，D、G、H 符號的尺度標註為變形之圖形，不宜標註。

工作項目 04 機件元件

單 選題。

(③)1. 在滑動軸承承面上開油槽時,應開在①負荷最大處②轉速最低處③負荷最小處④任何位置皆可。

(④)2. 標準正齒輪的齒高等於①工作深度②兩倍模數③兩倍徑節④工作深度加頂隙的距離。

(③)3. 承受與軸中心平行負荷的軸承,稱為①整體軸承②對合軸承③止推軸承④徑向軸承。

(①)4. 「7206 滾動軸承」表示①外徑記號為 2②寬度記號為 2③外徑 30mm④內徑 6mm。

(②)5. 聯結兩軸,其軸中心線相互平行,但不在同一中心線上,應使用①凸緣聯結器②歐丹聯結器③分角聯結器④萬向接頭。

(④)6. 萬向接頭的兩軸中心線相交的角度,不宜超過①5°②10°③20°④30°。

(②)7. 萬向接頭常成對使用的原因為①調整兩軸的角度偏差②使兩軸角速度相同③增強輸出扭力④延長傳動距離。

(③)8. 可使兩軸迅速聯結或分離的機件,稱為①鍵②聯結器③離合器④栓槽軸。

(②)9. 若軸與軸承箱孔兩者中心線產生角度對準誤差時,宜選用①單列深槽滾珠軸承②雙列自動調心滾珠軸承③單列斜角滾珠軸承④單列圓柱滾子軸承。

(③)10. 可同時承受徑向與軸向負荷之軸承為①深槽滾珠軸承②滾針軸承③錐形滾子軸承④滾柱軸承。

(①)11. 錐形滾子軸承「32230」的孔徑號碼是①30②23③22④150。

(④)12. 左圖 V 型皮帶中之 θ 角為①34°②36°③38°④40°。

(③)13. V 型皮帶的規格,除有 A、B、C、D、E 型外,還有①F②G③M④N 型。

(③)14. V 型皮帶輪的槽角有①28°、30°、32°②32°、34°、36°③34°、36°、38°④36°、38°、40° 三種。

(④)15. 左圖凸輪的位移圖,其運動形態為①等速度②等加速度③等減速度④簡諧運動。

(②)16. 下列可設計來控制引擎進、排氣閥的開關機件為①液壓缸②凸輪③滑塊連桿④齒輪。

(④)17. 左圖壓力角為 20°的齒條,其 θ 角為①14.5°②20°③29°④40°。

(③)18. 模數 6、齒數 45 的標準正齒輪,其齒頂圓直徑為①270②276③282④288.84。

單 選題

2. 正齒輪的齒高等於＝齒冠＋齒根＝工作深度(兩個齒冠)＋間隙的距離。

3. 軸承承受與軸中心平行的負荷稱為止推軸承，與軸垂直的負荷稱為徑向軸承。

4. 滾動軸承「7206」表示，「7」：斜角滾動軸承，「2」：為尺度系列含，寬度級序及直徑級序，所以「2」應為「02」，其中寬度級序為 0 則可省略不寫，「06」：為內徑代號。

6. 萬向聯結器(萬向接頭、虎克接頭、十字接頭)的主要特點為：可聯結兩軸相交於一點，當兩軸迴轉時主動軸作等速旋轉，從動軸應為兩軸的夾角角度而產生變速運動。一般使用時，兩軸交角不超過 30° 之軸角，5° 以下為最理想。

7. 兩個萬向接頭中間另設一副軸(中間軸)成對角使用，可使兩軸角速度相同。

8. 軸的連接可分為永久結合與間歇離合兩種，永久結合裝置稱為聯結器，間歇離合裝置稱為離合器，所以要使兩軸迅速聯結或分離的機件應使用離合器。

11. 錐形滾子軸承「32230」的孔徑號碼為「30」，其孔徑大小為 $30 \times 5 = 150$ mm。

12. V 型皮帶其斷面形狀為梯形，角度為 40°

14. V 形皮帶輪的槽角有 34°、36°、38°。

15. 凸輪從動件之運動形態為有：

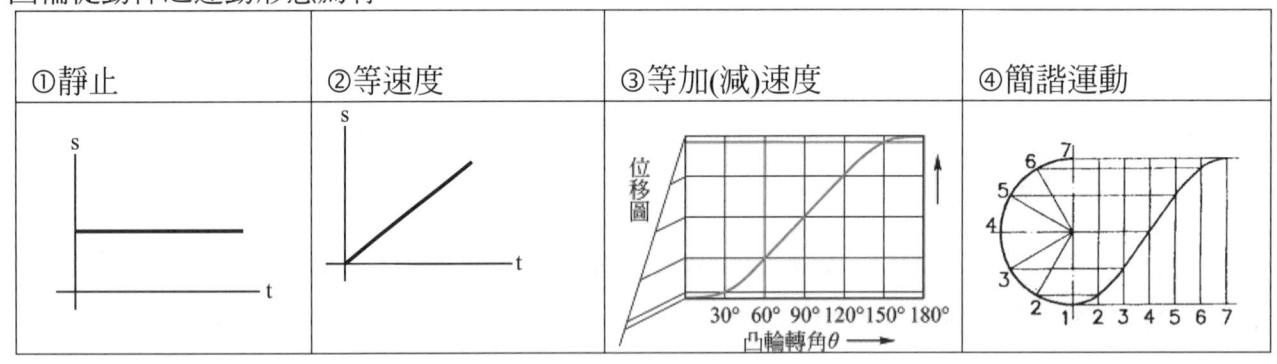

此圖之從動件位移圖為正弦圖形所以其運動形態為簡諧運動。

18. 齒頂圓直徑=$6 \times (45+2)=282$ mm。

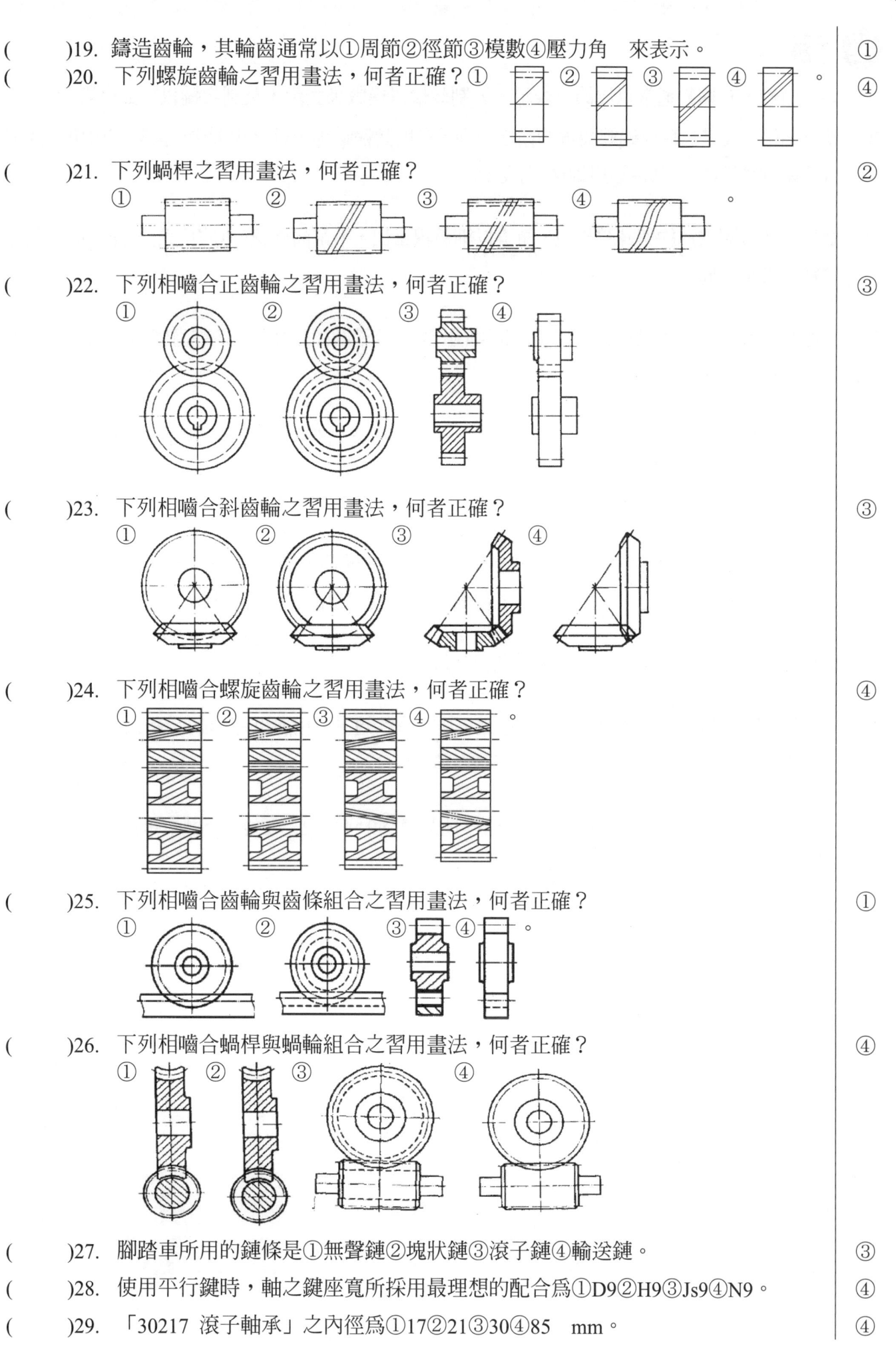

(　)19. 鑄造齒輪，其輪齒通常以①周節②徑節③模數④壓力角　來表示。　①

(　)20. 下列螺旋齒輪之習用畫法，何者正確？①　　②　　③　　④　　。　④

(　)21. 下列蝸桿之習用畫法，何者正確？　②

(　)22. 下列相嚙合正齒輪之習用畫法，何者正確？　③

(　)23. 下列相嚙合斜齒輪之習用畫法，何者正確？　③

(　)24. 下列相嚙合螺旋齒輪之習用畫法，何者正確？　④

(　)25. 下列相嚙合齒輪與齒條組合之習用畫法，何者正確？　①

(　)26. 下列相嚙合蝸桿與蝸輪組合之習用畫法，何者正確？　④

(　)27. 腳踏車所用的鏈條是①無聲鏈②塊狀鏈③滾子鏈④輸送鏈。　③

(　)28. 使用平行鍵時，軸之鍵座寬所採用最理想的配合為①D9②H9③Js9④N9。　④

(　)29. 「30217 滾子軸承」之內徑為①17②21③30④85　mm。　④

單 選題。

19. 鑄造齒輪，其輪齒通常以周節來表示，公制齒輪以模數來表示，英制齒輪以徑節來表示。

20. 螺旋齒輪、人字齒輪或蝸線齒輪的齒之方向，在與齒輪軸線平行之視圖中，按其旋向用三條平行等距細實線(但在剖視圖用細鏈線)表示之。

21. 蝸桿之前視圖畫法約與螺紋相似，節線以細鏈線畫出，不畫齒底線，但須加畫三條平行等距細實線以表示旋向。

22. 正齒輪及螺旋齒輪：側視圖中只畫齒頂圓(粗實線)及節圓(細鏈線)，不畫齒底圓。剖視圖中加畫齒底線(粗實線)。

23. 斜齒輪：側視圖只畫大端之齒頂圓及節圓，小端各圓皆省略。側視圖之規定與正齒輪相同。

24. 螺旋齒輪嚙合時要兩輪旋向相反，剖面後的習用畫法與正齒輪相同。

25. 齒輪組合在兩個齒輪相嚙合處，兩個齒輪之齒頂圓或齒頂線均用粗實線表示之。而在剖視圖中，兩齒輪相互嚙合處，則須假設某一齒輪之齒被另一齒輪之齒所隱蔽。

26. 蝸輪側視圖之齒頂圓畫其最大者，節圓畫其最小者。

27. 無聲鏈、塊狀鏈及滾子鏈皆為功率傳達鏈，其中塊狀鏈主要用於低速傳動；滾子鏈為應用最廣泛，主要用於機車、腳踏車及一般工廠動力傳送。

28. 使用平行鍵時，軸之鍵座寬宜採用負公差，所以選 N9、P9 配合較適合；鍵槽可採雙向公差 Js9 或負公差 P9 配合較適合。

29. 內徑為『17』×5=85 mm。

( )30. 若漸開線正齒輪的壓力角爲 θ，節圓直徑爲 D，則其基圓直徑爲①$D×Sin\theta$②$D×Cos\theta$ ③$D/Sin\theta$ ④$D/Cos\theta$。　②

( )31. 兩擺線齒輪相嚙合時，若接觸點在節點位置時，其壓力角應爲①270°②180°③90°④0°。　④

( )32. 漸開線齒輪之壓力角愈大時，則其齒根厚①變大②變小③不變④不一定。　①

( )33. 定位銷常用的公差符號爲①e6②js6③m6④p6。　③

( )34. 繪製公制標準正齒輪時，除須註解齒制、節徑、齒數、壓力角等之外，尚須標明①徑節②模數③旋向④導程。　②

( )35. 正齒輪的模數爲 2 時，則其周節爲①$2/\pi$②$\pi/2$③$2$④$2\pi$。　④

( )36. 左圖爲使用滑鍵之輪轂鍵槽之局部視圖，其中尺度『A』所採用最適當的配合爲①D10②H9③Js7④N7。　①

( )37. 鏈輪代號"40"，表示其節距爲①9.525②12.7③15.875④19.05　mm。　②

( )38. 正齒輪泵(Gearpump)中，泵本體齒輪箱之孔徑與齒輪外徑的配合較適當者爲①G7/h6②H7/f6③H8/e6④E7/h7。　①

( )39. M8 之螺紋孔攻絲前，鑽頭直徑應取①6mm②6.8mm③8.0mm④8.8mm。　②

( )40. 標準六角螺帽的厚度約爲標稱直徑的①1 倍②1/2 倍③2/3 倍④4/5 倍。　④

( )41. 玻璃瓶口的螺紋常採①圓螺紋②梯形螺紋③鋸齒形螺紋④三角形螺紋。　①

( )42. 推拔管螺紋之錐度爲①1：2②1：5③1：8④1：16。　④

( )43. 自攻螺釘之螺紋符號爲①WS②R③TS④Tr。　③

( )44. 「6205P4」軸承規格中之 P4 表示①公差等級②軸承型式③尺寸系列號碼④內徑號碼。　①

( )45. 繪製鑽孔，如左圖之 θ 角，習用①30°②60°③90°④120°。　④

( )46. 標準正齒輪之模數 10、齒數 30，則齒冠高爲①3mm②10/πmm③10mm④3π mm。　③

( )47. 測得一標準正齒輪的模數爲 5，齒數爲 32，則下列計算值何者錯誤？①外徑=170mm②節圓直徑=160mm③周節=15.7mm④徑節=5.2mm。　④

( )48. 平行的兩軸，可用那一種齒輪來傳動①蝸桿蝸輪②螺輪③斜齒輪④正齒輪。　④

( )49. 爲防止平皮帶在傳動中滑落，常將帶輪之輪面製成①隆起輪寬的 1/20②下陷輪寬的 1/20③隆起輪寬的 1/10④下陷輪寬的 1/10。　①

( )50. 公制標準 V 形螺紋，螺距 P，則牙高 H=①0.5P②0.6134P ③0.6495P④0.866P。　③

( )51. 常用蝸桿蝸輪傳動速比範圍約爲①1：100 至 1：500②1：10 至 1：100③1：5 至 1：10④1：2 至 1：5。　②

單 選題。

30. 漸開線齒輪之基圓直徑等於節圓直徑和壓力角餘弦直的乘積。

31. 擺線齒輪相嚙合時，其壓力角在接觸後，接下來由大變小，節點位置時為 0°，之後再由小變大。

32. 漸開線齒輪之壓力角愈大則齒厚變大，一般取 14.5°～2 0°之間。

34. 公制齒輪註解尚須加記模數，英制齒輪須加記徑節。

35. 周節 $= \dfrac{\pi \times D(\text{節徑})}{T(\text{齒數})} = \pi \times M(\text{模數}) = 2 \times \pi = 2\pi$。

37. 鏈條的號碼為鍊條節距除以 3.175mm 之數字後，尾部再附加：「0」：滾子式、「5」：無滾子、「1」：輕量形，來表示。所以 40 號滾子鏈條的節距為 4×3.175=12.7mm。

39. 螺紋孔攻絲前，鑽頭直徑應取較公稱外徑小之鑽頭。

40. 標準六角螺帽的厚度約為標稱直徑的 0.8 倍，重力級為 1 倍。正規級螺栓頭厚度約為標稱直徑的 2/3 倍，重力級為 7/8 倍。

41. 圓螺紋常採用於燈泡頭、玻璃瓶口、瓶蓋、橡皮管等場合。

43. WS：木螺釘螺紋之螺紋符號，R：推拔管螺紋之螺紋符號，ST：自攻螺釘之螺紋符號，Tr：公制梯形螺紋之螺紋符號。

45. 鑽頭之鑽唇角為 118°，但在圖面上以 120°表示。

46. 模數=齒冠高=10 mm。

47. 徑節 $= \dfrac{25.4}{\text{模數}} = \dfrac{25.4}{5} = 5.08$ mm。

48. 蝸桿蝸輪用在兩軸互成直角，但不平行且不相交的場合；螺輪又稱為交叉螺旋齒輪用在兩軸不平行且不相交的場合，使用時兩輪旋向相同；斜齒輪用在兩軸相交的場合；正齒輪用在兩軸平行的場合。

49. 防止平皮帶在傳動中滑落，常將帶輪之輪面製成隆起約輪寬的 1/20。

50. 公制標準 V 形螺紋，螺距 P，則外螺紋深度(牙高)=0.6495P，內螺紋深度=0.54125P。

51. 蝸桿蝸輪傳動用在減速機構，其速比約為 1：10 至 1：100。

（　）52. 齒輪傳動之速比與①兩齒輪節圓直徑成正比②兩齒輪齒數成正比③兩軸轉數成反比④兩齒輪節圓直徑成反比。　④

（　）53. 下列何種機件只能當主動件，而不能當從動件？①斜齒輪②蝸輪③蝸桿④螺旋齒輪。　③

（　）54. 兩平行軸傳動用的螺旋齒輪，此兩輪齒必須①螺旋角相等，旋向相同②螺旋角不等，旋向相同③螺旋角相等，旋向相反④螺旋角不等，旋向相反。　③

（　）55. 用在兩相交軸間之傳動齒輪為①螺旋齒輪②蝸桿蝸輪③人字齒輪④斜齒輪。　④

（　）56. 當兩嚙合齒輪之角速比一定時①角速度與節圓直徑成反比②角速度與節圓直徑成正比③角速度與齒數成正比④角速度與周節成正比。　①

（　）57. 纖維繩輪傳動，槽輪直徑必須大於繩直徑的①20 倍②30 倍③40 倍④50 倍。　③

（　）58. 撓性傳動能確保一定速比之傳動元件是①三角皮帶輪②齒輪③繩輪④鏈輪。　④

（　）59. 公制標準 V 形螺紋，其牙角為①30°②45°③55°④60°。　④

（　）60. 斜齒輪當節圓錐角為 90°時，節圓錐即為一平面，底圓變為一大圓，此種斜齒輪稱為①冠狀齒輪②蝸輪③螺旋齒輪④齒條。　①

（　）61. 齒輪之齒頂圓半徑與節圓半徑之差為①齒頂高②齒根高③齒寬④齒厚。　①

（　）62. 擺線齒輪之齒形決定於①基圓②滾圓③節圓④齒根圓。　②

（　）63. 經由一主動臂的往復或搖擺運動，而產生單向的間歇性運動之機構，稱為①帶輪傳動機構②鏈輪傳動機構③撓性傳動機構④棘輪機構。　④

（　）64. 互相嚙合的兩齒輪，在剖視圖中應畫成① ② ③ ④ 。　②

（　）65. 能避免機械因負載過大而受損之撓性傳動方式為①V 型皮帶②確動皮帶③傳動鏈④無聲鏈。　①

（　）66. 模數 M、徑節 Pd，其關係為①$M = 25.4/Pd$ ②$M = \pi/Pd$ ③$Pd = M/25.4$ ④$Pd = \pi M$。　①

（　）67. 交叉式平皮帶傳動，兩輪與皮帶接觸弧度之圓心角，其大小為①主動輪大於被動輪②被動輪大於主動輪③恆相等④不一定。　③

（　）68. 油封的主要功用為①防鬆②防震③防漏④防銹。　③

（　）69. 齒輪線規是用來測量齒輪的①模數②齒厚③節徑④壓力角。　③

（　）70. 一組移位齒輪，其兩齒輪齒數相差多時，通常大齒輪的移位量是①負移位②正移位③不移位④不一定。　①

（　）71. 兩漸開線齒輪嚙合，其接觸點之軌跡為①直線②圓弧線③漸開線④不規則曲線。　①

（　）72. 螺旋齒輪的旋向①應為左旋②應為右旋③左右旋均可④受齒輪大小而定。　③

（　）73. 下列何種傳動不是藉撓性連接物傳動？①帶輪②繩輪③齒輪④鏈輪。　③

單 選題。

52. $e_{a-b} = \dfrac{N_b}{N_a} = \dfrac{D_a}{D_b} = \dfrac{T_a}{T_b}$ 。

53. 蝸輪組傳動時，蝸桿為主動，蝸輪為從動。

54. 螺旋齒輪嚙合條件為，兩齒輪的螺旋角相等及旋向相同。

58. 撓性傳動的元件為三角皮帶輪、繩輪、鏈輪等。其中能確保一定速比之傳動元件是鏈輪。

60. 一對斜齒輪之其中一輪的半頂角為 90° 時，即為冠狀齒輪。

62. 擺線齒輪齒形決定於滾圓大小，漸開線齒輪齒形決定於基圓大小。

63. 間歇性運動之機構為一原動件做連續運動或搖擺運動，而從動件作有時靜止，有時運動。常見原動件做搖擺運動的有棘輪機構及擒縱器；原動件做連續運動的有間歇齒輪機構及日內瓦機構。

65. 確動皮帶、傳動鏈、無聲鏈均是撓性傳動，但當負載過大時無滑動情形，所以易造成機械受損。

66. 模數 $M = \dfrac{節徑}{齒數}$ ，單位為(mm/齒)，徑節 $Pd = \dfrac{齒數}{節徑}$ ，單位為(齒/吋)，$M = \dfrac{25.4}{Pd}$ 。

68. 油封主要用於防止液體(潤滑油)從其旋轉軸及油封箱(Housing)洩漏，並且也防止灰塵及泥土從外界污染至油箱內，而影響到整個傳動機構的壽命。

70. 一般在漸開線齒輪嚙合，基圓與節線是相切，稱為標準齒輪，反之基圓與節圓不相切的嚙合，稱為移位齒輪，是為避免少齒數的齒輪產生過切。製造時只要將切削刀具之節圓或節線，不與齒輪之節圓相切，則所偏移的這段距離 xm 就是偏移量，x 為偏移係數。偏離圓心稱為「正移位」，反之稱為「負移位」。

71. 一對相嚙合齒輪之接觸點，在傳動時所行走的軌跡，稱為接觸線。漸開線齒輪，接觸線即為作用線為一直線，直線亦即齒輪自開始接觸至終止，其接觸點永遠落在作用線上；擺線齒輪時，接觸線為一曲線。

72. 詳見第 54 題。

( )74. 萬向聯結器聯結兩軸所成交角之大小，與①傳動角速度大小成正比②傳動角速度大小成反比③兩軸徑大小成正比④兩軸徑大小成反比。 ①

( )75. 三角皮帶 A、B、C、D 及 E 五型中，何種斷面積最大？①A②D③E④C。 ③

( )76. 斜齒輪之節圓直徑是以齒輪的①大錐端之節圓直徑表示②小錐端之節圓直徑表示③錐體中間之節圓直徑表示④大小錐端之節圓直徑平均值。 ①

( )77. 齒輪的節圓用那一種線畫之？①粗實線②細實線③一點細鏈線④虛線。 ③

( )78. 小幅三角皮帶的規格有①2V、3V、4V②3V、4V、5V③3V、5V、7V④3V、5V、8V 三種。 ④

( )79. 皮帶輪之輪面中間凸起，是爲了①帶輪不致磨損②皮帶不致脫落③增加速率④減少滑動。 ②

( )80. 擺線齒輪的壓力角不宜大於①5°②10°③15°④30°。 ④

( )81. 正移位齒輪的齒形較標準齒形①圓胖②瘦長③相同④胖瘦不一定。 ①

( )82. 皮帶爲一封閉之環帶，帶動時會產生一側拉緊，另一側爲鬆弛，設計上拉緊邊爲鬆弛邊的①7/3②3/7③3/2④2/3 倍。 ①

( )83. 非撓性傳動之連接物中，藉摩擦力而獲得傳動功能的是①平皮帶②V 型皮帶③繩④斜齒輪。 ④

( )84. 正齒輪傳動，其速比不宜大於①4：1②6：1③8：1④10：1。 ②

( )85. 精確傳動齒輪之齒形曲線應爲①擺線②漸開線③弧線④拋物線。 ①

( )86. 用以傳動兩軸相交之齒輪爲①正齒輪②斜齒輪③螺旋齒輪④蝸桿蝸輪。 ②

( )87. 兩相嚙合之正齒輪，其作用線與節點上節圓的切線之夾角，稱爲①壓力角②作用角③進角④退角。 ①

( )88. 兩擺線齒輪嚙合，其壓力角爲①恆定不變②由大變小，而後由小變大③由大變小④由小變大。 ②

( )89. 兩擺線齒輪嚙合，其接觸點之軌跡爲①直線②曲線③折線④圓弧線。 ②

( )90. 非撓性連接物是指①皮帶②繩子③鏈條④齒輪。 ④

( )91. 三角皮帶的規格有①M、A、B、C、D、E 六種②A、B、C、D、E 五種③A、B、C、D 四種④A、B、C 三種。 ①

( )92. 下列何者爲摩擦傳動？①棘輪②鏈輪③皮帶輪④齒輪。 ③

( )93. A 型 30 號之三角皮帶，其長度爲①600mm②450mm③300mm④762mm。 ④

( )94. 相同速比的二組齒輪系，嚙合齒數多寡與①徑節大小成正比②徑節大小成反比③主動齒輪徑節大小成反比④主動齒輪徑節大小成正比。 ①

( )95. 用在兩平行軸間之傳動齒輪爲①斜齒輪②蝸齒輪③正齒輪④戟齒輪。 ③

( )96. 漸開線齒輪之齒形決定於①基圓②滾圓③節圓④齒根圓。 ①

( )97. 非蝸桿與蝸輪之使用場合爲①兩軸不在同一平面但正交②角速比相差大時之減速機構③防止逆轉之場合④兩軸在同一平面上且正交。 ④

單選題。

74. 萬向聯結器又稱為虎克接頭，應用於兩軸迴轉時角度可任意變更之連接傳動，角度以不超過 30 度為宜，5 度以下為最理想(角度越大兩軸轉速變差愈大)。

78. 三角(V 型)皮帶規格：重負荷式有標準截面 M、A、B、C、D、E 及窄截面 3V、5V、8V 兩大 類。輕荷載式有 2L、3L、4L、5L。

79. 皮帶輪之輪面中間凸起是為了防止皮帶脫落。

81. 移位齒輪可防止齒輪嚙合時之干涉問題並增加強度。正移位齒輪的齒形較標準齒形圓胖，負移 位齒輪的齒形較標準齒形瘦長。

82. 皮帶傳動一般緊邊在下，緊邊拉力：鬆邊拉力=7：3。而鏈輪傳動時，緊邊在上，鬆邊拉力趨 近於 0。

83. 皮帶輪及繩輪主要為使用摩擦力，傳動速比能難保一定，齒輪非撓性傳動。

84. 正齒輪傳動，其速比不宜大於 6 倍，如有需要較大的速比則用複式輪系，或用蝸輪組。

88. 兩漸開線齒輪嚙合，其接觸點之軌跡為直線，傳動時之壓力角不變。兩擺線齒輪嚙合，其接觸 點之軌跡為曲線，傳動時之壓力角不是定值而隨時改變。

90. 詳見第 71 題。

91. 詳見第 78 題。

93. 三角皮帶其長度為 $30 \times 25.4 = 762$ mm。

94. 因為徑節＝齒數/直徑(吋)，所以嚙合齒數多寡與徑節大小成正比。

95. 斜齒輪用於兩軸垂直且相交，蝸齒輪用於兩不平行軸③正齒輪④戟齒輪。

96. 詳見第 62 題。

97. 蝸桿與蝸輪用於兩軸不在同一平面但正交的場合，用在減速機構，蝸桿是主動，蝸輪從動不可 逆轉。

解答

(　)98. 畫正齒輪時，可以略去不畫的圓為①節圓②齒根圓③外圓④齒頂圓。　②

(　)99. V 型皮帶傳動之接觸面為①帶之底部及兩夾邊面②帶之兩夾邊面③帶之底面④帶之上邊面。　②

(　)100. 萬向聯結器(萬向接頭)的主要特點為①可聯結兩軸相交，且交角小於 30°之軸②可聯結兩平行軸，且偏置量小之軸③可聯結兩正交軸，但有微量偏置④可聯結兩不平行軸且交角大於 45°。　①

(　)101. 影響齒輪傳動速比的因素為①兩齒輪之齒數②主動軸轉速大小③囓合齒數多寡④模數的大小。　①

(　)102. 漸開線齒輪囓合之條件為兩齒輪之①模數相等②壓力角相等③模數與壓力角均相等④底圓與壓力角均相等。　③

(　)103. 正移位齒輪的中心距比標準齒輪的中心距①大②小③相等④不一定。　①

(　)104. 下列標準正齒輪的外徑計算，何者錯誤？①節圓直徑加二倍齒頂高②(齒數+2)/徑節③(齒數+2)×模數④齒數加徑節。　④

(　)105. 當一圓沿另一圓內滾動時，滾動圓的圓周上一點所移動的軌跡，稱為①阿基米德螺線②內擺線③外擺線④漸開線。　②

(　)106. 兩漸開線齒輪囓合，其壓力角為①恆定不變②由大變小，而後由小變大③由大變小④由小變大。　①

(　)107. 三角皮帶 A、B、C、D 及 M 五型中，何種斷面積最小？①A②D③M④C。　③

(　)108. 非摩擦式離合器的特點為①震動少②瞬間扭力小③噪音小④跳動大。　④

(　)109. 周節與模數之換算式為①周節= π ×模數②周節×25.4= π ×模數③模數= π ×周節④模數= π ×周節×25.4。　①

(　)110. 通常凸輪(基圓固定)的最大壓力角發生於①從動件速度最快時②主動件速度最快時③從動件速度最慢時④主動件速度最慢時　的位置。　①

(　)111. 凸輪的壓力角不應超過①10°②20°③30°④40°　為宜。　③

(　)112. 具有曲形槽的圓柱體的凸輪，稱為①平板②三角③偏心④圓柱　凸輪。　④

(　)113. 汽車引擎內排氣閥之上下運動，常使用①多周圍柱②圓柱③三角④平板　凸輪。　④

(　)114. 下列何種軸承可以承受最大軸向推力？①斜角②徑向③止推④自動對位　軸承。　③

(　)115. 由燒結金屬粉末製成，再浸泡於潤滑油中的軸承，為①青銅(Bronge)②銅－鉛(Copper-Lead)③鑄鐵(Cast-Iron)④多孔(Porous)　軸承。　④

(　)116. 軸承的主要功用是支承轉動機構，且轉動時可以①防漏②防鏽③防鬆④減少摩擦阻力。　④

(　)117. 斜角滾珠軸承之軸向負荷容量與徑向負荷容量之比為①1②2③1/2④依斜角角度而定。　④

(　)118. 滾珠軸承的負荷減半，則軸承的預期壽命將①不變②提高一倍以上③減半④不一定。　②

(　)119. 自軸承頂部的油孔，於適當的時間由油壺注油，是屬於①間歇②有限連續③充沛連續④飛濺　潤滑。　①

 選題。

98. 畫正齒輪時,未剖面的視圖可以略去不畫齒根圓。

100. 萬向接頭又稱為虎克接頭,應用於兩軸迴轉時角度可任意變更之連接傳動,角度以不超過 30 度為宜 5 度以下為最理想(角度越大兩軸轉速變差愈大)。

101. 齒輪傳動速比與兩齒輪之齒數或節徑成反比。

103. 移位齒輪可防止齒輪囓合時之干涉問題並增加強度,所以中心距會變大。

104. 英制正齒輪的外徑＝(齒數＋2)/徑節。

105. 當一圓沿另一圓內滾動時,滾動圓的圓周上一點所移動的軌跡,稱為內擺線;當一圓沿另一圓外滾動時,滾動圓的圓周上一點所移動的軌跡,稱為外擺線;當一圓沿另一平面上滾動時,滾動圓的圓周上一點所移動的軌跡,稱為正擺線。

106. 兩漸開線齒輪囓合,其壓力角為恆定不變,常用角度為 14.5°～20.5°。CNS 制採用 20°。

107. 三角皮帶輪規格有 M、A、B、C、D、E 型。皮帶輪其斷面形狀為梯形,斷面積最大為 E 型。

111. 凸輪的壓力角為接觸點之公法線與從動件運動方向之間夾角,一般不超過 30 度為宜,過大則側推力愈大傳動效率差,同升程時基圓愈大則壓力角愈小。

112. 圓柱凸輪屬於確動凸輪的一種,即不需外力即可使主、從動件保持接觸。

115. 多孔(Porous)軸承又稱含油軸承,由燒結金屬粉末製成,因具有多孔性所以浸泡於潤滑油後,當轉動時可將孔內之油吸出用以潤滑,一般用於輕負載的徑向軸承。

117. 斜角滾珠軸承可同時承受軸向負荷與徑向負荷,其負荷容量依斜角角度而定。

( )120. 下列可承受較大負荷容量的滾珠軸承序號為①6100②6200③6300④6400。　④

( )121. 組合圖中，常不加以剖切的零件是①飛輪②軸③軸承④機架。　②

( )122. 繪製一部機器，用以表示各部分相對位置的為①結構圖②零件圖③詳圖④組合圖。　④

( )123. 繪製機件形狀、尺度及註解的圖面是①零件圖②組合圖③結構圖④平面圖。　①

( )124. 以鋼索傳送動力所需之輪，稱為①帶輪②鏈輪③棘輪④槽輪。　④

( )125. 槽輪之槽底半徑大於鋼索直徑甚多時，則對鋼索①支持面不足，增加其疲勞效應②增加鋼索兩側之摩擦力③減少轉動慣量④不影響。　①

( )126. 在軸的外緣加工成一些彼此互相平行的鍵槽，稱為①栓槽軸②滑鍵③半圓鍵④平行鍵。　①

( )127. 栓槽軸是用來傳送軸上的①負荷②壓力③彎矩④扭矩。　④

( )128. 下圖為凸輪之位移線圖，從動件之位移行程與凸輪軸為同工作平面，當凸輪旋轉角度 120°～240°時，從動件的行程運動為①等速直線運動②等加速度運動③拋物線運動④簡諧運動。　④

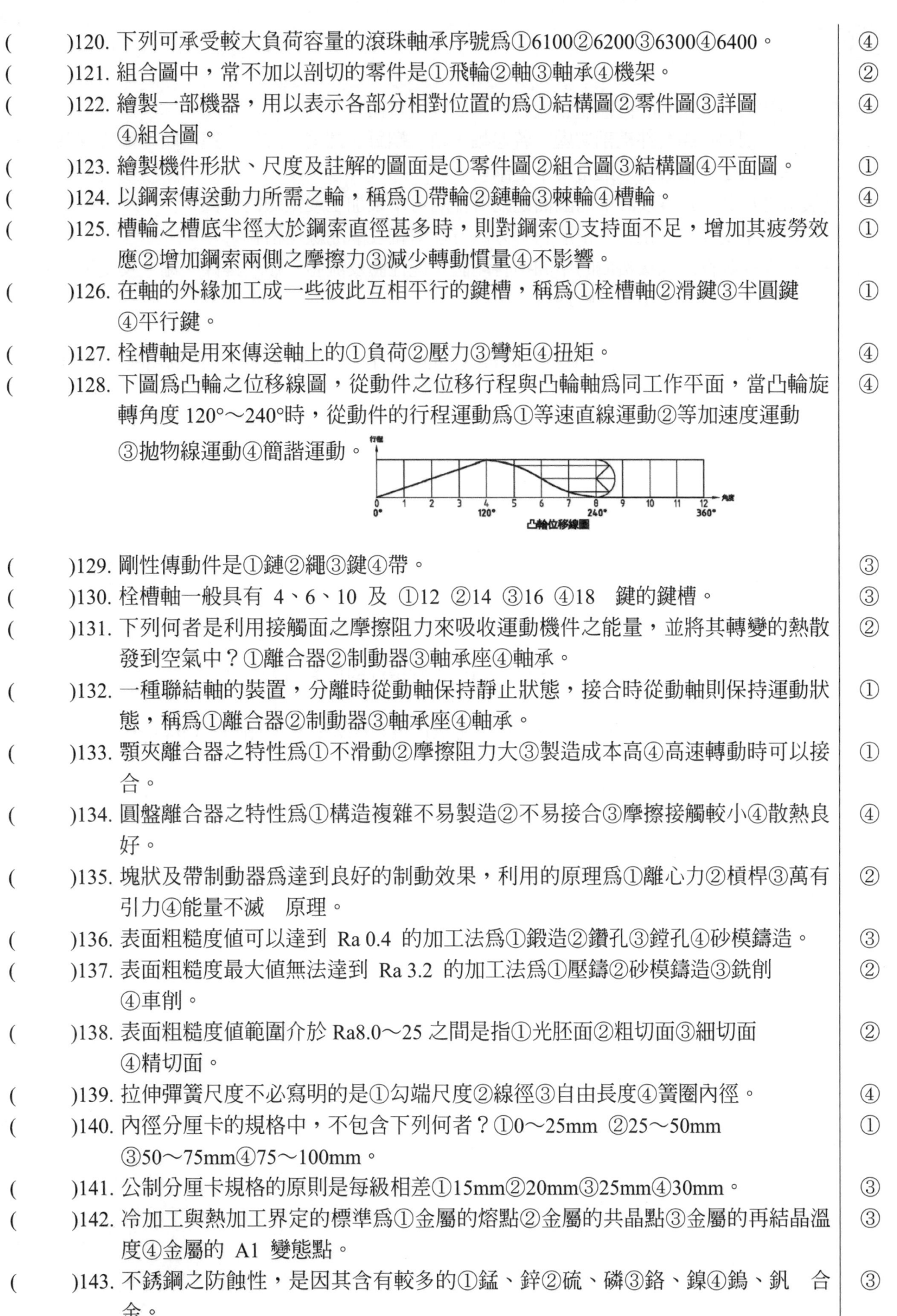

凸輪位移線圖

( )129. 剛性傳動件是①鏈②繩③鍵④帶。　③

( )130. 栓槽軸一般具有 4、6、10 及 ①12 ②14 ③16 ④18 鍵的鍵槽。　③

( )131. 下列何者是利用接觸面之摩擦阻力來吸收運動機件之能量，並將其轉變的熱散發到空氣中？①離合器②制動器③軸承座④軸承。　②

( )132. 一種聯結軸的裝置，分離時從動軸保持靜止狀態，接合時從動軸則保持運動狀態，稱為①離合器②制動器③軸承座④軸承。　①

( )133. 顎夾離合器之特性為①不滑動②摩擦阻力大③製造成本高④高速轉動時可以接合。　①

( )134. 圓盤離合器之特性為①構造複雜不易製造②不易接合③摩擦接觸較小④散熱良好。　④

( )135. 塊狀及帶制動器為達到良好的制動效果，利用的原理為①離心力②槓桿③萬有引力④能量不滅 原理。　②

( )136. 表面粗糙度值可以達到 Ra 0.4 的加工法為①鍛造②鑽孔③鏜孔④砂模鑄造。　③

( )137. 表面粗糙度最大值無法達到 Ra 3.2 的加工法為①壓鑄②砂模鑄造③銑削④車削。　②

( )138. 表面粗糙度值範圍介於 Ra8.0～25 之間是指①光胚面②粗切面③細切面④精切面。　②

( )139. 拉伸彈簧尺度不必寫明的是①勾端尺度②線徑③自由長度④簧圈內徑。　④

( )140. 內徑分厘卡的規格中，不包含下列何者？①0～25mm ②25～50mm ③50～75mm④75～100mm。　①

( )141. 公制分厘卡規格的原則是每級相差①15mm②20mm③25mm④30mm。　③

( )142. 冷加工與熱加工界定的標準為①金屬的熔點②金屬的共晶點③金屬的再結晶溫度④金屬的 A1 變態點。　③

( )143. 不銹鋼之防蝕性，是因其含有較多的①錳、鋅②硫、磷③鉻、鎳④鎢、釩 合金。　③

單 選題。

120. 軸承序號之尺度系列的直徑記號大者能承受較大負荷。

121. 組合件之剖面：組合件被剖切處，若遇軸、銷、螺釘、螺帽、鉚釘、鍵、肋、輪臂或軸承中之滾珠、滾子、滾針等，通常均不予剖切。

123. 繪製機件形狀、尺度及註解的圖面是為零件圖可用來加工或檢驗的依據。

126. 栓槽軸能承受極大的扭力，依形狀可分為方栓槽軸及漸開線栓槽軸。

129. 主動件與從動件之間接接觸的中間物有剛體、橈性體及流體三類，鏈條、繩、及皮帶等皆屬於橈性體，所以本題中，鍵較適合。

132. 軸的連接可分為，永久結合裝置稱為聯接器(coupling)及間歇離合連接裝置稱為離合器(clutch)。

133. 顎夾離合器又稱爪離合器或確動離合器，此類離合器是藉顎夾齒處之剪力傳動，可確實傳動不會有滑動情形，可承載較大負載。

135. 塊狀及帶制動器是利用槓桿的原理，藉由摩擦力來為達到良好的制動效果。

136. 表面粗糙度值 Ra 0.4 約為精切面，鍛造正常情況約為 Ra 3.2～12.5、鑽孔正常情況約為 Ra 1.6～6.3、鏜孔正常情況約為 Ra 0.4～6.3、砂模鑄造正常情況約為 Ra 12.5～25。

137. 表面粗糙度值 Ra 3.2 約為細切面，砂模鑄造正常情況約為 Ra 12.5～25。

138. Ra 32～125 約為光胚面、Ra 8～25 約為粗切面、Ra 2～6.3 約為細切面、Ra 0.25～1.6 約為精切面。

140. 內徑分厘卡的最小規格為 5～25mm，接下每間隔 25mm 一個規格。

142. 冷加工與熱加工是以金屬的再結晶溫度來區分，以上稱為冷加工，以下稱為熱加工。

( )144. 下列材料何者最適合製作切削工具的鋼材？①SKH2②SUP12③SKD4④S20C。　①

( )145. 維克氏硬度(Vickers)是以鑽石方錐體壓入材料表面，而以壓痕①深度②直徑③對角線長度④面積　計算硬度值。　③

( )146. 三七黃銅是指其成分為①銅 70％、錫 30％②銅 70％、鋁 30％③銅 70％、鉛 30％④銅 70％、鋅 30％。　④

( )147. 可避免熱處理變形的表面硬化為①高週波淬火②滲碳③氮化④氣化法。　③

( )148. 杜拉鋁用於飛機板金之接合，通常以①鉚接②軟銲③硬銲④電弧銲　為佳。　①

( )149. 為使切削性良好，可在鋼料中添加①鋁②鉛③銅④錫。　②

( )150. 英高鎳合金(Inconel)最適用於製作①車刀、銑刀②齒輪、鏈條③高溫計保護管④滾動軸承。　③

( )151. 波來鐵為①肥粒鐵和沃斯田鐵②雪明碳鐵和麻田散鐵③肥粒鐵和雪明碳鐵④雪明碳鐵和沃斯田鐵　的混合物。　③

( )152. 肥粒鐵結晶格子為①體心立方格子②面心立方格子③六方密堆積格子④長方體格子。　①

( )153. 鋼錠可分為靜淨鋼、半淨鋼及未淨鋼等三種，其分類是依照①脫硫②脫磷③脫氫④脫氧　程度。　④

( )154. 純鐵加熱至 910℃時，其結晶構造所發生之變化為①面心立方格子變為體心立方格子②體心立方格子變為六方密堆積格子③體心立方格子變為面心立方格子④面心立方格子變為六方密堆積格子。　③

( )155. 所謂「居里點」(Curie Point)係指超過此溫度，材料會產生①磁性②同素③共析④共晶。　①

( )156. 古代用以作砲身之材料，俗稱為「砲銅」者是指①青銅②黃銅③赤銅④電解銅。　①

( )157. 淬火時，最容易導致淬火裂痕之合金元素為①矽②鎳③錳④磷。　④

( )158. 材料做抗拉試驗時，判斷荷重和伸長的關係是否依照虎克定律變化的臨界點，稱為①彈性限②比例限③疲勞限④降伏點。　②

( )159. 鋼料中添加適量之①錳②鎳③鉬④矽　能使鋼具有良好的銲接性。　③

( )160. 18-4-1 型高速鋼係指其成份為①18％鉻，4％釩，1％鎢②18％鎢，4％釩，1％鉻③18％釩，4％鎢，1％鉻④18％鎢，4％鉻，1％釩。　④

( )161. 材料在某一特定的溫度及拉應力之下，隨著時間而增加其應變，稱此作用為①疲勞②潛變③覆變負荷④塑性變形。　②

( )162. 適合製造貨車用疊板避震彈簧的材料為①SUP11②SPS5③SUS27 ④SWPA。　①

( )163. 淬火處理後之鋼件必須經①回火②退火③滲碳④氮化　以獲得較佳之韌性。　①

( )164. 含碳量相同時，下列何者抗拉強度較佳？①鑄鋼②鍛鋼③圓鋼棒④鋼錠。　②

( )165. 曲柄式鉋床的切削去程與回程之時間比為①2：3②1：2/5③3：2④1：3/5。　③

單選題。

145. 維氏硬度試驗使用對角 136°金鋼石方錐當作壓痕器，可藉由壓痕器所造成的壓痕對角線來量測材料硬度值。此種硬度試驗尤其適用在厚度很薄、表面硬化或電鍍等材料。

146. 黃銅為銅、鋅合金，其成分為銅 70%、鋅 30%。

151. 波來鐵(pearlite)，是鋼鐵的一種由肥粒鐵和雪明碳鐵構成的層狀組織。波來鐵中通常含有 88%的肥粒鐵和 12%的雪明碳鐵。

152. 純鐵從高溫的沃斯田鐵狀態冷卻到 911°C 時，變態成肥粒鐵其結晶構造是為體心立方格子。

153. 鋼錠是作鍛造品與軋延鋼材的素材，鋼塊有全淨鋼(killed steel)、半淨鋼(semi-killed steel)、未淨鋼(rammed steel)三種，這是以鋼液脫氧程度做區別，脫氧十分完全的鋼是全淨鋼，脫氧不十分完全的是淨鋼，普通程度的是半淨鋼。

154. a.金屬晶體組織依其原子的排列，約略可分為三種型式：體心立方格子(Body-centered cubic lattice；簡寫為 b.c.c.)，面心立方格子(Face-centered cubic lattice；簡寫為 f.c.c.)及六方密格子(Hexagonal close-packed lattice；簡寫為 h.c.p.)
b.在鐵碳平衡圖中，純鐵其在平衡圖上顯示三個穩定的狀態，常溫時稱為 α 固溶體(α 鐵)結晶構造是 BCC ，910～1400℃時稱為 γ 固溶體(γ 鐵)結晶構造為 FCC，1400℃至熔點時稱為 δ 固溶體，結晶構造為 BCC 。

156. 砲銅者是指青銅，為銅與錫合金。

165. 急回機構為某一運動件往返在同一距離內回程所需時間較去程所需時間短稱之。以牛頭刨床而言，切削行程(做功時)速度較慢，回程時(不做功時)速度較快，其切削去程與回程之時間比為 3：2。

複選題

( )166. 機件中下列何種特徵可以免標註？①螾紋孔之鑽孔深度②鑽頂角③軸之球面端的球面符號④軸之去角端尺度。　②③

( )167. 左圖爲一內接正齒輪，模數 2、大齒輪齒數 72、小齒輪齒數 24，下列何者正確？①周節 3.1416②中心距 48③大齒輪齒頂圓 140④小齒輪齒頂圓 52。　②③④

( )168. 彈簧機件中，常用以下何種材質？①S45C②SWPA③SUP3④FC250。　②③

( )169. 螾紋標註法中 L-2NM30x3-6H/5g6g 下列之敘述，何者正確？①6g 爲外螾紋節徑公差②3 爲螾距③6H 爲內螾紋公差④L 表示左螾紋。　②③④

( )170. 工作圖中有一重要直徑，下列公差標註方式何者爲正確？① $\phi 30 \begin{smallmatrix} +0.028 \\ +0.007 \end{smallmatrix}$ ② $\phi 30 \begin{smallmatrix} -0.041 \\ -0.020 \end{smallmatrix}$ ③ $\phi 30 \begin{smallmatrix} +0.008 \\ +0.017 \end{smallmatrix}$ ④ $\phi 30 \begin{smallmatrix} -0.004 \\ -0.017 \end{smallmatrix}$ 。　①④

( )171. 左圖爲一外接正齒輪，模數 1、大齒輪齒數 30、小齒輪齒數 15，下列何者正確？①大齒輪齒頂圓直徑 32②小齒輪節圓直徑 15③中心距 45④周節 1。　①②

( )172. 下列何者爲螾紋之功用？①機件結合②機件調整③量測④傳達動力。　①②③④

( )173. 下列有關標準零件之敘述，何者正確？①公制梯形螾紋之螾紋符號爲「Tr」②當螾紋順時針旋轉會退後者爲左螾紋，其代號爲「L」③具有錐度之管螾紋，其錐度爲 1：16④左旋雙線公制粗牙螾紋，外徑 60mm，其表示法爲「L-N-M60」。　①②③

( )174. 正齒輪之齒數爲 30 時，下列數據何者正確？①模數爲 3，節圓直徑爲 96②模數爲 2，節圓直徑爲 60③模數爲 1，節圓直徑爲 32④模數爲 2.5，節圓直徑爲 75。　②④

( )175. 軸承型號 6000ZZ，下列敘述何者正確？①深槽滾珠軸承②軸承內徑 10③封閉型④閉蓋型。　①②④

( )176. 有關標準機件，下列之敘述何者正確？①V 型皮帶之斷面形狀爲三角形，因此又稱爲三角皮帶②螾栓 M10×25 的 25 是指螾栓長度③推拔銷 $\phi 6x25$ 的「$\phi 6$」，指的是推拔銷的小徑④壓縮彈簧未註明旋向時，均爲左旋。　②③

( )177. 高週波表面硬化的特色，下列敘述何者正確？①適用於含碳量 0.2%以下的低碳鋼②作業時間短，加熱快速 ③利用電磁感應原理使鋼材產生高熱④小零件適用週波數較高者。　②③④

( )178. 滾動軸承規格，下列敘述何者正確？①基本號碼只有軸承系列記號與內徑號碼②接觸角記號與保持器記號 爲補助記號③尺度系列號碼爲寬度級序、外徑級序所組合而成④內徑號碼 9 以下直接爲內徑尺度 mm。　③④

複選題

167. 此爲內接齒輪，兩輪轉向相同，周節＝$\pi \times M = 2 \times \pi = 6.283$；中心距＝$C = \dfrac{2 \times (72\text{-}24)}{2} = 48$；

　　　大齒輪齒頂圓＝72×2−2×2=140；小齒輪齒頂圓　24×2＋2×2=52。

168. 彈簧機件中，常用：琴鋼線 SWPA 、彈簧鋼 SUP3、磷青銅線 PBW。

169. 5g 爲外螺紋節徑公差，6g 爲外螺紋外徑公差。

170. 標註上下兩限界時，應將上限界尺寸置於上方，下限界尺寸置於下方，數字之高度與一般尺度
　　　數字相同。

171. $D_{0大} = 1 \times (30 + 2) = 32$ ，$D_{小} = 1 \times 15 = 15$ ，$C = \dfrac{1 \times (30 + 15)}{2} = 22.5$ ，$P_c = \pi \times M = 1 \times \pi = \pi$ 。

173. 第④選項，左旋雙線公制粗牙螺紋，外徑 60mm，其表示法爲「L-2N-M60」。

174. 模數爲 3，齒數爲 30，節圓直徑爲 3×30=90；模數爲 1，齒數爲 30，節圓直徑爲 1×30=30。

175. 軸承型號 6000ZZ，代表深槽滾珠軸承，尺度系列爲 00、軸承內徑 10，密閉記號爲兩面密閉
　　　鋼板。

176. V 型皮帶之斷面形狀爲梯形，其槽角有 34°、36°、38°。壓縮彈簧未註明旋向時，均爲右旋。

178. 滾動軸承規格中基本記碼有軸承系列記號、尺度系列、與內徑號碼、接觸角記號。
　　　接觸角記號爲基本記碼，保持器記號爲補助記號。
　　　尺度系列號碼爲寬度級序、外徑級序所組合而成。
　　　內徑號碼 9 以下直接爲內徑尺度(mm)。

(　)179. 下列有關標準機件的敘述,何者正確?①模數相同的兩個正齒輪,壓力角 20°的齒厚大於壓力角 14.5°的齒厚②C 型扣環最小的標稱直徑為 2 mm③40 號滾子鏈條的節距為 12.7mm④梯形螺紋牙角公制為 29°,英制為 30°。　①③

(　)180. 螺旋齒輪之齒數為 30 時,下列數據何者正確?①若法面(齒直角)模數為 3,則節圓直徑為 90②若模數(軸直角模數)為 2,則節圓直徑為 60③若法面(齒直角)模數為 1,則節圓直徑為 30④若模數(軸直角模數)為 2.5, 則節圓直徑為 75。　②④

(　)181. 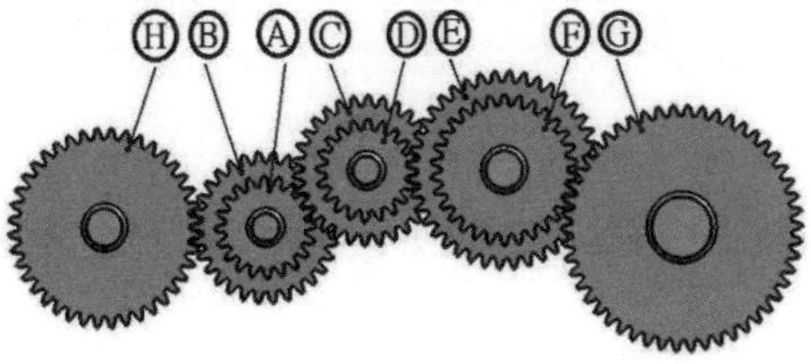 圖示為複式輪系,當 A 輪順時針旋轉時,下列何者正確?①C 輪逆時針旋轉②E 輪順時針旋轉③G 輪順時針旋轉④H 輪順時針旋轉。　①②

(　)182. 對於深槽滾珠軸承之敘述,下列何者正確?①6200 之內徑為 ϕ10②6201 之內徑為ϕ12③6002 之內徑為ϕ15④6003 之內徑為ϕ20。　①②③

(　)183. 下列有關彈簧之簡易畫法,何者正確?①圓柱形壓縮彈簧 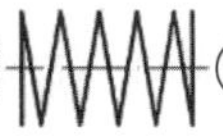 ②皿型簧柱  ③疊板彈簧 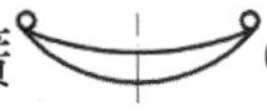 ④蝸旋彈簧  。　①②④

(　)184. 有關彈簧的敘述,下列何者正確?①彈簧最常用的材料為紅銅或黃銅②壓縮彈簧之自由長度是以未壓縮之長度表示③彈簧指數是平均直徑/線徑之比④彈簧常數之單位為 mm/kg。　②③

(　)185. 漸開線齒輪可嚙合之條件有?①齒寬相等②周節相等③壓力角相同④模數相同。　②③④

(　)186. 消除齒輪干涉的方法,下列敘述何者正確?①使用移位齒輪②縮小中心距③齒腹向內凹陷④縮小齒冠圓。　①③④

(　)187. 對於滑動與滾動軸承之敘述,下列何者正確?①滾動軸承適用於較小荷重②滑動軸承適用於較低轉速③滾動軸承耐衝擊性較大④滑動軸承摩擦損失較大。　①②④

(　)188. 檢測機件時,下列敘述何者正確?①柱塞規不通過端之大小,採用機件圓孔最大尺度②柱塞規通過端之大小,採用機件軸最小尺度③環規不通過端之大小,採用機件軸最小尺度④環規通過端之大小,採用機件圓孔最大尺度。　①③

(　)189. 一對嚙合齒輪,齒數為 40 齒及 60 齒,下列選項何者為正確?①若模數 2,中心距離為 100②若模數 1,中心距離為 100③若模數 1,中心距離為 50④若模數 2,中心距離為 50。　①③

(　)190. 軸承型號 6205UU,下列敘述何者正確?①深槽滾珠軸承②斜角滾珠軸承③軸承內徑 5④兩面密封圈。　①④

複選題

180. 若法面(齒直角)模數，其節圓直徑應為 $\left(\dfrac{法模數}{\cos\theta}\times 齒數\right)$，$\theta$ 為螺旋角；若法面(齒直角)模數，其節圓直徑應為軸模數×齒數。

181. 依圖示，A 為順時針旋轉時，A、B 同軸所以轉向為順時針旋轉，H 為逆時針旋轉；C 為逆時針旋轉，C、D 同軸所以轉向為逆時針旋轉，E 為順時針旋轉，E、F 同軸所以轉向為順時針旋轉，G 為逆時針旋轉。

182. 內徑號碼：『00』內徑為 $\phi10$，『01』內徑為 $\phi12$，『02』內徑為 $\phi15$，『03』內徑為 $\phi17$，『04』以上內徑為　號碼數字乘以 5。

183. 第③選項為環首疊板彈簧。

184. 彈簧最常用的材料為碳鋼與合金鋼、非鐵金屬合金(磷青銅、鈹銅等)、橡皮彈簧；彈簧常數為負載與變形量的比值，故其單位應為 kg / mm。

186. 所謂干涉現象就是大齒輪的齒頂部份去嵌入到小齒輪的齒根部份,會造成輪齒過度磨損或運轉不順，振動等不良現象，消除干涉的方法有①使用移位齒輪②加大中心距③齒腹向內凹陷(清角齒)④縮小齒冠圓(使用短齒制)⑤增加壓力角。

187. 滑動軸承的耐衝擊性較大。

188. 柱塞規及環規是用來快速檢測大量相同機件時使用。柱塞規是用來檢測孔使用，它的最小極限尺寸一端叫做通端，最大極限尺寸一端叫做不通端。檢查工件時，合格的工件應當能通過通端而不能通過不通端。
    環規環規不通過端之大小，採用機件軸最小尺度，環規通過端之大小，採用機件軸最大尺度。

189. $\because C = \dfrac{M\times(T_1+T_2)}{2}$，若模數 2，中心距離為 100；模數 1，中心距離為 50。

190. 6205UU 為單列深槽滾珠軸承，其內徑為 25mm。

( )191.	下列何者爲標準機件？①彈簧銷②襯套③E 型扣環④正齒輪。	①③
( )192.	下列有關標準零件之敘述，何者正確？①齒輪之模數愈大時，則齒輪之齒形也會愈大②兩軸以交叉式皮帶傳動時，其轉向相同③平皮帶輪之輪面製成略爲隆起，其皮帶較不易脫落④V 形皮帶之截面夾角爲 40°。	①③④
( )193.	有關凸輪元件的敘述，下列何者正確？①板形凸輪之升程相同，其基圓越大，壓力角越大②凸輪簡諧運動所繪的位移線圖爲正弦曲線③凸輪等速運動所繪的位移線圖爲斜線④板形凸輪周緣之形狀與側向壓力有關。	②③④
( )194.	螺紋的螺紋角非 60° 者，下列選項何者正確？①公制梯形螺紋②愛克姆螺紋③鋸齒形螺紋④公制螺紋。	①②③
( )195.	對於一對漸開線正齒輪的嚙合傳動，下列敘述何者正確？①其轉速比固定②其輪齒的接觸點必在節點上③其壓力角爲定值④齒輪的相對運動爲共軛作用。	①③④
( )196.	有關「鍵」的敘述，下列何者正確？①方鍵鍵寬與鍵高相等②鞍形鍵適用於重負荷之傳動③栓槽鍵適用於轉矩較大，或轉軸與輪轂可有軸向移動之處④半圓鍵有自動對心之優點。	①③④
( )197.	有關皮帶的敘述，下列何者正確？①正時皮帶(Timingbelt)常用來驅動控制車輛引擎氣門的凸輪軸，其特色爲速比準確運轉平順②若忽略皮帶傳動可能發生之滑動與潛變的影響，皮帶節線的線速率各處均相等③由變速皮帶及可改變節徑的槽輪組合可設計於摩托車的自動變速器上④中心距離甚小或皮帶太寬，可用交叉皮帶之設計傳動。	①②③
( )198.	有關齒輪輪系的敘述，下列何者正確？①惰輪的功用在於改變轉動方向②行星輪系是屬於周轉輪系的應用③差速器使用於車輛驅動輪以便於轉向④輪系值爲負值時，代表主動輪與從動輪轉向相同。	①②③
( )199.	有關制動器接觸面材料的敘述，下列何者正確？①具有黏著性②具有較大的摩擦係數③具有良好的散熱性④具有耐磨、耐蝕的性能。	②③④

複 選題。

192. 交叉式皮帶傳動，兩軸轉向相反。

193. 板形凸輪之升程相同，其基圓越大，周緣傾斜角越大。

194. 公制梯形螺紋的螺紋角為 30°，愛克姆螺紋的螺紋角為 29°，鋸齒形螺紋的螺紋角為 45°。

195. 輪齒的接觸點的連線稱為接觸線，接觸線必經過節點。

196. 鞍形鍵是藉著摩擦力來傳動，適用於極輕負荷之傳動。

197. 中心距離甚小或皮帶太寬，可用交開口帶之設計傳動。

198. 兩輪傳動轉向相同時，輪系值為正值；兩輪傳動轉向相反時，輪系值為負值。

工作項目 05 工作圖

單選題

(③)1. CNS 表面織構符號中，MRR Ra 1.6 之評估長度為①8②2.5③0.8④0.25 mm。

(④)2. 1μ 之物理量為①0.1②0.01③0.001④0.000001。

(④)3. 表面粗糙度值使用的單位為①m②mm③cm④μm。

(①)4. 一般拋光工作最適合採用的評估長度為①0.8mm②2.5mm③8mm④25mm 。

(①)5. 工件之表面粗糙度值愈小，則①工件表面愈光滑②切削方法愈多③基準長度愈大④刀痕愈明顯。

(③)6. 1 μm 相等於 ①0.1②0.01③0.001④0.000001 mm。

(②)7. 一般機械工廠中，俗稱的『一條』相等於公制單位的①0.1mm②0.01mm③0.001mm④0.000001mm。

(②)8. 表面織構符號中，評估長度的標準值所使用單位為①m②mm③μ④μm。

(③)9. 表面織構符號中，評估長度值愈大，則所指之表面粗糙度值①成定值②愈小③愈大④無關。

(②)10. 一般而言，工件之表面粗糙度值愈大，則所需的加工成本①愈高②愈低③無影響④視加工方法而定。

(④)11. 零件圖中，一般可省略不畫者為①齒輪②導螺桿③栓槽軸④開口銷。

(③)12. 零件圖繪製所使用的投影法為①透視投影②斜投影③正投影④等角投影。

(③)13. 一般鑽孔加工所得之表面粗糙度，Ra 值約為 ①50～12.5 ②25～6.3 ③6.3～1.6 ④1.6～0.4。

(③)14. 欲判別機件之表面粗糙度時，可採用的量具為①游標卡尺②分厘卡③標準片④鋼尺。

(①)15. 組合圖中，件號線用①細實線②中心線③隱藏線④粗實線。

(①)16. 零件表如用單頁書寫時，資料填寫次序之原則應為①由上向下②由下向上③由左向右④由右向左。

(④)17. 標題欄(畫 ▨處)，一般置於圖紙的① ② ③ ④ 。

(③)18. 下列尺度修改之標註正確的為

① ▽30 3̶2̶ ② △30 3̶2̶ ③ 30△ 3̶2̶ ④ 30▽ 3̶2̶ 。

(②)19. 銲接符號之基線為①粗實線②細實線③虛線④細鏈線。

(③)20. 銲接符號之副基線為①粗實線②細實線③虛線④鏈線。

(③)21. 填角銲接道之表面必須磨平，其符號為

① ② ③ ④ 。

單選題

1. MRR Ra 1.6 之評估長度爲預設值 0.8 mm

2. 1 G=10^9，1M=10^6，1k=10^3，1m=10^{-3}，1μ=10^{-6}，1n=10^{-9}。

3. 表面符號中，所用單位：①粗糙度值：μm，②基準長度：mm，③加工裕度：mm。

6. 1 μm 相等於千分之一 mm，1 μm＝0.001mm。

7. 在台灣的機械工廠中，俗稱的『一條』＝0.01mm。

11. 零件圖中，常用之標準機件不用繪製，只需在零件表註記其規格，例如：銷、鍵、螺釘(帽)，軸承、墊圈等。

12. 機械圖面所用的投影法爲正投影中之第一角法或第三角法。

15. 組合圖中件號線用細實線，由該零件內部引出，在零件內之一端加繪一小黑點，另一端對準件號數字之中心。件號線盡量避免垂直或水平。

16. 零件表一般在標題欄之上，資料填寫依件號的次序，由下向上，如用單頁書寫時，則由上向下。

17. 標題欄一般放置於圖框內的右下角處，其右邊及下邊即爲圖框線。

18. 更改尺度之標註：已發出之圖，如須更改時，以不將舊尺度擦去爲原則，舊尺度應加雙線劃去，而將新尺度數字置於附近，新數字旁須加註更改記號及號碼，以便與更改欄對照。

19. 銲接符號之標示線係由引線、基線、副基線及尾叉組成，標示線之引線、基線及尾叉用細實線表示。

20. 副基線用虛線表示。

21. 填角銲的符號爲 ◿ ，銲接道之表面形狀有下列 4 種狀況，平面：━、凸面：⌒、凹面：⌣、去銲趾：⌐⌐。本圖例爲填角焊接，將表面形狀符號至於斜邊處，所以配合後之銲接符號應爲

。

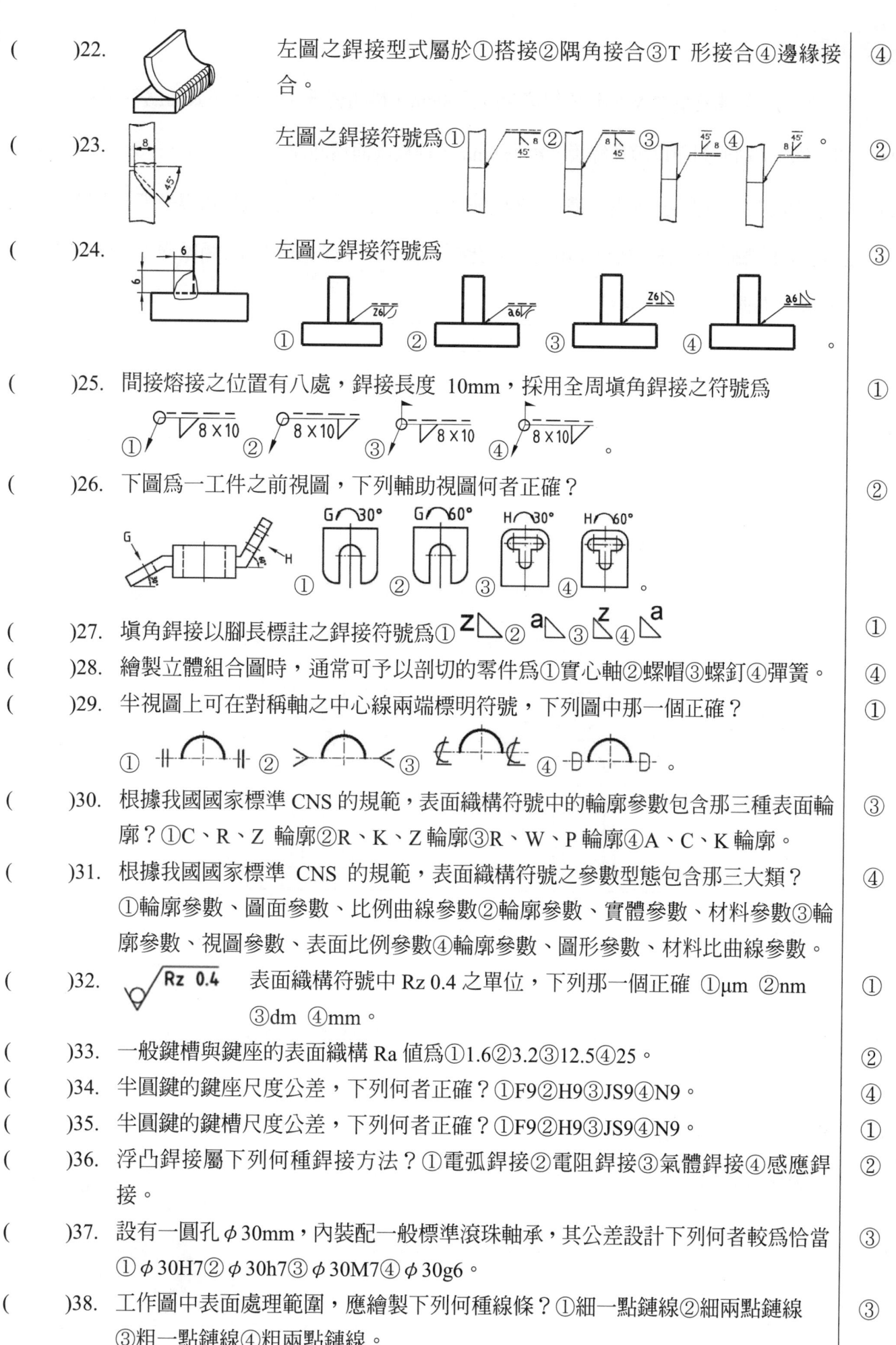

(④)22.　左圖之銲接型式屬於①搭接②隅角接合③T 形接合④邊緣接合。

(②)23.　左圖之銲接符號為①　②　③　④　。

(③)24.　左圖之銲接符號為①　②　③　④　。

(①)25.　間接熔接之位置有八處，銲接長度 10mm，採用全周填角銲接之符號為①　②　③　④　。

(②)26.　下圖為一工件之前視圖，下列輔助視圖何者正確？①　②　③　④　。

(①)27.　填角銲接以腳長標註之銲接符號為①　②　③　④　。

(④)28.　繪製立體組合圖時，通常可予以剖切的零件為①實心軸②螺帽③螺釘④彈簧。

(①)29.　半視圖上可在對稱軸之中心線兩端標明符號，下列圖中那一個正確？①　②　③　④　。

(③)30.　根據我國國家標準 CNS 的規範，表面織構符號中的輪廓參數包含那三種表面輪廓？①C、R、Z 輪廓②R、K、Z 輪廓③R、W、P 輪廓④A、C、K 輪廓。

(④)31.　根據我國國家標準 CNS 的規範，表面織構符號之參數型態包含那三大類？①輪廓參數、圖面參數、比例曲線參數②輪廓參數、實體參數、材料參數③輪廓參數、視圖參數、表面比例參數④輪廓參數、圖形參數、材料比曲線參數。

(①)32.　表面織構符號中 Rz 0.4 之單位，下列那一個正確 ①μm ②nm ③dm ④mm。

(②)33.　一般鍵槽與鍵座的表面織構 Ra 值為①1.6②3.2③12.5④25。

(④)34.　半圓鍵的鍵座尺度公差，下列何者正確？①F9②H9③JS9④N9。

(①)35.　半圓鍵的鍵槽尺度公差，下列何者正確？①F9②H9③JS9④N9。

(②)36.　浮凸銲接屬下列何種銲接方法？①電弧銲接②電阻銲接③氣體銲接④感應銲接。

(③)37.　設有一圓孔 φ30mm，內裝配一般標準滾珠軸承，其公差設計下列何者較為恰當①φ30H7②φ30h7③φ30M7④φ30g6。

(③)38.　工作圖中表面處理範圍，應繪製下列何種線條？①細一點鏈線②細兩點鏈線③粗一點鏈線④粗兩點鏈線。

單選題。

23. 本圖例為：箭頭邊為斜 Y 形起槽銲接深度為 8mm，槽角皆為 45°，銲接表面為平面。

24. 本圖例為：箭頭對邊為填角銲接，角長 6mm，銲接表面為凸面。

25. 全周銲接應在引線與基線處加畫一小圓;斷續銲接尺度除了槽銲接及填角銲接應分別標註其銲道深度(s)、腳長(z)或有效喉深(a)在基本符號左側之外，應將 n×l(e)之斷續銲接尺度標註在基本符號之右側。

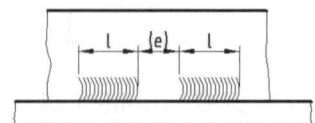

26. 輔助視圖亦可作必要之旋轉，但需在投影方向加繪箭頭及文字註明，並在旋轉後之輔助視圖上方加註旋轉符號及旋轉之角度，如圖 29(a)及(b)。旋轉符號為一半徑等於標註尺度數字字高之半圓弧，一端加繪標明旋轉方向之箭頭。

29. 半視圖上亦可在對稱軸之中心線，其兩端以兩條平行線且垂直於中心線之細實線標明，其長度等於標註尺度數字字高 h，二線相距約為 h 之三分之一，以節省圖面空間。

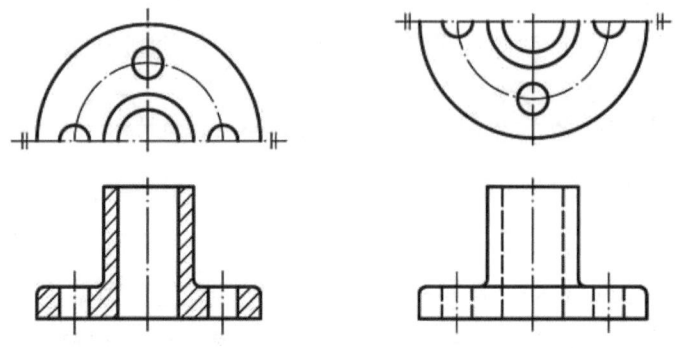

30. 輪廓參數，相關項目如下 R 輪廓(粗糙度參數)；W 輪廓(波紋參數)；P 輪廓(結構參數)。

34. 依機械設計便覽查表得知半圓鍵的鍵座尺度公差以 N9 為適宜。

35. 依機械設計便覽查表得知半圓鍵的鍵槽尺度公差以 F9 為適宜。而半圓鍵鍵寬尺度公差以 h9、鍵高尺度公差以 h11 為適宜。

38. 機件之一部分須實施特殊加工時，以粗鏈線平行而離輪廓線約1 mm表示之，並以指線加註文字說明其加工方法。

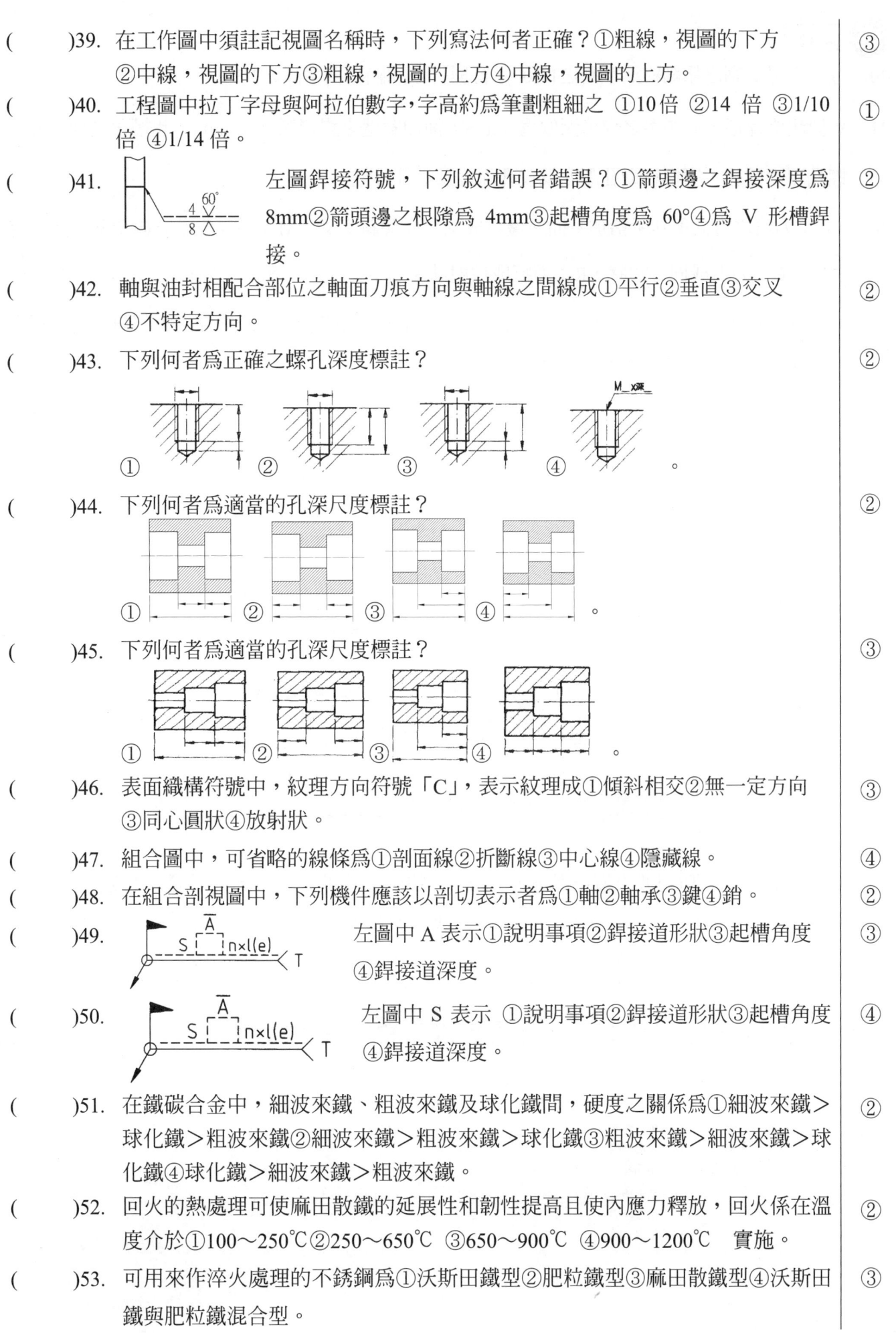

(③)39. 在工作圖中須註記視圖名稱時，下列寫法何者正確？①粗線，視圖的下方②中線，視圖的下方③粗線，視圖的上方④中線，視圖的上方。

(①)40. 工程圖中拉丁字母與阿拉伯數字，字高約爲筆劃粗細之 ①10倍 ②14 倍 ③1/10 倍 ④1/14 倍。

(②)41. 左圖銲接符號，下列敘述何者錯誤？①箭頭邊之銲接深度爲 8mm②箭頭邊之根隙爲 4mm③起槽角度爲 60°④爲 V 形槽銲接。

(②)42. 軸與油封相配合部位之軸面刀痕方向與軸線之間線成①平行②垂直③交叉④不特定方向。

(②)43. 下列何者爲正確之螺孔深度標註？①　②　③　④　。

(②)44. 下列何者爲適當的孔深尺度標註？①　②　③　④　。

(③)45. 下列何者爲適當的孔深尺度標註？①　②　③　④　。

(③)46. 表面織構符號中，紋理方向符號「C」，表示紋理成①傾斜相交②無一定方向③同心圓狀④放射狀。

(④)47. 組合圖中，可省略的線條爲①剖面線②折斷線③中心線④隱藏線。

(②)48. 在組合剖視圖中，下列機件應該以剖切表示者爲①軸②軸承③鍵④銷。

(③)49. 左圖中 A 表示①說明事項②銲接道形狀③起槽角度④銲接道深度。

(④)50. 左圖中 S 表示 ①說明事項②銲接道形狀③起槽角度④銲接道深度。

(②)51. 在鐵碳合金中，細波來鐵、粗波來鐵及球化鐵間，硬度之關係爲①細波來鐵＞球化鐵＞粗波來鐵②細波來鐵＞粗波來鐵＞球化鐵③粗波來鐵＞細波來鐵＞球化鐵④球化鐵＞細波來鐵＞粗波來鐵。

(②)52. 回火的熱處理可使麻田散鐵的延展性和韌性提高且使內應力釋放，回火係在溫度介於①100～250℃②250～650℃ ③650～900℃ ④900～1200℃ 實施。

(③)53. 可用來作淬火處理的不銹鋼爲①沃斯田鐵型②肥粒鐵型③麻田散鐵型④沃斯田鐵與肥粒鐵混合型。

單選題

40. 拉丁字母筆劃之粗細約爲字高之1/10，　行與行之間隔約爲字高之2/3。

41. V 型起槽銲接，箭頭邊之銲接深度爲 8 mm，箭頭對邊之銲接深度 4 mm ，起槽角度均爲 60°

43. 螺孔深度標註，應標註鑽孔深度及攻孔深度及螺孔外徑。

44. ╳ ：刀痕之方向與其所指加工面之邊緣成兩方向傾斜交叉；M：刀痕成多方向交叉或無一定方向；C：刀痕成同心圓狀，R：刀痕成放射狀。

47. 組合圖中爲表達各機件間之相對位置或表示其運動行程等關係，對於機件之大部份可用剖視表示，所以可省略一些機件形狀之隱藏線。

48. 組合件被剖切處，　若遇軸、銷、螺釘、螺帽、鉚釘、鍵、肋、輪臂或軸承中之滾珠、滾子、滾針等，通常均不予剖切。

49.

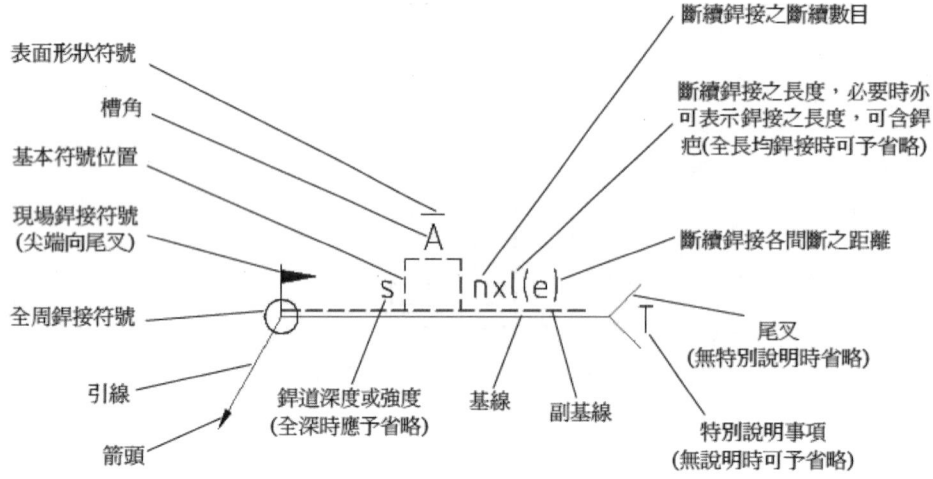

51. 爐中冷卻－波來鐵(粗波來鐵)，空氣中冷卻－糙斑鐵 (中波來鐵)，油中冷卻－吐粒散鐵(細波來鐵)，水中冷卻－麻田散鐵(麻田散鐵)。以硬度而言，雪明碳鐵＞麻田散鐵＞下變韌鐵＞上變韌鐵＞吐粒散鐵(細波來鐵) ＞糙斑鐵(中波來鐵)＞粗波來鐵＞肥粒鐵。

(共析鋼：0.77%C，0.63%Mn，0.18%Si)〔Gensamer〕

組織名稱	生成條件或存在狀態		抗拉強度(N/mm²)	降伏點(N/mm²)	伸長率(%)	斷面縮率(%)	硬度(HRC)
肥粒鐵	Armoc 鐵高溫加工後施以退火		275	120	45、47	70、71	90HB
雪明碳鐵			34		0		70
粗波來鐵	700°	恒溫變態	790	355	14、15	15、18	10、15
中波來鐵	650°	恒溫變態	920	495	16、17	32、34	20、25
細波來鐵	580°	恒溫變態	1060	665	17、18	42、43	30、35
上變韌鐵	500°	恒溫變態	1210	850	11、14	32、40	38
	450°	恒溫變態	1270	995	12	35	39
下變韌鐵	400°	恒溫變態	1400	1110	15、16	45	41
	360°	恒溫變態	1540	1210	15	47、48	45
麻田散鐵	急冷在水中		1960		0		68.5

<資料來源：全華圖書>

(　)54. 低碳鋼的熔點約為 1538℃，含碳量 4.2%的鑄鐵其熔點約為①1655℃②1455℃③1355℃④1155℃。 ④

(　)55. 鑄鐵的含碳量為①0.008～1.0②1.0～2.14③2.14～6.7④6.7～8.5　wt%(重量比)。 ③

(　)56. 一般軟銲材料常使用 60wt%錫，配 40wt%鉛之合金，主要是①熔點最低②熔點最高③強度最強④顏色最亮麗。 ①

(　)57. 常用來淬火之三種介質為空氣、油及水，其冷卻速率之順序為①空氣＞水＞油②水＞油＞空氣③油＞水＞空氣④水＞空氣＞油。 ②

(　)58. 下列何種類型的不銹鋼屬無磁性？①沃斯田鐵型②肥粒鐵型③麻田散鐵型④雪明碳鐵型。 ①

(　)59. 銲接件為 T 型接合，其剖視圖正確的為　　① ② ③ ④ 。 ③

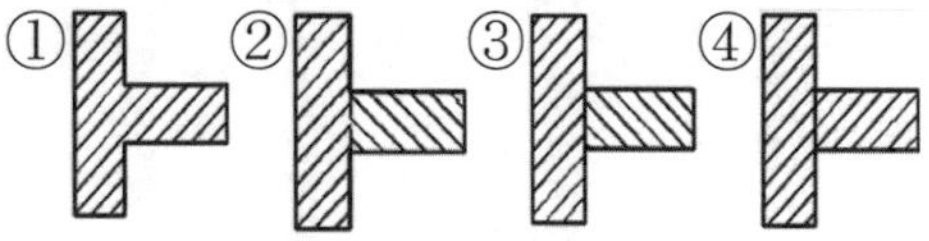

(　)60. 使用氧乙炔銲接時，其氧氣與乙炔的開關順序為①先開氧氣後開乙炔②先開乙炔後開氧氣③先關氧氣後關乙炔④氧氣與乙炔同時開關。 ②

(　)61. 利用兩個滾子為電極，銲接件夾於電極間，沿一定路線銲接之方法為①電弧銲②點銲③浮凸銲④縫銲。 ④

(　)62. 下列銲接法中，銲接表面較為乾淨的為①硬銲②氣銲③電弧銲④電阻銲。 ④

(　)63.  左圖所示之銲接符號為①∥②⊓③人④八。 ①

(　)64. 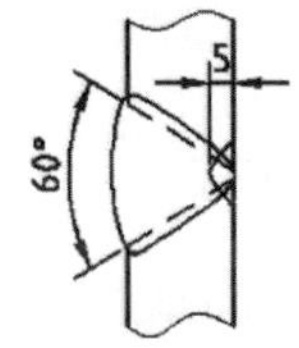 左圖所示之銲道詳圖，其符號標註　① ② ③ ④ 。 ④

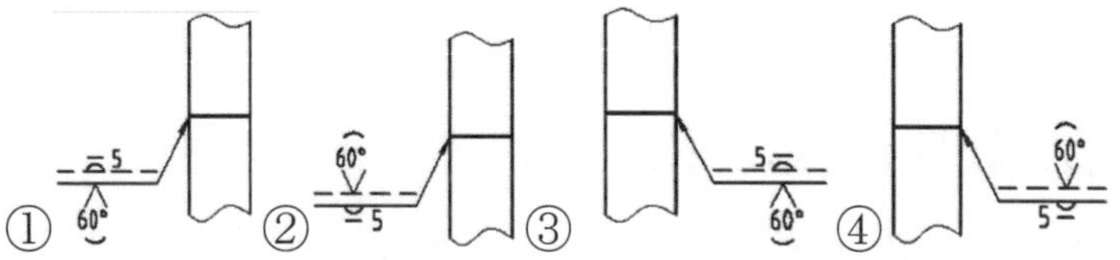

(　)65. 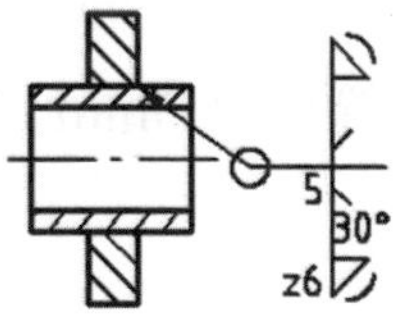 左圖所示之銲接符號，下列敘述何者錯誤？①單斜形槽銲接，兩邊銲道槽角相等②斜 Y 形槽銲接，兩邊銲道深度相等③兩邊填角銲接，銲道腳長 6mm④兩邊全周銲接。 ①

(　)66. 以點銲機實施點銲時，下列敘述何者正確？①使用高電阻電極作銲接②使用高電壓低電流作銲接③使用於薄鐵板以搭接方式銲接④金屬板表面不要清潔以增大電阻。 ③

(　)67. 單邊錐坑孔近邊錐坑，現場鑽鉚釘孔符號為① ② ③ ④ 。 ③

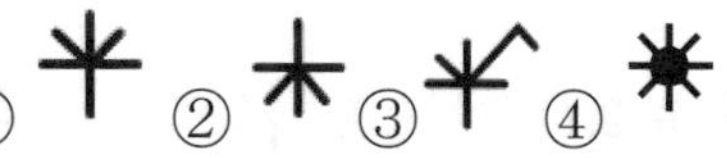

(　)68. 單邊錐坑孔遠邊錐坑，工廠鑽鉚釘孔符號為① ② ③ ④ 。 ②

(　)69. 現場鉚接兩邊錐坑孔，現場鑽鉚釘孔符號為① ② ③ ④ 。 ②

(　)70. 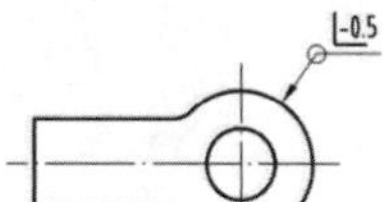 左圖所標註之符號表示為①前後兩面之全周邊緣狀況相同②圓弧部位之邊緣狀況③前面之邊緣狀況④全周之表面狀況。 ①

單選題

54. 含碳量 4.2%的鑄鐵其熔點從圖示約為 1148℃左右，所以選擇第④選項。

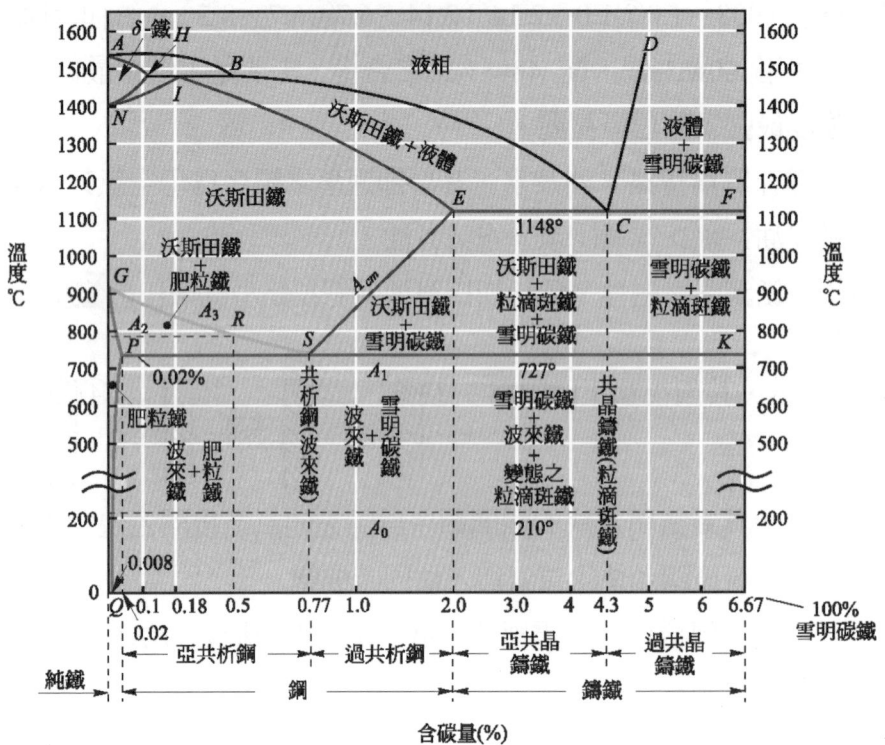

<資料來源：全華圖書>

55. 詳見第 54 題。

56. 軟焊是利用另一種金屬將兩金屬件連接起來，其溫度不超過攝氏 427 度。軟焊之主要材料為鉛及錫合金，其熔點由攝氏 177 至 371 度。

59. 銲接件為 T 型接合，為兩機件接合，所以其剖視圖以不同剖面線方向表示。

63. 此圖示為端緣銲接，詳見本書第三單元，第三章、相關圖概論，1.銲接與鉚接。

64. V 形槽銲接，槽角 60°，銲接表面為凸面；對邊為背面銲接，銲道深度為 5mm。

65. 本圖例銲接符號的意義為：全周熔接，斜 Y 形槽銲接，兩邊銲道深度為 5mm，起槽角度均為 30°，之後再兩邊填角銲接，銲道腳長 6mm，銲接表面為平面。

68. 鉚釘孔符號：詳見本書第三單元，第三章、相關圖概論，1.銲接與鉚接。

		直孔	單邊錐坑孔		兩邊錐坑孔
			近邊錐坑	遠邊錐坑	
視平垂於軸圖面直孔線	工廠鑽鉚釘孔	✛	✴	✳	✳
	現場鉚釘孔	⤶	⤶	✴	✴
視平平於軸圖面行孔線	工廠鑽鉚釘孔	▯	▯		▯
	現場鉚釘孔	▯	▯		▯

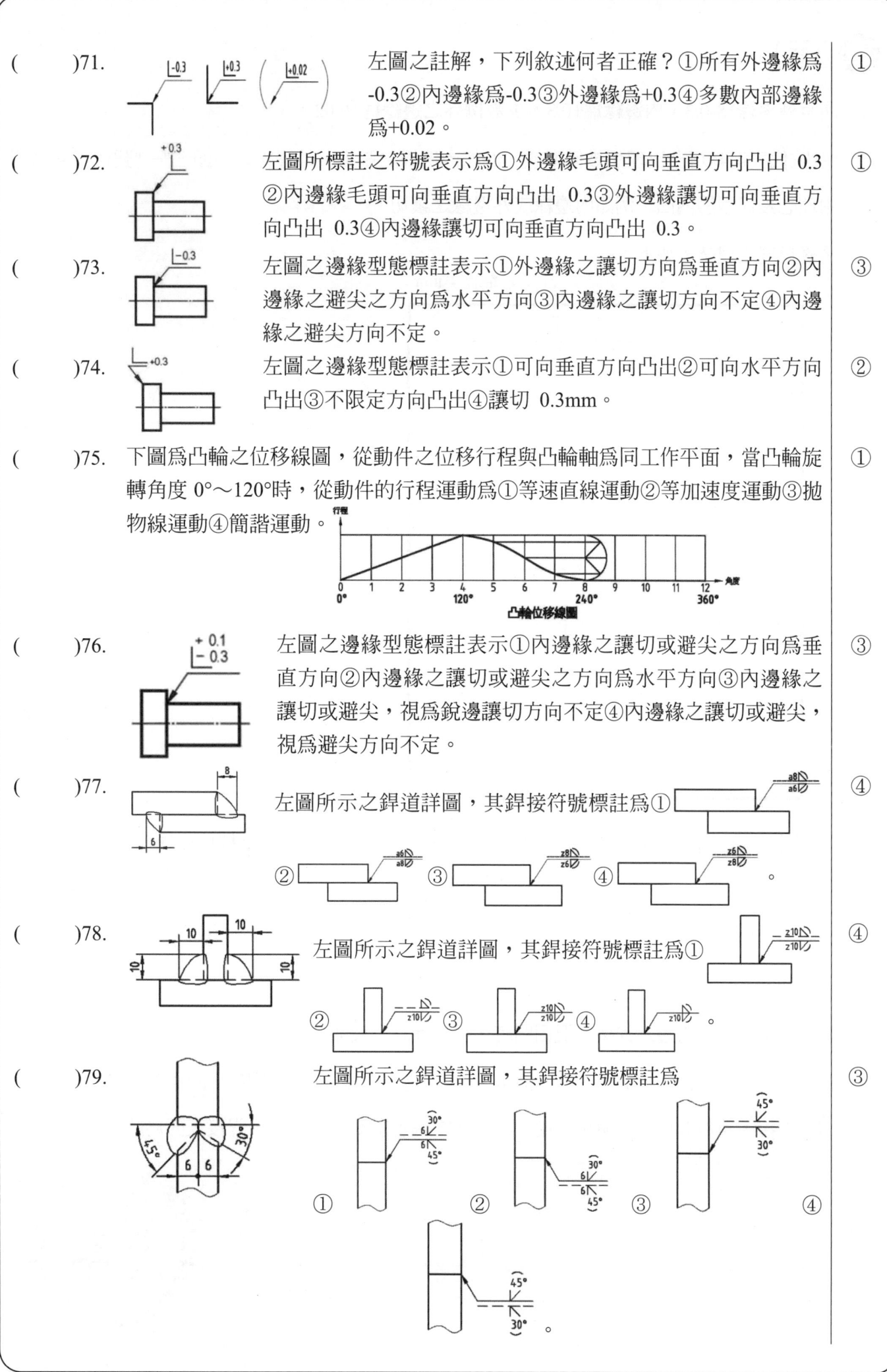

( )71. 左圖之註解，下列敘述何者正確？①所有外邊緣爲-0.3②內邊緣爲-0.3③外邊緣爲+0.3④多數內部邊緣爲+0.02。　①

( )72. 左圖所標註之符號表示爲①外邊緣毛頭可向垂直方向凸出 0.3②內邊緣毛頭可向垂直方向凸出 0.3③外邊緣讓切可向垂直方向凸出 0.3④內邊緣讓切可向垂直方向凸出 0.3。　①

( )73. 左圖之邊緣型態標註表示①外邊緣之讓切方向爲垂直方向②內邊緣之避尖之方向爲水平方向③內邊緣之讓切方向不定④內邊緣之避尖方向不定。　③

( )74. 左圖之邊緣型態標註表示①可向垂直方向凸出②可向水平方向凸出③不限定方向凸出④讓切 0.3mm。　②

( )75. 下圖爲凸輪之位移線圖，從動件之位移行程與凸輪軸爲同工作平面，當凸輪旋轉角度 0°～120°時，從動件的行程運動爲①等速直線運動②等加速度運動③拋物線運動④簡諧運動。　①

( )76. 左圖之邊緣型態標註表示①內邊緣之讓切或避尖之方向爲垂直方向②內邊緣之讓切或避尖之方向爲水平方向③內邊緣之讓切或避尖，視爲銳邊讓切方向不定④內邊緣之讓切或避尖，視爲避尖方向不定。　③

( )77. 左圖所示之銲道詳圖，其銲接符號標註爲①②③④。　④

( )78. 左圖所示之銲道詳圖，其銲接符號標註爲①②③④。　④

( )79. 左圖所示之銲道詳圖，其銲接符號標註爲①②③④。　③

單 選題。

71. 所有外邊緣為-0.3，內邊緣為+0.3，少數例外之邊緣為+0.02。

72. "+"號代表邊緣可凸出理想幾何型態，例如內邊緣之避尖，外邊緣之毛頭。"－"號代表邊緣可由理想幾何型態內凹，例如內邊緣或外邊緣之讓切。

76. 邊緣尺度之建議表如下：

單位：mm

尺度	應用	
+2.5		
+1		
+0.5	毛頭或避尖	
+0.3		
+0.1		
+0.05		
+0.02	銳邊	
-0.02		
-0.05		
-0.1		
-0.3		
-0.5	讓切	
-1		
-2.5		

　　詳見本書第三單元，第二章、基本圖學概論，8.表面織構符號－19.機件邊緣形態及符號表示法。

77. 箭頭邊為填角焊接，腳長 8mm，銲接表面為凸面。箭頭對邊為填角焊接，腳長 6mm，銲接表面為凸面。

78. 若箭頭邊與箭頭對邊之銲接情況相同時，可只標註一邊並省略副基線。

79. 箭頭邊為單斜形槽銲接填角焊接，槽角 30°，銲道深度為 6mm，銲接表面為凸面；箭頭對邊為填角焊接，單斜形槽銲接填角焊接，槽角 45°，銲道深度為 6mm，銲接表面為凸面。

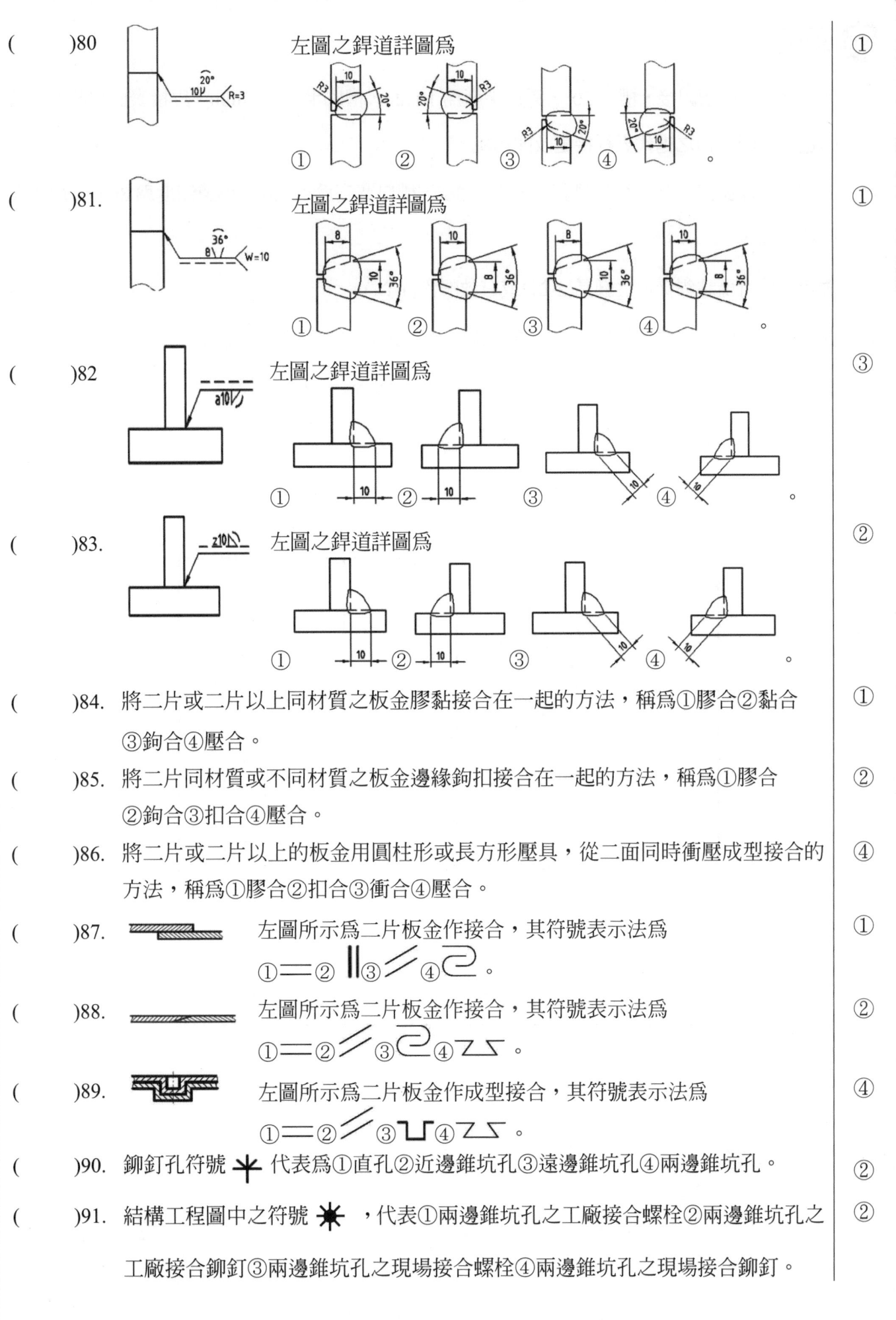

( )80 左圖之銲道詳圖為 ①

( )81. 左圖之銲道詳圖為 ①

( )82 左圖之銲道詳圖為 ③

( )83. 左圖之銲道詳圖為 ②

( )84. 將二片或二片以上同材質之板金膠黏接合在一起的方法，稱為①膠合②黏合③鉤合④壓合。 ①

( )85. 將二片同材質或不同材質之板金邊緣鉤扣接合在一起的方法，稱為①膠合②鉤合③扣合④壓合。 ②

( )86. 將二片或二片以上的板金用圓柱形或長方形壓具，從二面同時衝壓成型接合的方法，稱為①膠合②扣合③衝合④壓合。 ④

( )87. 左圖所示為二片板金作接合，其符號表示法為 ①＝② ‖③／④⊃。 ①

( )88. 左圖所示為二片板金作接合，其符號表示法為 ①＝②／③⊋④⊐。 ②

( )89. 左圖所示為二片板金作成型接合，其符號表示法為 ①＝②／③⊔④⊐。 ④

( )90. 鉚釘孔符號 ✦ 代表為①直孔②近邊錐坑孔③遠邊錐坑孔④兩邊錐坑孔。 ②

( )91. 結構工程圖中之符號 ✸ ，代表①兩邊錐坑孔之工廠接合螺栓②兩邊錐坑孔之工廠接合鉚釘③兩邊錐坑孔之現場接合螺栓④兩邊錐坑孔之現場接合鉚釘。 ②

單 選題。

80. 此符號爲 J 形槽銲接，槽角 20°，銲道深度爲 10mm，槽底半徑 R=3mm，銲接表面爲凸面。箭頭邊及箭頭所指之處代表銲接處及開槽處。

81. 此符號爲箭頭邊，平底 V 形槽銲接，槽角 36°，槽口寬度爲 10mm，銲道深度爲 8mm，銲接表面爲凸面。

82. 填角銲接可標註銲接道之腳長(z △)或有效喉深(a △)。

83. 此符號爲箭頭對邊填角銲接，銲接道之腳長爲 10 mm，銲接表面爲凸面。

84. 詳見本書第三單元，第三章、相關圖概論，2.板金膠合、鉤和、壓合。

85. 詳見本書第三單元，第三章、相關圖概論，2.板金膠合、鉤和、壓合。

86. 詳見本書第三單元，第三章、相關圖概論，2.板金膠合、鉤和、壓合。

87.

名稱		示意圖	符號	畫法
膠合	平接		=	
	斜接		//	
鉤合				
壓合				

88. 詳見第 87 題。

89. 詳見第 87 題。

90. 詳見第 68 題。

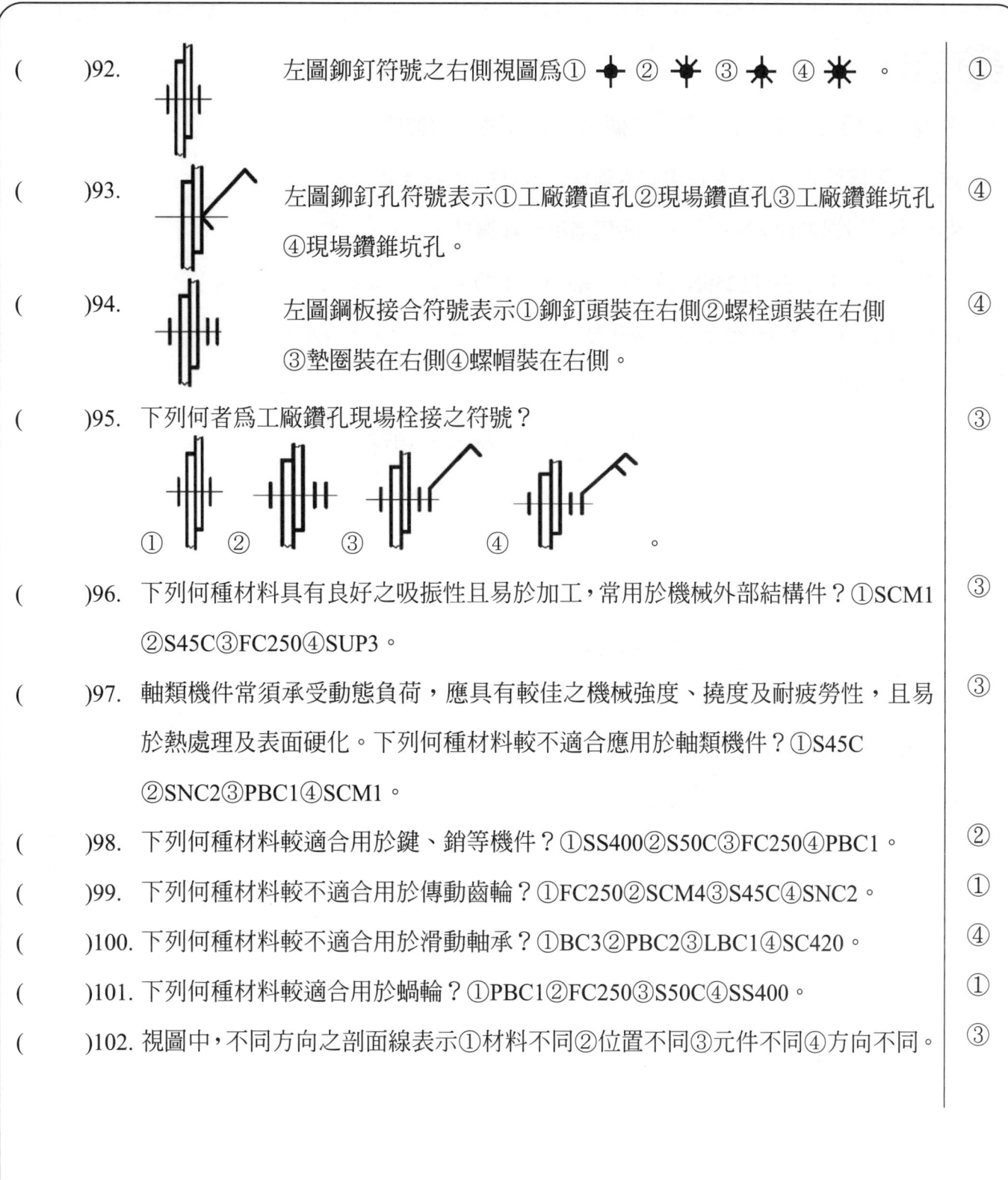

( )92. 左圖鉚釘符號之右側視圖為① ✦ ② ✸ ③ ✶ ④ ✴ 。　①

( )93. 左圖鉚釘孔符號表示①工廠鑽直孔②現場鑽直孔③工廠鑽錐坑孔④現場鑽錐坑孔。　④

( )94. 左圖鋼板接合符號表示①鉚釘頭裝在右側②螺栓頭裝在右側③墊圈裝在右側④螺帽裝在右側。　④

( )95. 下列何者為工廠鑽孔現場栓接之符號？　③

① ② ③ ④ 。

( )96. 下列何種材料具有良好之吸振性且易於加工,常用於機械外部結構件？①SCM1②S45C③FC250④SUP3。　③

( )97. 軸類機件常須承受動態負荷,應具有較佳之機械強度、撓度及耐疲勞性,且易於熱處理及表面硬化。下列何種材料較不適合應用於軸類機件？①S45C②SNC2③PBC1④SCM1。　③

( )98. 下列何種材料較適合用於鍵、銷等機件？①SS400②S50C③FC250④PBC1。　②

( )99. 下列何種材料較不適合用於傳動齒輪？①FC250②SCM4③S45C④SNC2。　①

( )100. 下列何種材料較不適合用於滑動軸承？①BC3②PBC2③LBC1④SC420。　④

( )101. 下列何種材料較適合用於蝸輪？①PBC1②FC250③S50C④SS400。　①

( )102. 視圖中,不同方向之剖面線表示①材料不同②位置不同③元件不同④方向不同。　③

單選題

92. 詳見本書第三單元，第三章、相關圖概論，1.銲接與鉚接。

98. 鍵、銷等機件的材料，宜採用碳索鋼材，所以S50C較合適。

　　SS400表抗拉強度400N/mm^2，一般構造用軋延鋼材。

　　FC250爲鑄鐵抗拉強度250N/mm^2，一般用於本體。

　　PBC1磷青銅一般用於軸承座、襯套等。

99. FC250：用於低強度普通大型齒輪。

　　SCM4：爲構造用鉻鉬鋼，表面硬化，用於一般耐磨耗齒輪。

　　S45C：爲機械構造用碳鋼。

　　SNC2：爲構造用鎳鉻鋼。

100.BC3：爲鑄造青銅，機械加工作成軸襯或單體軸承，俗稱砲銅。

　　PBC：爲磷青銅，可改善砲銅之耐磨耗性，也有耐蝕性，一般用於軸承座、襯套等。

　　LBC：爲鉛青銅，可改善砲銅或磷青銅軸襯之燒焦性，耐磨耗性不如磷青銅。

102.同一機件被剖切後，其剖面線之方向與間隔須完全相同。在組合圖中，相鄰兩機件，其剖面線應取不同之方向或不同之間隔。

複選題

( )103. 組合圖剖面時，何種零件免畫剖面線？①銷②鍵③彈簧④扣環。 ①②

( )104. 對於螺旋齒輪工作圖，下列敘述何者正確？①應繪製及標註導程角②相嚙合之二螺旋齒輪，其法面模數及螺旋角應相同③通常其法面模數為標準值，法面模數則隨螺旋角而改變④其齒頂高即等於法模數值。 ②④

( )105. 表面紋理符號分別為「M、C、R、P」，則下列選項之說明何者正確？①M 之紋理呈多方向②C 之紋理呈同心圓狀③R 之紋理呈放射狀④P 之紋理呈凸起之細粒狀。 ①②③④

( )106. 幾何公差之公差類別中，下列何者屬於形狀公差？①垂直度②圓柱度③曲面輪廓度④同心度。 ②③

( )107. 下列對表面織構符號的敘述何者正確？①圖面以文字 APA 表示織構符號為不得去除材料②一般預設傳輸波域截止值(λs)為 0.0025-0.8mm③W 為波紋輪廓參數④$\sqrt{M}$ 表示表面刀痕為放射狀。 ②③

( )108. 工作圖中有一重要直徑，下列公差標註方式何者為正確？
① $\phi30 \begin{array}{c}+0.028\\+0.007\end{array}$ ② $\phi30 \begin{array}{c}+0.041\\+0.020\end{array}$ ③ $\phi30 \begin{array}{c}+0.008\\+0.017\end{array}$ ④ $\phi30 \begin{array}{c}-0.004\\-0.017\end{array}$。 ①④

( )109. 完整之零件工作圖的標註要項，可包括下列何者？①尺度②配合公差與幾何公差③表面織構符號④特殊處理與一般註解。 ①②③④

( )110. 下列有關工作圖表現之敘述，何者正確？①基孔制之孔的偏差符號為小寫的拉丁字母「h」，基軸制之軸的偏差符號為大寫的拉丁字母「H」②軸最大限界尺度與孔最小限界尺度之差稱之為最小間隙或最大干涉③在表面織構符號中，「P」是表示工件表面紋理呈凸起之細粒狀者④繪製零件圖時，其前視圖之選用應以最能表達物體特徵之視角。 ②③④

( )111. 下圖之銲接符號，下列敘述何者正確？①(a)為縫銲接、(b)為點銲接②(b)為浮凸銲接、(c)為背面銲接③(c)為塞孔銲接、(d)為表面銲接④(a)為 I 形槽銲接、(d)為表面銲接。 (a)⊖ (b)◯ (c)⊓ (d)〜 ①③

( )112. 工作圖中有關公用表面織構符號，下列敘述何者正確？①一張圖紙畫多個零件時，標註在零件圖上方的件號右側②一張圖紙畫多個零件時，標註在標題欄旁③一張圖紙畫單一零件時，標註在零件圖上方的件號右側④一張圖紙畫單一零件時，標註在標題欄旁。 ①④

( )113. 對於兩嚙合之正齒輪工作圖，下列敘述何者正確？①兩者模數應相等②兩者轉速比與齒數比成反比③擺線齒形常用 20 度壓力角④齒部之表面織構符號應標註於齒冠圓周上。 ①②

( )114. 下列有關尺度與公差之敘述何者正確？①55H7 比 45H7 公差大②55H7 比 55H6 下偏差大③55h7 比 45h7 下偏差大④45h6 比 45h7 下偏差小。 ①③④

( )115. 下列對於組合圖之敘述，何者正確？①組合圖之件號線以細實線表示，在零件外之線端對準件號數字中心，在零件內之線端加一小黑點②組合圖中應繪製所有零件之隱藏線，並標註各零件之尺度③組合圖主要為表示各零件間之相對位置，其各視圖不可出現剖面④組合圖上可標註全長及全高尺度，必要時亦可標註規格尺度，有助於機械之安裝。 ①④

複選題

103. 詳見第 48 題。

104. 螺旋齒輪囓合的條件除法面模數及螺旋角應相同,兩旋向相反。在齒形部份,齒頂高即等於法模數。

105. 各種刀痕方向符號之種類:

符號	說明
=	刀痕之方向與其所指加工面之邊緣平行
⊥	刀痕之方向與其所指加工面之邊緣垂直
X	刀痕之方向與其所指加工面之邊緣成兩方向傾斜交叉
M	刀痕成多方向交叉或無一定方向
C	刀痕成同心圓狀
R	刀痕成放射狀
P	紋理無方向或成凸起的細粒狀

106. 垂直度為方向公差,同心度為位置公差。

107. APA 表示允許任何加工方法,MRR 為必須去除材料,NMR 為不得去除材料。第④選項應為刀痕成多方向交叉或無一定方向。

108. 標註上下兩限界時,應將上限界尺度置於上方,下限界尺度置於下方,數字之高度與一般尺度數字相同。

110. 基孔制之偏差符號為「H」,基軸制之的偏差符號為「h」。

111. ⊖:縫銲; ○:點銲或浮凸銲; ⌐⌐:塞孔或塞槽銲接; ⌢:表面銲接。

113. 擺線齒形的壓力角是隨接觸狀況,而改變非固定,漸開線齒形常用 20 度壓力角;齒部之表面織構符號應標註於節圓直徑處上。

114. ①:偏差區域及公差等級相同時,尺度愈大公差愈大,②:尺度相同時,H 偏差區域之下偏差相同,與公差等級無關,④尺度相同時,h 偏差區域之上偏差相同。

115. 組合圖中零件之隱藏線可省略或擇要繪出,並標註組裝後之總尺度等即可;組合圖可適當剖面,以便清楚表示零件間之組裝位置。

( )116. 下列有關 CNS75 輥紋之種類及代號，何者正確？①交叉紋(交點凹入)為 KCW②十字紋(交點突起)為 KDV③直行紋為 KAA④左旋斜紋為 KBL。 **③④**

( )117.  左圖邊緣型態符號中，應屬於下列何種邊緣之狀況？①毛頭②避尖③讓切④銳邊。 **①②**

( )118. 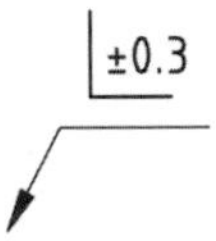 左圖邊緣型態符號，當指向外邊緣時，下列敘述何者正確？①邊緣之狀況方向不定②避尖可至 0.3mm③讓切可至 0.3mm④毛頭可至 0.3mm。 **①③④**

( )119. 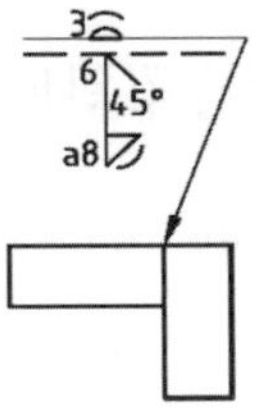 左圖所示之銲接符號，下列敘述何者正確？①單斜形槽銲接之背面銲接，銲道表面形狀為凸面②單斜形槽銲接，銲道深度 6③填角銲接，腳長 8④填角銲接銲道表面形狀為凹面。 **①②**

( )120. 下列幾何公差符號，屬於定位公差的有① ○② ∥ ③ ⊕ ④ ◎ 。 **③④**

( )121. 下列幾何公差符號，屬於形狀公差的有① ▱② ∠③ ≐④ ⌓ 。 **①④**

( )122. 絞孔表面織構 Ra 值，下列敘述何者正確？①25②3.2③1.6④0.8。 **②③④**

( )123. 一錐軸之錐度為 1：10，大徑為 30，下列何者正確？①長度 30 時，小徑為 27②小徑 25 時，長度為 50③長度 30 時，小徑為 25④小徑 27 時，長度為 50。 **①②**

( )124. 在工作圖中須註記視圖名稱時，下列寫法何者正確？①剖面 A-A②A-A③A④A1,A2。 **②③④**

( )125. 公制細螺紋常用之場合有①微調機構②防漏氣密③機件連接固鎖④高溫高壓處。 **①②**

( )126. 下列幾何公差符號，屬於方向的有① ≐② ∥ ③ ⊥④ ∠ 。 **②③④**

( )127. 工作圖中，何種尺度須標註單向公差？①斜齒輪組立距離②齒輪中心距③平行鍵之鍵座寬④定位銷孔距。 **①②③**

( )128. 下列那幾種為表面織構符號中的取樣長度？①粗糙度輪廓取樣長度②波紋輪廓取樣長度③結構輪廓取樣長度④最大濾波輪廓取樣長度。 **①②③**

( )129. 下列有關件號之標註，何者正確？ **①③**

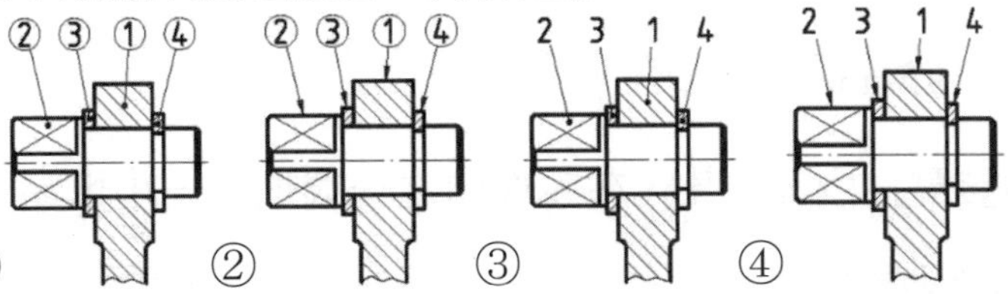

( )130. 組合圖件號線畫法，下列何者正確？ **①③**

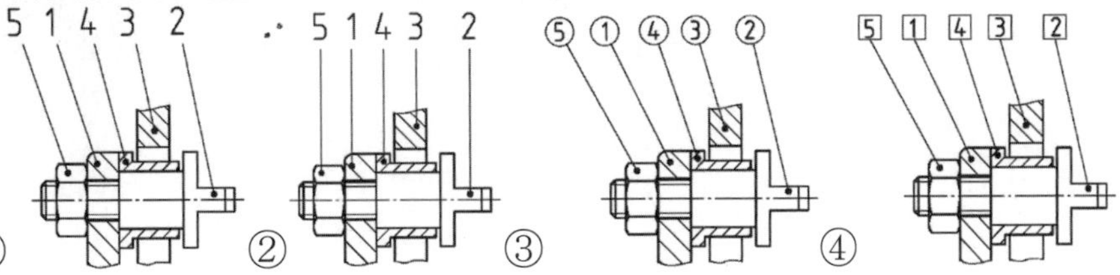

複選題

116. KCW 為交叉紋(交點凸起)，KCV 為交叉紋(交點凹入)，KDW 為十字紋(交點凸起)，KDV 為十字紋(交點凹入)。

117. 詳見第 76 題。

118. 詳見第 76 題。

119. 箭頭邊單為背面銲接，銲道深度 3mm，銲道表面形狀為凸面；箭頭對邊單斜形槽銲接，槽角 45°，銲道深度 6 mm，再填角銲接銲，有效喉深 8mm，表面形狀為凸面。

120. ○為形狀公差，∥ 為方向公差，⊕ 及 ◎ 為位置公差(定位公差)。

121. ∠ 為方向公差，═ 為位置公差。

122. 絞孔表面織構 Ra 值可達之範圍：

加工方法	中心線平均粗糙度值 Ra(μm)												
	50	25	12.5	6.3	3.2	1.6	0.8	0.4	0.2	0.1	0.05	0.025	0.01
拉　削													
鉸　孔													
輪　磨													
永久模鑄造													
刨　削													
鍛　造													
銑　削													
車　削													

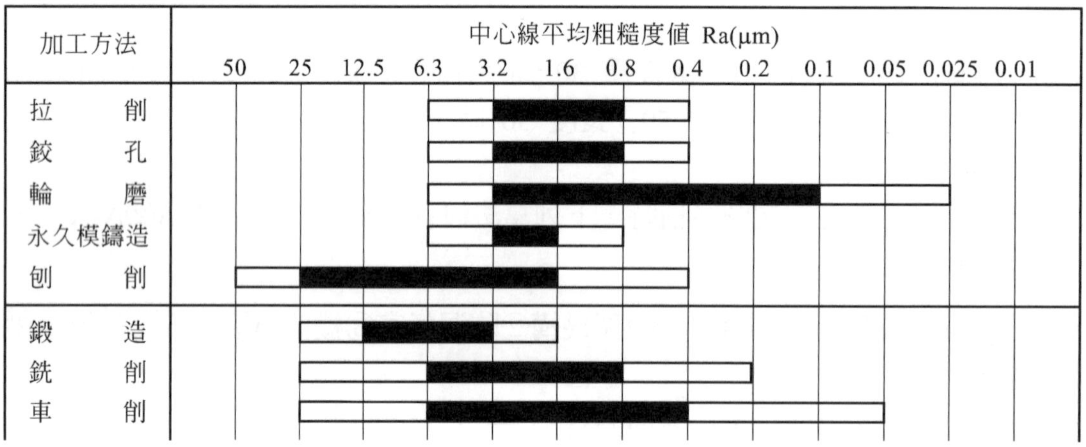

123. ($\dfrac{1}{10} = \dfrac{30-d}{30} \therefore d = 27$ ， $\dfrac{1}{10} = \dfrac{30-d}{50} \therefore d = 25$)。

124. 第②選項 A-A 代表剖面 A-A，第③選項 A 代表詳圖 A 或者 A 視圖。

126. 幾何公差符號中屬於方向公差有：平行度 ∥，垂直度 ⊥，傾斜度 ∠。

127. 除定位銷孔距宜採雙向公差，其餘宜採單向公差。

129. 組合圖中件號線用細實線，由該零件內部引出，在零件內之一端加繪一小黑點，另一端對準件號數字之中心。件號外亦得加繪細實圓。

130. 詳見第 129 題。

( )131. 組合件之公差標註，下列何者正確？

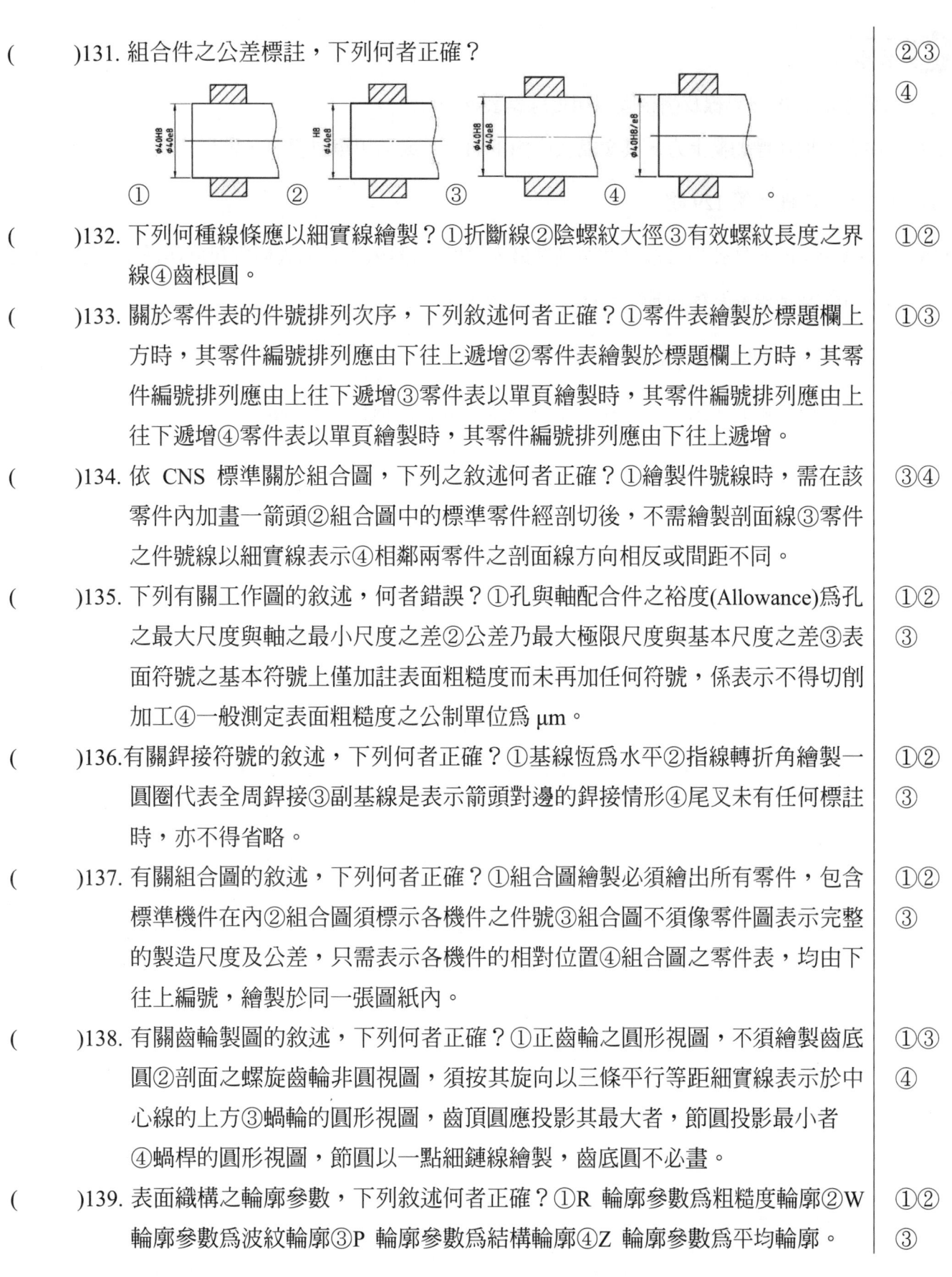

① ② ③ ④ 。

答 ②③④

( )132. 下列何種線條應以細實線繪製？①折斷線②陰螺紋大徑③有效螺紋長度之界線④齒根圓。

答 ①②

( )133. 關於零件表的件號排列次序，下列敘述何者正確？①零件表繪製於標題欄上方時，其零件編號排列應由下往上遞增②零件表繪製於標題欄上方時，其零件編號排列應由上往下遞增③零件表以單頁繪製時，其零件編號排列應由上往下遞增④零件表以單頁繪製時，其零件編號排列應由下往上遞增。

答 ①③

( )134. 依 CNS 標準關於組合圖，下列之敘述何者正確？①繪製件號線時，需在該零件內加畫一箭頭②組合圖中的標準零件經剖切後，不需繪製剖面線③零件之件號線以細實線表示④相鄰兩零件之剖面線方向相反或間距不同。

答 ③④

( )135. 下列有關工作圖的敘述，何者錯誤？①孔與軸配合件之裕度(Allowance)為孔之最大尺度與軸之最小尺度之差②公差乃最大極限尺度與基本尺度之差③表面符號之基本符號上僅加註表面粗糙度而未再加任何符號，係表示不得切削加工④一般測定表面粗糙度之公制單位為 μm。

答 ①②③

( )136. 有關銲接符號的敘述，下列何者正確？①基線恆為水平②指線轉折角繪製一圓圈代表全周銲接③副基線是表示箭頭對邊的銲接情形④尾叉未有任何標註時，亦不得省略。

答 ①②③

( )137. 有關組合圖的敘述，下列何者正確？①組合圖繪製必須繪出所有零件，包含標準機件在內②組合圖須標示各機件之件號③組合圖不須像零件圖表示完整的製造尺度及公差，只需表示各機件的相對位置④組合圖之零件表，均由下往上編號，繪製於同一張圖紙內。

答 ①②③

( )138. 有關齒輪製圖的敘述，下列何者正確？①正齒輪之圓形視圖，不須繪製齒底圓②剖面之螺旋齒輪非圓視圖，須按其旋向以三條平行等距細實線表示於中心線的上方③蝸輪的圓形視圖，齒頂圓應投影其最大者，節圓投影最小者④蝸桿的圓形視圖，節圓以一點細鏈線繪製，齒底圓不必畫。

答 ①③④

( )139. 表面織構之輪廓參數，下列敘述何者正確？①R 輪廓參數為粗糙度輪廓②W 輪廓參數為波紋輪廓③P 輪廓參數為結構輪廓④Z 輪廓參數為平均輪廓。

答 ①②③

複 選題。

132. 有效螺紋長度之界線及齒根圓以粗實線繪製。

133. 零件表可加在標題欄上方,其填寫次序由下而上,或另用單頁書寫,則填寫次序由上而下。

134. 詳見第 102 題及第 129 題。

135. 裕度(Allowance)為孔小之最尺度與軸之最大尺度之差;公差乃最大極限尺度與最小極限尺度之差;第③選項為允許任何加工方法。

136. 尾叉無特別說明時,得省略。

138. 詳見本書第三單元,第二章、基本圖學概論,10.常用機件－2.齒輪。

工作項目 06　3D 模型圖

單選題。

( )1. 等角投影圖三軸上所繪製之長度與實際尺度之比例約為①1：1②0.82：1③0.77：1④0.65：1。　②

( )2. 等角圖與等角投影圖之關係是①形狀大小皆相同②形狀相同而大小不同③形狀不同而大小相同④形狀與大小皆不同。　②

( )3. 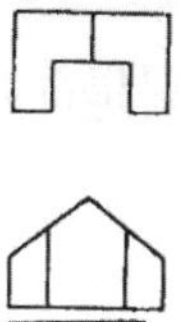 左圖之立體圖為①　②　③　④　。　④

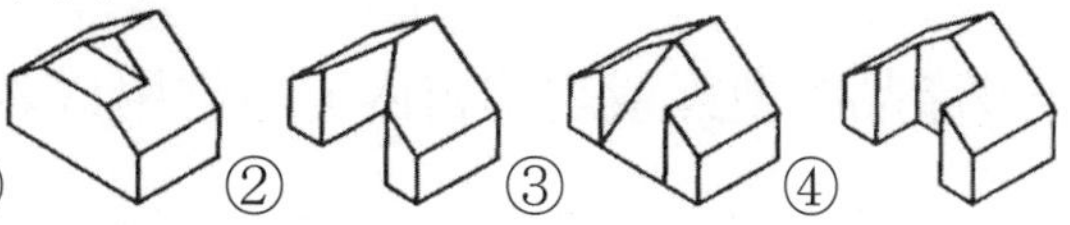

( )4. 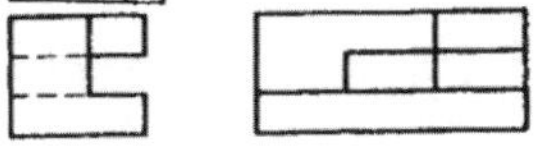 左圖之立體圖為①　②　③　④　。　①

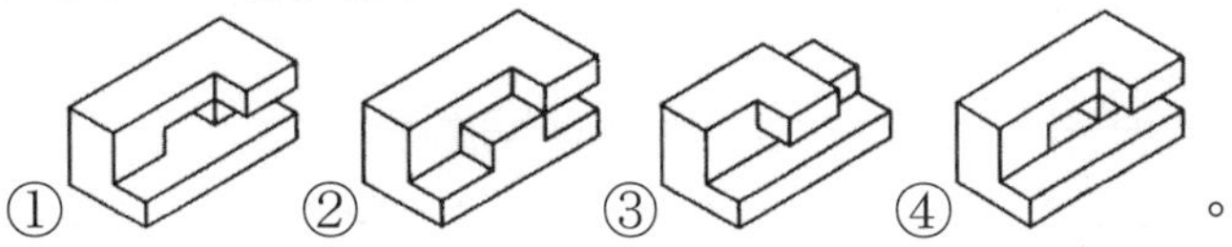

( )5. 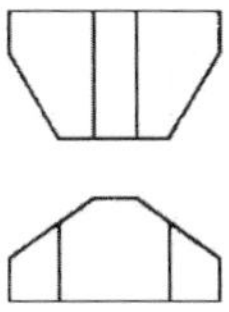 左圖之立體圖為①　②　③　④　。　③

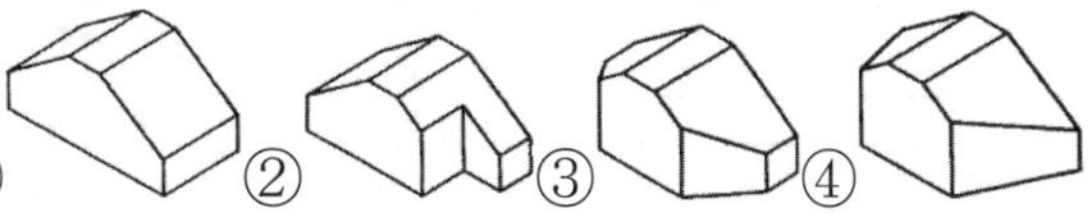

( )6. 等角圖是依據那一種原理繪製而成①正投影②斜投影③輔助投影④透視投影。　①

( )7. 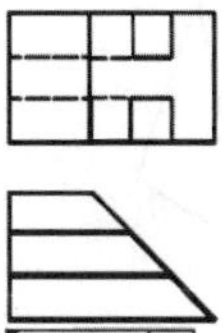 左圖之立體圖為①　②　③　④　。　②

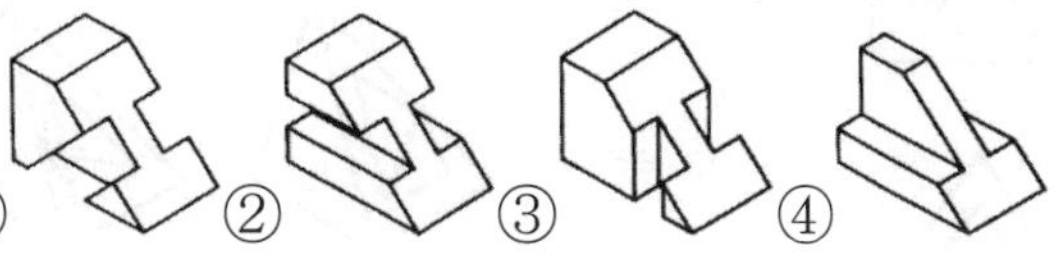

( )8. 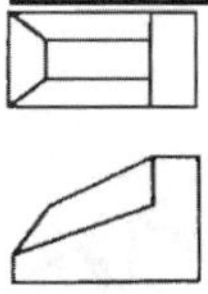 左圖之立體圖為①　②　③　④　。　①

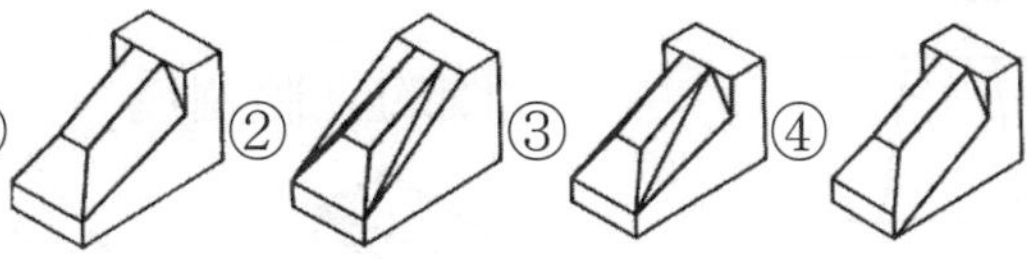

( )9. 球體之等角投影圖為一圓，其直徑與原球徑之比例為①1：1②1：1.22③1.22：1④1：0.82。　①

( )10. 等角投影圖與等角圖之比例為①1：1②1：1.22③1.22：1④1：0.82。　②

( )11. 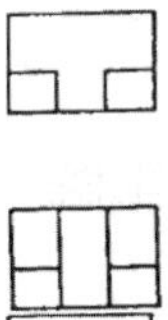 左圖之立體圖為①　②　③　④　。　④

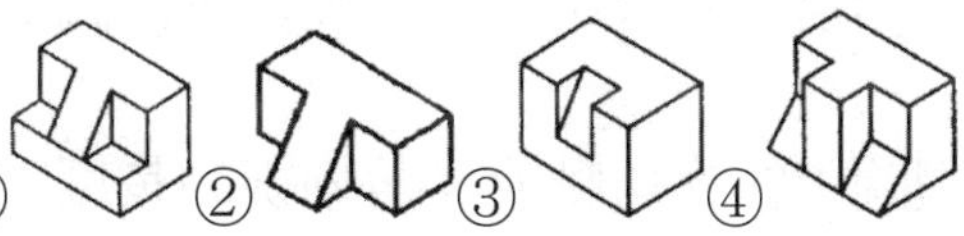

( )12. 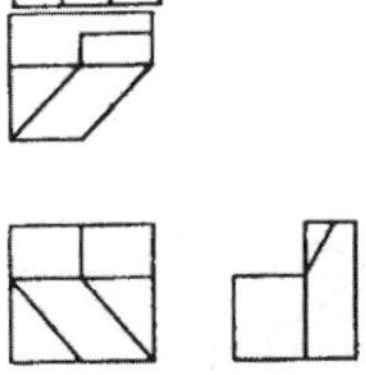 左圖之立體圖為①　②　③　④　。　②

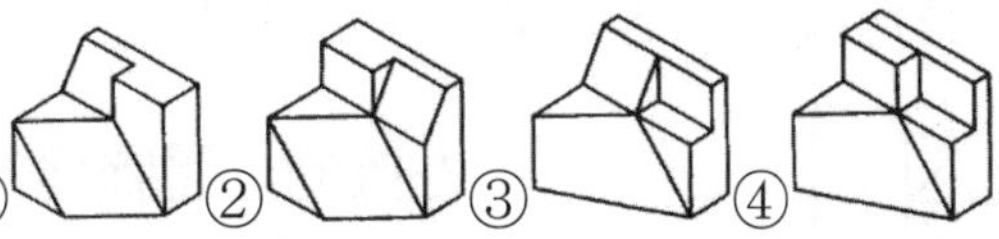

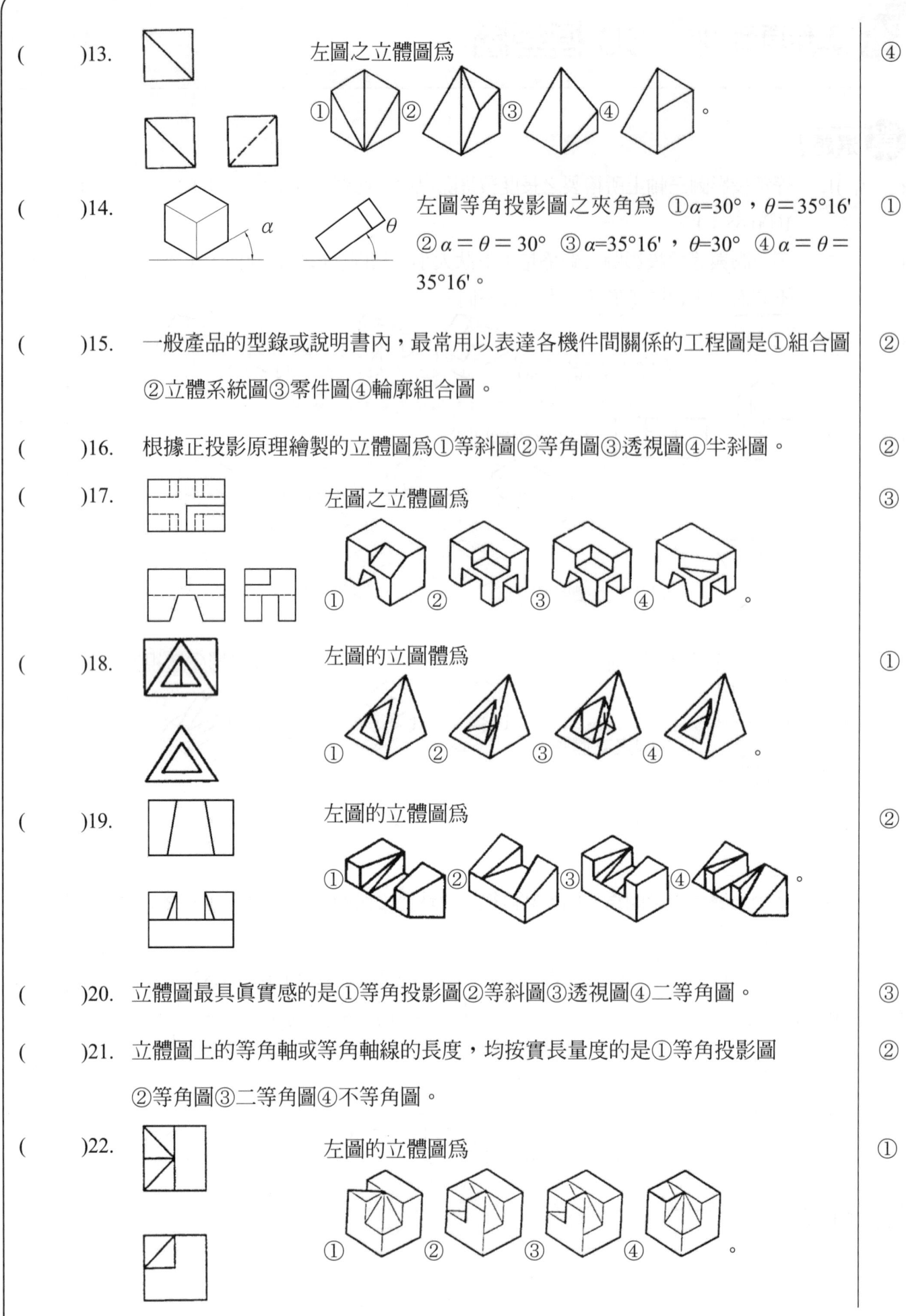

( )13. 左圖之立體圖為 ①②③④。　④

( )14. 左圖等角投影圖之夾角為　①α=30°，θ=35°16'　②α＝θ＝30°　③α=35°16'，θ=30°　④α＝θ＝35°16'。　①

( )15. 一般產品的型錄或說明書內，最常用以表達各機件間關係的工程圖是①組合圖②立體系統圖③零件圖④輪廓組合圖。　②

( )16. 根據正投影原理繪製的立體圖為①等斜圖②等角圖③透視圖④半斜圖。　②

( )17. 左圖之立體圖為 ①②③④。　③

( )18. 左圖的立圖體為 ①②③④。　①

( )19. 左圖的立體圖為 ①②③④。　②

( )20. 立體圖最具真實感的是①等角投影圖②等斜圖③透視圖④二等角圖。　③

( )21. 立體圖上的等角軸或等角軸線的長度，均按實長量度的是①等角投影圖②等角圖③二等角圖④不等角圖。　②

( )22. 左圖的立體圖為 ①②③④。　①

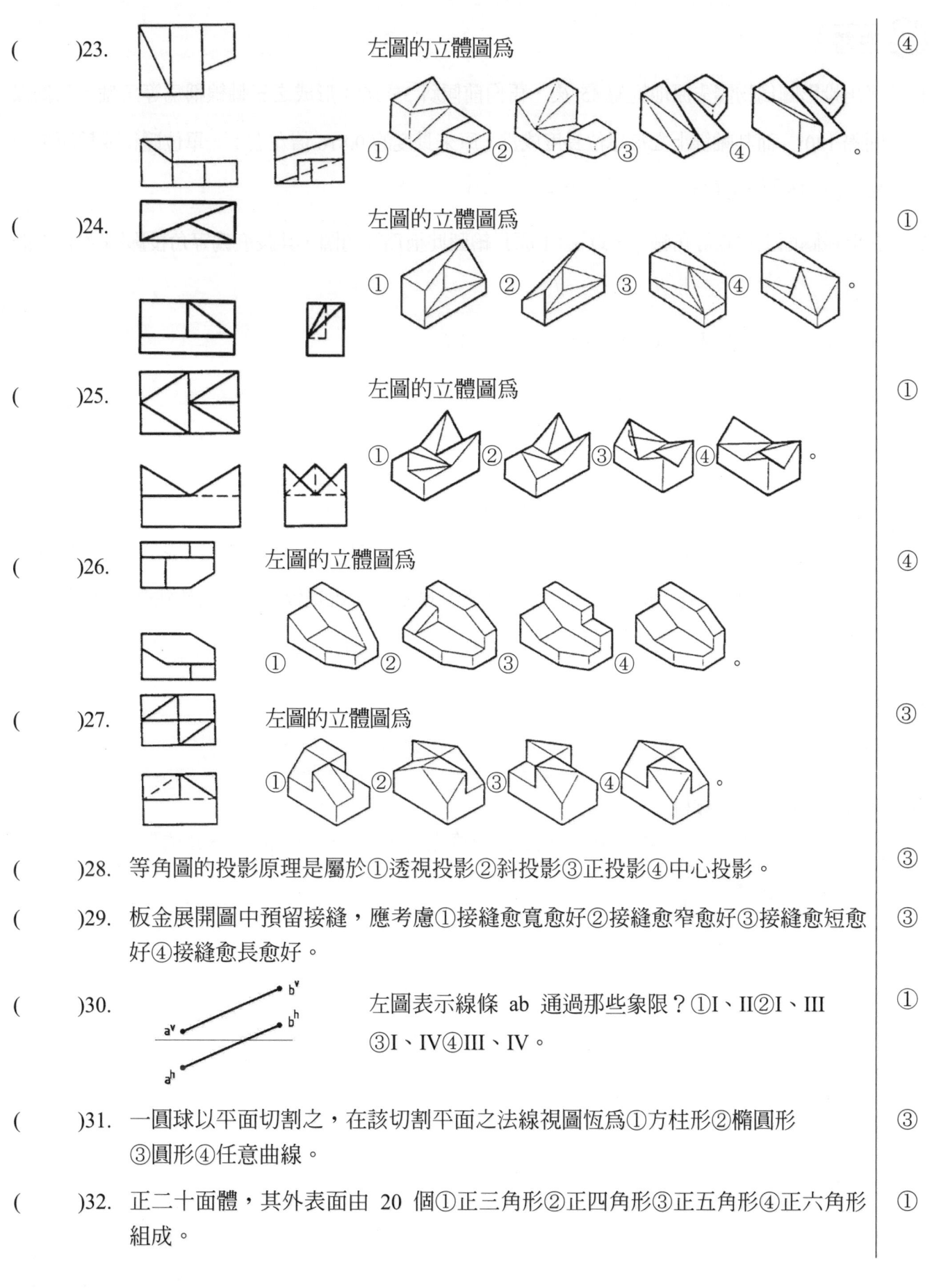

( )23. 左圖的立體圖為 ①②③④。　④

( )24. 左圖的立體圖為 ①②③④。　①

( )25. 左圖的立體圖為 ①②③④。　①

( )26. 左圖的立體圖為 ①②③④。　④

( )27. 左圖的立體圖為 ①②③④。　③

( )28. 等角圖的投影原理是屬於①透視投影②斜投影③正投影④中心投影。　③

( )29. 板金展開圖中預留接縫，應考慮①接縫愈寬愈好②接縫愈窄愈好③接縫愈短愈好④接縫愈長愈好。　③

( )30. 左圖表示線條 ab 通過那些象限？①I、II②I、III③I、IV④III、IV。　①

( )31. 一圓球以平面切割之，在該切割平面之法線視圖恆為①方柱形②橢圓形③圓形④任意曲線。　③

( )32. 正二十面體，其外表面由 20 個①正三角形②正四角形③正五角形④正六角形組成。　①

單 選題。

1. 等角投影圖為物體先原地旋轉 45°後，再向前傾斜 35°16'；形成之三軸線稱為等角軸，三軸線間隔 120°。而其軸線上之每單位長度成為，原來長度的 0.816 倍左右；一單位體積成為原來體積的$(0.816)^3$ 倍左右。

2. 在機械圖面上會在等角軸上，以 1：1 原長繪製此稱為等角圖，其長度為等角投影圖之 1.22 倍左右。

6. 等角圖為，平行投影中➔垂直投影➔正投影原理。

9. 球體的等角投影圖，其直徑與球徑比例亦為 1：1。

10. 詳見第 1、2 題。

14. 詳見第 1 題。

16. 透視圖是根據透視投影原理繪製，其可分為一點透視(一軸線上有消失點)、二點透視(二軸線上有消失點)、三點透視(三軸線上有消失點)，此類圖面符合視覺效果，常用於建築、美學。

20. 詳見第 16 題。

21. 詳見第 2 題。

28. 詳見第 6 題。

29. 可減少焊接時間及材料。

30. a 點在第一象限，b 點在第二象限，而且只有直立跡 c^v，所以 ab 通過 I、II 象限。

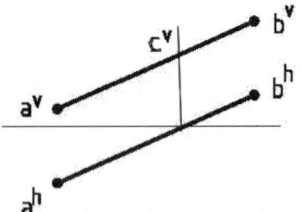

32. 詳見本書第三單元，第二章、基本圖學概論，3.應用幾何－1.立體。

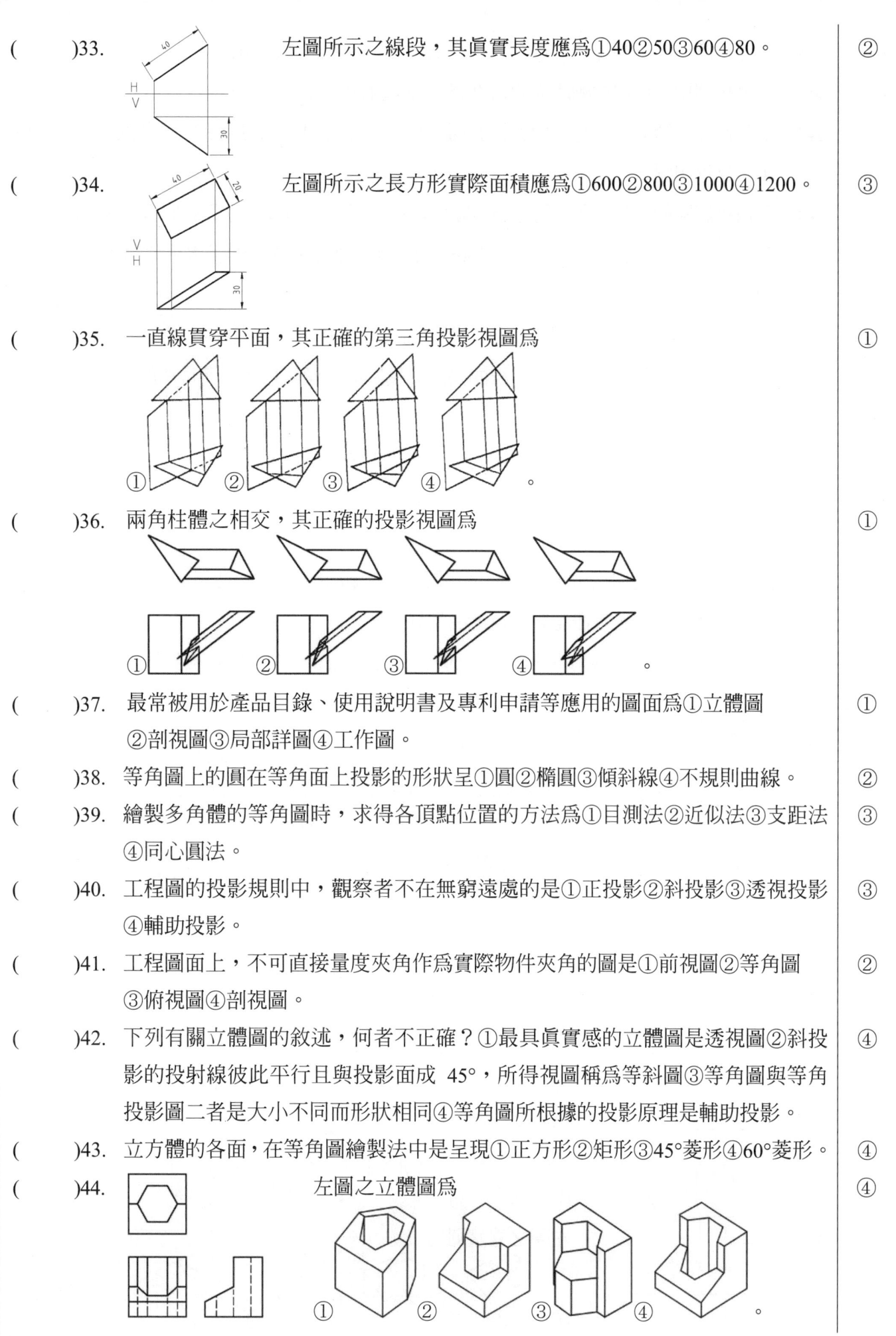

( )33. 左圖所示之線段，其真實長度應為①40②50③60④80。　②

( )34. 左圖所示之長方形實際面積應為①600②800③1000④1200。　③

( )35. 一直線貫穿平面，其正確的第三角投影視圖為　①

①　②　③　④　。

( )36. 兩角柱體之相交，其正確的投影視圖為　①

①　②　③　④　。

( )37. 最常被用於產品目錄、使用說明書及專利申請等應用的圖面為①立體圖②剖視圖③局部詳圖④工作圖。　①

( )38. 等角圖上的圓在等角面上投影的形狀呈①圓②橢圓③傾斜線④不規則曲線。　②

( )39. 繪製多角體的等角圖時，求得各頂點位置的方法為①目測法②近似法③支距法④同心圓法。　③

( )40. 工程圖的投影規則中，觀察者不在無窮遠處的是①正投影②斜投影③透視投影④輔助投影。　③

( )41. 工程圖面上，不可直接量度夾角作為實際物件夾角的圖是①前視圖②等角圖③俯視圖④剖視圖。　②

( )42. 下列有關立體圖的敘述，何者不正確？①最具真實感的立體圖是透視圖②斜投影的投射線彼此平行且與投影面成 45°，所得視圖稱為等斜圖③等角圖與等角投影圖二者是大小不同而形狀相同④等角圖所根據的投影原理是輔助投影。　④

( )43. 立方體的各面，在等角圖繪製法中是呈現①正方形②矩形③45°菱形④60°菱形。　④

( )44. 左圖之立體圖為　④

①　②　③　④　。

( )45. 在等角圖中,三條等角軸線互夾角度為①45°②90°③120°④150°。　　　　③

( )46. 在等角圖中,任何兩軸所夾的角度為①90°②120°③150°④60°。　　　　②

( )47. 下列何種立體圖至少有一面與投影面平行?①等角圖②斜視圖③二等角圖 ④三點透視圖。　　　　②

( )48. 等角投影圖的投影步驟,是先將物體作正投影得三視圖後,再①水平轉 45°,前 傾 35°16'②水平轉 35°16',前傾 60°③水平轉 30°,前傾 45°④水平轉 45°,前 傾 30°。　　　　①

( )49. 在立體投影圖中,當物體某稜線與投影面成傾斜時,投影視圖中之該稜線長度 的縮短量,隨著稜線與①投影線的長度②投影面的傾斜角度③所位於的象限 ④視點的位置　而改變。　　　　②

( )50. 等角圖中的圓,是一個橢圓內切於①45°菱形②60°菱形③矩形④正方形。　　　　②

( )51. 繪製等角圖的橢圓時,應以何種角度的橢圓板來繪製?①15°16'②45°③35°16' ④30°。　　　　③

( )52. 關於立體圖之使用場合,下列何者錯誤?①工廠生產加工時使用的圖面②機械 使用說明書③保養手冊④廣告及產品型錄。　　　　①

( )53. 徒手畫含不規則曲線的等角圖時,通常用①面積法②支距法③切線法④等距法 繪之。　　　　②

( )54. 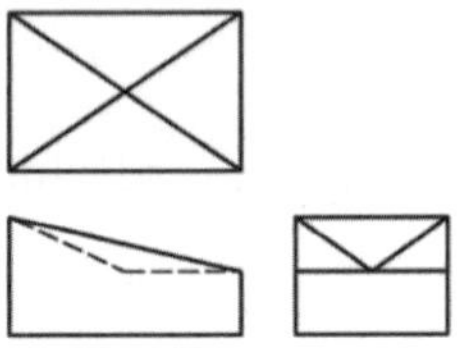 左圖之立體圖為　　　　①

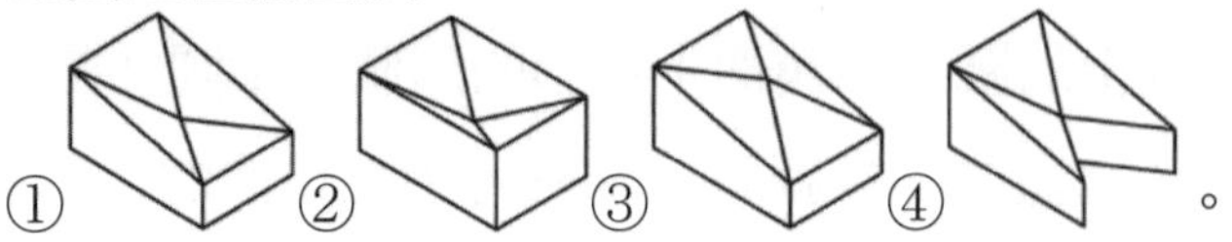

( )55. 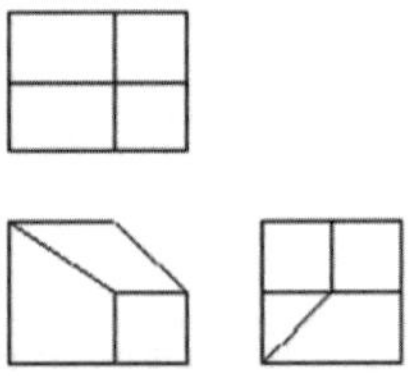 左圖之立體圖為　　　　①

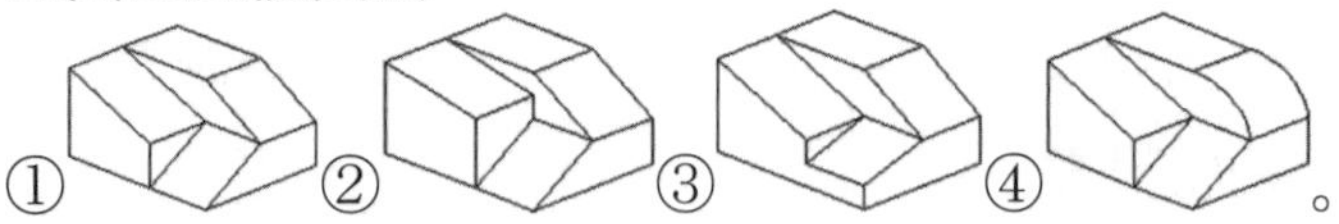

( )56. 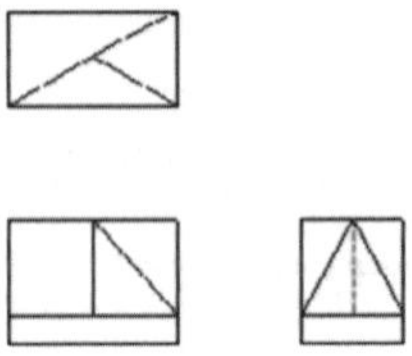 左圖之立體圖為　　　　③

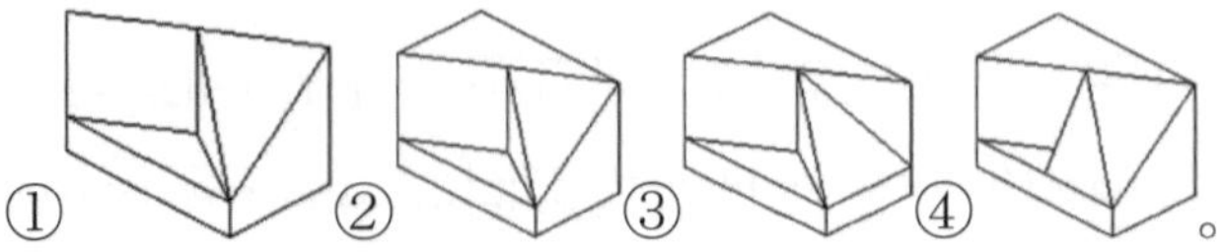

( )57. 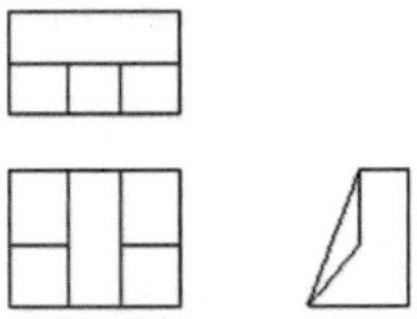 左圖之立體圖為　　　　②

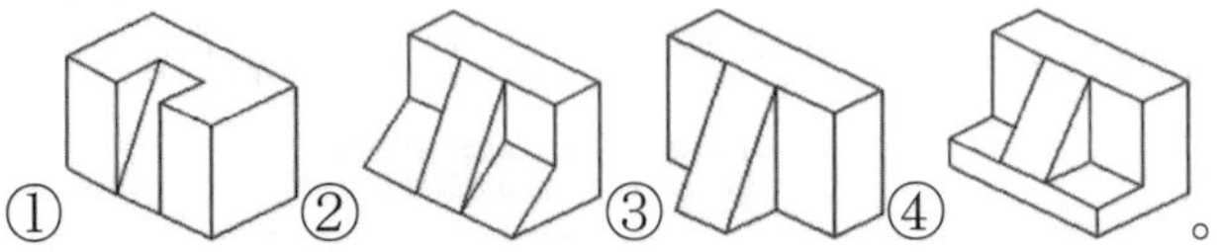

( )58. 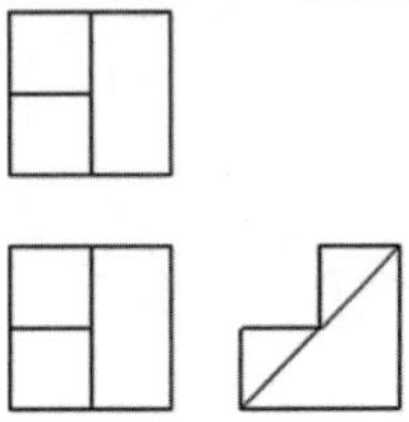 左圖之立體圖為　　　　④

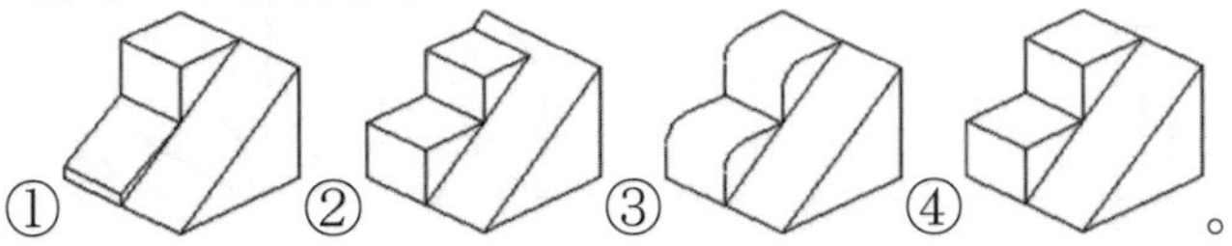

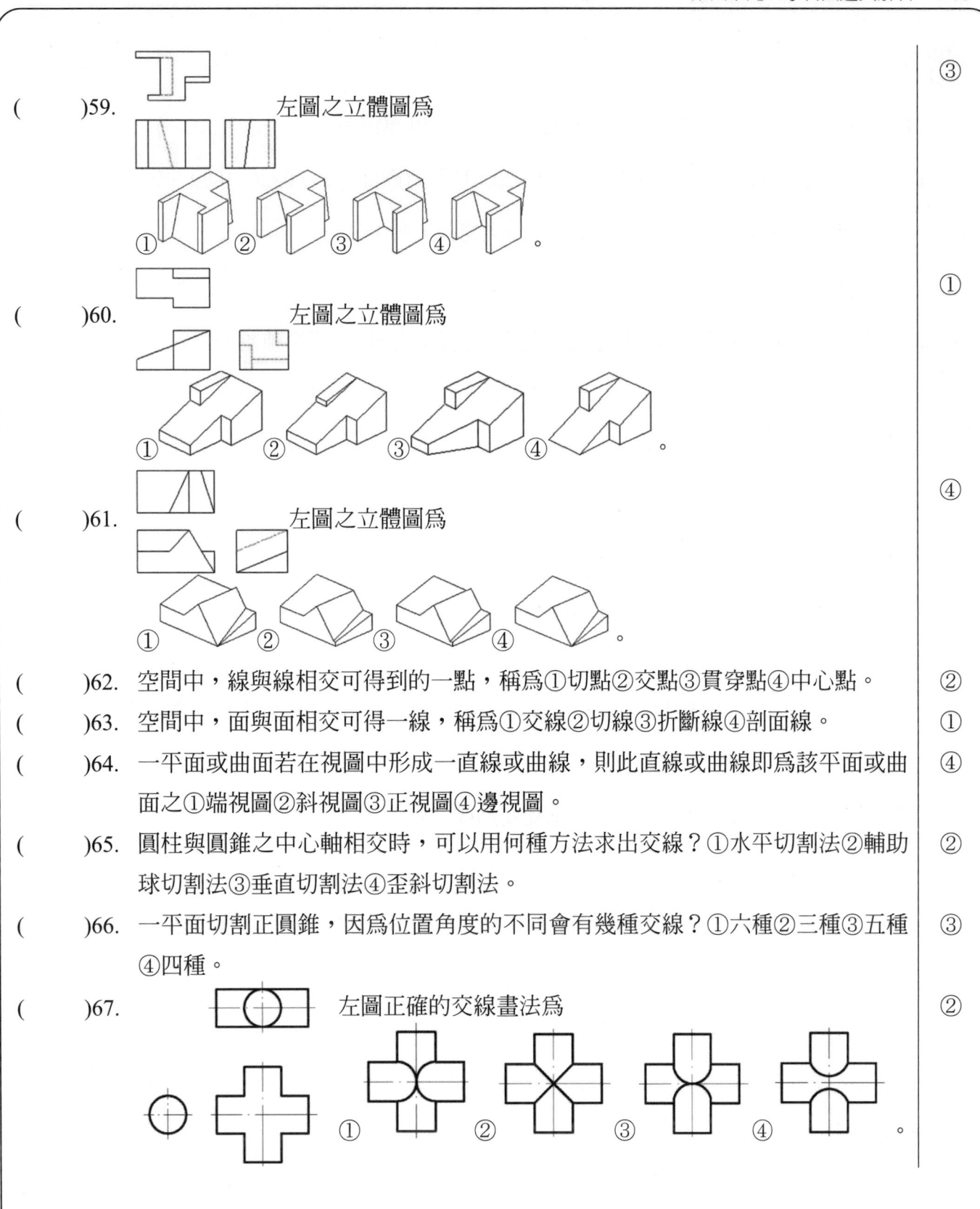

( )59. 左圖之立體圖為 ①②③④。 ③

( )60. 左圖之立體圖為 ①②③④。 ①

( )61. 左圖之立體圖為 ①②③④。 ④

( )62. 空間中,線與線相交可得到的一點,稱為①切點②交點③貫穿點④中心點。 ②

( )63. 空間中,面與面相交可得一線,稱為①交線②切線③折斷線④剖面線。 ①

( )64. 一平面或曲面若在視圖中形成一直線或曲線,則此直線或曲線即為該平面或曲面之①端視圖②斜視圖③正視圖④邊視圖。 ④

( )65. 圓柱與圓錐之中心軸相交時,可以用何種方法求出交線?①水平切割法②輔助球切割法③垂直切割法④歪斜切割法。 ②

( )66. 一平面切割正圓錐,因為位置角度的不同會有幾種交線?①六種②三種③五種④四種。 ③

( )67. 左圖正確的交線畫法為 ①②③④。 ②

單 選題。

33. 經一次輔助投影後得該複斜線其正垂視圖(實長)為 50 單位。

34. 經二次輔助投影後得其長方形邊長為 50、20，所以實際面積為 50×20=1000 平方單位。

35. 詳見本書第三單元，第三章、相關圖概論，4.交線。

36. 詳見本書第三單元，第三章、相關圖概論，4.交線。

40. 詳見本書第三單元，第二章、基本圖學概論，4.投影幾何－3.投影種類。

42. 詳見本書第三單元，第二章、基本圖學概論，4.投影幾何－3.投影種類。

45. 等角投影圖為物體先原地旋轉 45°後，再向前傾斜 35°16'；形成之三軸線稱為等角軸，三軸線間隔 120°。

47. 斜投影視圖為投射線間相互平行，但與投影面成傾斜，若傾斜角為 45°，稱為等斜圖，若傾斜角為 63°15'，稱為半斜圖，其呈現之視圖至少有一面與投影面平行。

48. 詳見第 1 題。

49. 在立體投影圖中，當物體某稜線與投影面成傾斜時，則其投影視圖中之稜線長度的縮短量，隨著稜線與投影面的傾斜角度成反比。

62. 空間中，線與線相交可得到的一點，稱為交點或共點。

63. 空間中，面與面相交可得一線，稱為交線或共線。

64. 一物面可在與其平行之投影面得到其正垂視圖，及為該面之實形，與其垂直之投影面得到該面之邊視圖。

65. 詳見本書第三單元，第三章、相關圖概論，4.交線。

66. 因切割位置而異，可產生不同之相交線及圖形，共有等腰三角形、圓、橢圓、拋物線，及雙曲線等五種。

67. 詳見本書第三單元，第三章、相關圖概論，4.交線。

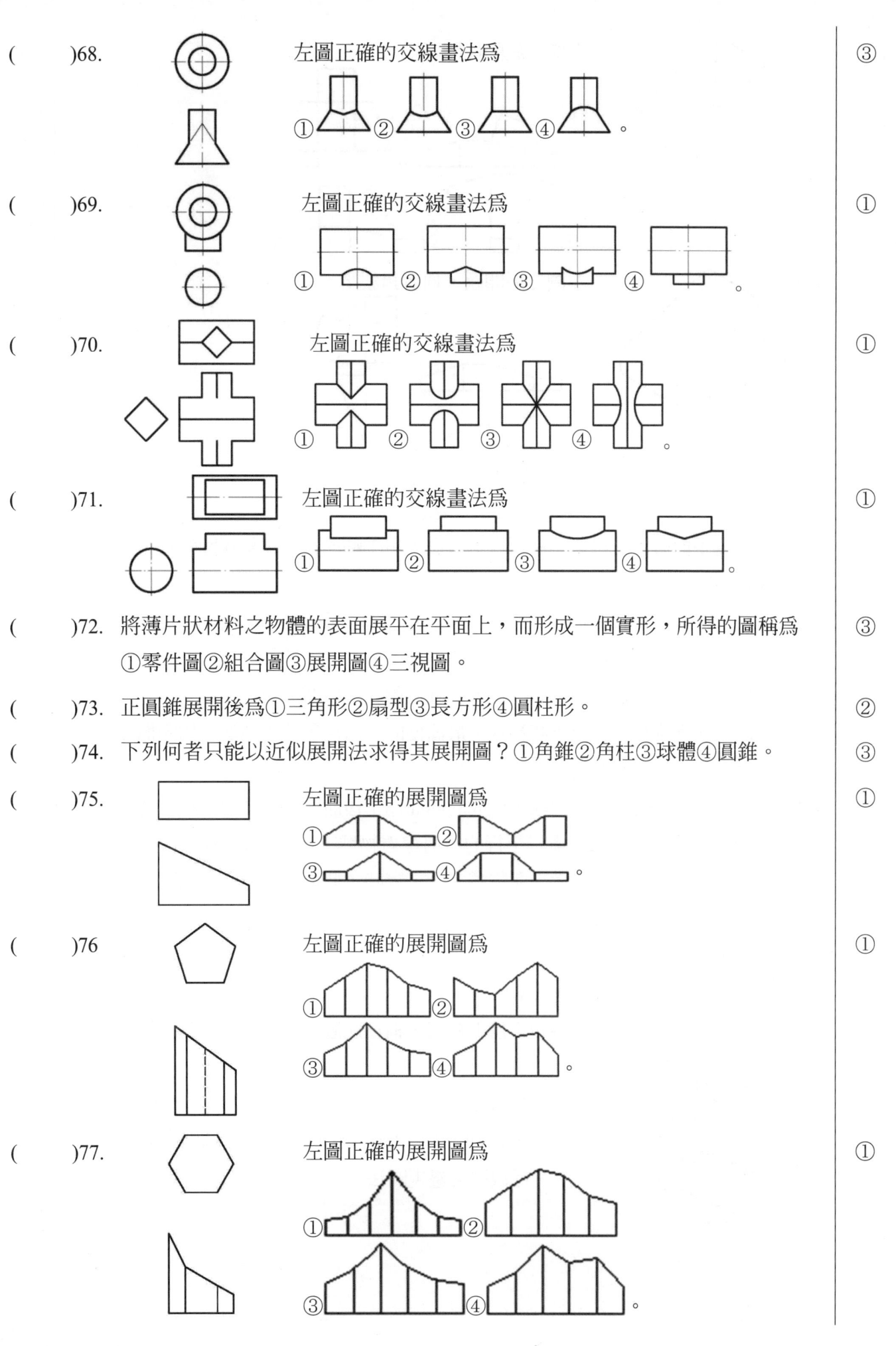

(　)68. 左圖正確的交線畫法為 ① ② ③ ④ 。　③

(　)69. 左圖正確的交線畫法為 ① ② ③ ④ 。　①

(　)70. 左圖正確的交線畫法為 ① ② ③ ④ 。　①

(　)71. 左圖正確的交線畫法為 ① ② ③ ④ 。　①

(　)72. 將薄片狀材料之物體的表面展平在平面上，而形成一個實形，所得的圖稱為 ①零件圖②組合圖③展開圖④三視圖。　③

(　)73. 正圓錐展開後為①三角形②扇型③長方形④圓柱形。　②

(　)74. 下列何者只能以近似展開法求得其展開圖？①角錐②角柱③球體④圓錐。　③

(　)75. 左圖正確的展開圖為 ① ② ③ ④ 。　①

(　)76 左圖正確的展開圖為 ① ② ③ ④ 。　①

(　)77. 左圖正確的展開圖為 ① ② ③ ④ 。　①

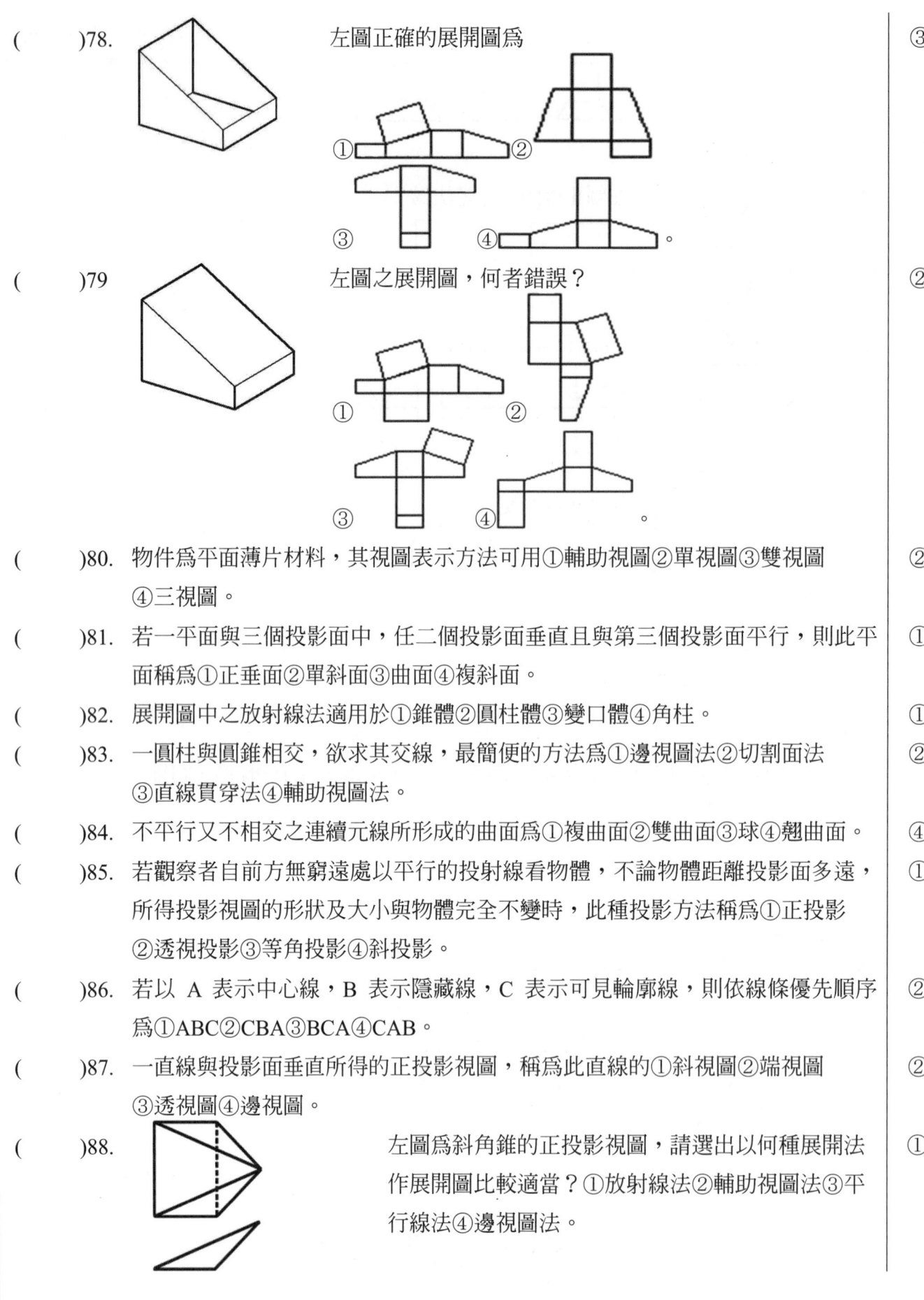

( )78. 左圖正確的展開圖為 ①②③④。　③

( )79 左圖之展開圖，何者錯誤？ ①②③④。　②

( )80. 物件為平面薄片材料，其視圖表示方法可用①輔助視圖②單視圖③雙視圖④三視圖。　②

( )81. 若一平面與三個投影面中，任二個投影面垂直且與第三個投影面平行，則此平面稱為①正垂面②單斜面③曲面④複斜面。　①

( )82. 展開圖中之放射線法適用於①錐體②圓柱體③變口體④角柱。　①

( )83. 一圓柱與圓錐相交，欲求其交線，最簡便的方法為①邊視圖法②切割面法③直線貫穿法④輔助視圖法。　②

( )84. 不平行又不相交之連續元線所形成的曲面為①複曲面②雙曲面③球④翹曲面。　④

( )85. 若觀察者自前方無窮遠處以平行的投射線看物體，不論物體距離投影面多遠，所得投影視圖的形狀及大小與物體完全不變時，此種投影方法稱為①正投影②透視投影③等角投影④斜投影。　①

( )86. 若以 A 表示中心線，B 表示隱藏線，C 表示可見輪廓線，則依線條優先順序為①ABC②CBA③BCA④CAB。　②

( )87. 一直線與投影面垂直所得的正投影視圖，稱為此直線的①斜視圖②端視圖③透視圖④邊視圖。　②

( )88. 左圖為斜角錐的正投影視圖，請選出以何種展開法作展開圖比較適當？①放射線法②輔助視圖法③平行線法④邊視圖法。　①

( )89. 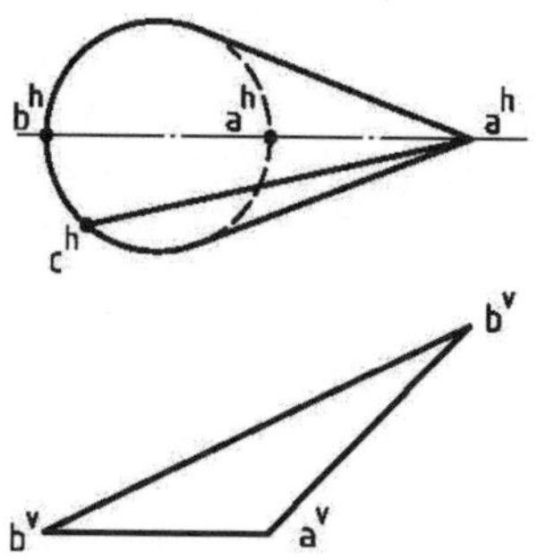 左圖為斜圓錐的正投影視圖，圖上的那一條線為真實長度？①$o^h a^h$ ②$o^h c^h$ ③$o^h b^h$ ④$o^v b^v$。 | ④

( )90. 一單斜面在三個主要視圖中呈現①一縮小的面和二線段②二縮小的面和一線段③三線段④三縮小的面。 | ②

( )91. 當一圓沿一直線滾動時，圓上一點移動的軌跡稱為①正擺線②外擺線③內擺線④直線擺線。 | ①

( )92. 一平面切割圓錐，若平面與軸平行，則所切的曲線為①橢圓②拋物線③雙曲線④正圓。 | ③

( )93. 一平面以不同角度截切一直立圓錐，則其所得之曲線，下列何者為不可能？①擺線②正圓③橢圓④拋物線。 | ①

( )94. 一個五角錐體，其底面的形狀為①三角形②四角形③五角形④六角形。 | ③

( )95. 一動點的軌跡，此動點至一定點的距離等於至一定直線的距離，定點謂之焦點，定直線謂之法線，則此軌跡為①橢圓②圓③雙曲線④拋物線。 | ④

( )96. 下列何者不屬於平面曲線(單曲線)？①圓②漸開線③擺線④圓柱螺旋線。 | ④

( )97. 下列何者是屬於空間曲線？①橢圓②螺旋線③雙曲線④拋物線。 | ②

( )98. 下列何種物體的軸線與底面成垂直？①複斜圓柱②正圓柱③斜圓錐④斜圓柱。 | ②

( )99. 使用圓規量取下列何種長度，可將圓周等分或六等分？①直徑②半徑③1/3 直徑④2/3 直徑。 | ②

( )100. 以一平面切割直立圓錐，若該平面與錐軸所交之角，小於素線與錐軸的夾角時，則所割得者為①拋物線②擺線③雙曲線④橢圓。 | ③

( )101. 用一割面截切一圓錐體，若平面與軸垂直，則所切的平面為①橢圓②拋物線③圓④漸開線。 | ③

( )102. 用一割面截切一直立圓錐，當割面和圓錐軸線之交角大於素線與軸之交角，切得之曲線為①圓②拋物線③雙曲線④橢圓。 | ④

( )103. 在平面上，一動點對一定點作等距離移動，其動點軌跡為①橢圓②雙曲線③圓④拋物線。 | ③

( )104. 通過不在一直線上的三點畫出一圓時，必須由幾條線作垂直平分線求得？①一條②二條③三條④四條。 | ②

( )105. 當一點移動時，其與二定點的距離差恆為常數，該動點所形成的軌跡為①圓②拋物線③橢圓④雙曲線。 | ④

( )106. 繞於一多邊形或圓之緊索由一點轉開時，所形成之曲線為①漸開線②拋物線③擺線④雙曲線。 | ①

單選題。

70. 詳見本書第三單元，第三章、相關圖概論，4.交線。

73. 詳見本書第三單元，第三章、相關圖概論，3.展開。

74. 球體、環狀體爲複曲面僅能作近似展開。

75. 詳見本書第三單元，第三章、相關圖概論，3.展開。

76. 本題第①題之展開圖形雖然對，但爲外展開，正確展開圖形應爲內展開，詳見本書第三單元，第三章、相關圖概論，3.展開。

85. 詳見本書第三單元，第二章、基本圖學概論，4.投影幾何－3.投影種類。

86. 當視圖中，各類線條重疊時，線條優先順序爲實線－虛線－中心線－折斷線－尺度(界)線－剖面線。

87. 一直線與投影面垂直所得的正投影視圖，稱爲此直線的端視圖，與投影面平行所得的正投影視圖，稱爲此直線的實長。

88. 詳見本書第三單元，第三章、相關圖概論，3.展開。

89. 圖面中之 $o^V a^V$、$o^V b^V$、$a^V b^V$、$a^h b^h$ 爲眞實長度。

90. 詳見本書第三單元，第二章、基本圖學概論，3.應用幾何－5. 擺線。

92. 以平面切割正圓錐所產生之相交線，稱爲割錐線，因切割位置而異，可產生不同之相交線，共有**圓、橢圓、拋物線，**及**雙曲線**等四種割錐線

種類	割 錐 線			
	圓	橢圓	拋物線	雙曲線
定義	切割平面與直立圓錐之錐軸垂直。	切割平面與直立圓錐錐軸之夾角大於錐軸與素線之夾角。	1.切割平面與直立圓錐之素線平行。 2.切割平面與直立圓錐錐軸之夾角等於錐軸與素線之夾角。	1.切割平面與直立圓錐錐軸平行。 2.切割平面與直立圓錐錐軸之夾角小於或等於錐軸與素線之夾角。
圖例	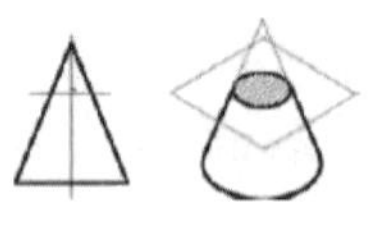	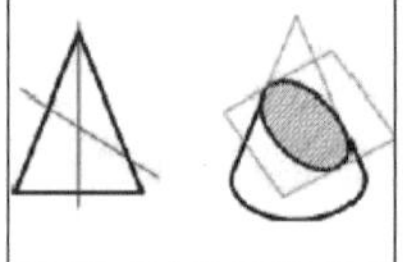	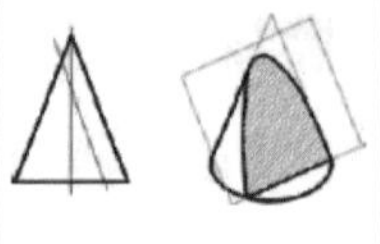	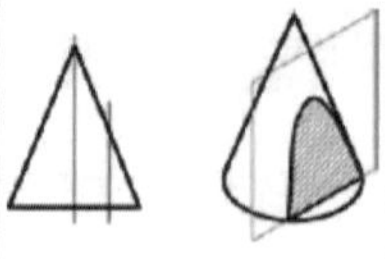

93. 詳見第 66 題。

96. 圓柱螺旋線屬於空間曲線。

98. 正立體，即立體之中心軸線與底平面垂直者，斜立體，即立體之中心軸線與底平面不垂直者。

99. 詳見本書第三單元，第二章、基本圖學概論，3.應用幾何－2.平面曲線－割錐線。

104. 連接任意兩點形成兩條直線(即圓周之兩條弦長)，再各做該兩直條線之垂直平分線，則兩垂直平分線之交點即爲圓心，便可繪出一圓。

複選題

(　)107. 下列何種檔案格式之副檔名可作爲 3D 模型之圖片使用？①dwg②igs③jpg④tif。 ‖ ③④

(　)108. 用一平面切割直立圓錐，其截面可以爲①圓②雙曲線③抛物線④三角形。 ‖ ①②③④

(　)109. 下列何者爲 3D 模型圖之立體組合圖的用途？①模擬零組件之作動情形②檢測零件間的干涉情形③檢測零件間的餘隙④可以產生立體分解系統圖。 ‖ ①②③④

(　)110. 左圖所示，其等角立體圖可能爲下列何者？ 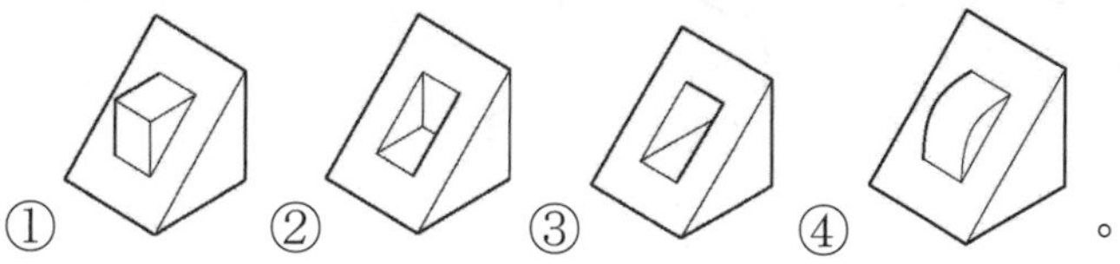 ‖ ①②④

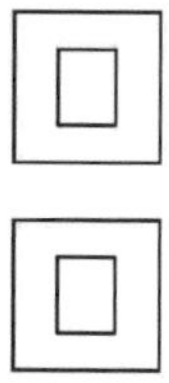

(　)111. 使用 3D 軟體以掃掠 Sweep 指令建立實體迴紋針時，下列何者爲必須之步驟？①建立迴紋針的長度線②建立迴紋針的路徑③建立迴紋針之工作平面④建立迴紋針的斷面形狀。 ‖ ②④

(　)112. 使用 3D 軟體以斷面混成 Loft(Blend)指令建立直立變口體實體時，下列何者爲必須之步驟？①依實體高度定義各草圖(截面圖形)平面或距離②同一草圖(截面圖形)建立的兩個封閉混成路徑③依斷面形狀建立兩個不同的草圖(截面圖形)④建立草圖(截面圖形)的直立建構線。 ‖ ①③

(　)113. 一平面切割正圓錐產生的截面，下列何者爲可能的圖形？①直角等腰三角形②擺線③雙曲線④漸開線。 ‖ ①③

(　)114. 左圖正確之俯視圖爲下列何者？ 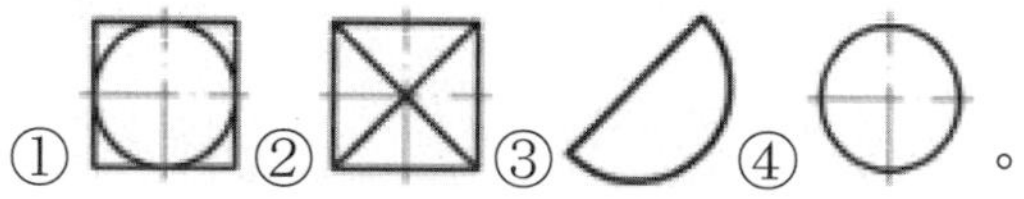 ‖ ②④

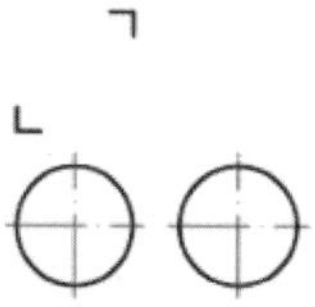

(　)115. 左圖之右側視圖，下列何者正確？ 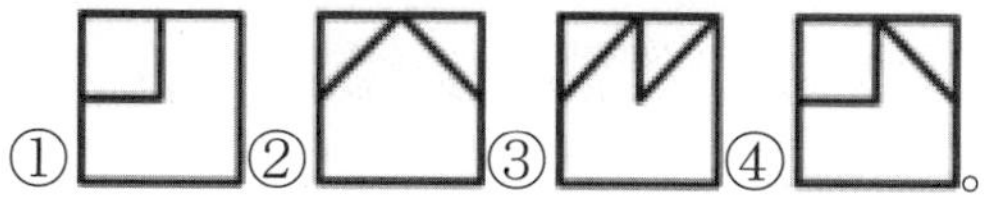 ‖ ②③④

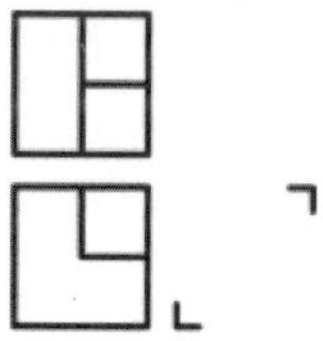

(　)116. 使用 3D 軟體以混成 Loft(Blend)指令建立吊車之掛勾弧形實體時，下列何者爲必須之步驟？①混成之前先點選直立中心線②建立斷面形狀所需要之工作平面③建立混成路徑所需要的草圖④不需要建立草圖工作平面，不需要輸入深度直接在同一位置各斷面混成。 ‖ ②③

(　)117. 欲建構兩階級圓柱之 3D 實體模型，可使用下列何種指令完成？①Extrude 擠出②Revolve 迴轉③Loft/Blend 混成④Coil 螺旋。 ‖ ①②③

(　)118. 兩相貫體的交線，下列敘述何者爲正確？①正三角錐與正三角柱相貫時，其交線爲曲線②圓錐與正三角柱相貫時，其交線爲曲線③兩大小相同之圓柱相貫體，其軸線成傾斜時，其交線爲直線④兩大小不同之角柱相貫時，其交線爲直線。 ‖ ②④

(　)119. 下列選項中，屬於平行投影的立體圖有那幾種？①等角圖②二等角圖③不等角圖④透視圖。 ‖ ①②③

複 選題。

108. 詳見第 92 題。

113. 詳見第 66 題。

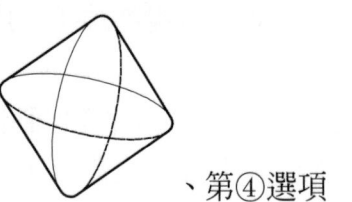

114. 第②選項 ：　　　　　　　、第④選項 ：　　　　　　　。

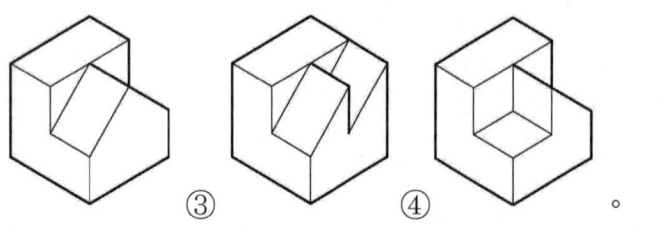

115. ②　　　　　③　　　　　④　　　　　。

117. 混成④Coil 螺旋。

118. 第①選項，角錐與角柱相貫時，其交線為直線。第③選項，其交線為曲線。

119. 詳見本書第三單元，第二章、基本圖學概論，4.投影幾何－3.投影種類。

工作項目 07　實物測繪

單 選題。

(　)1. 一般機件如需實物測繪時，其草圖繪製方法為①徒手鉛筆畫②儀器鉛筆畫③徒手上墨畫④儀器上墨畫。　①

(　)2. 測繪如左圖為不規則外形且有一平面之零件時，可用下列何種方法取得正確的形狀？①目測法②刮印法③拓印法④攝影法。　③

(　)3. 繪製實物測繪草圖時，其線條粗細為①全部用粗線②全部用中線③全部用細線④依線條用途繪製。　④

(　)4. 繪製草圖時，圖形的大小與實物之關係為①1：1 繪製②2：1 繪製③儘量放大④依適當大小繪製。　④

(　)5. 車床尾座頂心孔錐度為①傑可布斯錐度(Jacok's)②莫氏錐度(Morse)③伯朗夏普錐度(Brown&Sharpe)④嘉諾錐度(Jarno)。　②

(　)6. 測量左圖物件之盲孔(直徑小於 3mm)深度 L，其優先選用之測量工具為①深度分厘卡②游標深度尺③游標卡尺④細圓棒轉量。　④

(　)7. 測繪 V 型槽繩輪時，其夾角為①14°②35°③40°④55°　以上。　②

(　)8. 測繪錐形離合器時，其正常半圓錐角不得小於①8°②24°③45°④60°。　①

(　)9. 洛氏 C 硬度(HRc)所用的壓痕器為①120°金鋼石圓錐②136°金鋼石方錐③ϕ 1/16"鋼球④ϕ 10mm 鋼球。　①

(　)10. 洛氏 B 硬度(HRb)試片所用的荷重為①45kgf②60kgf③100kgf④150kgf。　③

(　)11. 利用小金鋼石圓錐，由一定高度自由落下撞衝試片之後反跳至某一高度，來量測材料硬度的試驗方法為①勃氏硬度試驗②洛氏硬度試驗③維氏硬度試驗④蕭氏硬度試驗。　④

(　)12. 鋼之主要元素為鐵和碳，而鋼的碳含量範圍，一般定義在①0.02%以下②0.02%～2%之間③2%～3%之間④3%以上。　②

(　)13. 一般構造用鋼 SS400，其中的「400」表示①含碳量 0.40%②伸長率 40%③抗拉強度 400N/mm²④HRc 硬度 400。　③

(　)14. 機械構造用鋼 S45C，其中的「45」表示①含碳量 0.45%②伸長率 45%③抗拉強度 45N/mm²④含鐵量 45%。　①

(　)15. 不銹鋼的合金元素能對鋼的表面產生氧化膜，且對鋼具有保護作用的元素為①銅②鉻③錳④鎳。　②

(　)16. 滲碳用鋼材，一般採用①純鐵②低碳鋼③中碳鋼④高碳鋼。　②

(　)17. 氮化用鋼碳含量一般約在①0.02%～0.2%②0.2%～0.5%③0.5%～0.8%④0.8%～1.2%。　②

(　)18. 一般常用的游標萬能量角器精度可達①1"②5"③10"④30"。　②

單選題。

2. 拓印法：當機件有底座或爲平坦面時，常藉由均云塗抹在該平面上的紅丹印泥或其他塗料等色料，該將平面形狀壓印在圖紙上，即可呈現其輪廓形狀。

4. 繪製實物測繪草圖，可不按 1：1 繪製，但線條粗細仍需依線條用途繪製並符合製圖規範。

5. 車床尾座頂心孔用的錐爲度莫氏錐度，以 MT 來表示，共有 8 個號數，MT0 號錐體直徑最小，MT7 號錐體直徑最大，每一號其錐度稍有出入，一般大約爲 1/20，通常用於車床和鑽床。

6. 孔徑太小，所以選項①②③之量具的測頭無法進入測量。

8. 錐形離合器之半圓錐角不宜太小，否則分離困難，一般爲 8°～12.5°。

9. 常用之硬度試驗有四種：a.勃式硬度試驗(HRB)，使用直徑 10mm 鋼球。b.洛氏硬度試驗(HRc)，使用 120°金鋼石圓錐。c.維氏硬度試驗(HV)，使用 136°金鋼石方錐。d.蕭氏硬度試驗(Hs)，以鋼錘自一定高度落下，以其反彈高度表示。

10. HRb 試片所用之荷重爲 100kgf，HRc 試片所用之荷重爲 150 kgf。

11. 詳見第 9 題。

12. 碳含量：鑄鐵 2.0～6.67%。　鋼 0.025～2.0%。純鐵 0.025%以下。

13. 「400」表示抗拉強度 N/mm^2。

14. S45C，其中的「45」表示含碳量 0.45％。

16. 將低碳鋼料所做成的零件，於高溫條件下增加其表面含碳量，當淬火處理時，使得表面因高含碳量而變硬，而心部仍爲低含碳量保持低硬度並具有韌性之熱處理方式。以此熱處理方式所得之表面硬化零件，用於機械工業上將同時具備了耐磨耗性及耐衝擊性二方面之特性。

17. 將鋼料製成的零件，置於含氮氣的爐氣中，加熱至 500° C 左右，可使其表面生成硬度較高的氮化鐵。由於氮化處理溫度較低，所以沒有一般熱處理所遇到的問題，如形變、淬裂等。而且依照不同合金成份之鋼料經氮化處理後，其硬度甚至較滲碳硬化法還來的高，同時其耐磨性、耐疲勞性、耐蝕性，均甚優良，對回火亦有很強的抵抗性。

(　)19. 精度爲 0.05mm 的游標卡尺，設本尺一格爲 1mm，而游尺取 19mm 長，則游尺上的刻劃有①20 格②30 格③40 格④50 格。　①

(　)20. M型游標卡尺無法直接測量工件的①深度②階級差③內徑④錐度。　④

(　)21. 螺紋分厘卡是用來量測螺紋的①底徑②外徑③節徑④牙深。　③

(　)22. 測量螺栓或螺帽每吋螺紋數，最常用的量具爲①鋼尺②螺距規③螺紋分厘卡④螺紋樣規。　②

(　)23. 一般分厘卡主軸之螺距爲 ①0.5mm②1mm③2.5mm③5mm。　①

(　)24. 測量齒輪之跨齒厚應使用①尖頭分厘卡②球面分厘卡③圓盤分厘卡④扁頭分厘卡。　③

(　)25. 游標高度規的精度可達①0.02mm②0.04mm③0.06mm④0.08mm。　①

(　)26. 表面織構參數代號，表示算術平均粗糙度的符號是①Ra ②Rz ③Rt ④RMS。　①

(　)27. 量錶測軸之有效量程，規定至少要能使指針迴轉①1 圈②2 圈③2.5 圈④5 圈。　③

(　)28. 表面織構參數代號，表示最大高度粗糙度的符號是①Ra②Rz③Rp④RMS。　②

(　)29. 左圖分厘卡的讀數爲①6.20mm②6.70mm③7.20mm④8.20mm。　②

(　)30. 左圖箭頭所指處表示刻度對齊，分厘卡的讀數爲①6.702mm②6.722mm③7.202mm④7.222mm。　①

(　)31. 左圖箭頭所指處表示刻度對齊，游標卡尺的讀數爲①6.665mm②66.65mm③7.265mm④72.65mm。　④

(　)32. 左圖箭頭所指處表示刻度對齊，游標卡尺的讀數爲①6.332mm②63.32mm③6.832mm④68.32mm。　④

(　)33. 一般用來簡單迅速鑑定不明鋼質材料的實驗爲①拉伸試驗②硬度試驗③超音波試驗④火花試驗。　④

(　)34. 鋼材以砂輪機研磨，若火花爲暗紅色，流線甚短且分裂的數量多，則可能爲①低碳鋼②中碳鋼③高碳鋼④純鐵。　③

(　)35. 下列材料中導電性和導熱性最佳者爲①鋁②鐵③銅④鋅。　③

(　)36. 一般銅製之軸承襯套，其材質大都爲①FC200②BC3③SUS304④S45C。　②

(　)37. 下列何者爲一般灰鑄鐵的材料編號？①FC200②S20C③SCr430④SUS304。　①

(　)38. 下列何者爲中碳鋼的材料編號？①FCD400②S45C③SNC415④SK7。　②

(　)39. 鋼的表面硬化法，其熱處理方式可爲①正常化②調質③回火④火焰淬火。　④

(　)40. 軸、齒輪、彈簧，爲了增加耐磨耗性和疲勞限，通常可再施予①表面硬化處理②均質處理③調質處理④正常化。　①

(　)41. 常用卷尺上的最小刻度爲①0.5 mm②1 mm③5 mm④10 mm。　②

(　)42. 卡鉗一般與①鋼尺②卷尺③游標卡尺④分厘卡　配合使用。　①

(　)43. 公制螺距規在每一片鋼片上所刻的數字是代表①螺紋數②螺距大小③螺紋標稱直徑④螺紋角大小。　②

(　)44. 一對模數爲 2 之正齒輪，大齒輪 30 齒，小齒輪 10 齒，若外接時，其中心距爲①80mm②60mm③40mm④20mm。　③

單選題

19. 所以假設游尺上的刻劃爲 X 格 $1-\dfrac{19}{X}=0.05=\dfrac{1}{20}\Rightarrow X=20$。

20. M 型游標卡尺可以量測外徑、內徑、階級，深度等。

23. 一般分厘卡主軸之螺距爲 0.5mm，所以精度爲 0.5÷50(格) = 0.01 mm。

26. 算術平均粗糙度(Ra)，最大高度粗糙度(Rz)。

29. 主刻度爲 6.5mm，套筒對準在第 20 格，所以 6.5+0.01×20=6.70mm。

30. 主刻度爲 6.5mm，套筒在第 20～21 格，而且對準 2 位置，所以 6.5+0.01×20+2×0.001=6.702mm。

31. 游標卡尺的讀法：

　　1. 先讀取本尺在副尺 0 刻度左邊的刻度值 A。

　　2. 找尋副尺刻度和本尺刻度吻合線,並讀取副尺此刻度之值爲 B。

　　3. 把 A+B 之值求出,則爲測量的尺度值。

　　讀數：72+0.65=72.65 整數位：看游尺 0 刻度線在本尺的位置。小數位：看游尺與本尺成一直線的刻度位置。

32. 讀數：68+0.32=68.32 整數位：看游尺 0 刻度線在本尺的位置。小數位：看游尺與本尺成一直線的刻度位置。

33. 火花試驗目的：利用鋼料內部所含碳量及各種元素成份的不同,於高速旋轉中的砂輪加以研磨時，由產生的火花所表現的特質,迅速的鑑定鋼料的種類及化學成份。

35. 導電性比較爲:銀>銅>金>鋁>鎢；導熱性比較爲:銀>銅>金>鋁>鐵。

36. BC3：鑄青銅，適用於輕負載軸承襯套。

38. 碳含量：低碳鋼 0.01～0.25%。中碳鋼 0.25～0.55%　高碳鋼 0.55～1.5%。

40. 常用的表面硬化處理種類：

　　火焰硬化法---適用中、高碳鋼，含碳量在 0.35%～0.70%間之碳鋼及低合金鋼；感應電熱硬化法---適用中、高碳鋼；滲碳硬化法--- 適用不能淬火硬化之低碳鋼；氮化法--- 用於含 Al、Cr、Mo 等合金鋼；滲碳氮化法--- 適用不能淬火硬化之低碳鋼鍍層硬化法。

42. 卡鉗與鋼尺配合，可以量測內外形尺度。鋼尺，公制最小精度爲 0.5 mm，英制最小精度爲 1/64" 或 1"。

43. 公制螺距規所刻的數字是代表螺距大小，英制螺距規所刻的數字是代表每吋牙數。

44. 中心距＝$\dfrac{M\times(T_{\square}+T_{\square})}{2}=\dfrac{2\times(30+10)}{2}=40\,\text{mm}$。

（　）45. 左圖爲測量長度 L 範圍內的表面粗糙度曲線 $f(x)$，若以 $\frac{1}{L}\int_0^L |f(x)|\,dx$ 之計算式所求得的表面粗糙度之值爲①Ra②Rz③Rmax④R.M.S.。　①

（　）46. 左圖工件的角度 θ 爲 ①$\cos^{-1}L/H$ ②$\cos^{-1}H/L$ ③$\sin^{-1}L/H$ ④$\sin^{-1}H/L$。　④

（　）47. 測繪鑽床主軸孔時，其錐度爲①傑可布斯錐度(Jacok's)②莫氏錐度(Morse)③伯朗夏普錐度(Brown&Sharpe)④嘉諾錐度(Jarno)。　②

（　）48. 實物測繪時，相同線徑及外徑之壓縮彈簧，其圈數愈多，可判斷出①彈簧係數(K)愈大②彈簧係數(K)愈小③彈性愈強④無法分辨。　②

（　）49. 量表無法應用於量測①眞圓度②平行度③表面粗糙度④平面度。　③

（　）50. 螺紋牙規之用途，爲量測①螺紋外徑②螺紋節徑③螺紋根徑④螺紋螺距。　④

（　）51. 下列敘述何者正確？①英制螺紋之螺距以每節距多少距離爲標註②公制螺紋之螺距以每吋之牙數爲標註③LH 爲右螺紋之標註④一般螺紋公差爲 6H/6g。　④

（　）52. 花崗石平台之主要特性爲①不易變形②易受溫度影響③易感磁性④使用壽命短。　①

（　）53. 下列何者爲正確？①公制齒輪以徑節(Diametrialpitch)表示齒形大小②公制齒輪以模數(Module)表示齒隙大小③徑節(Diametrialpitch)愈大，齒形愈大④模數(Module)愈大，齒形愈大。　④

（　）54. 分厘卡轉軸旋轉一圈，轉軸位移 0.5mm，則此分厘卡轉軸之螺距爲①0.25 mm②0.5 mm③1 mm④2 mm。　②

（　）55. 一般所採用材料 SUS304 爲①鋁合金②中碳鋼③不銹鋼④複合材料。　③

（　）56. 下列何者屬於硬度之表示法的一種？①HB②HC③HD④HE。　①

（　）57. 退火的目的爲①使鋼件變軟②使鋼件變硬③使強度增加④使組織微細化。　①

（　）58. 公制標準推拔銷，其錐度爲①1:10②1:20③1:50④1:100。　③

（　）59. 爲使鋼料淬水後之殘留沃斯田鐵繼續變態完成，可使用何種方法增加強度，穩定尺度？①退火②球化處理③正常化處理④深冷處理。　④

（　）60. 萬能角度規主圓盤刻度之 11°，作爲游標刻度 12 等分，則其精度爲①1 分②2 分③5 分④10 分。　③

（　）61. 一般槓桿式量表之最小讀數爲①2μm②5μm③10μm④20μm。　①

（　）62. 下列何者爲不銹鋼之表面處理？①磷酸鹽②鈍化③鍍鉻④黑氧。　②

（　）63. 鋼鐵機件鍍鉻，主要功能爲①增加附著力②使表面軟化③提高摩擦係數④耐磨耗。　④

（　）64. 實物測繪繪製草圖時，下列敘述何者正確？①尺度不必太過精確②切忌量測錯誤或遺漏③可全部採用實線繪製④不可在草圖中填寫註解。　②

（　）65. 游標高度尺可量測①孔距②螺距③表面粗糙度④齒隙。　①

（　）66. 同一機件有數個視圖時，其表面織構符號①集中註於一個視圖上②分別註於適當之相關面上③不須另註④限制註明。　②

（　）67. 鉋削鑄件，其稜角易生崩裂現象，應如何解決？①減慢切削速率②增加切削速率③去除稜角④加注切削劑。　③

（　）68. 下列之各種表面硬化法，何者不需再行淬火處理？①氮化法②滲碳法③氰化法④火焰硬化法。　①

（　）69. 線規是用以測量金屬線的①直徑②長度③硬度④強度。　①

單 選題:

45. 之計算式所求得的表面粗糙度之值爲①Ra②Rz③Rmax④R.M.S.。

46. $(\because \sin\theta = \dfrac{H}{L}$ ，$\therefore \theta = \sin^{-1}(\dfrac{H}{L})$ 。)

47. 莫氏錐度：以 MT 來表示，共有 8 個號數，MT0 號錐體直徑最小，MT7 號錐體直徑最大，每一號其錐度稍有出入，一般大約爲 1/20，通常用於車床和鑽床。

加諾錐度：以 JT 表示，共有 20 種尺寸，其錐度值均爲 1/20，爲一標準理想錐度。

布朗夏普錐度：以 B&ST 表示，共有 18 種尺寸，其錐度值約爲 1/24，B&ST10 號例外。

銑床標準錐度：標準錐度(NT)共有六號(自 10 號至 60 號),用於銑床及其刀具(如銑床的刀把),其錐度值約爲 7/24。

51. 英制螺紋之螺距以每吋之牙數爲標註；公制螺紋之螺距以每節距多少 mm 距離爲標註，LH 爲左螺紋之標註。

53. 公制齒輪以模數表示齒形大小，愈小者齒形愈大。英制齒輪以徑節表示齒形大小，愈大者齒形愈小。

56. HB 代表勃氏硬度。下列爲常用之硬度試驗及適用情形：

1. 受靜力或動力作用時產生殘留變形之永久壓痕抵抗者，謂之壓痕硬度例如：勃氏、洛氏、維氏等型式之硬度試驗。

2. 對於衝擊荷重之能量吸收之程度者謂之反跳硬度，例如：蕭氏硬度試驗。

3. 對於刮(劃)痕之抵抗謂之刮痕硬度，例如：莫氏、麻田劃痕及銼磨試驗等。

4. 對於磨損之抵抗謂之磨耗硬度，例如：磨耗試驗等。

5. 對於切削或鑽削之抵抗謂之切削硬度或切削性，例如：切削硬度試驗等。

58. 公制推拔銷(斜銷)之標稱直徑是以小端直徑爲規格，其錐度爲 1/50。

59. 是在零度以下所實施的處理，即將鋼料淬火後殘留沃斯田鐵變態成麻田散鐵的熱處理方式。深冷處理所使用的冷卻劑爲液態氮(–196 ℃)，而深冷處理的適當溫度爲 –70 ℃～ –150 ℃，一般也多採用此溫度範圍，其目的主要具有穩定組織、增加零件硬度、及尺寸的安定性爲主。

60. $1° - \dfrac{11°}{12} = \dfrac{1°}{12} = 5'$ 。

63. 鋼鐵機件鍍鉻，可以增加耐磨耗。

65. 高度規通常是指游標高度規，它是測量高度的量具，也是一種劃線的工具。它是利用游標原理可做精度爲0.02mm的高度測量或精密劃線之工具。

69. 線規係用來測量金屬線直徑，以號碼代表線徑，常用以英制吋爲單位，號數愈大直徑愈小。例如 SWG#1 之線徑爲 0.3 吋，SWG#0000 之線徑爲 0.4 吋。

(	)70.	俗稱之馬口鐵及白鐵皮即①前者鍍鋅，後者鍍錫②前者鍍錫，後者鍍鉻③前者鍍錫，後者鍍鋅④前者鍍鎘，後者鍍鋅　之鐵皮。	③
(	)71.	使用槓桿式量錶測量時，測桿與工作物面間之夾角，為了避免測量所發生的偏差，最好在①5°②10°③15°④20°　以下。	②
(	)72.	中碳鋼含碳量約為①0.02～0.08%②0.10～0.25%③0.28～0.50%④0.60～1.7%。	③
(	)73.	塊規(規矩塊)依精度等級，一般分為①1、2、3、4 四級②00、01、1、2 四級③00、0、1、2 四級④0、1、2、3 四級。	③
(	)74.	小孔規用來測量小孔，其本身並無刻度，測量後應使用①直尺②分厘卡③內卡④外卡　測定其尺度。	②
(	)75.	碳鋼中，何種元素可增加耐蝕性？①錳②銅③矽④硫。	①
(	)76.	鑽削工作，鑽頭直徑與轉數之關係為①鑽頭直徑大，轉速要快②鑽頭直徑小，轉速要快③鑽頭直徑小，轉速要慢④兩者無關係。	②
(	)77.	公制內徑分厘卡可測得之最小孔徑為①0②5③10④15　mm。	②
(	)78.	使用正弦桿需與　①分厘卡　②游標卡尺　③塊規　④直尺　配合使用。	③
(	)79.	一般機器之切削加工，其精度約在①IT1 至 IT4②IT1 至 IT8③IT5 至 IT10④IT11 至 IT16。	③
(	)80.	組合圖中，下列機件可以沿中心線剖切的是①軸②鍵③鉚釘④皮帶輪。	④
(	)81.	金屬材料之衝擊試驗，可獲知材料的①強度及延性②硬度及展性③韌性及脆性④強度及硬度。	③
(	)82.	適合大量生產檢驗用，而不太適合於實物測繪用的是①游標卡尺②界限量規③卡鉗④分厘卡。	②
(	)83.	正弦桿是用來測量　①長度②角度③深度④直徑　的精密量具。	②
(	)84.	螺紋之三線測量法是用來測量螺紋的①牙數②外徑③節徑④小徑。	③
(	)85.	精密銑削面之表面粗糙度值可達①Ra 0.8～Ra 0.2②Ra1.6～Ra 0.8③Ra 3.2～Ra 1.6④Ra 6.3～Ra 3.2。	①
(	)86.	分厘卡的砧座測量面之平面度校正可用①規矩塊②角度規③光學平鏡④標準棒。	③
(	)87.	游標卡尺之本尺刻度為 1mm，游標尺取本尺 49 刻度長等分為 50 刻度，則其精度為①0.05mm②0.02mm③0.01mm④0.001mm。	②
(	)88.	三次元量測之平台，最佳材質為①花崗岩②大理石③鑄鐵④鑄鋼。	①
(	)89.	地表蘊藏量最多的材料為①銅②金③鐵④鋁。	④
(	)90.	適用於實驗室校驗量測儀器所用的塊規等級為①2②1③0④00　級。	④
(	)91.	大量生產工件欲測量錐度時，宜選用的量具為①角度塊規②萬能角度儀③樣規④正弦桿。	③
(	)92.	量產時，檢驗工件同一外徑，宜選用的量具為①塞規②環規③分厘卡④游標卡尺。	②
(	)93.	工件內徑為 ϕ4.40mm，宜選用較正確的量具為①游標卡尺②內徑分厘卡③缸徑規④小孔徑量錶規。	④
(	)94.	實物測繪時，比較常需繪製工作圖的標準元件為①螺釘②軸承③銷④栓槽軸。	④

單 選題。

70. 馬口鐵(SPTE)是兩面鍍有錫的鐵皮,可防鏽、耐腐蝕、無毒、又名鍍錫鐵。

72. 詳見第 38 題。

73. 00 級:為精密檢驗、實驗使用,0 級:為儀規校驗使用,1 級:為一般檢驗使用,0 級:為工廠工作使用。

76. 因為 $V = \dfrac{\pi D N}{60}$,所以鑽頭直徑大,轉速要慢,鑽頭直徑小,轉速要快。

79. 量規製造:IT01～IT4、配合件之功能尺度:IT5～IT10、機件之非功能尺度:IT11 以後。

80. 組合件被剖切處,若遇軸、銷、螺釘、螺帽、鉚釘、鍵、肋、輪臂或軸承中之滾珠、滾子、滾針等,通常均不予剖切。

83. 正弦桿配合塊規可用來測量角度。

84. 螺紋之三線測量法是用來測量螺紋的節徑,利用三個標準線徑(G)鋼線與分厘卡,將量測值代入公式: $d_2 = M + 0.866P - 3G$, d_2:螺紋節徑 , M:分厘卡量測值 , P: 螺距(螺紋節距) , G:標準線徑:

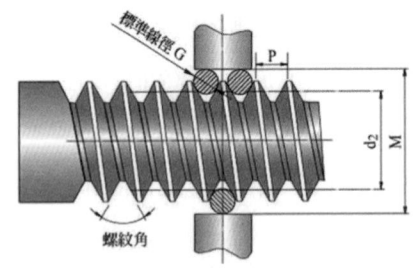

87. 游標卡尺主要是由本尺和副尺所組成。本尺為一標準的直尺,尺上有刻度分劃。副尺又叫游標尺。可在本尺上滑動,游標卡尺的精密度(最小判讀值)有 0.05mm,0.2mm 及 0.01mm 三種。取本尺 49mm 等分 50 格的游標尺,本尺與游標尺一格相差,$1 - \dfrac{49}{50} = \dfrac{1}{50} = 0.02$ 。

90. 詳見第 73 題。

92. 大量生產工件檢驗工件同一外徑用環規,同一內徑用塞規。

94. 實物測繪時,一般常用之標準元件,例如,螺釘、軸承、銷、鍵、墊圈等只需在零件表上註明其規格即可,而栓槽軸比較常需繪製工作圖的。

複選題

(② ③ ④)95. 下列實物測繪之步驟與要領，何者正確？①依圖紙大小決定視圖之選用數量及比例②依物件之複雜度決定視圖之多寡③依視圖之複雜度決定視圖之比例大小④依視圖之大小與數量選用圖紙大小。

(① ③ ④)96. 實物測繪時，下列敘述正確的為①草圖是用徒手繪製②各部位尺度依比例目測不需要使用量具③草圖也需要注意線型分明④測繪工作大都是在現場進行。

(① ② ③)97. 必須進行實物測繪的時機為①機械欲改良②欲製造相同或類似機械③磨耗破損之零件欲修護④欲提出請購計畫時。

(② ④)98. 有關以右手持筆繪製徒手畫，下列敘述何者正確？①畫垂直線時，由下往上畫②畫水平線時，由左向右畫③畫直線時，眼睛應注視於鉛筆尖端，以求一筆完成④畫大圓時，可使用兩支鉛筆，一支為圓心，一支取半徑距離，旋轉圖紙繪製。

(① ④)99. 有關分厘卡之使用，下列敘述何者正確？①應避免碰撞②以單手握持量測③可量測旋轉中工件④使用前後須歸零。

(① ④)100. 下列何者為實物測繪草圖常用之用具？①鉛筆與橡皮擦②圓規與分規③比例尺④鋼尺。

(① ③ ④)101. 下列何者為實物測繪草圖常用之紙張？①影印紙②描圖紙③模造紙④方格紙。

(① ② ③)102. 游標卡尺量測工件之前，應檢視其外觀包括①內測爪是否損傷②合爪時，內外測爪是否閉合③合爪時，本尺與游尺是否歸零④測定力檢驗。

(① ② ③ ④)103. 扳手之規格，下列敘述何者正確？①梅花扳手以其鉗口徑(六角形對邊寬)表示②活動扳手以全長表示③六角扳手以對邊寬表示④開口扳手以開口寬度表示。

(① ④)104. 下列有關實物測繪的敘述何者正確？①使用表面粗糙度標準片時，應依加工方式來作選擇②螺紋分厘卡的測頭和砧座，必須配合待測螺紋外徑的改變而更換③萬能量角器主尺圓盤上的刻度是從 0°～90° ④利用正弦桿可以量測工件的錐角。

(① ②)105. 游標高度規可用於①劃線②量測高度③量測孔徑④量測錐度。

(① ② ④)106. 有一正齒輪，實際測得其齒冠圓為 $\phi 65.9$，齒數為 20 齒，則其下列數據何者正確？①模數 3 ②節圓直徑$\phi 60$ ③齒根圓$\phi 54$ ④周節為 9.425。

(① ② ④)107. 有關標準角度，下列敘述何者正確？①油毛氈圈槽之夾角為 14° ②一般鑽頭之鑽頂角為 118° ③頂心之夾角為 90° ④V 型皮帶之夾角為 40°。

複選題

95. 繪製實物測繪草圖，依製圖規範及視圖選用原則等，決定視圖表達數量。

96. 繪製實物測繪草圖，可不按 1：1 繪製，但依製圖規範繪製。

98. 畫垂直線時，由上往下畫，眼睛應注視所到之點。

99. 又稱測微器。一般最常用的分厘卡精度，公制是 0.01mm，英制是 0.001"。而最小精度可達 0.001 mm，但造價較為昂貴。

   (1) 使用之前須先做歸零動作及前兩砧座需擦拭乾淨。

   (2) 量測時應使用棘輪測定壓力以 3 響為原則，不可旋轉外襯筒量測，避免量測壓力過大，影響量測精度。

   (3) 快速旋轉外套筒時，應以左手拿支架，再右手臂上輕輕滑動外套筒，工件之量測面與分厘卡砧座應保持平行接觸。

   (4) 避免任何敲擊，影響精度。使用之後需擦拭乾淨。

100. 實物測繪草圖不用 1：1 繪製，依圖紙大小、視圖數量決定適當比例，並依測繪環境所以一般以徒手繪製居多。

101. 描圖紙為儀器畫使用。

104. 螺紋分厘卡的是測量螺紋節徑使用，萬能量角器主尺圓盤上分四等分，而每一等分的刻度是從 $0°\sim90°$。

105. 游標高度規可用於精密劃線與工件高度量測。

106. 齒冠圓 ＝ 模數 ×(齒數+2)，$65.9 = M \times(20 + 2) \therefore M = 2.99... \approx 3$。

   節圓直徑 ＝ 模數 × 齒數 ＝3×20=60。

   齒根圓 ＝ 模數 ×(齒數 $-2×1.25$)，$= 3×(20-2×1.25) = 52.5$。

   周節 $=\pi \times M = 3 \times \pi \approx 9.425$。

107. 頂心之夾角為 60°。

（　）108. 下列有關量具的敘述，何者正確？①公制分厘卡之套筒旋轉一周時，心軸進退 0.5mm②塊規係極精確之量具，被用來校正量具，不可用在工廠中之工作或測繪用③高度規除可做為量具外，尚可作為鉗工劃線用途④游標卡尺之測爪可作為劃線之工具。　①③

（　）109. 下列何者為實物測繪常用之儀器或工具？①游標卡尺與分厘卡②銼刀與劃線針③六角扳手與活動扳手④手鉗與十字起子。　①③④

（　）110. 游標卡尺常用之精度，下列敘述何者正確？①0.01mm②0.02mm③0.1mm④0.2mm。　①②

（　）111. 有關實物測繪的敘述，下列何者正確？①以游標卡尺測量孔徑時，應取最小讀數，而測量槽寬時，應取最大讀數②使用卡鉗測量應配合鋼尺或其他量具③萬能角度規係使用游標的原理，以達成精密角度量測④可利用半徑規來測量工件之內外圓角。　②③④

（　）112. 有關拆解工具的使用，下列敘述何者正確？①分厘卡除可當量具外，也可當成 C 型夾使用②螺絲起子使用時，應對準螺釘槽穴並稍加施力，再予以旋轉螺釘③梅花扳手主要是用來鎖緊拆卸六角螺釘及螺帽④機器進行拆卸如遇不易分解時，可用鐵鎚直接輕輕敲打。　②③

（　）113. 應用一般游標卡尺可直接量取工件之何種尺寸？①外徑②內徑③孔深④孔距。　①②③

（　）114. 機件之表面處理，下列敘述何者正確？①低碳鋼之滲碳處理可增加其耐磨耗性能②碳鋼之熱浸鍍鋅可增加其耐蝕性能③碳鋼之浸錫處理稱為白鐵④鋁合金常使用陽極處理可增加其耐蝕性能。　①②④

（　）115. 有關實物測繪工具的使用，下列敘述何者正確？①牙規可量取齒輪的模數②一般所量得螺紋外徑尺度皆比原標註尺度小③螺紋分厘卡是量度螺紋的節圓直徑④公制 V 形螺紋的牙型是牙峰為平頂，牙底為圓弧。　②③④

（　）116. 有關實物測繪的敘述，下列何者正確？①圖面比例需依 CNS 標準規範②繪製鉛筆圖時，線條之粗細是以濃淡來區分③一實物如使用電腦繪製工作圖時，不必繪製草圖④實物測繪時，需顧及工件之加工方式及配合等級。　①④

複選題

109. 銼刀與劃線針非拆卸或測繪工具。

111. 以游標卡尺測量孔徑時,應取最讀大數,而測量槽寬時,應取最小讀數。

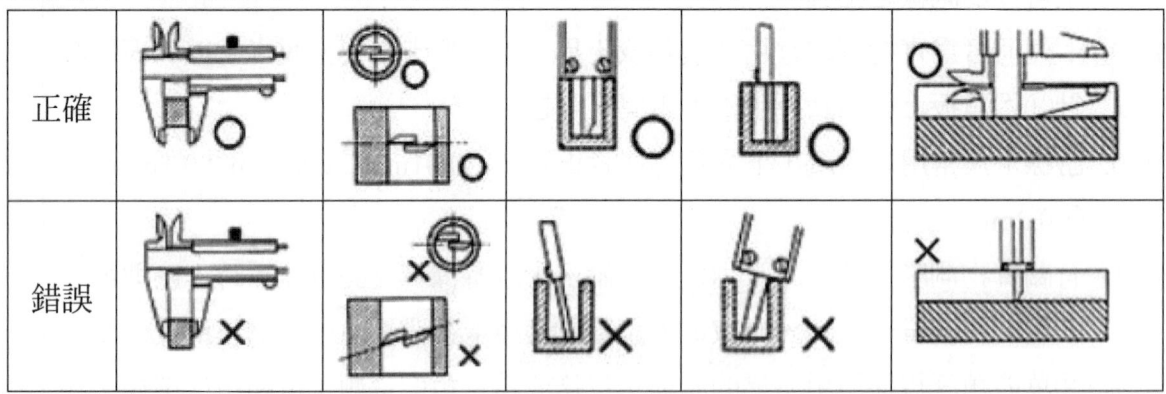

正確					
錯誤					

112. 分厘卡為量具不能當其他用途;拆卸如遇不易分解時,可用香檳鎚等輕敲打,避免損傷工件。

113. 詳見第 23 題。

114. 白鐵是一種鐵合金,是鍍鋅鐵不鏽鋼,不會受到氧的作用而生鏽。

115. 牙規量取螺紋的節距。

116. 線條之粗細是以寬度來區分;實物測繪配合場所,應繪製草圖後再進行圖面處理,繪製成正式圖面,如有需要測繪後之草圖亦成為加工用。

共同學科 不分級題庫

- ➤ 工作項目 1　職業安全衛生
- ➤ 工作項目 2　工作倫理與職業道德
- ➤ 工作項目 3　環境保護
- ➤ 工作項目 4　節能減碳

工作項目 ❶　職業安全衛生

單選題

( )1. 對於核計勞工所得有無低於基本工資，下列敘述何者有誤？ (2)
(1)僅計入在正常工時內之報酬　　　(2)應計入加班費
(3)不計入休假日出勤加給之工資　　(4)不計入競賽獎金。

( )2. 下列何者之工資日數得列入計算平均工資？ (3)
(1)請事假期間　　　　　　　　　　(2)職災醫療期間
(3)發生計算事由之前 6 個月　　　　(4)放無薪假期間。

( )3. 以下對於「例假」之敘述，何者有誤？ (4)
(1)每 7 日應休息 1 日　　　　　　　(2)工資照給
(3)出勤時，工資加倍及補休　　　　(4)須給假，不必給工資。

( )4. 勞動基準法第 84 條之 1 規定之工作者，因工作性質特殊，就其工作時間，下列 (4)
何者正確？
(1)完全不受限制　　　　　　　　　(2)無例假與休假
(3)不另給予延時工資　　　　　　　(4)勞雇間應有合理協商彈性。

( )5. 依勞動基準法規定，雇主應置備勞工工資清冊並應保存幾年？ (3)
(1)1 年　(2)2 年　(3)5 年　(4)10 年。

( )6. 事業單位僱用勞工多少人以上者，應依勞動基準法規定訂立工作規則？ (4)
(1)200 人　(2)100 人　(3)50 人　(4)30 人。

(　　) 7. 依勞動基準法規定，雇主延長勞工之工作時間連同正常工作時間，每日不得超過多少小時？　(1)10　(2)11　(3)12　(4)15。　(3)

(　　) 8. 依勞動基準法規定，下列何者屬不定期契約？　(4)
(1)臨時性或短期性的工作　　　　　　　　(2)季節性的工作
(3)特定性的工作　　　　　　　　　　　　(4)有繼續性的工作。

(　　) 9. 依職業安全衛生法規定，事業單位勞動場所發生死亡職業災害時，雇主應於多少小時內通報勞動檢查機構？　(1)8　(2)12　(3)24　(4)48。　(1)

(　　) 10. 事業單位之勞工代表如何產生？　(1)
(1)由企業工會推派之　　　　　　　　　　(2)由產業工會推派之
(3)由勞資雙方協議推派之　　　　　　　　(4)由勞工輪流擔任之。

(　　) 11. 職業安全衛生法所稱有母性健康危害之虞之工作，不包括下列何種工作型態？　(4)
(1)長時間站立姿勢作業　　　　　　　　　(2)人力提舉、搬運及推拉重物
(3)輪班及夜間工作　　　　　　　　　　　(4)駕駛運輸車輛。

(　　) 12. 依職業安全衛生法施行細則規定，下列何者非屬特別危害健康之作業？　(3)
(1)噪音作業　(2)游離輻射作業　(3)會計作業　(4)粉塵作業。

(　　) 13. 從事於易踏穿材料構築之屋頂修繕作業時，應有何種作業主管在場執行主管業務？　(3)
(1)施工架組配　(2)擋土支撐組配　(3)屋頂　(4)模板支撐。

(　　) 14. 以下對於「工讀生」之敘述，何者正確？　(4)
(1)工資不得低於基本工資之 80%　　　　　(2)屬短期工作者，加班只能補休
(3)每日正常工作時間得超過 8 小時　　　　(4)國定假日出勤，工資加倍發給。

(　　) 15. 勞工工作時手部嚴重受傷，住院醫療期間公司應按下列何者給予職業災害補償？　(3)
(1)前 6 個月平均工資　(2)前 1 年平均工資　(3)原領工資　(4)基本工資。

(　　) 16. 勞工在何種情況下，雇主得不經預告終止勞動契約？　(2)
(1)確定被法院判刑 6 個月以內並諭知緩刑超過 1 年以上者
(2)不服指揮對雇主暴力相向者
(3)經常遲到早退者
(4)非連續曠工但 1 個月內累計達 3 日以上者。

(　　) 17. 對於吹哨者保護規定，下列敘述何者有誤？　(3)
(1)事業單位不得對勞工申訴人終止勞動契約
(2)勞動檢查機構受理勞工申訴必須保密
(3)為實施勞動檢查，必要時得告知事業單位有關勞工申訴人身分
(4)任何情況下，事業單位都不得有不利勞工申訴人之行為。

(　　) 18. 職業安全衛生法所稱有母性健康危害之虞之工作，係指對於具生育能力之女性勞工從事工作，可能會導致的一些影響。下列何者除外？　(4)
(1)胚胎發育　　　　　　　　　　　　　　(2)妊娠期間之母體健康
(3)哺乳期間之幼兒健康　　　　　　　　　(4)經期紊亂。

( ) 19. 下列何者非屬職業安全衛生法規定之勞工法定義務？　　(3)
(1)定期接受健康檢查　　　　　　　　(2)參加安全衛生教育訓練
(3)實施自動檢查　　　　　　　　　　(4)遵守安全衛生工作守則。

( ) 20. 下列何者非屬應對在職勞工施行之健康檢查？　　(2)
(1)一般健康檢查　　　　　　　　　　(2)體格檢查
(3)特殊健康檢查　　　　　　　　　　(4)特定對象及特定項目之檢查。

( ) 21. 下列何者非為防範有害物食入之方法？　　(4)
(1)有害物與食物隔離　　　　　　　　(2)不在工作場所進食或飲水
(3)常洗手、漱口　　　　　　　　　　(4)穿工作服。

( ) 22. 有關承攬管理責任，下列敘述何者正確？　　(1)
(1)原事業單位交付廠商承攬，如不幸發生承攬廠商所僱勞工墜落致死職業災
　　害，原事業單位應與承攬廠商負連帶補償及賠償責任
(2)原事業單位交付承攬，不需負連帶補償責任
(3)承攬廠商應自負職業災害之賠償責任
(4)勞工投保單位即為職業災害之賠償單位。

( ) 23. 依勞動基準法規定，主管機關或檢查機構於接獲勞工申訴事業單位違反本法及其他勞　　(4)
工法令規定後，應為必要之調查，並於幾日內將處理情形，以書面通知勞工？
(1)14　(2)20　(3)30　(4)60。

( ) 24. 我國中央勞工行政主管機關為下列何者？　　(3)
(1)內政部　(2)勞工保險局　(3)勞動部　(4)經濟部。

( ) 25. 對於勞動部公告列入應實施型式驗證之機械、設備或器具,下列何種情形不得免驗證？　　(4)
(1)依其他法律規定實施驗證者　　　　(2)供國防軍事用途使用者
(3)輸入僅供科技研發之專用機　　　　(4)輸入僅供收藏使用之限量品。

( ) 26. 對於墜落危險之預防設施，下列敘述何者較為妥適？　　(4)
(1)在外牆施工架等高處作業應盡量使用繫腰式安全帶
(2)安全帶應確實配掛在低於足下之堅固點
(3)高度 2m 以上之邊緣開口部分處應圍起警示帶
(4)高度 2m 以上之開口處應設護欄或安全網。

( ) 27. 下列對於感電電流流過人體的現象之敘述何者有誤？　　(3)
(1)痛覺　　　　　　　　　　　　　　(2)強烈痙攣
(3)血壓降低、呼吸急促、精神亢奮　　(4)顏面、手腳燒傷。

( ) 28. 下列何者非屬於容易發生墜落災害的作業場所？　　(2)
(1)施工架　(2)廚房　(3)屋頂　(4)梯子、合梯。

( ) 29. 下列何者非屬危險物儲存場所應採取之火災爆炸預防措施？　　(1)
(1)使用工業用電風扇　　　　　　　　(2)裝設可燃性氣體偵測裝置
(3)使用防爆電氣設備　　　　　　　　(4)標示「嚴禁煙火」。

（　）30. 雇主於臨時用電設備加裝漏電斷路器，可減少下列何種災害發生？　(3)
(1)墜落　(2)物體倒塌、崩塌　(3)感電　(4)被撞。

（　）31. 雇主要求確實管制人員不得進入吊舉物下方，可避免下列何種災害發生？　(3)
(1)感電　(2)墜落　(3)物體飛落　(4)缺氧。

（　）32. 職業上危害因子所引起的勞工疾病，稱爲何種疾病？　(1)
(1)職業疾病　(2)法定傳染病　(3)流行性疾病　(4)遺傳性疾病。

（　）33. 事業招人承攬時，其承攬人就承攬部分負雇主之責任，原事業單位就職業災害補償部分之責任爲何？　(4)
(1)視職業災害原因判定是否補償　　　　(2)依工程性質決定責任
(3)依承攬契約決定責任　　　　(4)仍應與承攬人負連帶責任。

（　）34. 預防職業病最根本的措施爲何？　(2)
(1)實施特殊健康檢查　　　　(2)實施作業環境改善
(3)實施定期健康檢查　　　　(4)實施僱用前體格檢查。

（　）35. 以下爲假設性情境：「在地下室作業，當通風換氣充分時，則不易發生一氧化碳中毒或缺氧危害」，請問「通風換氣充分」係指「一氧化碳中毒或缺氧危害」之何種描述？　(1)風險控制方法　(2)發生機率　(3)危害源　(4)風險。　(1)

（　）36. 勞工爲節省時間，在未斷電情況下清理機臺，易發生危害爲何？　(1)
(1)捲夾感電　(2)缺氧　(3)墜落　(4)崩塌。

（　）37. 工作場所化學性有害物進入人體最常見路徑爲下列何者？　(2)
(1)口腔　(2)呼吸道　(3)皮膚　(4)眼睛。

（　）38. 活線作業勞工應佩戴何種防護手套？　(3)
(1)棉紗手套　(2)耐熱手套　(3)絕緣手套　(4)防振手套。

（　）39. 下列何者非屬電氣災害類型？　(4)
(1)電弧灼傷　(2)電氣火災　(3)靜電危害　(4)雷電閃爍。

（　）40. 下列何者非屬於工作場所作業會發生墜落災害的潛在危害因子？　(3)
(1)開口未設置護欄　　　　(2)未設置安全之上下設備
(3)未確實配戴耳罩　　　　(4)屋頂開口下方未張掛安全網。

（　）41. 在噪音防治之對策中，從下列哪一方面著手最爲有效？　(2)
(1)偵測儀器　(2)噪音源　(3)傳播途徑　(4)個人防護具。

（　）42. 勞工於室外高氣溫作業環境工作，可能對身體產生之熱危害，以下何者非屬熱危害之症狀？　(1)熱衰竭　(2)中暑　(3)熱痙攣　(4)痛風。　(4)

（　）43. 以下何者是消除職業病發生率之源頭管理對策？　(3)
(1)使用個人防護具　(2)健康檢查　(3)改善作業環境　(4)多運動。

（　）44. 下列何者非爲職業病預防之危害因子？　(1)
(1)遺傳性疾病　(2)物理性危害　(3)人因工程危害　(4)化學性危害。

(　)45. 下列何者非屬使用合梯，應符合之規定？　　　　　　　　　　　　　　　(3)
　　　　(1)合梯應具有堅固之構造
　　　　(2)合梯材質不得有顯著之損傷、腐蝕等
　　　　(3)梯腳與地面之角度應在 80 度以上
　　　　(4)有安全之防滑梯面。

(　)46. 下列何者非屬勞工從事電氣工作，應符合之規定？　　　　　　　　　　　(4)
　　　　(1)使其使用電工安全帽　　　　　　　(2)穿戴絕緣防護具
　　　　(3)停電作業應檢電掛接地　　　　　　(4)穿戴棉質手套絕緣。

(　)47. 為防止勞工感電，下列何者為非？　　　　　　　　　　　　　　　　　　(3)
　　　　(1)使用防水插頭
　　　　(2)避免不當延長接線
　　　　(3)設備有金屬外殼保護即可免裝漏電斷路器
　　　　(4)電線架高或加以防護。

(　)48. 不當抬舉導致肌肉骨骼傷害或肌肉疲勞之現象，可稱之為下列何者？　　　(2)
　　　　(1)感電事件　　(2)不當動作　　(3)不安全環境　　(4)被撞事件。

(　)49. 使用鑽孔機時，不應使用下列何護具？　　　　　　　　　　　　　　　　(3)
　　　　(1)耳塞　　(2)防塵口罩　　(3)棉紗手套　　(4)護目鏡。

(　)50. 腕道症候群常發生於下列何種作業？　　　　　　　　　　　　　　　　　(1)
　　　　(1)電腦鍵盤作業　　(2)潛水作業　　(3)堆高機作業　　(4)第一種壓力容器作業。

(　)51. 對於化學燒傷傷患的一般處理原則，下列何者正確？　　　　　　　　　　(1)
　　　　(1)立即用大量清水沖洗
　　　　(2)傷患必須臥下，而且頭、胸部須高於身體其他部位
　　　　(3)於燒傷處塗抹油膏、油脂或發酵粉
　　　　(4)使用酸鹼中和。

(　)52. 下列何者非屬防止搬運事故之一般原則？　　　　　　　　　　　　　　　(4)
　　　　(1)以機械代替人力　　　　　　　　　(2)以機動車輛搬運
　　　　(3)採取適當之搬運方法　　　　　　　(4)儘量增加搬運距離。

(　)53. 對於脊柱或頸部受傷者，下列何者不是適當的處理原則？　　　　　　　　(3)
　　　　(1)不輕易移動傷患　　　　　　　　　(2)速請醫師
　　　　(3)如無合用的器材，需 2 人作徒手搬運　(4)向急救中心聯絡。

(　)54. 防止噪音危害之治本對策為下列何者？　　　　　　　　　　　　　　　　(3)
　　　　(1)使用耳塞、耳罩　　　　　　　　　(2)實施職業安全衛生教育訓練
　　　　(3)消除發生源　　　　　　　　　　　(4)實施特殊健康檢查。

(　)55. 安全帽承受巨大外力衝擊後，雖外觀良好，應採下列何種處理方式？　　　(1)
　　　　(1)廢棄　　(2)繼續使用　　(3)送修　　(4)油漆保護。

( ) 56. 因舉重而扭腰係由於身體動作不自然姿勢，動作之反彈，引起扭筋、扭腰及形成類似 (2)
狀態造成職業災害，其災害類型為下列何者？
(1)不當狀態 (2)不當動作 (3)不當方針 (4)不當設備。

( ) 57. 下列有關工作場所安全衛生之敘述何者有誤？ (3)
(1)對於勞工從事其身體或衣著有被污染之虞之特殊作業時，應備置該勞工洗眼、洗
澡、漱口、更衣、洗濯等設備
(2)事業單位應備置足夠急救藥品及器材
(3)事業單位應備置足夠的零食自動販賣機
(4)勞工應定期接受健康檢查。

( ) 58. 毒性物質進入人體的途徑，經由那個途徑影響人體健康最快且中毒效應最高？ (2)
(1)吸入 (2)食入 (3)皮膚接觸 (4)手指觸摸。

( ) 59. 安全門或緊急出口平時應維持何狀態？ (3)
(1)門可上鎖但不可封死
(2)保持開門狀態以保持逃生路徑暢通
(3)門應關上但不可上鎖
(4)與一般進出門相同，視各樓層規定可開可關。

( ) 60. 下列何種防護具較能消減噪音對聽力的危害？ (3)
(1)棉花球 (2)耳塞 (3)耳罩 (4)碎布球。

( ) 61. 勞工若面臨長期工作負荷壓力及工作疲勞累積，沒有獲得適當休息及充足睡眠，便可 (2)
能影響體能及精神狀態，甚而較易促發下列何種疾病？
(1)皮膚癌 (2)腦心血管疾病 (3)多發性神經病變 (4)肺水腫。

( ) 62. 「勞工腦心血管疾病發病的風險與年齡、吸菸、總膽固醇數值、家族病史、生 (2)
活型態、心臟方面疾病」之相關性為何？ (1)無 (2)正 (3)負 (4)可正可負。

( ) 63. 下列何者不屬於職場暴力？ (3)
(1)肢體暴力 (2)語言暴力 (3)家庭暴力 (4)性騷擾。

( ) 64. 職場內部常見之身體或精神不法侵害不包含下列何者？ (4)
(1)脅迫、名譽損毀、侮辱、嚴重辱罵勞工
(2)強求勞工執行業務上明顯不必要或不可能之工作
(3)過度介入勞工私人事宜
(4)使勞工執行與能力、經驗相符的工作。

( ) 65. 下列何種措施較可避免工作單調重複或負荷過重？ (3)
(1)連續夜班 (2)工時過長 (3)排班保有規律性 (4)經常性加班。

( ) 66. 減輕皮膚燒傷程度之最重要步驟為何？ (1)
(1)儘速用清水沖洗 (2)立即刺破水泡
(3)立即在燒傷處塗抹油脂 (4)在燒傷處塗抹麵粉。

(　) 67. 眼內噴入化學物或其他異物，應立即使用下列何者沖洗眼睛？ (3)
(1)牛奶　(2)蘇打水　(3)清水　(4)稀釋的醋。

(　) 68. 石綿最可能引起下列何種疾病？ (3)
(1)白指症　(2)心臟病　(3)間皮細胞瘤　(4)巴金森氏症。

(　) 69. 作業場所高頻率噪音較易導致下列何種症狀？ (2)
(1)失眠　(2)聽力損失　(3)肺部疾病　(4)腕道症候群。

(　) 70. 廚房設置之排油煙機為下列何者？ (2)
(1)整體換氣裝置　(2)局部排氣裝置　(3)吹吸型換氣裝置　(4)排氣煙囪。

(　) 71. 防塵口罩選用原則，下列敘述何者有誤？ (4)
(1)捕集效率愈高愈好　　　　　　　　(2)吸氣阻抗愈低愈好
(3)重量愈輕愈好　　　　　　　　　　(4)視野愈小愈好。

(　) 72. 若勞工工作性質需與陌生人接觸、工作中需處理不可預期的突發事件或工作場所治安狀 (2)
況較差，較容易遭遇下列何種危害？
(1)組織內部不法侵害　　　　　　　　(2)組織外部不法侵害
(3)多發性神經病變　　　　　　　　　(4)潛涵症。

(　) 73. 以下何者不是發生電氣火災的主要原因？ (3)
(1)電器接點短路　(2)電氣火花　(3)電纜線置於地上　(4)漏電。

(　) 74. 依勞工職業災害保險及保護法規定，職業災害保險之保險效力，自何時開始起算， (2)
至離職當日停止？
(1)通知當日　(2)到職當日　(3)雇主訂定當日　(4)勞雇雙方合意之日。

(　) 75. 依勞工職業災害保險及保護法規定，勞工職業災害保險以下列何者為保險人， (4)
辦理保險業務？
(1)財團法人職業災害預防及重建中心　(2)勞動部職業安全衛生署
(3)勞動部勞動基金運用局　　　　　　(4)勞動部勞工保險局。

(　) 76. 以下關於「童工」之敘述，何者正確？ (1)
(1)每日工作時間不得超過 8 小時
(2)不得於午後 8 時至翌晨 8 時之時間內工作
(3)例假日得在監視下工作
(4)工資不得低於基本工資之 70%。

(　) 77. 事業單位如不服勞動檢查結果，可於檢查結果通知書送達之次日起 10 日內，以書面敘 (4)
明理由向勞動檢查機構提出？　(1)訴願　(2)陳情　(3)抗議　(4)異議。

(　) 78. 工作者若因雇主違反職業安全衛生法規定而發生職業災害、疑似罹患職業病或身體、精 (2)
神遭受不法侵害所提起之訴訟，得向勞動部委託之民間團體提出下列何者？　(1)災
害理賠　(2)申請扶助　(3)精神補償　(4)國家賠償。

(　)79. 計算平日加班費須按平日每小時工資額加給計算，下列敘述何者有誤？ (4)
　　　　(1)前 2 小時至少加給 1/3 倍
　　　　(2)超過 2 小時部分至少加給 2/3 倍
　　　　(3)經勞資協商同意後，一律加給 0.5 倍
　　　　(4)未經雇主同意給加班費者，一律補休。

(　)80. 依職業安全衛生設施規則規定，下列何者非屬危險物？ (3)
　　　　(1)爆炸性物質　　(2)易燃液體　　(3)致癌物　　(4)可燃性氣體。

(　)81. 下列工作場所何者非屬法定危險性工作場所？ (2)
　　　　(1)農藥製造
　　　　(2)金屬表面處理
　　　　(3)火藥類製造
　　　　(4)從事石油裂解之石化工業之工作場所。

(　)82. 有關電氣安全，下列敘述何者錯誤？ (1)
　　　　(1)110 伏特之電壓不致造成人員死亡
　　　　(2)電氣室應禁止非工作人員進入
　　　　(3)不可以濕手操作電氣開關，且切斷開關應迅速
　　　　(4)220 伏特爲低壓電。

(　)83. 依職業安全衛生設施規則規定，下列何者非屬於車輛系營建機械？ (2)
　　　　(1)平土機　　(2)堆高機　　(3)推土機　　(4)鏟土機。

(　)84. 下列何者非爲事業單位勞動場所發生職業災害者，雇主應於 8 小時內通報勞動檢查機構？ (2)
　　　　(1)發生死亡災害
　　　　(2)勞工受傷無須住院治療
　　　　(3)發生災害之罹災人數在 3 人以上
　　　　(4)發生災害之罹災人數在 1 人以上，且需住院治療。

(　)85. 依職業安全衛生管理辦法規定，下列何者非屬「自動檢查」之內容？ (4)
　　　　(1)機械之定期檢查　　　　　　　　　(2)機械、設備之重點檢查
　　　　(3)機械、設備之作業檢點　　　　　　(4)勞工健康檢查。

(　)86. 下列何者係針對於機械操作點的捲夾危害特性可以採用之防護裝置？ (1)
　　　　(1)設置護圍、護罩　　(2)穿戴棉紗手套　　(3)穿戴防護衣　　(4)強化教育訓練。

(　)87. 下列何者非屬從事起重吊掛作業導致物體飛落災害之可能原因？ (4)
　　　　(1)吊鉤未設防滑舌片致吊掛鋼索鬆脫　　　(2)鋼索斷裂
　　　　(3)超過額定荷重作業　　　　　　　　　　(4)過捲揚警報裝置過度靈敏。

(　)88. 勞工不遵守安全衛生工作守則規定，屬於下列何者？ (2)
　　　　(1)不安全設備　　(2)不安全行爲　　(3)不安全環境　　(4)管理缺陷。

(　) 89. 下列何者不屬於局限空間內作業場所應採取之缺氧、中毒等危害預防措施？　(3)
(1)實施通風換氣　　　　　　　　　(2)進入作業許可程序
(3)使用柴油內燃機發電提供照明　　(4)測定氧氣、危險物、有害物濃度。

(　) 90. 下列何者非通風換氣之目的？　(1)
(1)防止游離輻射　(2)防止火災爆炸　(3)稀釋空氣中有害物　(4)補充新鮮空氣。

(　) 91. 已在職之勞工，首次從事特別危害健康作業，應實施下列何種檢查？　(2)
(1)一般體格檢查　　　　　　　　　(2)特殊體格檢查
(3)一般體格檢查及特殊健康檢查　　(4)特殊健康檢查。

(　) 92. 依職業安全衛生設施規則規定，噪音超過多少分貝之工作場所，應標示並公告噪音危害之預防事項，使勞工周知？　(1)75　(2)80　(3)85　(4)90。　(4)

(　) 93. 下列何者非屬工作安全分析的目的？　(3)
(1)發現並杜絕工作危害　　　　　　(2)確立工作安全所需工具與設備
(3)懲罰犯錯的員工　　　　　　　　(4)作為員工在職訓練的參考。

(　) 94. 可能對勞工之心理或精神狀況造成負面影響的狀態，如異常工作壓力、超時工作、語言脅迫或恐嚇等，可歸屬於下列何者管理不當？　(3)
(1)職業安全　(2)職業衛生　(3)職業健康　(4)環保。

(　) 95. 有流產病史之孕婦，宜避免相關作業，下列何者為非？　(3)
(1)避免砷或鉛的暴露　　　　　　　(2)避免每班站立 7 小時以上之作業
(3)避免提舉 3 公斤重物的職務　　　(4)避免重體力勞動的職務。

(　) 96. 熱中暑時，易發生下列何現象？　(3)
(1)體溫下降　(2)體溫正常　(3)體溫上升　(4)體溫忽高忽低。

(　) 97. 下列何者不會使電路發生過電流？　(4)
(1)電氣設備過載　(2)電路短路　(3)電路漏電　(4)電路斷路。

(　) 98. 下列何者較屬安全、尊嚴的職場組織文化？　(4)
(1)不斷責備勞工
(2)公開在眾人面前長時間責罵勞工
(3)強求勞工執行業務上明顯不必要或不可能之工作
(4)不過度介入勞工私人事宜。

(　) 99. 下列何者與職場母性健康保護較不相關？　(4)
(1)職業安全衛生法
(2)妊娠與分娩後女性及未滿十八歲勞工禁止從事危險性或有害性工作認定標準
(3)性別工作平等法
(4)動力堆高機型式驗證。

(　)100. 油漆塗裝工程應注意防火防爆事項，以下何者為非？　(3)
(1)確實通風　　　　　　　　　　　(2)注意電氣火花
(3)緊密門窗以減少溶劑擴散揮發　　(4)嚴禁煙火。

工作項目② 工作倫理與職業道德

單選題

(　) 1. 下列何者「違反」個人資料保護法？ 　(4)
(1)公司基於人事管理之特定目的，張貼榮譽榜揭示績優員工姓名
(2)縣市政府提供村里長轄區內符合資格之老人名冊供發放敬老金
(3)網路購物公司爲辦理退貨，將客戶之住家地址提供予宅配公司
(4)學校將應屆畢業生之住家地址提供補習班招生使用。

(　) 2. 非公務機關利用個人資料進行行銷時，下列敘述何者「錯誤」？ 　(1)
(1)若已取得當事人書面同意，當事人即不得拒絕利用其個人資料行銷
(2)於首次行銷時，應提供當事人表示拒絕行銷之方式
(3)當事人表示拒絕接受行銷時，應停止利用其個人資料
(4)倘非公務機關違反「應即停止利用其個人資料行銷」之義務，未於限期內改正者，按次處新臺幣 2 萬元以上 20 萬元以下罰鍰。

(　) 3. 個人資料保護法規定爲保護當事人權益，多少位以上的當事人提出告訴，就可以進行團體訴訟？　(1)5 人　(2)10 人　(3)15 人　(4)20 人。 　(4)

(　) 4. 關於個人資料保護法之敘述，下列何者「錯誤」？ 　(2)
(1)公務機關執行法定職務必要範圍內，可以蒐集、處理或利用一般性個人資料
(2)間接蒐集之個人資料，於處理或利用前，不必告知當事人個人資料來源
(3)非公務機關亦應維護個人資料之正確，並主動或依當事人之請求更正或補充
(4)外國學生在臺灣短期進修或留學，也受到我國個人資料保護法的保障。

(　) 5. 下列關於個人資料保護法的敘述，下列敘述何者錯誤？ 　(2)
(1)不管是否使用電腦處理的個人資料，都受個人資料保護法保護
(2)公務機關依法執行公權力，不受個人資料保護法規範
(3)身分證字號、婚姻、指紋都是個人資料
(4)我的病歷資料雖然是由醫生所撰寫，但也屬於是我的個人資料範圍。

(　) 6. 對於依照個人資料保護法應告知之事項，下列何者不在法定應告知的事項內？ 　(3)
(1)個人資料利用之期間、地區、對象及方式
(2)蒐集之目的
(3)蒐集機關的負責人姓名
(4)如拒絕提供或提供不正確個人資料將造成之影響。

(　) 7. 請問下列何者非爲個人資料保護法第 3 條所規範之當事人權利？ 　(2)
(1)查詢或請求閱覽　　　　　　　　(2)請求刪除他人之資料
(3)請求補充或更正　　　　　　　　(4)請求停止蒐集、處理或利用。

(　　) 8. 下列何者非安全使用電腦內的個人資料檔案的做法？　(4)
(1)利用帳號與密碼登入機制來管理可以存取個資者的人
(2)規範不同人員可讀取的個人資料檔案範圍
(3)個人資料檔案使用完畢後立即退出應用程式，不得留置於電腦中
(4)為確保重要的個人資料可即時取得，將登入密碼標示在螢幕下方。

(　　) 9. 下列何者行為非屬個人資料保護法所稱之國際傳輸？　(1)
(1)將個人資料傳送給經濟部　　　　　(2)將個人資料傳送給美國的分公司
(3)將個人資料傳送給法國的人事部門　(4)將個人資料傳送給日本的委託公司。

(　　) 10. 下列有關智慧財產權行為之敘述，何者有誤？　(1)
(1)製造、販售仿冒註冊商標的商品不屬於公訴罪之範疇，但已侵害商標權之行為
(2)以 101 大樓、美麗華百貨公司做為拍攝電影的背景，屬於合理使用的範圍
(3)原作者自行創作某音樂作品後，即可宣稱擁有該作品之著作權
(4)著作權是為促進文化發展為目的，所保護的財產權之一。

(　　) 11. 專利權又可區分為發明、新型與設計三種專利權，其中發明專利權是否有保護期限？期　(2)
限為何？
(1)有，5 年　(2)有，20 年　(3)有，50 年　(4)無期限，只要申請後就永久歸申請人所有。

(　　) 12. 受僱人於職務上所完成之著作，如果沒有特別以契約約定，其著作人為下列何者？　(2)
(1)雇用人　　　　　　　　　　　　(2)受僱人
(3)雇用公司或機關法人代表　　　　(4)由雇用人指定之自然人或法人。

(　　) 13. 任職於某公司的程式設計工程師，因職務所編寫之電腦程式，如果沒有特別以契約約　(1)
定，則該電腦程式重製之權利歸屬下列何者？
(1)公司　　　　　　　　　　　　　(2)編寫程式之工程師
(3)公司全體股東共有　　　　　　　(4)公司與編寫程式之工程師共有。

(　　) 14. 某公司員工因執行業務，擅自以重製之方法侵害他人之著作財產權，若被害人提起告　(3)
訴，下列對於處罰對象的敘述，何者正確？　(1)僅處罰侵犯他人著作財產權之員工　(2)
僅處罰雇用該名員工的公司　(3)該名員工及其雇主皆須受罰　(4)員工只要在從事侵犯
他人著作財產權之行為前請示雇主並獲同意，便可以不受處罰。

(　　) 15. 受僱人於職務上所完成之發明、新型或設計，其專利申請權及專利權如未特別約定屬於　(1)
下列何者？
(1)雇用人　(2)受僱人　(3)雇用人所指定之自然人或法人　(4)雇用人與受僱人共有。

(　　) 16. 任職大發公司的郝聰明，專門從事技術研發，有關研發技術的專利申請權及專利權歸　(4)
屬，下列敘述何者錯誤？　(1)職務上所完成的發明，除契約另有約定外，專利申請權及
專利權屬於大發公司　(2)職務上所完成的發明，雖然專利申請權及專利權屬於大發公
司，但是郝聰明享有姓名表示權　(3)郝聰明完成非職務上的發明，應即以書面通知大發
公司　(4)大發公司與郝聰明之雇傭契約約定，郝聰明非職務上的發明，全部屬於公司，
約定有效。

（　　）17. 有關著作權的下列敘述何者不正確？　　(3)
(1)我們到表演場所觀看表演時，不可隨便錄音或錄影
(2)到攝影展上，拿相機拍攝展示的作品，分贈給朋友，是侵害著作權的行為
(3)網路上供人下載的免費軟體，都不受著作權法保護，所以我可以燒成大補帖光碟，再去賣給別人
(4)高普考試題，不受著作權法保護。

（　　）18. 有關著作權的下列敘述何者錯誤？　　(3)
(1)撰寫碩博士論文時，在合理範圍內引用他人的著作，只要註明出處，不會構成侵害著作權
(2)在網路散布盜版光碟，不管有沒有營利，會構成侵害著作權
(3)在網路的部落格看到一篇文章很棒，只要註明出處，就可以把文章複製在自己的部落格
(4)將補習班老師的上課內容錄音檔，放到網路上拍賣，會構成侵害著作權。

（　　）19. 有關商標權的下列敘述何者錯誤？　　(4)
(1)要取得商標權一定要申請商標註冊
(2)商標註冊後可取得 10 年商標權
(3)商標註冊後，3 年不使用，會被廢止商標權
(4)在夜市買的仿冒品，品質不好，上網拍賣，不會構成侵權。

（　　）20. 下列關於營業秘密的敘述，何者不正確？　　(1)
(1)受雇人於非職務上研究或開發之營業秘密，仍歸雇用人所有
(2)營業秘密不得為質權及強制執行之標的
(3)營業秘密所有人得授權他人使用其營業秘密
(4)營業秘密得全部或部分讓與他人或與他人共有。

（　　）21. 甲公司將其新開發受營業秘密法保護之技術，授權乙公司使用，下列何者不得為之？　　(1)
(1)乙公司已獲授權，所以可以未經甲公司同意，再授權丙公司使用
(2)約定授權使用限於一定之地域、時間
(3)約定授權使用限於特定之內容、一定之使用方法
(4)要求被授權人乙公司在一定期間負有保密義務。

（　　）22. 甲公司嚴格保密之最新配方產品大賣，下列何者侵害甲公司之營業秘密？　　(3)
(1)鑑定人 A 因司法審理而知悉配方
(2)甲公司授權乙公司使用其配方
(3)甲公司之 B 員工擅自將配方盜賣給乙公司
(4)甲公司與乙公司協議共有配方。

（　　）23. 故意侵害他人之營業秘密，法院因被害人之請求，最高得酌定損害額幾倍之賠償？　　(3)
(1)1 倍　(2)2 倍　(3)3 倍　(4)4 倍。

（　　）24. 受雇者因承辦業務而知悉營業秘密，在離職後對於該營業秘密的處理方式，下列敘述何　(4)
　　　　　 者正確？
　　　　　 (1)聘雇關係解除後便不再負有保障營業秘密之責
　　　　　 (2)僅能自用而不得販售獲取利益
　　　　　 (3)自離職日起 3 年後便不再負有保障營業秘密之責
　　　　　 (4)離職後仍不得洩漏該營業秘密。

（　　）25. 按照現行法律規定，侵害他人營業秘密，其法律責任為：　(3)
　　　　　 (1)僅需負刑事責任
　　　　　 (2)僅需負民事損害賠償責任
　　　　　 (3)刑事責任與民事損害賠償責任皆須負擔
　　　　　 (4)刑事責任與民事損害賠償責任皆不須負擔。

（　　）26. 企業內部之營業秘密，可以概分為「商業性營業秘密」及「技術性營業秘密」二大類型，　(3)
　　　　　 請問下列何者屬於「技術性營業秘密」？
　　　　　 (1)人事管理　(2)經銷據點　(3)產品配方　(4)客戶名單。

（　　）27. 某離職同事請求在職員工將離職前所製作之某份文件傳送給他，請問下列回應方式何者　(3)
　　　　　 正確？
　　　　　 (1)由於該項文件係由該離職員工製作，因此可以傳送文件
　　　　　 (2)若其目的僅為保留檔案備份，便可以傳送文件
　　　　　 (3)可能構成對於營業秘密之侵害，應予拒絕並請他直接向公司提出請求
　　　　　 (4)視彼此交情決定是否傳送文件。

（　　）28. 行為人以竊取等不正當方法取得營業秘密，下列敘述何者正確？　(1)
　　　　　 (1)已構成犯罪
　　　　　 (2)只要後續沒有洩漏便不構成犯罪
　　　　　 (3)只要後續沒有出現使用之行為便不構成犯罪
　　　　　 (4)只要後續沒有造成所有人之損害便不構成犯罪。

（　　）29. 針對在我國境內竊取營業秘密後，意圖在外國、中國大陸或港澳地區使用者，營業秘密　(3)
　　　　　 法是否可以適用？
　　　　　 (1)無法適用
　　　　　 (2)可以適用，但若屬未遂犯則不罰
　　　　　 (3)可以適用並加重其刑
　　　　　 (4)能否適用需視該國家或地區與我國是否簽訂相互保護營業秘密之條約或協定。

（　　）30. 所謂營業秘密，係指方法、技術、製程、配方、程式、設計或其他可用於生產、銷售或　(4)
　　　　　 經營之資訊，但其保障所需符合的要件不包括下列何者？
　　　　　 (1)因其秘密性而具有實際之經濟價值者　　　　(2)所有人已採取合理之保密措施者
　　　　　 (3)因其秘密性而具有潛在之經濟價值者　　　　(4)一般涉及該類資訊之人所知者。

（　）31. 因故意或過失而不法侵害他人之營業秘密者，負損害賠償責任該損害賠償之請求權，自 (1)
請求權人知有行為及賠償義務人時起，幾年間不行使就會消滅？
(1)2 年　(2)5 年　(3)7 年　(4)10 年。

（　）32. 公司負責人為了要節省開銷，將員工薪資以高報低來投保全民健保及勞保，是觸犯了刑 (1)
法上之何種罪刑？　(1)詐欺罪　(2)侵占罪　(3)背信罪　(4)工商秘密罪。

（　）33. A 受僱於公司擔任會計，因自己的財務陷入危機，多次將公司帳款轉入妻兒戶頭，是觸 (2)
犯了刑法上之何種罪刑？
(1)洩漏工商秘密罪　(2)侵占罪　(3)詐欺罪　(4)偽造文書罪。

（　）34. 某甲於公司擔任業務經理時，未依規定經董事會同意，私自與自己親友之公司訂定生意 (3)
合約，會觸犯下列何種罪刑？　(1)侵占罪　(2)貪污罪　(3)背信罪　(4)詐欺罪。

（　）35. 如果你擔任公司採購的職務，親朋好友們會向你推銷自家的產品，希望你要採購時，你 (1)
應該
(1)適時地婉拒，說明利益需要迴避的考量，請他們見諒
(2)既然是親朋好友，就應該互相幫忙
(3)建議親朋好友將產品折扣，折扣部分歸於自己，就會採購
(4)可以暗中地幫忙親朋好友，進行採購，不要被發現有親友關係便可。

（　）36. 小美是公司的業務經理，有一天巧遇國中同班的死黨小林，發現他是公司的下游廠商老 (3)
闆。最近小美處理一件公司的招標案件，小林的公司也在其中，私下約小美見面，請求
她提供這次招標案的底標，並馬上要給予幾十萬元的前謝金，請問小美該怎麼辦？
(1)退回錢，並告訴小林都是老朋友，一定會全力幫忙
(2)收下錢，將錢拿出來給單位同事們分紅
(3)應該堅決拒絕，並避免每次見面都與小林談論相關業務問題
(4)朋友一場，給他一個比較接近底標的金額，反正又不是正確的，所以沒關係。

（　）37. 公司發給每人一台平板電腦提供業務上使用，但是發現根本很少在使用，為了讓它有效 (3)
的利用，所以將它拿回家給親人使用，這樣的行為是
(1)可以的，這樣就不用花錢買
(2)可以的，反正放在那裡不用它，也是浪費資源
(3)不可以的，因為這是公司的財產，不能私用
(4)不可以的，因為使用年限未到，如果年限到報廢了，便可以拿回家。

（　）38. 公司的車子，假日又沒人使用，你是鑰匙保管者，請問假日可以開出去嗎？ (3)
(1)可以，只要付費加油即可
(2)可以，反正假日不影響公務
(3)不可以，因為是公司的，並非私人擁有
(4)不可以，應該是讓公司想要使用的員工，輪流使用才可。

(　)39. 阿哲是財經線的新聞記者，某次採訪中得知 A 公司在一個月內將有一個大的併購案，這 (4)
個併購案顯示公司的財力，且能讓 A 公司股價往上飆升。請問阿哲得知此消息後，可以
立刻購買該公司的股票嗎？
(1)可以，有錢大家賺
(2)可以，這是我努力獲得的消息
(3)可以，不賺白不賺
(4)不可以，屬於內線消息，必須保持記者之操守，不得洩漏。

(　)40. 與公務機關接洽業務時，下列敘述何者「正確」？ (4)
(1)沒有要求公務員違背職務，花錢疏通而已，並不違法
(2)唆使公務機關承辦採購人員配合浮報價額，僅屬偽造文書行為
(3)口頭允諾行賄金額但還沒送錢，尚不構成犯罪
(4)與公務員同謀之共犯，即便不具公務員身分，仍可依據貪污治罪條例處刑。

(　)41. 與公務機關有業務往來構成職務利害關係者，下列敘述何者「正確」？ (1)
(1)將餽贈之財物請公務員父母代轉，該公務員亦已違反規定
(2)與公務機關承辦人飲宴應酬為增進基本關係的必要方法
(3)高級茶葉低價售予有利害關係之承辦公務員，有價購行為就不算違反法規
(4)機關公務員藉子女婚宴廣邀業務往來廠商之行為，並無不妥。

(　)42. 廠商某甲承攬公共工程，工程進行期間，甲與其工程人員經常招待該公共工程委辦機關 (4)
之監工及驗收之公務員喝花酒或招待出國旅遊，下列敘述何者正確？
(1)公務員若沒有收現金，就沒有罪
(2)只要工程沒有問題，某甲與監工及驗收等相關公務員就沒有犯罪
(3)因為不是送錢，所以都沒有犯罪
(4)某甲與相關公務員均已涉嫌觸犯貪污治罪條例。

(　)43. 行（受）賄罪成立要素之一為具有對價關係，而作為公務員職務之對價有「賄賂」或「不 (1)
正利益」，下列何者「不」屬於「賄賂」或「不正利益」？
(1)開工邀請公務員觀禮　　　　　　　　　(2)送百貨公司大額禮券
(3)免除債務　　　　　　　　　　　　　　(4)招待吃米其林等級之高檔大餐。

(　)44. 下列有關貪腐的敘述何者錯誤？ (4)
(1)貪腐會危害永續發展和法治　　　　　　(2)貪腐會破壞民主體制及價值觀
(3)貪腐會破壞倫理道德與正義　　　　　　(4)貪腐有助降低企業的經營成本。

(　)45. 下列何者不是設置反貪腐專責機構須具備的必要條件？ (4)
(1)賦予該機構必要的獨立性
(2)使該機構的工作人員行使職權不會受到不當干預
(3)提供該機構必要的資源、專職工作人員及必要培訓
(4)賦予該機構的工作人員有權力可隨時逮捕貪污嫌疑人。

( ) 46. 檢舉人向有偵查權機關或政風機構檢舉貪污瀆職，必須於何時爲之始可能給與獎金？　(2)
(1)犯罪未起訴前　(2)犯罪未發覺前　(3)犯罪未遂前　(4)預備犯罪前。

( ) 47. 檢舉人應以何種方式檢舉貪污瀆職始能核給獎金？　(3)
(1)匿名　(2)委託他人檢舉　(3)以眞實姓名檢舉　(4)以他人名義檢舉。

( ) 48. 我國制定何種法律以保護刑事案件之證人，使其勇於出面作證，俾利犯罪之偵查、審判？　(4)
(1)貪污治罪條例　(2)刑事訴訟法　(3)行政程序法　(4)證人保護法。

( ) 49. 下列何者「非」屬公司對於企業社會責任實踐之原則？　(1)
(1)加強個人資料揭露　(2)維護社會公益　(3)發展永續環境　(4)落實公司治理。

( ) 50. 下列何者「不」屬於職業素養的範疇？　(1)
(1)獲利能力　(2)正確的職業價值觀　(3)職業知識技能　(4)良好的職業行爲習慣。

( ) 51. 下列何者符合專業人員的職業道德？　(4)
(1)未經雇主同意，於上班時間從事私人事務　(2)利用雇主的機具設備私自接單生產
(3)未經顧客同意，任意散佈或利用顧客資料　(4)盡力維護雇主及客戶的權益。

( ) 52. 身爲公司員工必須維護公司利益，下列何者是正確的工作態度或行爲？　(4)
(1)將公司逾期的產品更改標籤
(2)施工時以省時、省料爲獲利首要考量，不顧品質
(3)服務時首先考慮公司的利益，然後再考量顧客權益
(4)工作時謹守本分，以積極態度解決問題。

( ) 53. 身爲專業技術工作人士，應以何種認知及態度服務客戶？　(3)
(1)若客戶不瞭解，就儘量減少成本支出，抬高報價
(2)遇到維修問題，儘量拖過保固期
(3)主動告知可能碰到問題及預防方法
(4)隨著個人心情來提供服務的內容及品質。

( ) 54. 因爲工作本身需要高度專業技術及知識，所以在對客戶服務時應如何？　(2)
(1)不用理會顧客的意見
(2)保持親切、眞誠、客戶至上的態度
(3)若價錢較低，就敷衍了事
(4)以專業機密爲由，不用對客戶說明及解釋。

( ) 55. 從事專業性工作，在與客戶約定時間應　(2)
(1)保持彈性，任意調整　　　　　　　　(2)儘可能準時，依約定時間完成工作
(3)能拖就拖，能改就改　　　　　　　　(4)自己方便就好，不必理會客戶的要求。

( ) 56. 從事專業性工作，在服務顧客時應有的態度爲何？　(1)
(1)選擇最安全、經濟及有效的方法完成工作
(2)選擇工時較長、獲利較多的方法服務客戶
(3)爲了降低成本，可以降低安全標準
(4)不必顧及雇主和顧客的立場。

(　) 57. 以下那一項員工的作爲符合敬業精神？ (4)
(1)利用正常工作時間從事私人事務　　　　(2)運用雇主的資源，從事個人工作
(3)未經雇主同意擅離工作崗位　　　　　　(4)謹守職場紀律及禮節，尊重客戶隱私。

(　) 58. 小張獲選爲小孩學校的家長會長，這個月要召開會議，沒時間準備資料，所以，利用上 (3)
班期間有空檔非休息時間來完成，請問是否可以？
(1)可以，因爲不耽誤他的工作
(2)可以，因爲他能力好，能夠同時完成很多事
(3)不可以，因爲這是私事，不可以利用上班時間完成
(4)可以，只要不要被發現。

(　) 59. 小吳是公司的專用司機，爲了能夠隨時用車，經過公司同意，每晚都將公司的車開回家， (2)
然而，他發現反正每天上班路線，都要經過女兒學校，就順便載女兒上學，請問可以嗎？
(1)可以，反正順路　　　　　　　　　　　(2)不可以，這是公司的車不能私用
(3)可以，只要不被公司發現即可　　　　　(4)可以，要資源須有效使用。

(　) 60. 彥江是職場上的新鮮人，剛進公司不久，他應該具備怎樣的態度 (4)
(1)上班、下班，管好自己便可
(2)仔細觀察公司生態，加入某些小團體，以做爲後盾
(3)只要做好人脈關係，這樣以後就好辦事
(4)努力做好自己職掌的業務，樂於工作，與同事之間有良好的互動，相互協助。

(　) 61. 在公司內部行使商務禮儀的過程，主要以參與者在公司中的何種條件來訂定順序？ (4)
(1)年齡　(2)性別　(3)社會地位　(4)職位。

(　) 62. 一位職場新鮮人剛進公司時，良好的工作態度是 (1)
(1)多觀察、多學習，了解企業文化和價值觀
(2)多打聽哪一個部門比較輕鬆，升遷機會較多
(3)多探聽哪一個公司在找人，隨時準備跳槽走人
(4)多遊走各部門認識同事，建立自己的小圈圈。

(　) 63. 根據消除對婦女一切形式歧視公約(CEDAW)，下列何者正確？ (1)
(1)對婦女的歧視指基於性別而作的任何區別、排斥或限制
(2)只關心女性在政治方面的人權和基本自由
(3)未要求政府需消除個人或企業對女性的歧視
(4)傳統習俗應予保護及傳承，即使含有歧視女性的部分，也不可以改變。

(　) 64. 某規範明定地政機關進用女性測量助理名額，不得超過該機關測量助理名額總數二分之 (1)
一，根據消除對婦女一切形式歧視公約(CEDAW)，下列何者正確？
(1)限制女性測量助理人數比例，屬於直接歧視
(2)土地測量經常在戶外工作，基於保護女性所作的限制，不屬性別歧視
(3)此項二分之一規定是爲促進男女比例平衡
(4)此限制是爲確保機關業務順暢推動，並未歧視女性。

(　) 65. 根據消除對婦女一切形式歧視公約(CEDAW)之間接歧視意涵，下列何者錯誤？　(4)

(1)一項法律、政策、方案或措施表面上對男性和女性無任何歧視，但實際上卻產生歧視女性的效果

(2)察覺間接歧視的一個方法，是善加利用性別統計與性別分析

(3)如果未正視歧視之結構和歷史模式，及忽略男女權力關係之不平等，可能使現有不平等狀況更爲惡化

(4)不論在任何情況下，只要以相同方式對待男性和女性，就能避免間接歧視之產生。

(　) 66. 下列何者「不是」菸害防制法之立法目的？　(4)

(1)防制菸害　　(2)保護未成年免於菸害　　(3)保護孕婦免於菸害　　(4)促進菸品的使用。

(　) 67. 按菸害防制法規定，對於在禁菸場所吸菸會被罰多少錢？　(1)

(1)新臺幣 2 千元至 1 萬元罰鍰　　　　　　　　(2)新臺幣 1 千元至 5 千元罰鍰

(3)新臺幣 1 萬元至 5 萬元罰鍰　　　　　　　　(4)新臺幣 2 萬元至 10 萬元罰鍰。

(　) 68. 請問下列何者「不是」個人資料保護法所定義的個人資料？　(3)

(1)身分證號碼　　(2)最高學歷　　(3)職稱　　(4)護照號碼。

(　) 69. 有關專利權的敘述，何者正確？　(1)

(1)專利有規定保護年限，當某商品、技術的專利保護年限屆滿，任何人皆可免費運用該項專利

(2)我發明了某項商品，卻被他人率先申請專利權，我仍可主張擁有這項商品的專利權

(3)製造方法可以申請新型專利權

(4)在本國申請專利之商品進軍國外，不需向他國申請專利權。

(　) 70. 下列何者行爲會有侵害著作權的問題？　(4)

(1)將報導事件事實的新聞文字轉貼於自己的社群網站

(2)直接轉貼高普考考古題在 FACEBOOK

(3)以分享網址的方式轉貼資訊分享於社群網站

(4)將講師的授課內容錄音，複製多份分贈友人。

(　) 71. 下列有關著作權之概念，何者正確？　(1)

(1)國外學者之著作，可受我國著作權法的保護

(2)公務機關所函頒之公文，受我國著作權法的保護

(3)著作權要待向智慧財產權申請通過後才可主張

(4)以傳達事實之新聞報導的語文著作，依然受著作權之保障。

(　) 72. 某廠商之商標在我國已經獲准註冊，請問若希望將商品行銷販賣到國外，請問是否需在當地申請註冊才能主張商標權？　(1)

(1)是，因爲商標權註冊採取屬地保護原則

(2)否，因爲我國申請註冊之商標權在國外也會受到承認

(3)不一定，需視我國是否與商品希望行銷販賣的國家訂有相互商標承認之協定

(4)不一定，需視商品希望行銷販賣的國家是否爲 WTO 會員國。

（　　）73. 下列何者「非」屬於營業秘密？　(1)具廣告性質的不動產交易底價　(2)須授權取得之產品設計或開發流程圖示　(3)公司內部管制的各種計畫方案　(4)不是公開可查知的客戶名單分析資料。 (1)

（　　）74. 營業秘密可分為「技術機密」與「商業機密」，下列何者屬於「商業機密」？ (3)
(1)程式　(2)設計圖　(3)商業策略　(4)生產製程。

（　　）75. 某甲在公務機關擔任首長，其弟弟乙是某協會的理事長，乙為舉辦協會活動，決定向甲服務的機關申請經費補助，下列有關利益衝突迴避之敘述，何者正確？　(1)協會是舉辦慈善活動，甲認為是好事，所以指示機關承辦人補助活動經費　(2)機關未經公開公平方式，私下直接對協會補助活動經費新臺幣 10 萬元　(3)甲應自行迴避該案審查，避免瓜田李下，防止利益衝突　(4)乙為順利取得補助，應該隱瞞是機關首長甲之弟弟的身分。 (3)

（　　）76. 依公職人員利益衝突迴避法規定，公職人員甲與其小舅子乙（二親等以內的關係人）間，下列何種行為不違反該法？　(1)甲要求受其監督之機關聘用小舅子乙　(2)小舅子乙以請託關說之方式，請求甲之服務機關通過其名下農地變更使用申請案　(3)關係人乙經政府採購法公開招標程序，並主動在投標文件表明與甲的身分關係，取得甲服務機關之年度採購標案　(4)甲、乙兩人均自認為人公正，處事坦蕩，任何往來都是清者自清，不需擔心任何問題。 (3)

（　　）77. 大雄擔任公司部門主管，代表公司向公務機關投標，為使公司順利取得標案，可以向公務機關的採購人員為以下何種行為？　(1)為社交禮俗需要，贈送價值昂貴的名牌手錶作為見面禮　(2)為與公務機關間有良好互動，招待至有女陪侍場所飲宴　(3)為了解招標文件內容，提出招標文件疑義並請說明　(4)為避免報價錯誤，要求提供底價作為參考。 (3)

（　　）78. 下列關於政府採購人員之敘述，何者未違反相關規定？　(1)非主動向廠商求取，是偶發地收到廠商致贈價值在新臺幣 500 元以下之廣告物、促銷品、紀念品　(2)要求廠商提供與採購無關之額外服務　(3)利用職務關係向廠商借貸　(4)利用職務關係媒介親友至廠商處所任職。 (1)

（　　）79. 下列何者有誤？　(1)憲法保障言論自由，但散布假新聞、假消息仍須面對法律責任 (4)
(2)在網路或 Line 社群網站收到假訊息，可以敘明案情並附加截圖檔，向法務部調查局檢舉　(3)對新聞媒體報導有意見，向國家通訊傳播委員會申訴　(4)自己或他人捏造、扭曲、竄改或虛構的訊息，只要一小部分能證明是真的，就不會構成假訊息。

（　　）80. 下列敘述何者正確？　(1)公務機關委託的代檢（代驗）業者，不是公務員，不會觸犯到刑法的罪責　(2)賄賂或不正利益，只限於法定貨幣，給予網路遊戲幣沒有違法的問題 (4)
(3)在靠北公務員社群網站，覺得可受公評且匿名發文，就可以謾罵公務機關對特定案件的檢查情形　(4)受公務機關委託辦理案件，除履行採購契約應辦事項外，對於蒐集到的個人資料，也要遵守相關保護及保密規定。

（　　）81. 下列有關促進參與及預防貪腐的敘述何者錯誤？　(1)我國非聯合國會員國，無須落實聯合國反貪腐公約規定　(2)推動政府部門以外之個人及團體積極參與預防和打擊貪腐 (1)
(3)提高決策過程之透明度，並促進公眾在決策過程中發揮作用　(4)對公職人員訂定執行公務之行為守則或標準。

(　) 82. 為建立良好之公司治理制度，公司內部宜納入何種檢舉人制度？ 　(2)
(1)告訴乃論制度　(2)吹哨者（whistleblower）保護程序及保護制度
(3)不告不理制度　(4)非告訴乃論制度。

(　) 83. 有關公司訂定誠信經營守則時，以下何者不正確？ 　(4)
(1)避免與涉有不誠信行為者進行交易　(2)防範侵害營業秘密、商標權、專利權、著作權及其他智慧財產權　(3)建立有效之會計制度及內部控制制度　(4)防範檢舉。

(　) 84. 乘坐轎車時，如有司機駕駛，按照國際乘車禮儀，以司機的方位來看，首位應為 　(1)
(1)後排右側　(2)前座右側　(3)後排左側　(4)後排中間。

(　) 85. 今天好友突然來電，想來個「說走就走的旅行」，因此，無法去上班，下列何者作法不 　(4)
適當？　(1)打電話給主管與人事部門請假　(2)用 LINE 傳訊息給主管，並確認讀取且有回覆　(3)發送 E-MAIL 給主管與人事部門，並收到回覆　(4)什麼都無需做，等公司打電話來卻認後，再告知即可。

(　) 86. 每天下班回家後，就懶得再出門去買菜，利用上班時間瀏覽線上購物網站，發現有很多 　(4)
限時搶購的便宜商品，還能在下班前就可以送到公司，下班順便帶回家，省掉好多時間，請問下列何者最適當？
(1)可以，又沒離開工作崗位，且能節省時間　(2)可以，還能介紹同事一同團購，省更多的錢，增進同事情誼　(3)不可以，應該把商品寄回家，不是公司　(4)不可以，上班不能從事個人私務，應該等下班後再網路購物。

(　) 87. 宜樺家中養了一隻貓，由於最近生病，獸醫師建議要有人一直陪牠，這樣會恢復快一點， 　(4)
因為上班家裡都沒人，所以準備帶牠到辦公室一起上班，請問下列何者最適當？
(1)可以，只要我放在寵物箱，不要影響工作即可　(2)可以，同事們都答應也不反對
(3)可以，雖然貓會發出聲音，大小便有異味，只要處理好不影響工作即可　(4)不可以，建議送至專門機構照護，以免影響工作。

(　) 88. 根據性別平等工作法，下列何者非屬職場性騷擾？ 　(4)
(1)公司員工執行職務時，客戶對其講黃色笑話，該員工感覺被冒犯　(2)雇主對求職者要求交往，作為僱用與否之交換條件　(3)公司員工執行職務時，遭到同事以「女人就是沒大腦」性別歧視用語加以辱罵，該員工感覺其人格尊嚴受損　(4)公司員工下班後搭乘捷運，在捷運上遭到其他乘客偷拍。

(　) 89. 根據性別平等工作法，下列何者非屬職場性別歧視？ 　(4)
(1)雇主考量男性賺錢養家之社會期待，提供男性高於女性之薪資　(2)雇主考量女性以家庭為重之社會期待，裁員時優先資遣女性　(3)雇主事先與員工約定倘其有懷孕之情事，必須離職　(4)有未滿 2 歲子女之男性員工，也可申請每日六十分鐘的哺乳時間。

(　) 90. 根據性別平等工作法，有關雇主防治性騷擾之責任與罰則，下列何者錯誤？ 　(3)
(1)僱用受僱者 30 人以上者，應訂定性騷擾防治措施、申訴及懲戒辦法　(2)雇主知悉性騷擾發生時，應採取立即有效之糾正及補救措施　(3)雇主違反應訂定性騷擾防治措施之規定時，處以罰鍰即可，不用公布其姓名　(4)雇主違反應訂定性騷擾申訴管道者，應限期令其改善，屆期未改善者，應按次處罰。

( ) 91. 根據性騷擾防治法，有關性騷擾之責任與罰則，下列何者錯誤？ (1)
(1)對他人為性騷擾者，如果沒有造成他人財產上之損失，就無需負擔金錢賠償之責任
(2)對於因教育、訓練、醫療、公務、業務、求職，受自己監督、照護之人，利用權勢或
機會為性騷擾者，得加重科處罰鍰至二分之一 (3)意圖性騷擾，乘人不及抗拒而為親
吻、擁抱或觸摸其臀部、胸部或其他身體隱私處之行為者，處 2 年以下有期徒刑、拘役
或科或併科 10 萬元以下罰金 (4)對他人為權勢性騷擾以外之性騷擾者，由直轄市、縣
（市）主管機關處 1 萬元以上 10 萬元以下罰鍰。

( ) 92. 根據性別平等工作法規範職場性騷擾範疇，下列何者為「非」？ (3)
(1)上班執行職務時，任何人以性要求、具有性意味或性別歧視之言詞或行為，造成敵意
性、脅迫性或冒犯性之工作環境 (2)對僱用、求職或執行職務關係受自己指揮、監督之
人，利用權勢或機會為性騷擾 (3)下班回家時被陌生人以盯梢、守候、尾隨跟蹤 (4)
雇主對受僱者或求職者為明示或暗示之性要求、具有性意味或性別歧視之言詞或行為。

( ) 93. 根據消除對婦女一切形式歧視公約（CEDAW）之直接歧視及間接歧視意涵，下列何者 (3)
錯誤？
(1)老闆得知小黃懷孕後，故意將小黃調任薪資待遇較差的工作，意圖使其自行離開職
場，小黃老闆的行為是直接歧視 (2)某餐廳於網路上招募外場服務生，條件以未婚年輕
女性優先錄取，明顯以性或性別差異為由所實施的差別待遇，為直接歧視 (3)某公司員
工值班注意事項排除女性員工參與夜間輪值，是考量女性有人身安全及家庭照顧等需
求，為維護女性權益之措施，非直接歧視 (4)某科技公司規定男女員工之加班時數上限
及加班費或津貼不同，認為女性能力有限，且無法長時間工作，限制女性獲取薪資及升
遷機會，這規定是直接歧視。

( ) 94. 目前菸害防制法規範，「不可販賣菸品」給幾歲以下的人？ (1)
(1)20 (2)19 (3)18 (4)17。

( ) 95. 按菸害防制法規定，下列敘述何者錯誤？ (1)
(1)只有老闆、店員才可以出面勸阻在禁菸場所抽菸的人 (2)任何人都可以出面勸阻在
禁菸場所抽菸的人 (3)餐廳、旅館設置室內吸菸室，需經專業技師簽證核可 (4)加油
站屬易燃易爆場所，任何人都可以勸阻在禁菸場所抽菸的人。

( ) 96. 關於菸品對人體危害的敘述，下列何者「正確」？ (3)
(1)只要開電風扇、或是抽風機就可以去除菸霧中的有害物質 (2)指定菸品（如：加熱
菸）只要通過健康風險評估，就不會危害健康，因此工作時如果想吸菸，就可以在職場
拿出來使用 (3)雖然自己不吸菸，同事在旁邊吸菸，就會增加自己得肺癌的機率 (4)
只要不將菸吸入肺部，就不會對身體造成傷害。

( ) 97. 職場禁菸的好處不包括 (1)降低吸菸者的菸品使用量，有助於減少吸菸導致的健康危害 (4)
(2)避免同事因為被動吸菸而生病 (3)讓吸菸者菸癮降低，戒菸較容易成功 (4)吸菸
者不能抽菸會影響工作效率。

(　　) 98. 大多數的吸菸者都嘗試過戒菸，但是很少自己戒菸成功。吸菸的同事要戒菸，怎樣建議　(4)
他是無效的？　(1)鼓勵他撥打戒菸專線 0800-63-63-63，取得相關建議與協助　(2)建議
他到醫療院所、社區藥局找藥物戒菸　(3)建議他參加醫院或衛生所辦理的戒菸班　(4)
戒菸是自己意願的問題，想戒就可以戒了不用尋求協助。

(　　) 99. 禁菸場所負責人未於場所入口處設置明顯禁菸標示，要罰該場所負責人多少元？　(2)
(1)2 千-1 萬　(2)1 萬-5 萬　(3)1 萬-25 萬　(4)20 萬-100 萬。

(　　) 100. 目前電子煙是非法的，下列對電子煙的敘述，何者錯誤？　(3)
(1)跟吸菸一樣會成癮　　　　　　　　　(2)會有爆炸危險
(3)沒有燃燒的菸草，不會造成身體傷害　(4)可能造成嚴重肺損傷。

工作項目③　環境保護

單選題

(　) 1. 世界環境日是在每一年的那一日？　(1)
(1)6 月 5 日　(2)4 月 10 日　(3)3 月 8 日　(4)11 月 12 日。

(　) 2. 2015 年巴黎協議之目的爲何？　(3)
(1)避免臭氧層破壞　　　　　　　　(2)減少持久性污染物排放
(3)遏阻全球暖化趨勢　　　　　　　(4)生物多樣性保育。

(　) 3. 下列何者爲環境保護的正確作爲？　(3)
(1)多吃肉少蔬食　(2)自己開車不共乘　(3)鐵馬步行　(4)不隨手關燈。

(　) 4. 下列何種行爲對生態環境會造成較大的衝擊？　(2)
(1)種植原生樹木　(2)引進外來物種　(3)設立國家公園　(4)設立自然保護區。

(　) 5. 下列哪一種飲食習慣能減碳抗暖化？　(2)
(1)多吃速食　(2)多吃天然蔬果　(3)多吃牛肉　(4)多選擇吃到飽的餐館。

(　) 6. 飼主遛狗時，其狗在道路或其他公共場所便溺時，下列何者應優先負清除責任？　(1)
(1)主人　(2)清潔隊　(3)警察　(4)土地所有權人。

(　) 7. 外食自備餐具是落實綠色消費的哪一項表現？　(1)
(1)重複使用　(2)回收再生　(3)環保選購　(4)降低成本。

(　) 8. 再生能源一般是指可永續利用之能源，主要包括哪些：A.化石燃料 B.風力 C.太陽能 D.　(2)
水力？　(1)ACD　(2)BCD　(3)ABD　(4)ABCD。

(　) 9. 依環境基本法第 3 條規定，基於國家長期利益，經濟、科技及社會發展均應兼顧環境保　(4)
護。但如果經濟、科技及社會發展對環境有嚴重不良影響或有危害時，應以何者優先？
(1)經濟　(2)科技　(3)社會　(4)環境。

(　) 10. 森林面積的減少甚至消失可能導致哪些影響：A.水資源減少 B.減緩全球暖化 C.加劇全　(1)
球暖化 D.降低生物多樣性？　(1)ACD　(2)BCD　(3)ABD　(4)ABCD。

(　) 11. 塑膠爲海洋生態的殺手，所以政府推動「無塑海洋」政策，下列何項不是減少塑膠危害　(3)
海洋生態的重要措施？
(1)擴大禁止免費供應塑膠袋
(2)禁止製造、進口及販售含塑膠柔珠的清潔用品
(3)定期進行海水水質監測
(4)淨灘、淨海。

(　) 12. 違反環境保護法律或自治條例之行政法上義務，經處分機關處停工、停業處分或處新臺　(2)
幣五千元以上罰鍰者，應接受下列何種講習？
(1)道路交通安全講習　(2)環境講習　(3)衛生講習　(4)消防講習。

(　) 13.　下列何者為環保標章？　　　　　　　　　　　　　　　　　　　　　　 (1)

(1)　　　　　(2)　　　　　(3)　　　　　(4)　　　 。

(　) 14.　「聖嬰現象」是指哪一區域的溫度異常升高？ (2)
(1)西太平洋表層海水　　　　　　　　　(2)東太平洋表層海水
(3)西印度洋表層海水　　　　　　　　　(4)東印度洋表層海水。

(　) 15.　「酸雨」定義為雨水酸鹼值達多少以下時稱之？　　(1)5.0　(2)6.0　(3)7.0　(4)8.0。 (1)

(　) 16.　一般而言，水中溶氧量隨水溫之上升而呈下列哪一種趨勢？ (2)
(1)增加　(2)減少　(3)不變　(4)不一定。

(　) 17.　二手菸中包含多種危害人體的化學物質，甚至多種物質有致癌性，會危害到下列何者的 (4)
健康？
(1)只對 12 歲以下孩童有影響　　　　　(2)只對孕婦比較有影響
(3)只有 65 歲以上之民眾有影響　　　　(4)全民皆有影響。

(　) 18.　二氧化碳和其他溫室氣體含量增加是造成全球暖化的主因之一，下列何種飲食方式也能 (2)
降低碳排放量，對環境保護做出貢獻：A.少吃肉，多吃蔬菜；B.玉米產量減少時，購買
玉米罐頭食用；C.選擇當地食材；D.使用免洗餐具，減少清洗用水與清潔劑？
(1)AB　(2)AC　(3)AD　(4)ACD。

(　) 19.　上下班的交通方式有很多種，其中包括：A.騎腳踏車；B.搭乘大眾交通工具；C.自行開 (1)
車，請將前述幾種交通方式之單位排碳量由少至多之排列方式為何？
(1)ABC　(2)ACB　(3)BAC　(4)CBA。

(　) 20.　下列何者「不是」室內空氣污染源？ (3)
(1)建材　(2)辦公室事務機　(3)廢紙回收箱　(4)油漆及塗料。

(　) 21.　下列何者不是自來水消毒採用的方式？ (4)
(1)加入臭氧　(2)加入氯氣　(3)紫外線消毒　(4)加入二氧化碳。

(　) 22.　下列何者不是造成全球暖化的元凶？ (4)
(1)汽機車排放的廢氣　　　　　　　　　(2)工廠所排放的廢氣
(3)火力發電廠所排放的廢氣　　　　　　(4)種植樹木。

(　) 23.　下列何者不是造成臺灣水資源減少的主要因素？ (2)
(1)超抽地下水　(2)雨水酸化　(3)水庫淤積　(4)濫用水資源。

(　) 24.　下列何者是海洋受污染的現象？ (1)
(1)形成紅潮　(2)形成黑潮　(3)溫室效應　(4)臭氧層破洞。

(　) 25.　水中生化需氧量(BOD)愈高，其所代表的意義為下列何者？ (2)
(1)水為硬水　(2)有機污染物多　(3)水質偏酸　(4)分解污染物時不需消耗太多氧。

(　) 26. 下列何者是酸雨對環境的影響？ (1)

(1)湖泊水質酸化 　　　　　　　　　　(2)增加森林生長速度

(3)土壤肥沃 　　　　　　　　　　　　(4)增加水生動物種類。

(　) 27. 下列那一項水質濃度降低會導致河川魚類大量死亡？ (2)

(1)氨氮　(2)溶氧　(3)二氧化碳　(4)生化需氧量。

(　) 28. 下列何種生活小習慣的改變可減少細懸浮微粒(PM2.5)排放，共同為改善空氣品質盡一 (1)
份心力？

(1)少吃燒烤食物　(2)使用吸塵器　(3)養成運動習慣　(4)每天喝 500cc 的水。

(　) 29. 下列哪種措施不能用來降低空氣污染？ (4)

(1)汽機車強制定期排氣檢測 　　　　　(2)汰換老舊柴油車

(3)禁止露天燃燒稻草 　　　　　　　　(4)汽機車加裝消音器。

(　) 30. 大氣層中臭氧層有何作用？ (3)

(1)保持溫度 　　　　　　　　　　　　(2)對流最旺盛的區域

(3)吸收紫外線 　　　　　　　　　　　(4)造成光害。

(　) 31. 小李具有乙級廢水專責人員證照，某工廠希望以高價租用證照的方式合作，請問下列何 (1)
者正確？　(1)這是違法行為　(2)互蒙其利　(3)價錢合理即可　(4)經環保局同意即可。

(　) 32. 可藉由下列何者改善河川水質且兼具提供動植物良好棲地環境？ (2)

(1)運動公園　(2)人工溼地　(3)滯洪池　(4)水庫。

(　) 33. 台灣自來水之水源主要取自 (2)

(1)海洋的水　(2)河川或水庫的水　(3)綠洲的水　(4)灌溉渠道的水。

(　) 34. 目前市面清潔劑均會強調「無磷」，是因為含磷的清潔劑使用後，若廢水排至河川或湖 (2)
泊等水域會造成甚麼影響？　(1)綠牡蠣　(2)優養化　(3)秘雕魚　(4)烏腳病。

(　) 35. 冰箱在廢棄回收時應特別注意哪一項物質，以避免逸散至大氣中造成臭氧層的破壞？ (1)

(1)冷媒　(2)甲醛　(3)汞　(4)苯。

(　) 36. 下列何者不是噪音的危害所造成的現象？ (1)

(1)精神很集中　(2)煩躁、失眠　(3)緊張、焦慮　(4)工作效率低落。

(　) 37. 我國移動污染源空氣污染防制費的徵收機制為何？ (2)

(1)依車輛里程數計費 　　　　　　　　(2)隨油品銷售徵收

(3)依牌照徵收 　　　　　　　　　　　(4)依照排氣量徵收。

(　) 38. 室內裝潢時，若不謹慎選擇建材，將會逸散出氣狀污染物。其中會刺激皮膚、眼、鼻和 (2)
呼吸道，也是致癌物質，可能為下列哪一種污染物？

(1)臭氧　(2)甲醛　(3)氟氯碳化合物　(4)二氧化碳。

(　) 39. 高速公路旁常見有農田違法焚燒稻草，除易產生濃煙影響行車安全外，也會產生下列何 (1)
種空氣污染物對人體健康造成不良的作用？

(1)懸浮微粒　(2)二氧化碳(CO_2)　(3)臭氧(O_3)　(4)沼氣。

（　）40. 都市中常產生的「熱島效應」會造成何種影響？　(2)
(1)增加降雨　　　　　　　　　　　　(2)空氣污染物不易擴散
(3)空氣污染物易擴散　　　　　　　　(4)溫度降低。

（　）41. 下列何者不是藉由蚊蟲傳染的疾病？　(4)
(1)日本腦炎　(2)瘧疾　(3)登革熱　(4)痢疾。

（　）42. 下列何者非屬資源回收分類項目中「廢紙類」的回收物？　(4)
(1)報紙　(2)雜誌　(3)紙袋　(4)用過的衛生紙。

（　）43. 下列何者對飲用瓶裝水之形容是正確的：A.飲用後之寶特瓶容器為地球增加了一個廢棄　(1)
物；B.運送瓶裝水時卡車會排放空氣污染物；C.瓶裝水一定比經煮沸之自來水安全衛
生？　(1)AB　(2)BC　(3)AC　(4)ABC。

（　）44. 下列哪一項是我們在家中常見的環境衛生用藥？　(2)
(1)體香劑　(2)殺蟲劑　(3)洗滌劑　(4)乾燥劑。

（　）45. 下列哪一種是公告應回收廢棄物中的容器類：A.廢鋁箔包 B.廢紙容器 C.寶特瓶？　(1)
(1)ABC　(2)AC　(3)BC　(4)C。

（　）46. 小明拿到「垃圾強制分類」的宣導海報，標語寫著「分 3 類，好 OK」，標語中的分 3　(4)
類是指家戶日常生活中產生的垃圾可以區分哪三類？
(1)資源垃圾、廚餘、事業廢棄物　　　　(2)資源垃圾、一般廢棄物、事業廢棄物
(3)一般廢棄物、事業廢棄物、放射性廢棄物　(4)資源垃圾、廚餘、一般垃圾。

（　）47. 家裡有過期的藥品，請問這些藥品要如何處理？　(2)
(1)倒入馬桶沖掉　(2)交由藥局回收　(3)繼續服用　(4)送給相同疾病的朋友。

（　）48. 台灣西部海岸曾發生的綠牡蠣事件是與下列何種物質污染水體有關？　(2)
(1)汞　(2)銅　(3)磷　(4)鎘。

（　）49. 在生物鏈越上端的物種其體內累積持久性有機污染物(POPs)濃度將越高，危害性也將越　(4)
大，這是說明 POPs 具有下列何種特性？
(1)持久性　(2)半揮發性　(3)高毒性　(4)生物累積性。

（　）50. 有關小黑蚊敘述下列何者為非？　(3)
(1)活動時間以中午十二點到下午三點為活動高峰期
(2)小黑蚊的幼蟲以腐植質、青苔和藻類為食
(3)無論雄性或雌性皆會吸食哺乳類動物血液
(4)多存在竹林、灌木叢、雜草叢、果園等邊緣地帶等處。

（　）51. 利用垃圾焚化廠處理垃圾的最主要優點為何？　(1)
(1)減少處理後的垃圾體積　　　　　　(2)去除垃圾中所有毒物
(3)減少空氣污染　　　　　　　　　　(4)減少處理垃圾的程序。

（　）52. 利用豬隻的排泄物當燃料發電，是屬於下列那一種能源？　(3)
(1)地熱能　(2)太陽能　(3)生質能　(4)核能。

(　　) 53. 每個人日常生活皆會產生垃圾，下列何種處理垃圾的觀念與方式是不正確的？　(2)
(1)垃圾分類，使資源回收再利用　(2)所有垃圾皆掩埋處理，垃圾將會自然分解　(3)廚餘回收堆肥後製成肥料　(4)可燃性垃圾經焚化燃燒可有效減少垃圾體積。

(　　) 54. 防治蚊蟲最好的方法是　(2)
(1)使用殺蟲劑　(2)清除孳生源　(3)網子捕捉　(4)拍打。

(　　) 55. 室內裝修業者承攬裝修工程，工程中所產生的廢棄物應該如何處理？　(1)
(1)委託合法清除機構清運　　　　　　　(2)倒在偏遠山坡地
(3)河岸邊掩埋　　　　　　　　　　　　(4)交給清潔隊垃圾車。

(　　) 56. 若使用後的廢電池未經回收，直接廢棄所含重金屬物質曝露於環境中可能產生那些影響？A.地下水污染、B.對人體產生中毒等不良作用、C.對生物產生重金屬累積及濃縮作用、D.造成優養化　(1)ABC　(2)ABCD　(3)ACD　(4)BCD。　(1)

(　　) 57. 那一種家庭廢棄物可用來作爲製造肥皂的主要原料？　(3)
(1)食醋　(2)果皮　(3)回鍋油　(4)熟廚餘。

(　　) 58. 世紀之毒「戴奧辛」主要透過何者方式進入人體？　(3)
(1)透過觸摸　(2)透過呼吸　(3)透過飲食　(4)透過雨水。

(　　) 59. 臺灣地狹人稠，垃圾處理一直是不易解決的問題，下列何種是較佳的因應對策？　(1)
(1)垃圾分類資源回收　(2)蓋焚化廠　(3)運至國外處理　(4)向海爭地掩埋。

(　　) 60. 購買下列哪一種商品對環境比較友善？　(3)
(1)用過即丟的商品　(2)一次性的產品　(3)材質可以回收的商品　(4)過度包裝的商品。

(　　) 61. 下列何項法規的立法目的爲預防及減輕開發行爲對環境造成不良影響，藉以達成環境保護之目的？　(2)
(1)公害糾紛處理法　(2)環境影響評估法　(3)環境基本法　(4)環境教育法。

(　　) 62. 下列何種開發行爲若對環境有不良影響之虞者，應實施環境影響評估：A.開發科學園區；B.新建捷運工程；C.採礦。　(1)AB　(2)BC　(3)AC　(4)ABC。　(4)

(　　) 63. 主管機關審查環境影響說明書或評估書，如認爲已足以判斷未對環境有重大影響之虞，作成之審查結論可能爲下列何者？　(1)
(1)通過環境影響評估審查　　　　　　　(2)應繼續進行第二階段環境影響評估
(3)認定不應開發　　　　　　　　　　　(4)補充修正資料再審。

(　　) 64. 依環境影響評估法規定，對環境有重大影響之虞的開發行爲應繼續進行第二階段環境影響評估，下列何者不是上述對環境有重大影響之虞或應進行第二階段環境影響評估的決定方式？　(4)
(1)明訂開發行爲及規模　　　　　　　　(2)環評委員會審查認定
(3)自願進行　　　　　　　　　　　　　(4)有民眾或團體抗爭。

(　　) 65. 依環境教育法，環境教育之戶外學習應選擇何地點辦理？　(2)
(1)遊樂園　　　　　　　　　　　　　　(2)環境教育設施或場所
(3)森林遊樂區　　　　　　　　　　　　(4)海洋世界

( ) 66. 依環境影響評估法規定，環境影響評估審查委員會審查環境影響說明書，認定下列對環境有重大影響之虞者，應繼續進行第二階段環境影響評估，下列何者非屬對環境有重大影響之虞者？ (2)
(1)對保育類動植物之棲息生存有顯著不利之影響
(2)對國家經濟有顯著不利之影響
(3)對國民健康有顯著不利之影響
(4)對其他國家之環境有顯著不利之影響。

( ) 67. 依環境影響評估法規定，第二階段環境影響評估，目的事業主管機關應舉行下列何種會議？ (1)說明會 (2)聽證會 (3)辯論會 (4)公聽會 (4)

( ) 68. 開發單位申請變更環境影響說明書、評估書內容或審查結論，符合下列哪一情形，得檢附變更內容對照表辦理？ (3)
(1)既有設備提昇產能而污染總量增加在百分之十以下
(2)降低環境保護設施處理等級或效率
(3)環境監測計畫變更
(4)開發行為規模增加未超過百分之五。

( ) 69. 開發單位變更原申請內容有下列哪一情形，無須就申請變更部分，重新辦理環境影響評估？ (1)
(1)不降低環保設施之處理等級或效率 (2)規模擴增百分之十以上 (3)對環境品質之維護有不利影響 (4)土地使用之變更涉及原規劃之保護區。

( ) 70. 工廠或交通工具排放空氣污染物之檢查，下列何者錯誤？ (2)
(1)依中央主管機關規定之方法使用儀器進行檢查
(2)檢查人員以嗅覺進行氨氣濃度之判定
(3)檢查人員以嗅覺進行異味濃度之判定
(4)檢查人員以肉眼進行粒狀污染物排放濃度之判定。

( ) 71. 下列對於空氣污染物排放標準之敘述，何者正確：A.排放標準由中央主管機關訂定；B.所有行業之排放標準皆相同？ (1)僅 A (2)僅 B (3)AB 皆正確 (4)AB 皆錯誤。 (1)

( ) 72. 下列對於細懸浮微粒($PM_{2.5}$)之敘述何者正確：A.空氣品質測站中自動監測儀所測得之數值若高於空氣品質標準，即判定為不符合空氣品質標準；B.濃度監測之標準方法為中央主管機關公告之手動檢測方法；C.空氣品質標準之年平均值為 $15\mu g/m^3$？ (1)僅 AB (2)僅 BC (3)僅 AC (4)ABC 皆正確。 (2)

( ) 73. 機車為空氣污染物之主要排放來源之一，下列何者可降低空氣污染物之排放量：A.將四行程機車全面汰換成二行程機車；B.推廣電動機車；C.降低汽油中之硫含量？ (1)僅 AB (2)僅 BC (3)僅 AC (4)ABC 皆正確。 (2)

( ) 74. 公眾聚集量大且滯留時間長之場所，經公告應設置自動監測設施，其應量測之室內空氣污染物項目為何？ (1)二氧化碳 (2)一氧化碳 (3)臭氧 (4)甲醛。 (1)

( ) 75. 空氣污染源依排放特性分為固定污染源及移動污染源，下列何者屬於移動污染源？ (3)
(1)焚化廠 (2)石化廠 (3)機車 (4)煉鋼廠。

(　) 76. 我國汽機車移動污染源空氣污染防制費的徵收機制為何？ (3)
(1)依牌照徵收　(2)隨水費徵收　(3)隨油品銷售徵收　(4)購車時徵收

(　) 77. 細懸浮微粒(PM$_{2.5}$)除了來自於污染源直接排放外，亦可能經由下列哪一種 (4)
反應產生？　(1)光合作用　(2)酸鹼中和　(3)厭氧作用　(4)光化學反應。

(　) 78. 我國固定污染源空氣污染防制費以何種方式徵收？ (4)
(1)依營業額徵收　　　　　　　　　　　(2)隨使用原料徵收
(3)按工廠面積徵收　　　　　　　　　　(4)依排放污染物之種類及數量徵收。

(　) 79. 在不妨害水體正常用途情況下，水體所能涵容污染物之量稱為 (1)
(1)涵容能力　(2)放流能力　(3)運轉能力　(4)消化能力。

(　) 80. 水污染防治法中所稱地面水體不包括下列何者？ (4)
(1)河川　(2)海洋　(3)灌溉渠道　(4)地下水。

(　) 81. 下列何者不是主管機關設置水質監測站採樣的項目？ (4)
(1)水溫　(2)氫離子濃度指數　(3)溶氧量　(4)顏色。

(　) 82. 事業、污水下水道系統及建築物污水處理設施之廢（污）水處理，其產生之污泥，依規 (1)
定應作何處理？
(1)應妥善處理，不得任意放置或棄置　　(2)可作為農業肥料
(3)可作為建築土方　　　　　　　　　　(4)得交由清潔隊處理。

(　) 83. 依水污染防治法，事業排放廢(污)水於地面水體者，應符合下列哪一標準之規定？ (2)
(1)下水水質標準　(2)放流水標準　(3)水體分類水質標準　(4)土壤處理標準。

(　) 84. 放流水標準，依水污染防治法應由何機關定之：A.中央主管機關；B.中央主管機關會同 (3)
相關目的事業主管機關；C.中央主管機關會商相關目的事業主管機關？
(1)僅 A　(2)僅 B　(3)僅 C　(4)ABC。

(　) 85. 對於噪音之量測，下列何者錯誤？ (1)
(1)可於下雨時測量
(2)風速大於每秒 5 公尺時不可量測
(3)聲音感應器應置於離地面或樓板延伸線 1.2 至 1.5 公尺之間
(4)測量低頻噪音時，僅限於室內地點測量，非於戶外量測

(　) 86. 下列對於噪音管制法之規定何者敘述錯誤？ (4)
(1)噪音指超過管制標準之聲音
(2)環保局得視噪音狀況劃定公告噪音管制區
(3)人民得向主管機關檢舉使用中機動車輛噪音妨害安寧情形
(4)使用經校正合格之噪音計皆可執行噪音管制法規定之檢驗測定。

(　) 87. 製造非持續性但卻妨害安寧之聲音者，由下列何單位依法進行處理？ (1)
(1)警察局　(2)環保局　(3)社會局　(4)消防局

(　) 88. 廢棄物、剩餘土石方清除機具應隨車持有證明文件且應載明廢棄物、剩餘土石方之：A (1)
產生源；B 處理地點；C 清除公司　(1)僅 AB　(2)僅 BC　(3)僅 AC　(4)ABC 皆是。

(　)89. 從事廢棄物清除、處理業務者，應向直轄市、縣（市）主管機關或中央主管機關委託之　(1)
機關取得何種文件後，始得受託清除、處理廢棄物業務？
(1)公民營廢棄物清除處理機構許可文件　　　(2)運輸車輛駕駛證明
(3)運輸車輛購買證明　　　　　　　　　　　(4)公司財務證明。

(　)90. 在何種情形下，禁止輸入事業廢棄物：A.對國內廢棄物處理有妨礙；B.可直接固化處理、　(4)
掩埋、焚化或海拋；C.於國內無法妥善清理？　　(1)僅 A　(2)僅 B　(3)僅 C　(4)ABC。

(　)91. 毒性化學物質因洩漏、化學反應或其他突發事故而污染運作場所周界外之環境，運作人　(4)
應立即採取緊急防治措施，並至遲於多久時間內，報知直轄市、縣（市）主管機關？
(1)1 小時　(2)2 小時　(3)4 小時　(4)30 分鐘。

(　)92. 下列何種物質或物品，受毒性及關注化學物質管理法之管制？　(4)
(1)製造醫藥之靈丹　　　　　　　　　　　(2)製造農藥之蓋普丹
(3)含汞之日光燈　　　　　　　　　　　　(4)使用青石綿製造石綿瓦

(　)93. 下列何行為不是土壤及地下水污染整治法所指污染行為人之作為？　(4)
(1)洩漏或棄置污染物
(2)非法排放或灌注污染物
(3)仲介或容許洩漏、棄置、非法排放或灌注污染物
(4)依法令規定清理污染物

(　)94. 依土壤及地下水污染整治法規定，進行土壤、底泥及地下水污染調查、整治及提供、檢具　(1)
土壤及地下水污染檢測資料時，其土壤、底泥及地下水污染物檢驗測定，應委託何單位辦
理？　　(1)經中央主管機關許可之檢測機構　(2)大專院校　(3)政府機關　(4)自行檢驗。

(　)95. 為解決環境保護與經濟發展的衝突與矛盾，1992 年聯合國環境發展大會（UN　(3)
Conferenceon Environmentand Development, UNCED）制定通過：
(1)日內瓦公約　(2)蒙特婁公約　(3)21 世紀議程　(4)京都議定書。

(　)96. 一般而言，下列那一個防治策略是屬經濟誘因策略？　(1)
(1)可轉換排放許可交易　(2)許可證制度　(3)放流水標準　(4)環境品質標準

(　)97. 對溫室氣體管制之「無悔政策」係指：　　(1)減輕溫室氣體效應之同時，仍可獲致社會效　(1)
益　(2)全世界各國同時進行溫室氣體減量　(3)各類溫室氣體均有相同之減量邊際成本
(4)持續研究溫室氣體對全球氣候變遷之科學證據。

(　)98. 一般家庭垃圾在進行衛生掩埋後，會經由細菌的分解而產生甲烷氣，請問甲烷氣對大氣　(3)
危機中哪一些效應具有影響力？
(1)臭氧層破壞　(2)酸雨　(3)溫室效應　(4)煙霧（smog）效應。

(　)99. 下列國際環保公約，何者限制各國進行野生動植物交易，以保護瀕臨絕種的野生動植　(1)
物？　　(1)華盛頓公約　(2)巴塞爾公約　(3)蒙特婁議定書　(4)氣候變化綱要公約。

(　)100. 因人類活動導致「哪些營養物」過量排入海洋，造成沿海赤潮頻繁發生，破壞了紅樹林、　(2)
珊瑚礁、海草，亦使魚蝦銳減，漁業損失慘重？
(1)碳及磷　(2)氮及磷　(3)氮及氯　(4)氯及鎂。

工作項目 ④　節能減碳

單選題

(　) 1.　依經濟部能源署「指定能源用戶應遵行之節約能源規定」，在正常使用條件下，公眾出入之場所其室內冷氣溫度平均值不得低於攝氏幾度？　(1)26　(2)25　(3)24　(4)22。　(1)

(　) 2.　下列何者為節能標章？　(2)

(1) 　　(2) 　　(3) 　　(4) 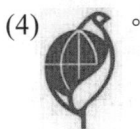　。

(　) 3.　下列產業中耗能佔比最大的產業為　(4)
(1)服務業　(2)公用事業　(3)農林漁牧業　(4)能源密集產業。

(　) 4.　下列何者「不是」節省能源的做法？　(1)
(1)電冰箱溫度長時間設定在強冷或急冷
(2)影印機當 15 分鐘無人使用時，自動進入省電模式
(3)電視機勿背著窗戶，並避免太陽直射
(4)短程不開汽車，以儘量搭乘公車、騎單車或步行為宜。

(　) 5.　經濟部能源署的能源效率標示中，電冰箱分為幾個等級？　(1)1　(2)3　(3)5　(4)7。　(3)

(　) 6.　溫室氣體排放量：指自排放源排出之各種溫室氣體量乘以各該物質溫暖化潛勢所得之合計量，以　(2)
(1)氧化亞氮(N_2O)　(2)二氧化碳(CO_2)　(3)甲烷(CH_4)　(4)六氟化硫(SF_6)當量表示。

(　) 7.　根據氣候變遷因應法, 國家溫室氣體長期減量目標於中華民國幾年達成溫室氣體淨零排放？　(1)119　(2)129　(3)139　(4)149。　(3)

(　) 8.　氣候變遷因應法中所稱主管機關，在中央為下列何單位？　(2)
(1)經濟部能源署　(2)環境部　(3)國家發展委員會　(4)衛生福利部。

(　) 9.　氣候變遷因應法中所稱：一單位之排放額度相當於允許排放多少的二氧化碳當量　(3)
(1)1 公斤　(2)1 立方米　(3)1 公噸　(4)1 公升之二氧化碳當量。

(　) 10.　下列何者「不是」全球暖化帶來的影響？　(3)
(1)洪水　(2)熱浪　(3)地震　(4)旱災。

(　) 11.　下列何種方法無法減少二氧化碳？　(1)
(1)想吃多少儘量點，剩下可當廚餘回收
(2)選購當地、當季食材，減少運輸碳足跡
(3)多吃蔬菜，少吃肉
(4)自備杯筷，減少免洗用具垃圾量。

(　) 12.　下列何者不會減少溫室氣體的排放？　(3)
(1)減少使用煤、石油等化石燃料　　　　　(2)大量植樹造林，禁止亂砍亂伐
(3)增高燃煤氣體排放的煙囪　　　　　　　(4)開發太陽能、水能等新能源。

(　) 13. 關於綠色採購的敘述，下列何者錯誤？　(4)
(1)採購由回收材料所製造之物品
(2)採購的產品對環境及人類健康有最小的傷害性
(3)選購對環境傷害較少、污染程度較低的產品
(4)以精美包裝爲主要首選。

(　) 14. 一旦大氣中的二氧化碳含量增加，會引起那一種後果？　(1)
(1)溫室效應惡化　(2)臭氧層破洞　(3)冰期來臨　(4)海平面下降。

(　) 15. 關於建築中常用的金屬玻璃帷幕牆，下列敘述何者正確？　(3)
(1)玻璃帷幕牆的使用能節省室內空調使用
(2)玻璃帷幕牆適用於臺灣，讓夏天的室內產生溫暖的感覺
(3)在溫度高的國家，建築物使用金屬玻璃帷幕會造成日照輻射熱，產生室內「溫室效應」
(4)臺灣的氣候濕熱，特別適合在大樓以金屬玻璃帷幕作爲建材。

(　) 16. 下列何者不是能源之類型？　(1)電力　(2)壓縮空氣　(3)蒸汽　(4)熱傳。　(4)

(　) 17. 我國已制定能源管理系統標準爲　(1)
(1)CNS 50001　(2)CNS 12681　(3)CNS 14001　(4)CNS 22000。

(　) 18. 台灣電力股份有限公司所謂的三段式時間電價於夏月平日(非週六日)之尖峰用電時段爲　(4)
何？　(1)9：00~16：00　(2)9：00~24：00　(3)6：00~11：00　(4)16：00~22：00。

(　) 19. 基於節能減碳的目標，下列何種光源發光效率最低，不鼓勵使用？　(1)
(1)白熾燈泡　(2)LED 燈泡　(3)省電燈泡　(4)螢光燈管。

(　) 20. 下列的能源效率分級標示，哪一項較省電？　(1)
(1)1　(2)2　(3)3　(4)4。

(　) 21. 下列何者「不是」目前台灣主要的發電方式？　(4)
(1)燃煤　(2)燃氣　(3)水力　(4)地熱。

(　) 22. 有關延長線及電線的使用，下列敘述何者錯誤？　(2)
(1)拔下延長線插頭時，應手握插頭取下
(2)使用中之延長線如有異味產生，屬正常現象不須理會
(3)應避開火源，以免外覆塑膠熔解，致使用時造成短路
(4)使用老舊之延長線，容易造成短路、漏電或觸電等危險情形，應立即更換。

(　) 23. 有關觸電的處理方式，下列敘述何者錯誤？　(1)
(1)立即將觸電者拉離現場　　　　　　　　　(2)把電源開關關閉
(3)通知救護人員　　　　　　　　　　　　　(4)使用絕緣的裝備來移除電源。

(　) 24. 目前電費單中，係以「度」爲收費依據，請問下列何者爲其單位？　(2)
(1)kW　(2)kWh　(3)kJ　(4)kJh。

(　) 25. 依據台灣電力公司三段式時間電價(尖峰、半尖峰及離峰時段)的規定，請問哪個時段電　(4)
價最便宜？　(1)尖峰時段　(2)夏月半尖峰時段　(3)非夏月半尖峰時段　(4)離峰時段。

( )26. 當用電設備遭遇電源不足或輸配電設備受限制時，導致用戶暫停或減少用電的情形，常以下列何者名稱出現？ (2)
(1)停電　(2)限電　(3)斷電　(4)配電。

( )27. 照明控制可以達到節能與省電費的好處，下列何種方法最適合一般住宅社區兼顧節能、經濟性與實際照明需求？ (2)
(1)加裝 DALI 全自動控制系統
(2)走廊與地下停車場選用紅外線感應控制電燈
(3)全面調低照明需求
(4)晚上關閉所有公共區域的照明。

( )28. 上班性質的商辦大樓為了降低尖峰時段用電，下列何者是錯的？ (2)
(1)使用儲冰式空調系統減少白天空調用電需求
(2)白天有陽光照明，所以白天可以將照明設備全關掉
(3)汰換老舊電梯馬達並使用變頻控制
(4)電梯設定隔層停止控制，減少頻繁啟動。

( )29. 為了節能與降低電費的需求，應該如何正確選用家電產品？ (2)
(1)選用高功率的產品效率較高
(2)優先選用取得節能標章的產品
(3)設備沒有壞，還是堪用，繼續用，不會增加支出
(4)選用能效分級數字較高的產品，效率較高，5 級的比 1 級的電器產品更省電。

( )30. 有效而正確的節能從選購產品開始，就一般而言，下列的因素中，何者是選購電氣設備的最優先考量項目？ (3)
(1)用電量消耗電功率是多少瓦攸關電費支出，用電量小的優先
(2)採購價格比較，便宜優先
(3)安全第一，一定要通過安規檢驗合格
(4)名人或演藝明星推薦，應該口碑較好。

( )31. 高效率燈具如果要降低眩光的不舒服，下列何者與降低刺眼眩光影響無關？ (3)
(1)光源下方加裝擴散板或擴散膜　　　　(2)燈具的遮光板
(3)光源的色溫　　　　(4)採用間接照明。

( )32. 用電熱爐煮火鍋，採用中溫 50%加熱，比用高溫 100%加熱，將同一鍋水煮開，下列何者是對的？ (4)
(1)中溫 50%加熱比較省電　　　　(2)高溫 100%加熱比較省電
(3)中溫 50%加熱，電流反而比較大　　　　(4)兩種方式用電量是一樣的。

( )33. 電力公司為降低尖峰負載時段超載的停電風險，將尖峰時段電價費率(每度電單價)提高，離峰時段的費率降低，引導用戶轉移部分負載至離峰時段，這種電能管理策略稱為 (2)
(1)需量競價　(2)時間電價　(3)可停電力　(4)表燈用戶彈性電價。

（　　）34. 集合式住宅的地下停車場需要維持通風良好的空氣品質，又要兼顧節能效益，下列的排　(2)
　　　　　 風扇控制方式何者是不恰當的？
　　　　　 (1)淘汰老舊排風扇，改裝取得節能標章、適當容量的高效率風扇
　　　　　 (2)兩天一次運轉通風扇就好了
　　　　　 (3)結合一氧化碳偵測器，自動啟動/停止控制
　　　　　 (4)設定每天早晚二次定期啟動排風扇。

（　　）35. 大樓電梯爲了節能及生活便利需求，可設定部分控制功能，下列何者是錯誤或不正確的　(2)
　　　　　 做法？
　　　　　 (1)加感應開關，無人時自動關閉電燈與通風扇
　　　　　 (2)縮短每次開門/關門的時間
　　　　　 (3)電梯設定隔樓層停靠，減少頻繁啟動
　　　　　 (4)電梯馬達加裝變頻控制。

（　　）36. 爲了節能及兼顧冰箱的保溫效果，下列何者是錯誤或不正確的做法？　(4)
　　　　　 (1)冰箱內上下層間不要塞滿，以利冷藏對流
　　　　　 (2)食物存放位置紀錄清楚，一次拿齊食物，減少開門次數
　　　　　 (3)冰箱門的密封壓條如果鬆弛，無法緊密關門，應儘速更新修復
　　　　　 (4)冰箱內食物擺滿塞滿，效益最高。

（　　）37. 電鍋剩飯持續保溫至隔天再食用，或剩飯先放冰箱冷藏，隔天用微波爐加熱，就加熱及　(2)
　　　　　 節能觀點來評比，下列何者是對的？
　　　　　 (1)持續保溫較省電
　　　　　 (2)微波爐再加熱比較省電又方便
　　　　　 (3)兩者一樣
　　　　　 (4)優先選電鍋保溫方式，因爲馬上就可以吃。

（　　）38. 不斷電系統 UPS 與緊急發電機的裝置都是應付臨時性供電狀況；停電時，下列的陳述　(2)
　　　　　 何者是對的？
　　　　　 (1)緊急發電機會先啟動，不斷電系統 UPS 是後備的
　　　　　 (2)不斷電系統 UPS 先啟動，緊急發電機是後備的
　　　　　 (3)兩者同時啟動
　　　　　 (4)不斷電系統 UPS 可以撐比較久。

（　　）39. 下列何者爲非再生能源？　(2)
　　　　　 (1)地熱能　(2)焦煤　(3)太陽能　(4)水力能。

（　　）40. 欲兼顧採光及降低經由玻璃部分侵入之熱負載，下列的改善方法何者錯誤？　(1)
　　　　　 (1)加裝深色窗簾　(2)裝設百葉窗　(3)換裝雙層玻璃　(4)貼隔熱反射膠片。

（　　）41. 一般桶裝瓦斯(液化石油氣)主要成分爲丁烷與下列何種成分所組成？　(3)
　　　　　 (1)甲烷　(2)乙烷　(3)丙烷　(4)辛烷。

（　　）42. 在正常操作，且提供相同暖氣之情形下，下列何種暖氣設備之能源效率最高？　(1)
　　　　　 (1)冷暖氣機　(2)電熱風扇　(3)電熱輻射機　(4)電暖爐。

（　）43. 下列何種熱水器所需能源費用最少？　(4)
(1)電熱水器　(2)天然瓦斯熱水器　(3)柴油鍋爐熱水器　(4)熱泵熱水器。

（　）44. 某公司希望能進行節能減碳，為地球盡點心力，以下何種作為並不恰當？　(4)
(1)將採購規定列入以下文字：「汰換設備時首先考慮能源效率 1 級或具有節能標章之產品」
(2)盤查所有能源使用設備
(3)實行能源管理
(4)為考慮經營成本，汰換設備時採買最便宜的機種。

（　）45. 冷氣外洩會造成能源之浪費，下列的入門設施與管理何者最耗能？　(2)
(1)全開式有氣簾　(2)全開式無氣簾　(3)自動門有氣簾　(4)自動門無氣簾。

（　）46. 下列何者「不是」潔淨能源？　(4)
(1)風能　(2)地熱　(3)太陽能　(4)頁岩氣。

（　）47. 有關再生能源中的風力、太陽能的使用特性中，下列敘述中何者錯誤？　(2)
(1)間歇性能源，供應不穩定　　　　　　　(2)不易受天氣影響
(3)需較大的土地面積　　　　　　　　　　(4)設置成本較高。

（　）48. 有關台灣能源發展所面臨的挑戰，下列選項何者是錯誤的？　(3)
(1)進口能源依存度高，能源安全易受國際影響
(2)化石能源所占比例高，溫室氣體減量壓力大
(3)自產能源充足，不需仰賴進口
(4)能源密集度較先進國家仍有改善空間。

（　）49. 若發生瓦斯外洩之情形，下列處理方法中錯誤的是？　(3)
(1)應先關閉瓦斯爐或熱水器等開關
(2)緩慢地打開門窗，讓瓦斯自然飄散
(3)開啟電風扇，加強空氣流動
(4)在漏氣止住前，應保持警戒，嚴禁煙火。

（　）50. 全球暖化潛勢(Global Warming Potential, GWP) 是衡量溫室氣體對全球暖化的影響，其中是以何者為比較基準？　(1)CO_2　(2)CH_4　(3)SF_6　(4)N_2O。　(1)

（　）51. 有關建築之外殼節能設計，下列敘述中錯誤的是？　(4)
(1)開窗區域設置遮陽設備
(2)大開窗面避免設置於東西日曬方位
(3)做好屋頂隔熱設施
(4)宜採用全面玻璃造型設計，以利自然採光。

（　）52. 下列何者燈泡的發光效率最高？　(1)
(1)LED 燈泡　(2)省電燈泡　(3)白熾燈泡　(4)鹵素燈泡。

(　　) 53. 有關吹風機使用注意事項，下列敘述中錯誤的是？　　(4)
(1)請勿在潮濕的地方使用，以免觸電危險
(2)應保持吹風機進、出風口之空氣流通，以免造成過熱
(3)應避免長時間使用，使用時應保持適當的距離
(4)可用來作爲烘乾棉被及床單等用途。

(　　) 54. 下列何者是造成聖嬰現象發生的主要原因？　　(2)
(1)臭氧層破洞　(2)溫室效應　(3)霧霾　(4)颱風。

(　　) 55. 爲了避免漏電而危害生命安全，下列「不正確」的做法是？　　(4)
(1)做好用電設備金屬外殼的接地
(2)有濕氣的用電場合，線路加裝漏電斷路器
(3)加強定期的漏電檢查及維護
(4)使用保險絲來防止漏電的危險性。

(　　) 56. 用電設備的線路保護用電力熔絲(保險絲)經常燒斷，造成停電的不便，下列「不正確」　　(1)
的作法是？
(1)換大一級或大兩級規格的保險絲或斷路器就不會燒斷了
(2)減少線路連接的電氣設備，降低用電量
(3)重新設計線路，改較粗的導線或用兩迴路並聯
(4)提高用電設備的功率因數。

(　　) 57. 政府爲推廣節能設備而補助民眾汰換老舊設備，下列何者的節電效益最佳？　　(2)
(1)將桌上檯燈光源由螢光燈換爲 LED 燈
(2)優先淘汰 10 年以上的老舊冷氣機爲能源效率標示分級中之一級冷氣機
(3)汰換電風扇，改裝設能源效率標示分級爲一級的冷氣機
(4)因爲經費有限，選擇便宜的產品比較重要。

(　　) 58. 依據我國現行國家標準規定，冷氣機的冷氣能力標示應以何種單位表示？　　(1)
(1)kW　(2)BTU/h　(3)kcal/h　(4)RT。

(　　) 59. 漏電影響節電成效，並且影響用電安全，簡易的查修方法爲　　(1)
(1)電氣材料行買支驗電起子，碰觸電氣設備的外殼，就可查出漏電與否
(2)用手碰觸就可以知道有無漏電
(3)用三用電表檢查
(4)看電費單有無紀錄。

(　　) 60. 使用了 10 幾年的通風換氣扇老舊又骯髒，噪音又大，維修時採取下列哪一種對策最爲　　(2)
正確及節能？
(1)定期拆下來清洗油垢
(2)不必再猶豫，10 年以上的電扇效率偏低，直接換爲高效率通風扇
(3)直接噴沙拉脫清潔劑就可以了，省錢又方便
(4)高效率通風扇較貴，換同機型的廠內備用品就好了。

( )61. 電氣設備維修時，在關掉電源後，最好停留 1 至 5 分鐘才開始檢修，其主要的理由為下 (3)
列何者？

(1)先平靜心情，做好準備才動手　　　　(2)讓機器設備降溫下來再查修

(3)讓裡面的電容器有時間放電完畢，才安全 (4)法規沒有規定，這完全沒有必要。

( )62. 電氣設備裝設於有潮濕水氣的環境時，最應該優先檢查及確認的措施是？ (1)

(1)有無在線路上裝設漏電斷路器　　　　(2)電氣設備上有無安全保險絲

(3)有無過載及過熱保護設備　　　　　　(4)有無可能傾倒及生鏽。

( )63. 為保持中央空調主機效率，最好每隔多久時間應請維護廠商或保養人員檢視中央空調主 (1)
機？　(1)半年　(2)1 年　(3)1.5 年　(4)2 年。

( )64. 家庭用電最大宗來自於　(1)空調及照明　(2)電腦　(3)電視　(4)吹風機。 (1)

( )65. 冷氣房內為減少日照高溫及降低空調負載，下列何種處理方式是錯誤的？ (2)

(1)窗戶裝設窗簾或貼隔熱紙

(2)將窗戶或門開啟，讓屋內外空氣自然對流

(3)屋頂加裝隔熱材、高反射率塗料或噴水

(4)於屋頂進行薄層綠化。

( )66. 有關電冰箱放置位置的處理方式，下列何者是正確的？ (2)

(1)背後緊貼牆壁節省空間

(2)背後距離牆壁應有 10 公分以上空間，以利散熱

(3)室內空間有限，側面緊貼牆壁就可以了

(4)冰箱最好貼近流理台，以便存取食材。

( )67. 下列何項「不是」照明節能改善需優先考量之因素？ (2)

(1)照明方式是否適當　　　　　　　　　(2)燈具之外型是否美觀

(3)照明之品質是否適當　　　　　　　　(4)照度是否適當。

( )68. 醫院、飯店或宿舍之熱水系統耗能大，要設置熱水系統時，應優先選用何種熱水系統較 (2)
節能？

(1)電能熱水系統　(2)熱泵熱水系統　(3)瓦斯熱水系統　(4)重油熱水系統。

( )69. 如下圖，你知道這是什麼標章嗎？ (4)

(1)省水標章

(2)環保標章

(3)奈米標章

(4)能源效率標示。

( )70. 台灣電力公司電價表所指的夏月用電月份(電價比其他月份高)是為 (3)

(1)4/1~7/31　(2)5/1~8/31　(3)6/1~9/30　(4)7/1~10/31。

( )71. 屋頂隔熱可有效降低空調用電，下列何項措施較不適當？　(1)屋頂儲水隔熱　(2)屋頂 (1)
綠化　(3)於適當位置設置太陽能板發電同時加以隔熱　(4)鋪設隔熱磚。

(　) 72. 電腦機房使用時間長、耗電量大，下列何項措施對電腦機房之用電管理較不適當？　(1)
(1)機房設定較低之溫度　　　　　　　　(2)設置冷熱通道
(3)使用較高效率之空調設備　　　　　　(4)使用新型高效能電腦設備。

(　) 73. 下列有關省水標章的敘述中正確的是？　(3)
(1)省水標章是環境部為推動使用節水器材，特別研定以作為消費者辨識省水產品的一種
標誌
(2)獲得省水標章的產品並無嚴格測試，所以對消費者並無一定的保障
(3)省水標章能激勵廠商重視省水產品的研發與製造，進而達到推廣節水良性循環之目的
(4)省水標章除有用水設備外，亦可使用於冷氣或冰箱上。

(　) 74. 透過淋浴習慣的改變就可以節約用水，以下選項何者正確？　(2)
(1)淋浴時抹肥皂，無需將蓮蓬頭暫時關上
(2)等待熱水前流出的冷水可以用水桶接起來再利用
(3)淋浴流下的水不可以刷洗浴室地板
(4)淋浴沖澡流下的水，可以儲蓄洗菜使用。

(　) 75. 家人洗澡時，一個接一個連續洗，也是一種有效的省水方式嗎？　(1)
(1)是，因為可以節省等待熱水流出之前所先流失的冷水
(2)否，這跟省水沒什麼關係，不用這麼麻煩
(3)否，因為等熱水時流出的水量不多
(4)有可能省水也可能不省水，無法定論。

(　) 76. 下列何種方式有助於節省洗衣機的用水量？　(2)
(1)洗衣機洗滌的衣物盡量裝滿，一次洗完
(2)購買洗衣機時選購有省水標章的洗衣機，可有效節約用水
(3)無需將衣物適當分類
(4)洗濯衣物時盡量選擇高水位才洗的乾淨。

(　) 77. 如果水龍頭流量過大，下列何種處理方式是錯誤的？　(3)
(1)加裝節水墊片或起波器　　　　　　　(2)加裝可自動關閉水龍頭的自動感應器
(3)直接換裝沒有省水標章的水龍頭　　　(4)直接調整水龍頭到適當水量。

(　) 78. 洗菜水、洗碗水、洗衣水、洗澡水等的清洗水，不可直接利用來做什麼用途？　(4)
(1)洗地板　(2)沖馬桶　(3)澆花　(4)飲用水。

(　) 79. 如果馬桶有不正常的漏水問題，下列何者處理方式是錯誤的？　(1)
(1)因為馬桶還能正常使用，所以不用著急，等到不能用時再報修即可
(2)立刻檢查馬桶水箱零件有無鬆脫，並確認有無漏水
(3)滴幾滴食用色素到水箱裡，檢查有無有色水流進馬桶，代表可能有漏水
(4)通知水電行或檢修人員來檢修，徹底根絕漏水問題。

(　) 80. 水費的計量單位是「度」，你知道一度水的容量大約有多少？　(3)
(1)2,000公升　(2)3000個600cc的寶特瓶　(3)1立方公尺的水量　(4)3立方公尺的水量。

(　)81. 臺灣在一年中什麼時期會比較缺水(即枯水期)？　(3)
(1)6 月至 9 月　(2)9 月至 12 月　(3)11 月至次年 4 月　(4)臺灣全年不缺水。

(　)82. 下列何種現象「不是」直接造成台灣缺水的原因？　(4)
(1)降雨季節分佈不平均，有時候連續好幾個月不下雨，有時又會下起豪大雨
(2)地形山高坡陡，所以雨一下很快就會流入大海
(3)因為民生與工商業用水需求量都愈來愈大，所以缺水季節很容易無水可用
(4)台灣地區夏天過熱，致蒸發量過大。

(　)83. 冷凍食品該如何讓它退冰，才是既「節能」又「省水」？　(3)
(1)直接用水沖食物強迫退冰　　　　　　(2)使用微波爐解凍快速又方便
(3)烹煮前盡早拿出來放置退冰　　　　　(4)用熱水浸泡，每 5 分鐘更換一次。

(　)84. 洗碗、洗菜用何種方式可以達到清洗又省水的效果？　(2)
(1)對著水龍頭直接沖洗，且要盡量將水龍頭開大才能確保洗的乾淨
(2)將適量的水放在盆槽內洗濯，以減少用水
(3)把碗盤、菜等浸在水盆裡，再開水龍頭拼命沖水
(4)用熱水及冷水大量交叉沖洗達到最佳清洗效果。

(　)85. 解決台灣水荒(缺水)問題的無效對策是　(4)
(1)興建水庫、蓄洪(豐)濟枯　　　　　　(2)全面節約用水
(3)水資源重複利用，海水淡化…等　　　(4)積極推動全民體育運動。

(　)86. 如下圖，你知道這是什麼標章嗎？　(3)
(1)奈米標章　(2)環保標章　(3)省水標章　(4)節能標章。

(　)87. 澆花的時間何時較為適當，水分不易蒸發又對植物最好？　(3)
(1)正中午　　　　　　　　　　　　　　(2)下午時段
(3)清晨或傍晚　　　　　　　　　　　　(4)半夜十二點。

(　)88. 下列何種方式沒有辦法降低洗衣機之使用水量，所以不建議採用？　(3)
(1)使用低水位清洗　　　　　　　　　　(2)選擇快洗行程
(3)兩、三件衣服也丟洗衣機洗　　　　　(4)選擇有自動調節水量的洗衣機。

(　)89. 有關省水馬桶的使用方式與觀念認知，下列何者是錯誤的？　(3)
(1)選用衛浴設備時最好能採用省水標章馬桶
(2)如果家裡的馬桶是傳統舊式，可以加裝二段式沖水配件
(3)省水馬桶因為水量較小，會有沖不乾淨的問題，所以應該多沖幾次
(4)因為馬桶是家裡用水的大宗，所以應該儘量採用省水馬桶來節約用水。

(　)90. 下列的洗車方式，何者「無法」節約用水？　(3)
(1)使用有開關的水管可以隨時控制出水　(2)用水桶及海綿抹布擦洗　(3)用大口徑強力水注沖洗　(4)利用機械自動洗車，洗車水處理循環使用。

（　）91. 下列何種現象「無法」看出家裡有漏水的問題？
(1)水龍頭打開使用時，水表的指針持續在轉動
(2)牆面、地面或天花板忽然出現潮濕的現象
(3)馬桶裡的水常在晃動，或是沒辦法止水
(4)水費有大幅度增加。　　　　　　　　　　　　　　(1)

（　）92. 蓮蓬頭出水量過大時，下列對策何者「無法」達到省水？
(1)換裝有省水標章的低流量(5~10L/min)蓮蓬頭
(2)淋浴時水量開大，無需改變使用方法
(3)洗澡時間盡量縮短，塗抹肥皂時要把蓮蓬頭關起來
(4)調整熱水器水量到適中位置。　　　　　　　　　　(2)

（　）93. 自來水淨水步驟，何者是錯誤的？　(1)混凝　(2)沉澱　(3)過濾　(4)煮沸。　　(4)

（　）94. 為了取得良好的水資源，通常在河川的哪一段興建水庫？
(1)上游　(2)中游　(3)下游　(4)下游出口。　　　　(1)

（　）95. 台灣是屬缺水地區，每人每年實際分配到可利用水量是世界平均值的約多少？
(1)1/2　(2)1/4　(3)1/5　(4)1/6。　　　　　　　　(4)

（　）96. 台灣年降雨量是世界平均值的 2.6 倍，卻仍屬缺水地區，下列何者不是真正缺水的原因？
(1)台灣由於山坡陡峻，以及颱風豪雨雨勢急促，大部分的降雨量皆迅速流入海洋
(2)降雨量在地域、季節分佈極不平均
(3)水庫蓋得太少
(4)台灣自來水水價過於便宜。　　　　　　　　　　　(3)

（　）97. 電源插座堆積灰塵可能引起電氣意外火災，維護保養時的正確做法是？
(1)可以先用刷子刷去積塵
(2)直接用吹風機吹開灰塵就可以了
(3)應先關閉電源總開關箱內控制該插座的分路開關，然後再清理灰塵
(4)可以用金屬接點清潔劑噴在插座中去除銹蝕。　　　(3)

（　）98. 溫室氣體易造成全球氣候變遷的影響，下列何者不屬於溫室氣體？
(1)二氧化碳（CO_2）　(2)氫氟碳化物（HFCs）　(3)甲烷（CH_4）　(4)氧氣（O_2）。　　(4)

（　）99. 就能源管理系統而言，下列何者不是能源效率的表示方式？
(1)汽車－公里/公升　　　　　　　(2)照明系統－瓦特/平方公尺（W/m^2）
(3)冰水主機－千瓦/冷凍噸（kW/RT）　(4)冰水主機－千瓦（kW）。　　(4)

（　）100. 某工廠規劃汰換老舊低效率設備，以下何種做法並不恰當？
(1)可考慮使用較高效率設備產品
(2)先針對老舊設備建立其「能源指標」或「能源基線」
(3)唯恐一直浪費能源，未經評估就馬上將老舊設備汰換掉
(4)改善後需進行能源績效評估。　　　　　　　　　　(3)

乙級檢定學術科完全攻略─電腦輔助機械設計製圖

編著者／WIN CAD 工作室

發行人／陳本源

執行編輯／何聿晟

出版者／全華圖書股份有限公司

郵政帳號／0100836-1 號

圖書編號／06298086-202406

定價／新台幣 660 元

ISBN／978-626-328-992-5(平裝)

全華圖書／www.chwa.com.tw

全華網路書店 Open Tech／www.opentech.com.tw

若您對本書有任何問題，歡迎來信指導 book@chwa.com.tw

臺北總公司(北區營業處)
地址：23671 新北市土城區忠義路 21 號
電話：(02) 2262-5666
傳真：(02) 6637-3695、6637-3696

南區營業處
地址：80769 高雄市三民區應安街 12 號
電話：(07) 381-1377
傳真：(07) 862-5562

中區營業處
地址：40256 臺中市南區樹義一巷 26 號
電話：(04) 2261-8485
傳真：(04) 3600-9806(高中職)
　　　(04) 3601-8600(大專)

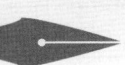

勘　誤　表					
書　號		書　名		作　者	
頁　數	行　數	錯誤或不當之詞句		建議修改之詞句	

我有話要說：（其它之批評與建議，如封面、編排、內容、印刷品質等‧‧‧）